普通高等教育新工科电子信息类课改系列教材

传感器与检测技术

周　征　杨建平　主编

西安电子科技大学出版社

内 容 简 介

本书以被测物理量为研究对象，全面地阐述了各种被测物理量的检测方法、对应传感器的工作原理和按工程实际选用传感器的原则。

全书共11章，内容分别为：检测技术基础知识、传感器概述、温度传感器及其检测技术、力与压力传感器及其检测技术、流量传感器及其检测技术、机械量传感器及其检测技术、物位传感器及其检测技术、气体和湿度传感器及其检测技术、新型传感器及其应用、传感器应用技术、检测系统的抗干扰技术。书中给出了大量来源于生产实际的实用电路和实例。书末附有6个附录可供查阅。

本书体系新颖，内容丰富，论述深入浅出，实用性突出，可作为应用技术型本科院校的测控技术与仪器、自动化、电子信息工程、电气工程及其自动化、建筑电气与智能化及物联网等专业的教材或教学参考书，也可作为测控领域的工程技术人员的参考用书。

图书在版编目(CIP)数据

传感器与检测技术/周征，杨建平主编. —西安：西安电子科技大学出版社，2017.9(2025.7重印)

ISBN 978-7-5606-4536-0

Ⅰ.①传… Ⅱ.①周… ②杨… Ⅲ.①传感器—检测 Ⅳ.①TP212

中国版本图书馆CIP数据核字(2017)第171958号

策　　划　刘玉芳
责任编辑　张　玮
出版发行　西安电子科技大学出版社(西安市太白南路2号)
电　　话　(029)88202421　88201467　　邮　　编　710071
网　　址　www.xduph.com　　电子邮箱　xdupfxb001@163.com
经　　销　新华书店
印刷单位　西安日报社印务中心
版　　次　2017年9月第1版　2025年7月第7次印刷
开　　本　787毫米×1092毫米　1/16　印张 27.5
字　　数　657千字
定　　价　59.00元
ISBN 978-7-5606-4536-0

XDUP 4828001-7

* * * 如有印装问题可调换 * * *

前　　言

传感器是检测技术的物理载体，是集材料、机械、电子、信息及控制等于一体的综合技术，是自动化领域的关键技术之一，是信息获取的重要环节。随着现代科学技术的发展，传感器及其检测技术不仅在国防、航空、航天、铁路、冶金、化工等国民经济的各个行业得到广泛应用，而且在人类生活的各个领域，如办公自动化、商业自动化、家庭自动化等都可以看到它们的身影，特别是近年来蓬勃发展的物联网产业就是传感器及其检测技术在“互联网＋”时代的新应用。

传感器与检测技术的开发和应用水平已成为一个国家工业发展水平的重要标志之一。它也是高等工程应用技术型本科院校自动化、测控技术与仪器、电子信息工程、电气工程及其自动化、建筑电气与智能化及物联网等专业的主要专业课程之一。

本书是针对检测技术在各学科间相互交叉融合的特点以及对信息获取的要求，把握传感器将不同物理量信号转换成电量的共性关键技术，将传感器与检测技术有机结合，突出工程应用，强化理论与实际的联系，在充分借鉴目前国内外相关文献资料的基础上编写而成的。

本书的特点是：以被测物理量为主线，贯穿物理参量的分析，引出检测方法、典型电路和传感器，最后按照工程实际应用的要求总结出传感器的选择原则。这种编排方式突出了被测物理量，集中讨论了传感器的基本原理及实际应用技术，体系新颖，在内容上注重反映有实用价值的核心技术，力求培养学生的工程应用能力和解决现场实际问题的能力，使初学者比较容易掌握从被测对象到检测方法再到传感器的认知过程，便于进行总结，也为今后的应用奠定了基础，从而避免了传统的以传感器工作原理来编制章节的不足(一种传感器可检测多种物理量)。

全书共 11 章，第 1 章为检测技术基础知识；第 2 章为传感器概述；第 3～8 章为各种被测量传感器及其检测技术，这些被测量分别是温度、力与压力、流量、机械量、物位、气体和湿度；第 9 章为新型传感器及其应用；第 10 章为传感器应用技术；第 11 章为检测系统的抗干扰技术。

本书由周征教授编写第 1、2、6、7、9、10、11 章，杨建平教授编写第 3、4、5、8 章。全书由周征整理定稿。在编写本书的过程中，编者得到了兰州工业学院的大力支持和帮助，并听取了许多同行提出的宝贵意见，在此向学校及编者的同行表示衷心的感谢。此外，本书在编写过程中参考了许多教材、文献和有关网站信息，在此也对相关作者表示谢意。

鉴于课程涉及的知识面广，而编者水平有限，书中难免有不妥之处，敬请读者批评指正。

编　者

2017年3月

于兰州工业学院

目　　录

第 1 章　检测技术基础知识

教学目标

本章通过对检测技术相关基本知识的阐述，引出检测技术应用过程中的基本方法和测量误差及其处理技术；重点介绍了检测的任务和地位、检测系统的组成、性能评价和检测技术发展趋势，检测技术中常用的测量方法和测量方法的选择，以及误差及其处理方法和误差在检测系统中的分配。

通过本章的学习，读者了解检测在现代工业中的作用和重要地位，熟悉检测系统的基本组成和性能评价指标；了解检测技术中常用的测量方法；掌握误差的基本知识，会根据现象来判别误差，熟悉各种误差的处理方法。

教学要求

知识要点	能 力 要 求	相关知识
检测技术概述	(1) 熟悉检测内涵及检测系统的组成、性能评价； (2) 了解检测技术的发展概况	检测技术
检测的基本方法	(1) 熟悉检测方法的分类； (2) 了解测量方法的选择	(1) 检测技术； (2) 数学
测量误差及处理	(1) 理解测量误差基本概念； (2) 熟悉误差的分类和处理方法	(1) 误差分析； (2) 数学

随着科技的不断发展，人类已经进入信息时代，人们在日常生产、生活中，越来越离不开各种信息的获取、传输和处理等。检测技术就是以研究检测系统中的信息提取、信息转换以及信息处理的理论与技术为主要内容的一门应用技术学科。在现代工业生产中，检测技术是实现生产设备的自动控制、自动调节的首要技术保证。国内外已将检测技术列为优先发展的科学技术之一。

作为电气信息类专业的学生和从事这方面工作的工程技术人员，检测技术是必备的知识。要掌握这门知识，首先应该了解检测的任务和地位，了解检测技术的发展趋势，明确检测技术与本专业各技术课程之间的关系。

1.1　检测技术概述

1.1.1　检测的含义、任务及地位

人有“五官”——耳、眼、鼻、舌、皮肤，就具有听、视、嗅、味、触觉的功能，来感知外界的刺激，并通过大脑对这些刺激信号进行处理，做出判断，指导人的行动。对于一个生

产过程的检测系统要通过各种传感器采集到如电压、电流、温度、压力、流量、液位、成分等表征它们特性、状态的信息，送入计算机进行处理，做出判断，并对这些信息参数的大小、变化速度、变化方向等进行监督和控制，就能使生产过程或实验处于最佳状态，做到安全、经济，最终达到预期的结果。检测系统与人体系统的对照关系如图 1－1 所示。

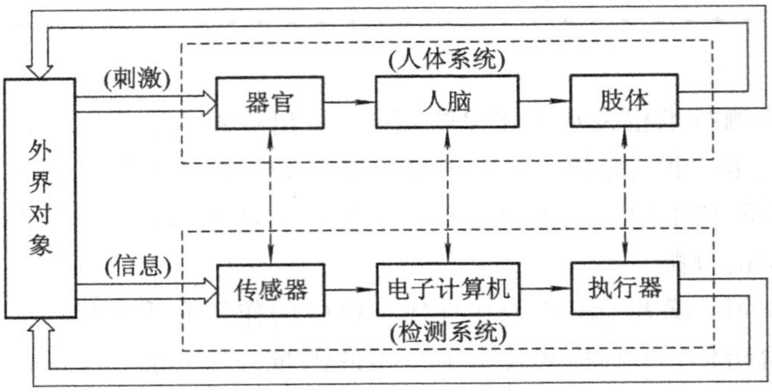

图 1－1 检测系统与人体系统的对照关系

在自动控制领域中，检测的任务不仅是对成品或半成品的检验和测量，而且为了检查监督和控制某个生产过程或运动对象使之处于人们选定的最佳状况，需要随时检查和测量各种参量的大小和变化等情况(如热工参数、几何参数、表面质量、内部缺陷、泄漏、成分等)。这种对生产过程和运动对象实施定性检查和定量测量的技术又称为工程检测技术。因此，检测技术是指人们为了定性了解或掌握自然现象或状态所从事的一系列定性检查和定量测量的技术措施。

在各种现代装备系统的设计和制造工作中，检测工作内容已占首位。检测系统的成本已达到该装备系统总成本的 50%～70%，它是保证现代工程装备系统实际性能指标和正常工作的重要手段，是其先进性及实用性的重要标志。以电厂为例，为了实现安全高效供电，电厂除了实时监测电网电压、电流、功率因数及频率、谐波分量等电气量外，还要实时监测电机各部位的振动(振幅、速度、加速度)以及压力、温度、流量、液位等多种非电气量，并实时分析处理、判断决策、调节控制，以使系统处于最佳工作状态。如果检测系统不够完备，主汽温度测量值有＋1%的测量偏差，则汽机高压缸效率减少 3.7%；若主汽流量测量值有－1%的测量偏差，则电站燃烧成本增加 1%。又如：为了对工件进行精密机械加工，需要在加工过程中对各种参数，如位移量、角度、圆度、孔径等直接相关量以及振动、温度、刀具磨损等间接相关参量进行实时监测，实时由计算机进行分析处理，然后由计算机实时地对执行机构给出进刀量、进刀速度等控制调节指令，才能保证预期高质量要求，否则得到的将是次品或废品。

总之，人们对自然界的认识在很大程度上取决于检测。

1.1.2 检测系统的组成与性能评价

1. 检测系统的组成

检测系统的主要作用在于测量各种参数以用于显示或控制。由于被测对象复杂多样，因此，检测方法和检测技术也不尽相同，基本检测系统的组成如图 1－2 所示。

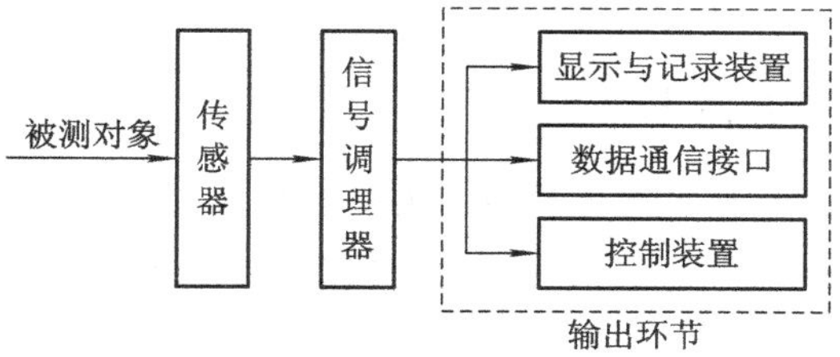

图 1－2　基本检测系统的组成

图 1－2 中，基本检测系统由传感器、信号调理器和输出环节(显示与记录装置、数据通信接口和控制装置)三个模块组成。

(1) 传感器。传感器处于被测对象与检测系统的接口位置，是一个信号变换器。它直接从被测对象中提取被测量的信息，感受其变化并变换成便于测量的其它量。例如将速度变换成电压，将流量变换成压力等。传感器是检测系统的重要组成部件。

(2) 信号调理器。信号调理器又称中间转换器，它的作用是将传感器的输出信号进行放大、转换和传输等，使其适合于显示、记录、数据处理或控制。例如测量电桥、滤波器、放大器、V/F 变换器、电压/电流变换器、交流/直流变换器等。

(3) 输出环节。输出环节包含显示和打印记录装置、数据通信接口和控制执行器等，从而使检测系统不仅用于检测，还能完成控制和保护操作等功能。

从检测系统的组成结构可以看出，要掌握检测技术，不仅要具备力学、光学、电磁学等物理学知识，还要具备电子、计算机、自动化、信息等领域的知识和技术。例如，传感器一般都基于复杂的物理和化学定理和规律；信号的放大和调理又依赖于电子技术；信号的处理和分析则依靠数字信号处理、随机信号分析等信息领域的研究成果；检测仪器的智能化，则是自动化技术、计算机技术、接口与网络技术相结合的产物；此外，检测系统中还要用到测量误差理论、信号与系统分析方法(时域、频域、复频域、Z 域)、抗干扰技术等知识。因此，检测技术是一门综合了现代电子技术、微电子技术、生物技术、材料科学、化学科学、光电技术、精密加工技术、计算机技术和信息技术等的交叉性技术学科。可以说检测技术是现代科学技术水平高低的标志之一。

2. 检测系统的性能评价

如前所述，检测系统是由众多环节组成的对被测物理量进行检测、调理、变换、显示或记录的完整系统。检测系统的性能指标是评价系统性能差异、质量优劣的主要依据，也是正确地选择测量方法和使用测量系统、达到正确测量目的所必须具备和了解的知识。

检测系统或仪表的性能指标很多，概括起来不外乎技术、经济及使用等方面的指标。

(1) 检测系统或仪表技术方面的指标：主要是指误差、精度、稳定性、输入/输出特性等。

(2) 检测系统或仪表使用方面的指标：主要是指操作维修是否方便、运行是否可靠安全、抗干扰与防护能力的强弱、重量体积的大小、自动化程度的高低等。

(3) 检测系统或仪表经济方面的指标：主要是指使用寿命的长短、功耗的大小、价格的高低等。

上述检测系统或仪表的性能指标的划分是相对的，如系统的使用寿命既是经济方面的性能指标，而从系统的可靠性来说，又是一项极为重要的技术指标。

1.1.3　检测技术的发展概况

随着科学技术和工业生产的不断发展，为检测技术提供了新的检测理论和检测方法。因而出现了各种新的检测工具，这就有可能开拓新的检测领域。故可以从以下几个方面了解检测技术的发展。

1. 检测理论方面

目前，随着计算机的普及，使信息论中的误差理论、估计理论应用于检测系统成为可能；计算机的高速运算能力和信息处理量大的特点，使统计技术中的平均值、最小二乘等算法得以实现，从而可以获得更多且精确有用的信息。

2. 检测领域方面

(1) 人类活动范围的扩展，反映在新的检测对象、新的检测领域和新的检测要求上。例如，随着工业生产的发展，工厂中排出的“三废”对自然界造成了严重污染，破坏了生态平衡，破坏了人们赖以生存的自然环境。为了保护环境，防止水、空气的污染及废渣的污染，就要对环境所含有的各种杂质进行微量的检测，并加以控制。这就要求制造新的灵敏度极高的检测元件和寻找新的检测方法。

(2) 人们生活条件的改善和提高，使人们的安全、健康意识加强，对医疗卫生行业提出了新的要求，出现了新的医疗器械——生物医学仪器，如 CT、B 超；还有牵涉到有关人的心理、生理、精神方面的检测，如不安感、疲劳度等，还有犯罪方面的检测。

(3) 工业生产的发展，使生产过程的间接参数 T(温度)、Q(流量)、P(压力)等的检测，转向表征生产过程本质的物性、成分、组分、能量等参数的检测。参数的显示已逐渐由模拟式变为数字式或图像显示等。

(4) 仿生学的出现又进一步拓宽了检测领域。

3. 检测工具和方法

随着新的检测领域的出现，新的检测方法和检测工具也随之出现。如利用激光脉冲原理测量大距离(如地球到月球的距离)可以大大提高精度。

另一方面，充分利用新技术扩大了仪表的测量功能。近年来在测量仪表中引入微机进行数据分析、计算、处理、校验、判断及储存等工作，实现了原来单个仪表根本不可能实现的许多功能，大大提高了测量效率、测量精度、测量的可靠性、测量的稳定性和测量的经济性。

例如，目前工业上质量比较高的模拟仪表，其典型漂移值约为 0.1%/h，对标准信号 1～5 V 而言，其漂移值约为 5 mV/h；在抗干扰方面，百米长的电缆可能有 5 mV 的噪声电压，故仪表的总精度不会优于 0.2%。而对数字仪表来说，只要能辨别 0 和 1，就不会受到噪声的影响。例如，一般的数字电路中，高电平是 5 V，则它 1000 倍于噪声电压，当然噪声对它的影响就很小，漂移问题也不存在，故就可靠性和稳定性来看，数字仪表优于模拟仪表。因此，数字仪表组成的检测系统愈来愈多地得到应用。

1.2　检测的基本方法

为了对物理参量进行检测，就需要考虑采用什么检测方法，选择什么样的传感器去进行测量。据国际通用计量学基本名词推荐：测量是以确定量值为目的的一组操作。这种操作就是测量中的比较过程——将被测参数的量值与同种性质的标准量进行比较，确定被测量对标准量的倍数，即为测量结果。与测量相近的概念是检验，它常常只需分辨出参数量值所归属的某一范围带，以此来判别被测参数是否合格或现象是否存在等。检测不仅包含了上述两种内容，而且在自动控制系统中，还用于对被测/被控对象有用信息的检出。所以，检测是意义更为广泛的测量，是检验、测量的统称(测试是测量和试验的全称，有时把较复杂的测量称为测试)。

1.2.1　测量方法的分类

一个物理量的测量可以通过不同的方法实现。测量方法的选择是否正确，直接关系到测量结果的可信赖程度，也关系到测量的经济性和可行性。

1. 根据测量条件分类

按测量条件分类有等精度测量和非等精度测量。

(1) 等精度测量法。在测量过程中，使影响测量误差的各因素(环境条件、仪器仪表、测量人员、测量方法)保持不变，对同一被测量进行次数相同的重复测量，这种测量方法称为等精度测量。等精度测量所获得的测量结果，其可靠程度是相同的。

(2) 非等精度测量法。在测量过程中，测量环境条件有部分不相同或全部不相同，如测量仪表精度、重复测量次数、测量环境、测量人员熟练程度等有了变化，所得测量结果的可靠程度显然不同，这种方法称为非等精度测量法。

一般说来，在科学研究中、重要的精密测量或检定工作中，为了获得更可靠和精确的测量结果才采用非等精度测量法。在工程技术中，常采用的是等精度测量法。

2. 按测量手段分类

按测量手段分类有直接测量、间接测量和组合测量。

(1) 直接测量。将被测量与标准量直接比较，或用预先经标准量标定好的测量仪器或仪表进行测量，从而直接测得被测量的数值。例如，用弹簧管式压力表测量流体压力就是直接测量。直接测量的优点是测量过程简单、迅速，缺点是测量精度不是很高。该方法是工程上广泛采用的方法。

(2) 间接测量。被测量本身不易直接测量，但可以通过与被测量有一定函数关系的其他量(一个或几个)的测量结果求出(如用函数解析式的计算、查函数曲线或表格)被测量数值，这种测量方式称为间接测量。例如，导线的电阻率 ρ 的测量，只要利用直接测量得到导线的 R、l、d 的数值，再代入 $\rho=\frac{\pi d^2}{4l}R$，就可得到 ρ 值。在这种测量过程中，手续较多，花费时间较长，但与直接测量被测量方法相比，可以得到较高的精度。

(3) 组合测量。如果被测量有多个，而且被测量又与某些可以通过直接或间接测量得到结果的其他量存在着一定的函数关系，则可先测量这几个量，再求解函数关系组成的联立方程组，从而得到多个被测量的数值。它是一种兼用直接测量和间接测量的方式，这种方法比较繁琐，通常用于精密测量以及智能仪表、实验室和科学研究中。

3. 按测量方式分类

按测量方式分类有偏差式测量、零位式测量和微差式测量。

(1) 偏差式测量。在测量过程中，被测量作用于测量仪表的比较装置(指针)，使比较装置产生偏移，利用偏移位移直接表示被测量大小的测量方法称为偏差式测量法。应用这种方法进行测量时，要用标准量具对仪表刻度进行校准，并按照仪表指针在标度尺上的示值决定被测量的数值。它是以间接方式来实现被测量与标准量的比较的。例如，用弹簧秤、磁电式仪表就属于偏差式测量。该测量方法过程比较简单、迅速，但测量结果的精度低，因此广泛用于工程测量。

(2) 零位式测量。在测量过程中，被测量作用于测量仪表的比较装置，利用指零机构的作用，使被测量和标准量两者达到平衡，用已知的标准量决定被测未知量的测量方法称为零位式测量法。应用这种方法进行测量时，标准量具装在仪表内，在测量过程中标准量具直接与被测量相比较，调整标准量，一直到被测量与标准量相等，即指零仪表回零。例如，利用天平测量质量和惠斯通电桥测量电阻(或电感、电容)就是这种方法的一个典型例子。对于零位式测量，只要零指示器的灵敏度足够高，其测量准确度几乎等同于标准量的准确度，因而测量准确度很高，所以常用在实验室作为精密测量。但由于在测量过程中为了获得平衡状态，需要进行反复调节，即使采用一些自动平衡技术，检测速度仍然较慢，这是该方法的不足之处。

(3) 微差式测量法。当未知量尚未完全与已知标准量平衡时(被测量大部分被已知的标准量抵消，剩余差值未被抵消)，读取它们之间的差值，由已知的标准量和偏差值得到被测量的数值。或者说零值量(基本量)平衡，增量产生的不平衡即为差值。这种方法的误差主要取决于差值，差值愈小，对总的测量结果的影响就愈小，差值的测量误差对总的误差的影响就愈小。由于这种方法不需要可调节的标准量，也无需平衡操作，标准量的精度容易做得很高，测量过程也比较简单，所以它比较适合于工程测量，如不平衡电桥测电阻。

4. 按被测量在测量过程中的状态分类

按被测量在测量过程中的状态分类有静态测量和动态测量。

(1) 静态测量。当被测量可以认为不随时间变化时，采用静态测量。因此在一段时间内可以重复测量，以表征被测量的性质和状态。

(2) 动态测量。当被测量本身随时间快速变化时，必须采用动态测量，动态测量的输出也是变化信号，它表征被测量的状态变化过程。在动态测量中，所采用的仪器仪表工作响应速度应能满足被测量快速变化的需要。

5. 其它测量方法

前面四种测量分类方法，也可以说是传统的检测方法，随着科学实验及工业应用的不断发展，这些测量方法远不能满足要求。因此，非接触检测及在线检测在科学实验、工业过程检测及工业控制过程中显得越来越重要，显示出巨大的优越性。

非接触检测是利用物理、化学及声光学的原理，使被测对象与检测元器件之间不发生物理上的直接接触而对被测量进行检测的方法。

在线检测与离线检测的区别是：检测工作是在被测量变化过程中进行，还是在过程之外或过程结束后进行。

在线检测，狭义上讲，是在检测量变化过程中进行的检测；广义地说，是应用各种传感器对被检测量进行实时监测，并实时地进行分析处理而获得信息，与预先设定的量进行比较，然后根据误差信号进行处理，保证检测精度或使生产过程处于最佳运行状态。

随着在线检测技术的发展对检测系统各个环节的实时性提出了更高的要求，即要求各个环节响应要快，满足实时监测的需要。

1.2.2　测量方法的选择

在选择测量方法时，要综合考虑下列主要因素：

(1) 从被测量本身的特点来考虑。被测量的性质不同，采用的测量仪器和测量方法当然不同，因此，对被测对象的情况要了解清楚。例如，被测参数是否为线性、数量级如何、对波形和频率有何要求、对测量过程的稳定性有无要求、有无抗干扰要求以及其他要求等。

(2) 从测量的精确度和灵敏度来考虑。工程测量和精密测量对这两者的要求有所不同，要注意选择仪器、仪表的准确度等级，还要选择满足测量误差要求的测量技术。如果属于精密测量，则还要按照误差理论的要求进行比较严格的数据处理。

(3) 考虑测量环境是否符合测量设备和测量技术的要求，尽量减少仪器、仪表对被测电路状态的影响。

(4) 测量方法简单可靠，测量原理科学，尽量减少原理性误差。

总之，在测量之前必须先综合考虑以上诸方面的情况，恰当选择测量仪器、仪表及设备，采用合适的测量方法和测量技术，才能较好地完成测量任务。

1.3　测量误差及处理方法

1.3.1　误差的基本概念

测量过程中，首先因为测量设备、仪表、测量对象、测量方法、测量者本身都不同程度受到本身和周围各种因素的影响，且这些影响因素也不断地变化。其次，被测量对测量系统施加作用之后，才能使测量系统给出测量结果，也就是说，测量过程一般都会改变被测对象原有的状态。因此测量结果反映的并不是被测对象的本来面貌，而只是一种近似，故测量不可避免地总存在测量误差。

1. 测量误差的名词术语

(1) 真值。真值是指一定的时间及空间条件下，某物理量体现的真实数值，即与给定的特定量定义一致的值。真值的本性是不确定的，它是客观存在的。在实际测量工作中，经常使用“约定真值”和“相对真值”。约定真值是按照国际公认的单位定义，利用科技发展的最高水平所复现的单位基准约定，真值通常以法律规定或指定；相对真值也叫实际值，是在满足规定准确度时用来代替真值使用的值。

(2) 标称值。标称值是指测量器具上标注的量值，如标准砝码上标出的 1 kg 受制造、测量及环境条件变化的影响。标称值并不一定等于它的实际值，通常在给出标称值的同时也应给出它的误差范围或精度等级。

(3) 示值。示指是指由测量仪器给出或提供的量值，也称测量值。

(4) 精确度(精度)。精确度也称精度，是指测量结果中各种误差的综合，表示测量结果与被测量的真值之间的一致程度。精确度是一个定性的概念，它并不指误差的大小，所以不能用±5 mg、≤5 mg 或 5 mg 等形式来表示。精确度只是表示是否符合某个误差等级的要求，或按某个技术规范要求是否合格，或定性地说明它是高或低。定量表达则用“测量不确定度”(过去常讲的两个术语“精密度”和“正确度”在 1993 年第二版的《国际通用计量学基本术语》中已不再列出)。

(5) 重复性。重复性是指，在相同条件下，对同一被测量进行多次连续测量所得结果之间的一致性。所谓相同条件即重复条件，包括相同的测量程序、测量条件、观测人员、测量设备、地点等。

(6) 误差公理。实际测量中，由于测量设备不准确，测量方法、手段不完善，测量程序不规范及测量环境因素的影响、都会导致测量结果或多或少地偏离被测量的真值。测量结果与被测量真值之差就是测量误差，它的存在是不可避免的，也即“一切测量都具有误差，误差自始至终存在于所有科学实验的过程之中”，这就是误差公理。研究误差的目的就是寻找产生误差的原因，认识误差的规律、性质、找出减小误差的途径方法，以求获得尽可能接近真值的测量结果。

2. 测量中注意的问题

在实际测量中，对具体的测量任务只要满足一定的精度，即把测量的误差限制在允许范围之内就行了，决不要盲目追求高精度，必须清楚地知道，提高精度，减小误差是以消耗人力、财力和降低测量可靠性为代价的。一般情况下，在科学研究及科学实验中，精度是首要的；在工程实际中，稳定性是首要的，精度只要满足工艺指标范围即可。工程中的仪表应是既廉价又实用，不要盲目追求高精度。

1.3.2 误差的分类

误差的分类方法很多，下面分别从误差的来源、误差出现的规律、误差的使用条件、被测量随时间变化的速度、误差与被测量的关系和误差的表示方法等方面来介绍测量误差的分类方法。

1. 按误差的来源分类

(1) 测量装置误差。测量装置误差是指测量仪表本身及附件所引入的误差。如装置本身电气或机械性能、制造工艺不完善，仪表中所用材料的物理性能不稳定，仪表的零位偏移、刻度不准、灵敏度不足以及非线性，电桥中的标准量具、天平的法码、示波器的探极性能等。

(2) 环境误差。环境误差是指由于各种环境因素与要求条件不一致所造成的误差。如环境温度、电源电压、电磁场影响等引起的误差。

(3) 方法误差。方法误差是指由于测量方法不合理所造成的误差。在选择测量方法时，应首先研究被测量本身的性能、所需要的精度等级、具有的测量设备等因素，综合考虑后，再确定采用哪种测量方法。正确的测量方法，可以得到精确的测量结果，否则还会损坏仪器、设备和元器件等。

(4) 理论误差。理论误差是指由于测量原理是近似的，用近似公式或近似值计算测量结果时所产生的误差。

(5) 人身误差。人身误差是指由于测量者的分辨能力、视觉疲劳、不良习惯或疏忽大意等因素引起的误差。如操作不当、读错数等。

总之，在测量工作中，对于误差的来源必须认真分析，采取相应措施，以减小误差对测量结果的影响。

2. 按误差的性质(或按误差出现的规律)分类

(1) 系统误差。系统误差是在一定的测量条件下，测量值中含有固定不变或按一定规律变化的误差。它主要由以下几个方面的因素引起：材料、零部件及工艺缺陷；环境温度、湿度、压力的变化以及其他外界干扰等。其变化规律服从某种已知的函数，它表明了一个测量结果偏离真值或实际值的程度，系统误差越小，测量就越准确，所以经常用正确度来表征系统误差的大小。

系统误差根据其变化规律又可分为恒定系统误差和变值系统误差，而变值系统误差又可分为线性系统误差、周期性系统误差和复杂规律系统误差，如图1-3所示。图中，ε 表示系统误差，t 表示时间。

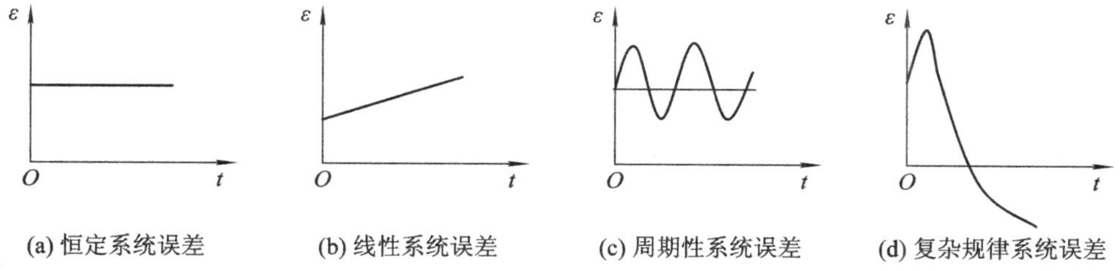

图1-3　不同类型的系统误差

恒定系统误差是指在整个测量过程中，误差的大小和符号固定不变。例如，仪器仪表的固有(基本)温差；工业仪表校验时，标准表的误差会引起被校表的恒定系统误差；仪表零点的偏高或偏低，观察者读数据的角度不正确(对模拟式仪表而言)等所引起的误差均属此类。

线性系统误差是指一种在测量过程中，随着时间的增长，误差逐渐呈线性地增大或减小的系统误差。其原因往往是由元件的老化、磨损，以及工作电池的电压或电流随使用时间的加长而缓慢降低这些因素引起的。例如，电位差计中，滑线电阻的磨损，工作电池电压随放电时间的加长而降低等，对于后者使用中要注意经常标定工作电池。

周期性系统误差是指测量过程中误差大小和符号均按一定周期变化的系统误差。例如，晶体管的 β 值随环境温度周期性变化；冷端为室温的热电偶温度计会因室温的周期性变化而产生周期性系统误差。

复杂变化规律的系统误差是指在整个测量过程中，误差的变化规律很复杂。例如微安表的指针偏转角与偏转力矩不能严格保持线性关系，而表盘仍采用均匀刻度所产生的误差等。

(2) 随机误差。随机误差也称为偶然误差，是指在同一条件下对同一被测量进行多次重复测量时所产生的绝对值和符号变化没有规律、时大时小、时正时负的误差。随机误差是由很多复杂因素的微小变化的总和所引起的，其变化规律未知，因此分析起来比较困难。但是随机误差具有随机变量的一切特点，在一定条件下服从统计规律，因此经过多次测量后，对其总和可以用统计规律来描述，可以从理论上估计它对测量结果的影响。

(3) 粗大误差。粗大误差简称粗差，是指在一定条件下测量结果显著地偏离其实际值所对应的误差，也称为疏忽误差或过失误差。产生的原因是由于测试人员的粗心大意、过度疲劳、操作不当、疏忽失误或偶然的外界干扰等。粗大误差无规律可循，纯出偶然，在测量及数据处理中，当发现某次测量结果所对应的误差特别大或特别小时，应认真判断误差是否属于粗大误差，如果属于粗大误差，则该值应舍去不用。

(4) 缓变误差。缓变误差是指数值上随时间缓慢变化的误差。一般缓变误差是由于零部件老化过程引起的，如电子元件三极管的老化引起其放大倍数的缓慢变化，机械零件内应力变化引起的变形，记录纸收缩等。缓变误差的特点是单调缓慢变化，可在某瞬时引入校正值加以消除，经过一段时间又需要重新校正，消除新的缓变误差。与系统误差不同的是，系统误差一般只需校正一次，而缓变误差需要不断校正。

在测量中，系统误差、随机误差、粗差三者同时存在，但它们对测量过程及结果的影响不同。对这三类误差的定义是科学而严谨的，不能混淆。但在测量实践中，对测量误差的划分是人为的、有条件的。不同测量场合，不同测量条件，误差之间可相互转化。例如指示仪表的刻度误差，对制造厂同型号的一批仪表来说具有随机性，故属随机误差；而对用户的特定的一块仪表来说，该误差是固定不变的，故属系统误差。

3. 按使用条件不同分类

(1) 基本误差。基本误差是指测量系统在规定的标准条件下使用时所产生的误差。所谓标准条件，一般是测量系统在实验室标定刻度时所保持的工作条件，如电源电压(220±5%)V，温度(20±5)℃，湿度小于80%，电源频率50 Hz等。测量系统的精确度是由基本误差决定的。

(2) 附加误差。当使用条件偏离规定的标准条件时，除基本误差外还会产生附加误差。例如，由于温度超过标准引起的温度附加误差以及使用电压超出标准范围而引起的电源附加误差等，使用时这些附加误差会叠加到基本误差上。

4. 按被测量随时间变化的速度分类

(1) 静态误差。静态误差是指在被测量随时间变化很慢的过程中，被测量随时间变化很缓慢或基本不变时的测量误差。

(2) 动态误差。动态误差是指在被测量随时间变化很快的过程中，测量所产生的附加误差。动态误差是由于惯性、纯滞后的存在，使得输入信号的所有成分未能全部通过，或者输入信号中不同频率成分通过时受到不同程度的衰减而引起的。

5. 按误差与被测量的关系分类

(1) 定值误差。定值误差是指误差对被测量来说是一个定值，不随被测量变化。这类误差可以是系统误差，如直流测量回路中存在热电势等；也可以是随机误差，如测试系统中执行电机的启动引起的电压误差等。

(2) 累积误差。累积误差是指整个测量范围内误差 Δx_s 随被测量 x 成比例地变化的误差，即

$$\Delta x_s = k_s x \tag{1-1}$$

式中，k_s为比例系数。

由式(1-1)可见，当被测量 x 为零时，误差 Δx_s也等于零，随着 x 的增加，Δx_s也逐渐积累。如标准量变化造成的误差为累积误差，假定设计高温毫伏表的刻度盘时，令表盘上的 1 小格为 1 mm，它代表标准 1℃，假若由于制造刻度盘时不精确，实际中 1 小格宽只有 0.95 mm，这样每小格会造成 0.05℃的误差。如果用这种仪表测量温度时，其读数为 100 格，就产生 100×0.05℃=5℃的正误差。读数的格数愈多，误差也将愈大。

定值误差和累积误差在分析仪表性能时很有用。

6. 按照误差的表示方法分类

按照表示方法分类，测量误差有绝对误差、相对误差和容许误差三种。

1) 绝对误差

绝对误差定义为示值与被测量真值之差，即

$$\Delta A = A_x - A_0 \tag{1-2}$$

式中，ΔA 为绝对误差；A_x为示值，具体应用中可以用测量结果的测量值、标准量具的标称值代替；A_0为被测量的真值。真值 A_0一般很难得到，所以通常用实际值 A 代替被测量的真值 A_0，因而绝对误差更有实际意义的定义是

$$\Delta x = A_x - A \tag{1-3}$$

2) 相对误差

相对误差用来说明测量精度的高低，又可分为如下几种：

(1) 实际相对误差。实际相对误差定义为绝对误差 Δx 与实际值 A 的百分比值，即

$$\gamma_A = \frac{\Delta x}{A} \times 100\% \tag{1-4}$$

(2) 示值相对误差。示值相对误差定义为绝对误差 Δx 与示值 A_x的百分比值，即

$$\gamma_x = \frac{\Delta x}{A_x} \times 100\% \tag{1-5}$$

(3) 满度相对误差。满度相对误差也叫满度误差、引用误差或仪表的精度，定义为绝对误差 Δx 与测量仪器满度值 A_m(或量程 B)的百分比值，即

$$\gamma_m = \frac{\Delta x}{A_m} \times 100\% \tag{1-6}$$

由式(1-6)可求出仪表各量程内绝对误差的最大值，这样就可得出为减小示值误差而使示值尽可能接近满度值的结论。这个结论适合于正向刻度的一般电压表、电流表等类型的仪表，不适用于反向刻度且刻度是非线性的用于测量电阻的普通型欧姆表。

满度相对误差是最常用的一种相对误差的表示方式。我国的电工仪表精度分为七级，而其精度等级 S 的确定是利用最大满度相对误差得到的，即

$$\gamma_m = \frac{|\Delta x_m|}{A_m} \times 100\% \tag{1-7}$$

式中，Δx_m为绝对误差 Δx 的最大值。

当测量仪表的下限刻度值不为 0 时，S 由下式表示：

$$S = \frac{|\Delta x_m|}{A_{max} - A_{min}} \times 100\% \tag{1-8}$$

式中，A_{min}为测量仪表的下限刻度值；A_{max}为测量仪表的上限刻度值。

我国的模拟电工仪表精度等级 S 规定取一系列标称值，分别称为 0.1、0.2、0.5、1.0、1.5、2.5 和 5.0 级。其中，0.5 级指该等级的电工仪器的满度相对误差的最大值不得超过 ±0.5%，而 5.0 级即意味该等级的电工仪器的满度相对误差的最大值不得超过 ±5.0%。随着技术的进步，目前部分仪表还增加了 0.005、0.02、0.05、0.35、4.0 五个精度等级。

精度等级在仪表的刻度盘上一般用◇、△、○表示精度等级，如◇1.0◇表示 1.0 级表。精度等级只说明合格仪表的引用误差不会超过界，它决不意味着该仪表在实际测量中必定出现的误差。

例 1-1　某台式测温仪表，其标尺范围为 0～400℃，已知其绝对误差的最大值 $|\Delta t_m|=5$℃，求其精度等级。

解　用满度相对误差来计算，则

$$\gamma_m=\frac{|\Delta t_m|}{t_{max}-t_{min}}\times 100\%=\frac{5}{400-0}\times 100\%=1.25\%$$

则该仪表的精度等级为 1.5 级。

例 1-2　上面例 1-1 中的测温仪表，现根据测量的需要，仪表的测量范围由 0～400℃改为 0～200℃，其它条件不变，求其精度等级。

解　用满度相对误差来计算，则

$$\gamma_m=\frac{|\Delta t_m|}{t_{max}-t_{min}}\times 100\%=\frac{5}{200-0}\times 100\%=2.5\%$$

则该仪表的精度等级为 2.5 级。

由上面的两个例子可以看出，绝对误差相等的两台仪表，其测量范围大的仪表精度高，测量范围小的仪表精度低。

例 1-3　有两只电压表的精度及量程范围分别是 0.5 级 0～500 V、1.0 级 0～100 V，现要测量 80 V 的电压，试问选用哪只电压表较好。

解　用最大示值相对误差来比较，则

$$\gamma_{u1}=\frac{\Delta u_{m1}}{A_x}\times 100\%=\frac{500\times 0.5\%}{80}\times 100\%=3.125\%$$

$$\gamma_{u2}=\frac{\Delta u_{m2}}{A_x}\times 100\%=\frac{100\times 1.0\%}{80}\times 100\%=1.25\%$$

计算结果表明，用 1.0 级电压表比用 0.5 级表更合适。这说明在选用电工仪表时应兼顾精度等级与量程两个方面，而不是片面追求仪表的精度等级。同时，在测量中要合理选择量程，尽量让示值落在仪表满量程值的 2/3 以上，以减小测量误差。

3）容许误差

容许误差是指根据技术条件的要求，规定仪表误差不应超过的最大范围，故有时称为极限误差。容许误差常用绝对误差表示。

1.3.3　误差的处理

从工程测量实践可知，误差是不可避免的，测量数据中含有系统误差和随机误差，有时还会含有粗大误差。它们的性质不同，对测量结果的影响及处理方法也不同，但要想办法尽量消除或减小测量误差。在测量中，对测量数据进行处理时，首先判断测量数据中是否含有粗大误差，如果有，则必须加以剔除。再看数据中是否存在系统误差，对系统误差

可设法消除或加以修正。对排除了系统误差和粗大误差的测量数据，则利用随机误差性质进行处理，总之，对于不同情况的测量数据，首先要加以分析研究，判断情况，分别处理，再经综合整理以得出合乎科学的结果。

下面将分别从系统误差、随机误差及粗大误差三方面来考虑如何消除或减小误差。

1. 系统误差的消除或减小

产生系统误差的来源多种多样，因此要减小系统误差只能根据不同的目的，对测量仪器仪表、测量条件、测量方法及步骤进行全面分析，以发现系统误差，进而分析系统误差，然后采用相应的措施将系统误差消除或减弱到与测量要求相适应的程度。对系统误差的处理，一般总是涉及以下几个方面：

(1) 设法判别系统误差是否存在；

(2) 分析造成系统误差的原因，并在测量之前尽力消除；

(3) 在测量过程中采取某些技术措施，尽力消除或减弱系统误差的影响；

(4) 设法估计出残存的系统误差的数值或范围。

1) 系统误差的检验

分析和处理系统误差的关键在于如何发现系统误差的存在，因为只有知道它的存在，才能将它进行分离和消除；系统误差的消除或修正主要靠对测量技术的研究，估计可能产生系统误差的因素，设法消除产生系统误差的原因，或得出未能完全消除系统误差的修正量。因此，系统误差的分析和处理与具体的测量条件是密切相关的。在测量过程中产生系统误差的原因是复杂的，发现它和判断它的方法有很多种，常用的方法有：

(1) 实验对比法。这种方法通过改变产生系统误差的条件来进行不同条件的测量，从而发现系统误差。此方法适用于恒定系统误差的发现。

(2) 残余误差观察法。这种方法根据测量列的各个残余误差大小和符号的变化规律，直接由误差数据或误差曲线图形来判断有无变值系统误差。通常将测量列的残余误差作出散点图，如图 1 - 4 所示。

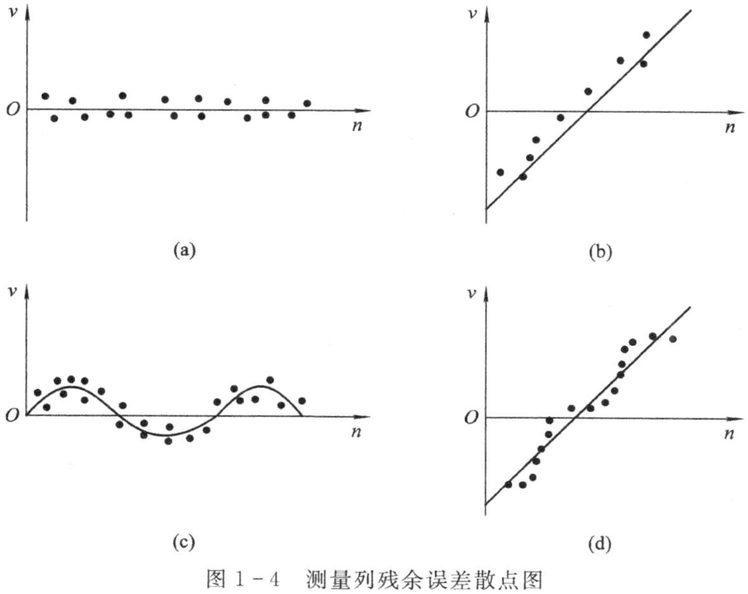

图 1 - 4　测量列残余误差散点图

图 1－4(a)表示残余误差大体上正负相同，且无显著变化规律，可以认为存在系统误差。图 1－4(b)中残余误差有规律地递增(或递减)，可以认为存在累积性系统误差。图 1－4(c)中残余误差符号有规律变化，逐渐由正变负，再由负变正，循环交替重复变化，则存在周期性系统误差。图 1－4(d)中残余误差的变化规律可以认为同时存在累积性系统误差和周期性系统误差。

(3) 准则检查法。这种方法通过准则来判定是否存在某类系统误差。目前有多个准则供人们检验数据中是否含有系统误差，但每一个准则都有一定的适用范围。如：马尔可夫准则根据残余误差的总和 $\sum_{i=1}^{n} v_i$ 不等于零或不趋于零，来判定测量结果中含有线性系统误差；阿贝-赫梅特准则则是检查残余误差是否偏离正态分布，用于发现周期性系统误差。

2) 系统误差的减小与消除

为了进行正确的测量，取得可靠的数据，在测量过程中必须尽量减小和消除系统误差，基本方法是：① 给出修正值，加入测量结果中，消除系统误差，这就是常用的校准法；② 测量过程中消除一切产生系统误差的因素(如仪器本身的性能是否符合要求，仪表是否处于正常的工作条件、环境条件、安装要求、零位调整等)；③ 测量过程中选择适当的测量方法，使系统误差抵消，而不会带入测量结果中。下面主要介绍在测量过程中，减小和消除系统误差的常用方法。

(1) 利用修正的方法消除。利用修正的方法来消除或减弱系统误差是常用的方法。该方法在智能化仪表中得到了广泛的应用。所谓修正的方法，就是在测量前或测量过程中，求取某类误差的修正值，而在测量的数据处理过程中手动或自动地将测量读数或结果与修正值相加，从而达到消除或减弱系统误差的目的。

(2) 利用特殊的测量方法消除。系统误差的特点是大小、方向恒定不变，具有预见性，所以可选用以下特殊的测量方法予以消除。

① 替代法。替代法是比较测量法的一种。它是先将被测量 A_x 接在测量装置上，调节测量装置处于某一状态，然后用与被测量相同的同类标准量 A_N 代替 A_x，调节标准量 A_N，使测量装置恢复到原来的状态，于是被测量就等于调整后的标准量，即 $A_x = A_N$。

② 差值法。差值法就是测量出被测量 A_x 与标准量 A_N 的差值 α，即 $\alpha = A_x - A_N$，利用 $A_x = A_N + \alpha$ 求出被测量。显然，测量结果的准确度由标准量具的准确度和测量差值的准确度决定，且差值 α 越小，测量差值仪表的误差对测量结果的影响就越小。当差值 α 等于零时，测量结果的准确度与测量仪表的准确度无关，而仅和标准量具的准确度有关。

③ 正负误差补偿法。正负误差补偿法就是在不同的测量条件下，对被测量测量两次，使其中一次测量结果的误差为正，而使另一次测量结果的误差为负，取两次测量结果的平均值作为测量结果。显然，对于大小恒定的系统误差经这样的处理即可消除。

④ 对称观测法。所谓对称观测法，就是在测量过程中合理设计测量步骤以获取对称的数据，配以相应的数据处理程序，以得到与某影响(干扰正确测量的因素)无关的测量结果，从而消除系统误差。消除或减小系统误差的方法还有很多，如迭代比较法等，这里就不再一一列举了。

具体地说，选择准确度等级高的仪器设备以消除仪器的基本误差；使仪器设备工作在规定的环境条件下，使用正确调零，预热以消除仪器设备的附加误差；选择合理的测量方法，设计正确的测量步骤以消除方法误差和理论误差；提高测量人员的测量素质，改善测量条件(选用智能化、数字化仪器仪表等)以消除人员误差。

2. 随机误差的消除或减小

在测量中，当系统误差已设法消除或减小到可以忽略的程度时，如果测量数据仍有不稳定的现象，就说明存在随机误差。对于随机误差可以采用概率数理统计的方法来研究其规律、处理测量数据。随机误差处理的任务就是从随机数据中求出最接近真值的值(或称最佳估计值)，对数据精密度的高低(或称可信程度)进行评定并给出测量结果。

1) 随机误差的分布及特性

实践和理论证明，随机误差就单次测量而言是无规律的，其大小、方向不可预知。但当测量次数足够多时，随机误差的总体服从统计学规律中的正态分布。随机误差的正态分布曲线如图 1-5 所示。

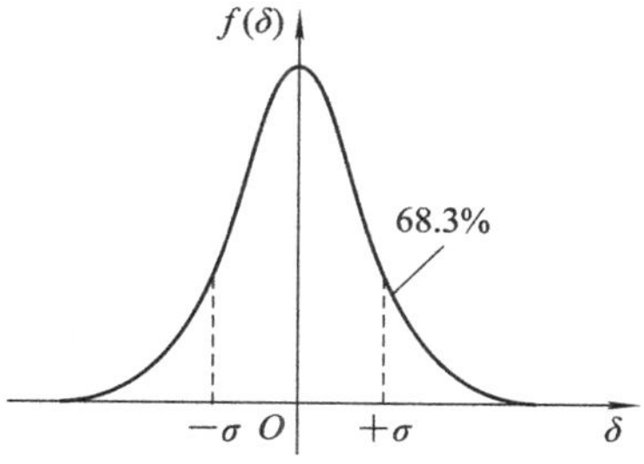

图 1-5　随机误差的正态分布曲线

图 1-5 是对某被测量进行无系统误差、等精度重复测量 n 次，且 $n\rightarrow\infty$ 时得到的测量曲线。该测量结果由包含随机误差的一系列读数：x_1、x_2、…、x_i、…、x_n 组成。图中的横坐标表示随机误差 $\delta=x_i-x_0$，x_0 为真值；纵坐标为误差的概率密度 $f(\delta)$。该曲线又称为高斯误差分布曲线。

根据统计学原理，随机误差具有下列特性：

(1) 有界性：随机误差的绝对值不超过一定的界限。

(2) 单峰性：正态分布只有一个峰值，且在随机误差 $\delta=0$ 的纵轴上。峰值是概率极大值，也即绝对值小的误差出现的概率大，而绝对值大的误差出现的概率小。

(3) 对称性：绝对值相等的正误差和负误差出现的概率相同。

(4) 抵偿性：从对称性可推出，当 $n\rightarrow\infty$ 时，$\sum_{i=1}^{n}\delta_i\rightarrow 0$，即由于正、负误差相互抵消，随机误差的算术平均值随测量次数的增加而趋于零。所以当 $n\rightarrow\infty$ 时，测得值的算术平均值就趋近于真值，即多次测得值的算术平均值是真值的最佳估计值。

根据随机误差的特性，经过多次测量后，对其总和可以用统计规律来描述，可以从理论上估计它对测量结果的影响。

2) 随机误差的评价指标

随机误差是按正态分布规律出现的，具有统计意义，通常以测量数据的算术平均值 $\bar{x}$ 和均方根误差 σ 作为评价指标。

(1) 算术平均值。在实际测量时，真值 A_0 一般无法得到，所以只能从一系列测量值 x_i 中找一个接近真值的数值作为测量结果，这个值就是算术平均值 $\bar{x}$。因为如果随机误差服从正态分布，则算术平均值处随机误差的概率密度最大，所以上例的算术平均值为

$$\bar{x}=\frac{1}{n}(x_1+x_2+\cdots+x_n)=\frac{1}{n}\sum_{i=1}^{n}x_i \tag{1-9}$$

可以证明，随着测量次数 n 的增多，算术平均值 $\bar{x}$ 越来越接近真值 A_0，当 n 无限大时，测量值的算术平均值就是真值。所以在各测量值中算术平均值 $\bar{x}$ 是最可信赖的，将它作为被测量实际的真值(即最佳估计值)是可靠而且合理的。

(2) 标准误差(又称标准偏差、均方根误差)。上述的算术平均值是反映随机误差的分布中心，而标准误差则反映随机误差的分布范围。标准误差越大，测量数据的分散范围也越大，所以标准误差 σ 可以描述测量数据和测量结果的精度，是评价随机误差的重要指标。图 1-6 为 3 种不同 σ 的正态分布曲线。由图可见：σ 越小，分布曲线越陡，说明随机变量的分散性越小，测量精度越高；反之，σ 越大，分布曲线越平坦，随机变量的分散性也越大，则精度也越低。

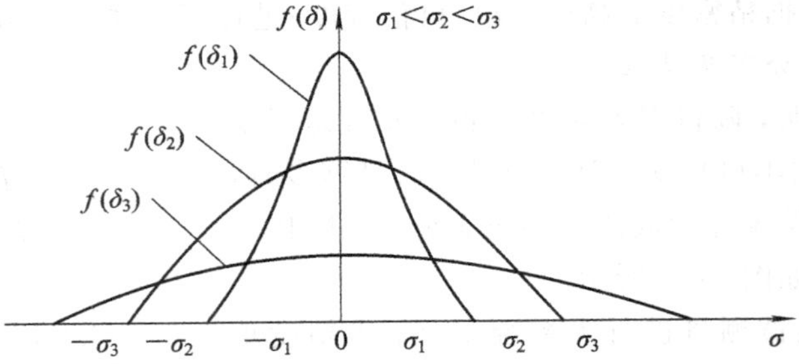

图 1-6　3 种不同 σ 的正态分布曲线

由于在实际中用算术平均值 $\bar{x}$ 来代替真值 A_0，所以通常通过残余误差(简称残差，又称剩余误差)来求得标准误差 σ。所谓残差，是指测量值与该被测量的算术平均值之差，用 v_i 表示，即 $v_i = x_i - \bar{x}$。

设对某个被测量进行了 n 次等精度测量，则标准误差可表示为

$$\sigma = \sqrt{\frac{1}{n-1}\sum_{i=1}^{n}(x_i - \bar{x})^2} = \sqrt{\frac{1}{n-1}\sum_{i=1}^{n}v_i^2} \tag{1-10}$$

式中，$n-1$ 称为自由度。该式称为贝塞尔(Bessel)公式。

因为残差 v_i 有一个重要特性，即

$$\sum_{i=1}^{n} v_i \equiv 0 \tag{1-11}$$

所以凡具有抵消性的误差，一般按随机误差处理。

当 $n=1$ 时，σ 的值不定，所以一次测量的数据是不可靠的。需要指出的是，标准误差 σ 并不是一个具体的误差，σ 数值的大小仅代表一组测量值中的每一个测量值的精度，但在研究测量精度时，不仅要了解各测量值的精度，更重要的是要知道测量结果算术平均值 $\bar{x}$ 的精度。前边已经讨论过，当测量次数 n 无限增加时，算术平均值趋近于真值 A_0。但由于测量次数总是有限的，因此算术平均值也存在一定的误差。测量次数越少，算术平均值 $\bar{x}$ 的误差越大。但算术平均值 $\bar{x}$ 的误差总是比各测量值的误差小。

设在等精度条件下，对某一被测量分成 m 组分别做 n 次测量，一般地，每组的标准误差 σ 不会相同，每组的"n 次测量"所得的算术平均值 $\bar{x}_1$，$\bar{x}_2$，…，$\bar{x}_m$ 也会各不相同，但都是围绕着真值 A_0 作上下波动，而且波动的范围肯定比单次测量波动的范围要小，即测量的精度要高。随着测量次数的增多。平均值将收敛于真值 A_0。因此，将多次测量的算术平均值作为测量结果时，其精度参数也用算术平均值的标准误差 $\bar{\sigma}$ 来表示，即

$$\bar{\sigma} = \frac{\sigma}{\sqrt{n}} \tag{1-12}$$

式(1-12)给出了算术平均值的标准误差与单次测量标准误差之间的关系。当 $n=4$ 时，测量的算术平均值的标准误差是单次测量标准误差的 1/2，其减小量是按 $1/\sqrt{n}$ 的速度进行的。经分析可知，$n>10$ 以后，随着 n 的增加，$\bar{\sigma}$ 的减小相当缓慢，因此实际测量工作中，一般以 $10\leqslant n\leqslant 20$ 为宜，过多的重复测量，不仅会增大工作量，也难于保证测量条件的稳定，而算术平均值的标准误差又减小缓慢，再想提高测量精度就需要寻找另外的途径。

由以上讨论可知，对一个被测量的测量结果，可用其算术平均值 $\bar{x}$ 作为被测量的最可信值(真诚的最佳估计值)。一般用下式表示随机误差的影响：

$$x=\bar{x}\pm Z\bar{\sigma} \tag{1-13}$$

式中，Z 称为置信系数，一般取 1～3。可以证明，这时概率 P 如下：

$$\begin{aligned} Z&=1\text{ 时}，P=68.26\% \\ Z&=2\text{ 时}，P=95.44\% \\ Z&=3\text{ 时}，P=99.73\% \end{aligned} \tag{1-14}$$

式(1-14)表明，当 $Z=1$、2、3 时，随机误差在 $\delta=\pm\sigma$、$\pm 2\sigma$ 和 $\pm 3\sigma$ 范围内的概率分别为 68.26%、95.44%和 99.73%，故评定随机误差时一般以 $\pm 3\sigma$ 为极限误差。如某项测量值的残差超出 $\pm 3\sigma$，则认为此项测量值中含有粗大误差，在进行数据处理时应舍去。

3. 粗大误差的剔除

含有粗大误差的测量数据属于可疑值或异常值，不能参加测量值的数据处理，应该予以剔除。但如何剔除呢？首先是尽可能地提高测量人员高度的工作责任心和严格的科学态度，以减少和避免粗大误差的出现。其次是正确判断粗大误差，若发现粗大误差，则将相应的测量数据划掉，且必须注明其原因。判断粗大误差可以从定性和定量两方面来考虑。

定性判断就是对测量条件、测量设备、测量步骤进行分析，看是否有差错或有引起粗大误差的因素，也可将测量数据同其他人员用别的方法或由不同仪器所测量得到的结果进行核对，以发现粗大误差。这种判断属于定性判断，无严格的原则，应慎重。

定量判断就是以统计学原理和有关专业知识建立起来的粗大误差准则为依据，对异常值或坏值进行剔除。常用判断粗大误差的准则有：拉依达准则、肖维奈准则和格拉布斯准则等。

4. 测量数据处理的一般步骤

为了得到尽可能准确的测量结果，对一项测量任务进行多次测量后，需要按下列规程处理。设对某被测量进行相同条件下的等精度的 n 次重复性测量，测得的值 x_i($i=1$，2，…，n)。

(1) 计算 n 次测量数据的算术平均值 $\bar{x}$。

$$\bar{x}=\frac{1}{n}\sum_{i=1}^{n}x_i \tag{1-15}$$

由算术平均值可以导出残差 $v_i=x_i-\bar{x}$。

(2) 检查残差求和是否满足为 0 的条件。将残差求和，检查 $\sum\limits_{i=1}^{n}v_i$ 是否为 0，若 $\sum\limits_{i=1}^{n}v_i\neq 0$，则说明测量结果中不单纯含有随机误差。

(3) 计算标准误差 σ。

$$\sigma=\sqrt{\frac{1}{n-1}\sum_{i=1}^{n}v_i^2}=\sqrt{\frac{1}{n-1}\sum_{i=1}^{n}(x_i-\bar{x})^2} \tag{1-16}$$

(4) 检查有无粗大误差数据。若有剩余误差超过 $\pm 3\sigma$，则剔除该 x_i，然后从(1)开始重复上述步骤，直到无粗大误差数据存在。

(5) 计算算术平均值的标准误差 $\bar{\sigma}$。在确认不再存在粗大误差($v_i \leqslant 3\sigma$)之后，计算算术平均值的标准误差 $\bar{\sigma}$。

(6) 写出测量结果表达式。

$$x_0=\bar{x}\pm 3\bar{\sigma} \tag{1-17}$$

例 1-4　某测厚仪对钢板的厚度进行了 16 次等精度测量，所得数据已填入"测量记录表"，如表 1-1 所示。试用上述测量数据处理步骤求钢板的厚度。

表 1-1　钢板厚度测量记录表

n	x_i/mm	v_i/mm	v_i^2/mm^2
1	39.44	−0.183	0.033
2	39.27	−0.353	0.125
3	39.94	0.317	0.100
4	39.44	−0.183	0.033
5	38.91	−0.713	0.508
6	39.69	0.067	0.004
7	39.48	−0.143	0.020
8	40.55	0.927	0.859
9	39.78	0.157	0.025
10	39.68	0.057	0.003
11	39.35	−0.273	0.075
12	39.71	0.087	0.008
13	39.46	−0.163	0.027
14	40.12	0.497	0.247
15	39.76	0.137	0.019
16	39.39	−0.233	0.054
$\bar{x}=39.623$	$\sum_{i=1}^{n}x_i=633.97$	$\sum_{i=1}^{n}v_i=0.002$	$\sum_{i=1}^{n}v_i^2=2.14$

解　(1) 计算 16 次测量数据的算术平均值 $\bar{x}$。

$$\bar{x}=\frac{633.97}{16}=39.623\ \text{mm}$$

(2) 检查残差求和，判断是否满足为 0 时的条件。将每个残差填入表 1-1 中 x_i 的右列中，经计算 $\sum_{i=1}^{n}v_i=0.002\approx 0$，满足条件。

(3) 计算标准误差 σ。将每个残差的 v_i^2 填入表 1-1 中，求得 $\sum_{i=1}^{n}v_i^2$，则 $\sigma=0.378$。

(4) 检查有无粗大误差数据。由于 $3\sigma=3\times 0.378=1.134$ mm，而表 1-1 中 v_i 列的最大值 $v_8=0.927$，小于 3σ 的值，说明这组测量值中无粗大误差。

(5) 计算算术平均值的标准误差：$\bar{\sigma}$=0.095 mm。

(6) 写出测量结果：

$$x_0 = \bar{x} \pm 3\bar{\sigma} = 39.62\ \text{mm} \pm 0.28\ \text{mm}(99.7\%)$$

例 1-5 对某液体测量温度11次，所得数据已填入“测量记录表”，如表1-2所示。试用测量数据处理步骤求被测液体的温度。

表 1-2 某液体温度测量记录表

n	t_i/℃	v_i/℃	v_i^2/℃^{2}
1	20.72	0.051	0.0026
2	20.75	0.081	0.0066
3	20.65	−0.019	0.0004
4	20.71	0.041	0.0017
5	20.62	−0.049	0.0024
6	20.45	−0.219	0.0479
7	20.62	−0.049	0.0024
8	20.70	0.031	0.0010
9	20.67	0.001	0.000
10	20.73	0.061	0.0037
11	20.74	0.071	0.0050
$\bar{t}=20.669$	$\sum_{i=1}^{n} t_i = 227.36$	$\sum_{i=1}^{n} v_i = 0.133$	$\sum_{i=1}^{n} v_i^2 = 0.0737$

解 (1) 计算11次测量数据的算术平均值 $\bar{t}$。

$$\bar{t} = \frac{227.36}{11} = 20.669℃$$

(2) 检查残差求和，判断是否满足为0时的条件。将每个残差填入表1-2中 t_i 的右列中，经计算 $\sum_{i=1}^{n} v_i = 0.133 \neq 0$。不满足条件，说明测量数据中还含有其他除随机误差外的其他误差。

(3) 计算标准误差 σ。将每个残差的 v_i^2 填入表1-2中，求得 $\sum_{i=1}^{n} v_i^2$，则 σ =0.086℃。

(4) 检查有无粗大误差数据。由于 3σ =3×0.086=0.259℃，而表1-2中 v_i 列的最大值 v_6= −0.219℃都没有大于 3σ 的值，说明这组测量值中无粗大误差。

(5) 计算算术平均值的标准误差：$\bar{\sigma}$=0.026℃。

(6) 写出测量结果：

$$t_0 = \bar{t} \pm 3\bar{\sigma} = 20.669℃ \pm 0.078℃(99.7\%)$$

从上述两例可以看出，测量数据的处理步骤可用计算机编程来实现。

1.3.4 误差的综合与分配

1. 误差的综合

检测系统通常由若干个环节组成，每个环节又由很多元器件构成。这样检测系统的各个环节、各个元器件的误差又都影响总的测量结果。测量过程中，误差的来源比较多，既有规律性的系统误差，也有偶然性的随机误差(属于不确定误差)。它们如何综合起来，对测量结果产生一个总的影响，成为了误差综合要解决的问题。误差综合就是由一系列已知的误差分量用计算的方法，得到总误差对测量结果产生的影响。误差综合不但是测量过程中的一个基本任务(对测量结果必须进行误差综合)，而且也是检测系统设计的一个很重要的环节。

2. 误差分配

根据总误差的大小来求局部误差，这个问题称为误差分配。误差分配在实际检测中具有重要意义。例如，在制定方案时，当总误差被限制在其一允许限度内，如何确定局部误差的允许界限？再如设计一个检测系统时，要保证系统的总误差不超过规定的准确度等级，应对系统各组成环节的允许误差提出什么样的要求？诸如此类问题，均属于误差分配问题。常用的方法有：按算术综合时的误差分配、几何误差分配和不等量误差分配。其中，不等量误差分配是测量系统设计时常采用的方法。例如，由传感器、接口、计算机组成检测系统时，传感器的误差应分配大一些，这样可以降低系统的造价。

思考题与习题

1. 检测系统由哪几部分组成？说明各部分的作用。
2. 在检测系统中，常用的测量方法有哪些？
3. 非电量的电测法有哪些优点？
4. 什么是测量误差？研究测量误差的意义是什么？
5. 测量误差有哪几种表示方法？各有什么用途？
6. 误差按其出现规律可分为哪几种？它们与准确度和精密度有什么关系？
7. 什么是仪表的静特性、刻度特性、灵敏度？灵敏度与刻度特性有什么关系？
8. 正确度和精密度的含义是什么？它们分别反映出的是何种误差？
9. 服从正态分布规律的随机误差具有哪些特性？
10. 产生系统误差的常见原因有哪些？常用的减少系统误差的方法有哪些？
11. 对某量进行10次测量，测得数据为14.7、15.0、15.2、14.8、15.5、14.6、14.9、14.8、15.1、15.0。试判断该测量列中是否存在系统误差。
12. 对某量进行15次测量，测得数据为28.53、28.52、28.50、28.52、28.53、28.53、28.50、28.49、28.49、28.51、28.53、28.52、28.49、28.40、28.50。若这些测得值已消除系统误差，试判断该测量列中是否含有粗大误差的测量值。
13. 检定2.5级的量程为100 V的电压表，发现50 V刻度点的示值误差2 V为最大误差，问该电压表是否合格？
14. 若测量10 V左右的电压，手头上有两块电压表，其中一块量程为150 V、0.5级，另一块是15 V、2.5级。问选哪一块电压表测量更准确？
15. 有三台测温仪表，量程均为0～800℃，精度等级分别为2.5级、2.0级和1.5级，现要测量500℃的温度，要求相对误差不超过2.5%，选哪一台仪表更合理？
16. 在一个管道中进行温度(℃)测量，已记录了下列读数：

248.0，248.5，249.6，248.6，248.2，248.3，248.2，248.0，247.5，248.1

试计算平均温度、单独测量的随机误差和和测量均值的随机不确定度(置信水平为 95%)。

17. 已知某差压变送器，其理想特性为

$$U=8x \text{ (}U\text{ 为输出，}x\text{ 为位移)}$$

它的实测数据如习题表 1 - 1 所示。

习题表 1 - 1　差压变送器实测数据

x/mm	0	1	2	3	4	5
U/mV	0.1	8.0	16.3	24.1	31.6	39.7

(1) 试求最大绝对误差、相对误差，并指出其测量点；

(2) 若指示仪表量程为 50 mV 时，请指出仪表精度等级。

第2章 传感器概述

教学目标

本章内容通过对传感器相关基本知识的学习，引出了传感器的一般特性分析，并得出了评价传感器的性能指标；重点介绍了传感器的定义、组成、分类、命名方法和传感技术的发展趋势；对传感器的静态和动态特性进行了详细的分析；总结了评价传感器的主要性能指标、工作要求和性能改善主要途径；对实际生产中常用的变送器做了统一的介绍。

通过本章的学习，读者应掌握传感器的基本概念、一般特性和主要性能指标，熟悉传感器的组成和分类，学会分析方法。

教学要求

知识要点	能力要求	相关知识
传感器的基本概念	(1) 掌握传感器的定义、组成和分类方法； (2) 掌握传感器的命名和图形符号； (3)了解传感器技术的发展趋势	(1) 传感器基础知识； (2) 相关国家标准； (3) 科技发展前沿
传感器的一般特性	(1) 理解传感器的一般特性； (2) 熟悉静态、动态特性的常用指标	(1) 传感器基础知识； (2) 自动控制理论
传感器的性能指标	(1) 熟悉传感器的性能指标； (2) 了解改善性能指标的技术途径	传感器基础知识

在科学研究、工农业生产、国防建设和日常生活中，人们得到的信息绝大多数是非电量信息，要把这些信息转变成便于接收、加工处理的电信号，就需要一种特殊的敏感器件来检测，具备这种功能的器件称为传感器。

传感器是一个完整的测量器件或装置，它能在规定的条件下感受被测物理量(如：热工参量、机械性、物性参数、结构参数等)，并按一定规律变换成与之有确定关系的有用信号(通常是电量)，满足信息的传输、处理、记录、显示或控制等要求。

2.1 传感器的基本概念

2.1.1 传感器的定义与组成

1. 传感器的定义

传感器的英文是“Sensor”，来源于拉丁语“Sense”，意思是“感觉”、“知觉”等。传感器的通俗定义可表述为“信息拾取的器件或装置”。其严格定义在国家标准GB7665—87中的表述是“能感受规定的被测量并按照一定的规律转换成可用信号的器件或装置，通常由敏感元件和转换元件组成”，包含以下几方面的意思：

(1) 传感器首先是一种测量器件或装置，它的作用体现在测量上。

(2) 传感器定义中所谓“规定的被测量”，一般是指非电量信号，主要包括各种物理量、化学量和生物量等，在工程中常需要测量的非电量信号有力、压力、温度、流量、位移、速度、加速度、转速、浓度等。

(3) 传感器定义中所谓“可用信号”是指便于传输、转换及处理的信号，主要包括气、光和电等信号，现在一般是指电信号(如电压、电流等各种电参数)。由于非电量信号不能像电信号那样可由电工仪表和电子仪器直接测量，所以就需要利用传感器技术实现由非电量到电量的转换。

(4) 传感器的输入和输出信号应该具有明确的对应关系，并且应保证一定的精度。

(5) 传感器也称为变换器(Transducer)、转换器(Converter)、检测器(Detector)和变送器(Transmitter)等。

传感器处于检测系统的最前端，起着获取检测信息与转换信息的作用，是实现自动检测和自动控制的首要环节。

2. 传感器的组成

传感器的种类繁多，其工作原理、性能特点和应用领域各不相同，故结构、组成差异很大。由于电量具有便于传输、转换、处理、显示等特点，因此传感器输出信号通常是电信号形式(如：电压、电流等各种电参数)，即传感器将非电量转换成电量输出。所以传感器通常由敏感元件、转换元件及基本转换电路三部分组成，如图2-1所示。

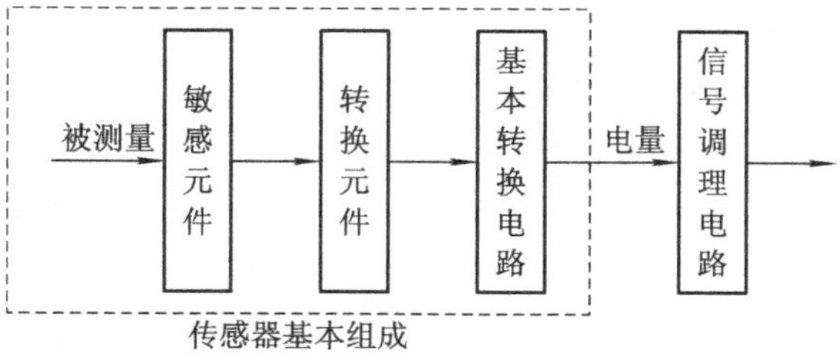

图2-1 传感器组成框图

(1) 敏感元件。敏感元件是指传感器中能直接感受被测量的变化，并且输出与被测量成确定关系的某一个物理量的元件。如弹性敏感元件将力转换为位移或应变输出。

(2) 传换元件。转换元件是指传感器中能将敏感元件输出的物理量转换成适于传输或测量的电信号的元件。

(3) 基本转换电路。基本转换电路是指将电路参数转换成能便于测量的电量的电路。

由于传感器的输出信号一般都很微弱，需要有信号调理电路，对电量进行放大、运算、分析及特殊处理等，此外，传感器的工作必须有辅助的电源，因此信号调理电路以及所需的电源都应作为传感器组成的一部分。随着半导体集成技术的发展，现在有的集成传感器已把敏感元件、转换元件、基本转换电路和信号调理电路都集中到传感器壳体内。

2.1.2　传感器的分类

从量值变换这个观点出发，对每一种(物理)效应都可在理论上或原理上构成一类传感器，因此，传感器的种类繁多。在对非电量的测试中，有的传感器可以同时测量多种参量，而有时对一种物理量又可用多种不同类型的传感器进行测量。目前采用较多的传感器分类方法主要有以下几种。

1. 按被测物理量分类

按被测量的性质进行分类，有利于准确表达传感器的用途，对人们系统地使用传感器很有帮助。如位移传感器用于测量位移等。本书主要就是按这一分类方法作为编写体系来介绍各种类型的传感器的。

2. 按传感器工作原理分类

按工作原理分类是传感器最常见的分类方法，这种分类方法将物理、化学、生物等学科的原理、规律和效应作为分类的依据，有利于对传感器工作原理的阐述和对传感器的深入研究与分析。如电感式传感器、电容式传感器等。

3. 按传感器转换能量的情况分类

按照传感器的能量转换情况，传感器可分为能量控制型和能量转换型传感器两大类。

① 能量转换型：又称发电型，不需外加电源而将被测能量转换成电能输出，这类传感器有压电式、热电偶、光电池等。

② 能量控制型：又称参量型，需外加电源才能输出电能量。这类传感器有电阻、电感、霍尔式等传感器以及热敏电阻、光敏电阻、湿敏电阻等。

4. 按传感器结构分类

按传感器的结构构成可分为结构型、物性型和复合型传感器。

(1) 结构型：被测参数变化引起传感器的结构变化，使输出电量变化，利用物理学中场的定律和运动定律等构成，如电感式、电容式。这类传感器的特点是其性能以传感器中元件相对结构(位置)的变化为基础，而与其材料特性关系不大。

(2) 物性型：利用某些物质的某种性质随被测参数变化的原理构成。传感器的性能与材料密切相关，如压电传感器、各种半导体传感器等。这类传感器的“敏感元件”就是材料本身，无所谓“结构变化”，因此，通常具有响应速度快的特点，而且易于实现小型化、集成化和智能化。

(3) 复合型传感器则是结构型和物性型传感器的组合，同时兼有二者的特征。

5. 按传感器输出信号的形式分类

(1) 模拟式：传感器输出为模拟量。

(2) 数字式：传感器输出为数字量，如编码器式传感器。

下面列出根据被测量、测量原理、传感基理、输出形式和电源形式等进行的分类表，如表 2-1 所示。

表 2-1 传感器分类

分类方法		传感器
按被测量分类	热工量	温度、热量、比热；压力、压差、真空度；流量、流速、风速
	机械量	位移(线位移、角位移)，尺寸、形状；力、力矩、应力；重量、质量；转速、线速度；振动幅度、频率、加速度、噪声
	物性和成分量	气体化学成分、液体化学成分；酸碱度(pH 值)、盐度、浓度、黏度；密度、比重
	状态量	颜色、透明度、磨损量、材料内部裂缝或缺陷、气体泄漏、表面质量
按测量原理分类		电阻式、电容式、电感式、阻抗式(电涡流式)、电磁式、热电式、压阻式、光电式(红外式、光纤式)、谐振式、霍尔式(磁式)、超声式、同位素式、电化学式、微波式
按传感基理分类		结构型传感器、物性型传感器、复合型传感器
按输出形式分类		数字传感器、模拟传感器
按电源形式分类		无源传感器、有源传感器

2.1.3 传感器的命名与代号

中华人民共和国国家标准 GB7666—2005 规定了传感器的命名方法及图形符号，并将其作为统一传感器命名及图形符号的依据。该标准适用于传感器的生产、科学研究、教学及其他相关领域。

1. 传感器的命名

传感器的命名由主题词加四级修饰语构成，如表 2-2 所示。

表 2-2 典型传感器命名构成及各级修饰语举例一览表

主题词	第一级修饰语：被测量	第二级修饰语：转换原理	第三级修饰语：特征描述（传感器结构、性能、材料特征、敏感元件或辅助措施等）	第四级修饰语：技术指标	
				范围(量程、精确度、灵敏度)	单位
传感器	压力	压阻式	[单晶]硅	0～2.5	MPa
	力	应变式	柱式[结构]	0～100	kN
	重量(称重)	应变式	悬臂梁式[结构]	0～10	kN
	力矩	应变式	静扭式[结构]	0～500	N·m
	速度	电磁式	—	600	cm/s
	加速度	电容式	[单晶]硅	±5	g
	振动	磁电式	—	5～1000	Hz
	流量	电磁[式]	插入式[结构]	0.5～10	m^3/h
	位移	电涡流[式]	非接触式[结构]	25	mm
	液位	压阻式	投入式[结构]	0～100	m
	厚度	超声(波)[式]	—	1.5～99.99	mm
	角度	伺服式	—	±1～±90	(度)°
	密度	谐振式	—	0.3～3.0	g/ml
	温度	光纤[式]	—	800～2500	℃
	(红外)光	光纤[式]	—	20	mA
	磁场强度	霍尔[式]	砷化镓	0～2	T
	电流	霍尔[式]	砷化镓或锑化铟	0～1200	A
	电压	电感式	—	0～1000	V
	(噪)声	—	—	40～1200	dB
	(O_2)气体	电化学	—	0～25	%VOL
	湿度	电容式	高分子薄膜	10～90	%RH
	结露	—	—	94～100	%RH
	pH	—	参比电极型	−2～+16	(pH)

注：( )内的词为可换用词，即同义词；[ ]内的词为可略词。

(1) 主题词：传感器；

(2) 第一级修饰语：被测量，包括修饰被测量的定语；

(3) 第二级修饰语：转换原理，一般可后续以“式”字；

(4) 第三级修饰语：特征描述，指必须强调的传感器结构、性能、材料特征、敏感元件及其它必要的性能特征，一般可后续以“型”字。

(5) 第四级修饰语：主要技术指标(量程、精确度、灵敏度等)。

2. 传感器的代号

传感器的代号依次为主称(传感器)、被测量、转换原理、序号。其表述格式如图 2-2 所示。

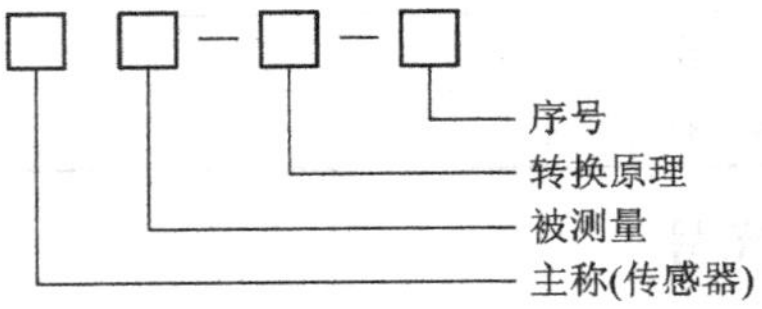

图 2-2　传感器产品代号及格式

(1) 主称：传感器代号 C。

(2) 被测量：用一个或两个汉语拼音的第一个大写字母标记。常用的被测量代码如表 2-3 所示。

表 2-3　被测量代号举例

被测量	代号	被测量	代号	被测量	代号
压力	Y	黏度	N	pH 值	(pH)
真空度	ZK	浊度	Z	体温	[T]W
力	L	硬度	YD	呼吸流量	[H] LL
重量(称重)	ZL	流向	LX	呼吸频率	HP
应力	YL	温度	W	脉搏	MB
剪切应力	QL	光	G	离子	LZ
力矩	LJ	激光	JG	水分	SF
扭矩	NJ	可见光	KG	露点	LD
速度	V	红外光	HG	结露	JL
线速度	XS	紫外光	ZG	湿度	S
角速度	JS	射线	SX	氧气	(O_2)
转速	ZS	X 射线	(X)	气体	Q
流速	LS	β 射线	(β)	超声波	CS
加速度	A	γ 射线	(γ)	噪声	ZS
线加速度	XA	射线剂量	SL	声压	SY
角加速度	JA	照度	HD	声	SH
振动	ZD	亮度	LU	表面粗糙度	MZ
冲击	CJ	色度	SD	密度	M
流量	LL	图像	TX	液体密度	[Y]M
质量流量	[Z]LL	磁	C	气体密度	[Q]M
容积流量	[R]LL	磁场强度	CQ	尺度	CD
位移	WY	磁通量	CT	厚度	H
线位移	XW	电场强度	DQ	角度	J
角位移	JW	电流	DL	倾角	QJ
位置	WZ	电压	DY	姿态	ZT
物位	WW	液位	YW		

(3) 转换原理：用一个或两个汉语拼音的第一个大写字母标记。转换原理代码如表2-4所示。

(4) 序号：用一个阿拉伯数字标记，厂家自定，用来表征产品设计特性、性能参数、产品系列等。当产品性能参数不变，仅在局部有改动或变动时，其序号可在原序号后面顺序地加注大写字母A、B、C等(其中I、Q不用)。

例如：应变式位移传感器：CWY-YB-20；光纤压力传感器：CY-GX-2。

表2-4　转换原理代号举例

转换原理	代号	转换原理	代号	转换原理	代号
电解	DJ	分子信标	FX	热辐射	RF
差动变压器	CB	光导	GD	石英振子	SZ
磁电	CD	光伏	GF	声表面波	SB
场效应管	CX	光纤	GX	热释电	RH
差压	CY	光栅	GS	消失波	XB
磁阻	CZ	霍耳	HE	伺服	SF
电磁	DC	红外吸收	HX	涡街	WJ
电导	DD	化学发光	HF	微生物	WS
电感	DG	核辐射	HS	涡轮	WL
电化学	DH	核磁共振	HZ	谐振	XZ
电涡流	DO	控制电位电解法	KD	应变	YB
超声波	CS	晶体管	JG	压电	YD
电容	DR	PN结	PN	压阻	YZ
电位器	DW	离子选择电极	LX	阻抗	ZK
电阻	DZ	离子通道	LT	转子	ZZ
电离	DL	浓差电池	NC	热离子化	RL
电晕放电	DY	热电	RD	隧道效应	SD
电弧紫外光谱	DZ	热导	ED	生物亲和性	SQ
浮子	FZ	热丝	RS	荧光	YG
浮子-干簧管	FH	表面等离子	BJ	酶	M
		激源共振		免疫	MY

3. 传感器的图形符号

图形符号通常用于图样或技术文件中，表示一个设备或概念的图形、标记或字符。由于它能象征性或形象化地标记信息，因此可以越过语言障碍，直接地表达设计者的思想和意图，在实际中应用广泛。

传感器的图形符号是电气图用图形符号的一个组成部分。1994年2月1日国家批准实施的GB/T14479—1993《传感器图用图形符号》是与国际接轨的。按照此规定，传感器的图形符号由符号要素正方形和等边三角形组成，如图2-3所示。其中，正方形表示转换元件，三角形表示敏感元件。

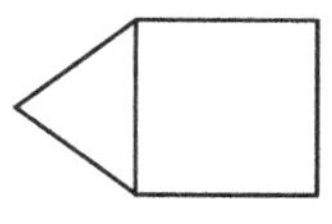

图2-3　传感器的图形符号

在使用这种图形符号时应注意以下几个问题：

(1) 表示转换原理的限定符号应写进正方形内，表示被测量的限定符号应写进三角形内，如图 2-4(a)所示。

(a) 强调转换原理　　　　(b) 不强调转换原理

x—应写进的被测量符号；＊—应写进的转换原理；

对角线—内在能量转换功能；(A)、(B)—输入、输出信号

图 2-4　传感器的图形符号说明

(2) 无须强调具体的转换原理时，传感器的图形符号可以简化，如图 2-4(b)所示。

(3) 对于传感器的电气引线，应根据接线图设计需要，从正方形的三条边线垂直引出。如果引线需要接地或接壳体、接线板，应按照 GB 4728.2 中的规定绘制，如图 2-5 所示。

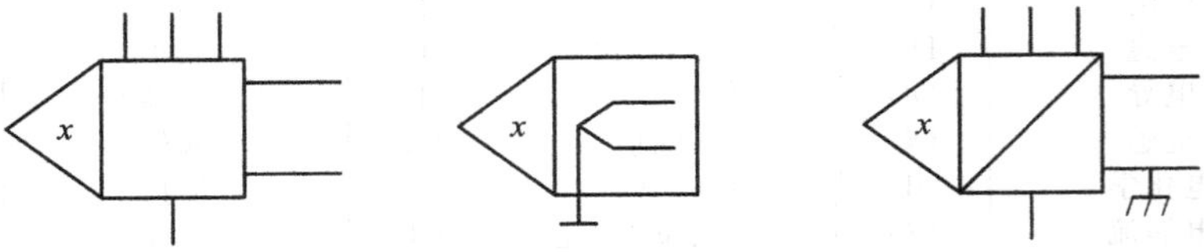

(a) 电气引线　　　　(b) 需要接地　　　　(c) 需要接机壳或底板

图 2-5　传感器的电气引线

(4) 对于某些转换原理难以用图形符号简单、形象地表达时，例如，离子选择电极式钠离子传感器，也可用文字符号替代，如图 2-6 所示。

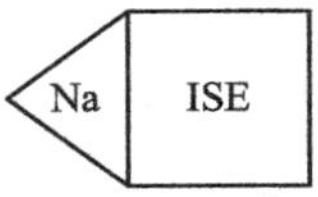

图 2-6　用文字符号表示方式

图 2-7 给出几种典型传感器的图形符号。

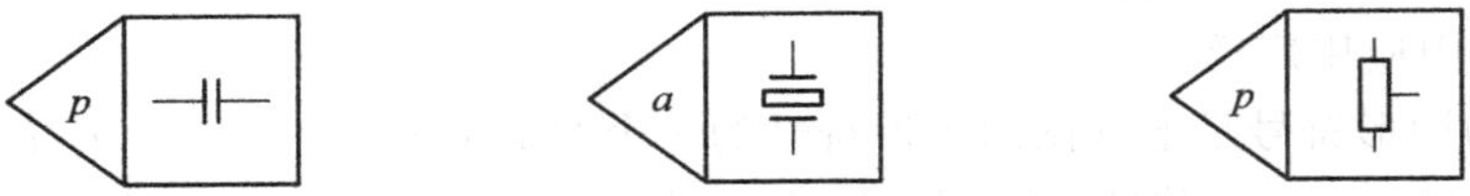

(a) 电容式压力传感器　　　　(b) 压电式加速度传感器　　　　(c) 电位器式压力传感器

图 2-7　典型传感器的图形符号

国标 GB/T14479—1993 给出了 43 种常用传感器的图形符号示例。标准规定，对于新型或特殊转换原理或检测技术的传感器，也可参照标准的有关规定自行绘制，但必须经主管部门认可。

2.1.4　传感器技术的发展趋势

传感器技术是通过研究各种功能材料的物理效应、化学效应和生物反应机理，并将其成果应用于信息检测的一门应用性技术。目前传感器技术在工业生产自动化、节约资源、

灾害预测、安全防卫、环境保护、健康诊断等方面得到广泛应用，是当今最活跃、最生机勃勃的热门技术之一。随着社会化需求的不断加大，微电子技术、计算机技术的快速普及与发展，使传感器技术出现了“多样化、新型化、集成化、智能化”的发展趋势。

1. 传感器技术的特点

(1) 涉及多学科与技术，包括材料科学、精密机械、微电子、微机械加工工艺、材料力学、弹性力学、计算机技术、物理学、生物化学、测试技术等。

(2) 品种繁多，被测参数包括热工量、电工量、化学量、物理量、机械量、生物量、状态量等。

(3) 应具有高稳定性、高可靠性、高重复性、低迟滞、快响应和良好的环境适应性。

(4) 应用领域广泛，无论是高新技术，还是传统产业，都需要应用大量的传感器。

(5) 应用要求千差万别，有的量大面广，有的专业性很强；有的要求高精度，有的要求高稳定性，有的要求高可靠性；有的要求耐振动，有的要求防爆，等等。

(6) 发展相对缓慢。研制一旦成熟，其生命力强，如应变式传感技术已有70多年的历史，目前仍然占有重要的地位。

2. 传感器技术发展趋势

近年来传感器技术发展的主要趋势表现在以下六个方面。

1) 新材料、新功能的开发应用

传感器材料是传感器技术的重要基础，无论是何种传感器，都要选择恰当的材料来制作，而且要求所使用的材料具有优良的机械特性，不能有材料缺陷。近年来，在传感器技术领域，所应用的新型材料主要有以下几种：

(1) 半导体硅材料。半导体硅材料包括单晶硅、多晶硅、非晶硅、硅蓝宝石等。由于硅材料具有相互兼容的、优良的电学特性和机械特性，因此，采用硅材料研制各种类型的硅微结构传感器。

(2) 石英晶体材料。石英晶体材料包括压电石英晶体和熔凝石英晶体(又称石英玻璃)，它具有极高的机械品质因数和非常好的温度稳定性。同时，天然的石英晶体还具有良好的压电特性。因此，可采用石英晶体材料来研制一些微型化的高精密传感器。

(3) 功能陶瓷材料。近年来，一些新型传感器是利用某些精密陶瓷材料的特殊功能来达到测量目的的，因此，探索已知材料的新的功能或研究具有新功能的新材料都对研制这类新型传感器有着十分重要的意义。随着材料学和物理科学的进步，目前已经能够按着人为的设计配方，制造出所要求性能的功能材料。例如气体传感器的研制，就可以用不同配方混合的原料，在精密调制化学成分的基础上，经高精度成型烧结而成为对某一种或某几种气体进行识别的功能识别陶瓷，用以制成新型气体传感器。这种功能陶瓷材料的进步意义非常大，因为尽管半导体硅材料已广泛用于制作各种传感器，但其有着工作上限温度低的缺点，限制了其应用范围。按上述方法可自由配方烧结而成的功能陶瓷材料不仅具有半导体材料的特点，而且其工作温度上限很高，大大地拓展了其应用领域。所以开发新型功能材料是发展传感技术的关键之一。

此外，一些化合物半导体材料、复合材料、薄膜材料、形状记忆合金材料等在传感器技术中得到了成功的应用。

2）微机械加工工艺的发展

传感器有逐渐小型化、微型化的趋势，这些为传感器的应用带来了许多方便。以IC制造技术发展起来的微机械加工工艺可使被加工的敏感结构的尺寸达到微米、亚微米级，并可以批量生产，从而制造出微型化而价格便宜的传感器。微机械加工工艺主要包括：

(1) 平面电子加工工艺技术，如光刻、扩散、沉积、氧化、溅射等。

(2) 选择性的三维刻蚀工艺技术，如各向异性腐蚀技术、外延技术、牺牲层技术、LIGA技术(X射线深层光刻，电铸成型，注塑工艺的组合)等。

(3) 固相键合工艺技术，如Si-Si键合，它是通过对两个需要对接基片的表面进行活化处理，在室温下把两个热氧化硅片面对面的接触，再经一定温度的退火即可使两硅片键合为一体，键合可以实现硅一体化结构，且强度、气密性好。

(4) 机械切割技术，制造硅微机械传感器时，是把多个芯片制作在一个基片上，因此，需要将每个芯片用分离切断技术分割开来，以避免损伤和残余应力。

(5) 整体封装工艺技术，将传感器芯片封装于一个合适的腔体内，隔离外界干扰对传感器芯片的影响，使传感器工作于较理想的状态。

3）传感器的多功能化发展

一般的传感器多为单个参数测量的传感器，近年来，出现了利用一个传感器实现多参数测量的多功能传感器。如一种同时检测Na^+、K^+和H^+离子的传感器，可检测血液中的钠、钾和氢离子的浓度，对诊断心血管疾患非常有意义。该传感器的尺寸为2.5 mm×0.5 mm×0.5 mm，可直接用导管送到心脏内进行检测。

气体传感器在多功能方面的进步最具代表性。如一种多功能气体传感器能够同时测量H_2S、C_8H_{18}、$C_{10}H_{20}O$、NH_3四种气体。该传感器的敏感结构共有6个用不同敏感材料制成的部分，其敏感材料分别是ZnO、SnO_2、WO_3、ZnO(Pt)、WO_3(Pt)、SnO_2(Pb)，它们分别对上述四种被测气体均有响应，但其相应的灵敏度差别很大，利用其从不同敏感部分输出的差异，即可测出被测气体的浓度。

4）传感器的智能化发展

随着微处理器技术的进步，传感器技术正在向智能化方向发展，这也是信息技术发展的必然趋势。所谓智能化传感器，就是将传感器获取信息的功能与微处理器的信息分析、处理等功能紧密结合在一起的传感器。由于微处理器具有计算与逻辑判断功能，故可以方便地对数据进行滤波、变换、校正补偿、存储记忆、输出标准化等，同时实现必要的自诊断、自检测以及通信与控制等功能。

此外，近年来，一些专家、学者提出了模糊传感器、符号传感器的新概念。

5）传感器模型及其仿真技术

针对传感器技术的发展特点，传感器技术充分体现了综合性。涉及敏感元件输入/输出特性规律的参数越来越多、影响传感器输入/输出特性的环节越来越多。因此，分析、研究传感器的特性，设计、研制传感器的过程，甚至在选用、对比传感器时，都要对传感器的工作机理进行有针对性的建立模型和进行深入细致的模拟计算。

6）传感器的网络化

传感器的网络化是传感器技术领域近些年发展起来的一项新兴技术，它利用TCP/IP协议，使现场测量数据就近通过网络与网络上有通信能力的节点直接进行通信，实现了数据的实时发布和共享。由于传感器自动化、智能化水平的提高，多台传感器联网已推广应用，虚拟仪器、三维多媒体等新技术已开始实用化。传感器网络化的目标就是采用标准的网络协议，同时采用模块化结构将传感器和网络技术有机地结合起来，实现信息交流和技术维护。

总之，近年来传感器技术得到了较快的发展，同时推动了各行各业各个领域的技术发展与进步。有理由相信：传感器技术的发展，必将为信息技术领域及其他技术领域的新发展、新进步带来新的动力与活力。

2.2 传感器的一般特性

传感器作为感受被测量信息的器件，希望它能按照一定的规律输出有用信号。因此，需要研究描述传感器的方法，来表示其输入-输出关系及特性，以便用理论指导其设计、制造、校准与使用。

传感器的输入/输出特性是传感器的基本外部特性，由于传感器所测的物理量(输入量)有静态量和动态量两种形式，对应传感器的输入/输出特性也分别有静态特性和动态特性。因为不同传感器的内部结构、参数各不相同，它们的静态特性和动态特性也表现出不同的特点，对测量结果的影响也各不相同。通过对这些特性的分析，是为了掌握一种揭示传感器性能指标的方法，从而全面地去衡量传感器的性能差异及优劣。

2.2.1 传感器的静态特性

当被测对象处于静态，也即传感器的输入量为常量或随时间作缓慢变化时，传感器输出与输入之间呈现的关系称为静态特性。

静态特性是通过在使用前对传感器进行标定或定期校验获得的。静态标准工作条件规定是指没有加速度、振动、冲击(除非这些参数本身就是被测量)；环境温度一般为室温(20±5)℃；相对湿度不大于 85%；大气压力为(10137±7800)Pa((760±60)mmHg)的情况。由高精度输入量发生器给出一系列数值已知的、准确的、不随时间变化的输入量 x_i($i=1, 2, \cdots, n$)，用高精度测量系统测定被校传感器对应输出量 y_i($i=1, 2, \cdots, n$)，从而得出(y_i, x_i)系列值得出的数表、曲线或所求得的数学表达式表征的被校传感器的输入-输出关系。

若实际测试时的工作条件偏离了标定时的标准条件，将产生附加误差，必要时需对传感器的读数进行修正。

传感器的静态特性可以用一组性能指标来描述，主要有灵敏度、线性度、迟滞和重复性等。

1. 灵敏度(Sensitivity)

传感器灵敏度是传感器输出变化量与引起此变化的输入变化量之比，表示传感器对被测量变化的反应能力，如图 2-8 所示。

从图 2-8(a)可以看出，线性传感器的特性曲线是一条直线，其灵敏度是该直线的斜率，为一个常数。直线的斜率越大，线性传感器的灵敏度 K 越高，即

$$K = \frac{\Delta y}{\Delta x} \tag{2-1}$$

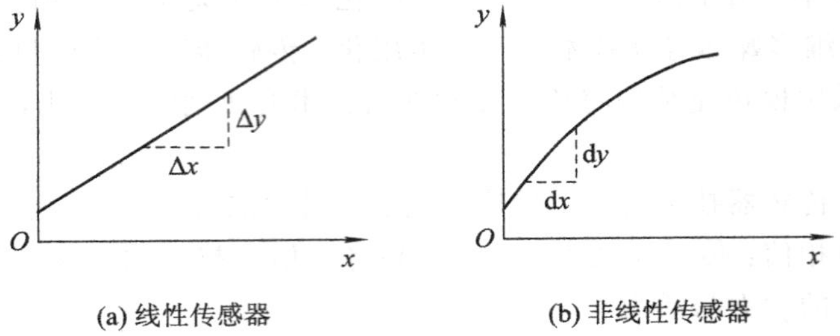

图 2-8　灵敏度

从如图 2-8(b)可以看出，对于非线性传感器，其灵敏度 K 是一个随工作点而变的变量，不是常数，即

$$K=\frac{dy}{dx} \tag{2-2}$$

从灵敏度定义可知，灵敏度是一个有量纲的数。当讨论某一灵敏度时，必须确切地说明它的单位。例如，压力传感器的灵敏度用 K_P 表示，单位是 mV/Pa。若输入与输出量的量纲相同，则灵敏度无量纲，此时常用“放大倍数”一词代替灵敏度。

当某检测系统是由灵敏度分别为 K_1、K_2、K_3 等多个相互独立的环节组成时，系统的总灵敏度 K 为

$$K=K_1\cdot K_2\cdot K_3 \tag{2-3}$$

式(2-3)表明某检测系统的总灵敏度等于各个环节灵敏度的乘积。

2. 线性度(Linearity)

传感器的线性度是指传感器的输出与输入之间数量关系的线性程度。从传感器的性能来看，希望其输出与输入的关系具有线性特性，这样可以使显示仪表刻度均匀，在整个测量范围内具有相同的灵敏度，并且不必采用线性化环节，从而简化传感器的内部结构。但实际的传感器由于存在着迟滞、蠕变、摩擦等因数的影响，使输出与输入的对应关系为非线性，为了标定和数据处理方便，要对传感器的输出与输入的关系曲线进行线性化处理。在被测量处于稳定状态时，若传感器的非线性不严重，输入量变化范围较小时，可用一条直线(切线或割线)近似地代表实际曲线的一段，使传感器的输入-输出特性线性化，这种方法叫拟合直线法。

传感器的线性度也称为非线性误差 γ_L，其表示方法是在全量程范围内实际特性曲线与拟合直线之间的最大偏差值 ΔL_{max} 与满量程输出值 Y_{FS}(FS 是 Full Scale 满量程的缩写)之比的百分数来表示，即

$$\gamma_L=\pm\frac{\Delta L_{max}}{Y_{FS}}\times 100\% \tag{2-4}$$

显然，选取的拟合直线不同，所得的线性度值也不同。选择拟合直线应保证获得尽量小的非线性误差，并考虑使用与计算方便。常用的拟合直线方法有以下几种：

(1) 理论直线法。通常取零点(0%)为起始点，满量程输出(100%)为终止点，连接这两点的直线($y=kx$)即为理论直线。如图 2-9(a)所示，以传感器的理论特性线作为拟合直线，它与实际测试值无关。该方法的优点是简单、方便，但通常 ΔL_{max} 很大。

(2) 端点线法。取传感器标定出的零点输出平均值为起始点，满量程输出平均值为终止点，连接这两点的直线($y=a_0+kx$)为端基拟合直线。如图 2-9(b)所示，以此直线为基准可计算出实际曲线与拟合曲线的偏差程度。这种方法很简便，但 ΔL_{max} 也很大。

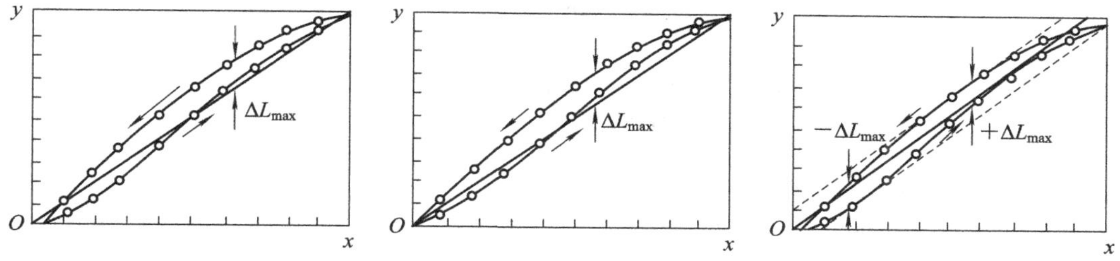

(a) 理论直线法　(b) 端点线法　(c) 端点平移法

图 2-9　不同的拟合方法

(3) 端点平移法。以传感器校准曲线两端点间的连线平移所得的直线作拟合直线，该直线能保证传感器正反行程校准曲线对它的正、负偏差相等并且最小，如图 2-9(c)所示。

(4) 最小二乘法。这种方法按最小二乘原理求取拟合直线，该直线能保证传感器校准数的残差平方和最小。虽然最小二乘法的拟合精度很高，但校准曲线相对拟合直线的最大偏差绝对值并不一定最小，最大正、负偏差的绝对值也不一定相等。

3. 迟滞(Hysteresis)

传感器的迟滞特性是在输入量由小到大(正行程)及输入量由大到小(反行程)变化期间其输入-输出特性曲线出现的不重合程度。也就是说，尽管输入为同一输入量，但输出信号的大小却不相等，这个差值称为迟滞误差 γ_H，如图 2-10 所示。

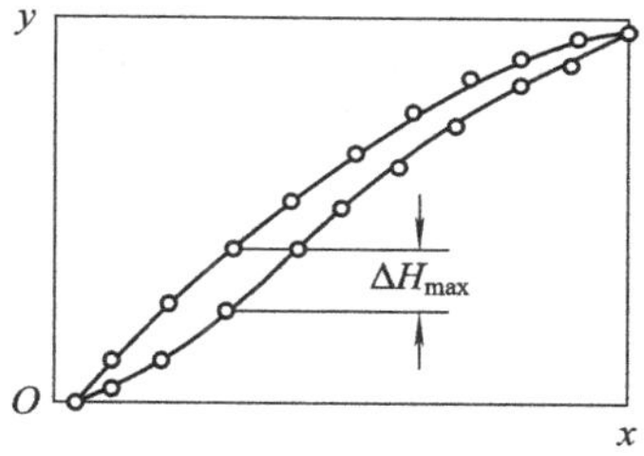

图 2-10　传感器的迟滞特性

传感器的迟滞误差的表示方法是用正、反向输出量的最大偏差 ΔH_{max} 与满量程输出 Y_{FS} 的之比的百分数来表示，即

$$\gamma_H = \frac{1}{2} \times \frac{\Delta H_{max}}{Y_{FS}} \times 100\% \tag{2-5}$$

传感器材料的物理性质是产生迟滞的主要原因。例如，把应力施加于某弹性材料时，弹性材料产生形变，应力取消后，弹性材料仍不能完全恢复原状。又如，铁磁体、铁电体在外加磁场、电场的作用下也均有迟滞现象。传感器机械部分存在不可避免的缺陷，如轴承摩擦、间隙、紧固件松动、材料内摩擦、积尘等也是造成迟滞现象的重要原因。迟滞特性一般由实验方法确定。

4. 重复性(Repeatability)

重复性是指传感器在输入量按同一方向作全量程连续多次变化时，所得特性曲线不一致的程度。各条特性曲线越靠近，则说明重复性越好。传感器输出特性曲线的重复特性如图 2-11 所示。

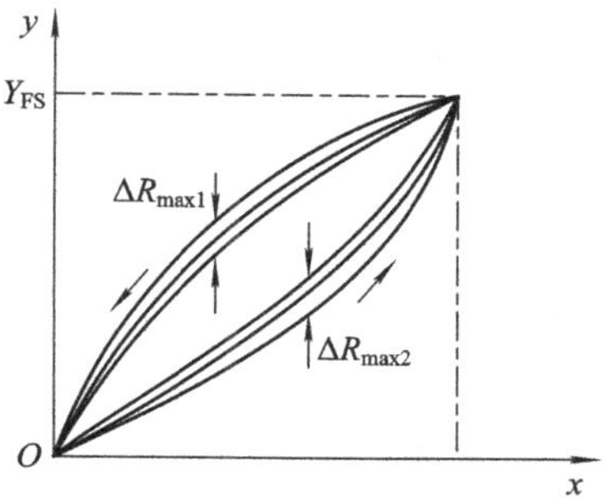

图 2-11　传感器的重复性特性

图 2-11 中，正行程的最大重复性偏差为 ΔR_{max1}，反行程的最大重复性偏差为 ΔR_{max2}。传感器的重复性也称为重复误差 γ_R，其表示方法是重复性偏差(取这两个最大偏差中之较大者为 ΔR_{max})与满量程输出 Y_{FS}之比的百分数，即

$$\gamma_R = \pm \frac{\Delta R_{max}}{Y_{FS}} \times 100\% \qquad (2-6)$$

重复性是反映传感器精密程度的重要指标。同时，重复性的优劣也与许多随机因素有关，它属于随机误差，要用统计规律来确定。

2.2.2　传感器的动态特性

传感器的动态特性是指输入量随时间变化时传感器的响应特性。由于传感器存在惯性滞后，当被测量随时间变化时，传感器的输出往往来不及达到平衡状态，处于动态过渡过程之中，所以传感器的输出量表征为时间函数关系。

一个理想的传感器，其输出量 $y(t)$与输入量 $x(t)$随时间变化的规律相同，即具有相同的时间函数，但实际上，输入量 $x(t)$与输出量 $y(t)$只能在一定频率范围内，对应一定动态误差的条件下保持所谓一致。在工程测量中，大量的被测信号是随时间变化的动态信号，即 $x(t)$是时间 t 的函数，因此必须研究传感器的动态特性。由于传感器的动态特性取决于本身及输入信号的形式，因此工程上常用正弦函数和单位阶跃函数作为“标准”输入信号，对动特性进行分析，据此确立评定传感器动态特性的指标。

1. 传感器的频率响应特性

由控制理论可知，在初始条件为零时，传感器输出的傅里叶变换和输入的傅里叶变换之比，即为频率响应函数。这样传感器的频率响应函数为

$$G(j\omega) = \frac{b_m(j\omega)^m + b_{m-1}(j\omega)^{m-1} + \cdots + b_1(j\omega)^1 + b_0}{a_n(j\omega)^n + a_{n-1}(j\omega)^{n-1} + \cdots + a_1(j\omega)^1 + a_0} \qquad (2-7)$$

式中，a_0、a_1、…、a_n及 b_0、b_1、…、b_m是与传感器结构特性有关的常数。

频率响应函数表示将各种频率不同而幅值相等的正弦信号输入传感器，其输出正弦信号的幅值、相位与频率之间的关系，简称频率特性。

幅频特性：频率特性 $G(j\omega)$的模，亦即输出与输入的幅值比。$A(\omega) = |G(j\omega)|$，以 ω 为自变量，以 $A(\omega)$为因变量的曲线称为幅频特性曲线。

相频特性：频率特性 $G(j\omega)$的相角 $\varphi(\omega)$，亦即输出与输入的相角差。$\varphi(\omega) = -\arctan G(j\omega)$，以 ω 为自变量，以 $\varphi(\omega)$为因变量的曲线称为相频特性曲线。

由于相频特性与幅频特性之间有一定的内在关系，因此表示传感器的频响特性及频域性能指标时主要用幅频特性。图 2-12 是典型的对数幅频特性曲线。工程上通常将±3 dB 所对应的频率范围称为频响范围，又称通频带。对于传感器，则常根据所需测量精度来确定正负分贝数，所对应的频率范围，称为工作频带。

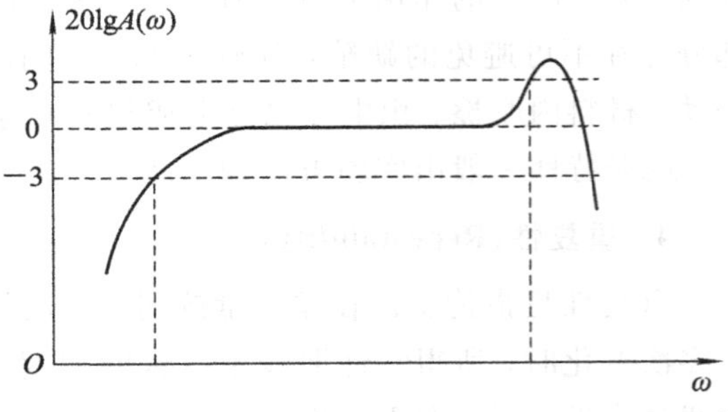

图 2-12　典型对数幅频特性

2. 传感器的阶跃响应特性

当给静止的传感器输入一个单位阶跃信号

$$u(t)=\begin{cases}0 & t\leqslant 0\\ 1 & t>0\end{cases}$$

时，其输出信号称为阶跃响应。衡量阶跃响应的指标如图 2－13 所示，模拟传感器的动态特性指标如表 2－5 所示。

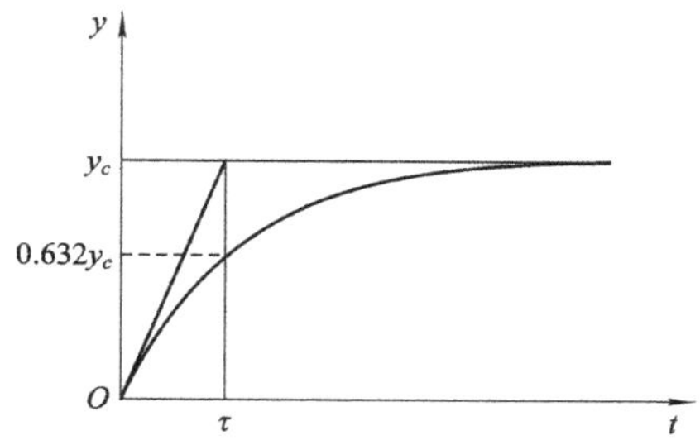

(a) 一阶系统

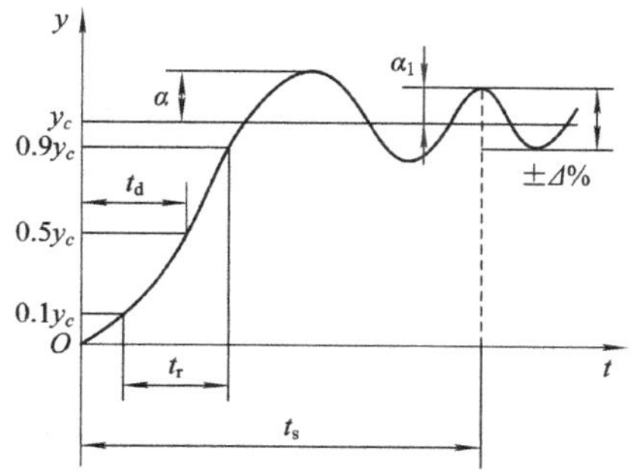

(b) 二阶系统

图 2－13 一阶、二阶系统的阶跃响应曲线

表 2－5 模拟传感器的动态特性指标

基本特性	性能指标	定 义	说 明
稳态响应	频率响应范围	传感器具有足够精度响应的频率范围或称频响范围，简称频带或通频带	工程上是指输出与输入幅值比保持≥$\sqrt{2}$(衰减 3 dB)范围内的频率范围
	幅值误差	在频响范围内与理想传感器相比产生的幅值误差	这是指正弦输入信号时传感器的响应，它只与物理参数有关，而与时间无关
	相位误差	在频响范围内与理想传感器相比产生的相位误差	
瞬态响应	时间常数 τ	传感器输出值上升到稳态值 y_c 的 63.2% 所需的时间	输入阶跃信号 τ、t_s、t_r 表征传感器响应速度； α_1、ψ 表征传感器稳定性能
	上升时间 t_r	输出从稳态值的 10%上升到 90%所需的时间	
	响应时间 t_s	从输入量开始起作用到输出进入稳定值允许误差范围(±5%或 2%)内所需的时间	
	超调量 α	输出超过最终稳态值 y_c 的最大量 α，常用 $(\alpha/y_c)\times 100\%$ 表示	
	衰减度 ψ	瞬态过程中振荡幅值衰减的速度 $(\alpha-\alpha_1)/\alpha\times 100\%$	
	延迟时间 t_d	响应曲线第一次达到稳定值的一半所需的时间	
基本要求		较好的频率响应特性、较高的灵敏度、快速的响应和较小的时间滞后	

表 2-5 中，时间常数 τ、上升时间 t_r、响应时间 t_s 表征系统的响应速度性能；超调量 α、衰减度 ψ 则表征传感器的稳定性能。通过这两个方面可以完整地描述传感器的动态特性。

2.3　传感器的性能指标

2.3.1　传感器的主要性能指标

传感器的优劣一般通过若干主要性能指标来表征。除了前面已介绍的特性参数，如线性度、迟滞、重复性、灵敏度、频率特性、阶跃响应特性外，还常用测量范围、量程、零位、分辨力、阈值、输入/输出电阻、稳定性、漂移、准确度、过载能力、可靠性以及与环境相关的参数、使用条件等。

(1) 测量范围(Measuring Range)：传感器所能测量到的最小输入量 X_{min} 与最大输入量 X_{max} 之间的范围。

(2) 量程(Span)：又称“满度值”，表征传感器测量范围的上限值 X_{max} 与下限值 X_{min} 的代数差 $X_{max}-X_{min}$；当输入量在量程范围以内时，传感器正常工作，并保证预定的性能。

(3) 零位(Zero)：当输入量为零时，传感器的输出量不为零的数值。零位值应从测量结果中设法消除。

(4) 分辨力(Resolution)：表征传感器能检测到被测量的最小变化量的能力，是一个有量纲的数。即被测量的变化小于分辨力，则传感器无反应。对于数字式传感器或仪表，一般可以认为其指示值的最后一位数值就是它的分辨力。例如，当某 $3\frac{1}{2}$ 位(常称 3 位半)数字式电子温度计的示值 +180.6℃，该温度计的分辨力为 0.1℃，则被测温度的变化量小于 ±0.1℃时，数字式温度计的最后一位数不变，仍指示原值。将分辨力除以仪表的满度量程，再以百分数表示时则称为分辨率。

(5) 阈值(Threshold)：表征当一个传感器的输入从零开始极缓慢地增加，能使传感器的输出端产生可测变化量的最小被测输入量值，即零点附近的分辨力。有的传感器在零位附近有严重的非线性，形成所谓“死区”(Dead Band)，则将死区的大小作为阈值；更多情况下，阈值主要取决于传感器噪声的大小，因而有的传感器只给出了噪声电平。阈值大的传感器其迟滞误差一定大，而分辨力未必差。

(6) 输入与输出电阻(Input Resistance and Output Resistance)：输入电阻与输出电阻对于组成检测系统的各环节甚为重要。前一环节的输出电阻相当于后一环节的信号源内阻，后一环节的输入电阻相当于前面环节的负载。若希望前级输出信号无损失地传送给后级，根据全电路欧姆定律可知信号源的内阻应为零，即前级环节对后级环节而言相当于理想电压源，其内阻即输出电阻应为 0；后续输入电阻承接了全部电压信号，故输入电阻理想值为∞。这样前后环节为独立环节，各环节之间不需要阻抗变换器。

(7) 稳定性(Stability)：传感器在相当长时间内仍保持其性能的能力。测试时先将传感器输出调至零点或某一特定点，相隔 4h、8h 或一定的工作次数后，再读出输出值，前后两次输出值之差即为稳定性误差。稳定性一般以室温条件下经过规定时间间隔后，传感器的输出与起始标定时的输出之间的差异来表示，有时也有用标定的有效期来表示；可用相对误差表示，也可用绝对误差表示。

(8) 漂移(Drift)：在外界的干扰下，在一定时间间隔内，传感器输出量存在着有与被测输入量无关的、不需要的变化。漂移包括零点漂移(表明零点不稳定的漂移)与灵敏度漂移(表明灵敏度有变化的漂移)，如图 2-14 所示。

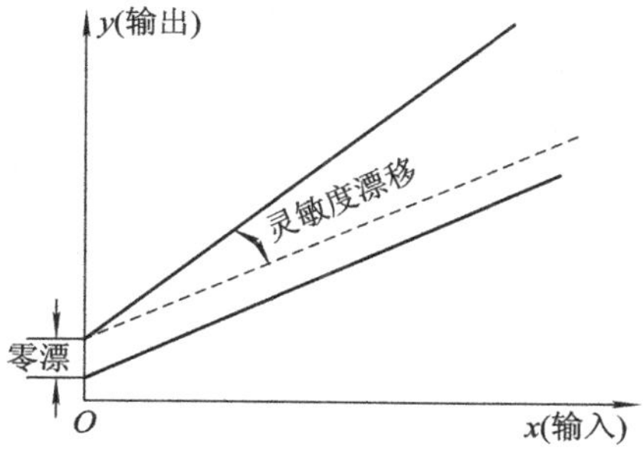

图 2-14 传感器的漂移

零点漂移或灵敏度漂移又可分为时间漂移(时漂)和温度漂移(温漂)。时漂是指在规定条件下，零点或灵敏度随时间的缓慢变化；温漂为周围温度变化引起的零点或灵敏度漂移。测试时先将传感器置于一定的温度(如室温)下，将其输出调至零点或某一特定点，使温度上升或下降一定的度数(如 5℃或 10℃)再读出输出值，前后两次输出值之差即为温漂误差。漂移反映了传感器工作的稳定性，对于需要长时间运行的传感器，这个指标更为重要。

(9) 精度(Accuracy)：表征传感器在其全量程内任一点的输出值与其理论输出值的偏离程度，是评价传感器静态性能的综合性指标。测量误差越小，传感器的精度越高。

传感器的精度 S 用其量程范围内的最大基本误差与满度量程输出之比的百分数来表示，基本误差是传感器在规定的正常工作条件下所具有的测量误差，由系统误差和随机误差两部分组成。其迟滞误差与线性误差所表示的误差为传感器的系统误差，重复性所表示的误差为随机误差，即

$$S=\frac{\Delta x}{Y_{FS}}\times 100\% \tag{2-8}$$

式中，Δx 为测量范围内允许的最大基本误差。

工程技术中为简化传感器精度的表示方法，引入了精度等级的概念。精度等级以一系列标准百分比数值分挡表示，代表传感器测量的最大允许误差。

如果传感器的工作条件偏离正常工作条件，则还会带来附加误差，温度附加误差就是最主要的附加误差。

(10) 过载能力(Overload capacity)：表征传感器在不致引起规定性能指标永久改变的条件下，允许超过测量范围的能力。一般用被测量超过测量上限(或下限)的允许值与量程的百分比。

(11) 可靠性(Reliability)：传感器在规定工作条件下和规定时间内保持原技术性能的能力，包括工作寿命、平均无故障时间、保险期、疲劳性能、绝缘电阻、耐压等指标。

发生故障的速率用平均无故随时间 MTBF(Mean Time Between Failures)来估计。

$$\text{MTBF}=\frac{\text{测量系统或仪表运行时间}}{\text{运行时间过程中故障次数}} \tag{2-9}$$

例如，某传感器在 90000 h 的运行中发生了 12 次故障，则 MTBF=90000/12=7500 h。MTBF 说明发生一次故障的平均时间间隔。

单位时间内(一般以小时计)发生故障的平均次数称为平均故障率，用 λ 表示：

$$\lambda=\frac{1}{\text{MTBF}}=\frac{\text{运行时间内的故障次数}}{\text{运行时间}} \tag{2-10}$$

根据传感器所用元件的各自故障率和元件所处不同工作条件(工作强度)和加权系数，可以计算出仪表的故障率 λ，从而得到仪表的 MTBF。此外，仪表的 MTBF 也可直接通过可靠性实验或现场运行等实验方法来估计。

在选用传感器时，不应片面追求其线性度要好、灵敏度要高、迟滞要小、重复性要优、分辨力要强，而是要根据检测的具体要求，首先保证主要性能指标。一般传感器的工作要求是：高精度、低成本、高灵敏度、稳定性好、工作可靠、抗干扰能力强、动态特性良好、结构简单、使用维护方便、功耗低等。特别应注意稳定性指标，这样才有可能利用电路或计算机对传感器误差进行补偿或修正，使传感器成本低又能达到较高精度。

传感器的主要性能指标如表 2-6 所示。

表 2-6　传感器的主要性能指标

<table>
<tr><th colspan="3">项　　目</th><th colspan="2">相应指标</th></tr>
<tr><td rowspan="7">基本参数</td><td rowspan="3">量程</td><td>测量范围</td><td colspan="2">在允许误差限内传感器的被测量值的范围</td></tr>
<tr><td>量程</td><td colspan="2">测量范围的上限(最高)和下限(最低)值之差</td></tr>
<tr><td>过载能力</td><td colspan="2">传感器在不致引起规定性能指标永久改变的条件下，允许超过测量范围的能力；
一般用允许超过测量上限(或下限)的被测量值与量程的百分比表示</td></tr>
<tr><td colspan="2">灵敏度</td><td colspan="2">灵敏度、分辨力、阈值、满量程输出</td></tr>
<tr><td colspan="2">静态精度</td><td colspan="2">精确度、线性度、重复性、迟滞、灵敏度误差、稳定性、漂移</td></tr>
<tr><td rowspan="2">动态性能</td><td>频率特性</td><td>频率响应范围、幅频特性、临界频率</td><td rowspan="2">时间常数、固有频率、阻尼比、动态误差</td></tr>
<tr><td>阶跃特性</td><td>上升时间、响应时间、超调量、衰减率、临界速度、稳态误差</td></tr>
<tr><td rowspan="3">环境参数</td><td colspan="2">温度</td><td colspan="2">工作温度范围、温度误差、温度漂移、温度系数、热滞后</td></tr>
<tr><td colspan="2">振动、冲击</td><td colspan="2">允许各项抗冲击振动的频率、振幅及加速度，冲击振动所允许引入的误差</td></tr>
<tr><td colspan="2">其它</td><td colspan="2">抗潮湿、抗介质腐蚀能力、抗电磁场干扰能力等</td></tr>
<tr><td colspan="3">可靠性</td><td colspan="2">工作寿命、平均无故障时间、保险期、疲劳性能、绝缘电阻、耐压</td></tr>
<tr><td colspan="3">使用条件</td><td colspan="2">电源(直流、交流、电压范围、频率、功率、稳定度)、外形尺寸、重量、备件、壳体材料、结构特点、安装方式、馈线电缆、出厂日期、保修期、校准周期</td></tr>
<tr><td colspan="3">经济性</td><td colspan="2">价格、性能价格比</td></tr>
</table>

2.3.2　传感器工作要求

各种传感器的变换原理、结构、使用目的、环境条件虽各不相同，但对它们的主要性能要求都是一致的。这些主要性能要求如下：

(1) 足够的容量：传感器的工作范围或量程足够大；具有一定的过载能力。

(2) 灵敏度高，精度适当：传感器的输出信号与被测信号有确定的关系(通常为线性)，且比值要大；传感器的静态响应与动态响应的准确度能满足要求。

(3) 响应速度快，工作稳定，可靠性好。

(4) 使用性和适应性强：体积小，重量轻，动作能量小，对被测对象的状态影响小；内部噪声小而又不易受外界干扰的影响；其输出力求采用通用或标准形式，以便与系统对接。

(5) 使用经济：成本低，寿命长，便于使用、维修和校准。

2.3.3 改善传感器性能的主要技术途径

传感器的性能指标包括很多方面，欲使某一传感器各项指标都优良，不仅设计制造困难，且在实际应用中也没必要。因此应根据实际要求与可能，保证主要性能指标，放宽对次要性能指标的要求，以提高性能价格比。使用传感器时，应根据实际需要，恰当地选用能满足使用要求的产品，不能盲目追求高指标。同时，在设计、使用传感器时还可以采用以下几个方面的技术措施来改善传感器性能。

1. 稳定性技术

传感器作为长期测量或反复使用的元件，其稳定性尤为重要，甚至超过精度指标。因为后者只要知道误差的规律就可进行补偿或修正，前者则不然。

造成传感器不稳定的原因是随时间推移或环境条件变化，构成传感器的各种材料与元器件性能发生变化。为提高传感器性能的稳定性，应对材料、元器件或传感器整体进行稳定性处理，如结构材料的时效处理、永磁材料的时间老化、温度老化、电气元件的老化、筛选等。在测量要求较高的情况下，对传感器的附加调整元件、电路的关键器件也要进行老化、筛选。

2. 差动技术

差动技术是非常有效的一种方法，它的应用可显著地减小温度变化、电源波动、外界干扰等对传感器精度的影响，抵消了共模误差，减小非线性误差等。如电阻应变式传感器、电感式传感器、电容式传感器中都应用了差动技术，不仅减小了非线性，而且灵敏度提高了1倍，抵消了共模误差。

3. 抗干扰技术

传感器可看成一个复杂的输入系统，输入信号除有被测量外，还有外界干扰量。为减小测量误差，就应设法削弱或消除外界干扰因素所产生干扰量对传感器的影响。方法有二：① 减少影响传感器灵敏度的因素，如采用补偿、差动全桥等措施；② 降低干扰因素对传感器的实际作用的功率，如采用屏蔽、隔离措施等。

4. 补偿校正技术

当传感器或测试系统的系统误差的变化规律过于复杂，采取一定的技术措施后仍难满足要求，或者可满足要求，但经济上不合算或技术过于复杂而无现实意义时，可找出误差的方向和数值，采用修正曲线方法加以补偿或校正。

5. 传感器材料、结构与参数的合理选择

选用传感器时，应根据要求，合理选择传感器基本参数、环境参数，并根据使用条件选择合适的种类及结构和材质等。

6. 平均技术

平均技术有误差平均效应和数据平均处理两种方式。在实际应用中常用多点测量方案与多次采样平均等。其原理是利用若干个传感单元同时感受被测量或单个传感器多次采样获取数据，再将这些多次输出的求取平均值作为最后的输出。即，若将每次输出可能带来的误差均看做随机误差，根据误差理论，总的误差将会减小为原来误差的 $1/\sqrt{n}$（n 为传感单元数或采样次数）。

因此，在传感器中利用平均技术不仅能减小传感器误差，而且可增大信号量，即增大传感器灵敏度。光栅、磁栅、容栅、感应同步器等传感器，由于其本身的工作原理决定有多个传感单元参与工作，可取得明显的误差平均效应的效果。这也是这一类传感器固有的优点。另外，误差平均效应对某些工艺件缺陷造成的误差同样起到弥补作用。在设计时，若在结构情况允许下，适当增多传感单元数，可收到很好的效果。例如圆光栅传感器，若让全部栅线都同时参与工作，设计成“全接收”形式，误差平均效应就可充分地发挥出来。

2.4 变送器简介

传感器是能够受规定的被测量并按照一定的规律转换成可用输出信号的器件或装置的总称。当传感器的输出为规定的标准信号时，则称为变送器。那么，变送器可定义为将物理测量信号或普通电信号转换为标准电信号输出或能够以通信协议方式输出的设备，它是从传感器发展而来的，一般分为温度/湿度变送器、压力变送器、差压变送器、液位变送器、电流变送器、电量变送器、流量变送器、重量变送器等。

变送器输出的标准信号是物理量的形式和数值范围都符合国际标准的信号。例如直流电流 0～10 mA、4～20 mA 是当前通用的标准信号。无论被测变量是哪种物理或化学参数，也不论测量范围如何，经过变送器之后的信息都必须包含在标准信号之中。

有了统一的信号形式和数值范围，就便于把各种变送器和其它仪表组成检测系统或调节系统，这些仪表有一次仪表、二次仪表。无论什么仪表或装置，只要有同样标准的输入电路或接口，就可以从各种变送器获得被测变量的信息。这样，兼容性和互换性大为提高，仪表的配套也极为方便。

新一代的智能变送器除具有模拟传输信号外，都带有 HART®[①] 通信协议接口，这样模拟信号和数字信号可以同时传输。随着现场总线技术的进一步成熟，带有总线数字接口的智能变送器也已出现，数字信号所传输的信息要比模拟量大大丰富，除被测参数外，还有测量单位、量程、仪表厂商信息、仪表型号、工位号、自诊断故障信息等。

思考题与习题

1. 何谓传感器？它由哪几部分组成？它们的作用及相互关系如何？

---

① HART® 通信协议是国际 HART® 通信基金会（HCF）的 HART® 协议规范，现有 4～20 mA 仪表的主要通信标准，在世界范围内有 70% 以上两线制仪表采用 HART® 通信协议。

2. 传感器在检测系统中有什么作用？传感器的分类方法有哪些？

3. 传感器的型号由哪几部分组成？各部分有何意义？

4. 什么是传感器的静态特性和动态特性？研究它们有何意义？

5. 衡量传感器静态特性的主要性能参数有哪些？如何用公式表征这些性能指标？

6. 什么是仪表的静特性、刻度特性、灵敏度？灵敏度与刻度特性有什么关系？

7. 某线性位移测量仪，当被测位移由 4.5 mm 变到 5.0 mm 时，位移测量仪的输出电压由 3.5 V 减至 2.5 V，求该仪器的灵敏度。

8. 什么是仪表线性度？已知某台仪表的输出-输入数据如习题表 2-1 所示，试计算它的线性度。

习题表 2-1 输入-输出数据

输入 x	0	0.1	0.2	0.3	0.4	0.5	0.6	0.7	0.8	0.9	1.0
输出 y	0	5.00	10.00	15.01	20.01	25.02	30.02	35.01	40.01	45.00	50.00

9. 已知某测量仪表属于一阶非周期(惯性)环节，现用于测量随时间周期变化的被测量。被测量信号频率 f=100Hz，测量结果的幅值精度为 5%，求该仪表的时间常数和相移。

10. 什么是传感器的动态特性？其分析方法有哪几种？

11. 一力传感器是二阶测量系统，它的固有频率 $\omega_0=800$ rad/s，阻尼比 $\xi=0.4$，若用这个传感器测量 $\omega=400$ rad/s 正弦变化的力，求幅值频率误差、相位频率误差。

12. 温度对传感器的影响大吗？对于温度影响有哪些消除方法？

13. 改善传感器性能的主要技术途径有哪些？

第 3 章　温度传感器及其检测技术

教学目标

本章内容通过对物理量温度相关概念的分析，引出了温度的检测方法，重点介绍了接触式温度传感器中的热电阻、热敏电阻、热电偶和集成温度传感器的工作机理、主要特点、测量电路和应用，非接触式温度传感器中的红外、光纤传感器的工作机理、主要特点、测量电路及其在温度检测中的应用，以及温度传感器的选型原则。

通过本章的学习，读者应了解温度检测的检测方法，熟悉常用温度传感器的测量原理、主要特点，学会根据检测要求、现场环境、被测介质等选择合适的检测方案和传感器完成检测任务。

教学要求

知识要点	能力要求	相关知识
温度检测的相关知识	(1) 掌握温度与温标的概念、单位和换算方法； (2) 熟悉温度的检测方法和特点	物理学
接触式温度传感器	(1) 熟悉热电阻、热敏电阻、热电偶和集成温度传感器的工作机理、测量电路、主要特点； (2) 掌握上述传感器和在温度检测中的实际应用	(1) 物理学； (2) 电工学
非接触式温度传感器	(1) 掌握红外传感器的工作机理、测量电路、主要特点及其在检测中的应用； (2) 掌握光纤传感器的工作机理、测量电路、主要特点及其在检测中的应用	(1) 红外线相关知识； (2) 光纤相关知识
温度传感器的选型	了解温度传感器的选择原则	温度传感器应用

温度是与人类的生活、工作关系最密切的物理量，也是各门学科与工程研究设计中经常遇到和必须精确测量的物理量。从工业炉温、环境气温到人体温度，从空间、海洋到家用电器，几乎每个技术领域都离不开测温和控温。因此，测温、控温技术是传感技术中发展最快、范围最广的技术之一。

在本章中，首先介绍了温度的检测方法及其特点，通过对接触式温度传感器(热电阻、热敏电阻、热电偶和集成温度传感器)和非接触式温度传感器(红外温度传感器、光纤温度传感器)的特性、工作原理及应用技术的分析，详细介绍了利用温度传感器进行温度测量的各种方法和实践。

3.1　温度检测的相关知识

3.1.1　温度与温标

温度是表征物体冷热程度的物理量，是物体内部分子无规则剧烈运动程度的标志，是工业生产和科学实验中最普遍、最重要的热工参数之一。物体的很多物理现象和化学性质都与温度有关，在很多生产过程中，温度都直接影响着生产的安全、产品质量、生产效率、能源的使用情况等，因而对温度的检测及检测的准确性提出了更高的要求。

为了定量地描述温度，引入一个概念——温标。温标是衡量物体温度的标准尺度，是温度的数值表示方法，并给出了温度数值化的一套规则和方法，同时明确了温度的测量单位。温标就是以数值表示温度的标尺。它应具有通用性、准确性和再现性，在不同的地区或不同的场合测量相同的温度应具有相同的数值。

温标的种类很多，目前国际上常用的温标有摄氏温标、华氏温标、热力学温标和国际实用温标。

1. 摄氏温标

摄氏温标是根据液体(水银)受热后体积膨胀的性质建立起来的。摄氏温标规定在标准大气压下纯水的冰融点为 0℃，水沸点为 100℃，在 0～100℃之间分 100 等份，每一等份为 1℃(摄氏度)。单位符号为℃，变量符号记作 t。

2. 华氏温标

华氏温标也是根据液体(水银)受热后体积膨胀的性质建立起来的。摄氏温标规定在标准大气压下纯水的冰融点为 32℃，水沸点为 212℃，中间 180 等份，每一等份为 1℉(华氏度)。单位符号为℉，变量符号记作 t_F。

上述两种温标所测得的温度数值与所采用的物体的物理性质(如水银的纯度)及玻璃管材料等因素有关，因此不能保证各国所采用的基本测温单位完全一致。

3. 热力学温标

热力学温标又称开氏温标，是以热力学第二定律为基础的理论温标，与物体任何物理性质无关，是国际统一的基本温标，单位符号为 K，变量符号记作 T。热力学温标有一个绝对零度，它规定分子运动停止时的温度为绝对零度，因此它又称为绝对温标。

4. 国际实用温标

由于热力学温标是理论温标，无法付诸实用，因此需要建立一种紧密接近热力学温标的简单温标，即国际实用温标。国际实用温标是用来复现热力学温标的，温标单位大小定义为水三相点的热力学温度的 1/273.16，其单位符号为 K(开尔文)，变量符号记作 T_{90}。

摄氏温标与其它温标的换算关系为

摄氏温标与华氏温标：

$$T = \frac{5}{9}(T_F - 32)$$

摄氏温标与国际实用温标

$$T_{90}[℃] = T_{90}[K] - 273.15$$

3.1.2　温度检测的主要方法及特点

温度的检测方法按照感温元件是否与被测对象接触，可分为接触式与非接触式两大类。

接触式测温的方法就是使温度敏感元件与被测对象相接触，使其进行充分的热交换，当热交换平衡时，温度敏感元件与被测对象的温度相等，测温传感器的输出大小即反映了被测温度的高低。常用的接触式测温传感器主要有热膨胀式温度传感器、热电偶、热电阻、热敏电阻和热敏晶体管等。这类传感器的优点是结构简单、工作可靠、测量精度高、稳定性好、价格低；缺点是有较大的滞后现象(测温时由于要进行充分的热交换)，不方便对运动物体进行温度测量，被测对象的温场容易受到传感器的影响，测温范围受到感温元件材料性质的限制等。

非接触式测温的方法就是利用被测对象的热辐射能量随其温度的变化而变化的原理，通过测量一定距离处被测物体发出的热辐射强度来确定被测对象的温度。常见非接触式测温传感器主要有光电高温传感器、红外辐射传感器等。这类传感器的优点是不存在测量滞后和温度范围的限制，可测高温、腐蚀、有毒、运动物体及固体、液体表面的温度，不影响被测温度；缺点是受被测对象热辐射率的影响，测量精度低，使用中测量距离和中间介质对测量结果有影响。两种测温方法的主要特点如表 3-1 所示。

表 3-1　接触式与非接触式测温的特点比较

方式	接　触　式	非 接 触 式
测量条件	感温元件要与被测对象良好接触；感温元件的加入几乎不改变对象的温度；被测温度不超过感温元件能承受的上限温度；被测对象不对感温元件产生腐蚀	需准确知道被测对象表面辐射的发射率；被测对象的辐射能充分照射到检测元件上
测量范围	特别适合 1200℃以下、热容量大、无腐蚀性对象的连续在线测温，对高于 1300℃以上的温度测量比较困难	原理上测量范围可以从超低温到高温，但 1000℃以下测量误差大，能测运动物体和热容量小的物体温度
精度	工业用表通常为 1.0、0.5、0.2、0.1 级，实验室用表可达 0.01 级	通常为 1.0、1.5、2.0 级
响应速度	慢，退出为几十秒到几分	快，通常为 2～3 s
其他特点	整个测温系统结构简单、体积小、可靠、维护方便、价格低廉；仪表读数直接反映被测物体实际温度；可方便地组成多路集中测量与控制系统	整个测温系统结构复杂、体积大、调整麻烦、价格昂贵；仪表读数通常只反映被测物体表现温度(需进一步转换)；不易组成测温、控温一体化的温度控制系统

各种温度检测方法各有自己的特点和各自的测温范围，常用的测温方法、类型及特点如表 3-2 所示。

表3-2 常用测温方法、类型及特点

测温方法	类别	典型仪表	测量范围/℃	基本原理	特点
接触式	热膨胀式	玻璃液体温度计	−200～650	利用液体气体的热膨胀及物质的蒸气压变化	简单方便，易损坏(水银污染)
		压力式温度计	−100～500		耐震，坚固，价格低廉
		双金属温度计	−80～600	利用两种金属的热膨胀差	结构紧凑，牢固可靠
	热电式	热电偶	−200～1800	利用热电效应	种类多，适应性强，结构简单，经济方便，应用广泛。需注意寄生热电势及动圈式仪表电阻对测量结果的影响
	热电阻式	铂热电阻	−260～850	固体材料的电阻随温度而变化	精度及灵敏度均较好，需注意环境温度的影响
		铜热电阻	−50～150		
		热敏电阻	−50～350		体积小，响应快，灵敏度高，线性差，需注意环境温度影响
	其它电学	集成温度传感器	−50～150	半导体器件的温度效应	
		石英晶体温度计	−50～120	晶体的固有频率随温度而变化	
非接触式	光纤式	光纤温度传感器	−50～400	利用光纤的温度特性或作为传光介质	非接触测温，不干扰被测温度场，辐射率影响小，应用简便
		光纤辐射温度计	200～4000		
	辐射式	光电高温计	800～3200	利用普朗克定律	非接触测温，不干扰被测温度场，响应快，测温范围大，适于测温度分布，易受外界干扰，标定困难
		辐射传感器	400～2000		
		比色温度计	500～3200		
其他	示温涂料	碘化银、二碘化汞、氯化铁、液晶等	−35～2000		测温范围大，经济方便，特别适于大面积连续运转零件上的测温，精度低，人为误差大

3.2 接触式温度传感器及其检测技术

常见的接触式温度传感器主要有将温度转化为非电量和将温度转化为电量两大类。转化为非电量的温度传感器主要是热膨胀式温度传感器；转化为电量的温度传感器主要是热电阻、热电偶、热敏电阻和集成温度传感器等。一般将转化为电量的这类温度传感器又称为热电式温度传感器。由于热电式温度传感器具有测量精度高，应用范围广，因而本节重点介绍热电式温度传感器及其在温度检测中的应用。

3.2.1 热电阻及温度检测

导体的电阻值随温度变化而改变，通过其阻值的测量可以推算出被测物体的温度，利用此原理构成的传感器就是电阻温度传感器。热电阻在科研和生产中经常用来测量－200～＋850℃区间内的温度。热电阻具有测量范围宽、精度高、稳定性好等优点，是广泛使用的一种测温元件。

1. 金属热电阻的特性

金属电阻一般表征为正温度特性，电阻随温度变化可用下式表示：

$$R_T = R_0(1 + AT + BT^2 + \cdots) \tag{3-1}$$

式中，R_T为T℃时的金属电阻值；R_0为0℃时金属电阻值；T为测量温度；A和B为金属电阻的温度系数，A和B是温度的函数。但不同金属在不同温度范围内，A和B可近似地视为一个常数，一般由实验决定。

1）金属热电阻特性要求

（1）金属电阻相对温度系数α。α被定义为温度从0℃变化到100℃时电阻值的相对变化率，即

$$\alpha = \frac{\mathrm{d}R/R}{\mathrm{d}T} = \frac{1}{R}\frac{\mathrm{d}R}{\mathrm{d}T} = \frac{R_{100} - R_0}{R_0} \times \frac{1}{100} - \left(\frac{R_{100}}{R_0} - 1\right) \times \frac{1}{100} \tag{3-2}$$

式中，R_{100}、R_0分别代表热金属电阻100℃和0℃时的电阻值；α为金属电阻相对温度系数。

α值的大小表示了热电阻的灵敏度，它是由R_{100}/R_0所决定的，热电阻材料纯度越高，则R_{100}/R_0值越大，那么热电阻的精度和稳定性就越好。R_{100}/R_0是热电阻材料的重要技术指标。

（2）电阻率β。β值表示在单位体积时的电阻值，即

$$\beta = \frac{\mathrm{d}R}{\mathrm{d}V} \tag{3-3}$$

对于一定的电阻值来说，β越大，表明热电阻的体积越小，则热容量越小，动态特性也就越好。

所以，作为测量温度用的热电阻材料应具有以下特性：① 高且稳定的电阻温度系数，电阻值与温度之间具有良好的线性关系；② 热容量小、反应速度快；③ 材料的复现性和工艺性好，便于批量生产，降低成本；④ 在使用范围内，其化学和物理性能稳定。

2）金属热电阻材料

目前使用的热电阻材料有纯金属材质的铂（Pt）、铜（Cu）、镍（Ni）和钨（W）等，还有合金材质的铑铁及铂钴等。在工业中应用最广的热电阻材料是铂和铜，它们随温度变化的曲线如图3－1所示。

3）标准热电阻

（1）铂电阻。由于铂的物理、化学性质非常稳定，且具有测温范围广、精度高、线性好、材料易提纯和复现性好的特点，是目前制作热电阻的最好材料，但价格昂贵。铂电阻除用作一般工业测温外，主要作为标准电阻温度计、温度基准或标准的传递。在国际实用温标中，铂电阻作为－259.34～630.74℃温度范围内的温度基准。

铂电阻的测温精度与铂纯度有关，铂的纯度通常用百度电阻比W_{100}表示，即

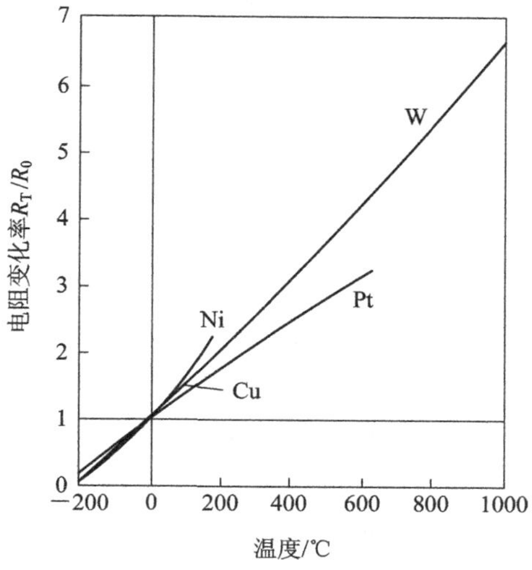

图 3 - 1　电阻变化率与温度之间的关系曲线

$$W_{100} = \frac{R_{100}}{R_0} \tag{3-4}$$

式中，R_{100}、R_0分别为铂电阻在 100℃、0℃时的电阻值。

W_{100}越大，表示铂电阻的纯度越高，测温精度也越高。国际实用温标规定，铂电阻作基准器使用时，$W_{100} \geqslant 1.3925$，其铂纯度为 99.9995%，测温精度达±0.001℃；一般工业用 $W_{100} \geqslant 1.391$，测温精度在−200～0℃间为±1℃，在 0～100℃间为±0.5℃，在 100～650℃间为±(0.5%)T，T 为温度。

铂电阻的使用测温范围为−200～850℃，其与温度的关系可表示为

$$\begin{cases} R_T = R_0(1 + AT + BT^2) & 0℃ \leqslant T \leqslant 850℃ \\ R_T = R_0[1 + AT + BT^2 + C(T - 100)T^3] & -200℃ \leqslant T \leqslant 0℃ \end{cases} \tag{3-5}$$

式中，R_T、R_0分别为 T℃和 0℃铂电阻的电阻值；由实验测得 $A=3.968\ 47\times10^{-3}$/℃；$B=-5.847\times10^{-7}$/℃^{2}；$C=-4.22\times10^{-12}$/℃^{4}。

根据式(3 - 5)制成的工业铂电阻主要的分度号有 Pt_{10} 和 Pt_{100} 两种，它们在 0℃时的阻值 R_0分别为 100 Ω 和 10 Ω，其分度表见书末附录 1 和附录 2。铂电阻 Pt_{10} 热电阻感温元件是用较粗的铂丝绕制而成的，主要用于 650℃以上温区。Pt_{100} 热电阻主要用于 650℃以下温区。

(2) 铜电阻。由于铜电阻与温度呈近似线性关系，且具有温度系数大，容易提纯，复制性能好，价格便宜，但温度超过 100℃时容易被氧化，电阻率小等特点，主要使用在 150℃以下的低温、无水分、无侵蚀性介质的测量。

铜电阻的使用测温范围为−40～+140℃，分度号为 Cu_{50} 和 Cu_{100}，它们在 0℃时的阻值 R_0分别为 50 Ω 和 100 Ω，其分度表见书末附录 3 和附录 4。铜电阻因为电阻率低，因而体积较大，热响应较慢。

两种标准热电阻分类及特性如表 3 - 3 所示。

表 3－3　两种标准热电阻分类及特性

项　目	铂热电阻		铜热电阻	
分度号	Pt_{100}	Pt_{10}	Cu_{100}	Cu_{50}
R_0/Ω	100	10	100	50
α/℃	0.003 85		0.004 28	
测温范围/℃	－200～850		－50～150	
允差/℃	A 级：±(0.15＋0.002｜T｜) B 级：±(0.30＋0.005｜T｜)		±(0.30＋0.006｜T｜)	

(3) 标准热电阻的分度表。标准热电阻的分度表是以列表的方式表示的温度与热电阻阻值之间的关系。与标准热电阻对应的分度表有 4 个，即 Pt_{10}、Pt_{100}、Cu_{50}和 Cu_{100}。分度表是由标准热电阻数学模型计算得出的，在相邻数据之间可采用线性内插算法，求出中间值。

(4) 标准热电阻的结构。热电阻丝必须在骨架的支持下才能构成测温元件。因此要求骨架材料的体膨胀系数要小，此外还要求其机械强度和绝缘性能良好，耐高温、耐腐蚀。常用的骨架材料有云母、石英、陶瓷、玻璃和塑料等，根据不同的测温范围和加工需要可选用不同的材料。

在工业上使用的标准热电阻的结构有普通型装配式和柔性安装型铠装式两种。装配式是将铂热电阻感温元件焊上引线组装在一端封闭的金属或陶瓷保护套管内，再装上接线盒而成，如图 3－2(a)所示。铠装式是将铂热电阻感温元件、引线、绝缘粉组装在不锈钢管内再经模具拉伸成为坚实的整体，它具有坚实、抗震、可挠、线径小、使用安装方便等特点，如图 3－2(b)所示。

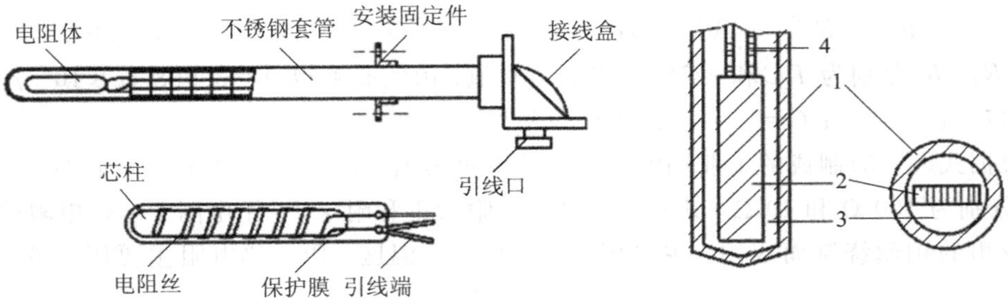

(a) 装配式热电阻　　(b) 铠装式热电阻

1—金属保护套管；2—热电阻元件；3—绝缘材料粉末；4—引线

图 3－2　装配式和铠装式热电阻结构示意图

2. 热电阻测量电路

采用热电阻构成的测温仪器有电桥、直流电位差计、电子式自动平衡计量仪器、动圈比率式计量仪器、动圈式计量仪器、数字温度计等。在这些仪器的测量电路中，为保证不同的测量精度，热电阻的导线连接方式有二线式、三线式和四线式。

1）二线测量电路

采用二线式连接方式的电路如图 3－3 所示。热电阻 R_x 接在电桥的测量臂上，L_1 和 L_2 分别为 R_x 到电桥的引线，其引线等效电阻分别为 r_1 和 r_2。

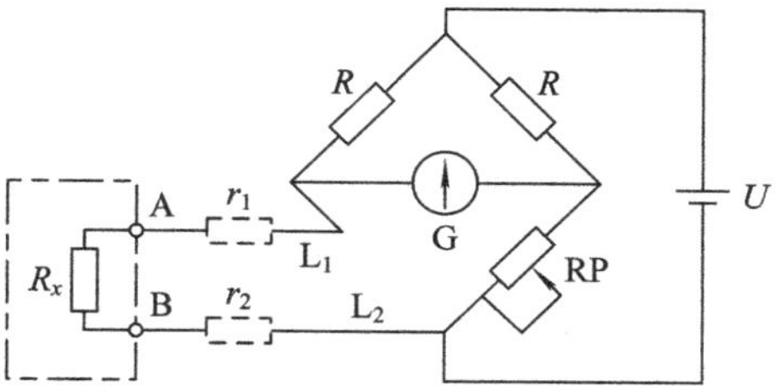

图 3－3　二线式连接方式的测温电路

由图 3－3 可以看出，热电阻 R_x 和引线等效电阻 r_1 和 r_2 一起构成电桥的测量臂。这样在测温时，测温结果中就引入了 r_1 和 r_2 随环境温度变化而产生的影响，从而影响了测温的精度。因此，二线式接线方式虽然配线简单，安装费用低，但不能消除连线电阻随温度变化引起的误差，不适用于高精度测温场合使用，而且应确保连线电阻值远低于测温的热电阻值。

采用热电阻进行高精度的温度测量时，一般不采用二线式连接方式。若采用这种接线方式也要使用电阻补偿导线。图 3－4 是采用电阻补偿导线的二线式连接方式测量电路。

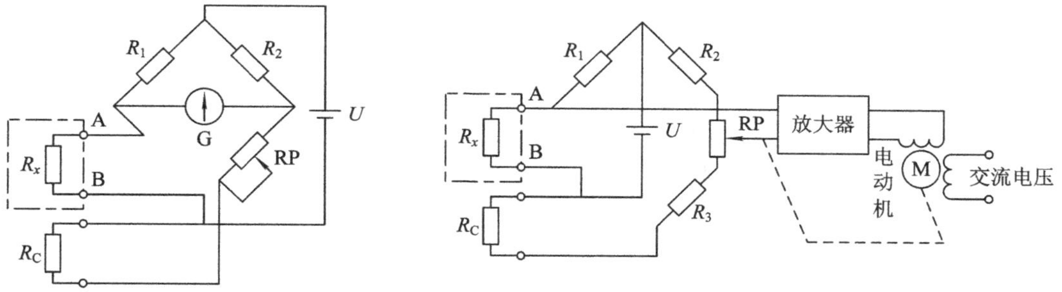

(a) 电桥或动圈式计量仪器　　(b) 电子自动平衡式计量仪器

图 3－4　采用电阻补偿导线的二线式连接方式的测量电路

2）三线测量电路

采用三线式连接方式的电路如图 3－5 所示，这时使用的导线必须是材质、线径、长度及电阻值相等，而且在全长导线内温度分布相同。这种方式可以消除热电阻内引线电阻的影响，适用于测温范围窄或导线长，导线途中温度易发生变化的场合，目前在工业检测中三线式的应用最广。

3）四线测量电路

为了消除热电阻测量电路中电阻体内导线以及连线引起的误差，在图 3－6 所示的电桥及直流电位差计或数字电压表中，热电阻体采用四线连接方式，这样，可用于对标准电阻温度计进行校正，并能对温度进行高精度的测量。图 3－6 中，R_x 为热电阻体构成的电阻元件，G 为检流计或微电流检测器，R_S 为标准电阻，R 为固定电阻，$R_1 \sim R_4$ 为平衡调节电阻，R_h 为电流调节电阻，S 为切换开关。

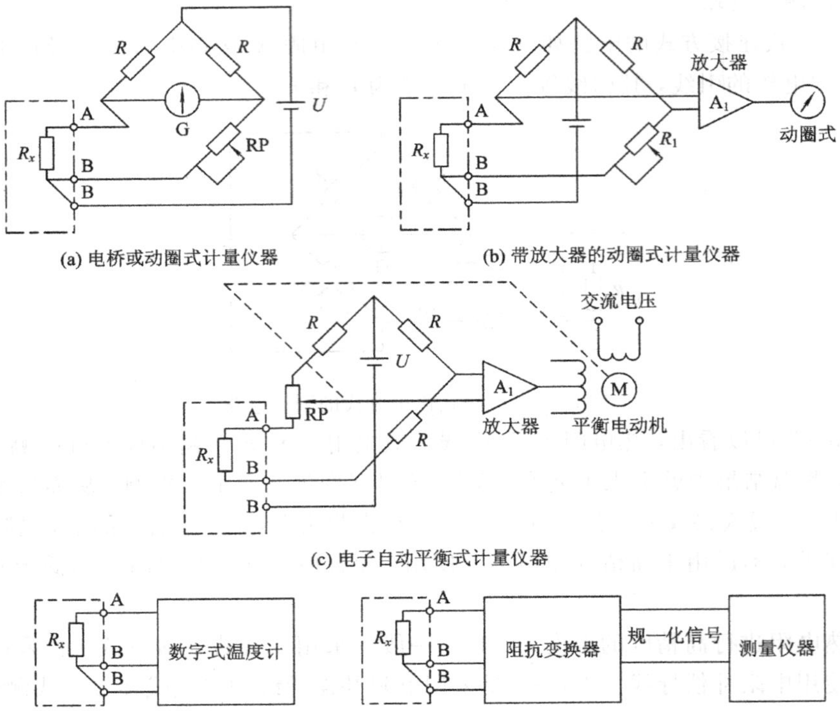

(a) 电桥或动圈式计量仪器　　(b) 带放大器的动圈式计量仪器

(c) 电子自动平衡式计量仪器

(d) 数字式温度计　　(e) 采用阻抗用变换器的电路

图 3-5　三线式连接的测量电路

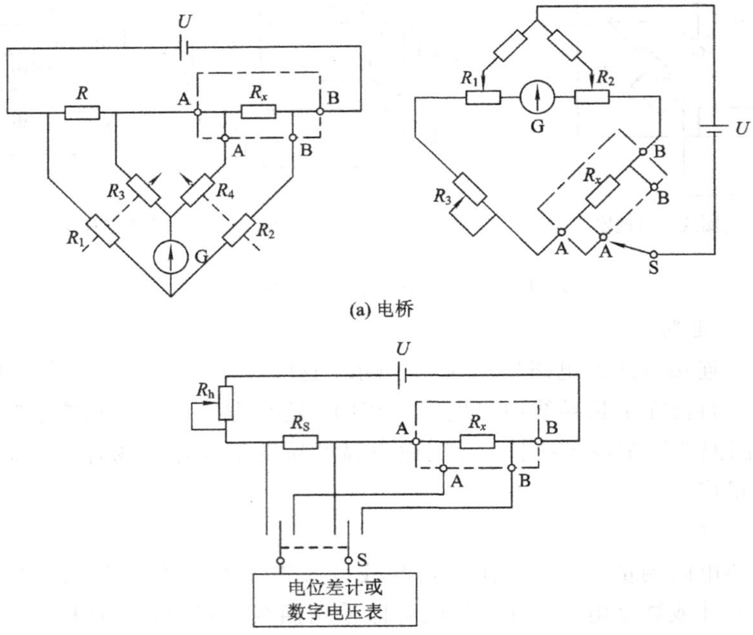

(a) 电桥

(b) 电位差计或数字电压表

图 3-6　四线式连接的测量电路

3. 热电阻温度传感器应用举例

三线式铂热电阻实用放大电路如图 3-7 所示。为消除铂热电阻接线电阻的影响，把铂热电阻 R_T随温度变化的阻值 ΔR 变换为电压再进行放大的电路。若 R_T采用 Pt_{100}，其阻值为 100 Ω，输入端 A 作为基准，则 B 点电压 U_B为 1 mA×(2r+100 Ω)，b 点的电压 U_b为 1 mA×(r+100 Ω)。从 B 点看，增益为$-(R_3/R_2)(1+R_5/R_4)=-(1+R_5/R_4)$，从 b 点看，增益为$(1+R_5/R_4)(1+R_3/R_2)=2(1+R_5/R_4)$，若加上 B、b 点电压，则输出电压为

$$U_O=-1\ \text{mA}\times(2r+100\ \Omega)\left(1+\frac{R_5}{R_4}\right)+1\ \text{mA}\times(r+100\ \Omega)\times2\left(1+\frac{R_5}{R_4}\right)$$

$$=1\ \text{mA}\times100\ \Omega\times\left(1+\frac{R_5}{R_4}\right)$$

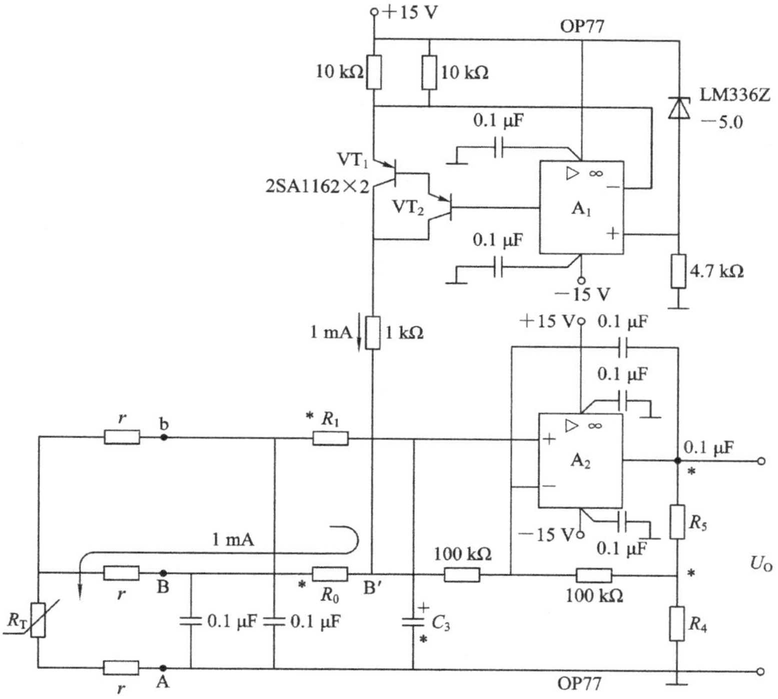

图 3-7　三线式铂电阻实用放大电路

由此可见，式中没有接线电阻 r 项，这就消除接线电阻的影响。

R_0的阻值与 R_T相同，也为 100 Ω，则 B'点电压 U_B为 1 mA×(200 Ω+2r)，输出电压 U_O为

$$U_O=-1\ \text{mA}\times(2r+200\ \Omega)\left(1+\frac{R_5}{R_4}\right)+1\ \text{mA}\times(r+100\ \Omega)\times2\left(1+\frac{R_5}{R_4}\right)=0$$

即输出电压为 0 V。

R_T的阻值是随温度变化的，假设由 100 Ω 变为 110 Ω，输出电压 U_O为

$$U_O=-1\ \text{mA}\times(2r+110\ \Omega+100\ \Omega)\left(1+\frac{R_5}{R_4}\right)+1\ \text{mA}\times(r+110\ \Omega)\times2\left(1+\frac{R_5}{R_4}\right)$$

$$=1\ \text{mA}\times10\ \Omega\times\left(1+\frac{R_5}{R_4}\right)$$

由此可见，放大的仅是 R_T 随温度变化的部分。例如，采用铂热电阻 R_T 的标称电阻为 100 Ω，测量 0～100℃的温度，R_0 为 R_T 的 0℃时 100 Ω，输出为 0～1.0 V。100℃时 R_T = 138.5 Ω，就可求出 R_T 随温度变化的 ΔR = 38.5 Ω，用确定增益的电阻 R_4 与 R_5，使其输入电压为 38.5 mV 时，输出电压为 1.0 V。

3.2.2　热敏电阻及温度检测

热敏电阻是其电阻值随温度变化而显著变化的半导体电阻。

1. 热敏电阻的特性

用半导体材料制成的热敏电阻与金属热电阻相比，具有如下特点：① 电阻温度系数大、灵敏度高，是一般金属电阻的 10～100 倍；② 结构简单、体积小，可以测量点温度；③ 电阻率高、热惯性小，适宜动态测量；④ 阻值与温度变化呈线性关系；⑤ 稳定性和互换性较差。

大部分半导体热敏电阻中的各种氧化物是按一定比例混合的。多数热敏电阻具有负的温度系数，即当温度升高时，其电阻值下降，同时灵敏度也下降。这个特性限制了它在高温条件下的使用。目前热敏电阻使用的上限温度约为 300℃。

热敏电阻按温度特性可分为正温度系数(PTC)热敏电阻、负温度系数(NTC)热敏电阻和临界温度系数(CTC)热敏电阻三类。其电阻和温度的变化关系曲线如图 3-8 所示，使用温度范围如表 3-4 所示。

NTC 热敏电阻常用于温度测量、温度补偿和电流限制等，适合制造连续作用的温度传感器；PTC 热敏电阻常用于温度开关、恒温控制和防止冲击电流等；CTC 热敏电阻常用于记忆、延迟和辐射热测量计等。

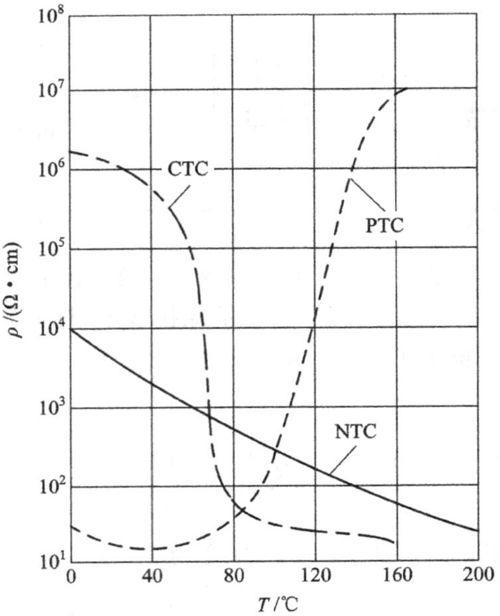

图 3-8　半导体热敏电阻特性

表 3-4　热敏电阻的使用温度范围

热敏电阻的种类	使用温度范围	基本原则
NCT 热敏电阻	超低温 $1\times10^{-3}\sim100$ K	碳、锗、硅
	低温 $-130\sim0$℃	在常用组成中添加铜、降低电阻
	常温 $50\sim350$℃	锰、镍、钴、铁等过渡族金属氧化物的烧结体
	中温 $150\sim750$℃	Al_2O_3＋过渡族金属氧化物的烧结体
	高温 $500\sim1300$℃	$ZrO_2+Y_2O_3$ 复合烧结体
	超高温 $1300\sim2000$℃	原材料同上，但只能短时测量
PTC 热敏电阻	$-50\sim150$℃	以 $BaTiO_3$ 为主的烧结体
CTR 热敏电阻	$0\sim350$℃	BaO、P 与 B 的酸性氧化物，硅的酸性氧化物及碱性，MgO、CuO、SrO、B、Pb、La 等氧化物，由上述材料构成的烧结体

热敏电阻的电阻值与温度之间的关系为

$$R_{RT}=R_0\exp B\left(\frac{1}{T}-\frac{1}{T_0}\right) \tag{3-6}$$

式中，R_{RT} 为温度 T(℃)时的电阻值；R_0 为温度 T_0(℃)时电阻值；B 为热敏电阻常数。

T_0 大都以 298.15 K(25℃)作为基准。电阻值与温度关系即 $\ln R_{RT}$ 与 $1/T$ 为线性关系，如图 3-9 所示，图中直线的斜率相当于热敏电阻的常数 B，B 的值由下式给出：

$$B=\frac{\ln R_2-\ln R_1}{(1/T_2)-(1/T_1)} \tag{3-7}$$

式中，R_1 为温度 T_1(℃)时电阻值；R_2 为温度 T_2(℃)时电阻值。

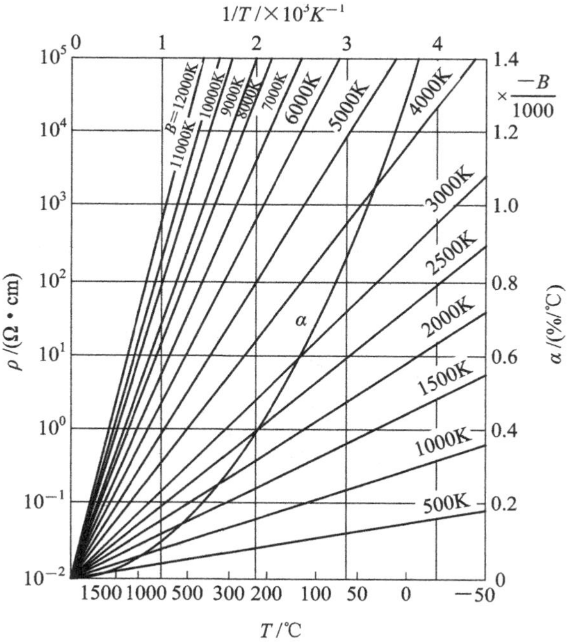

图 3-9　NTC 热敏电阻的温度特性

但实际上，电阻值与温度不是线性关系，因此，在进行精密测温时，电阻值与温度之间的关系可表示为

$$R = AT^{-C}\exp\left(\frac{D}{T}\right) \tag{3-8}$$

式中，A、C 与 D 为材料系数，材料不同其值不同。其中，C 值可正可负。

热敏电阻的温度系数定义为

$$\alpha = \frac{1}{R}\frac{\mathrm{d}R}{\mathrm{d}T} = -\frac{B}{T^2} \tag{3-9}$$

若热敏电阻中流经电流，则焦耳热使温度升高，这时，热敏电阻发热温度 T(℃)与环境温度 T_0(℃)以及消耗功率 P(W)之间的关系为

$$P = UI = k(T - T_0) \tag{3-10}$$

式中，k 为散热常数，意味着热敏电阻的温度每升高 1℃所需要的功率(mW/℃)。

散热常数 k 值由热敏电阻的形状、安装位置及周围媒介种类决定。

若热敏电阻的热容量为 H，散热常数为 k，当热敏电阻冷却时，温度从 T_0 变化到 T_a，对于任意变化时间 $\mathrm{d}t$ 要消耗 $k(T-T_a)\mathrm{d}t$ 能量，若这时热敏电阻的温度变化为 $\mathrm{d}T$，可得到

$$-H\,\mathrm{d}T = k(T - T_a)\mathrm{d}t \tag{3-11}$$

根据式(3-11)，则有

$$T - T_a = (T - T_a)\exp\left(-\frac{t}{\tau}\right) \tag{3-12}$$

式中，t 为时间；τ 为 H/k；T 表示热敏电阻的温度。

令 $t=\tau$，若这时热敏电阻的温度为 T_d，则有

$$\frac{T_d - T_a}{T_0 - T_a} = \frac{1}{e} = \frac{1}{2.718} = 1 - 0.632 \tag{3-13}$$

所以

$$T_d = T_0 - 0.632(T_0 - T_a) \tag{3-14}$$

同样，热敏电阻加热时，温度从 T_a 变化到 T_0 时，热敏电阻的温度 T_u 为

$$T_u = T_a + 0.632(T_0 - T_a) \tag{3-15}$$

这种热响应特性如图 3-10 所示。图中，热敏电阻冷却时从 T_0 变到 T_a，或加热时从 T_a 变到 T_0，冷却或加热到 T_0 与 T_a 间温度差的 63.2%需要的时间称为热时间常数 τ。

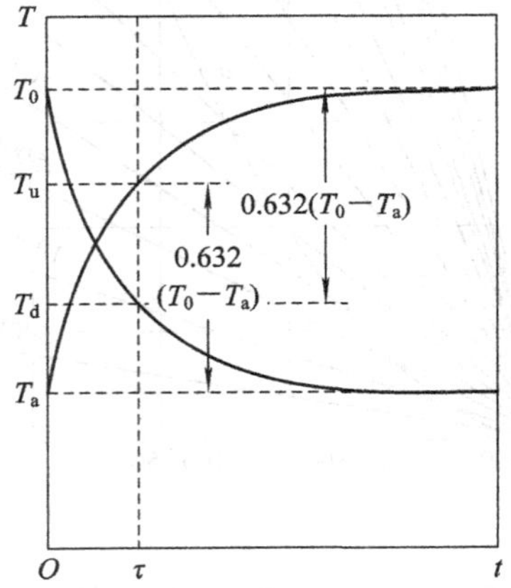

图 3-10　热响应特性

常用热敏电阻的外形如图 3－11 所示，使用时不放在保护管内，因此，测量温度时比热电阻更为简单方便。

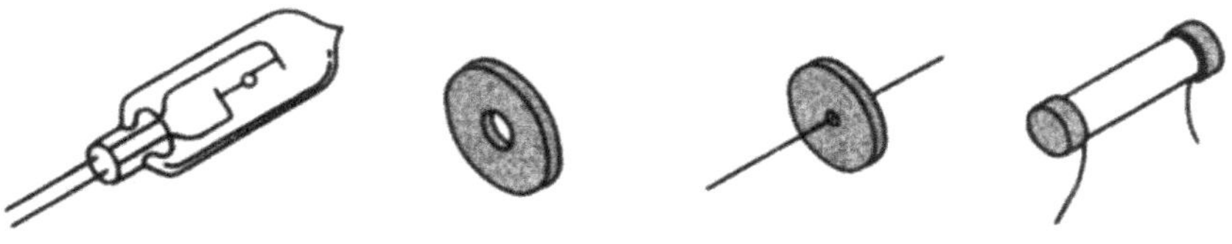

(a) 玻璃罩式　(b) 垫圈式　(c) 圆片式　(d) 棒状

图 3－11　常用的热敏电阻的外形

2. 热敏电阻应用电路

1) 基本连接方式

热敏电阻的基本连接方式如图 3－12 所示。

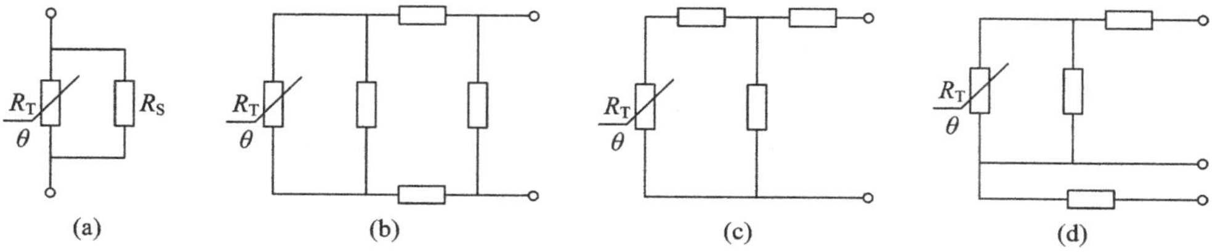

图 3－12　热敏电阻的基本连接方式

图 3－12(a)是一个热敏电阻 RT 与一个电阻 R_S的并联方式，构成了简单的线性测温电路，在 50℃以下的范围内，其非线性可抑制在±1%以内，并联电阻 R_S的阻值为热敏电阻 R_T 的阻值 R_{RT}的 0.35 倍。图 3－12(b)、(c)为合成电阻方式，温度系数小，适用于温度测量的范围较宽，测量精度也较高的场合。图 3－12(d)为比率式，电路构成简单，具有较好的线性。

2) 温度测量电路

采用热敏电阻的温度测量电路如图 3－13 所示。

图 3－13(a)为并联方式，热敏电阻 R_T 与电阻 R_S并联，输出 U_O为

$$U_O = \frac{R_a}{R_{TH} + R_a} \tag{3-16}$$

式中，$R_{TH}=R_{RT}/\!/R_S$。

由于这种电路非常简单，电源电压的变化会直接影响输出。因此，工作电源一般采用稳压电源。

图 3－13(b)为桥接方式，热敏电阻作为桥的一臂，输出为桥路之差，即为

$$U_O = \left(\frac{R_a}{R_{TH} + R_a} - \frac{R_c}{R_b + R_c}\right)U_b \tag{3-17}$$

式中，$R_{TH}=R_{RT}/\!/R_S$。

图 3－13(c)用热敏电阻作为运算放大器的反馈电阻的测温电路，电路中 2.5 V 基准电压与电阻形成的电流变换为与热敏电阻阻值变化相应的电压，这作为运算放大器 A_1的输出电压。该输出电压再经运算放大器 A_2后会被扣除一定的偏置电压，于是 A_2的输出电压信号与温度相对应。该电路的热敏电阻直接接在运算放大器构成的反相放大电路中，易受

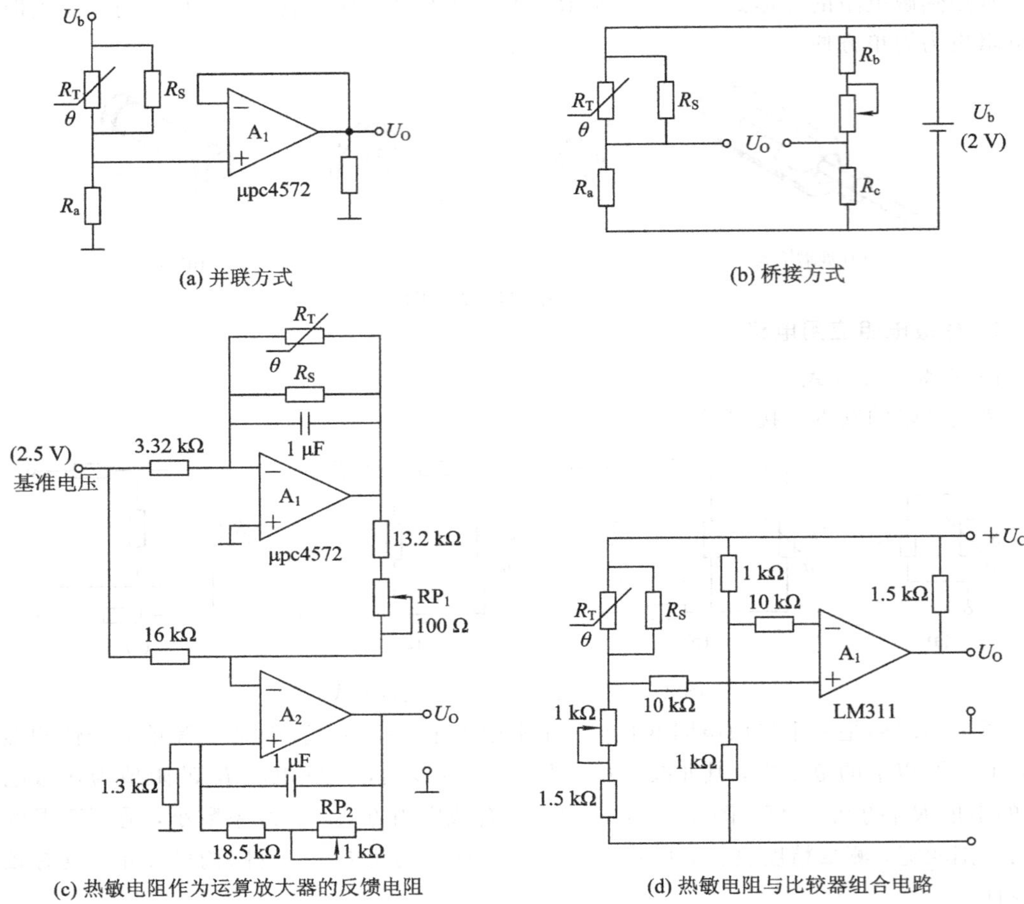

图 3 - 13　采用热敏电阻的温度测量电路

到外部感应噪声的影响，因此，重要的是热敏电阻回路的布线要尽量短。

图 3 - 13(d)是热敏电阻与比较器组合的电路，其电路若达到设定温度，则比较器 A_1 开始工作，A_1 应具有适当时滞特性，这样，电路就具有较好的开关特性。

3）热敏电阻测温实例

采用热敏电阻的数字式体温计如图 3 - 14 所示。

图 3 - 14(a)为数字式体温计电路原理图，该体温计的测温范围为 34～42℃。电路中热敏电阻 R_T 作为传感器，当 R_T 与人体接触时，其阻值发生变化，因此，电桥的平衡被破坏，两桥臂产生一定的电压差，经 A_1 和 A_2 放大后，加到 A_4 的同相输入端，与积分器 A_3 产生的斜坡电压进行比较，A_4 的输出通过与非门 D_1 形成选通门，控制 NE555 振荡器通过选通门进入计数器的脉冲个数。选通门 D_1 的通断时间与被测人体体温呈一定的线性比例关系。因此，进入计数器的脉冲个数代表着体温的高低。这些选通脉冲，通过 4 个十进制计数器 T217 计数，在显示器上显示人体体温。图 3 - 14(b)为体温计的外形。

图 3 - 14(a)所示电路的调零与校准步骤如下：

(1) 将 R_T 放入 34℃的恒温水中，将高灵敏度微伏计接在电桥两臂上，接通开关 S_1，调节 RP_1 使电桥保持平衡，即微伏计的指针没有偏转，此时，计数器 T217(1)、T217(2)和

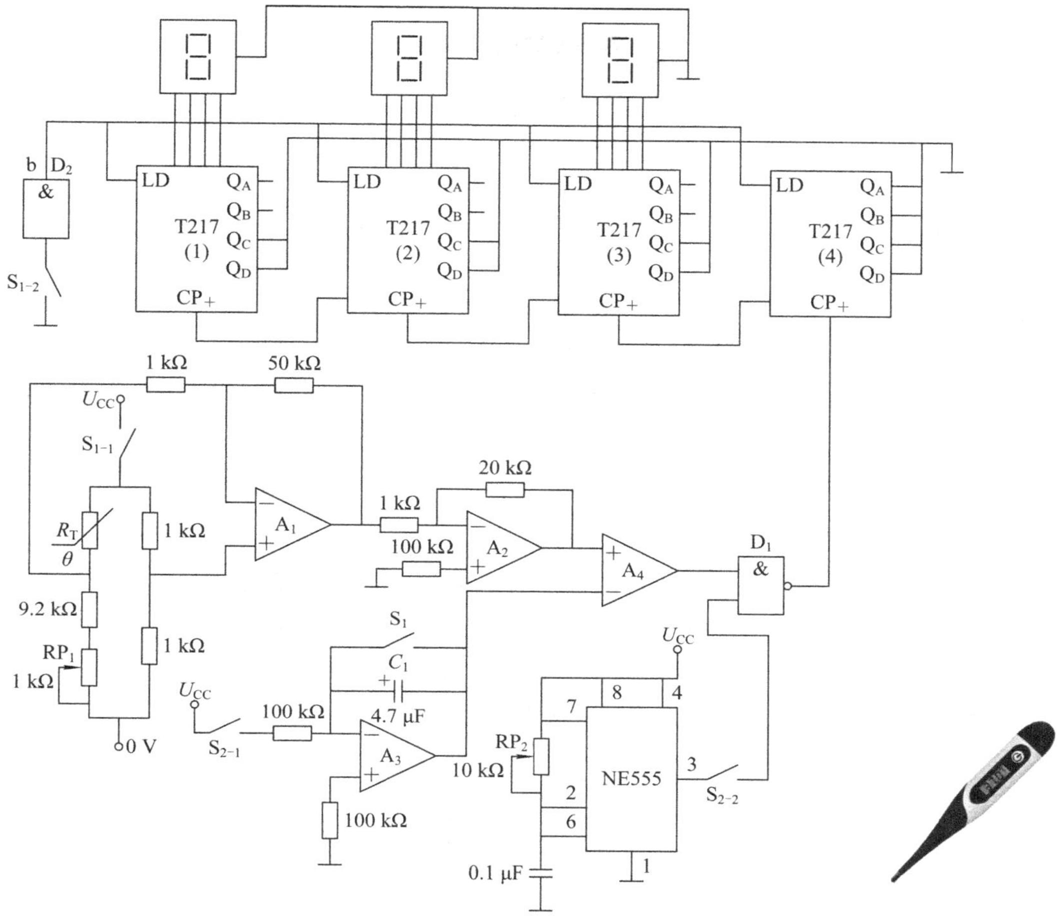

(a) 电路原理图　　(b) 外形

图 3-14　采用热敏电阻的数字式体温计

T217(3)被预置在 34.0 上，故液晶显示为 34.0℃。

(2) 将水温加热至 42.0℃，接通开关 S_2，并调节 RP_2 使其显示 42.0℃为止。

使用时，先接通 S_1 并让 R_T 与人体接触，10 s 后再接通 S_2，即可显示体温。为保证测量的精度，每次测量前应接通一下开关 S_3，以泄放掉 C_1 上的电荷。

3.2.3　热电偶及温度检测

热电偶是一种结构简单、性能稳定、准确度高的温度传感器。其测温范围可达－200～1300℃，是工业现场使用最广泛的温度传感器之一。

1. 热电偶的工作原理

热电偶的基本工作原理是热电动势效应。即两种不同的金属导体 A 和 B 组成的闭合回路，如图 3-15 所示。当回路的两端分别放在温度不同的环境中(T_0 和 T)，则在热电偶回路中将产生电流，产生这个电流的电动势称为热电动势，这种现象称为热电动势效应。热电偶就是根据这一原理制成的测温传感器。

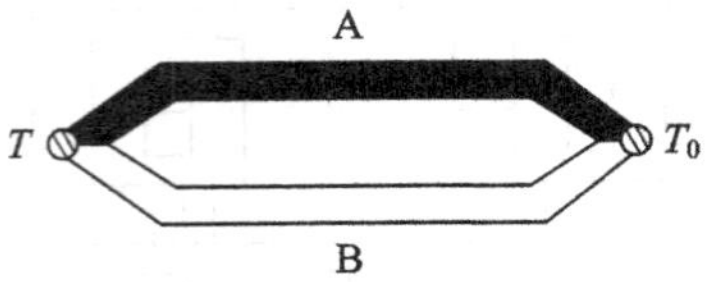

图 3－15　热电效应闭合回路

构成热电偶的导体 A 和 B 称为热电极，通常把两热电极的一个端点固定焊接，用于对被测介质进行温度测量，这一接触点称为测量端或工作端，俗称热端；两热电极另一节点通常保持为某一恒定温度或室温，被称作基准点或参考端，俗称冷端。研究发现，热电效应产生的热电动势 $E_{AB}(T, T_0)$ 是由两种不同导体的接触电势和单一导体的温差电势组成，即热电动势 $E_{AB}(T, T_0)$ 两种材料的性质与两端点温度 T、T_0 有关，与热电极的尺寸和几何形状无关。

若使冷端温度 T_0 为给定的恒定温度，且取 $T_0=0$℃，则热电动势仅为工作端温度 T 的单值函数，即

$$E_{AB}(T, T_0) = E_{AB}(T) - E_{AB}(T_0) = E_{AB}(T) - 0 = \Phi(T) \tag{3-18}$$

实验和理论都表明，在 A、B 间接入第三种材料 C，如图 3－16 所示。只要节点 2、3 温度相同，则和 2、3 直接连接时的热电动势一样。这样可以在热电偶回路中接入电位计，只要保证电位计与连接热电偶处的接触点温度相等，就不会影响回路中原来的热电动势。这一点很重要，它为热电偶测量时接测量引线带来方便。

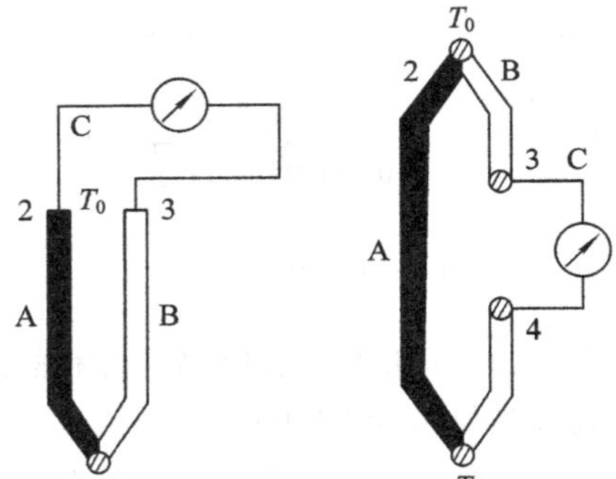

图 3－16　热电偶测温电路原理图

2. 热电偶的类型

制作热电偶的材料一般要求是：热性能要稳定、电阻率小、电导率高、热电效应强、复制性好。适用于制作热电偶的材料有几百种，国际电工委员会(IEC)推荐了 7 种类型为标准化热电偶，分别是：铂铑$_{10}$-铂(S)、铂铑$_{13}$-铂(R)、铂铑$_{30}$-铂铑$_6$(B)、镍铬-镍硅(K)、镍铬-铜镍(E)、铁-铜镍(J)、铜-铜镍(T)热电偶。其中，铂铑-铂热电偶用于较高温度的测量，测量范围为 0～1800℃时，误差为±15％。K 型热电偶是贵重金属热电偶中最稳定的一种，用途很广，可在 0～1000℃(短时间可在 1300℃)下使用，误差大于 1％，其线性度较好。但这种热电偶不易做得均匀，误差比铂铑-铂大。铜-铜镍热电偶用于较低的温度(0～400℃)具有较好的稳定性，尤其是在 0～100℃范围内，误差小于 0.1℃。

其中 7 种规格的热电偶特性如表 3－5 所示。

表 3－5　热电偶的种类及特性参数

名　称	分度号	适用范围	测温范围/℃	热电动势/mV	优 点
铜-铜镍	T	低温	−200～+350	−5.603/−200℃ +17.816/+350℃	最适用于−200℃～+100℃适应弱氧化性环境
镍铬-铜镍	E	中温	−200～+800	−8.82/−200℃ +61.02/800℃	热电动势大
铁-铜镍	J		−200～+750	−7.89/−200℃ +42.28/750℃	热电动势大适应还原性环境
镍铬-镍硅	K	高温	−200～+1200 +48.828/+1200	−5.981/−200℃	线性度好，工业用最多适应氧化性环境
铂铑$_{30}$-铂铑$_{6}$①	B	超高温	+500～+1700	+1.241/+500℃ +12.426/+1700℃	可用到高温适应氧化、还原性环境
铂铑$_{13}$-铂	R		0～+1600	0/0℃ +18.842/1600℃	
铂铑$_{10}$-铂	S		0～+1600	0/0℃ +16.771/1600℃	

① 铑$_{30}$表示该合金含 70%的铂及 30%的铑，以下雷同。

表 3－5 所列出的热电偶中，写在前面的热电极为正极，写在后面的为负极。其中，B、R、S 和 K 型热电偶适应氧化性环境及还原性环境；E、J 和 T 型热电偶适应还原性环境，而不适应氧化性环境，因此，要根据使用场所与周围环境选用热电偶，并将其放在保护管内使用。B、R 和 S 型热电偶的线性度较差，但稳定、蠕变小，而且可靠性高，因此，适合高温情况下使用，在低温时也可用作标准热电偶。高温以外的情况下可使用 K、E、J 和 T 型热电偶，即测量温度为 1000℃时选用 K 型热电偶，测量温度为 700℃以下选用 E 型热电偶，测量温度为 600℃左右选用 J 型热电偶，测量温度为 300℃以下选用 T 型热电偶即可。

国际计量委员会已对上述热电偶的化学成分和每摄氏度的热电势做了精密测试，并公布了它们的分度表(t_0=0℃)，即热电偶自由端(冷端)温度为 0℃时，热电偶工作段(热端)温度与输出热电势之间的对应关系的表格。K 型热电偶的分度表见书末附录 5。

3. 热电偶的结构形式及安装工艺

1) 热电偶的结构形式

在工业生产中，热电偶有各种结构形式，如图 3－17 所示。

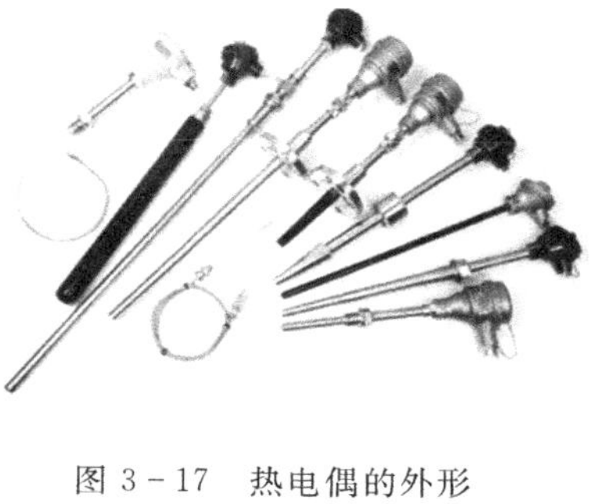

图 3－17　热电偶的外形

最常用的有普通型、铠装型和薄膜型热电偶。

普通型热电偶主要用于测量气体、蒸汽和液体等介质的温度。可根据测量条件和测量范围来选用，为了防止有害介质对热电极的侵蚀，工业用的热电偶一般都有保护套。热电偶的外形有棒形、三角形、锥形等，它和外部设备的安装方式有螺纹固定、法兰盘固定等。其结构与前述热电阻一样，这里不再赘述。

铠装热电偶的制造工艺是把热电极材料与高温绝缘材料(高纯脱水氧化镁或氧化铝)预置在金属保护套管(材料为不锈钢或镍基高温合金)中，运用同比例压缩延伸工艺将这三者合为一体，制成各种直径和规格的铠装偶体，再截取适当长度，将工作端焊接密封，配置接线盒即成为柔软、细长的铠装热电偶。根据工作端加工的形状，铠装型热电偶又分为碰底型、不碰底型、露头型和帽型等，如图 3-18 所示。

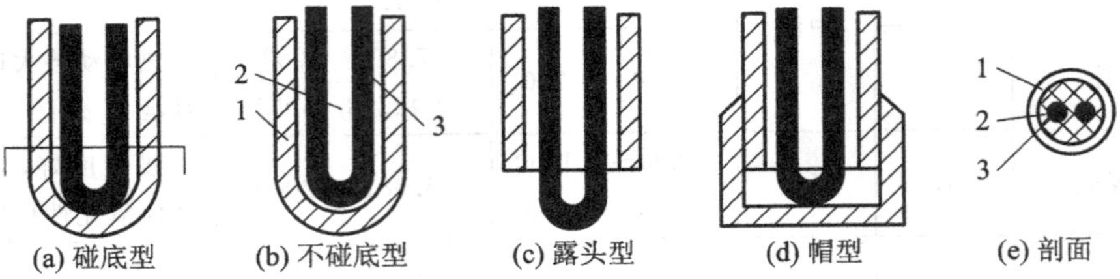

1—金属套管；2—绝缘材料；3—热电极

图 3-18　铠装型热电偶的结构示意图

铠装型热电偶特点是内部的热电偶丝与外界空气隔绝，有着良好的抗高温氧化、抗低温水蒸气冷凝、抗机械外力冲击的特性。它还可以制作得很细，能解决微小、狭窄场合的测温问题，且具有抗震、可弯曲、超长等优点，所以铠装型热电偶应用更为普遍。

薄膜型热电偶是由两种金属薄膜连接而成的一种特殊结构的热电偶，它的工作端既小又薄，热容量很小，可用于微小面积上的温度测量；动态响应快，可测快速变化的表面温度。片状薄膜型热电偶如图 3-19 所示，它采用真空蒸镀法将两种电极材料蒸镀到绝缘基板上，其厚度为 0.01～0.1 μm，上面再蒸镀一层二氯化硅薄膜作为绝缘和保护层。

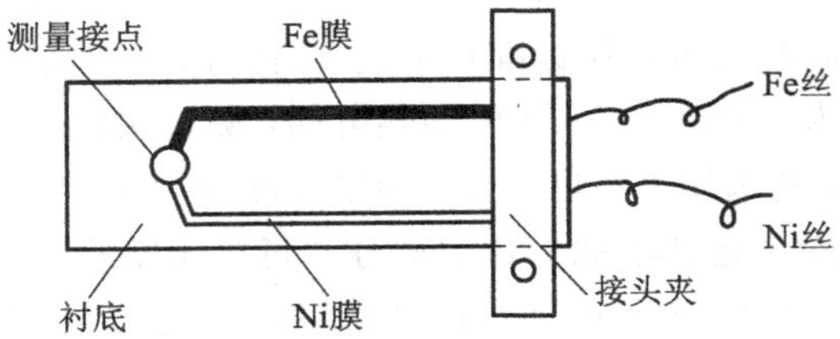

图 3-19　铁-镍(Fe-Ni)薄膜热电偶

2) 热电偶的安装工艺

(1) 为确保测量的准确性，应根据工作压力、温度、介质等方面因素，选择合理的热电偶结构和安装方式。

(2) 选择测温点要具有代表性，即热电偶的工作端不应放置在被测介质的死角，应处于管道流速最大处。

(3) 要合理确定插入深度，一般管道安装取 150～200 mm，设备上安装取小于等于 400 mm。

① 管道安装通常使工作端处于管道中心线 1/3 管道直径区域内。

② 在安装中常采用直插、斜插(45°角)等插入方式，如管道较细，宜采用斜插。在斜插

和管道肘管(弯头处)安装时，其端部应正对着被测介质的流向(逆流)，不要与被测介质形成顺流。热电偶插入方式如图 3-20 所示。

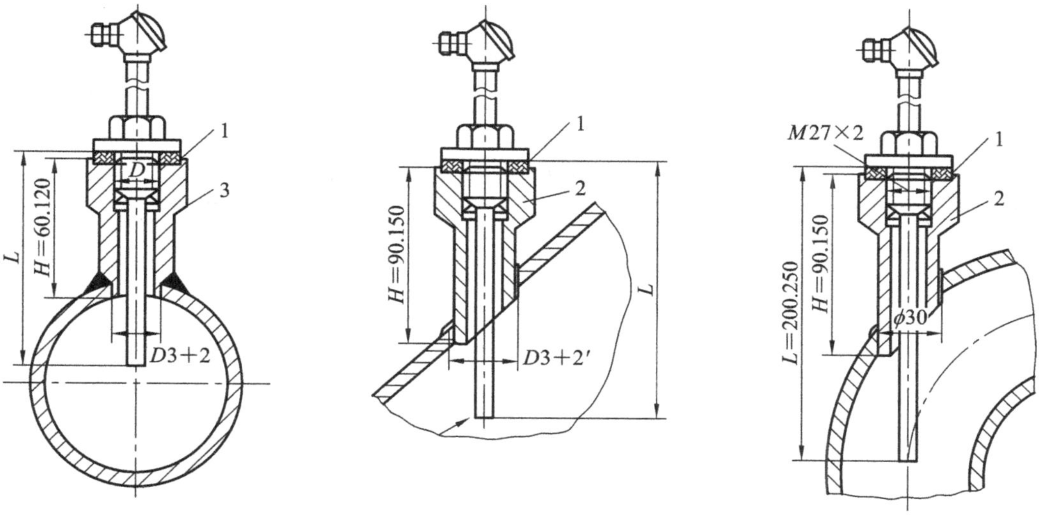

(a) 直播　(b) 斜播　(c) 肘管安装

1—垫片；2—45° 角连接头；3—直形连接头

图 3-20　热电偶插入方式

③ 对于在管道公称直径 DN<80 mm 的管道上安装热电偶时，可以采用扩大管，其安装方式如图 3-21 所示。

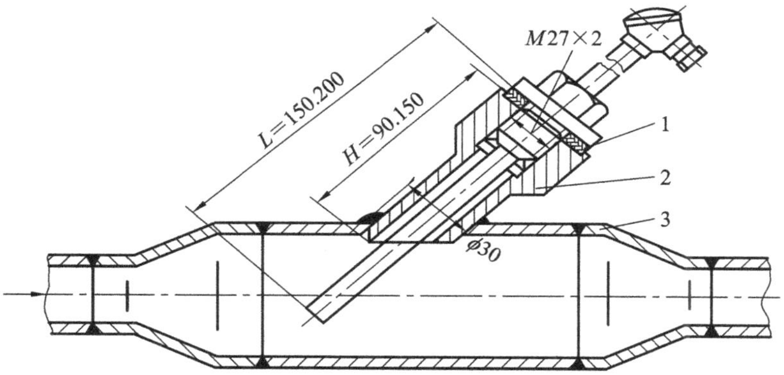

1—垫片；2—45° 角连接头；3—扩大管

图 3-21　热电偶在扩大管上的安装

(4) 在测炉膛温度时，应避免热电偶与火焰直接接触，避免安装在炉门旁或与加热物体距离过近之处。在高温设备上测温时，应尽量垂直安装。

(5) 热电偶的接线盒引出线孔应向下，以防密封不良而使水汽、灰尘与脏物落入，影响测量精度。

(6) 为减少测温滞后，可在保护外套管与保护管之间加装传热良好的填充物，如变压器油(小于 150℃)或铜屑、石英砂(大于 150℃)等。

4. 热电偶的应用技术

1）热电偶的使用温度与线径

热电偶使用时有两种温度：一种是常用温度，另一种是过热温度。常用温度是热电偶在空气中连续使用时的温度，过热温度是短时间使用的温度。

热电偶的使用温度与线径有关，线径越粗，使用温度越高。表 3－6 示出热电偶使用温度与线径之间的关系。

表 3－6　热电偶使用的温度与线径的关系

热电偶种类	线径/mm	常用温度/℃	过热温度/℃
T	0.32	200	250
	0.65	200	250
	1.00	250	300
	1.60	300	350
K	0.65	650	850
	1.00	750	950
	1.60	850	1050
	2.30	900	1100
	3.20	1000	1200
E	0.65	450	500
	1.00	500	550
	1.60	550	650
	2.30	600	750
	3.20	700	800
J	0.65	400	500
	1.00	450	550
	1.60	500	650
	2.30	550	750
	3.20	600	750
B	0.5	1500	1700
R S	0.5	1400	1600

由表 3－6 可知，线径越粗即使在高温环境中其耐久性也就越强，因此，在高温而较长时间进行温度测量时，要选用线径尽量粗的热电偶。但线径越粗，响应时间越长，因此，在对响应时间要求短，或使用短线热电偶时，可选用线径较细的热电偶。

2）热电偶的冷端处理及补偿

由式(3－18)可知，热电偶的热电势的大小与热电极材料和两个接触点温度有关。只有在热电极材料一定，其冷端温度 T_0 保持恒定情况下，其热电势 $E_{AB}(T, T_0)$ 为工作端温度 T 的单值函数。这样只要将冷端温度 T_0 设置为基准节点，热电偶的热电势大小就由其热端到基准接触点间的温差决定。由于热电偶的标准分度表是在其冷端处于 0℃ 的条件下测得的电动势的值，因此，热电偶在使用时，要直接应用标准分度表或分度曲线，就必须满足 $T_0=0$℃的条件。

在实际工程测量中，因热电偶长度受到限制，冷端温度直接受到被测介质与环境温度的影响，不仅很难保持在 0℃，而且会产生较大的波动，这必然会引入测量误差。因此，必须对冷端进行处理，并对冷端温度进行补偿。

(1) 补偿导线法。为了使热电偶冷端远离被测介质不受其温度场变化的影响，而采用廉价的补偿导线将热电偶与测量电路相连接的方法。为了使接上补偿导线后不改变热电偶测量值，要求：在一定温度范围内补偿导线必须与热电偶的热电极具有相同或相近的热电特性；保持补偿导线与热电偶的两个接触点温度相等。

补偿导线随使用的热电偶及其构成材料的不同而不同，它要与各自对应的热电偶组合使用。补偿导线的结构如图 3 - 22 所示。

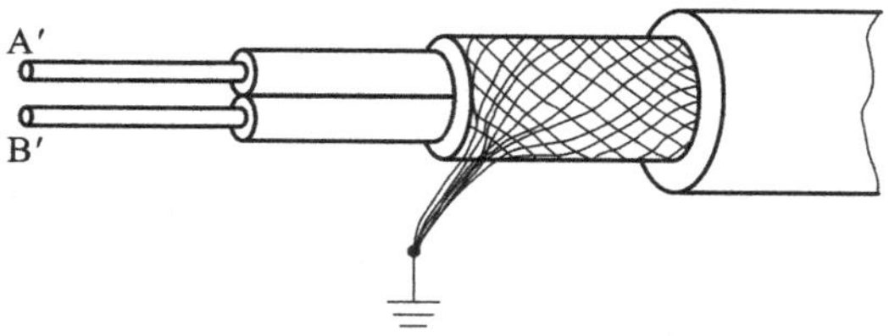

图 3 - 22　补偿导线的结构

使用时热电偶的“＋”端要接补偿导线的“＋”(A′)侧芯线，热电偶的“－”端要接补偿导线的“－”(B′)侧芯线，如图 3 - 23 所示。

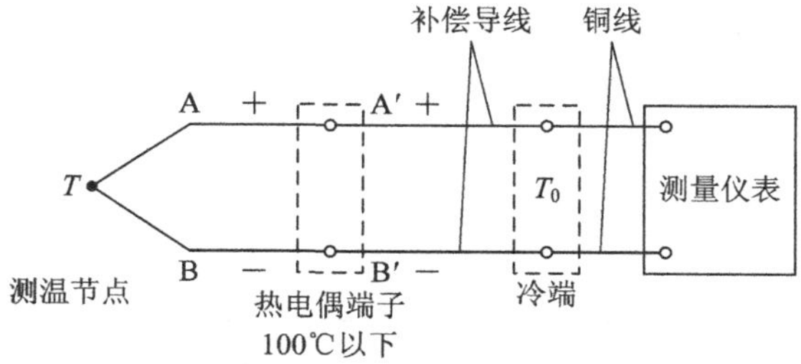

图 3 - 23　接有补偿导线的测量电路

采用补偿导线要注意以下两点：其一，热电偶的长度由补偿节点的温度决定。热电偶长度与补偿导线长度要匹配，例如，热电偶长 50 cm、补偿导线长 5 m 为宜。热电偶与补偿导线节点(这点称为补偿节点)的温度不能超过补偿导线的使用温度。若热电偶变冷，需要把热电偶伸长到补偿导线的使用温度范围。因此，测温节点温度高，热电偶可延长，温度低，热电偶可缩短。其二，热电偶与计量仪器之间增加一个温度节点(补偿节点)，误差要尽可能地小。为此，节点要紧靠，做到不产生温差。

(2) 0℃恒温法。将热电偶的冷端置于盛满冰水混合液 0℃恒温容器内，使冷端温度保持在 0℃，从而达到标准分度表的工作条件。此方法常用于实验室温度测量及温度计校准等要求精度较高的场合。0℃恒温法原理示意图如图 3 - 24 所示。

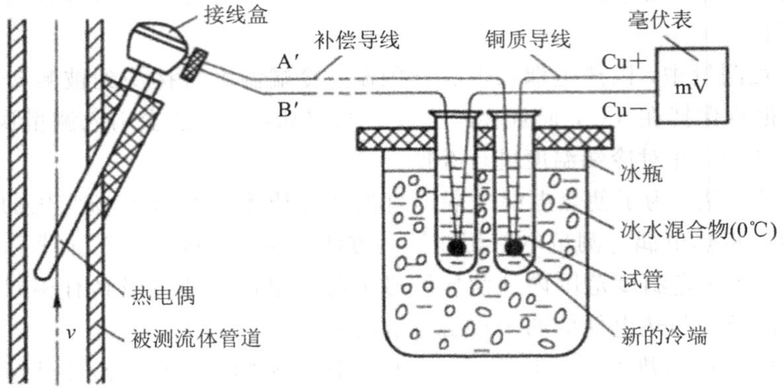

图 3-24　0℃恒温法原理示意

图 3-24 中为避免冰水混合液导电引起两个连接点短路，必须把两个连接点分别置于玻璃试管中。

(3) 机械零位调整法。当热电偶与动圈式仪表配套使用时，若热电偶的冷端温度相对恒定，对测量准确度要求不高时，可在仪表未工作前将仪表机械零位调至冷端温度处。由于外线路电势输入为零，调整机械零位相当于预先给仪表输入一个电势 $E_{AB}(T_0, 0)$。当接入热电偶后，外电路热电势 $E_{AB}(T, T_0)$与表内预置电势 $E_{AB}(T_0, 0)$叠加，使回路总电势正好为 $E_{AB}(T, 0)$，仪表直接指示出热端温度 T。

在用此方法时，应先将仪表电源和输入信号切断，再将仪表指针调整到进行 T_0 刻度处。当冷端温度变化时，应及时修正指针位置。这种方法操作简单，在工业上普遍采用。

(4) 电桥补偿法。电桥补偿法是利用不平衡电桥产生的电势来补偿热电偶因冷端温度变化而引起的热电势变化值，可以自动地将冷端温度校正到补偿电桥的平衡温度上，如图 3-25 所示。

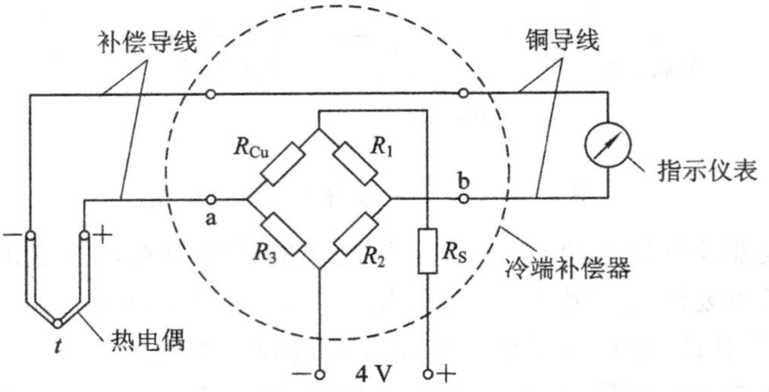

图 3-25　补偿电桥的热电偶的测温电路

图 3-25 中，不平衡电桥的输出串联在热电偶回路中。桥臂电阻分别为用锰铜线绕制的 R_1、R_2、R_3 和铜电阻 R_{Cu}。由于 R_{Cu} 温度系数较大，其电阻值随温度变化而有较大变化，使用时应使 R_{Cu} 与热电偶的冷端处于同一个温场中。R_S 为用锰铜线绕制的限流电阻，其电阻值几乎不受温度的影响。

电桥的设计是在某一温度下，使 R_{Cu} 的阻值与 R_1、R_2、R_3 的相同，电桥处于平衡状态无输出，此温度称为电桥平衡温度。当冷端的环境温度变化时，电桥平衡被打破，就产生不平衡电压 U_{ab}。若冷端的环境温度升高，热电偶的热电势就减小，由于 R_{Cu} 增大，使电桥输出 U_{ab} 增大，这样就实现了对热电势减小的补偿。通过调节限流电阻 R_S，可以使在一定温度范围内 U_{ab} 等于热电偶热电势的减小量，则二者相互抵消，因此电桥起到了冷端温度变化的自动补偿作用。

补偿电桥又称为热电偶冷端温度补偿器，不同的热电偶要配套对应型号的补偿电桥。

(5) 计算修正法。在用热电偶实际测温时，由于其冷端温度为 $T_n \neq 0℃$，则此时实测的热电势为 $E_{AB}(T, T_n)$；设在冷端温度为 0℃时测得的热电势为 $E_{AB}(T, 0)$，很明显，在冷端温度为 T_n 时测得的热电势与冷端温度为 0℃时的不相等。根据式(3-18)，可以用下式进行修正：

$$E_{AB}(T, 0) = E_{AB}(T, T_n) \pm E_{AB}(T_n, 0) \tag{3-19}$$

式中，$E_{AB}(T_n, T_0)$ 为冷端温度 $T_n \neq 0℃$ 时产生的热电势。

由式(3-19)可知，将实际测得的热电势为 $E_{AB}(T, T_n)$ 与热电偶工作于 T_n 和 0℃间的热电势 $E_{AB}(T_n, 0)$ 相加，即可将实际测得的热电势修正为冷端温度为 0℃时的 $E_{AB}(T, 0)$，这样便于利用标准分度表得到热端温度值。

此方法适合于微机检测系统，即通过其它方法将采集到的 T_0 输入微机，用软件进行处理，可实现检测系统的自动补偿。

3) 热电偶实用测量电路

(1) 测量某点温度的基本电路。热电偶直接和仪表配用的测温电路如图 3-26 所示。

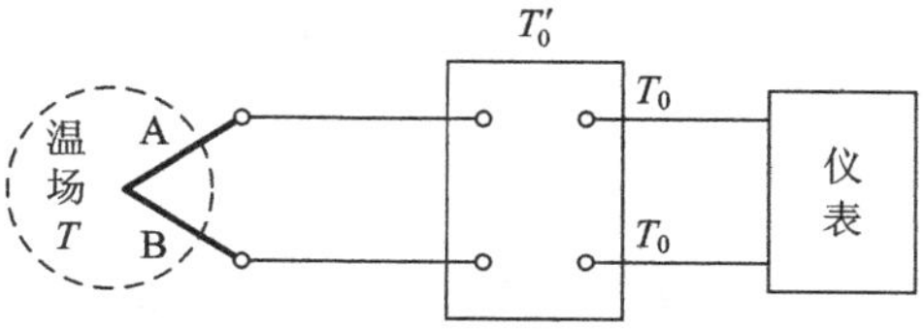

图 3-26　热电偶基本测温电路

(2) 热电偶反向串联电路。将两个同型号的热电偶配用相同的补偿导线，反向串联，如图 3-27 所示。这种电路两热电势反向串联，仪表可测得 T_1 和 T_2 之间的温度差值。

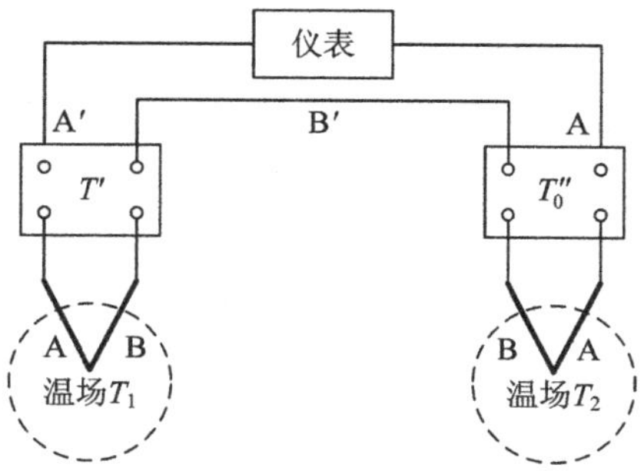

图 3-27　热电偶反向串联测量电路

(3) 热电偶并联电路。用几个同型号的热电偶并联在一起，在每一个热电偶线路中分别串联均衡电阻 R，并要求热电偶都工作在线性段，如图 3-28 所示。根据电路理论，当仪表的输入阻抗很大时，回路中总的热电势等于热电偶输出电势之和的平均值，即

$$E_T = \frac{E_1 + E_2 + E_3}{3} \tag{3-20}$$

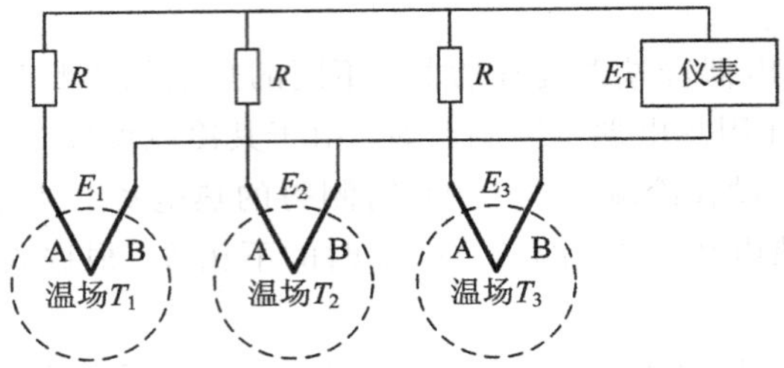

图 3-28　热电偶并联测量电路

(4) 热电偶串联电路。热电偶串联电路如图 3-29 所示。用几个同型号的热电偶依次将正负相连，A′、B′是与测量热电偶热电性质相同的补偿导线。回路总的热电势为

$$E_T = E_1 + E_2 + E_3 \tag{3-21}$$

这种电路输出电势大，可感应较小的信号。但只要有一个热电偶断路，总的热电势消失；若热电偶短路，则会引起仪表值的下降。

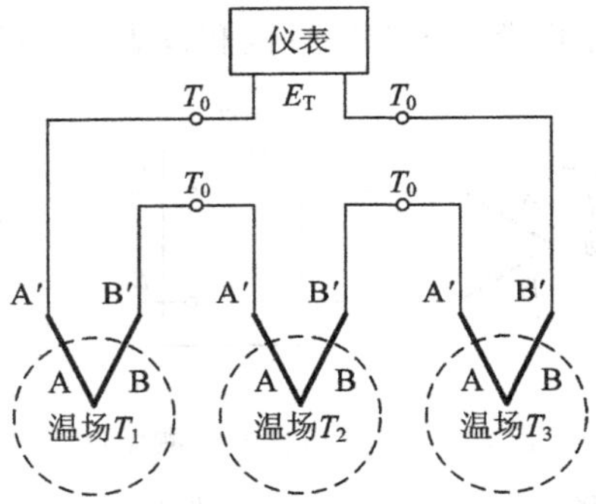

图 3-29　热电偶多点温度求和测量电路

5. 热电偶应用实例

热电偶的测温电路实例如图 3-30 所示，本电路适用于所有类型的热电偶。热电偶的热电势为 2～70 mV，零点漂移为−8.824～+30 mV，放大的输出直流电压为 1～5 V，冷节点补偿精度为±1℃(环境温度为 0～50℃)，折线近似为 4 折点及 5 折点线性化。

图 3-30(a)中的冷节点补偿电路采用集成温度传感器 AD592 检测环境温度。为了对环境温度 0～50℃进行补偿，需要产生的电压等于热电偶在 50℃时的热电动势，因此，AD592 的电流流经 R_1 电阻形成的电压抵消此时热电偶的热电势，即可达到温度补偿的目的。R_1 采用精度为±0.1%，温度系数为 25×10^{-6}/℃(25 ppm/℃)的电阻，R_1 阻值见表 3-7 所示。

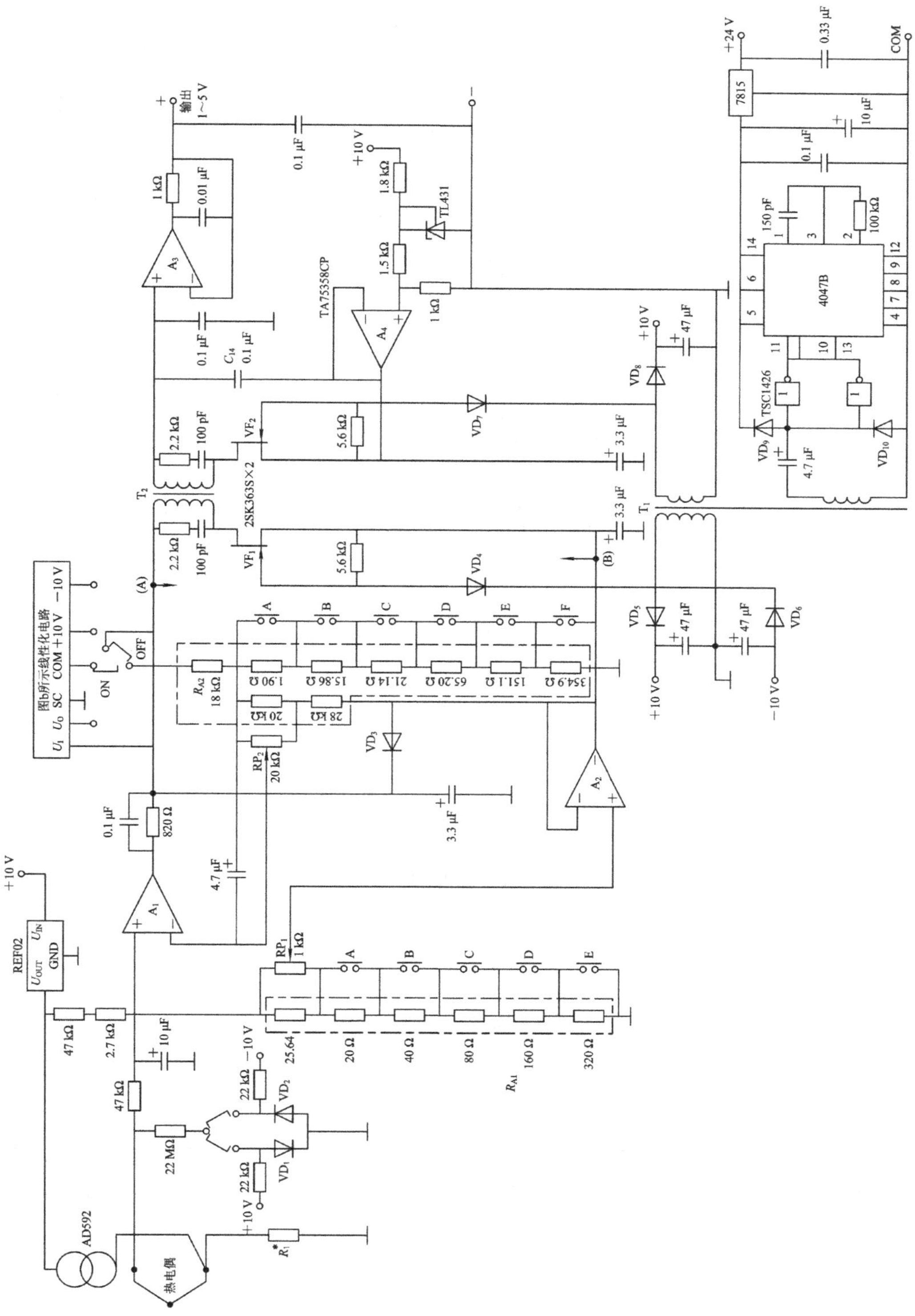

(a) 电路实例

图3-30　热电偶测温电路实例

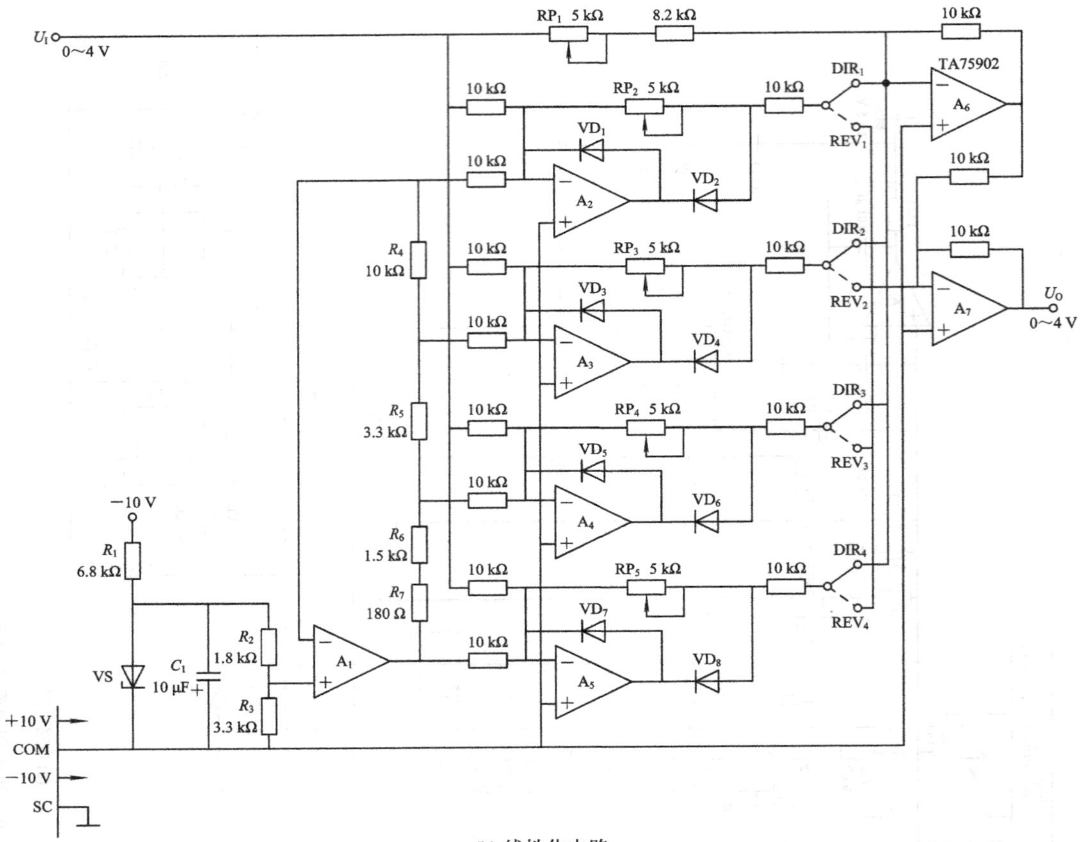

(b) 线性化电路

图 3-30　热电偶测温电路实例(续)

表 3-7　冷节点补偿电阻 R_1 的阻值

热电偶种类	热电势(50℃)/μV	R_1(热电势/50 μV)/Ω
R	296	5.92
S	299	5.98
K	2022	40.44
E	3047	60.94
J	2585	51.70
T	2035	40.70

冷节点补偿电路产生的偏置电压加到了输入信号中，若原样进行放大，就会在输出信号中由于偏置电压带来的误差，为此要进行零点调整。零点调整采用电位器 RP_1 和电阻排 R_{A1}，电位器 RP_1 调整范围为 2.5 mV，切换电阻排 R_{A1} 中电阻，步进 2.5 mV 过程中将获得 0～62.5 mV 的偏置电压。

输入电压信号为 2～70 mV，输出电压为 0～4 V，采用 A_1 同相放大器，放大器增益需要 32～2200 倍可调，采用电位器 RP_2 和电阻排 R_{A2} 进行调整。

输入/输出采用变压器 T_2进行隔离，A_1输出 0～4 V 直流信号经 VT_1构成的斩波电路变为交流信号，通过变压器 T_2传到次级，然后经 VF_2与 VF_1同步通/断工作，再由保持电容 C_1，还原成 0～4 V 的直流电压。但工业上经常采用 1～5 V 的直流电压，为此采用 A_4构成输出偏置电路，产生 1 V 的直流偏置电压加到输入缓冲放大器的输入端，这样，A_3就输出 1～5 V 的直流电压。

电源电路采用 24 V 的直流电压经 7815 稳压器输出 15 V 稳定的直流电压，再由 4047B 构成 15 kHz 方波振荡电路，其输出经驱动器 TSC1426 变成 0～15 V 的方波电压，再经变压器 T_1传到二次侧，通过二极管整流，电容滤波变成＋10 V、－10 V 的直流电压作为电路的供电电源。

图 3－30(b)的线性化电路是采用通用运算放大器和二极管构成的理想二极管电路，采用 4 点的折线近似方式，这样把热电偶的热电势与温度非线性特性关系变成线性，可增加折点数目获得优质的线性关系，但电路复杂，应根据要求的精度而定。

3.2.4　集成温度传感器

集成温度传感器是利用晶体管 PN 结的正向压降随温度升高而降低的特性来实现测温的，它是将作为感温元件的晶体管 PN 结和放大电路、补偿电路等集成，并封装在同一壳体里的一种一体化温度检测元件。集成温度传感器除了与半导体热敏电阻一样具有体积小、反应快的优点外，还具有线性好、性能高、价格低、抗干扰能力强等特点，在许多领域得到了广泛的应用。由于 PN 结的耐热性能和特性范围受到限制，因此只能用来测 150℃以下的温度。

集成温度传感器按输出信号可分为电压型和电流型两种，其输出电压或电流与绝对温度呈线性关系。电压型集成温度传感器一般为三线制，其温度系数约为 10 mV/℃，常用的有 LM34/ LM35、LM135/ LM235、TMP36/36、μpc616C、AN6701 等；电流型集成温度传感器一般为二线制，其温度系数约为 1 μA/℃，常用的有 LM134/ LM234、TMP17、AD590、AD592 等。随着技术的发展，现在涌现出大量数字式集成温度传感器，如 TMP03/04、AD7416 等。下面以电流型集成温度传感器 AD590 为例，介绍集成温度传感器的工作原理与应用，同时简单介绍电压型集成温度传感器 LM35 和智能温度控制器 DS18B20 的应用。

1. 电流型集成温度传感器 AD590 及其应用

1) 工作原理

AD590 属于电流型集成温度传感器，电流型集成温度传感器是一个输出电流与温度成比例的电流源，由于电流很容易变换成电压，因此这种传感器应用十分方便。需要指出的是，AD590 的输出电流是整个电路的电源电流，而这个电流与施加在这个电路上的电源电压几乎无关。

图 3－31 是简化的电流型集成温度传感器的基本原理图，图中 VT_1、VT_3、VT_9、VT_{11}是关键的元件，管子旁边标注的数字是发射区的等效个数，如 PNP 管 VT_1和 VT_3的发射区面积是 VT_6管的 2 倍。NPN 管 VT_9的发射区面积是 VT_{10}、VT_{11}发射区面积的 8 倍。VT_7、VT_8的工作电流来自二极管接法的 VT_{10}。

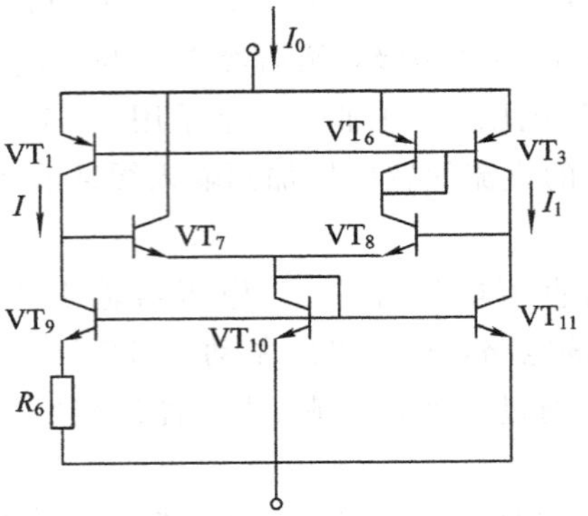

图 3-31　电流型集成温度传感器原理图

由于 VT_1 和 VT_3 的等效发射区个数都是 2，基极又连在一起，因此，它们的集电极电流都是 I_1。VT_{10} 与 VT_{11} 的几何尺寸相同，VT_{11} 的集电极电流数值上等于 VT_{10} 的集电极电流。这就意味着 VT_7 和 VT_8 的总工作电流亦为 I_1。因 VT_8 的发射区面积为 VT_3 管的一半，则流过 VT_8 的集电极电流（VT_6 管电流）为 $I_1/2$，显然流过 VT_7 管的集电极电流亦为 $I_1/2$。由图 3-31 可写出

$$U_{BE9} + I_1 R_6 = U_{BE11} \tag{3-22}$$

又因

$$U_{BE9} = \frac{kT}{q} \ln \frac{I_1}{I_{S9}} \tag{3-23}$$

则

$$U_{BE11} = \frac{kT}{q} \ln \frac{I_1}{I_{S11}} \tag{3-24}$$

式中，U_{BE9}（U_{BE11}）为电压降；k、q 为常数；I_{S9}（I_{S11}）分别为 VT_9（VT_{11}）管发射结反向饱和电流。

由式(3-22)、式(3-23)和式(3-24)可以得到

$$I_1 = \frac{kT}{qR_6} \ln \frac{I_{S9}}{I_{S11}} = \frac{kT}{qR_6} \ln 8 \quad (I_{S9} = 8I_{S11}) \tag{3-25}$$

由以上分析可得到，芯片总工作电流 I_0 为

$$I_0 = 3I_1 = \frac{3kT}{qR_6} \ln 8 = k_1 T \tag{3-26}$$

式中

$$k_1 = \frac{3k \ \ln 8}{qR_6}$$

式(3-26)表明：总电流 I_0 与绝对温度成正比。如果取 $R_6 = 538\ \Omega$，$k/q = 0.086\text{mV/K}$，则温度系数 $k_1 = 1\ \mu\text{A/K}$。

AD590 的工作原理与图 3-31 所示电路基本相同，它只需单电源工作，抗干扰能力强，需求的功率很低（1.5 mW/+5 V/+25℃），使得 AD590 特别适于进行运动测量。因为 AD590 是高阻抗（710 MΩ）电流输出，所以长线上的电阻对器件的工作影响不大。用绝缘良好的双绞线连接，可以使器件在距电源 25 m 处正常工作。高输出阻抗又能极好地消除

电源电压漂移和纹波的影响，电源由 5 V 变到 10 V 时，最大只有 1 μA 的电流变化，相当于 1℃的等效误差。还要指出的是，AD590 能经受高至 44 V 的正向电压和 20 V 的反向电压，因而不规则的电源变化或管脚反接也不会损坏器件。

AD590 的主要特征为：① 线性电流输出为 1 μA/K；② 测温范围宽，－55～150℃；③ 二端器件，即电压输入、电流输出；④ 精度高，±0.5℃(AD590M)；⑤ 线性度好，在整个测温范围内非线性误差小于±0.3(AD590M)；⑥ 工作电压范围宽(4～30 V)；⑦ 器件本身与外壳绝缘；⑧ 成本低。

2）AD590 的应用

(1)连接方式。AD590 可串联工作也可并联工作，如图 3－32 所示。

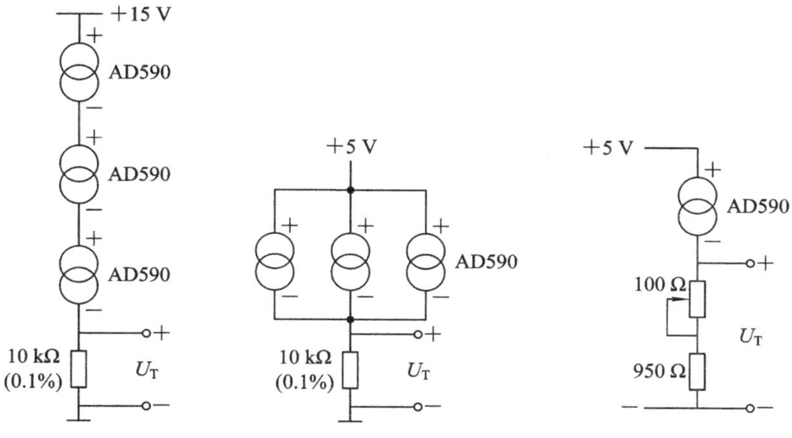

(a) 串联使用　(b) 并联使用　(c) 测量电路

图 3－32　AD590 的使用

图 3－32(a)中，将几个 AD590 单元串联使用时，显示的是几个被测温度中的最低温度；图 3－32(b)中，将几个 AD590 单元并联使用时，可获得被测温度的平均值。图 3－32(c)为 AD590 的基本测温电路，它将电流信号转化为电压信号输出。因为流过 AD590 的电流与热力学温度成正比，当 950 Ω 电阻和电位器电阻之和为 1 kΩ 时，输出电压 U_T随温度的变化为 1 mV/K。由于 AD590 的增益有偏差，电阻也有误差，因此应对电路进行调整。调整方法为：把 AD590 放于冰水混合物中，调整电位器，使 U_T＝273.2 mV。

(2) AD590 的测温放大电路。图 3－33 是采用 AD590 的测温放大电路，电路中 7650 是具有斩波自动稳零功能的运算放大器。直流电压＋U_{CC}通过电阻 R_1、电位器 RP_1加到 AD590 上，AD590 的输出电流在 R_1、RP_1上产生电压降，使放大器 7650 反相输入端的电位随温度而变化，在电路输出端可获得与被测温度成正比的直流电压。电路中的 RP_1用于调零，RP_2用于满刻度调整，这样可以极大地改善 AD590 非线性引起的误差，RP_3用于调节放大器 7650 的输入失调，7650 输出端的 R_5和 C_3构成滤波器用于滤除斩波尖峰干扰。该电路的测温范围为 0～100℃，相应输出为 0～5 V。为了降低噪声，放大器的外接电阻选用低噪声精密金属膜电阻，电容选用低损耗电容器，电位器选用精密线绕电位器。

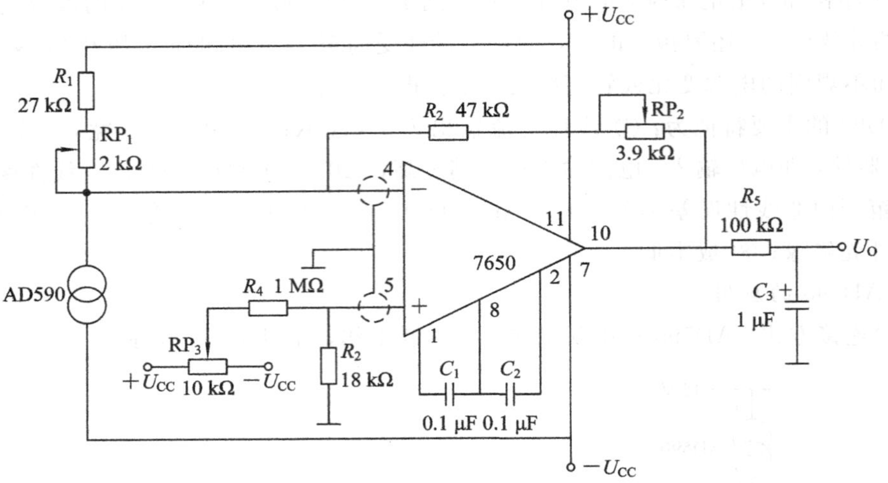

图 3-33　采用 AD590 的测温放大电路

(3) AD590 应用实例。图 3-34 是采用 AD590 监测参考结点温度的 J 型热电偶冷结点补偿电路实例。

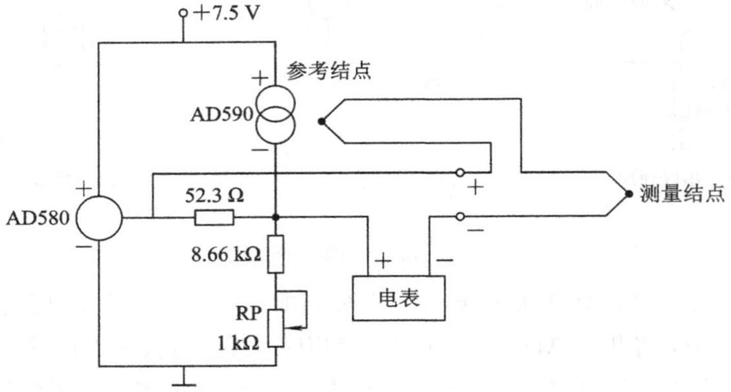

图 3-34　补偿电路实例

图 3-34 中，AD580 是一个三端稳压器，输出为 2.5 V。电路工作前，在室温下调节 RP，使电表指示温度与实际温度一致。

此电路可替代一个冰水池，在环境温度为+15～+35℃范围内，补偿精度可达±0.5。对不同分度号的热电偶，温度值需要重新校准。

2. 电压型集成温度传感器及其应用

1) LM135 系列温度传感器

LM135 系列是一种电压输出型精密集成温度传感器。它工作类似于齐纳二极管，其反向击穿电压随绝对温度以+10 mV/K 的比例变化，工作电流为 0.4～5 mA，动态阻抗仅为 1 Ω，便于和测量仪表配接。这种温度传感器具有测量精度高、应用简单等优点。LM135 系列温度传感器的测温范围很宽，LM135 的测温范围为－55～+150℃，LM235 和 LM335 的测温范围分别为－40～+125℃和 －40～+100℃。

2) LM35 电压型集成温度传感器

LM35 它具有很高的工作精度和较宽的线性工作范围，该器件输出电压与摄氏温度线性成比例。因而，从使用角度来说，LM35 与用开尔文标准的线性温度传感器相比更有优越之处，LM35 无需外部校准或微调，可以提供±1/4℃的常用的室温精度，LM35 从电源吸收的电流很小(约 60 μA)，基本不变，所以芯片自身几乎没有散热的问题。

LM35 和 LM135 系列相比，LM35 就相当于是无需校准的 LM135，而且测量精度比 LM135 高，不过价格也稍高。这里就以 LM35 介绍电压输出型集成温度传感器的应用。

3) LM35 的特性

LM35 的主要特性为：① 工作电压为 4～30 V(直流)；② 工作电流小于 133 μA；③ 输出电压为+6～−1.0 V；④ 输出阻抗为 0.1 Ω(1 mA 负载时)；⑤ 精度为 0.5℃精度(在+25℃时)；⑥ 漏泄电流小于 60 μA；⑦ 比例因数为+10.0 mV/℃(线性)；⑧ 非线性值为±1/4℃；⑨ 封装采用密封 TO-46、塑料 TO-92、贴片 SO-8 和 TO-220，如图 3-35 所示；⑩ 使用温度范围为−55～+150℃(额定范围)。

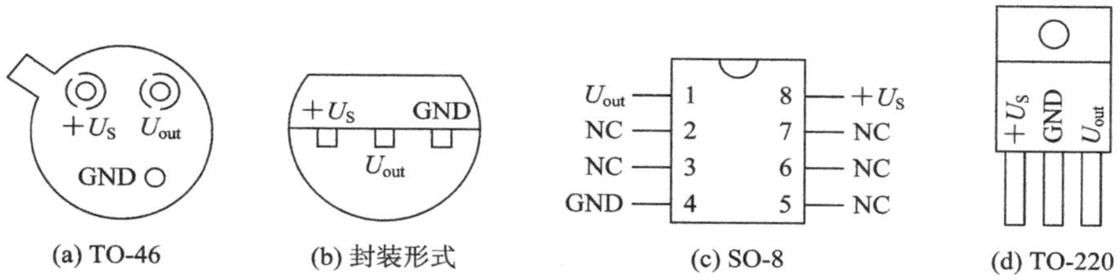

图 3-35 LM35 的等效电路及封装形式

4) LM35 的应用

(1) 基本使用电路。单电源供电时，通过在输出端 U_{out} 接一个电阻，在 GND 引脚对地之间串接两个二极管，就可以得到全量程的温度范围，电路如图 3-36(a)所示。图中，电阻为 18 kΩ 的普通电阻，VD_1、VD_2 为 1N4148，$+U_O$为与温度相应的输出电压。

在双电源供电情况下，在输出端与负电源接一个电阻，就可以得到全量程的温度范围，电路如图 3-36(b)所示。R_1 的阻值由下式决定：

$$R_1 = -\frac{U_S}{50\ \mu A} \tag{3-27}$$

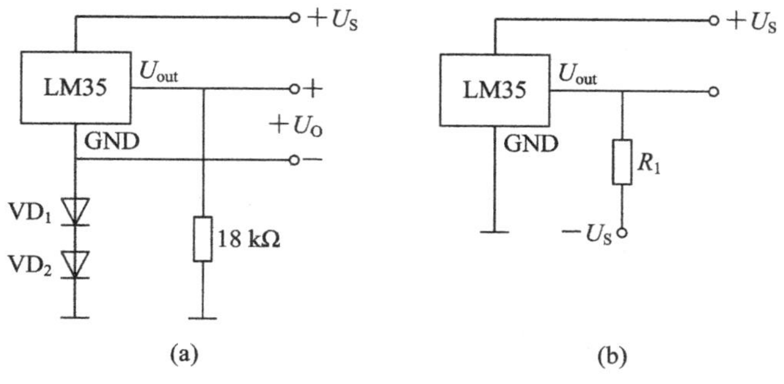

图 3-36 采用 LM35 构成的单电源温度传感器电路

(2) 温度/频率转换电路。采用温度传感器 LM35D 的温度/频率转换电路如图 3-37

所示。它将 20～150℃的温度转换为 200～1500 Hz 的 TTL 电平的输出频率的信号，其测量温度范围为－55～＋150℃，灵敏度为 10 mV/℃。当测温范围为 2～150℃时，其输出电压为 20～1500 mV。电压/频率（V/F）转换器采用 LM331，R_1C_1构成低通滤波器滤除 LM35D 的输出噪声。RP_1用于调零，当温度为 2℃时，调整 RP_1，使输出频率 f_0为 20 Hz。RP_2用于范围调整，当温度为 150℃时，调整 RP_2，使输出频率 f_0为 1500 Hz。

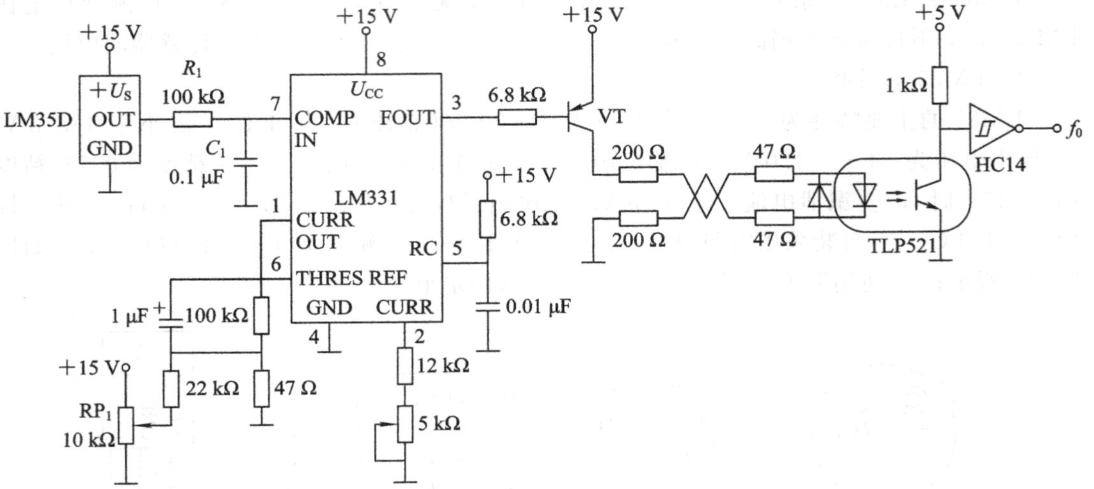

图 3－37　采用 LM35D 的温度/频率转换电路

V/F 输出通常是以 TTL 电平脉冲列传送出去，这里 LM331 输出通过 VT 放大为 0/20 mA 的电流脉冲列，即电流 0 对应的逻辑 0 电平，电流 20 mA 对应的逻辑 1 电平。采用扭绞二线电缆进行远距离传送，接收部分采用光耦合器 TLP521 进行隔离。0/20 mA 的电流脉冲列直接驱动 TLP501，HC14 输出 f_0为 20～1500 Hz 的 TTL 电平的频率信号，接到 F/V 转换器或者计数器进行必要的处理。

3. DS18B20 智能温度控制器及其应用

由 DALLAS 半导体公司生产的 DS18B20 型单线智能温度传感器，属于新一代适配微处理器的智能温度传感器，可广泛用于工业、民用、军事等领域的温度测量及控制仪器、测控系统和大型设备中。它具有体积小、接口方便、传输距离远等特点。

1）DS18B20 的性能特点

（1）采用单总线专用技术，测量结果以 9～12 位数字量形式串行传送，无须经过其它变换电路；

（2）测温范围为－55～＋125℃，测量分辨率为 0.0625℃；

（3）内含 64 位经过激光修正的只读存储器 ROM；

（4）适配各种单片机或系统机；

（5）用户可分别设定各路温度的上、下限；

（6）其工作电源既可在远端引入，也可采用寄生电源方式产生。

以上特点使 DS18B20 非常适用于远距离多点温度检测系统。

2）DS18B20 的内部结构

DS18B20 内部结构如图 3－38 所示，主要由 4 部分组成：64 位光刻 ROM、温度灵敏元件、高速暂存 RAM 和非挥发的温度报警触发器 TH 和 TL、配置寄存器。DS18B20 具有 3 引脚 TO-92 小体积封装形式，其管脚排列如图 3-39 所示，DQ 为数字信号输入/输出端；GND 为电源地；U_{DD}为外接供电电源输入端(在寄生电源接线方式时接地)。

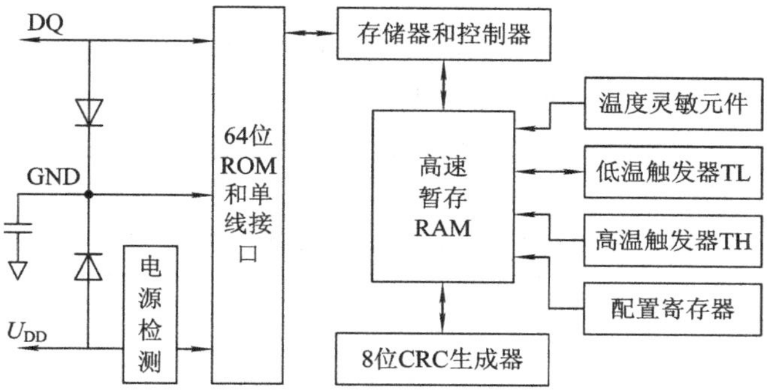

图 3-38　DS18B20 内部结构

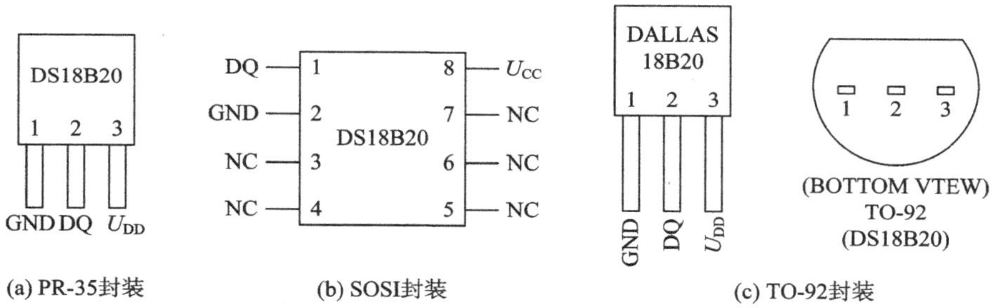

图 3-39　DS18B20 的管脚与封装

(1) 64 位光刻 ROM。ROM 中的 64 位序列号是出厂前被光刻好的，它可以看做是该 DS18B20 的地址序列码，每个 DS18B20 的 64 位序列号均不相同。64 位光刻 ROM 的排列是：开始 8 位(28H)是产品类型标号，接着的 48 位是该 DS18B20 自身的序列号，最后 8 位是前面 56 位的循环冗余校验码(CRC＝X8＋X5＋X4＋1)。ROM 的作用是使每一个 DS18B20 都各不相同，这样就可以实现一根总线上挂接多个 DS18B20 的目的。

(2) 温度传感器。DS18B20 中的温度传感器可完成对温度的测量，以 12 位转换为例：转换后得到的 12 位数据，存储在 18B20 的两个 8 位的 RAM 中，二进制中的前 5 位是符号位(用 S 表示)，如果测得的温度大于 0℃，这 5 位就为“0”，只要将测到的数值乘于 0.0625 即可得到实际温度；如果温度小于 0℃，这 5 位就为“1”，测到的数值需要取反加 1 再乘以 0.0625 才能得到实际温度。数据存储格式如表 3-8 所示。

表 3-8　数据存储格式

低 8 位	2^3	2^2	2^1	2^0	2^{-1}	2^{-2}	2^{-3}	2^{-4}
高 8 位	S	S	S	S	S	2^6	2^5	2^4

例如：＋125℃的数字输出为 07D0H，＋25.0625℃ 的数字输出为 0191H，－25.0625℃的数字输出为 FF6FH，－55℃的数字输出为 FC90H。

(3) DS18B20 温度传感器的存储器。DS18B20 温度传感器的内部存储器包括一个高速暂存 RAM 和一个非易失性的可电擦除的 E^2RAM，后者存放高温度和低温度触发器 TH、TL 和配置寄存器。

暂存存储器包含了 8 个连续字节，前两个字节是测得的温度信息，第一个字节的内容是温度的低八位，第二个字节是温度的高八位。第三个和第四个字节是 TH、TL 的易失性拷贝，第五个字节是结构寄存器的易失性拷贝，这三个字节的内容在每一次上电复位时被刷新。第六、七、八个字节用于内部计算。第九个字节是冗余检验字节。DS18B20 暂存寄存器分布如表 3-9 所示。

表 3-9 DS18B20 暂存寄存器分布

寄存器内容	字节地址	寄存器内容	字节地址
温度最低数字位	0	保留	5
温度最高数字位	1	计数剩余值	6
高温限值	2	每度计数值	7
低温限值	3	CRC 效验	8
保留	4		

高低温报警触发器 TH 和 TL、配置寄存器均由一个字节的 E^2PROM 组成，使用一个存储器功能命令可对 TH、TL 或配置寄存器写入。其中配置寄存器的格式如下：

TM	R1	R0	1	1	1	1	1

低五位一直都是“1”，TM 是测试模式位，用于设置 DS18B20 在工作模式还是在测试模式。在 DS18B20 出厂时该位被设置为 0，用户不要去改动。R1 和 R0 用来设置分辨率，如表 3-10 所示(DS18B20 出厂时被设置为 12 位)。

表 3-10 分辨率设置表

R1	R0	分辨率/bit	温度最大转换时间/ms
0	0	9	93.75
0	1	10	187.5
1	0	11	375
1	1	12	750

3) 测温步骤

根据 DS18B20 的通信协议，主机控制 DS18B20 完成温度转换必须经过三个步骤：每一次读写之前都要对 DS18B20 进行复位，复位成功后发送一条 ROM 指令，最后发送 RAM 指令，这样才能对 DS18B20 进行预定的操作。复位要求主 CPU 将数据线下拉 500 μs，然后释放，DS18B20 收到信号后等待 16～60 μs 左右，后发出 60～240 μs 的低脉冲，主 CPU 收到此信号表示复位成功。

4) DS18B20 与单片机的典型接口

以 MCS-51 系列单片机为例，DS18B20 与 8031 的典型连接如图 3-40(a)所示。图中 DS18B20 采用寄生电源方式，其 U_{DD}和 GND 端都接地。图 3-40(b)中 DS18B20 采用外接电源方式，其 U_{DD} 端用 3～5.5 V 电源供电。

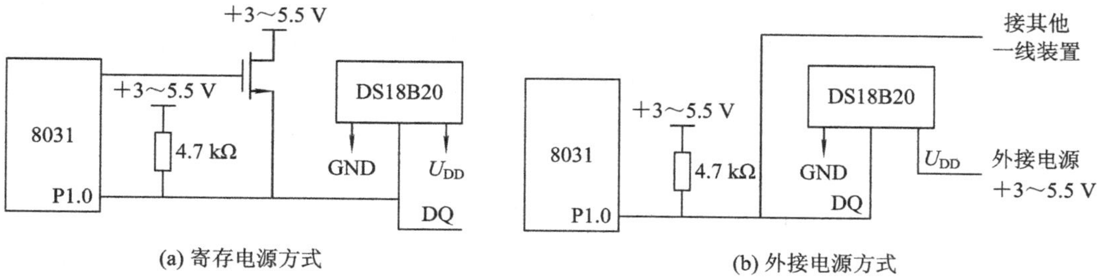

图 3-40　DS18B20 与 8031 的典型连接

DS18B20 的一线工作协议流程是：初始化→ROM 操作指令→存储器操作指令→数据传输。所以单片机编写了三个子程序：初始化子程序，写(命令或数据)子程序，读数据子程序，即可完成温度的测量。

5) DS18B20 使用中的注意事项

DS18B20 虽然具有测温系统简单、测温精度高、连接方便、占用接口线少等优点，但在实际应用中应注意以下几方面的问题：

(1) 较小的硬件开销需要相对复杂的软件进行补偿，由于 DS18B20 与微处理器间采用串行数据传送，因此，在对 DS18B20 进行读写编程时，必须严格保证读写时序，否则将无法读取测温结果。在使用 PL/M、C 等高级语言进行系统程序设计时，对 DS18B20 操作部分最好采用汇编语言实现。

(2) 在 DS18B20 的有关资料中均未提及单总线上所挂 DS18B20 数量问题，容易使人误认为可以挂任意多个 DS18B20，在实际应用中并非如此。当单总线上所挂 DS18B20 超过 8 个时，就需要解决微处理器的总线驱动问题，这一点在进行多点测温系统设计时要加以注意。

(3) 连接 DS18B20 的总线电缆是有长度限制的。试验中，当采用普通信号电缆传输长度超过 50 m 时，读取的测温数据将发生错误。当将总线电缆改为双绞线带屏蔽电缆时，正常通信距离可达 150 m，当采用每米绞合次数更多的双绞线带屏蔽电缆时，正常通信距离进一步加长。这种情况主要是由总线分布电容使信号波形产生畸变造成的。因此，在用 DS18B20 进行长距离测温系统设计时要充分考虑总线分布电容和阻抗匹配问题。

(4) 在 DS18B20 测温程序设计中，向 DS18B20 发出温度转换命令后，程序总要等待 DS18B20 的返回信号，一旦某个 DS18B20 接触不好或断线，当程序读该 DS18B20 时，将没有返回信号，程序进入死循环。这一点在进行 DS18B20 硬件连接和软件设计时也要给予一定的重视。

测温电缆建议采用屏蔽 4 芯双绞线，其中一对接地线与信号线，另一对接 U_{DD} 和地线，屏蔽层在电源端单点接地。

3.3　非接触式温度传感器及其检测技术

非接触式温度检测目前主要应用于冶金、铸造、热处理以及玻璃、陶瓷和耐火材料等工业生产过程中的高温检测。任何物体处于绝对零度以上时，因其内部带电粒子的运动，都会以一定波长电磁波的形式向外辐射能量。非接触式测温传感器就是利用物体的辐射能量随其温度而变化的原理制成的。在测量时，只需把温度传感器的光学接收系统对准被测物体，而不必与物体接触，因此可以测量运动物体的温度并不会破坏物体的温度场。另外由于感温元件只接收辐射能，它不必达到被测物体的实际温度，从理论上讲，测量上限是没有限制的，因此可测高温。

辐射换热是三种基本的热交换形式之一，热辐射电磁波具有以光速传播、反射、折射、色散、干涉和吸收等特性。它是由波长相差很远的红外线、可见光及紫外线所组成的，它们的波长范围为 $10^{-3}\sim10^{-8}$ m。可见光只是其中很小一部分，约为 0.38～0.78 μm，比 0.38 μm 更短的称为紫外线，比 0.78 μm 更长的称为红外线。在低温时，物体辐射能量很小，主要发射的是红外线。随着温度的升高，辐射能量急剧增加，辐射光谱也向短的方向移动，在 500℃左右时，辐射光谱包括部分可见光；到 800℃时可见光大幅度增加，即呈现“红热”；如果到 3000℃，则辐射光谱包含更多的短波成分，使得物体呈现“白热”。有经验的人员从观察灼热物体表面的“颜色”来大致判断物体的温度，这就是辐射测温的基本原理。但这种判断是相当粗糙的，精确地判定物体的热辐射及其温度之间的定量关系是辐射测温的重要研究内容。

目前常用的非接触测温传感器有光学高温计、辐射温度计、光纤温度传感器、红外温度传感器等。本节重点介绍红外温度传感器和光纤温度传感器。

3.3.1 红外传感器及温度检测

红外检测技术最早是为科学和军事用途而研制、开发的，随着半导体技术及新型材料的发展，生产成本不断下降，各种廉价的红外线传感器相继问世，逐步被应用于各行业中。如：工业中自动化仓库、生产线或输送带上对所传送物体探测，热处理和加工过程中的检查，铸件、焊件的非破坏性检验，各种加工过程中的发热和热分布的监测，航空航天红外系统搜索、跟踪制导、非接触引信，安全保卫中红外探测和报警，医学红外线图像诊断，红外气体分析。

1. 红外辐射的物理基础

红外辐射俗称红外线，是一种不可见光。红外辐射是由于物体受热而引起内部分子的转动及振动而产生的。所以在自然界中任何物体只要其温度高于绝对零度(－273.15℃)，就会有红外线向外辐射。也就是说，在一般的常温下，所有的物体都是红外辐射的发射源。红外线的电磁波谱图如图 3－41 所示。

图 3－41 中，红外线的波长介于可见光和微波之间，波长范围大致在在 0.77～100 μm 分为近红外区、中红外区、远红外区或极远红外区，对应的频率大致在 $4\times10^{14}\sim3\times10^{11}$ Hz 之间。如人体温度为 36～37℃，所辐射的红外线波长为 9～10 μm(属于远红外线区)，物体被加热到 400～700℃时，其所辐射的红外线波长为 3～5 μm(属于中红外线区)。由此可见，红外线的本质与可见光或电磁波性质一样，沿直线传播；它具有反射、折射、散射、干涉、吸收等特性，在真空中也以光速传播，并具有明显的波粒二相性。

金属对红外辐射的衰减作用非常大，一般金属材料基本上不能透过红外线；大多数的半导体材料及一些塑料能透过红外线；液体对红外线的吸收较大，例如深 1 mm 的水对红

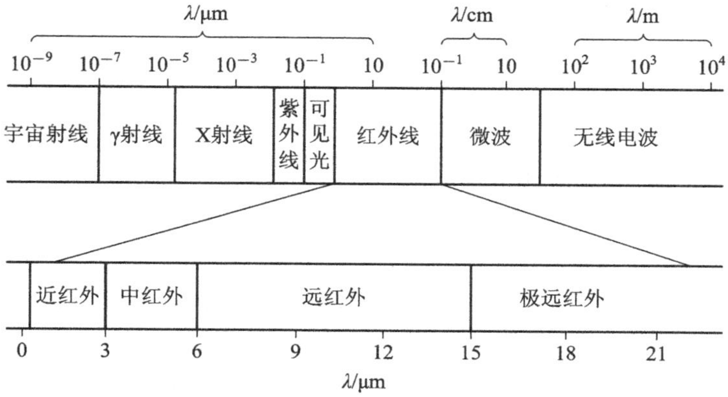

图 3-41　红外线在电磁波谱图中的位置

外线的透明度很小，当厚度达到 1 cm 时，水对红外线几乎完全不透明了；气体对红外辐射也有不同程度的吸收，例如大气(含水蒸气、二氧化碳、臭氧、甲烷等)就存在不同程度的吸收，它对波长为 1～5 μm、8～14 μm 之间的红外线是比较透明的，对其他波长的透明度较差。介质的不均匀，晶体材料的不纯洁、有杂质或悬浮小颗粒等，都会对红外辐射产生散射。采用红外线作为媒介来实现某些非电量的测量方法，比可见光作为媒介的检测方法具有以下优点：

(1) 红外线(指中、远红外线)不受周围可见光的影响，可在昼夜进行测量；

(2) 由于待测对象自辐射红外线，故不必设光源；

(3) 大气对某些特定波长范围内的红外线吸收甚少(2～2.6 μm、3～5 μm、8～14 μm 三个波段称为“大气窗口”)，适用于遥感技术。

2. 红外传感器

红外传感器是能将红外辐射量变化转换成电量变化的装置，一般由光学系统、红外探测器、信号调理电路及显示单元等组成。其中，红外探测器是能将红外辐射能转换成电信号的光敏器件，是红外传感器的核心，一般红外传感器也称为红外探测器。红外探测器按探测机理不同可分为热探测器和光子探测器两大类。

1) 热探测器

热探测器的工作机理是利用红外辐射的热效应、探测器的敏感元件吸收辐射能后引起温度升高，进而使某些有关物理参数发生相应变化，通过测量物理参数的变化来确定探测器所吸收的红外辐射。与光子探测器相比，热探测器的探测率比光子探测器的峰值探测率低、响应时间长，但热探测器的主要优点是响应波段宽，可以在常温下工作、使用方便、价格低廉。热探测器主要有四类；热释电型、热电阻型、热电偶型和气体型。

2) 光子探测器

光子探测器的工作机理是利用入射光辐射的光子流与探测器材料中的电子互相作用，从而改变电子的能量状态，引起各种电学现象，这种现象称为光子效应。光子探测器有内光电和外光电探测器两种，后者又分为光电导、光生伏特和光磁电探测器三种。光子探测器的主要特点是灵敏度高、响应速度快以及具有较高的响应频率，但探测波段较窄，一般需在低温下工作，故需要配备液氦、液氮制冷设备。

3. 热释电红外传感器

由于热释电型在热探测器中探测率最高，频率响应最宽，应用范围最广，这里重点介绍热释电型探测器。

1）热释电效应

当一些被称为“铁电体”的电解质材料受热时，在这些物质的表面将会产生数量相等而符号相反的电荷，这种由于热变化产生的电极化现象称为热释电效应，是热电效应的一种。

如图 3-42 所示，在钛酸钡一类的晶体上，上下表面设置电极，在上表面加以黑色膜，若有红外线间歇地照射，其表面温度升高 ΔT，其晶体内部的原子排列将产生变化，引起自发极化电荷 ΔQ，设元件的电容为 C，则元件两极的电压为 $\Delta Q/C$。

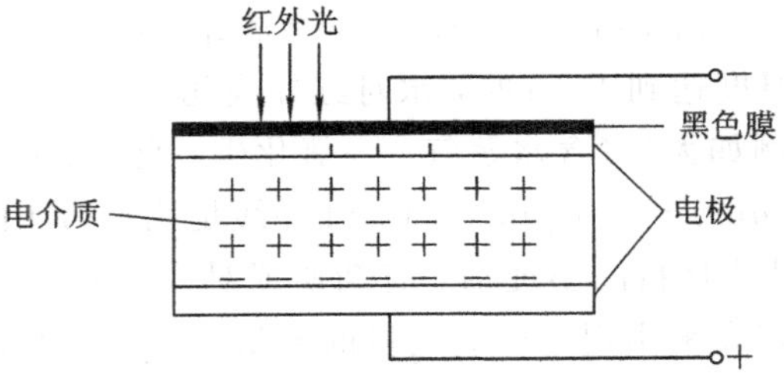

图 3-42 热释电效应示意图

2）热释电效应红外线光敏元件的材料

能产生热释电效应的物体称为热释电体，又称热电元件。热电元件的常用材料有钽酸锂($LiTaO_3$)、硫酸三甘肽(LATGS)单晶、$PbTiO_3$(钛酸铅)、钛锆酸铅(PZT)压电陶瓷和聚偏二氟乙烯(PVF_2)高分子薄膜等。

需注意的是，热释电效应产生的表面电荷不是永存的，只要一出现，很快便会被空气中的各种离子所中和。因此，用热释电效应制成红外传感器，往往在它的元件前面加机械式的周期遮光装置，以使此电荷周期性地出现。

3）热释电红外传感器

热释电红外传感器的结构主要由外壳、滤光片、热电元件 PZT、结场效应管 FET、电阻、二极管等组成，并向壳内充入氮气封装起来，如图 3-43(a)所示。

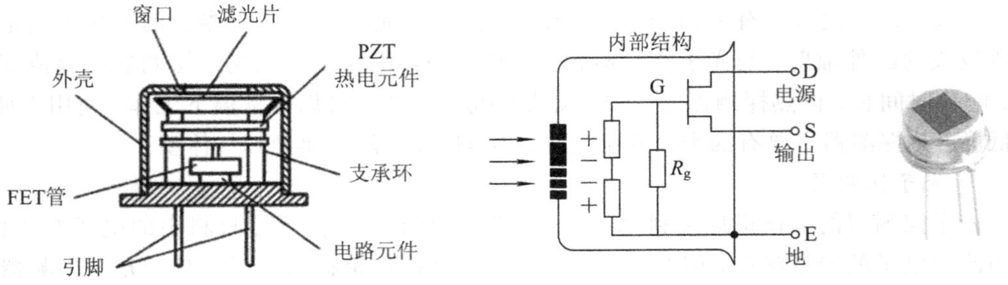

(a) 结构　(b) 内部电路　(c) 外形

图 3-43 热释红外传感器结构图

图 3-43(a)中的滤光片设置在窗口处，组成红外线通过的窗口。滤光片为 6 μm 多层膜干涉滤光片，它对 5 μm 以下短波长光有高反射率，而对 6 μm 以上人体发射出来的红外线热源(10 μm)有高穿透性，阻抗变换用的 FET 管和电路元件放在管底部分。敏感元件用红外线热释电材料 PZT(或其它材料)制成很小的薄片，再在薄片两面镀上电极，构成两个反向串联的有极性的小电容，其内部电路如图 3-43(b)所示。当入射的能量顺序地射到两个元件时，由于是两个元件反相串联，故其输出是单元件的两倍；由于两个元件反相串联，对于同时输入的能量会相互抵消。由于双元件红外敏感元件具有上面的特性，可以防止因太阳光等红外线所引起的误差或误动作；由于周围环境温度的变化影响整个敏感元件产生温度变化，两个元件产生的热释电信号互相抵消，起到补偿作用。其外形见图 3-43(c)。

热释电红外传感器用于测量温度时其工作波长为 1～20 μm，测温范围可达－80～1500℃；用于火焰探测时其工作波长为 4.2～4.5 μm；用于人体探测时其工作波长为 7～15 μm 等。

4）热释电红外传感器在人体探测中的应用

热释电红外传感器通过目标与背景的温差来探测目标。由于人体的温度一般在 37℃左右，会发出 10 μm 左右波长的红外线。在红外探测器的警戒区内，当有人体移动时，热释电人体红外传感器感应到人体温度与背景温度的差异信号后会输出探测电压信号。热释电传感器的人体探测原理示意图如图 3-44 所示。

图 3-44(a)中，为了提高探测器的探测灵敏度以增大探测距离，在探测器的前方装设一个菲涅尔透镜。利用菲涅尔透镜的特殊光学原理，将热源信号放大 70 dB 以上，再通过放大电路等，把不足 2 m 的探测距离放大到 20 m 范围。

菲涅尔透镜用聚乙烯塑料片制成，颜色为乳白色或黑色，呈半透明状，但对波长为 10 μm 左右的红外线来说却是透明的。菲涅尔透镜结构原理和外形如图 3-45 所示。

图 3-45(a)中，透镜在水平方向上分成 3 个部分，每一部分在竖直方向上又等分成若干不同的区域，它们由一个个同心圆构成，如 $n=11$ 就有 11 等份。根据透镜的光学原理，在探测器前方产生一个交替变化的“盲区”和“高灵敏区”。当有人从透镜前走过时，人体发出的红外线就不断地交替从“盲区”进入“高灵敏区”，这样就使接收到的红外信号以忽强忽弱的脉冲形式输入，从而增强其能量幅度。将增强后能量聚集到热释电元件上，热释电元件就会失去电荷平衡，向外释放电荷，再经后续电路经检测处理后就能产生报警信号。

热释电人体红外传感器滤光片的波长通带范围(8～14 μm)决定了它可以抵抗可见光

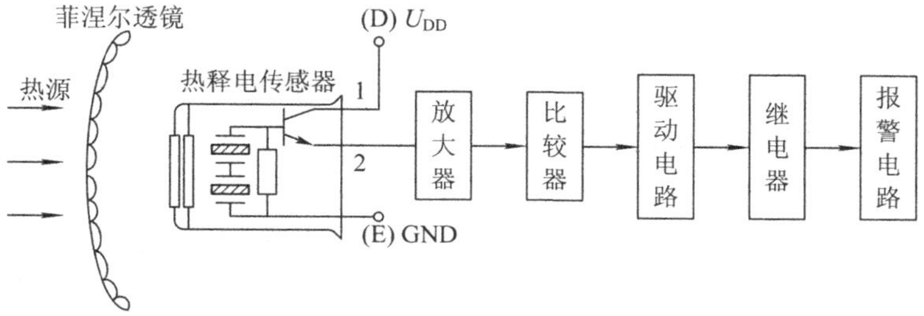

(a) 人体探测原理图

(b) 探测外形

图 3-44　热释电传感器的人体探测原理示意图

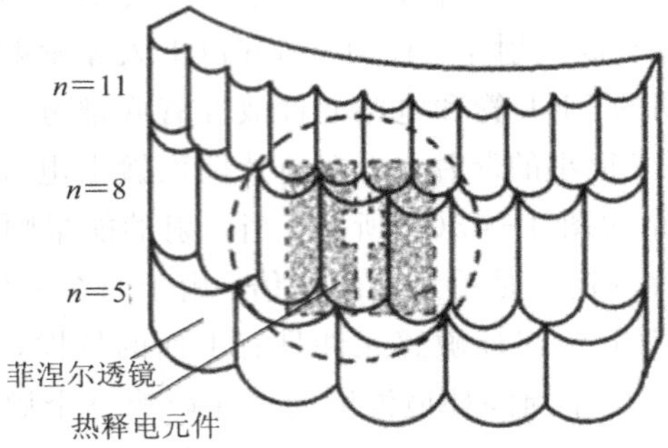

(a) 透镜结构原理图

(b) 透镜外形

图 3-45　菲涅尔透镜示意图

和大部分红外线、环境及自身温度变化的干扰，只对移动的人体敏感。若人体进入检测区后不动，则温度没有变化，传感器也没有信号输出，所以这种传感器适合检测人体或者动物的活动情况。

4. 光子型红外传感器

1) PbS 红外光敏元件及其工作原理

PbS 红外光敏元件的结构如图 3-46 所示。首先在玻璃基板上制成金电极，然后蒸镀 PbS 薄膜，再引出电极线即成该元件。为防止 PbS 氧化，一般将 PbS 光敏元件封入真空容器中，并用玻璃或蓝宝石做光窗。

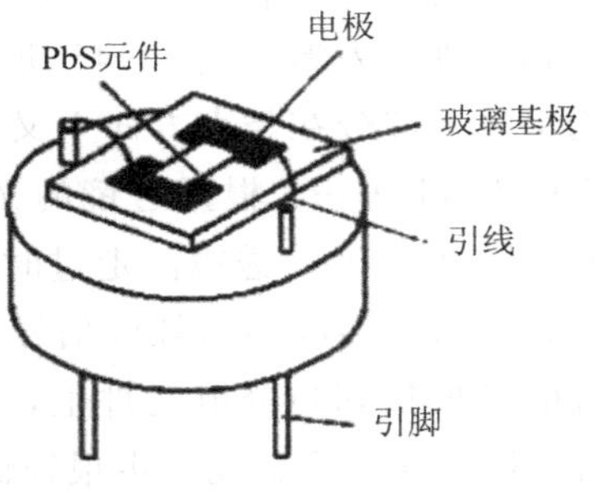

图 3-46　PbS 红外光敏元件结构图

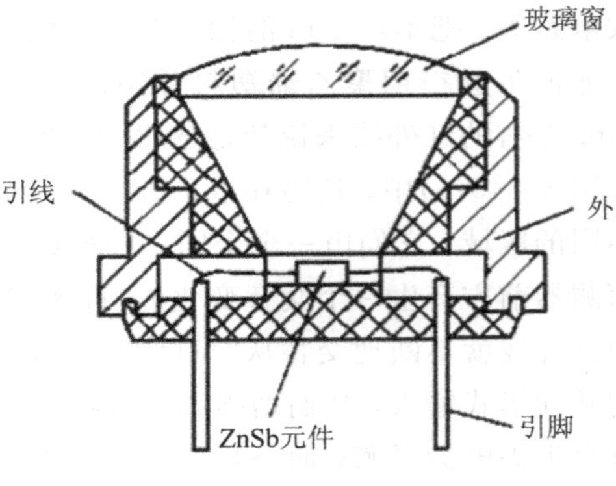

图 3-47　ZnSb 红外光敏元件结构图

PbS 红外光敏元件对近红外光到 3 μm 红外光有较高的灵敏度，可在室温下工作。当红外光照射在 PbS 光敏元件上时，因光电导效应，PbS 光敏元件的阻值发生变化，电阻的变化引起 PbS 光敏元件两电极间电压的变化。

2) ZnSb 红外光敏元件及工作原理

ZnSb 红外光敏元件的结构如图 3-47 所示。其结构和具有 PN 结的光敏二极管相似。它是将杂质 Zn 等用扩散结渗入 N 型半导体中形成 P 层构成 PN 结，再引出引线制成的。当红外光照射在 ZnSb 元件的 PN 结上时，因光生伏特效应，在 ZnSb 光敏元件两端产生电动势，此电动势的大小与光照强度成比例。

ZnSb 红外光敏元件灵敏度高于 PbS 红外光敏元件，能在室温或低温下工作。在低温下工作时，可采用液态氮进行冷却。

5. 红外传感器使用中应注意的问题

红外传感器是红外探测系统中很重要的部件，但它比较娇气，使用中稍有不注意就可能导致红外传感器损坏。因此，红外传感器在使用中应注意以下几点：

(1) 必须首先注意了解红外传感器的性能指标和应用范围，掌握它的使用条件。

(2) 必须关注传感器的工作温度，一般要选择能在室温下工作的红外传感器，便于维护。

(3) 适当调整红外传感器的工作点，一般情况下，传感器有一个最佳工作点，只有工作在最佳偏流工作点时，红外传感器的信噪比最大，实际工作点最好稍低于最佳工作点。

(4) 选用适当前置放大器与红外传感器配合，以获取最佳探测效果。

(5) 调制频率与红外传感器的频率响应相匹配。

(6) 传感器光学部分不能用手摸、擦，防止损伤与沾污。

(7) 传感器存放时注意防潮、防振、防腐。

6. 红外传感器在温度检测中的应用

红外测温传感器就是利用物体的辐射能量随其温度而变化的原理制成的传感器。

1) 红外测温的特点

(1) 红外测温是远距离和非接触测温，特别适合于高速运动物体、带电体、高温及高压物体的温度测量。

(2) 红外测温反应速度快。它不需要与物体达到热平衡的过程，只要接收到目标的红外辐射即可定温，反应时间一般都在毫秒级甚至微秒级。

(3) 红外测温灵敏度高。因为物体的辐射能量与温度的四次方成正比，物体温度微小的变化就会引起辐射能量成倍的变化，红外传感器即可迅速地检测出来。

(4) 红外测温准确度较高。由于是非接触测量，不会破坏物体原来温度分布状况，因此测出的温度比较真实，其测量准确度可达到 0.1℃以内，甚至更小。

(5) 红外测温范围广泛。红外传感器可测量摄氏零下几十度到零上几千度的温度范围。

2) 红外测温原理与方法

红外测温原理是通过测量被测物体的辐射能，通过计算而获取被测物体的温度。但实际上要测得被测物体的辐射能是很困难的，常采用替代法：将一个黑体(工业黑体模型)加热至某一温度，使其产生的辐射能和被测物体温度在某一温场下产生的辐射能相同，这样通过计算即可获得被测物体的实际温度。上述替代法的前提条件是：工业黑体模型和被测物体都要通过同样的光学系统，并作用在相同的探测器(热电堆、热电偶、热敏电阻等)上，使它们产生的电量变化是相同的。

根据上述原理，利用红外实现测温的方法有辐射法、亮度法和比色法。其中，辐射法测量简单、快速，相对灵敏度和被测温度辐射波长无关，但受被测体与检测仪表间的介质波动影响大，测量距离也小；亮度法相对灵敏度与被测温度和所选定的波长成反比，误差介于辐射法和比色法之间；比色法相对灵敏度与被测温度 T 成反比，误差受比色发射率影响小，且受被测物与仪表之间的中间介质波动影响亦小。

3）红外温度传感器应用实例

常见的红外辐射温度计的测温范围可以从−30℃到3000℃，可根据需要选择不同的规格。红外辐射温度计的外形结构与原理框图如图 3-48 所示。

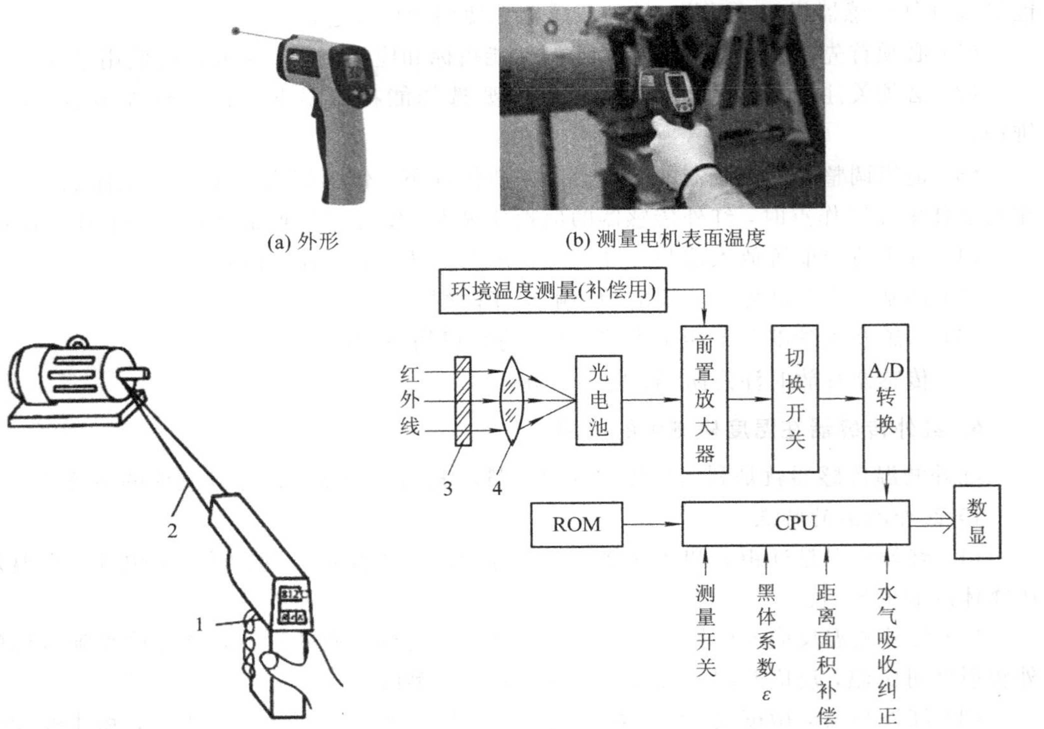

(a) 外形　　(b) 测量电机表面温度

(c) 表面温度测量示意图　　(d) 内部原理结构

1—便携式红外辐射温度计；2—红色瞄准激光束；3—滤光片；4—聚焦透镜

图 3-48　红外辐射温度计的外形结构与原理框图

图 3-48(c)是电动机表面温度测量示意图。测试时，按下手枪形测量仪的开关，枪口射出一束低功率的红色激光，自动汇聚到被测物上(瞄准用)。被测物发出的红外辐射能量就能准确地聚焦在红外辐射温度计“枪口”内部的光电池上。红外辐射温度计内部的 CPU 根据距离、被测物表面黑度辐射系数、水蒸气及粉尘吸收修正系数、环境温度以及被测物辐射出来的红外光强度等诸多参数，计算出被测物体的表面温度。其反应速度只需 0.5 s，有峰值、平均值显示及保持功能，可与计算机串行通信，广泛用于铁路机车轴温检测、冶金、化工、高压输变电设备、热加工流水线表面温度测量，还可快速测量人体温度。

3.3.2　光纤传感器及温度检测

光纤传感器(FOS Fiber Optical Sensor)是 20 世纪 70 年代中期发展起来的一种基于光导纤维的新型传感器。它是光纤和光通信技术迅速发展的产物，它与以电为基础的传感器有本质区别。光纤传感器用光作为敏感信息的载体，用光纤作为传递敏感信息的媒质。因此，它同时具有光纤及光学测量的特点：① 电绝缘性能好；② 抗电磁干扰能力强；③ 非侵入性好；④ 灵敏度高；⑤ 容易实现对被测信号的远距离监控。光纤传感器可测量位移、速度、加速度、液位、应变、压力、流量、振动、温度、电流、电压、磁场等物理量。

1. 光纤传光原理及主要参数

1）光纤传光原理

光纤呈圆柱形，它由玻璃纤维芯(纤芯)和玻璃包皮(包层)两个同心圆柱的双层结构组成。纤芯材料为 5～75 μm 直径的以二氧化硅为主、掺杂微量元素的石英玻璃；包层用低折射率的玻璃或塑料制成，直径为 100～200 μm，如图 3-49 所示。

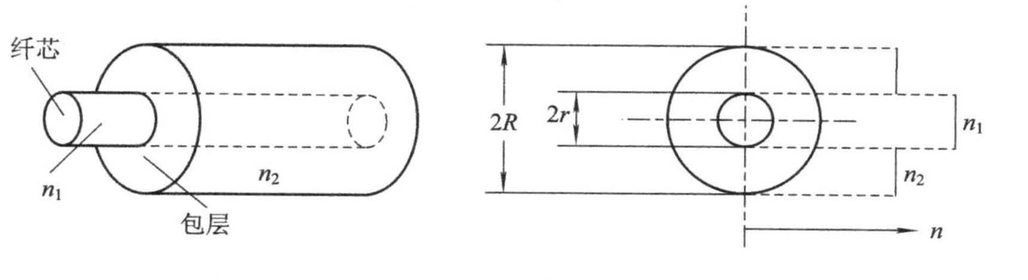

图 3-49　光纤的结构

图 3-49 中，纤芯位于光纤的中心部位，是光的主要传输通道。纤芯折射率 n_1 比包层折射率 n_2 稍大些，两层之间形成良好的光学界面，光线在这个界面上反射传播。

光纤传光原理是利用光的全反射现象为基础。如图 3-50 所示，根据几何光学原理，当光线以较小的入射角 θ_1 由光密介质 1 射向光疏介质 2(即 $n_1>n_2$)时，则一部分入射光将以折射角 θ_2 折射入介质 2，其余部分仍以 θ_1 反射回介质 1(图中 a 线)。

依据几何光学光折射和反射的斯涅尔(Snell)定律，有

$$n_1 \sin\theta_1 = n_2 \sin\theta_2 \qquad (3-28)$$

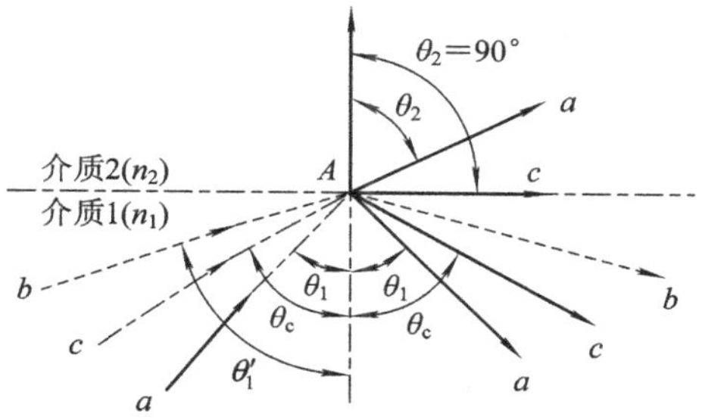

图 3-50　光在两介质界面上的折射和反射

当 θ_1 角逐渐增大，直至 $\theta_1=\theta_c$ 时，透射入介质 2 的折射光也逐渐折向界面，直至沿界面传播($\theta_2=90°$)，此时光线就会从两种介质的分界面上全部反射回光密介质中，而没有光线透射到光疏介质，这就是全反射现象。对应于 $\theta_2=90°$时的入射角 θ_1 称为临界角 θ_c，由式(3-28)则有

$$\sin\theta_c = \frac{n_2}{n_1} \qquad (3-29)$$

当光线在纤芯断面的入射角小于临界角 θ_c 时，这一光线在界面上产生全发射，并沿光纤轴向传播。光在光纤内部的折射与反射如图 3-51 所示。

由图 3-51 可以看出，当光线从纤芯入射，其入射角大于或等于临界角时，光线在纤芯内就会产生全反射。在界面上经过无数次全反射，在纤芯内向前传播，最后传播到光纤的另一端。

这种沿纤芯传输的光，可以分解为沿轴向与沿截面传输的两种平面波成分。沿截面传输的平面波在纤芯与包层的界面处全反射。所以，每当往复传输的相位变化是 2π 的整数倍时，就可以在截面内形成驻波。像这样的驻波光线组又称为“模”。光导纤维内只能存在

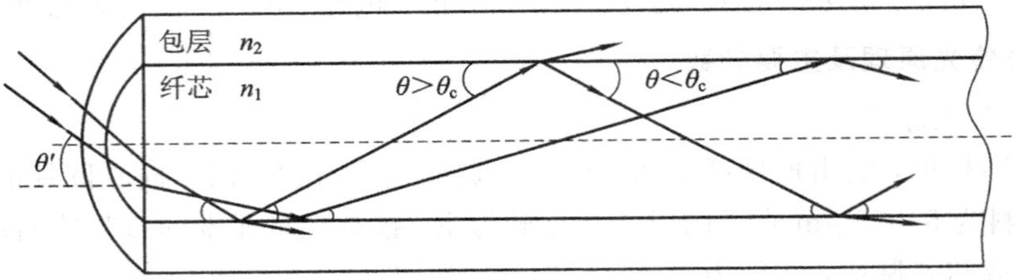

图 3-51　光的折射与反射

特定数目的“模”的传输光波。如果用归一化频率 γ 表达这些传输模的总数，其值一般在 $\gamma^2/2 \sim \gamma^2/4$ 之间。归一化频率 γ 由下式给出：

$$\gamma = \frac{2\pi r \mathrm{NA}}{\lambda} \tag{3-30}$$

式中：γ 为传输光波长；r 为纤芯半径；NA 为数值孔径(Numerical Aperture)。

能够传输较大 γ 值的光导纤维(即能够传输较多的模)称为多模光纤。此种光纤的纤芯直径(40～100 μm)比入射光波长大。若纤芯直径细到波长左右(数微米)，仅能传输 $\gamma<2.41$ 的光纤，则称为单模光纤。

单模和多模光纤，两者都是当前光纤通信技术上最常用的，称为普通光纤。对用于检测技术的光纤，往往有些特殊要求，所以又称其为特殊光纤。

因此，光纤一般可分为

光纤
- 普通光纤
  - 多模光纤
  - 单模光纤
- 特殊光纤

2) 光纤的主要参数

(1) 数值孔径。光线在光纤中产生全反射的入射角称为光纤的孔径角。孔径角最大允许值的正弦与入射光线所在媒质的折射率乘积称为数值孔径(NA)。

$$\mathrm{NA} = n_1 \sin\theta_{\max} \tag{3-31}$$

式中：n_1 为纤芯折射率；$\theta_{\max}$ 为最大孔径角($\theta_{\max}=\theta_c$)。

数值孔径是表示光纤集光能力的一个参量，它越大就表示光纤集收的光通量越多。产品光纤通常不给出折射率，而只给出 NA。石英光纤的 NA=0.2～0.4。

(2) 透过率。透过率是表示光纤传光性能优劣的一个重要参量。透过率为输出光通量和输入光通量之比。

对光纤来说，影响透过性能的主要因素有光纤芯料的吸收、界面的全反射损失、光纤端面的反射损失等。

3) 光纤的分类

光纤常按折射率变化类型、传播模式、材料和功能进行分类。其中，按折射率变化可分为阶跃折射率光纤和渐变折射率光纤；按传播模式可分为单模光纤和多模光纤；按材料可分为高纯度石英玻璃纤维、多组分玻璃光纤、塑料光纤；按功能可分为普通光纤和特殊光纤等。

一般检测技术中使用的是特殊光纤。

2. 光纤传感器

1）光纤传感器的结构原理

光纤传感器是一种能把被测量的状态转变为可测的光信号的装置，一般由光发送器、敏感元件（光纤或非光纤的）、光接收器、信号处理系统以及光纤构成，如图 3－52 所示。

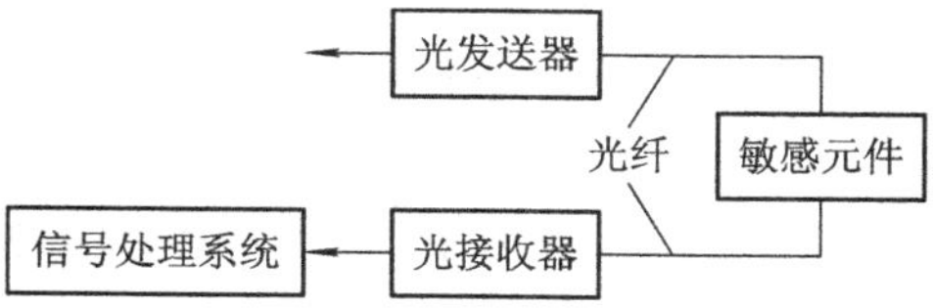

图 3－52　光纤传感器与传统传感器的构成

图 3－52 中，由光发送器发出的光经源光纤引导至敏感元件。在通过敏感元件后，光的某一性质受到被测量的调制，再将已调光经接收光纤耦合到光接收器，使光信号变为电信号，最后经信号处理得到所期待的被测量。

由于光是一种电磁波，它的物理作用和生物化学作用主要因其中的电场而引起，因此，讨论光的敏感测量必须考虑光的电矢量 E 的振动，即

$$E = A\sin(\omega t + \varphi) \tag{3-32}$$

式中，A 为电场 E 的振幅矢量；ω 为光波的振动频率；φ 为光相位；t 为光的传播时间。

由式(3－32)可见，只要使光的强度、偏振态（矢量 A 的方向）、频率和相位等参量之一随被测量状态的变化而变化，或受被测量调制，那么，通过对光的强度调制、偏振调制、频率调制或相位调制等进行解调，就可获得所需要的被测量的信息。

2）光纤传感器的分类

光纤在传感器的分类如表 3－11 所示。

表 3－11　光纤传感器的分类

传感器		光学现象	被测量	光纤	分类
干涉型	相位调制光线传感器	干涉（磁致伸缩）	电流、磁场	SM、PM	a
		干涉（电致伸缩）	电场、电压	SM、PM	a
		Sagnac 效应	角速度	SM、PM	a
		光弹效应	振动、压力、加速度、位移	SM、PM	a
		干涉	温度	SM、PM	a
非干涉型	强度调制光线温度传感器	遮光板遮断光路	温度、振动、压力、加速度、位移	MM	b
		半导体投射率的变化	温度	MM	b
		荧光辐射、黑体辐射	温度	MM	b
		光纤微弯损耗	振动、压力、加速度、位移	SM	b
		振动或液晶的反射	振动、压力、位移	MM	b
		气体分子吸收	气体浓度	MM	b
		光纤漏泄膜	液位	MM	b
	偏振调制光线温度传感器	法拉第效应	电流、磁场	SM	b,a
		泡克尔斯效应	电场、电压	MM	b
		双折射变化	温度	SM	b
		光弹效应	振动、压力、加速度、位移	MM	b
	频率调制光线温度传感器	多普勒效应	速度、流速、振动、加速度	MM	c
		受激喇曼散射	气体浓度	MM	b
		光致发光	温度	MM	b

注：MM—多模；SM—单模；PM—偏振保持；a—功能型；b—非功能型；c—拾光型

(1) 根据光纤在传感器中的作用，光纤传感器分为功能型、非功能型和拾光型三大类。

① 功能型(全光纤型)光纤传感器。利用对外界信息具有敏感能力和检测能力的光纤(或特殊光纤)作传感元件，将“传”和“感”合为一体的传感器。光纤不仅起传光作用，而且还利用光纤在外界因素(弯曲、相变)的作用下，其光学特性(光强、相位、偏振态等)的变化来实现“传”和“感”的功能。因此，传感器中光纤是连续的。由于光纤连续，因而增加其长度可提高灵敏度。功能型光纤传感器的构成如图 3 - 53 所示。

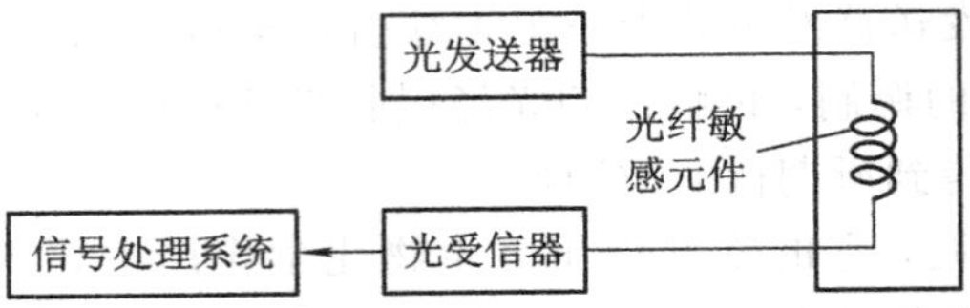

图 3 - 53　功能型光纤传感器的构成

② 非功能型(或称传光型)光纤传感器。光纤仅起导光作用，只“传”不“感”，对外界信息的“感觉”功能依靠其他物理性质的功能元件完成。光纤不连续。此类光纤传感器无需特殊光纤及其他特殊技术，比较容易实现，成本低，但灵敏度也较低，用于对灵敏度要求不太高的场合。非功能型光纤传感器的构成如图 3 - 52 所示。

③ 拾光型光纤传感器。用光纤作为探头，接收由被测对象辐射的光或被其反射、散射的光。其典型例子如光纤激光多普勒速度计、辐射式光纤温度传感器等。拾光型光纤传感器的构成如图 3 - 54 所示。

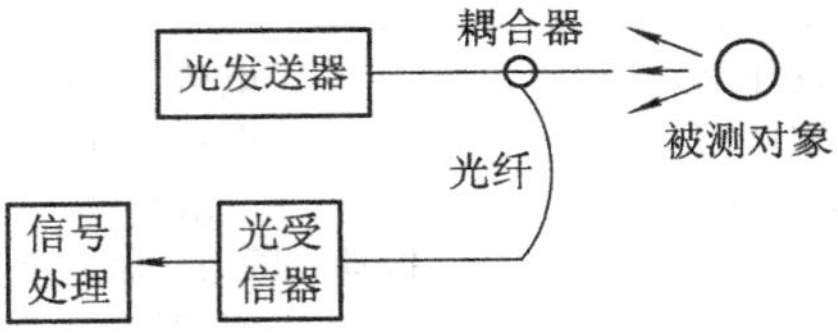

图 3 - 54　拾光型光纤传感器的构成

(2) 根据光受被测对象的调制形式，光纤传感器分为强度调制型、偏振调制(型)、频率调制(型)、相位调制(型)等四大类。

① 强度调制型光纤传感器。这是一种利用被测对象的变化引起敏感元件的折射率、吸收或反射等参数的变化，而引起光强度变化来实现敏感测量的传感器。通常有利用光纤的微弯损耗、各物质的吸收特性、振动膜或液晶的反射光强度的变化、物质因各种粒子射线或化学、机械的激励而发光的现象，以及物质的荧光辐射或光路的遮断等来构成压力、振动、温度、位移、气体等各种强度调制型光纤传感器。其优点是：结构简单、容易实现，成本低；缺点是：受光源强度波动和连接器损耗变化等影响较大。

② 偏振调制(型)光纤传感器。这是一种利用光偏振态变化来传递被测对象信息的传感器。通常有利用光在磁场中媒质内传播的法拉第效应做成的电流、磁场传感器，利用光在电场中的压电晶体内传播的泡克尔斯效应做成的电场、电压传感器，利用物质的光弹效应构成的压力、振动或声传感器，以及利用光纤的双折射性制成温度、压力、振动等传感器。这类传感器可以避免光源强度变化的影响，因此灵敏度高。

③ 频率调制(型)光纤传感器。这是一种利用单色光射到被测物体上反射回来的光的频率发生变化来进行监测的传感器。通常有利用运动物体反射光和散射光的多普勒效应的光纤速度、流速、振动、压力、加速度传感器，利用物质受强光照射时的喇曼散射构成的测量气体浓度或监测大气污染的气体传感器，以及利用光致发光的温度传感器等。

④ 相位调制(型)光纤传感器。其基本原理是利用被测对象对敏感元件的作用，使敏感元件的折射率或传播常数发生变化，而引起光的相位变化，使两束单色光所产生的干涉条纹发生变化，通过检测干涉条纹的变化量来确定光的相位变化量，从而得到被测对象的信息。通常有利用光弹效应的声、压力或振动传感器，利用磁致伸缩效应的电流、磁场传感器，利用电致伸缩的电场、电压传感器，以及利用光纤赛格纳克(Sagnac)效应的旋转角速度传感器(光纤陀螺)等。这类传感器的灵敏度很高，但由于须用特殊光纤及高精度检测系统，因此成本高。

3. 光纤温度传感器

光纤温度传感器主要是功能型，利用多种光学效应在光纤受到外界温度的影响时，会使在光纤中传输的某些光参数发生变化的机理，来测得温度值的。

对功能型光纤温度传感器可根据敏感部分所发的光是否有效来分类，有发光型和受光型两种。目前主要使用的是受光型，即光源发的光通过光纤送到敏感部分，接收到由于温度产生的状态变化，返回到受光部分。发光型主要有光致发光式与黑体辐射式；受光型有热膨胀式、光吸收式、干涉式和偏振光式。

1）热膨胀式光纤温度传感器

图 3-55(a)为一种简单的利用水银柱随温度升降而遮挡光路的光纤温度传感器。当水银柱未遮挡光路时，光纤中有信号通过；当水银柱遮挡光路时，光纤中传送的信号被阻断。该传感器可用于对设定温度的控制，温度设定值灵活可变。

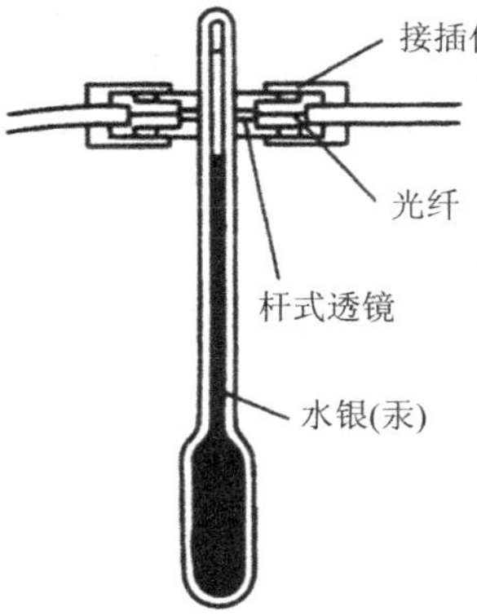

(a) 汞(水银)柱方式

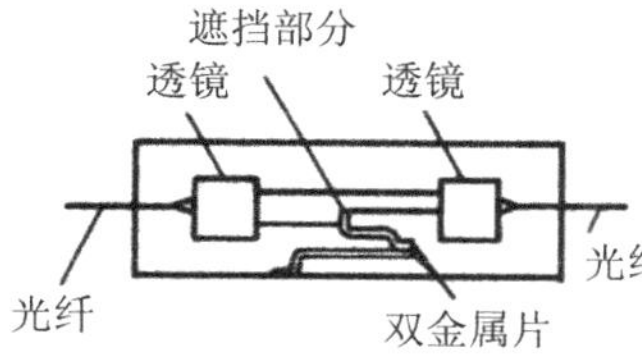

(b) 双金属片方式

图 3-55　热膨胀式光纤温度传感器

图 3-55(b)为利用双金属热变形的遮光式光纤温度传感器。当温度升高时，双金属片的变形量增大，带动遮光板在垂直方向产生位移，从而使输出光强发生变化。这种形式的光纤温度计能测量 10～50℃的温度。检测精度约为 0.5℃。它的缺点是输出光强受壳体振动的影响，且响应时间较长，一般需几分钟。

2）光吸收式光纤温度传感器

光吸收式光纤温度传感器是利用半导体材料对光辐射强度吸收后所剩下的能量与温度之间的关系来进行测量的。图 3-56 表示了半导体材料在不同温度下吸收曲线的透射强度与波长 λ 的关系。半导体材料的温度、吸收曲线的边沿会随着温度 T 的增加（$T_1<T_2<T_3$），而向波长大的方向移动。选择合适的半导体发光二极管 LED 作为光源，使其发射光谱的分布正好落在半导体材料吸收波长范围内。这样发射光在经过半导体材料后，光的强度会随半导体吸收材料所处温度 T 的增加而减少。光吸收式光纤传感器的结构如图 3-57 所示。

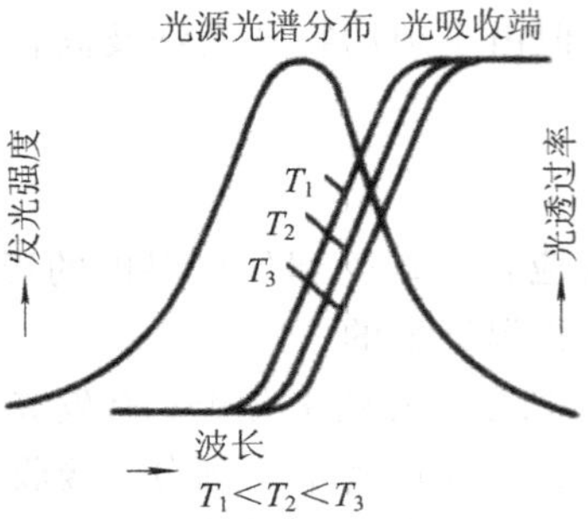

图 3-56 半导体光吸收端的温度变化

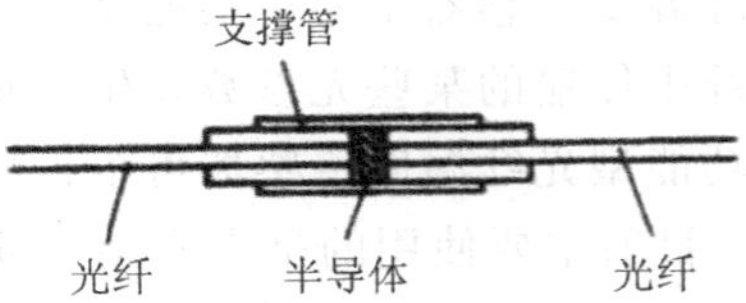

图 3-57 光吸收式光纤传感器的结构

基于上述原理，半导体吸收式光纤温度传感器采用双光纤参考基准通道法，其原理如图 3-58 所示。光源采用 GaAlAs 材料的发光二极管 LED，半导体吸收材料为 CdTe 或 GaAs 作为测温敏感元件，探测器选用 Si-PIN 管。该传感器采用双光纤光路：一条光纤是测量光路，在它的光路通道中装有半导体吸收材料；另一条光纤是参比光路，它的光路上没有任何半导体吸收材料。两路光最后分别进入两个性能相同的对称式光强探测器，把光强度转化为电信号后分别进行放大，最后做除法运算，所得到的比值信号与温度 T 有唯一的对应关系。

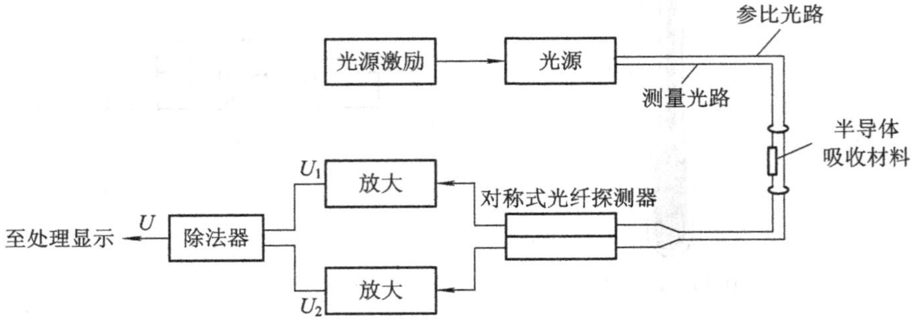

图 3-58 半导体吸收式光纤温度传感器原理图

由于采用双光纤光路系统，光源的波动和外界的干扰得到了有效的抑制，提高了测量精度。这种光纤温度计的测量范围在 $-40\sim120$℃之间，精度为 ±1℃。

3）干涉式光纤温度传感器

干涉式光纤温度传感器的测温原理是：温度的变化会引起光纤相位的变化，即采用相位调制方法。通过检测相位变化即可测得温度值。光纤为温度敏感元件。

光纤中光波的相位由光纤波导的物理长度、折射率及其分布、波导横向几何尺寸所决定。一般来说，压力、温度等外界物理量能直接改变上述三个波导参数，产生相位变化即实现光纤的相位调制，这样就可进行外界物理量的测量。但是，目前各类光纤探测器都不能感知光波相位变化，因此必须采用光的干涉技术将相位变化转化为光强的变化，这样才能使用光强探测来实现对外界物理量的测量；或者直接采用光纤干涉仪，根据干涉条纹即可得到温度值。

干涉式（马赫）温度传感器的原理如图 3－59 所示。

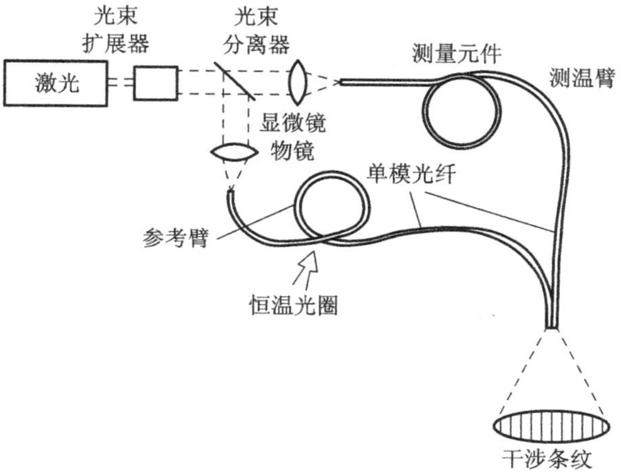

图 3－59 干涉式温度传感器原理图

传感器的信号臂和参考臂由单模光纤组成，参考臂置于恒温器中，一般认为，它在测温过程中光程始终保持不变，而信号臂在温度的作用下，长度与折射率会发生变化。信号臂的相位 φ 为

$$\varphi = \frac{2\pi}{\lambda} nL \tag{3-33}$$

式中：λ 为光源波长；n 为纤芯折射率；L 为光纤长度。

对上式进行微分，可求出单位长度上的相位变化。经计算，得到在 1 m 长的光纤上，温度每变化 1℃则有 17 根条纹移动，这样通过条纹计数就能获得温度值。由于干涉条纹的分辨率为 1 条，因此对于测量臂长度为 L 的干涉仪，其温度分辨率为 $L/17$ ℃ · m。

4）偏振光式光纤温度传感器

偏振光式光纤温度传感器的测温原理是：双折射晶体入射的线性偏振光对于正交两个方向的偏振光的折射率不同，呈现出椭圆偏振光。该椭圆偏振光通过检偏振荡器可将椭圆率变换为光强度。由于双折射率差值随温度变化而变化，因此，可用双折射晶体作为敏感元件构成温度传感器。

基于上述原理的偏振光式温度传感器的结构如图 3－60 所示。双折射晶体采用 $LiTaO_3$。

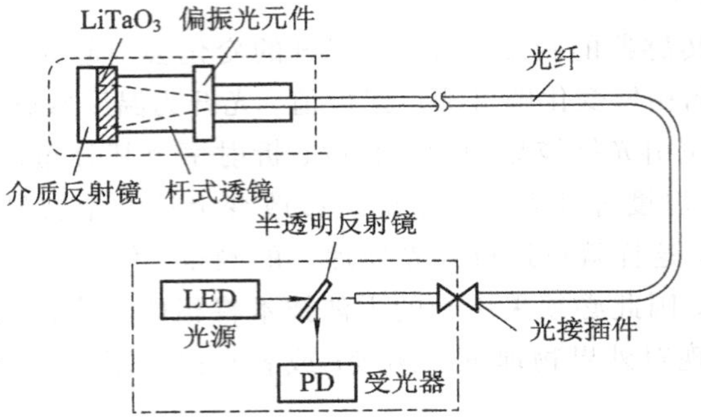

图 3-60　偏振光式温度传感器的结构

4. 光纤温度传感器应用实例

将分布式光纤温度传感器原理应用于变电站温度监测中，是一种全新的温度测量方法。它具有几个明显特征：用一根光纤取代大量点型传感器，实现了在线实时测量；质量轻、体积小、柔性好，对测量点的空间要求不高；传感器输出为光信号，抗电磁干扰能力强，绝缘性能高，可以工作在高压、大电流及爆炸环境中。这种方法非常适合变电站高压电器的温度监测。

光纤温度监测系统主要由光纤光栅传感器、传输信号用的光纤和光纤光栅解调器组成。光纤光栅解调器用于对光纤光栅传感器的信号检测和数据处理，以获得测量结果；传输光纤用于传输光信号；光纤光栅传感器则主要用于反射随温度变化中心波长的窄带光，如图 3-61 所示。

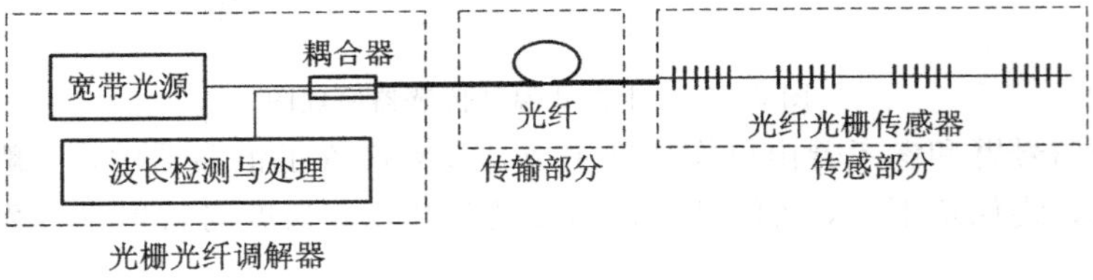

图 3-61　光纤温度监测系统的构成

光纤光栅传感器一般利用掺杂(如锗、磷等)光纤的光敏性。通过某种工艺方法使外界入射光子和纤芯内的掺杂粒子相互作用导致纤芯折射率沿纤轴方向周期或非周期地永久性变化，在纤芯内形成空间相位光栅。光纤光栅解调器是分布式温度监测系统的核心部分，主要用来检测光纤光栅响应波长的移动。一般光源部分设计用 He-Ne 激光器，近年来也有用 LED 发光管的。反射光波长范围在 1525～1625 nm 之间呈较好的线性关系，温度每变化 100℃，波长变化 1 nm。对于较低温段(-100～+250℃)的检测，分辨率可达 0.1℃。一根单模光纤上可以接 20 个以上的温度传感器(传感器的个数和测温范围有关)，单根光纤的测量速度一般在几十毫秒以内，光纤的传输距离可达 10 km 以上。

分布式光纤温度传感器非常适合于电力系统变电站高压电器的温度监测。对于变电站的温度监测还必须考虑以下因素：

(1) 变电站中的所有高压电器设备的触点、接头、变压器等温度都需要监测，监测点很多，整个系统的容量是一个重要的考虑因素。

(2) 现在很多变电站已经实现无人值守，需要考虑该系统接入到其他自动化系统(主要是远动系统或直接和远方调度的 SCADA 系统)中。接入后，当某个监测点的温度出现故障后，就能在远方(主要是调度部门或线路运行部门)进行应急处理。

(3) 目前，光纤光栅解调器的费用比较昂贵，对于大量点的监测，经济性也是个不容忽视的问题。

根据以上特点设计的分布式光纤温度监测系统如图 3-62 所示。考虑到系统的经济性与容量等因素，采用由一个光纤光栅解调与数据处理模块、两级通道切换器以及若干通道和若干光纤光栅温度传感器组成的监测系统。光纤光栅解调与数据处理模块包括光纤光栅解调、温度解调、数据采集与转换、温度计算与修正、通信接口等多种功能。

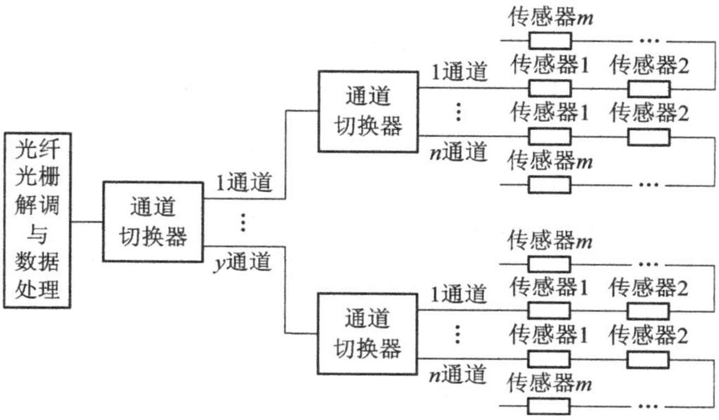

图 3-62　分布式光纤温度监测系统构架图

在进行温度检测时，通道切换器由光纤光栅解调与数据处理模块传递通道切换命令，依次一个一个通道地进行温度检测。图 3-62 所示的系统，可以监测的温度个数为 $y\times n\times m$。其中，y 为第一级通道切换器的通道数，n 为第二级通道切换器的通道数，m 为每根光纤上所带的传感器个数。若 y、n、m 分别为 4、16、20，则 $y\times n\times m=4\times 16\times 20=1280$，因此，该监测系统可对 1280 个温度监测点进行监测。对于一般的变电站，1280 个点的温度监测基本可满足要求。假设每个通道的测量时间为 1 s(考虑到通道切换延迟时间)，按 $y=4$，$n=16$ 的配置，则一个循环需要 $4\times 16\times 1=64$ s。对于因老化、接触不良而导致的发热，10 min 检测一次温度也可满足要求。

采用光纤温度传感器的温度监测技术已经在很多条件恶劣的测温场合开始应用。在电力系统变电站高压电器热点监测场合，这种监测方式非常实用，可避免因电力系统本身的特点导致各种温度监测方法的局限性。

3.4　温度传感器的选型

温度传感器的种类繁多，其性能也有较大的差异，选择温度传感器比选择其它类型的传感器所需要考虑的内容更多。在实际应用中，应根据具体的使用场合、条件和要求，选择较为适用的传感器，做到既经济又合理。

在大多数情况下，对温度传感器的选用，需考虑以下几个方面的问题：

(1) 测温范围的大小和精度要求；

(2) 在被测对象温度随时间变化的场合，测温元件的滞后能否适应测温要求；

(3) 测温元件的大小是否适当；

(4) 被测对象的温度是否需记录、报警和自动控制，是否需要远距离测量和传送；

(5) 被测对象的环境条件对测温元件是否有损害；

(6) 价格如何，使用是否方便。

思考题与习题

1. 温度传感器分为接触式和非接触式两类，试分别说明各自的传感器机理。

2. 常用的热电阻有哪几种？适用范围如何？

3. 热敏电阻与热电阻相比较有什么优缺点？用热敏电阻进行线性温度测量时必须注意什么问题？

4. 热敏电阻测温有什么特点？分几种类型？

5. 使用热电阻测温时，为什么要采用三线制接法？

6. 当一个热电阻温度计所处的温度为20℃时，电阻是100 Ω。当温度是25℃时，它的电阻是101.5 Ω。假设温度与电阻间的变换关系为线性关系。试计算当温度计分别处在－100℃和＋150℃时的电阻值。

7. 什么叫热电效应？试说明热电偶的测温原理。

8. 试比较热电偶测温与热电阻测温有什么不同？（从原理、系统组成和应用场合三方面来考虑）

9. 利用热电偶测温必须具备哪两个条件？

10. 什么是中间导体定律和连接导体定律？它们在利用热电偶测温时有什么实际意义？

11. 将一灵敏度为0.08 mV/℃的热电偶与电压表相连接，电压表接线端是50℃，若电位计上读数是60 mV，热电偶的热端温度是多少？

12. 热电偶与显示仪表连接时，为什么要采用补偿导线？使用补偿导线的原则是什么？

13. 用镍铬－镍硅(K型)热电偶测量炉温时，冷端温度 $t_0=20$℃，由电子电位差计测得热电势为37.724 mV，由K型热电偶的分度表可查得 $E_{AB}(t_0, 0)=0.802$ mV。试求炉温 t。

14. 用分度号为K的热电偶测量温度，动圈式仪表的指示温度为500℃，而这时的冷端温度为60℃，试问被测物体的实际温度为多少？若设法使冷端温度保持在20℃，此时动圈式仪表的指示值为多少？

15. 为什么要对热电偶的冷端温度进行补偿？有哪几种方法？

16. 一支S分度热电偶，用铜导线直接接至显示仪表，仪表量程为20～600 mV。试问：

(1) 当热电偶测量端温度为20℃，冷端温度的两个连接点温度也为20℃时，回路中的热电势是多少毫伏？

(2) 当热电偶测量端温度为20℃，冷端中的铂铑热电极与铜线的连接点温度为100℃，而铂热电极与铜线的连接点温度为20℃时，回路中的热电势是否有变化？此时的示值是多少？

17. 画出用 3 支热电偶共用一台仪表分别测量 T_1、T_2和 T_3的测温电路。若用 3 支热电偶共用一台仪表测量 T_1、T_2和 T_3的平均温度，电路又如何连接？

18. 用 AD590 设计一个测量温度范围 0～120℃的数字温度计，画出电路原理图。

19. 已知 AD 590 两端集成温度传感器的灵敏度为 1 μA/℃，且当温度为 25℃时，输出电流为 289.2 μA，若测量电路如题图 3－1 所示，问：当温度分别为－30℃和＋120℃时，电压表读数是多少？（忽略非线性误差）

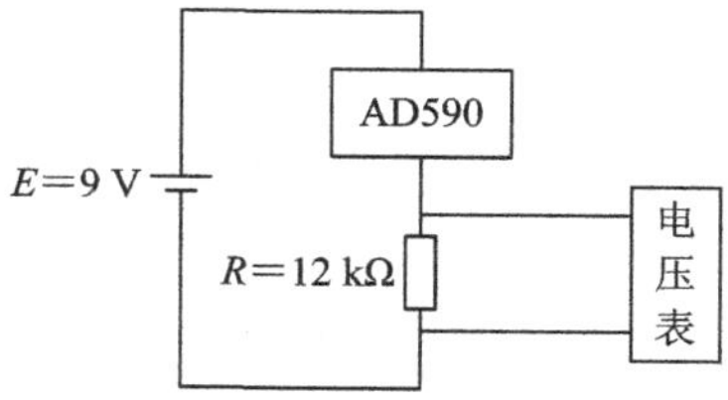

题图 3－1

20. 分析光纤传光的原理，想一想，如果光纤弯曲对光的传播有影响吗？

21. 相对于其他传感器，光纤传感器有哪些优点？

22. 光纤传感器有哪些类型？它们之间有何区别？

23. 某光纤，如果其纤芯折射率为 $n_1=1.56$，包层折射率为 $n_2=1.24$，则其数值孔径 NA 为多少？如果外部媒介为空气，折射率为 $n_0=1$，则该光纤的最大入射角 θ 是多少？

24. 根据感温元件不同，一体化温度变送器分为哪几类？它们各自分别又由哪几部分组成？

25. 选择温度传感器时需要注意哪些问题？

26. 欲测量变化迅速为 200℃的温度，应选择何种传感器？测量 2000℃的高温又应选择何种传感器？

第4章　力与压力传感器及检测技术

教学目标

本章内容通过对物理量力与压力相关概念的分析，引入了力与压力的检测方法，重点介绍了弹性压力传感器；电容式和电感式传感器的工作机理、主要特点、测量电路和在力与压力检测的应用；应变片式和压阻式传感器的工作机理、主要特点、测量电路和在力与压力检测的应用；压电式传感器的工作机理、主要特点、测量电路和在力与压力检测的应用；压力传感器应用的相关知识。

通过本章的学习，读者了解力与压力检测的检测方法，熟悉常用压力传感器的测量原理、主要特点，学会根据检测要求、现场环境、被测介质等选择合适的检测方案和传感器完成检测任务。

教学要求

知识要点	能力要求	相关知识
力与压力的概述	(1) 熟悉力与压力的概念、单位和换算方法； (2) 熟悉力与压力的检测方法； (3) 了解常用的压力检测仪表	物理学
弹性压力传感器	(1) 熟悉弹性敏感器； (2) 掌握电容式和电感式传感器的工作机理、测量电路、主要特点和在力与压力检测中的应用	(1) 物理学 (2) 电工学
应变片式传感器及压力检测	(1) 掌握电阻应变式传感器的工作机理、测量电路、主要特点和应变的结构、选择和粘贴技术； (2) 掌握压阻式传感器的工作机理； (3) 掌握应变片式传感器在压力检测中的应用	(1) 物理学 (2) 电工学
压电式传感器及压力检测	(1) 熟悉压电效应，了解压电材料的特性和等效电路； (2) 掌握压电式传感器及其在力与压力检测中的应用	(1) 物理学 (2) 电工学
压力传感器的应用	(1) 学会压力传感器基本电路的分析方法； (2) 了解压力传感器的选择原则	电子学

力是物理基本量之一，力学量包括质量、力、力矩、压力、应力等，在科研、工程设计与生产实际中起着重要的作用。因此，力学传感器是工业实践中最常用的一种传感器，其广泛应用于各种工业自控环境，涉及水利水电、铁路交通、智能建筑、自动控制、航空航天、军工、石化、油井、电力、船舶、机床、管道等众多行业。

对力本身是无法进行测量的，因而对力的测量总是通过观测物体受力作用后，形状、运动状态或所具有的能量的变化来实现的。所以，力的测量需要通过力学传感器间接完成。力学传感器是将各种力学量所引起的位移、加速度或物性的变化，转换为电信号的器件。力学传感器的种类很多，按其工作原理则可以分为弹性式、电阻式(电位器式和应变片式)、电感式(自感式、互感式和涡流式)、电容式、压电式、压磁式和压阻式等。本章重点讨论力学中最为常用的压力测量所用的力学传感器。

在工业生产、科学研究等各个领域中，压力是需要检测的重要参数之一，它直接影响产品的质量，又是生产过程中一个重要的安全指标。因此，正确测量和控制压力是保证生产过程良好运行，达到优质高产、低消耗和安全生产的重要环节。此外，对于一些不宜直接测量的参数(如液位、流量等)往往也通过压力的检测来间接获取。因而，压力的检测在工业生产(如石油、电力、化工、冶金、航天航空、环保、轻工等领域)中具有特殊的地位和意义。

4.1　力与压力的概述

4.1.1　压力的概念及单位

在工程上，所谓压力，是指一定介质垂直作用于单位面积上的力。压力测量有很多方法，有利用液体在重力作用下液位发生改变与被测压力平衡的液柱测压法，有根据弹性元件受力变形的测压法，也有将被测压力转换成各种电量的电测法等。

在压力测量中，常有大气压力、绝对压力、表压力、负压力或真空度之分。各种压力之间的关系如图 4-1 所示。

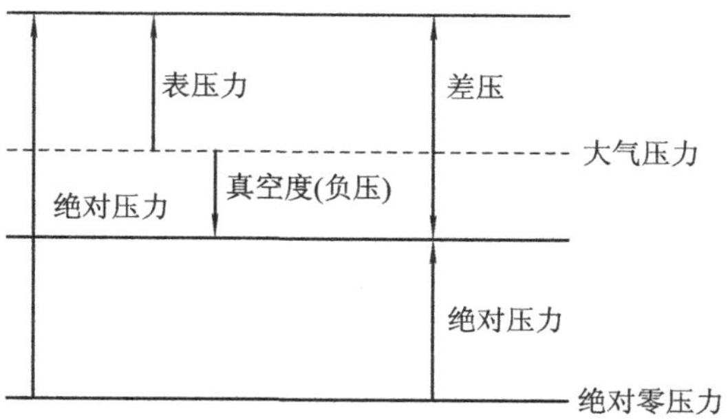

图 4-1　各种压力之间的关系

大气压力是指地球表面上的空气质量所产生的压力，由所在地的海拔、纬度和气象条件决定，用 P_0 表示。绝对压力是指被测介质作用在单位面积上的全部压力，用 P_A 表示。用来测量绝对压力的仪表称为绝对压力表。用来测量大气压力的仪表叫气压表。绝对压力与大气压力之差称为表压力，用 P_1 表示，即

$$P_1 = P_A - P_0 \tag{4-1}$$

由于工程上需测量的往往是物体超出大气压力之外所受的压力，因而所使用的压力仪表测量的值称为表压力。显然当绝对压力值 P_A 小于大气压力值 P_0 时，表压力为负值，所测值称为负压力或真空压，它的绝对值称为真空度。

压力在国际单位制中的单位是牛顿/平方米(N/m^2)，通常称为帕斯卡或简称帕(Pa)。但帕的单位很小(约等于 0.1 毫米水银柱)，工业上一般采用千帕(kPa)或兆帕(MPa)作为压力的单位。由于习惯原因，目前国内外还在使用着多种压力单位如毫米水银柱、毫米水柱等，其换算关系如下：

1 帕(Pa)=1 牛顿/平方米(N/m^2)

1 巴(bar)=1 达因/平方厘米(dyn/cm^2)=105 Pa

1 工程大气压≈1 千克力/平方厘米(kgf/cm^2)≈98 kPa

1 标准大气压=760 毫米水银柱=101 325 Pa

1 毫米水银柱=133.322 Pa

1 毫米水柱=9.806 65Pa

真空度测量中常以“托”(Torr)为单位，1 托(Torr)=1 毫米水银柱。这些压力单位的相互换算见表 4-1。

表 4-1 主要压力单位换算表

单位	kgf/cm^2	PSI	mmHg	mmH_2O	kPa	bar	atm
1 kgf/cm^2	1	14.22	735.6	10^4	98.07	0.9807	0.9678
1 PSI	0.070 32	1	51.73	703.2	6.897	0.068 97	0.068 07
1 mmHg	1.359×10^{-3}	0.01933	1	13.59	0.1333	1.333×10^{-3}	1.316×10^{-3}
1 mmH_2O	1×10^{-4}	1.422×10^{-3}	0.073 56	1	9.807×10^{-3}	9.807×10^{-5}	9.678×10^{-5}
1 kPa	0.010 20	0.1450	7.501	102.5	1	0.01	9.868×10^{-3}
1 bar	1.020	14.50	750.1	10 200	100	1	0.9868
1 atm	1.033	14.69	760.0	10 330	101.3	1.013	1

注：1 mmH_2O=1 mmAq；1 mmHg=1 Torr；1 Pa=1 N/m^2。

4.1.2 力与压力的检测方法

1. 力的检测方法

力的本质是物体之间的相互作用，不能直接得到其值的大小。力施加于某一物体后，将使物体的运动状态或动量改变，使物体产生加速度，这是力的“动力效应”；还可以使物体产生应力，发生变形，这是力的“静力效应”。因此，可以利用这些变化来实现对力的检测。

力的测量方法可归纳为力平衡法、测位移法和利用某些物理效应的传感器法。

1) 力平衡法

力平衡式测量法是基于比较测量的原理，用一个已知的力来平衡待测的未知力，从而得出待测力的值。平衡力可以是已知质量的重力、电磁力或气动力等。

磁电式力平衡测力系统如图 4-2 所示。它由光源、光电式零位检测器、放大器和一个力矩线圈组成一个伺服式测力系统。

图 4-2 中，在无外力作用时，系统处于初始平衡位置，光线全部被遮住，光敏元件无

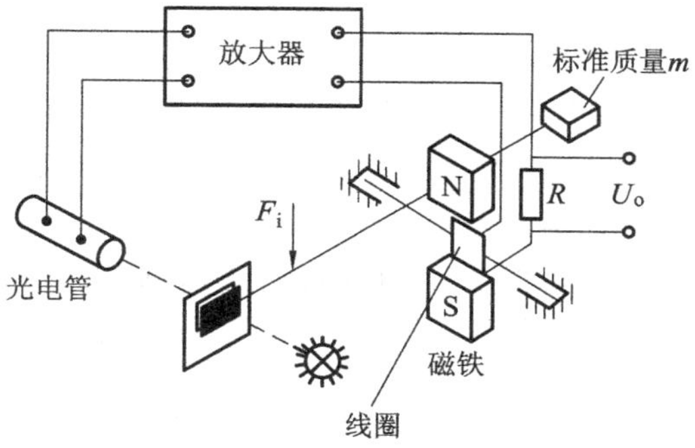

图 4-2　磁电式力平衡测力系统

电流输出，力矩线圈不产生力矩。当被测力 F_i 作用在杠杆上时，杠杆发生偏转，光线通过窗口打开的相应缝隙，照射到光敏元件上，光敏元件输出与光照成比例的电信号，经放大后加到力矩线圈上与磁场相互作用而产生电磁力矩，用来平衡被测力 F_i 与标准质量 m 的重力力矩之差，使杠杆重新处于平衡。此时杠杆转角与被测力 F_i 成正比，而放大器输出电信号在采样电阻 R 上的电压降 U_o 与被测力 F_i 成比例，从而可测出力 F_i。

2）测位移法

在力的作用下，弹性元件会产生变形。测位移法就是通过测量未知力所引起的位移，从而间接地测得未知力的值。

3）利用某些物理效应测力

物体在力的作用下会产生某些物理效应，如应变效应、压磁效应、压电效应等，可以利用这些效应间接检测力值。各种类型的测力传感器就是基于这些效应。

2. 压力的检测方法

根据不同工作原理，压力检测方法可分为如下几种：

1）重力平衡方法

这种方法利用一定高度的工作液体产生的重力或砝码的重量与被测压力相平衡的原理，将被测压力转换为液柱高度或平衡砝码的重量来测量。如液柱式压力计和活塞式压力计。

2）弹性力平衡方法

这种方法利用弹性元件受压力作用发生弹性变形而产生的弹性力与被测压力相平衡的原理，将压力转换成位移，通过测量弹性元件位移变形的大小测出被测压力。此压力检测方法可以测量压力、负压、绝对压力和压差，应用最为广泛。

3）机械力平衡方法

这种方法是将被测压力经变换元件转换成一个集中力，用外力与之平衡，通过测量平衡时的外力测知被测压力。力平衡式仪表可以达到较高精度，但是结构复杂。

4）物性测量方法

利用敏感元件在压力的作用下，其某些物理特性发生与压力成确定关系变化的原理，将被测压力直接转换为各种电量来测量。如应变式、压电式、电容式压力传感器等。

4.1.3 常用的压力检测仪表

压力测量仪表是用来测量气体或液体压力的工业仪表，又称压力表或压力计。压力测量仪表按工作原理分为液柱式、弹性式、负荷式和电测式等类型。常用压力测量仪表的原理、主要特点和应用场合如表 4-2 所示。

表 4-2 常用的压力测量仪表

<table>
<tr><th colspan="2">压力测量仪表</th><th>测量原理</th><th>主要特点</th><th>应用场合</th></tr>
<tr><td colspan="2">液柱式压力计</td><td>液体静力学平衡原理</td><td>结构简单，使用方便。测量范围较窄，玻璃易碎</td><td>用于测量低压及真空度或作标准计量仪表</td></tr>
<tr><td rowspan="4">弹性压力计</td><td>弹簧管压力计</td><td>弹簧管在压力作用下自由端生产位移</td><td>结构简单，使用方便，价廉，可制成报警型</td><td>广泛用于高、中、低压测量</td></tr>
<tr><td>波纹管压力计</td><td>波纹管在压力作用下伸缩变形</td><td>具有弹簧管压力计的特点，且可做成自动记录型</td><td>用于低压测量</td></tr>
<tr><td>膜片压力计</td><td>原理同上，测量元件为膜片</td><td>具有弹簧管压力计的特点外，能测高黏度介质的压力</td><td>用于低压测量</td></tr>
<tr><td>膜盒压力计</td><td>原理同上，测量元件为膜盒</td><td>具有弹簧管压力计的特点</td><td>用于低压或微压测量</td></tr>
<tr><td colspan="2">电测式压力计</td><td>在弹性式压力计的基础上增加电气转换元件，将压力转换为电信号</td><td>信号可远传，便于集中控制</td><td>广泛用于自动控制系统中</td></tr>
</table>

液压式压力测量仪表常称为液柱式压力计，它是以一定高度的液柱所产生的压力，与被测压力相平衡的原理测量压力的。液柱式压力计大多是一根直的或弯成 U 形的玻璃管，其中充以工作液体。常用的工作液体为蒸馏水、水银和酒精。这类仪表的特点是灵敏度高，因此主要用作实验室中的低压基准仪表，以校验工作用压力测量仪表。由于工作液体的重度在环境温度、重力加速度改变时会发生变化，对测量的结果常需要进行温度和重力加速度等方面的修正。因玻璃管强度不高，并受读数限制，因此所测压力一般不超过 0.3 MPa。

弹性式压力测量仪表是利用各种不同形状的弹性元件，在压力下产生变形的原理制成的压力测量仪表。弹性式压力测量仪表按采用的弹性元件不同，可分为弹簧管压力表、膜片压力表、膜盒压力表和波纹管压力表等；按功能不同，可分为指示式压力表、电接点压力表和远传压力表等。这类仪表的特点是结构简单、结实耐用、测量范围宽，是压力测量仪表中应用最多的一种。

负荷式压力测量仪表常称为负荷式压力计，它是直接按压力的定义制作的，常见的有活塞式压力计、浮球式压力计和钟罩式压力计。由于活塞和砝码均可精确加工和测量，因此这类压力计的误差很小，主要作为压力基准仪表使用，测量范围从数十帕至 2500 MPa。

电测式压力测量仪表是利用金属或半导体的物理特性，直接将压力转换为电压、电流信号或频率信号输出，或是通过电阻应变片等，将弹性体的形变转换为电压、电流信号输出。这类仪表得精确度可达 0.02 级，测量范围从数十帕至 700 MPa 不等。

4.1.4　压力传感器及其分类

压力传感器是前述电测式压力测量仪表的核心，一般由弹性敏感元件和位移敏感元件(或应变计)组成。其中，弹性敏感元件的作用是使被测压力作用于某个面积上并转换为位移或应变，然后由位移敏感元件或应变计转换为与压力成一定关系的电信号。因此，将压力转换为电信号输出的传感器叫压力传感器。

压力传感器的种类甚多，有不同的分类方法，若按传感器结构特点来分则有弹性压力传感器、应变式传感器、压电式传感器、电容式传感器和压阻式传感器等。其中，弹性压力传感器是利用弹性压力敏感器检测压力变化，经测量电路转换成电量的传感器，具有结构简单、精度高、线性好的特点，是目前工业应用最普遍的压力传感器；应变式传感器是以电阻应变片作为变换元件，利用应变片的压阻效应，将被测量转换成电阻输出的传感器，具有精度高的特点；压电式传感器是利用压电材料的压电效应，将被测量转换成电荷输出的传感器；电容式传感器是利用弹性电极在输入力作用下产生位移，使电容量变化而输出的一种传感器，它具有良好的动态特性；压阻式传感器是利用半导体材料的压阻效应，在半导体、基片上采用集成电路制造工艺制成的一种输出电阻变化的固体传感器。此外，还有电感式、差动变压器式、电动式、电位计式、振动式以及涡流式、表面声波式、陀螺式等。

4.2　弹性压力传感器

前述弹性式压力测量仪表的组成如图 4－3 所示。当被测压力作用于弹性元件时，弹性元件便产生相应的弹性变形(即机械位移)，再通过变换放大机构，将变形量放大，通过指示机构指示被测得压力的数值。

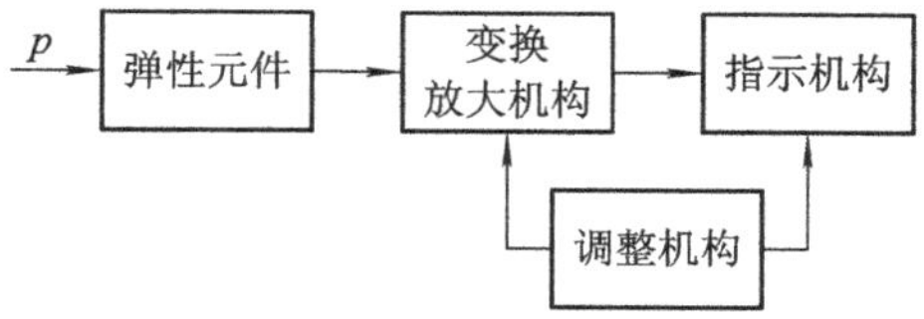

图 4－3　弹性压力计组成框图

图 4－3 的核心部分是弹性元件(也称为弹性敏感器)，其作用是感受压力并产生弹性变形；在弹性元件与指示机构之间是变换放大机构，其作用是将弹性元件的变形进行变换和放大；指示机构(如指针与刻度标尺)用于给出压力示值；调整机构用于调整零点和量程。

4.2.1　弹性敏感器

弹性压力敏感器是能够将压力的变化转换为位移变化的弹性敏感元件，常见的有弹簧管、波纹管、膜片与膜盒。其结构和测量范围如表 4－3 所示。

表 4-3　弹性元件的结构和测量范围

弹簧管式		波纹管式	薄膜式		
单圈弹簧管	多圈弹簧管	波纹管	平薄膜	波纹膜	挠性膜
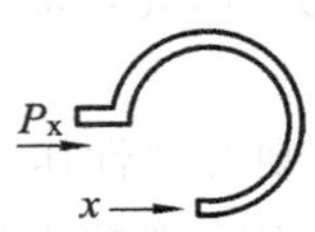	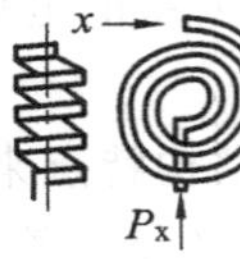	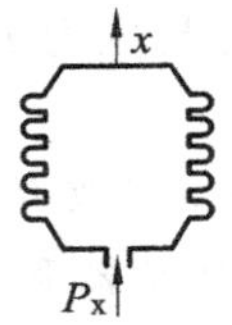	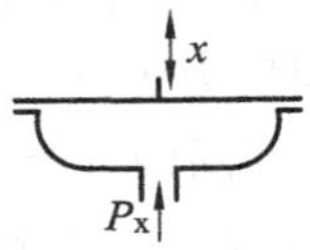	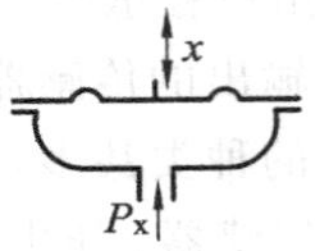	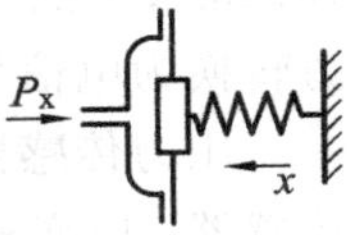
测量范围 0～981 MPa	测量范围 0～98.1 MPa	测量范围 0～0.981 MPa	测量范围 0～98.1 MPa	测量范围 0～0.981 MPa	测量范围 0～0.0981 MPa

1. 弹性敏感器

1) 弹簧管

弹簧管是一种简单耐用的压力敏感元件。它是用弹性材料制作的，将中空管弯成 C 形、螺旋形和盘簧形等形状，如图 4-4 所示。弹簧管常见的截面形状有椭圆形、扁形、圆形，其中扁管适用于低压，圆管适用于高压，盘成螺旋形弹簧管可用于要求弹簧管有较大位移的仪表。下面以 C 形弹簧管为例介绍弹簧管的测压原理。

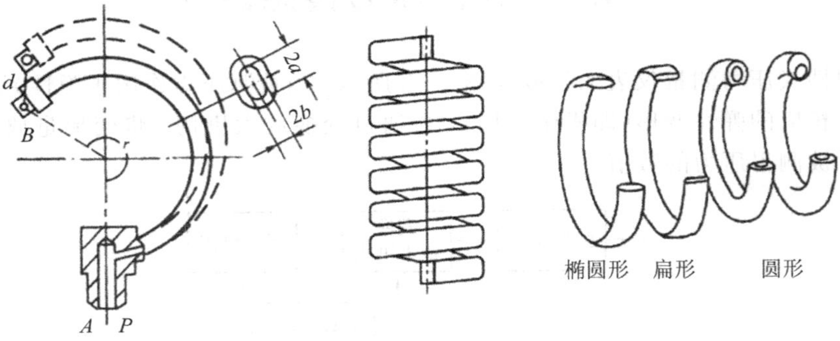

(a) C形弹簧管　　(b) 螺旋弹簧管　　(c) 弹簧管的截面形状

图 4-4　弹簧管

C 形弹簧管是法国人波登发明的，又称波登管。C 形弹簧管的标准角度为 270°，它的自由端 B 可移动，开口端 A 固定。图 4-4(a)中，有压力 P 的流体由固定的开口端 A 通入弹簧管内腔，由于弹簧管的自由端 B 是密封的，且与传感器其他部分相连。在压力 P 的作用下，弹簧管的截面有从椭圆形变成圆形的趋势，即截面的短轴伸长、长轴缩短。截面形状的改变导致弹簧趋向伸直，直至与压力的作用相平衡为止。在一定压力范围内，弹簧管的自由端产生位移量 d 与压力 P 成正比，即

$$d = k \cdot P \tag{4-2}$$

式中，k 为比例常数。

弹簧管压力 $P \leqslant 0.4$MPa 时，选用宽口 C 形管，压力 $P \leqslant 10$ MPa 时，选用窄口。C 形

管的压力越低，弹簧管的宽度越宽。当压力 $P \geqslant 16$ MPa 时，选用螺旋管。弹簧管按材质可分为锡磷青铜、黄铜、不锈钢、铬钒钢等。锡磷青铜适用于对铜及铜合金无腐蚀性的介质。黄铜测量介质为乙炔，可检测易燃易爆物品。铬钒钢的测量压力 $P \geqslant 16$ MPa，适用于高温、有腐蚀性的介质。

2）波纹管

波纹管是一种带同心环状波形皱纹的薄壁圆管，一端开口，将其固定；另一端封闭，处于自由状态，如图 4－5 所示。在通入一定压力的流体后，波纹管将伸长，在一定压力范围内伸长量即自由端位移 y 与压力 P 成正比，即

$$y = k \cdot P \tag{4-3}$$

式中，k 为比例常数。

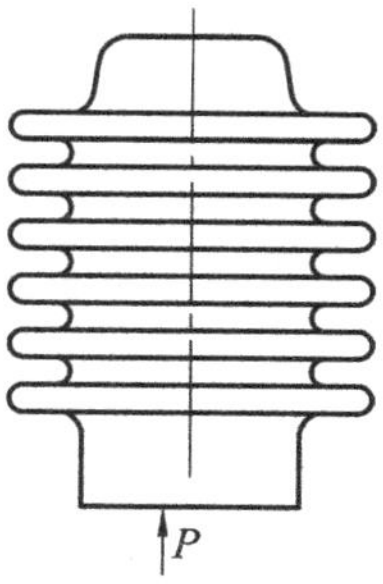

图 4－5　波纹管

波纹管按构成材料可分为金属波纹管、非金属波纹管两种；按结构可分为单层和多层，多层波纹管强度高、耐久性好、应力小，用在重要的测量中。波纹管的材料一般为青铜、黄铜、不锈钢、蒙乃尔合金等。波纹管管壁较薄，灵敏度较高，测量范围为数十帕至数十兆帕，适于低压测量。

3）膜片与膜盒

膜片是用金属或非金属制成的，周边固定而受力后中心可移动的圆形薄片。断面是平的，称为平膜片，如图 4－6(a)所示。断面呈波纹状，称为波纹膜片，如图 4－6(b)所示。两个膜片边缘对焊起来，构成膜盒，如图 4－6(c)所示。几个膜盒连接起来，组成膜盒组，如图 4－6(d)所示。

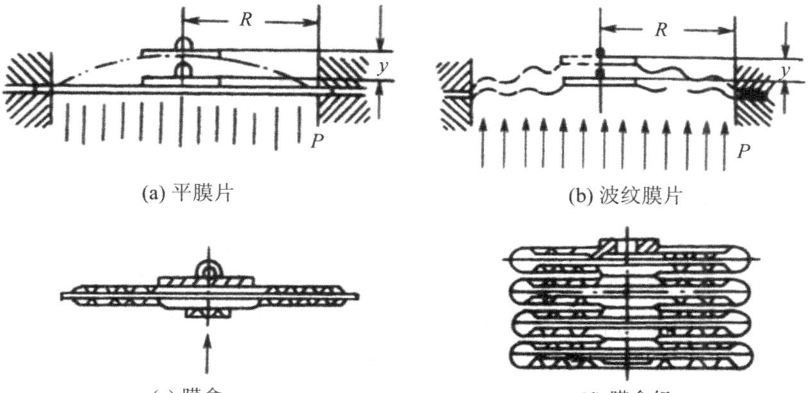

(a) 平膜片　(b) 波纹膜片

(c) 膜盒　(d) 膜盒组

图 4－6　膜片和膜盒

图 4－6(a)、(b)中，在压力、轴向力的作用下，膜片、膜盒均能产生位移。所以，在压力 P 的作用下，圆形平膜片的应变 ε 与压力 P 成正比，即

$$\varepsilon = k \cdot P \tag{4-4}$$

式中，k 为比例常数。

在压力 P 的作用下，图 4－6 中各膜片、膜盒的中心位移也均与压力近似成正比。

膜片可用于测量不超过数兆帕的低压，也可用作隔离元件。膜盒用于测量微小压力，

如需增大范围，可使用膜盒组。在相同的条件下，平膜片位移最小，波纹膜片次之，膜盒最大。平膜片比波纹膜片具有较高的抗振、抗冲击的能力，在压力测量中用得最多。

2. 机械式弹簧管压力表

1）机械式弹簧管压力

机械式弹簧管压力表主要由测量元件、传动放大机构和显示机构三部分组成，其结构和外形如图 4－7 所示。当被测压力由接头 9 通入，使弹簧管 1 的自由端 B 向其右上方移动，同时通过拉杆 2 带动扇形齿轮 3 逆时针偏转，带动中心齿轮 4 顺时针偏转，使与其同轴的指针 5 偏转，这样在仪表刻度板 6 的标尺指示出压力值。

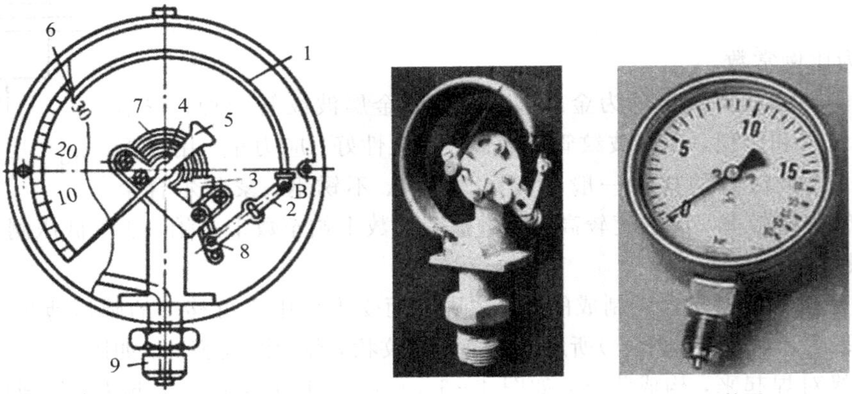

(a) 平面结构图　(b) 内部结构　(c) 外形

1—弹簧管；2—拉杆；3—扇形齿轮；4—中心齿轮；5—指针；
6—面板；7—游丝；8—调整螺钉(或滑销)；9—接头

图 4－7　弹簧管压力表

弹簧管压力表结构简单，使用方便，价格低廉，测压范围宽，应用十分广泛。一般弹簧管压力计的测压范围为$-10^5 \sim 10^9$ Pa，精确度最高可达$\pm 0.1\%$。

如果将机械式弹簧管压力表的传动放大机构与电位器组合，就形成了电测弹簧管压力表，这种压力表配套相应电路就可实现测量数据的远传。这里以国产 YCD－150 型压力表为例来说明电测弹簧管用于测量压力的过程。如图 4－8 所示，YCD－150 型压力表由弹簧管和电位器组成。电位器被固定在壳体上，电刷与弹簧管的传动机构相连。当被测压力变化时，弹簧管的自由端产生位移，带动指针偏转，同时带动电刷在线绕电位器上滑动，输出与被测压力成正比的电压信号。

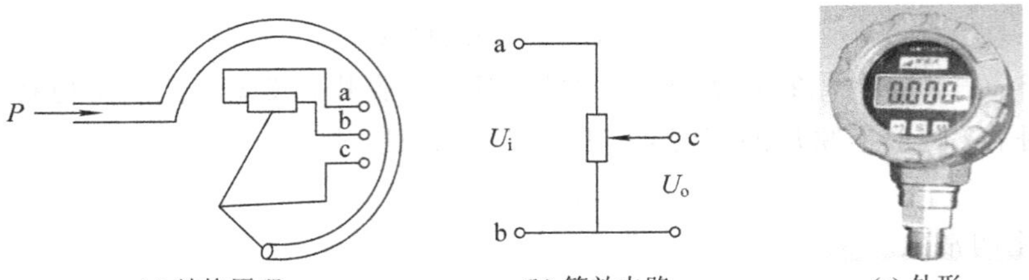

(a) 结构原理　(b) 等效电路　(c) 外形

图 4－8　YCD－150 型压力表原理图

2）弹簧管材料及压力表色标

弹簧管的材料是根据被测介质的化学性质和被测压力的高低来决定的。当压力 $P<20$ MPa 时采用磷青铜材料，压力 $P>20$ MPa 时采用不锈钢或合金钢材料。测量氨气压力时，必须采用能够耐腐蚀的不锈钢弹簧管；测量乙炔压力时，不允许使用铜质材料的弹簧管；测量氧气压力时，则严禁沾有油脂的工艺管道设备，否则将有爆炸危险。

压力表的外壳一般均涂有不同的色标，来表示该表所适用的介质类型。介质与色标的关系如表 4-4 所示。

表 4-4　特殊介质弹簧管压力表色标

被测介质	色标颜色	被测介质	色标颜色
氧气	天蓝色	乙炔	白色
氢气	深绿色	其他可燃气体	红色
氨气	黄色	其他惰性气体或液体	黑色
氯气	褐色		

3. 弹性压力传感器分类

弹性压力传感器是利用弹性压力敏感器检测压力的变化，再利用测量电路将压力的变化转换成电量变化的传感器。这种传感器的压力弹性敏感元件不论是弹簧管、波纹管、膜片还是膜盒，都是将外部压力转换为位移量来反映被测压力的。因此，将位移信号再进行电量的转换，构成压力-位移-电量的变换，就可以使被测压力信号转换为对应的电信号。显然，以电信号(电流或电压)来反映压力的大小，可以非常方便地实现信号的远传、显示和控制，也可以与其他的检测装置、控制装置一起，通过计算机或微处理器实现信号的综合、运算，完成各种控制处理。

将弹性元件在压力作用下产生的形变转换为电信号的方法有很多。实际上，在电工学和物理学中，这种形变可以通过电阻、电容、电感、霍尔电势、光电等方法进行测量，用这些不同的方法就可以构成不同的弹性压力传感器。

4.2.2　电容式传感器及压力检测

电容式传感器是将被测量的变化转换为电容量变化的一种装置，它本身就是一种可变电容器。由于这种传感器具有结构简单、体积小、动态响应好、灵敏度高、分辨率高、能实现非接触测量等特点，因而被广泛应用于位移、加速度、振动、压力、压差、液位、成分含量等检测领域。

1. 电容式传感器的工作原理

由绝缘介质分开的两个平行金属板组成的平板电容器如图 4-9 所示。如果不考虑边缘效应，其电容量为

$$C=\frac{\varepsilon A}{d}=\frac{\varepsilon_0\varepsilon_r A}{d} \tag{4-5}$$

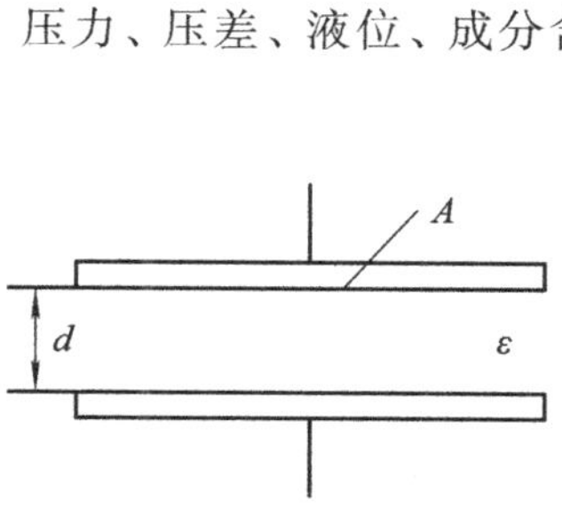

图 4-9　平板电容器

式中，A 为两平行极板所覆盖的面积；d 为两平行极板之间的距离；ε 为电容极板间介质的介电常数；ε_0 为真空介电常数，$\varepsilon_0=8.85\times10^{-12}$ F/m；ε_r 为电容极板间介质的相对介电常数。

当被测参数变化使得式(4－5)中的A、d或ε发生变化时，电容量C也随之变化。如果保持其中两个参数不变，而仅改变其中一个参数，就可把该参数的变化转换为电容量的变化，通过测量电路就可转换为电量输出。因此，电容传感器有三种基本类型，即变极距(d)型、变面积(A)型和变介电常数(ε)型。它们的电极形状有平板形、圆柱形和球面形三种。

2. 电容式传感器的类型

1) 变极距型电容传感器

在式(4－5)中，参数A、ε不变而d是变化的电容式传感器就是变极距型电容传感器。它是由定极板和动极板组成，如图4－10所示。

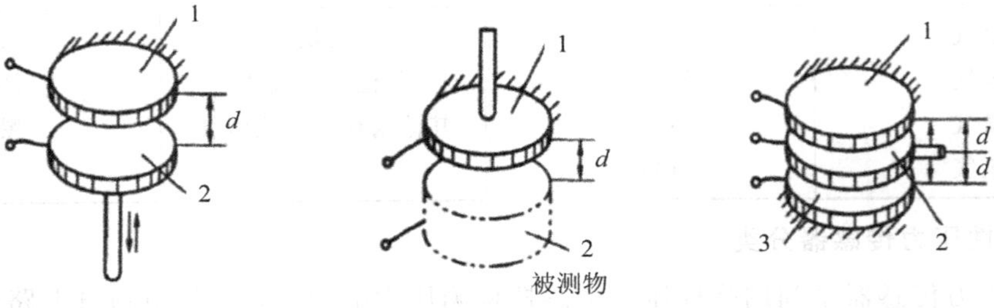

(a) 圆极形　(b) 圆极形被测物为可动电极　(c) 圆极形差动式

1、3—定极板；2—动极板

图4－10　变极距型电容传感器的结构原理图

假设电容极板间的距离由初始值d_0减小了Δd，由式(4－5)可知，C与d是反比例非线性关系，电容量将增加ΔC，则有

$$\Delta C = C - C_0 = \frac{\varepsilon_0 \varepsilon_r A}{d_0 - \Delta d} - \frac{\varepsilon_0 \varepsilon_r A}{d_0} = C_0 \frac{\Delta d}{d_0 - \Delta d} \tag{4-6}$$

式中，C_0为电容的初始值。

式(4－6)说明ΔC与Δd不是线性关系，C－d的关系曲线如图4－10所示。

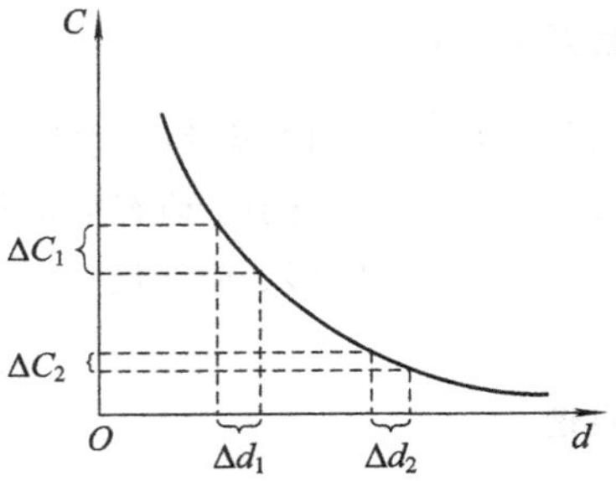

图4－11　C与d的关系曲线

由图4－11可以看出，当$\Delta d \ll d_0$(即量程远小于极板间初始距离)时，可以认为C－d是线性的。因此这种类型传感器一般用来测量微小变化的量，如0.01 μm～1.9 mm的线位移等。静态灵敏度是指被测量变化缓慢的状态下，电容变化量与引起其变化的被测量之比$K = \Delta C / \Delta d$。

变极距型电容传感器的静态灵敏度为

$$K=\frac{\Delta C}{\Delta d}\approx\frac{C_0}{d_0}=\frac{\varepsilon_0\varepsilon_r A}{d_0^2} \tag{4-7}$$

由式(4-7)可以看出，灵敏度 K 与初始极距 d_0 的平方成反比，这样就可以通过减小初始极距 d_0 来提高灵敏度。但 d_0 过小会引起电容器击穿或短路，一般在极板间采用介电常数较高的材料，如云母、塑料膜等。

2）变面积型电容传感器

在式(4-5)中，参数 d、ε 不变而 A 是变化的电容式传感器就是变面积型电容式传感器。它也是由定极板和动极板组成的，如图 4-12 所示。

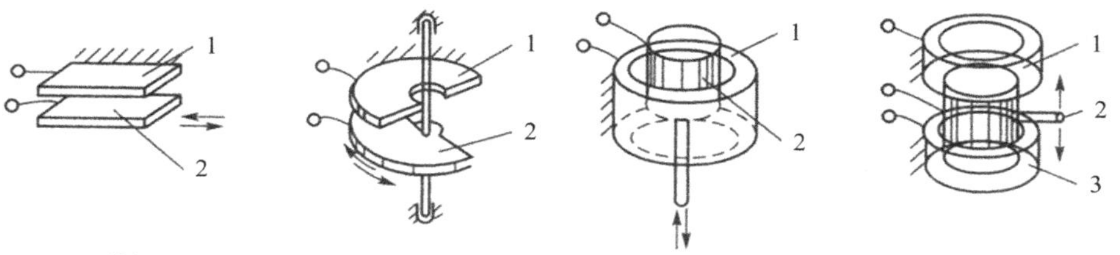

(a) 平板形　(b) 扇形　(c) 圆筒形　(d) 圆筒形差动式

1、3—定极板；2—动极板

图 4-12　变面积型电容传感器的结构原理图

以图 4-12(a)的平板型电容式传感器为例来分析，设电容极板面积 $A=a\times b$(a 为极板长度，b 为极板宽度)，当动极板在长度方向移动 Δx 后，两极板间的电容量将减小，则有

$$C=\frac{\varepsilon_0\varepsilon_r b(a-\Delta x)}{d}=C_0-\frac{\varepsilon_0\varepsilon_r b}{d}\Delta x \tag{4-8}$$

电容变化量为

$$\Delta C=C-C_0=\frac{\varepsilon_0\varepsilon_r b}{d} \tag{4-9}$$

电容式传感器的灵敏度为

$$K=\frac{\Delta C}{\Delta x}=-\frac{\varepsilon_0\varepsilon_r b}{d} \tag{4-10}$$

由式(4-10)可见，变面积型电容式传感器的输出特性是线性的，适合测量较大的位移，其灵敏度 S 为常数，增大极板长度 a、减小间距 d 可使灵敏度提高，极板宽度 b 的大小不影响灵敏度，但也不能太小，否则边缘效应影响增大，非线性将增大。

3）变介电常数型电容式传感器

在式(4-5)中，参数 A、d 不变而 ε 是变化的电容式传感器就是变介电常数型电容式传感器。它由定极板和动介质组成，如图 4-13 所示。

以图 4-13(a)的平板型电容式传感器为例来分析，厚度为 δ 的介质(介电常数 ε_2)在电容器中移动，电容器中的介电常数(总值)改变，使电容量改变，于是可用来对位移进行测量。$C=C_A+C_B$，在无介质插入时 $C_0=\varepsilon_1 ba/d$。

当介质 ε_2 进入电容器中 l 长度时，有

$$C_A=\frac{bl}{\dfrac{d_0-\delta}{\varepsilon_1}+\dfrac{\delta}{\varepsilon_2}},\quad C_B=b(a-l)\frac{1}{\dfrac{d_0}{\varepsilon_1}}$$

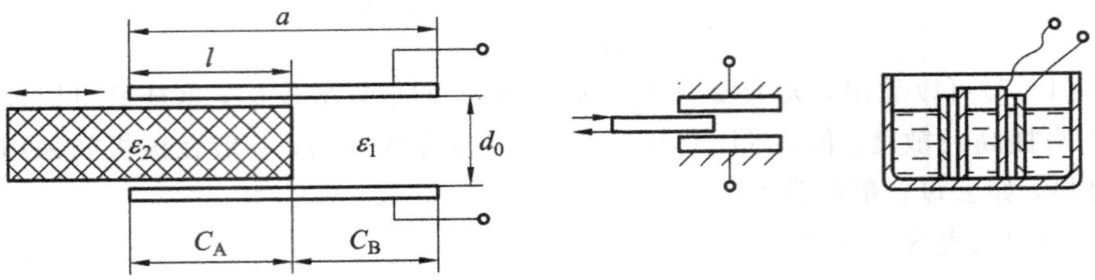

(a) 平板形　　(b) 圆筒形

图 4－13　变介电常数电容传感器的结构原理图

则电容量为

$$C = C_A + C_B = C_0(1+\alpha l) \tag{4-11}$$

式中，α 为常数，即

$$\alpha = \frac{1}{a}\left[\frac{d_0}{(d_0-\delta)+\frac{\varepsilon_1}{\varepsilon_2}\delta}-1\right]$$

因此，由式(4－11)可知，电容量 C 与位移量 l 呈线性关系。当运动介质厚度 δ 保持不变，而介电常数 ε 改变时，电容量将产生相应的变化，因此可作为介电常数 ε 的测试仪；反之，如果 ε 保持不变，而 d 改变，则可作为厚度测试仪。

4）差动式电容传感器

在实际应用中，为了改善非线性、提高灵敏度和减少外界因素(如电源电压、环境温度等)的影响，电容传感器也和电感传感器一样常常做成差分形式，如图 4－14 所示。当可动极板向上移动 Δd 时，上电容量增加，下电容量减小。

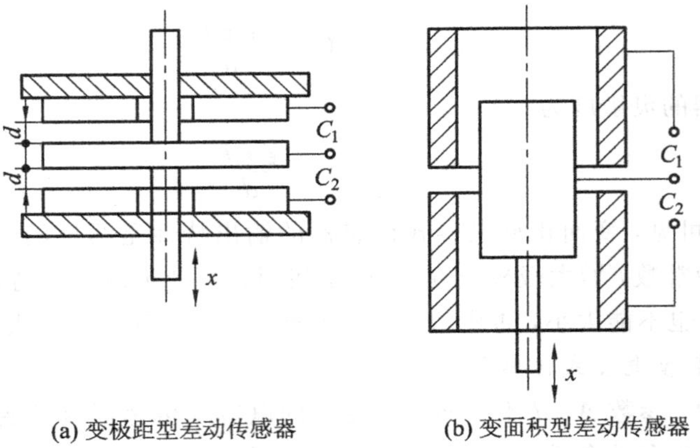

(a) 变极距型差动传感器　　(b) 变面积型差动传感器

图 4－14　差动式电容传感器原理图

以图 4－14(a)变极距型差动式平板电容传感器为例。当动极板向上移动 Δd 时，电容器 C_1 的间隙由 d 变为 $d_1=d-\Delta d$，电容器 C_2 的间隙由 d 变为 $d_2=d+\Delta d$，则

$$C_1 = C_0\frac{1}{1-\frac{\Delta d}{d_0}},\quad C_2 = C_0\frac{1}{1+\frac{\Delta d}{d_0}} \tag{4-12}$$

由式(4-6)可知，电容的相对变化量为

$$\frac{\Delta C}{C_0}=\frac{\dfrac{\Delta d}{d_0}}{1-\dfrac{\Delta d}{d_0}}$$

在 $\Delta d/d_0 \ll 1$ 时，上式按级数展开，可得

$$\begin{aligned}C_1&=C_0\left[1+\left(\frac{\Delta d}{d_0}\right)+\left(\frac{\Delta d}{d_0}\right)^2+\left(\frac{\Delta d}{d_0}\right)^3+\cdots\right]\\ C_2&=C_0\left[1-\left(\frac{\Delta d}{d_0}\right)+\left(\frac{\Delta d}{d_0}\right)^2-\left(\frac{\Delta d}{d_0}\right)^3-\cdots\right]\end{aligned}\tag{4-13}$$

电容值总的变化量为

$$\Delta C=C_1-C_2=2C_0\left[\left(\frac{\Delta d}{d_0}\right)+\left(\frac{\Delta d}{d_0}\right)^3+\left(\frac{\Delta d}{d_0}\right)^5+\cdots\right]\tag{4-14}$$

电容的相对变化量为

$$\frac{\Delta C}{C_0}=2\frac{\Delta d}{d_0}\left[1+\left(\frac{\Delta d}{d_0}\right)^2+\left(\frac{\Delta d}{d_0}\right)^4+\cdots\right]\tag{4-15}$$

略去高次项，则

$$\frac{\Delta C}{C_0}\approx 2\frac{\Delta d}{d_0}\tag{4-16}$$

由式(4-16)可见，电容传感器做成差动式之后，灵敏度提高了一倍。

2. 电容式传感器测量电路

电容式传感器把被测量(如位移、压力、振动等)转换成电容的变化量，由于电容变化量非常小，不能直接由显示仪表所显示或控制某些设备工作，因此还需将其进一步转换成电压、电流或频率。实现将电容量转换成电量的电路称为电容式传感器的测量电路。其种类很多，常用的有普通交流电桥电路、双 T 电桥电路、运算放大器式测量电路、脉冲调制电路和调频电路等。

1) 普通交流电桥电路

图 4-15 所示为由电容 C、C_0 和阻抗 Z、Z' 组成的交流电桥测量电路，其中 C 为电容传感器的电容，Z' 为等效配接阻抗，C_0 和 Z 分别为固定电容和阻抗。

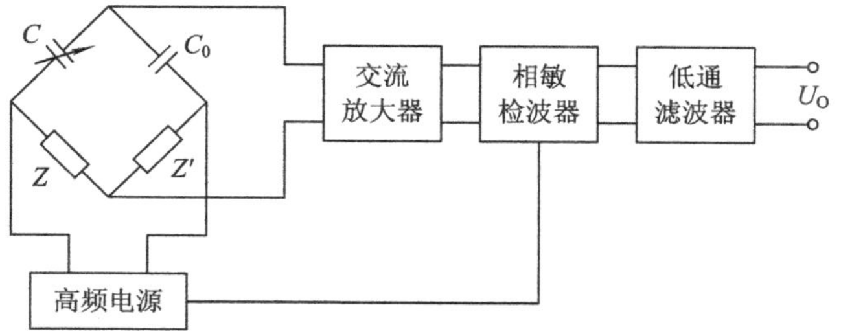

图 4-15　普通交流电桥测量电路

电桥初始状态调至平衡，当传感器电容 C 变化时，电桥失去平衡而输出电压，此交流电压的幅值随 C 而变化。电桥的输出电压为

$$\dot{U}_O = \frac{\Delta Z}{Z}\dot{U}\frac{1}{1+\frac{1}{2}\left(\frac{Z'}{Z}+\frac{Z}{Z'}\right)+\frac{Z+Z'}{Z_i}} \tag{4-17}$$

式中，Z 为电容臂阻抗；ΔZ 为传感器电容变化时对应的阻抗增量；Z_i为电桥输出端放大器的输入阻抗。

这种交流电桥测量电路要求提供幅值和频率很稳定的交流电源，并要求电桥放大器的输入阻抗 Z_i很高。为了改善电路的动态响应特性，一般要求交流电源的频率为被测信号最高频率的 5～10 倍。

2）双 T 电桥电路

双 T 电桥电路如图 4－16 所示。

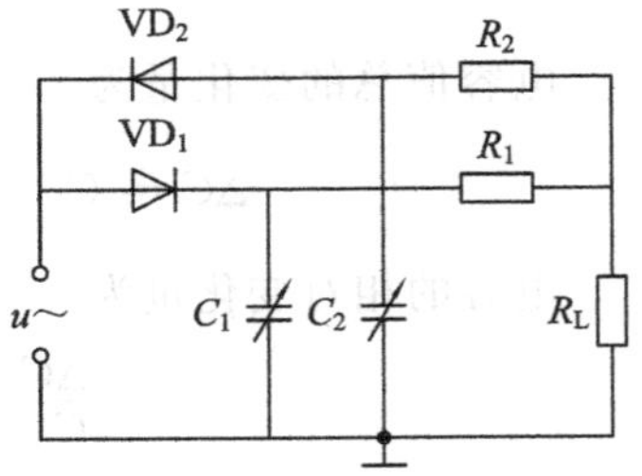

图 4－16　双 T 电桥电路

图 4－16 中 C_1、C_2为差动电容传感器的电容，对于单电容工作的情况，可以使其中一个为固定电容，另一个为传感器电容。R_L为负载电阻，VD_1、VD_2为理想二极管，R_1、R_2为固定电阻。

电路的工作原理如下：当电源电压 u 为正半周时，VD_1导通，VD_2截止，于是 C_1充电；当电源负半周时，VD_1截止，VD_2导通，这时电容 C_2充电，而电容 C_1则放电。电容 C_1的放电回路由图中可以看出，一路通过 R_1、R_L，另一路通过 R_1、R_2、VD_2，这时流过 R_L的电流为 i_1。

到了下一个正半周，VD_1导通，VD_2截止，C_1又被充电，而 C_2则要放电。放电回路一路通过 R_L、R_2，另一路通过 VD_1、R_1、R_2，这时流过 R_L的电流为 i_2。

如果选择特性相同的二极管，且 $R_1=R_2$，$C_1=C_2$，则流过 R_L的电流 i_1和 i_2的平均值大小相等，方向相反，在一个周期内流过负载电阻 R_L的平均电流为零，R_L上无电压输出。C_1或 C_2变化时，在负载电阻 R_L上产生的平均电流将不为零，因而有信号输出。此时输出电压值为

$$\overline{U}_O \approx \frac{R(R+2R_L)}{(R+R_L)^2}R_L U f(C_1 - C_2) \tag{4-18}$$

当 $R_1=R_2=R$，R_L为已知时，则

$$\frac{R(R+2R_L)}{(R+R_L)^2}R_L = M \tag{4-19}$$

式中，M 为常数，所以式(4－18)又可写成

$$\overline{U}_O = MUf(C_1 - C_2) \tag{4-20}$$

双 T 电桥电路具有以下特点：

(1) 信号源、负载、传感器电容和平衡电容有一个公共的接地点；

(2) 二极管 VD_1和 VD_2工作在伏安特性的线性段；

(3) 输出电压较高；

(4) 电路的灵敏度与电源频率有关，因此电源频率需要稳定；

(5) 可以用作动态测量。

3）运算放大器式测量电路

运算放大器式测量电路如图 4－17 所示。

电容式传感器 C_x 跨接在高增益运算放大器的输入端与输出端之间。运算放大器的输入阻抗很高，因此可以认为它是一个理想运算放大器，其输出电压为

$$u_o = - u_i \frac{C_0}{C_x} \quad (4-21)$$

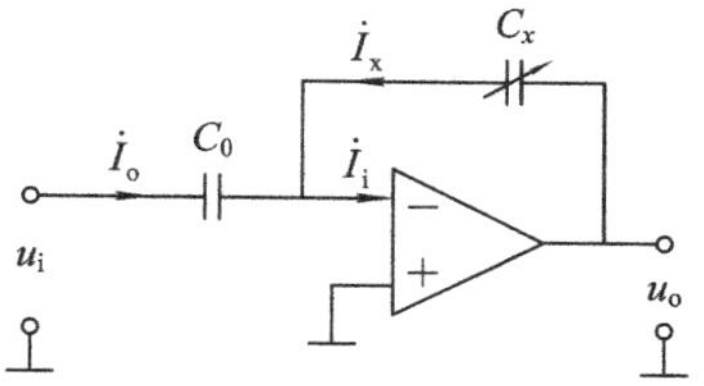

图 4－17　运算放大器式测量电路

将 $C_x = \varepsilon A/d$ 代入式(4－21)，则有

$$u_o = - u_i \frac{C_0}{\varepsilon A} d \quad (4-22)$$

式中，u_o 为运算放大器的输出电压；u_i 为信号源电压；C_x 为传感器电容；C_0 为固定电容器电容。

由式(4－22)可以看出，输出电压 u_o 与动极板机械位移 d 呈线性关系。

4）脉冲调制电路

图 4－18 所示为差动脉冲宽度调制电路。这种电路根据差动电容式传感器电容 C_1 与 C_2 的大小控制直流电压的通断，所得方波与 C_1 和 C_2 有确定的函数关系。线路的输出端就是双稳态触发器的两个输出端。

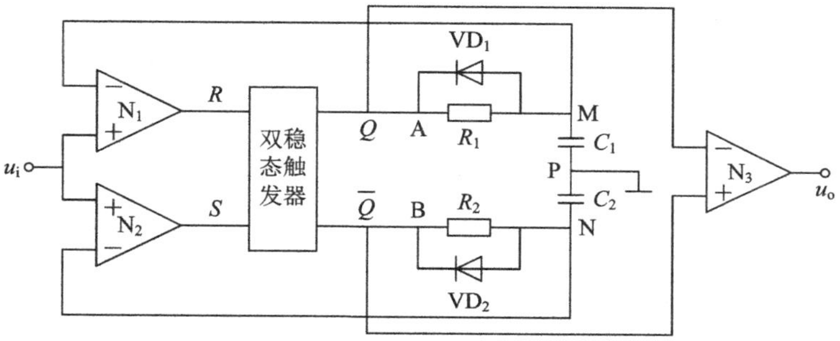

图 4－18　差动脉冲宽度调制电路

当双稳态触发器 Q 端输出高电平时，则通过 R_1 对 C_1 充电。直到 M 点的电位等于参考电压 U_r 时，比较器 N_1 产生一个脉冲，使双稳态触发器翻转，Q 端(A)为低电平，$\bar{Q}$ 端(B)为高电平。这时二极管 VD_1 导通，C_1 放电至零，而同时 $\bar{Q}$ 端通过 R_2 向 C_2 充电。当 N 点电位等于参考电压 U_r 时，比较器 N_2 产生一个脉冲，使双稳态触发器又翻转一次。这时 Q 端为高电平，C_1 处于充电状态，同时二极管 VD_2 导通，电容 C_2 放电至零。以上过程周而复始，在双稳态触发器的两个输出端产生一宽度受 C_1、C_2 调制的脉冲方波。图 4－19 为电路上各点的波形。

由图 4－19 看出，当 $C_1 = C_2$ 时，两个电容充电时间常数相等，输出脉冲宽度相等，输出电压的平均值为零。当差动电容传感器处于工作状态，即 $C_1 \neq C_2$，两个电容的充电时间常数发生变化，T_1 正比于 C_1，而 T_2 正比于 C_2，这时输出电压的平均值不等于零。输出电压为

$$U_O = \frac{T_1}{T_1 + T_2} U_1 - \frac{T_2}{T_1 + T_2} U_1 = \frac{T_1 - T_2}{T_1 + T_2} U_1 \quad (4-23)$$

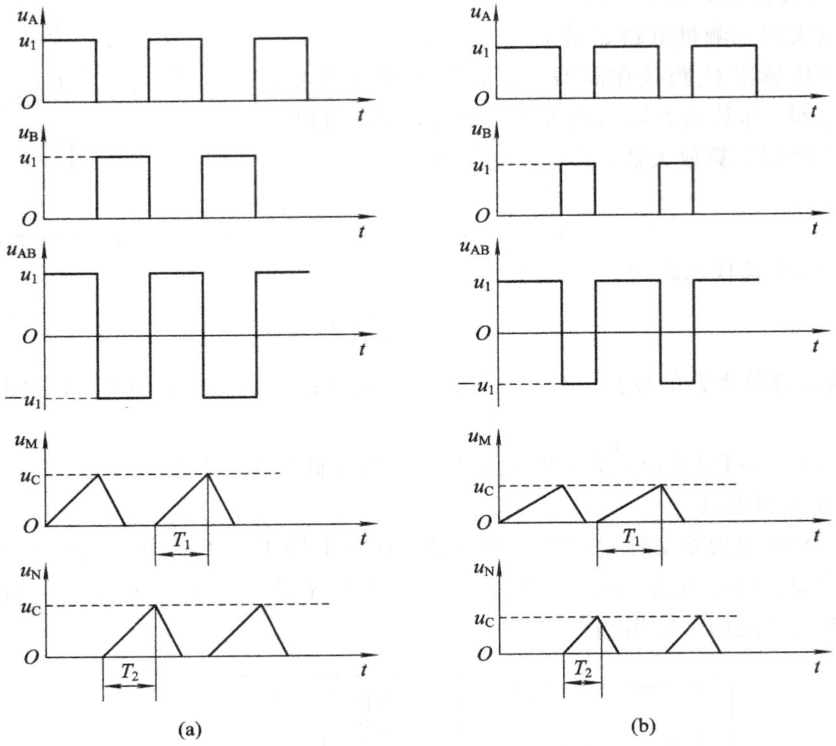

图 4-19　电压波形图

当电阻 $R_1=R_2=R$ 时，有

$$U_O=\frac{C_1-C_2}{C_1+C_2}U_1 \tag{4-24}$$

脉冲宽度调制电路具有以下特点：

(1) 输出电压与被测位移(或面积变化)呈线性关系；

(2) 不需要解调电路，只要经过低通滤波器就可以得到较大的直流输出电压；

(3) 不需要载波；

(4) 调宽频率的变化对输出没有影响。

5) 调频电路

这种测量电路是把电容式传感器与一个电感元件配合构成一个振荡器的谐振电路。当电容传感器工作时，电容量发生变化，导致振荡频率产生相应的变化，再通过鉴频电路将频率的变化转换为振幅的变化，经放大器放大后即可显示，这种方法称为调频法。图 4-20 就是调频-鉴频电路的原理图。

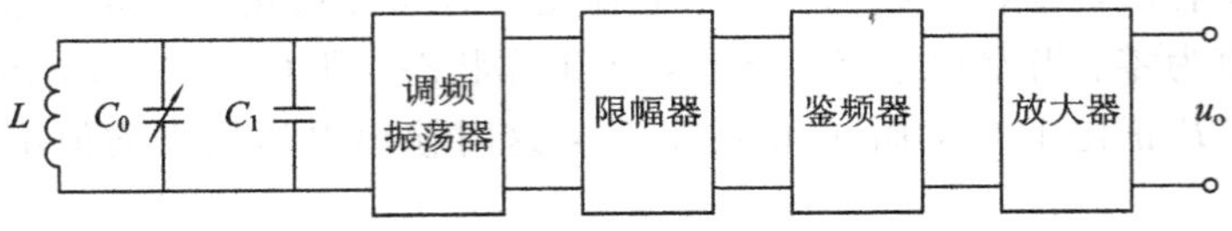

图 4-20　调频-鉴频电原理图

调频振荡器的振荡频率由下式决定：

$$f=\frac{1}{2\pi\sqrt{LC}} \tag{4-25}$$

式中，L 为振荡回路电感；C 为振荡回路总电容。

振荡回路的总电容一般包括传感器电容 $C_0\pm\Delta C$，谐振回路的固定电容 C_1 和传感器电缆分布电容 C_C。以变间隙式电容传感器为例，如果没有被测信号，则 $\Delta d=0$，$\Delta C=0$。这时 $C=C_1+C_0+C_C$，所以振荡器的频率为

$$f_0=\frac{1}{2\pi\sqrt{L(C_1+C_0+C_C)}} \tag{4-26}$$

式中，f_0 一般应选在 1 MHz 以上。

当传感器工作时，$\Delta d\neq 0$，$\Delta C\neq 0$，振荡频率也相应改变 Δf，则有

$$f_0\pm\Delta f=\frac{1}{2\pi\sqrt{L(C_1+C_0+C_C\pm\Delta C}} \tag{4-27}$$

振荡器输出的高频电压将是一个受被测信号调制的调制波，其频率由式(4-26)决定。

3. 电容式传感器在力检测中的应用

电容传感器与弹性元件组成的电容式测力装置如图 4-21 所示。

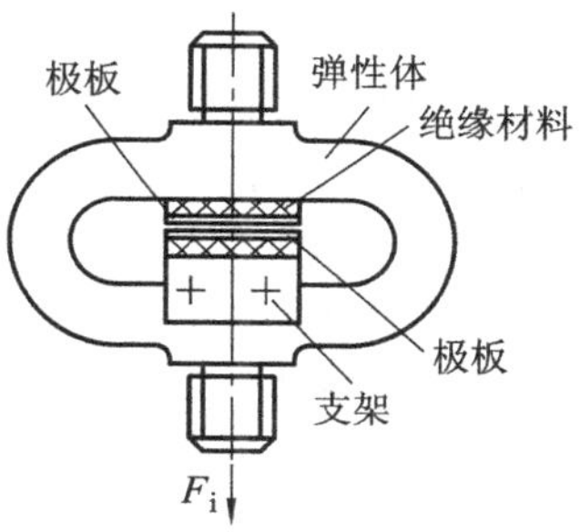

图 4-21　电容式测力装置

图 4-21 中，扁环形弹性元件内腔上下平面上分别固定连接电容传感器的两个极板。在力的作用下，弹性元件受力变形，使极板间距改变，导致传感器电容量变化。用测量电路将此电容量变化转换成电信号，即可得到被测力值。通常采用调频或调相电路来测量电容。这种测力装置可用于大型电子吊秤。

4. 电容式传感器在压力检测中的应用

1）电容式压力传感器的工作原理

电容式压力传感器测压的实质是利用电容两个极板之间的距离变化来实现压力—位移—电容量的转换。该传感器由一个固定电极和一个膜片电极构成。检测时，膜片在压力作用下发生变形，引起电容变化。电容式压力传感器的结构原理和外形如图 4-22 所示。

图 4-22(a)中，平板电容的固定极板和膜片电极的距离为 d_0，膜片电极的直径为 a，极板有效面积为 πa^2。在忽略边缘效应时，电容的初始值 $C_0=\frac{\varepsilon_0\pi a_2}{d_0}$。由于膜片电极在压力作用下产生弯曲变形而不是平行移动，因此电容变化的计算十分复杂。经推导，压力 P 引起膜片电容式压力传感器电容的相对变化值为

$$\frac{\Delta C}{C}=\frac{a^2}{8d_0\sigma}\cdot P \tag{4-28}$$

式中，σ 为膜片的拉伸张力。

式(4-28)仅适用于静态受力情况，忽略了膜片背面的空气阻尼等复杂因素的影响。

电容式压力传感器的优点是灵敏度高，所需的测量力(和能量)很小，可以测量微压，内部没有较明显的位移元件，寿命长，动态响应快，可以测量快变压力，有的频响高达

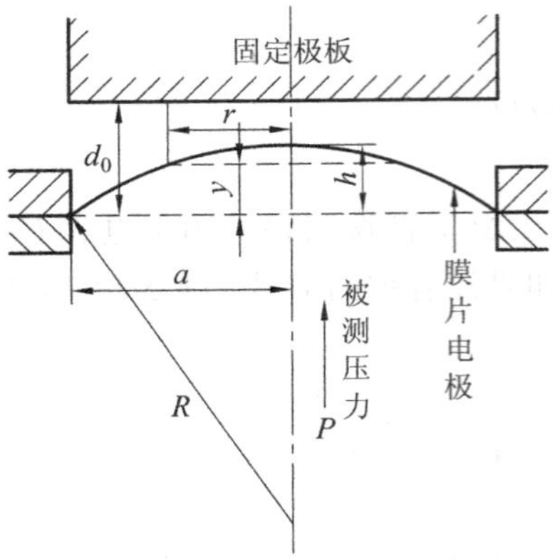

(a) 原理图

(b) 外形图

图 4-22　电容式压力传感器

500 kHz。另外，根据测量要求的不同，可以制成不同的结构，也可以做到较小尺寸。这种传感器的主要缺点是传感器和连接线路的寄生电容影响大，非线性较严重。另外，仪表质量与工艺、结构有很大关系，一般测量精度可优于±1%。

2）电容式压力传感器

根据上述原理制成的电容式压力传感器由测量和转换两部分组成。测量部分包括电容膜盒、高低压测量室、法兰组件等，作用是将被测压力转换成电容量的变化；转换部分由测量电路组件和电气壳体组成，其作用是将电容量转换成直流 4～20 mA 电流或 1～5 V 电压的标准信号输出。

（1）通用型电容式差压传感器。其结构示意如图 4-23 所示。

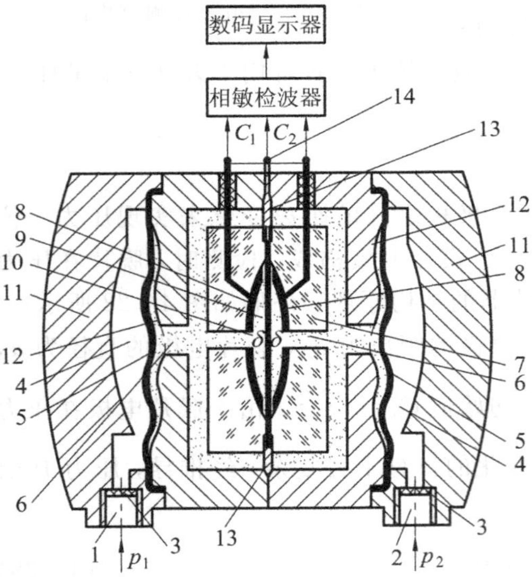

(a) 结构

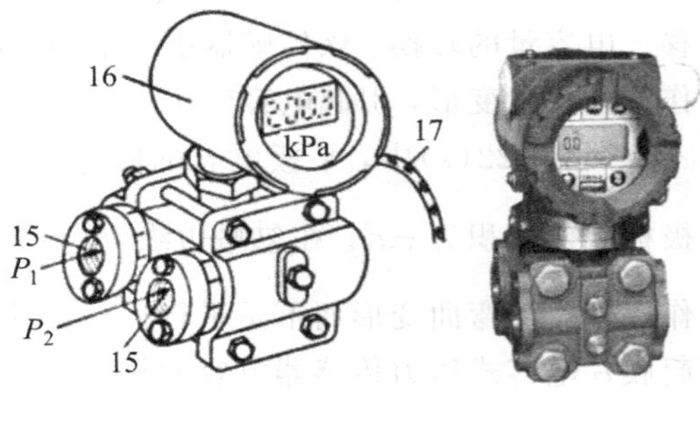

(b) 外形

1—高压侧进气口；2—低压侧进气口；3—过滤片；4—空腔；5—不锈钢隔离膜片；6—导压硅油；7—凹形玻璃圆片；8—凹形电极；9—弹性平膜片；10—δ室；11—合金外壳；12—限位波纹盘；13—过压保护膜片；14—公共参考端；15—压力接头；16—测量电路及显示器外壳；17—信号电缆

图 4-23　通用型电容式差压传感器结构示意图

电容式压力(差压)传感器的检测部件是一差动电容膜盒，称为δ室，如图 4-23(a)所示。电容膜盒在结构形式和几何尺寸上有完全相同的两室，每室由玻璃和不锈钢杯体烧结后，磨制成环形凹面，然后镀一层金属薄膜构成电容器的固定极板，中心传感膜片焊接在两杯体之间，为电容器的活动极板，它和两侧凹形极板形成高压测量电容C_1和低压测量电容C_2，在杯体外测焊接隔离膜片，并在膜片内侧的空腔中充满传压介质硅油，以便传递压力(差压)。

当被测压力P_1、P_2由两侧的内螺纹压力接头进入各自的空腔，该压力通过不锈钢波纹隔离膜传导到δ室。中心传感膜片由于受到来自两侧的压力差，而凸向压力小的一侧，C_1、C_2电容值发生变化，测量电路通过相敏检波器将此电容量的变化转换成标准电信号输出。

(2) 变面积式电容压力传感器。变面积式电容压力传感器结构如图 4-24 所示。被测压力作用在金属膜片上，通过中心柱和支撑簧片，使可动电极随簧片中心位移而动作。可动电极与固定电极均是金属同心多层圆筒，断面呈梳齿形，其电容量由两电极交错重叠部分的面积所决定。固定电极与外壳之间绝缘，可动电极则与外壳导通。压力引起的极间电容变化由中心柱引至适当的变换器电路，转换成反映被测压力的标准电信号输出。

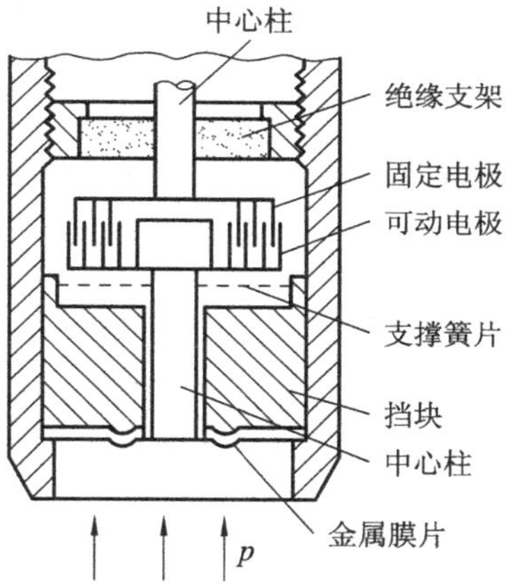

图 4-24　变面积式电容压力传感器

4.2.3　电感式传感器及压力检测

电感式传感器的原理是建立在电磁感应的基础上，利用线圈自感或互感的改变来实现非电量的检测。它可以把输入的物理量，如位移、振动、压力、流量、比重、力矩、应变等参数，转换为线圈的自感系数L、互感系数M的变化，再由测量电路转换为电流或电压的变化，因此，它能实现信息远距离传输、记录、显示和控制，在工业自动控制系统中被广泛采用。

电感式传感器的特点是：① 无活动触点、可靠度高、寿命长；② 分辨率高；③ 灵敏度高；④ 线性度高、重复性好；⑤ 测量范围宽(测量范围大时分辨率低)；⑥ 无输入时有零位输出电压，引起测量误差；⑦ 对激励电源的频率和幅值稳定性要求较高；⑧ 不适用于高频动态测量。

电感式传感器主要用于位移测量和可以转换成位移变化的机械量(如力、张力、压力、压差、加速度、振动、应变、流量、厚度、液位、比重、转矩等)的测量。常用的电感式传感器有变间隙型、变面积型和螺线管插铁型。在实际应用中，这三种传感器多制成差动式，以便提高线性度和减小电磁吸力所造成的附加误差。

1. 电感式传感器的工作原理

电感式传感器是利用被测量的变化引起线圈自感或互感系数的变化，从而使线圈电感改变这一物理现象来实现测量的。电感式传感器可以分为自感式和互感式两大类。

1) 自感式电感传感器

(1) 工作原理。自感式电感传感器的原理如图 4-25 所示，它由线圈、铁芯和衔铁三部分组成。

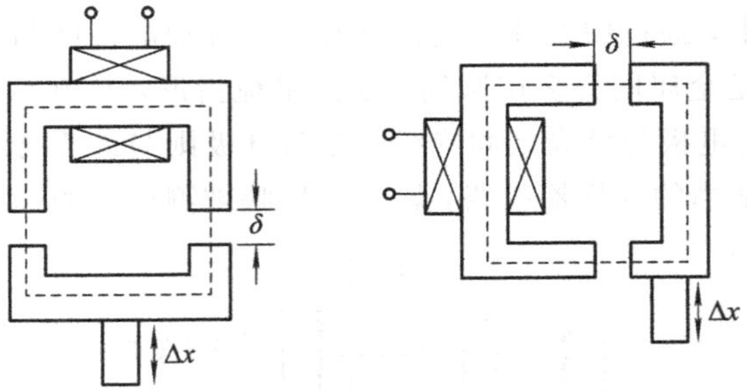

(a) 变间隙型　　(b) 变面积型

图 4-25　自感传感器原理

铁芯与衔铁之间有一个气隙，气隙厚度为 δ，衔铁与铁芯的重叠面积为 S。被测物理量运动部分与衔铁相连，当运动部分产生位移时，气隙 δ 或重叠面积 S 被改变，从而使电感值发生变化。在图 4-25(a)中，线圈的电感值可按下式计算：

$$L = \frac{w^2}{\sum R_m} \tag{4-29}$$

式中，w 为线圈匝数；$\sum R_m$ 为以平均长度表示的磁路的总磁阻。

如果气隙厚度 δ 较小，而且不考虑磁路的铁损，则总磁阻为

$$\sum R_m = \sum \frac{l_i}{\mu_i S_i} + \frac{2\delta}{\mu_0 S} \tag{4-30}$$

式中，l_i为各段导磁体的磁路平均长度(cm)；μ_i为各段导磁体的磁导率(H/cm)；S_i为各段导磁体的横截面积(cm^2)；δ 为空气隙的厚度(cm)；μ_0为空气隙的导磁系数($\mu_0 = 4\pi \times 10^{-9}$ H/cm)；S 为空气隙的截面积。

因为一般导磁体的磁阻要比气隙的磁阻小得多，所以计算时可忽略铁芯和衔铁的磁阻，则式(4-29)写为

$$L = \frac{w^2 \mu_0 S}{2\delta} \tag{4-31}$$

由式(4-31)可以看出，如果线圈匝数 w 是一定的，电感 L 将受气隙厚度 δ、气隙截面积 S 和气隙导磁系数 μ_0的控制。固定这三个参数中的任意两个参数，而另一个参数跟随被测物理量变化，就可以得到变间隙型、变面积型和变导磁系数三种结构类型的自感传

感器。

变间隙型灵敏度高，对测量电路的放大倍数要求低，输出特性非线性严重，常用于位移非常微小时的检测；变面积型灵敏度较前者小，但线性较好，量程较大，使用比较广泛。常用于检测位移或角位移；变导磁系数型常见的是螺线管形式，螺管型灵敏度较低，但量程大且结构简单易于制作和批量生产，是使用最广泛的一种电感式传感器，常用于测量压力、拉力、变矩、扭力、扭矩、重量等。

在实际应用中，常采用两个相同的传感器线圈共用一个衔铁，构成差动自感传感器，这样可以提高传感器的灵敏度，减小温度变化、电源频率变化等因素对传感器的影响，从而减少测量误差。

(2) 自感式电感传感器的测量电路。交流电桥是电感式传感器的主要测量电路，它的作用是将线圈电感的变化转换成电桥电路的电压或电流输出。

前述差动式结构可以提高灵敏度，改善线性，所以交流电桥也多采用双臂工作形式。通常将传感器作为电桥的两个工作臂，电桥的另外两个工作臂可以是纯电阻，也可以是变压器的二次侧绕组或紧耦合电感线圈。图 4-26 是交流电桥的几种常用形式。

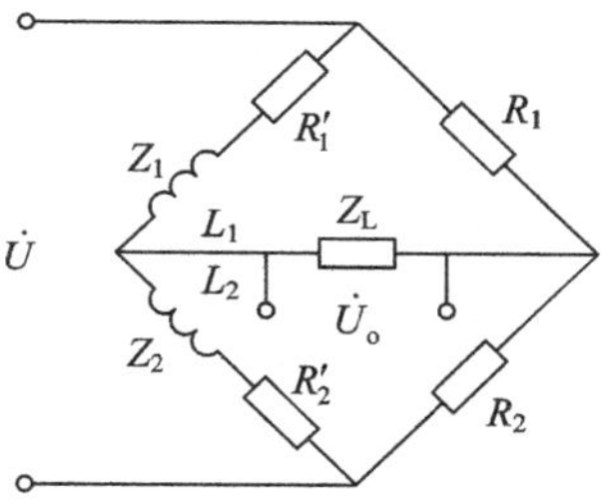

(a) 电阻平衡电桥

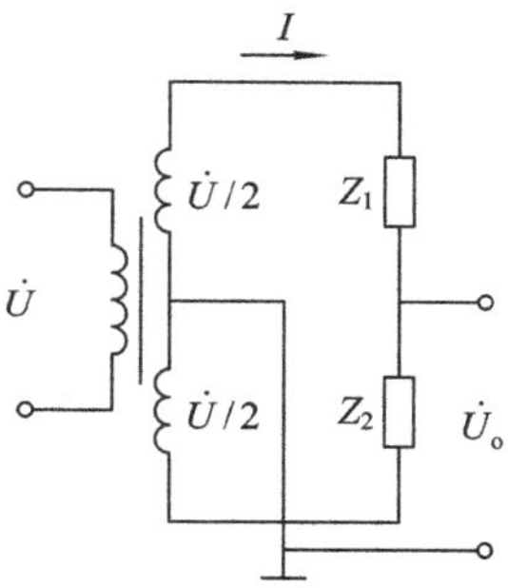

(b) 变压器电桥

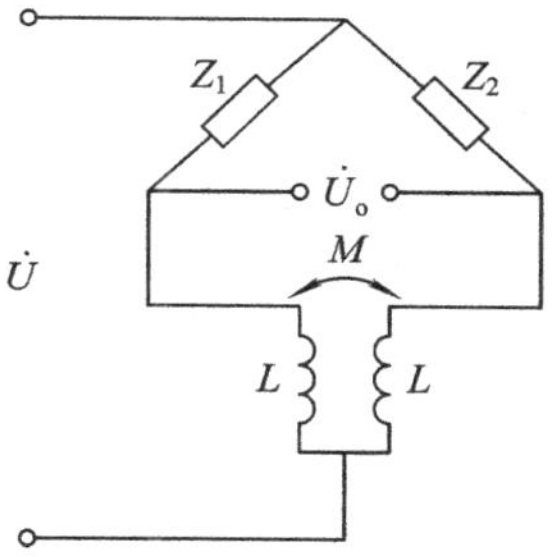

(c) 紧耦合电感臂电桥

图 4-26　交流电桥的几种常用形式

图 4-26(a)是电阻平衡电桥，Z_1、Z_2为差动工作臂，R_1、R_2为纯电阻平衡臂，R_1'、R_2'为电感线圈内阻，$R_1=R_2=R$；$R_1'=R_2'=R'$；$Z_1=Z_2=Z=R'+\mathrm{j}\omega L$。差动工作时，若 $Z_1=Z-\Delta Z$，则 $Z_2=Z+\Delta Z$，当 $Z_L\to\infty$时，有

$$\dot{U}_o=\frac{\dot{U}}{2}\frac{\Delta Z}{Z}=\frac{\dot{U}}{2}\frac{\Delta R'+\mathrm{j}\omega\Delta L}{R'+\mathrm{j}\omega L}\tag{4-32}$$

其输出电压幅值为

$$U_o=\frac{\sqrt{\omega^2\Delta L^2+\Delta R'^2}}{2\sqrt{R'^2+(\omega L)^2}}U\approx\frac{\omega\Delta L}{2\sqrt{R'^2+(\omega L)^2}}U\tag{4-33}$$

输出阻抗为

$$Z_o=\frac{\sqrt{(R+R')^2+(\omega L)^2}}{2}\tag{4-34}$$

式(4-32)经变换和整理后得

$$\dot{U}_o=\frac{\dot{U}}{2}\frac{1}{1+1/Q^2}\left[\frac{1}{Q^2}\frac{\Delta R'}{R'}+\frac{\Delta L}{L}+\mathrm{j}\frac{1}{Q}\left(\frac{\Delta L}{L}-\frac{\Delta R'}{R'}\right)\right]\tag{4-35}$$

式中，$Q=\omega L/R'$为电感线圈的品质因数。

从式(4-35)可以看出，当Q值很高时，$\dot{U}_o=\frac{\dot{U}}{2}\frac{\Delta L}{L}$；当Q值很低时，相当于电阻电桥，$\dot{U}_o=\frac{\dot{U}}{2}\frac{\Delta R'}{R'}$。

图4-26(b)是变压器电桥，它的平衡臂为变压器的两个二次绕组。传感器差动工作时，若衔铁向一边移动，$Z_1=Z-\Delta Z$，则$Z_2=Z+\Delta Z$，当负载阻抗为无穷大时，$\dot{U}_o=\frac{\dot{U}}{2}\frac{\Delta Z}{Z}$；若衔铁向另一边移动，$Z_1=Z+\Delta Z$，则$Z_2=Z-\Delta Z$，则$\dot{U}_o=-\frac{\dot{U}}{2}\frac{\Delta Z}{Z}$。这样，当衔铁向两个方向的位移相同时，电桥输出电压$\dot{U}_o$大小相等、相位相反。

图4-26(c)是紧耦合电感臂电桥，它由差动工作的两个传感器阻抗Z_1、Z_2和两个固定的紧耦合电感线圈L组成，既可用于电感式传感器，也适用于电容式传感器。其电路读者可自行分析。

2) 互感式传感器(差动变压器)

将被测量的变化转换为互感系数(M)变化的传感器称为互感传感器。由于互感传感器的本质是一个变压器，又常常做成差动形式，所以又把互感传感器称为差动变压器。

(1) 结构类型。差动变压器的结构大致可分为三类：衔铁平板式、螺管式和转角式，其结构如图4-27所示。

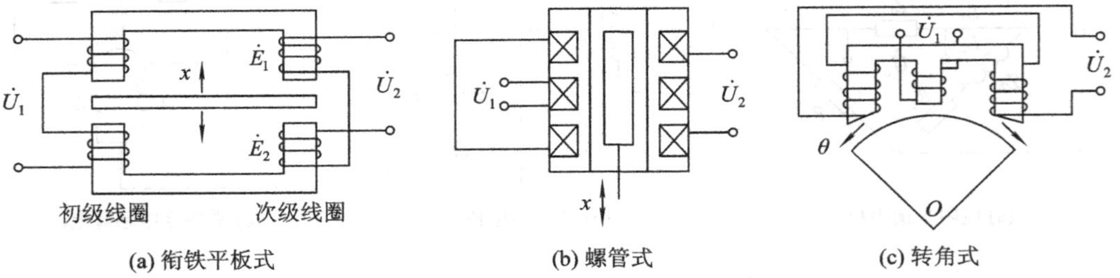

图4-27　互感传感器结构

图4-27所示的三类差动变压器中，应用最多的是螺线管式差动变压器，它可以测量1～100 mm范围内的机械位移，并具有测量精度高、灵敏度高、结构简单、性能可靠等优点。下面以螺线管式差动变压器为例来说明差动变压器式传感器的工作原理。

(2) 工作原理。螺线管式差动变压器的结构如图4-28所示。它由一个初级线圈、两个次级线圈和插入线圈中央的圆柱形铁芯等组成。

图4-28(a)中差动变压器的两个次级线圈反向串联，并且在忽略铁损、导磁体磁阻和线圈分布电容的理想条件下，其等效电路如图4-28(b)所示。

当初级线圈加以适当频率的电压激励时，在两个次级线圈中就产生感应电动势。若铁芯处于中间位置时，由于两个次级线圈完全相同，因而感应电势$U_{21}=U_{22}$，则输出电压为

$$U_2=U_{21}-U_{22}=0$$

当铁芯向右移动时，右边次级线圈内的磁通要比左边次级线圈的磁通大，所以互感也大些，感应电势U_{22}也增大，而左边次级线圈中磁通减小，感应电势U_{21}也减小，则输出电压为

$$U_2 = U_{21} - U_{22} < 0$$

若铁芯向左移动，与上述情况恰好相反，则输出电压为

$$U_2 = U_{21} - U_{22} > 0$$

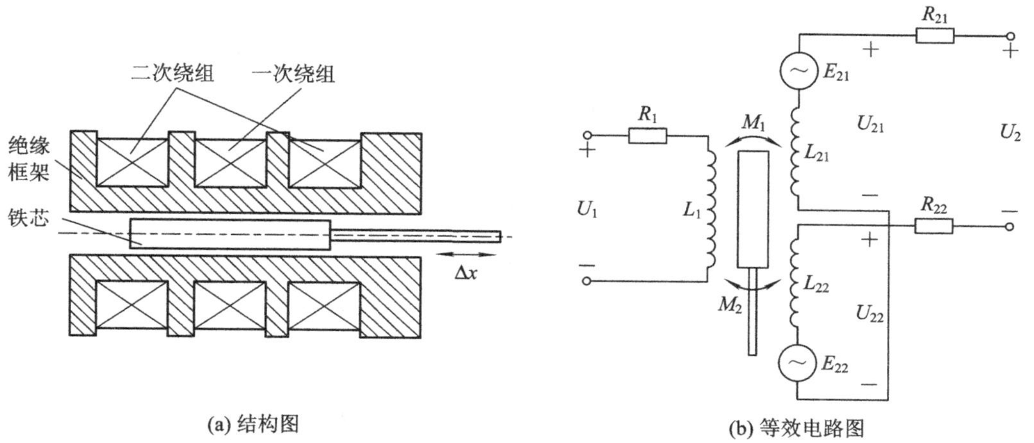

图 4 - 28 差动变压器

由上述讨论可见，输出电压的正负反映了铁芯的运动方向，输出电压的大小反映了铁芯的位移大小。其输出特性如图 4 - 29 所示。

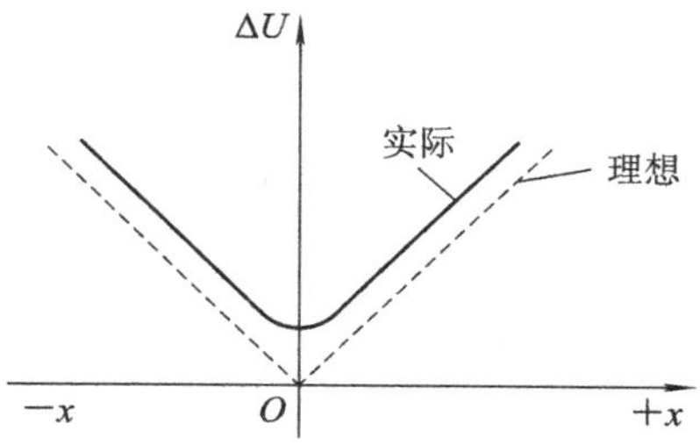

图 4 - 29 差动变压器的输出特性

由图 4 - 29 可以看出，差动变压器输出电压特性曲线的实际曲线与理想特性并不重合，在实际情况下，当衔铁位于中心位置时，差动变压器的输出电压并不等于零，我们称之为零点残余电压。

零点残余电压主要是由传感器的两次级绕组的电气参数与几何尺寸不对称、磁性材料的非线性等问题引起的。传感器的两次级绕组的电气参数和几何尺寸不对称，导致它们产生的感应电势的幅值不等、相位不同，因此不论怎样调整衔铁位置，两线圈中感应电势都不能完全抵消。零点残余电压一般在几十毫伏以下，在实际使用时应尽量减小。

(3) 差动变压器式传感器测量电路。差动变压器随衔铁的位移而输出的是交流电压，若用交流电压表测量，则只能反映衔铁位移的大小，而不能反映移动方向。为了达到能辨别移动方向及消除零点残余电压的目的，实际测量时，常常采用相敏检波电路。二极管相敏检波电路如图 4 - 30 所示。

图 4 - 30(a)中，VD_1、VD_2、VD_3、VD_4为四个性能相同的二极管，以同一方向串联成

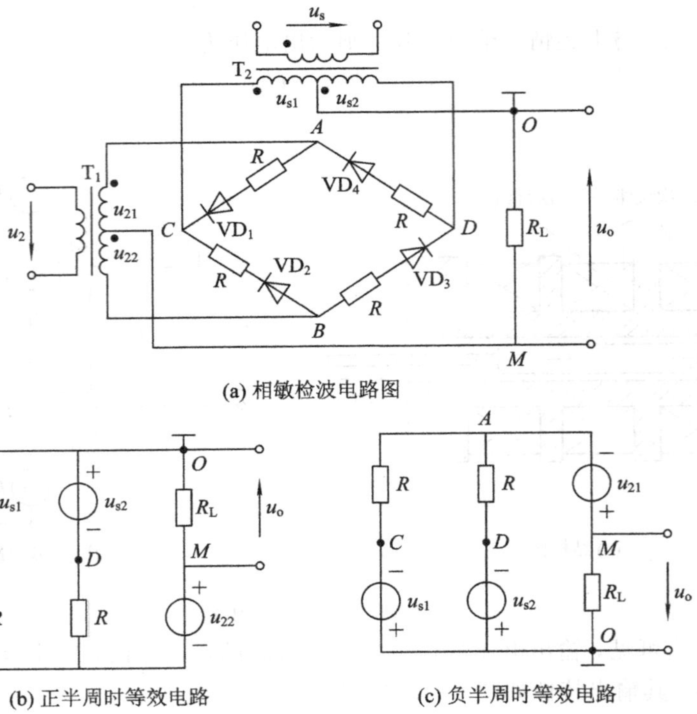

图 4－30　相敏检波电路图

一个闭合回路，形成环形电桥。输入信号 u_2(差动变压器式传感器输出的调幅波电压)通过变压器 T_1加到环形电桥的一条对角线。参考信号 u_s(在电路中起信号解调作用)通过变压器 T_2加入环形电桥的另一个对角线。输出信号 u_o从变压器 T_1与 T_2的中心抽头引出。

图 4－30(a)中的平衡电阻 R 起限流作用，避免二极管导通时变压器 T_2的次级电流过大。R_L为负载电阻。要使相敏检波电路可靠工作，必须满足下列条件：① u_s的幅值要远大于输入信号 u_2的幅值，以便有效控制四个二极管的导通状态；② u_s和差动变压器式传感器激磁电压 u_2由同一振荡器供电，保证二者同频、同相(或反相)。

相敏检波电路的工作原理：当位移 $\Delta x=0$ 时，差动变压器无电压输出，只有 u_s起作用。此时，若 u_s在正半周 u_{s1}和 u_{s2}使环形电桥中二极管 VD_1、VD_4截止，VD_2、VD_3导通，其等效电路如图 4－30(b)所示。图中，$u_{22}=0$，则输出信号 $u_o=0$；同理，若 u_s在负半周 u_{s1}和 u_{s2}使二极管 VD_2、VD_3截止，VD_1、VD_4导通，其等效电路如图 4－31(c)所示。图中，$u_{22}=0$，则输出信号 u_o仍为 0。

当位移 $\Delta x>0$ 时，u_s、u_2同频同相，在 u_s与 u_2均为正半周时，u_{s1}和 u_{s2}同样使二极管 VD_1、VD_4截止，VD_2、VD_3导通，其等效电路图 4－30(b)中的 $u_{22}\neq 0$，则 $u_o>0$。同理，当位移 $\Delta x<0$ 时，u_s与 u_2同频反相，在 u_2与 u_s均为负半周时，二极管 VD_2、VD_3截止，VD_1、VD_4导通，其等效电路如图 4－30(c)中的 $u_{21}\neq 0$，则 $u_o<0$。

所以上述相敏检波电路输出电压 u_o的变化规律充分反映了被测位移量的变化规律，即 u_o的值反映了位移 Δx 的大小，而 u_o的极性则反映了位移 Δx 的方向。

(4) 差动变压器专用测量芯片及电路。AD598 是一款性能价格比较高的差动变压器测量专用芯片，基本技术数据如下：① 正弦波振荡频率范围为 20 Hz～20 kHz；② 双电源工作电压典型值 $U_R=\pm15$ V；③ 单电源工作电压典型值 $U_R=30$ V；④ 工作温度范围，AD598JR 为 0～+70℃，AD598AD 为−40～+85℃；⑤ 正弦波振荡器输出电流的典型值为 12 mA；⑥ 输入电阻的典型值为 200 kΩ；⑦ 线性误差最大值为±500 ppmx F. S；⑧ 增益温漂的最大值为 500 ppm/℃。

AD598 的内部功能结构如图 4-31 所示。

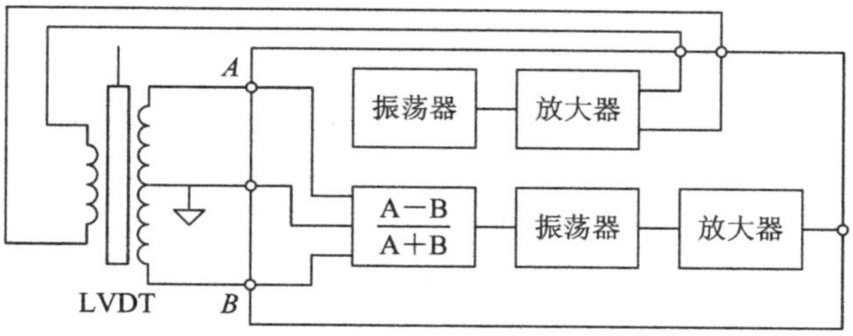

图 4-31　AD598 的内部功能结构

图 4-31 中，线性差动变压器专用集成电路芯片 AD598 集成了正弦波交流激励信号的产生、信号解调、放大和温度补偿等几部分电路，仅外接几个元件就可以构成一个线性差动变压器应用电路。通过改变外接振荡频率电容的大小，就可改变正弦波交流激励信号的频率，以适应各种类型的线性差动变压器对频率的要求，使用起来非常方便。AD598 的典型应用电路如图 4-32 所示。

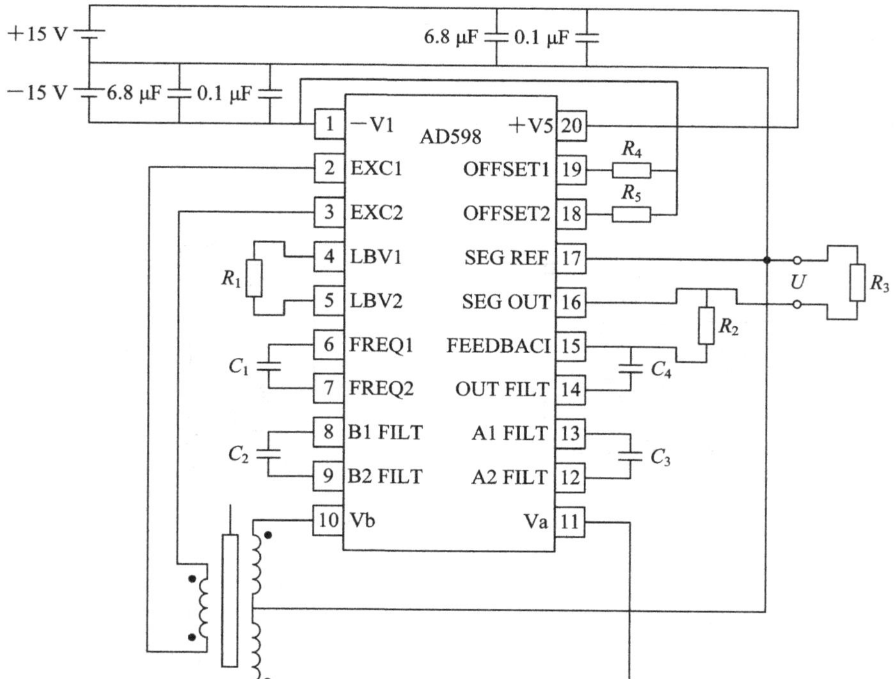

图 4-32　AD598 的典型应用电路

图 4-32 中 AD598 的 2、3 引脚产生一个正弦波激励信号供给 LVDT(Linear Variable Differential Transformer，线性可变差动变压器)的一次绕组，10、11、17 引脚引入与 LVDT 内芯位置成比例的正弦电压信号，经芯片内解调、滤波和放大单元处理后，从 16 引脚输出反映 LVDT 内芯位置的直流电压信号。

供电电源为±15 V 直流电源；振荡电容 C_1 决定了正弦波激励信号的频率，由式 $C_1=35\ \mu F/f$ 确定，一般为 0.01 μF，$C_2=C_3=C_4=0.4\ \mu F$，$R_2=73\ k\Omega$。取以上这些参数时，正弦波激励电压频率为 3500 Hz，被测位移的最大移动频率为±10 V，输出电压的范围为±10 V。

选择差动变压器时，应注意 AD598 的负载能力。当差动变压器的直流电阻 R_L 和等效电感 L 确定之后，可根据下式来确定正弦波激励信号频率 ω：

$$\frac{0.02U_R}{\sqrt{(R_L)^2+(\omega L)^2}}\leqslant 12\ mA \tag{4-36}$$

式中：U_R 为双电源的电压值。若单电源供电，则 U_R 为双电源的电压值的二分之一。

正弦波激励信号频率 ω 确定后，再根据下式选择振荡电容 $C_1(\mu F)$：

$$f=\frac{35\ \mu F}{C_1} \tag{4-37}$$

式中：$f=2\ \pi/\omega$。

线性差动变压器是一种应用非常广泛的传感器，普遍用来测量距离、位移等物理量。采用线性差动变压器专用集成电路 AD598 芯片组成了位移传感器，大大减小了电路的体积，简化了电路的设计和调试。

2. 电感式传感器在力与压力检测中的应用

1) 差动变压器式力传感器

两种常用的由差动变压器与弹性元件构成的测力装置如图 4-33 所示。

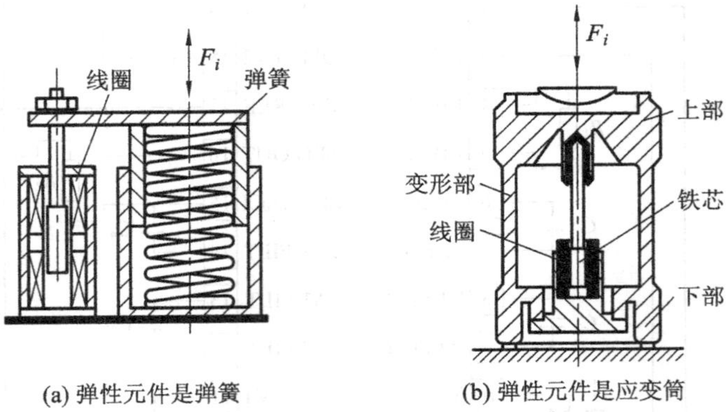

图 4-33　差动变压器式测力装置

图 4-33(a)是差动变压器与弹簧组合构成的测力装置，在测力时，装置受力部分将弹簧压缩，同时带动铁芯在线圈中移动，两者的相对位移量即反映了被测力的大小；图 4-33(b)为差动变压器与筒形弹性元件组成的测力装置，装置的上部固定铁芯，装置的下部固定线圈座和线圈，当弹性薄壁圆筒上部受力时，圆筒发生变形带动铁芯在线圈中移动实现

测力。这两种测力装置是利用弹性元件受力产生位移，带动差动变压器的铁芯运动，使两线圈互感发生变化，最后使差动变压器的输出电压产生和弹性元件受力大小成比例的变化。

2）电感式弹性压力传感器

变间隙式差动电感压力传感器如图4-34所示，由C形弹簧管、衔铁、铁芯和线圈等组成。当被测压力进入C形弹簧管时，C形弹簧管发生变形，其自由端产生位移。自由端移动时，会带动与自由端连接成一体的衔铁运动，使线圈1和线圈2中的电感发生大小相等、符号相反的变化，即一个电感量增大，另一个电感量减小。电感的这种变化通过电桥电路转换成电压输出。由于输出电压与被测压力之间成比例关系，所以只要用检测仪表测量出输出电压，即可得知被测压力的大小。

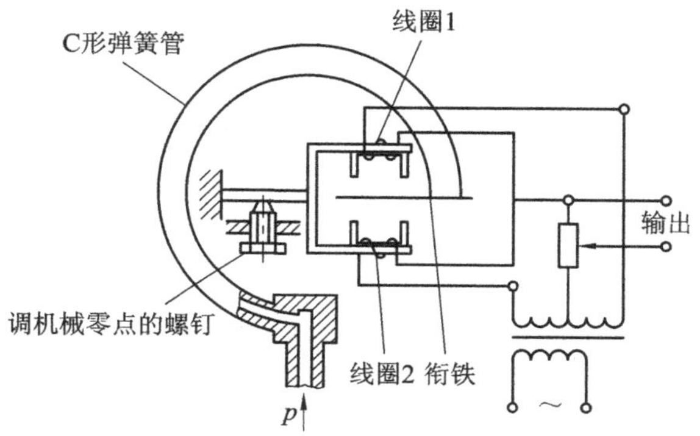

图4-34 变间隙式差动电感压力传感器

在被测压力为零时，使铁芯位于线圈的中央，压力增大后输出交流电压随之升高。差动变压器在规定的铁芯位移范围内有较好的线性，但当铁芯处于中央位置时，输出并不为零，有一定的残余电压，必要时可采用专用线路进行补偿。

电感传感器必须用交流电源。为了减小铁芯线圈的尺寸，提高传感器的灵敏度，并且避免工业频率的干扰，最好采用稍高的频率，例如400 Hz。此外要注意铁芯的材质选择，避免涡流损耗。使用时还必须有良好的磁屏蔽，既要防止外界的干扰，又要防止对外的干扰。

铁芯线圈的气隙变化和感抗之间有非线性关系。尤其值得注意的是，电流通过线圈时产生的磁效应会对衔铁有吸引力，这就形成了作用于弹性元件的外力，此力与气隙大小有关，必须在校验或标定中消除，否则误差会很大。

3）差动变压器式微压变送器

将差动变压器和弹性敏感元件(膜片、膜盒和C形弹簧管等)相结合，可以组成各种形式的压力传感器。微压力变送器的结构示意图如图4-35(a)所示。

图4-35(a)中，在被测压力为0时，波纹膜盒在初始位置状态，此时固接在膜盒中心的衔铁位于差动变压器线圈的中间位置，因而输出电压为0。当被测压力由输入接口传入膜盒时，膜盒在被测介质的压力下，其自由端产生正比于被测压力的位移，并带动衔铁在差动变压器线圈中移动，从而使差动变压器输出电压。微压力变送器电路原理框图如图4-35(b)所示。

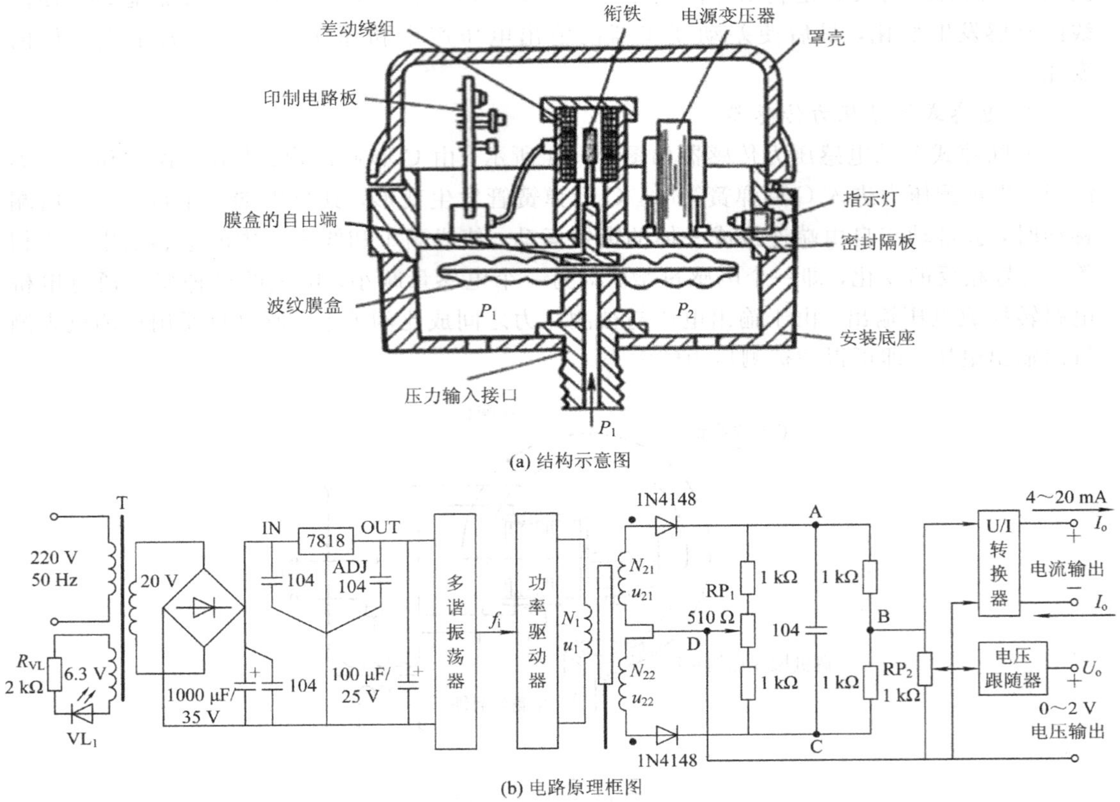

图 4－35　差动变压器式微压力变送器

图 4－35(b)中，RP_1 是调零电位器，RP_2 是调满度电位器。该电路由差动变压器的激励源、差动变压器、差动整流滤波和输出电路四部分组成。其中，差动变压器的激励源是将 220 V 交流电源通过降压、整流、滤波和稳压后，经多谐振器和功率驱动电路产生 6 V、2 kHz 的稳频、稳幅信号供差动变压器；差动整流滤波电路作用是将差动变压器二次绕组的输出信号进行差动整流，并通过低通滤波后供输出电路；输出电路分两部分，一是将输出电压经 U/I 转换得到 4～20 mA 标准电流信号用于变送器远传，二是通过电压跟随器接二次仪表。

4.3　应变片式传感器及力与压力检测

应变片式传感器将被测非电量转换成与之有确定对应关系的电阻值，来实现非电量的检测。由于应变测量方法灵敏度高，测量范围广，频率响应快，既可用于静态测量，又可用于动态测量，尺寸小、重量轻，能在各种恶劣环境下可靠工作，所以被广泛地应用于测量力、压力、位移、应变、扭矩、加速度等领域。

目前，工程实践中使用最广泛的应变电阻片有两类：电阻丝应变片和半导体应变片。

4.3.1　电阻应变片式传感器

1. 电阻应变片工作原理

1）金属材料的应变效应

电阻丝在外力作用下发生机械变形时，其电阻值发生变化，叫做应变效应。电阻丝材料有康铜、铜镍合金的，适用于 300℃以下静态测量用；还有镍铬合金、镍铬铝合金的，适用于 450℃以下的静态测量或 800℃以下的动态测量用。电阻值一般为 120 Ω，也有 200 Ω 或 300 Ω 的。

设有一根电阻丝，电阻丝的电阻率为 ρ，长度为 l，截面积为 S，在未受力时电阻值为

$$R=\rho\frac{l}{S} \tag{4-38}$$

电阻丝在沿轴线方向的拉力 F 作用下，长度增加，截面积减小，电阻率也相应变化，引起的电阻值发生变化，变化量为 ΔR，其值为

$$\frac{\Delta R}{R}=\frac{\Delta l}{l}-\frac{\Delta S}{S}+\frac{\Delta\rho}{\rho} \tag{4-39}$$

对于半径为 r 的电阻丝，截面 $S=\pi r^2$，则有 $\Delta S/S=2\Delta r/r$。令电阻丝的轴向应变为 $\varepsilon=\Delta l/l$，径向应变为 $\Delta r/r$，由材料力学可知

$$\frac{\Delta r}{r}=-\mu\left(\frac{\Delta l}{l}\right)=-\mu\varepsilon \tag{4-40}$$

式中：μ 为电阻丝材料的泊松系数。

经整理可得

$$\frac{\Delta R}{R}=(1+2\mu)\varepsilon+\frac{\Delta\rho}{\rho} \tag{4-41}$$

通常把单位应变所引起的电阻相对变化称为电阻丝的灵敏度系数，其表达式为

$$K=\frac{\Delta R/R}{\varepsilon}=1+2\mu+\frac{\Delta\rho/\rho}{\varepsilon} \tag{4-42}$$

从式(4－42)可以看出，电阻丝灵敏度系数 K 由两部分组成：$1+2\mu$ 表示受力后由材料的几何尺寸变化引起的；$\frac{\Delta\rho/\rho}{\varepsilon}$表示由材料电阻率变化引起的。对于金属材料，$\frac{\Delta\rho/\rho}{\varepsilon}$比 $1+2\mu$ 小很多，故 $K=1+2\mu$。

大量实验证明，在电阻丝拉伸比例极限内，电阻的变化与应变成正比，即 K 为常数。通常金属丝 $K=1.7\sim3.6$。式(4－41)可写成

$$\frac{\Delta R}{R}=K\varepsilon \tag{4-43}$$

由式(4－43)可知，金属丝的电阻相对变化量 $\Delta R/R$ 与材料力学中的轴向应变 ε 的关系在金属丝拉伸比例极限内是线性的。

2）工作原理

电阻丝应变片在工作时，将应变片用黏合剂粘贴在弹性体上，弹性体受外力作用变形所产生的应变就会传递到应变片上，从而使应变片电阻值发生变化，通过测量阻值的变化，就能得知外界被测量的大小。

2. 电阻应变片的结构

电阻应变片的结构如图 4-36(a)所示，一般由敏感栅(金属丝或箔)、基底、覆盖层、黏合剂、引出线组成。敏感栅是转换元件，它把感受到的应变转换为电阻变化；基底用来将弹性体表面应变准确地传送到敏感栅上，并起到敏感栅与弹性体之间的绝缘作用；覆盖层起着保护敏感栅的作用；黏合剂用于将敏感栅与基底粘贴在一起；引出线用于连接测量导线。几种应变片的形式如图 4-36(b)～(d)所示。

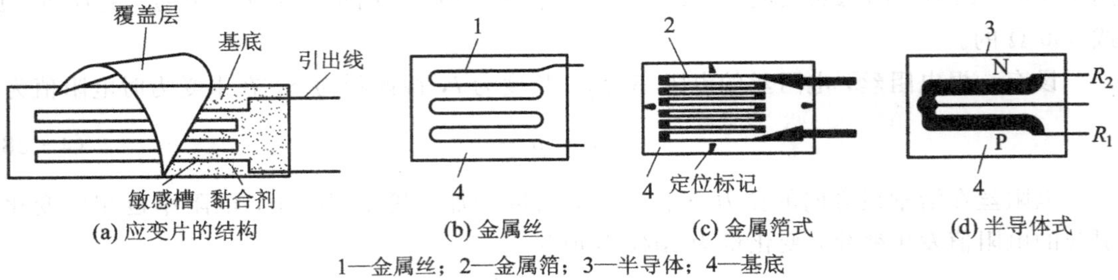

图 4-36　应变片结构与形式

1) 金属丝式应变片

图 4-36(b)为金属丝式应变片。它由直径为 0.02～0.05 mm 的锰白铜铜丝或镍铬丝绕成栅状，夹在两层绝缘薄片(基底)中制成，用镀锡铜线与应变片丝栅连接作为应变片的引出线。

2) 金属箔式应变片

图 4-36(c)为金属箔式应变片。金属箔通过光刻、腐蚀等工艺制成箔栅。箔的材料多为电阻率高、热稳定性好的铜镍合金(锰白铜)。厚度一般在几微米，尺寸、形状根据需要制作。金属箔式应变片与基底接触面较大，散热较好，可通过较大电流，适合大批量生产，应用较广。

3. 电阻应变片的测量电路

由于电阻应变式传感器是把应变片粘贴在弹性元件上，而弹性元件变形有限，这样应变片电阻变化范围较小，要实现将 $\Delta R/R$ 转换为电压输出，一般常采用桥式测量电路，如图 4-37 所示。

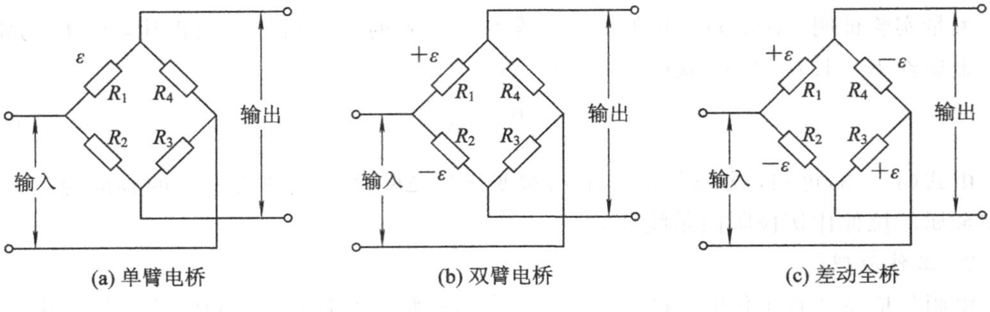

图 4-37　应变片测量电路

图 4-37(a)中 R_1 为应变片，R_2～R_4 为固定电阻，且 $\Delta R_2=\Delta R_3=\Delta R_4=0$，称为单臂电

桥。图 4－37(b)中 R_1、R_2 为应变片，R_3、R_4 为固定电阻，且 $\Delta R_3=\Delta R_4=0$，称为双臂电桥。图 4－37(c)中 $R_1\sim R_4$ 均为应变片，称为差动全桥。根据电路理论，上述三种电桥中，差动全桥灵敏度最高，单臂电桥灵敏度最低，双臂电桥居中。

由于应变片传感器是靠电阻值来度量应变和压力的，所以必须考虑金属丝的温度效应。虽然用做金属丝材料(如铜、康铜)的温度系数很小(大约在 $\alpha=(2.5\sim5.0)\times10^{-5}$/℃)，但与所测量的应变电阻的变化比较，仍属同一数量级，如不补偿，会引起很大误差。对单臂电桥可采用补偿片法，或直接采用双臂电桥、差动全桥。

图 4－37(a)为单臂电桥，R_1 为测量片，贴在传感器弹性元件表面上，R_2 为补偿片，它贴在不受应变作用的元件上，并放在弹性元件附近(相同的温度场内)，R_3、R_4 为配接精密电阻，通常取 $R_1=R_2$、$R_3=R_4$，在无应变时，电路呈平衡状态，即 $R_1\cdot R_3=R_2\cdot R_4$，输出电压为零。由于温度变化，电阻变为 $R_1+\Delta R_1$ 时，电阻 R_2 变为 $R_2+\Delta R_2$，由于 R_1 与 R_2 温度效应相同，即 $\Delta R_1=\Delta R_2$，所以温度变化后电路仍平衡，$(R_1+\Delta R_1)\cdot R_3=(R_2+\Delta R_2)\cdot R_4$，此时输出电压为零。

当 R_1 有应变时，将打破桥路平衡，产生输出电压，其温度效应也得到补偿，故输出只反映纯应变值(即压力值)。

在实际测量中，若采用多个应变片，则一般把四个测量应变片，两片贴在正应变区，并将其接在电桥两个相对的臂上；另两个贴在负应变区，接在另两个相对臂上，如图 4－37(c)所示，以使一个应变片的电阻温度效应被另一个相邻应变片所抵消。这样的电路不但补偿了温度效应，而且可以得到较大的输出信号，这种补偿电路称为差动全桥。

4. 应变片的选择、粘贴技术

1) 应变片的选择方式

(1) 目测应变片有无折痕、断丝等缺陷，有缺陷的应变片不能粘贴。

(2) 用数字万用表测量应变片电阻值大小。同一电桥中各应变片之间的阻值相差不得大于 0.5 Ω。

2) 应变片的贴片方式

常见的应变片的贴片方式有柱形、筒形、梁形弹性元件等，如图 4－38 所示。

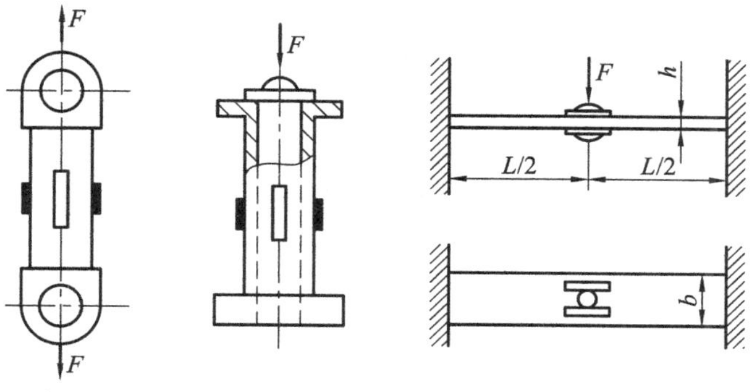

(a) 柱形　(b) 筒形　(c) 梁形

图 4－38　几种弹性元件及应变片的贴片方式

3) 应变片的粘贴技术

(1) 试件表面处理：贴片处用细纱纸打磨干净，打磨面积约为应变片的 3～5 倍，再用酒精棉球反复擦洗贴处，直到棉球无黑迹为止。

(2) 应变片粘贴：在应变片基底上挤一小滴 502 胶水，轻轻涂抹均匀，立即放在应变贴片位置；贴片后，在应变片上盖一张聚乙烯塑料薄膜并加压，将多余的胶水和气泡排出。

(3) 焊线：用电烙铁将应变片的引线焊接到导引线上，引出导线要用柔软、不易老化的胶合物适当地加以固定，以防止导线摆动时折断应变片的引线。

(4) 用兆欧表检查应变片与试件之间的绝缘阻值，应大于 500 MΩ。

(5) 应变片保护：用 704 硅橡胶覆于应变片上，防止受潮、侵蚀。

5. 电阻应变片式传感器

电阻应变片式传感器是将应变电阻片(金属丝式或箔式)粘贴在弹性元件表面上，测量应力、应变。当被测弹性元件变化时，弹性元件由于内部应力变化产生变形，使应变片的电阻产生变化，根据电阻变化的大小来测量未知应力或应变。电阻应变片式传感器由应变电阻片和测量线路两部分组成，测量线路将变化的电阻转换为电信号，实现测量。

4.3.2 压阻式传感器

压阻式传感器是利用半导体材料的压阻效应和集成电路技术制成的传感器。它具有灵敏度高、动态响应快、测量精度高、稳定性好、工作温度范围宽、易于小型化、能够进行批量生产和使用方便等一系列特点。压阻式传感器能将电阻条、补偿线路、信号转换电路集成在一块硅片上，甚至将计算处理电路与传感器集成在一起，制成智能性传感器，从而克服了半导体应变片所存在的问题。压阻式传感器现已生产出多种压力传感器、加速度传感器，并广泛应用于石油、化工、矿山冶金、航空航天、机械制造、水文地质、船舶、医疗等科研及工程领域。

1. 压阻效应

金属电阻应变片虽然有不少优点，但灵敏系数低是它的最大弱点。半导体应变片的灵敏度比金属电阻高约 50 倍，它利用半导体材料的电阻率在外加应力作用下而发生改变的压阻效应，可以直接测取很微小的应变。

当外部应力作用于半导体时，由于压阻效应引起的电阻变化大小不仅取决于半导体的类型和载流子浓度，还取决于外部应力作用于半导体晶体的方向。如果我们沿所需的晶轴方向(压阻效应最大的方向)将半导体切成小条制成应变片材料，让这一半导体小条(即半导体应变片)只沿其纵向受力，则作用应力 σ 与半导体电阻串的相对变化关系为

$$\frac{\Delta\rho}{\rho}=\pi_1\sigma \tag{4-44}$$

式中：π_1为纵向压阻系数；σ 为作用应力。

由于 $\sigma=E\varepsilon$，则式(4-44)又可表示为

$$\frac{\Delta\rho}{\rho}=\pi_1 E\varepsilon \tag{4-45}$$

式中：E 为半导体材料的弹性系数；ε 为纵向应变($\Delta l/l$)。

将式(4-45)代入式(4-41)中，得半导体应变片的电阻变化率：

$$\frac{\Delta R}{R}=(1+2\mu)\frac{\Delta l}{l}+\pi_1 E\frac{\Delta l}{l}$$

即

$$\frac{\Delta R}{R}=(1+2\mu+\pi_1 E)\varepsilon \tag{4-46}$$

式中(4-46)右边括号第一、二项是材料几何尺寸变化对电阻的影响，与一般电阻丝应变系数相同，其值约为1～2。第三项$\pi_1 E$是压阻效应的影响，同电阻丝应变片相反，它的数值远大于前两项之和，一般是它们的50～70倍，所以前两项可忽略，即

$$\frac{\Delta R}{R}=\pi_1 E\varepsilon \tag{4-47}$$

式中：$K=\pi_1 E$，称为半导体应变片的灵敏系数。

半导体应变片的电阻很大，可达5～50 kΩ，此外它的频率响应高，时间响应快，响应时间可达10^{-11} s数量级，所以常常用半导体应变片制作高频率传感器。用于生产半导体应变片的材料有硅、锗、锑化铟、磷化镓、砷化镓等，由于硅和锗的压阻效应较大，一般使用较多的是这两种半导体材料，其结构如图4-36(d)所示。

半导体的应变灵敏度一般随杂质的增加而减小，温度系数也是如此。值得注意的是，对于同一材料和几何尺寸制成的半导体应变片的灵敏系数不是一个常数，它会随应变片所承受的应力方向和大小不同而有所改变，所以材料灵敏度的非线性较大。此外，半导体应变片的温度稳定性较差，在使用时应采取温度补偿和非线性补偿措施。

2. 压阻式传感器

压阻式传感器是基于半导体材料的压阻效应，在半导体材料基片上利用集成电路工艺制成扩散电阻，作为测量传感元件，扩散电阻在基片组成测量电桥，当基片受应力作用产生形变时，各扩散电阻值发生变化，电桥产生相应的不平衡输出。压阻式传感器主要用于测量压力和加速度。

4.3.3　应变片式力与压力传感器

1. 应变式力传感器

在所有力传感器中，应变式力传感器的应用最为广泛。它能应用于从极小到很大的动、静态力的测量，且测量精度高，其使用量约占力传感器总量的90%。

应变式力传感器的工作原理与应变式压力传感器基本相同，它也是由弹性敏感元件和贴在其上的应变片组成的。应变式力传感器首先把被测力转变成弹性元件的应变，再利用电阻应变效应测出应变，从而间接地测出力的大小。弹性元件的结构形式有柱形、筒形、环形、梁形、轮辐形、S形等。

应变片的布置和接桥方式，对于提高传感器的灵敏度和消除有害因素的影响有很大关系。根据电桥的加减特性和弹性元件的受力性质，在应变片粘贴位置许可的情况下，可粘贴4或8片应变片，其位置应是弹性元件应变最大的地方。图4-38给出了常见的柱形、筒形、梁形弹性元件及应变片的贴片方式。

在实际应用中，电阻应变片用于力的测量时，需要和电桥一起使用。因为应变片电桥电路的输出信号微弱，采用直流放大器又容易产生零点漂移，故多采用交流放大器对信号

进行放大处理，所以应变片电桥电路一般都采用交流电源供电，组成交流电桥。

1）柱形应变式力传感器

柱形弹性元件通常都做成圆柱形和方柱形，用于测量较大的力，其最大量程可达 10 MN。在载荷较小时（1～100 kN），为便于粘贴应变片和减小由于载荷偏心或侧向分力引起的弯曲影响，同时为了提高灵敏度，多采用空心柱体。四个应变片粘贴的位置和方向应保证其中两片感受纵向应变，另外两片感受横向应变（因为纵向应变与横向应变是互为反向变化的），如图 4－38(a)所示。

在实际测量中，被测力不可能正好沿着柱体的轴线作用，而总是与轴线成一微小的角度或微小的偏心，这就使得弹性柱体除了受纵向力的作用外，还受到横向力和弯矩的作用，从而影响测量精度。

2）轮辐式力传感器

简单的柱式、筒式、梁式等弹性元件是根据正应力与载荷成正比的关系来测量的，它们存在着一些不易克服的缺点。为了进一步提高力传感器性能和测量精度，要求力传感器有抗偏心、抗侧向力和抗过载能力。轮辐式力传感器可满足以上要求。图 4－39 为较常用的轮辐式力传感器。

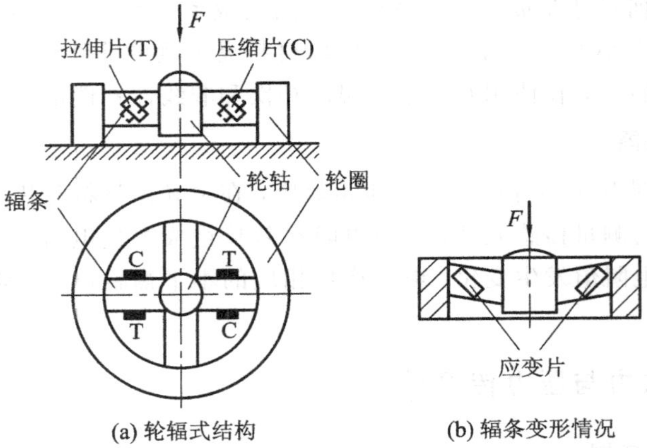

(a) 轮辐式结构　　(b) 辐条变形情况

图 4－39　轮辐式力传感器

图 4－39(a)所示的轮辐式力传感器由轮圈、轮毂、辐条和应变片组成。辐条成对且对称地连接轮圈和轮毂，当外力作用在轮毂上端面和轮毂下端面时，矩形辐条就产生平行四边形变形，如图 4－39(b)所示，形成与外力成正比的切应变。此切应变能引起与中性轴成 45°方向的相互垂直的两个正负应力，即由切应力引起的拉应力和压应力，通过测量拉应力或压应力值就可知切应力的大小。因此，在轮辐式传感器中，把应变片贴到与切应力成 45°的位置上，使它感受的仍是拉伸和压缩应变，但该应变不是由弯矩产生的，而主要是由剪切力产生的，这种传感器最突出的优点是抗过载能力强，能承受几倍于额定量程的过载。此外，其抗偏心、抗侧向力的能力也较强。

2. 应变式压力传感器

应变式压力传感器是一种通过测量各种弹性元件的应变来间接测量压力的传感器。应变式压力传感器所用弹性元件可根据被测介质和测量范围的不同而采用各种型式，常见有圆膜片、弹性梁、应变筒等，其标准产品外形、结构及电桥式测量电路示意如图 4-40 所示。

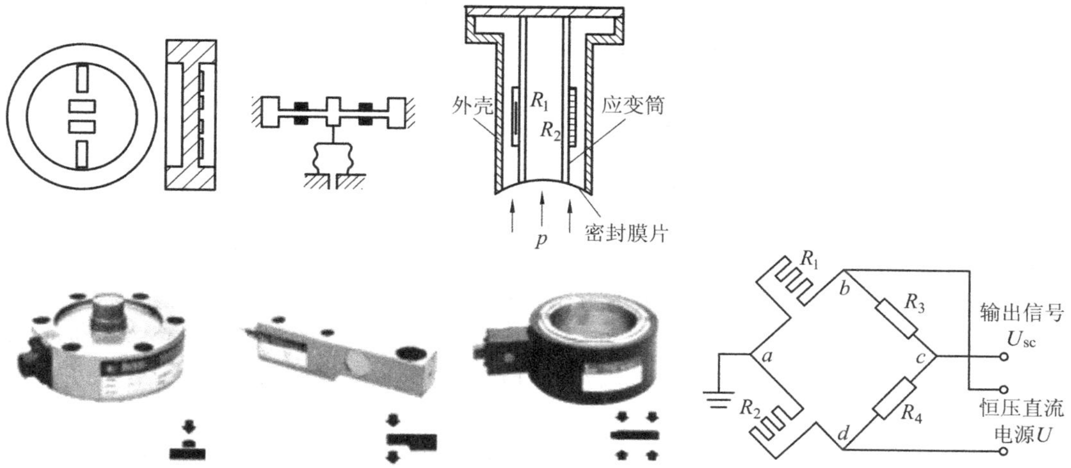

(a) 圆膜片　(b) 弹性梁　(c) 应变筒　(d) 测量电路

图 4-40　应变式压力传感器的外形、结构及电桥式测量电路示意图

图 4-40(c)中，两片应变片 R_1、R_2 分别于轴向和径向用特殊胶合剂贴紧在应变筒外壁，应变筒的上端与外壳紧密固定，其下端与不锈钢密封膜片紧密连接。沿应变筒轴向贴放的 R_1 作为测量片，沿径向贴放的 R_2 作为温度补偿片。当被测压力 P 作用于不锈钢膜片而使应变筒轴向受压变形时，沿铀向贴放的 R_1 也随之产生铀向压缩应变，使 R_1 阻值变小，即 $R_1'=R_1-\Delta R_1$。另一方面，沿径向贴放的 R_2 随应变筒轴向的压缩产生拉伸变形，使 R_2 阻值变大，即 $R_2'= R_2+\Delta R_2$。

应变片 R_1、R_2 和另外两个固定电阻 R_3、R_4 组成的桥式电路如图 4-40(d)所示。由环境温度影响使 R_1 产生的应变带来的测量误差将由 R_2 产生应变补偿。对于该压力传感器，当桥路输入直流电源最大为 10 V 时，最大输出的直流信号可达到 5 mV。

3. 压阻式压力传感器

压阻式压力传感器是基于半导体材料(单晶硅)的压阻效应原理制成的传感器，就是利用集成电路工艺直接在硅平膜片上按一定晶向制成扩散压敏电阻，当硅膜片受压时，膜片的变形将使扩散电阻的阻值发生变化。硅平膜片上的扩散电阻通常构成桥式测量电路，相对的桥臂电阻是对称布置的，电阻变化时，电桥输出电压与膜片所受压力成对应关系。

压阻式压力传感器的结构示意如图 4-41 所示。

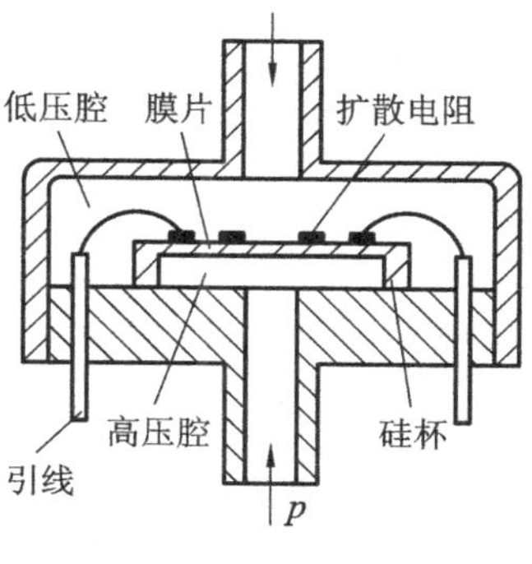

图 4-41　压阻式压力传感器的结构

图 4-41 中，硅膜片两侧各有一个压力腔：一个是和被侧压力相连接的高压腔；另一个是低压腔，通常和大气相通。当膜片两边存在压力差时，膜片上各点存在压力。膜片上的四个电阻在应力作用下，阻值发生变化，电桥失去平衡，其输出的电压与膜片两边压力成正比。

压阻式压力传感器的特点如下：

(1) 灵敏度高，频率响应高；

(2) 测量范围宽，可测 10 Pa 的微压到 60 MPa 的高压；

(3) 精度高，工作可靠，其精度可达±0.2%～0.02%；

(4) 易于微小型化，目前国内生产出直径为 1.8～2 mm 的压阻式压力传感器。

4. 应变片式压力传感器的优缺点

应变片也可以由很薄的铜镍合金箔片经腐蚀法加工制作。箔栅很薄只有 3～5 μm，所以贴在弹性元件上，两者应力状态更接近，滞后小，散热面大，允许通过更大的电流，有较大的输出。栅格端头较宽，横向效应减少，可提高测量精度。它在疲劳寿命、耐高温、对大曲率表面适应性等方面，均优于一般的电阻丝应变片。应变片还可做成其他形状，以适应于实际应用。应变式压力传感器的精度一般较高，有的可达±(0.5～0.1)%，且体积小、重量轻、测量范围广、适应性强，可以做成各种形式。其次，它的固有频率高，可以测量变化很快的压力，一般频响可在 100 kHz 以上。应变式压力传感器的主要缺点是信号比较弱，要求质量比较高的放大系统；另外，应变电阻受温度影响比较明显，因此要有可靠的温度补偿措施。

4.4 压电式传感器及力与压力检测

压电式传感器是一种典型的有源传感器。它是利用压电材料的压电效应实现能量转换的一种传感器。它的敏感元件由压电材料制成。

4.4.1 压电效应及压电材料

1. 压电效应

当某些物质沿某一方向施加压力或拉力时，会产生变形，此时这种材料的两个表面将产生符号相反的电荷。当外力去掉后，它又重新回到不带电状态，这种状态被称为压电效应。有时人们把这种机械能转换为电能的现象称为“顺压电效应”。反之，在某些物质的极化方向上施加电场，它会产生机械变形，当外加电场去掉后，该物质的变形随之消失。这种电能转化为机械能的现象称为“逆压电效应”。

正压电效应可用下式表示：

$$Q = dF \tag{4-48}$$

式中，Q 为压电材料某表面的电荷量；F 为外力；d 为压电系数(与压电材料有关)。

2. 压电材料

具有压电效应的物质称为压电材料。压电材料应具有以下特点：压电系数大；机械强度高、刚度大，固有振荡频率高；电阻率高，介电常数大；居里点高；温度、湿度和时间稳定性好。目前压电材料主要有三类：石英晶体(单晶体)、经过极化处理的压电陶瓷(多晶体)和高分子材料。

1) 石英晶体

石英晶体的特性是各向异性的。为了利用石英的压电效应进行力—电转换，需将晶体沿一定方向切割成晶片。

石英晶体的特点是：它的介电常数和压电系数的温度稳定性好；居里点为 575℃，也即当使用温度达 575℃时才会失去压电特性；机械强度很高，可承受约 10^8 Pa 的压力；在冲击力的作用下漂移也很小，弹性系数较大；石英晶体的压电常数较小，资源较少、价格高。石英晶体常用于校准用的标准传感器或精度要求很高的传感器。

2）压电陶瓷

压电陶瓷是人工制造的多晶压电材料。压电陶瓷的特点是：压电常数大、灵敏度高；制造工艺成熟，可通过合理配方和掺杂等人工控制来达到所要求的性能；成形工艺好，成本低廉，因此压电元件大多数都采用压电陶瓷。常用的压电陶瓷材料有锆钛酸铅(PZT)、钛酸钡($BaTiO_3$)、铌酸盐系等。

3）高分子材料

有机高分子压电材料是近年来发展很快的一种新型材料。它有两种类型：一种是某些合成高分子聚合物，经延展拉伸和电极化后具有压电性的高分子压电薄膜，如聚氟乙烯(PVF)、聚偏氟乙烯(PVF_2)等，其优点是质轻柔软、抗拉强度高、蠕变小、耐冲击、耐高压、热释电性和热稳定性好，便于批量生产和大面积制造、使用；另一类是高分子化合物中掺杂压电陶瓷 PZT 或 $BaTiO_3$ 粉末制成的高分子压电膜，这种复合压电材料同样保持了高分子压电薄膜的柔软性，且还具有较高的压电性。

3. 等效电路及测量电路

1）等效电路

由压电元件的工作原理可知，当压电元件受外力作用时，压电元件电极表面发生电荷聚集，如图 4-42(a)所示。

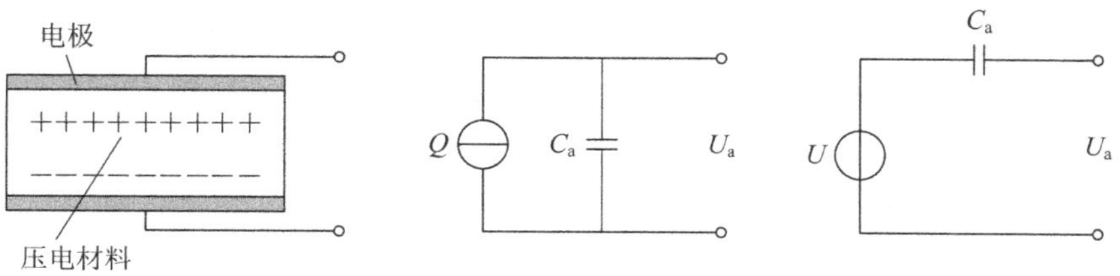

(a) 压电片电荷聚焦　(b) 电荷等效电路　(c) 电压等效电路

图 4-42　压电元件等效电路

图 4-42(a)中，由于压电元件两个表面上集聚了等量的正电荷和负电荷 Q，相当于一个以压电材料为介质的有源电容器，其电容量为 C_a。因此，可以把该传感器等效成一个电荷源和电容并联的等效电路，如图 4-42(b)所示。由于电容器上的电压 U_a、电荷量 Q 与电容 C_a 的关系为 $U_a = Q/C_a$，压电式传感器也可以等效为一个电压源和一个电容器 C_a 的串联电路，如图 4-41(c)所示。

如果用电缆将压电式传感器和测量仪器连接时，则应考虑连接电缆电容 C_c，前置放大器的输入电阻 R_i、放大器的输入电容 C_i 以及压电传感器的泄漏电阻 R_a。这样压电传感器的完整实际等效电路如图 4-43 所示。

由实际等效电路图 4-43 可以看出，R_a 与 R_i 并联，为满足测量要求，需要传感器的绝

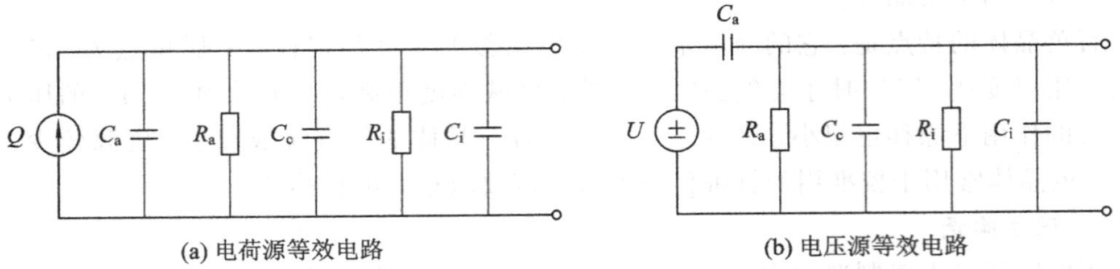

图 4-43 压电传感器实际等效电路

缘电阻保持在 $10^{13}\ \Omega$ 以上，才能使内部电荷泄漏的值满足一般测量精度要求。因此，压电传感器产生的电荷很少，信号微弱，而自身又要有极高的绝缘电阻，因此需经测量电路进行阻抗变换和信号放大，且要求测量电路的输入端，必须有足够高的阻抗和较小的分布电容，以防止电荷迅速泄漏，电荷泄漏将引起测量误差。

由于外力作用在压电材料上产生的电荷只有在无泄漏的情况下才能保存，故需要测量回路具有无限大的输入阻抗，这实际上是不可能的，因此压电式传感器不能用于静态测量。

2）测量电路

由于压电式传感器的输出电信号非常微弱，一般需进行放大。但因压电传感器的内阻抗相当高，除阻抗匹配的问题外，连接电缆的长度、噪声都是突出的问题。为解决这些问题，通常传感器的输出信号先由低噪声电缆输入高输入阻抗的前置放大器。前置放大器主要有两个作用：一是放大压电元件的微弱电信号；二是把高阻抗输入变换为低阻抗输出。

根据压电式传感器的等效电路，它的输出可以是电压信号，也可以是电荷信号。因此，前置放大器有两种形式：一种是电压放大器，其输出电压与输入电压(即传感器的输出电压)成比例，这种电压前置放大器一般称为阻抗变换器；另一种是电荷放大器，其输出电压与输入电荷成比例。这两种放大器的主要区别是：使用电压放大器时，整个测量系统对电缆电容的变化非常敏感，尤其是连接电缆长度变化更为明显；而使用电荷放大器时，电缆长度变化的影响可以忽略不计。

4.4.2 压电式传感器

1. 压电式传感器的特点

压电式传感器的基本原理就是利用压电材料的压电效应这个特性，即当有力作用在压电元件上时，传感器就有电荷(或电压)输出。其主要用于测量力和能变换为力的非电物理量，如可以把加速度、压力、位移、温度、湿度等许多非电量转换为电量。

压电式传感器具有使用频带宽、灵敏度高、信噪比高、结构简单、工作可靠、重量轻、测量范围广等许多优点；缺点是无静态输出，要求有很高的输出阻抗，需使用低电容、低噪声的电缆。

2. 压电式新材料传感器

聚偏二氟乙烯(PVDF)高分子材料具有压电效应，可以制成高分子压电薄膜或高分子压电电缆传感器。这种传感器除具有普通压电式传感器特点外，还具有工作温度宽(−40～80℃)、耐冲击、耐酸、耐碱、不易老化、使用寿命长(超过 100 万次)等特点，被广泛应用于振动冲击、闯红灯拍照、交通人流信息采集、车速监控、交通动态称重，以及周界安全防护、防盗报警、洗衣机不平衡、电器振动、脉搏检测等。

1）高分子压电薄膜传感器

高分子压电薄膜如图 4-44 所示。

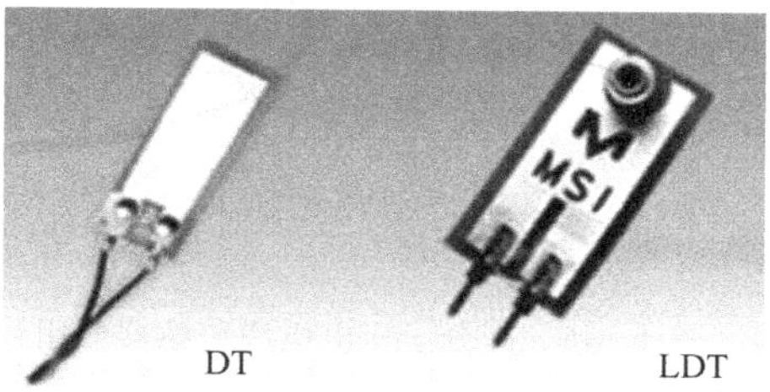

图 4-44　高分子压电薄膜

将厚约 0.2 mm、大小为 10 mm×20 mm 长方形 PVDF 薄膜的正反两面各喷涂透明的二氧化锡导电电极，再用超声波焊接上两根电极引线，并加上保护膜覆盖。在玻璃破碎监测报警装置中使用时，用胶将其粘贴在玻璃上，当玻璃遭打碎的瞬间，会产生几千赫兹甚至高于 20 kHz 的振动，压电薄膜感受到剧烈的振动，表面产生电荷，在两个输出引脚之间就会产生脉冲报警信号，从而达到监控玻璃破碎的目的。

这种传感器由于体积小、透明，可安装于博物馆、商场等贵重物品的柜台、展示橱窗等的角落，作防盗报警使用。

2）高分子压电电缆传感器

高分子压电电缆的结构如图 4-45 所示。

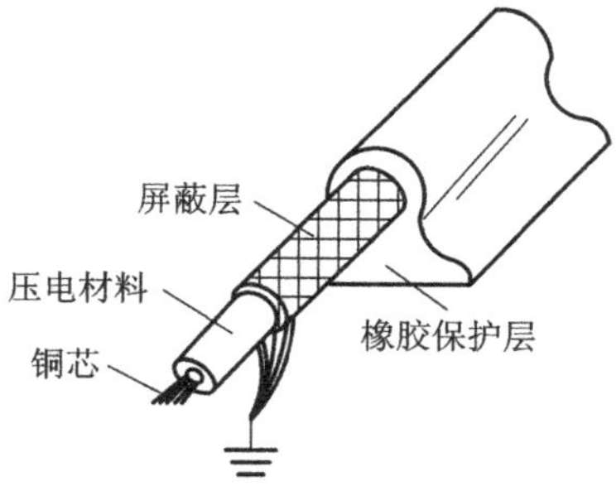

图 4-45　高分子压电电缆的结构

图 4-45 中，高分子压电电缆由铜芯线（内电极）、铜网屏蔽层（外电极）、管装 PVDF 高分子压电材料绝缘层和弹性橡胶保护层组成。当管装高分子压电材料受压时，由于压电效应，其内外表面产生电荷。

高分子压电电缆传感器在交通监测和周界报警系统中的应用如图 4-46 所示。

图 4-46(a)为高分子压电电缆传感器在交通监测中的应用。使用时，将两根高分子压电电缆相距 2 m，平行埋设于公路的路面下约 5 cm，当被测物通过上面时，电缆受压，产生电荷脉冲信号，以此来测量车速、汽车载重量或闯红灯拍照等，并根据微机存档数据，确定车辆信息。

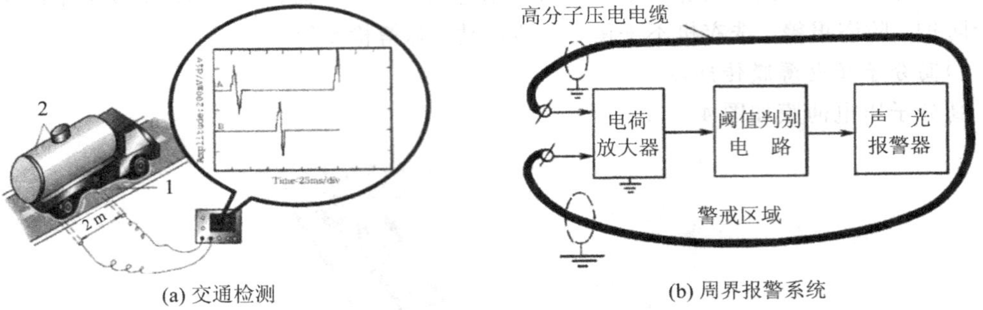

图 4－46　高分子压电电缆传感器应用

图 4－46(b)为高分子压电电缆传感器在周界报警系统中的应用。在警戒区域的四周埋设多根单芯高分子压电电缆，将电缆的屏蔽层接地。当入侵者踩到电缆上面的柔性地面时，该电缆受压，产生压电脉冲电荷信号，引起报警。通过编码电路，就可判断入侵者的大致方位。

4.4.3　压电式力与压力传感器

1. 压电式力传感器

压电式力传感器就是应用正压电效应，将机械量(力)转换成电量。由于压电式力传感器的敏感元件自身的刚度很高，在受力后产生的电荷量(输出)仅与受力的大小有关而与变形元件的位移无直接关系，因此可同时获得高刚度和高灵敏度；动态特性亦好，即固有频率高，工作频带宽，幅值相对误差和相位误差小，瞬态响应上升时间短，故特别适用于测量动态力和瞬态冲击力；稳定性好，抗干扰能力强；当采用时间常数大的电荷放大器时，可以测量静态力和准静态力，但长时间连续测量静态力将产生较大的误差。因此，压电式测力传感器已成为动态力测量中十分重要的部件。选择不同切型的压电晶片，按照一定的规律组合，即可构成各种类型的测力传感器。

1) 拉、压型单向测力传感器

根据垂直于电轴的 X_0 型切片便可制成拉(压)型单向测力传感器，其结构如图 4－47 所示。

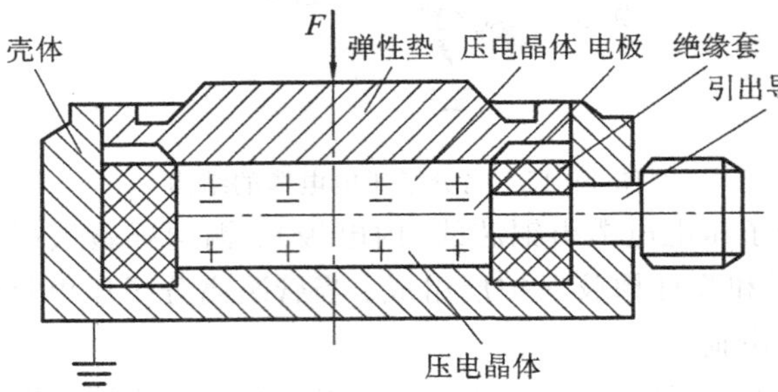

图 4－47　单向压电式测力传感器

由图 4－47 可见，单向测力传感器主要由压电晶片、绝缘套、电极、上盖(弹性垫)等组成。其中，传感器的上盖为传力元件，该传感器中使用了两片压电石英晶片反向叠在一起，这样可使灵敏度提高一倍。

当受到外力作用时，弹性垫将产生弹性形变，将力传递到石英晶片上，利用石英晶片的压电效应实现力—电转换。绝缘套用于绝缘和定位。它的测力范围是 0～5 kN，最小分辨率为 0.01 N，电荷灵敏度为 3.8～4.4 μC/N，固有频率为 50～60 kHz，非线性误差小于 ±1%，整个该传感器重为 10 g。

2）双向测力传感器

如采用两对不同切型（X_0型和 Y_0型）的石英晶片组成传感元件，即可构成双向测力传感器。其结构如图 4-48 所示。两对压电晶片分别感受两个方向（x 方向和 y 方向）的作用力，并由各自的引线分别输出。

3）三向测力传感器

图 4-49 所示为压电式三向测力传感器元件组合方式的示意图，其结构与双向式类同。它的传感元件由三对不同切型的压电石英晶片组成。其中一对为 X_0型切片，具有纵向压电效应，用它测量 z 向力 F_z，另外两对为 Y_0型切片，具有横向压电效应，两者互成 90°安装，分别测 y 向力 F_y和 x 向力 F_x。此种传感器可以同时测出空间任意方向的作用力在 x、y、z 三个方向上的分力。多向测力传感器的优点是简化了测力仪的结构，同时又提高了测力系统的刚度。

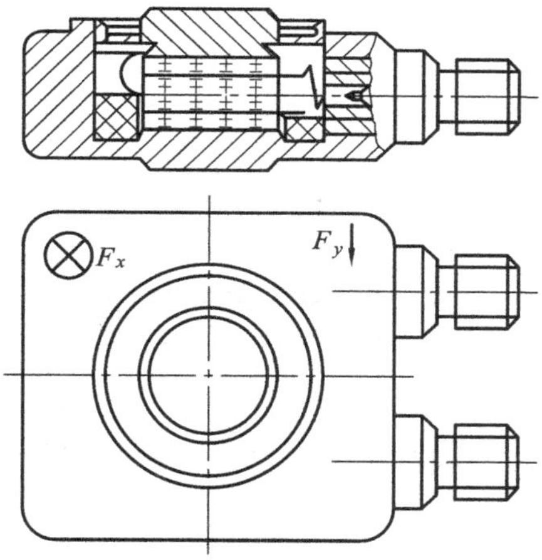

图 4-48　双向压电式测力传感器

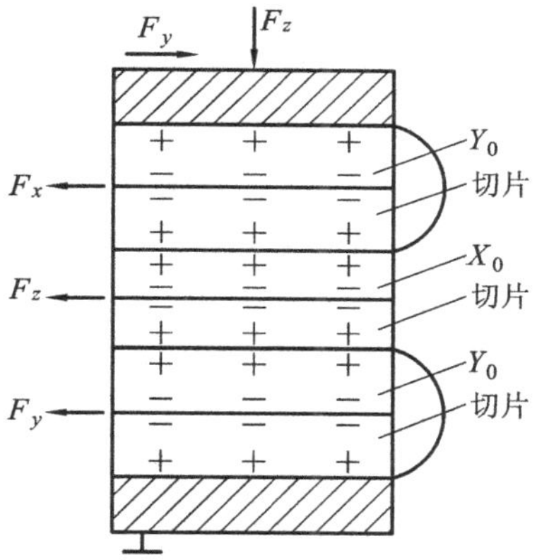

图 4-49　压电式三向测力传感元件组合图

2. 压电式压力传感器的结构

压电式压力传感器的结构及外形如图 4-50 所示。

图 4-50(a)中，采用两片相同的压电元件，使其极性反向相叠，由夹在中间的铜片作为一个电极，最外面的两个表面作为另一个电极。这样，中央电极处于悬空状态，可用具有良好绝缘性能的导线引出。沿厚度方向受力的压电元件，应该在装配时施加预紧力，以便有良好的机械耦合作用。在图 4-50(a)中，用螺钉通过钢球和有凹坑的压板紧压在压电元件 1 上，钢球和压板上的凹坑有自动找平的作用，避免受力不均。压电元件 1 和 2 极性为正的一面通过铜片引出，极性为负的一面经由壳体相连并引出。

图 4-50(b)中的压电式压力传感器是通过弹簧使压电片产生一个预紧力。当被测压力 P 引入后，作用于膜片、使其产生的弹性形变转化为力施加在压电晶体上，因而产生与之成正比的电荷，经导线引出进行放大和转换，从而得到所测压力参数。

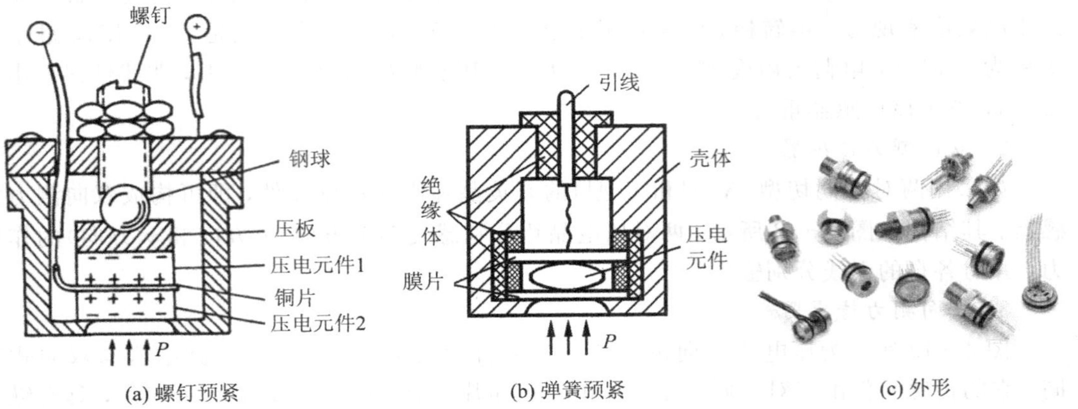

图 4-50　压电式压力传感器

2. 压电式压力传感器的应用

实际应用中压电式传感器包含传感器本体、弹性敏感元件和压电转换元件等部分，其应用特点是通过弹性敏感元件把压力收集转换成集中力，再传递给压电元件，压电元件通常采用石英晶体，其外形如图 4-50(c)所示。

采用了 PZT-5H 压电陶瓷的压电血压传感器如图 4-51 所示。

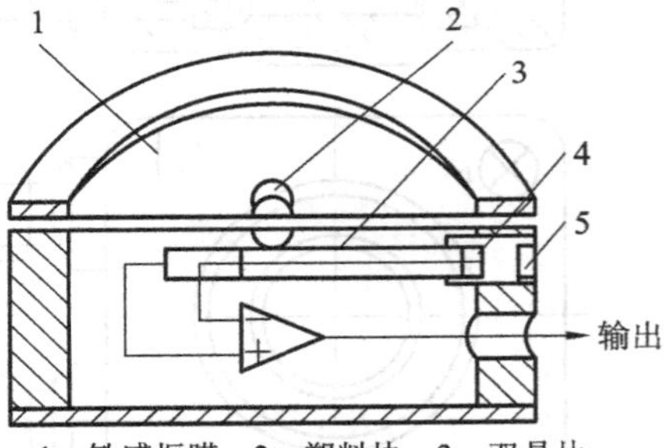

1—敏感振膜；2—塑料块；3—双晶片；4—环氧树脂；5—定位螺栓

图 4-51　压电式压力传感器

图 4-51 中，PZT-5H 压电陶瓷的尺寸为 12.7 mm×1.575 mm×0.508 mm，采用的是双晶片悬梁结构，双晶片热极化方向相反，并联连接；在敏感振膜中央上下两侧各胶粘有半圆柱塑料块。这样在测血压时，被测动脉血压通过上塑料块、振膜、下塑料块传递到压电悬梁的自由端，压电梁弯曲变形，上片受力拉伸则下片受力压缩，于是两晶片的负极都集中在中间电极上，正极接在两边，使导线从极板上引出的电荷量为单片电荷量的两倍，再经前置电荷放大器输出。这种传感器结构简单、组装容易、体积小、可靠耐用、输出再现性好，适用于人体脉压、脉率的检测或脉搏再现。

4.5　压力传感器的应用技术

4.5.1　压力传感器的基本电路

1. 压力传感器的驱动电路

压力传感器有恒流驱动方式与恒压驱动方式。实际应用时，还需要放大电路、零点调节电路、灵敏度调整电路等。由于这种传感器的输出信号非常小，容易受环境温度的影响，在实际应用时要采取相应措施。

1）压力传感器的恒流驱动

压力传感器的恒流驱动实例如图 4－52 所示。

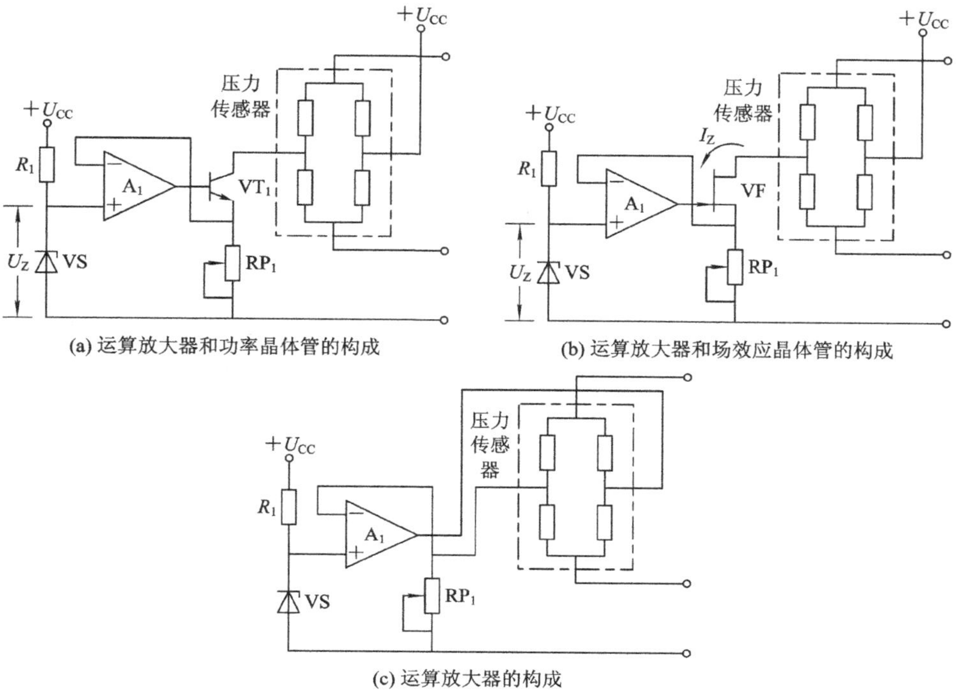

图 4－52　压力传感器的恒流驱动实例

图 4－52(a)是运算放大器 A_1 和功率晶体管 VT_1 构成的驱动电路，这里采用晶体管 VT_1 进行电流放大，由稳压二极管 VS 的稳定电压 U_Z 通过 A_1 加到 RP_1 上，因此 RP_1 上的电压等于稳定电压 U_Z，于是，输出电流 I_Z 为

$$I_Z = \frac{U_Z}{RP_1} \tag{4-49}$$

由于电压 U_Z 恒定不变，因此，输出电流 I_Z 就由 RP_1 来决定。若 RP_1 恒定，I_Z 当然恒定。这样，调节 RP_1 阻值就能得到供给压力传感器所需要的电流 I_Z。

图 4－52(b)是采用运算放大器 A_1 和场效应晶体管 VF 构成的驱动电路，其工作原理与图 4－52(a)相同，在反馈环内外接晶体管，可以抑制由于温度变化引起输出电流的变动。图 4－52(c)是采用运算放大器 A_1 构成的驱动电路，电路是采用单个运算放大器构成的恒流驱动电路，一般应用于当压力传感器的驱动电流较小的场合。

市场上出售有各个厂家制造的恒流电路模块，但其中有些温度系数都比较大，不适用于压力传感器，选用时要考虑这个问题。

驱动电路要具有非常稳定的电流特性，因此，在使用的温度范围内供给压力传感器的电压要有足够的裕余量，为此，供给的电压一定要大于压力传感器合成电阻与驱动电流的乘积。

例 4－1　压力传感器的桥电阻为 4.7 kΩ＋4.7 kΩ×40％，温度系数为±0.3％，使用温度范围为 0～50℃，这时供给电压 U_R 计算如下：

考虑到温度的变化，压力传感器的合成电阻 R_X 为

$$R_X = R_S(1+\delta)\times(1+t_E t_S)$$

式中，R_S 为 25℃时的桥电阻；t_S 为温度变化；δ 为 25℃时桥电阻的变化百分数；t_E 为桥电阻的温度系数。

若将数值代入式(4-16)，则有

$$R_X = 4.7\ \text{k}\Omega\times(1+0.4)\times(1+0.003\times25) = 7.0735\ \text{k}\Omega \approx 7.1\ \text{k}\Omega$$

若该电路的驱动电流为 1.5 mA，则供给电压 U_R 为

$$U_R = 7.1\ \text{k}\Omega\times1.5\ \text{mA} = 10.65\ \text{V}$$

考虑到 10%的裕余量，需要选用 11.7 V 以上的电压。

2) 压力传感器恒压驱动

图 4-53 是压力传感器恒压驱动电路实例。传感器采用绝对压力传感器 KP100A。传感器内部的温度补偿用晶体管补偿，由运算放大器的电源为晶体管提供 7.5 V 电压。如需要外接温度补偿电路，可在 1 脚处加 5 V 电压。

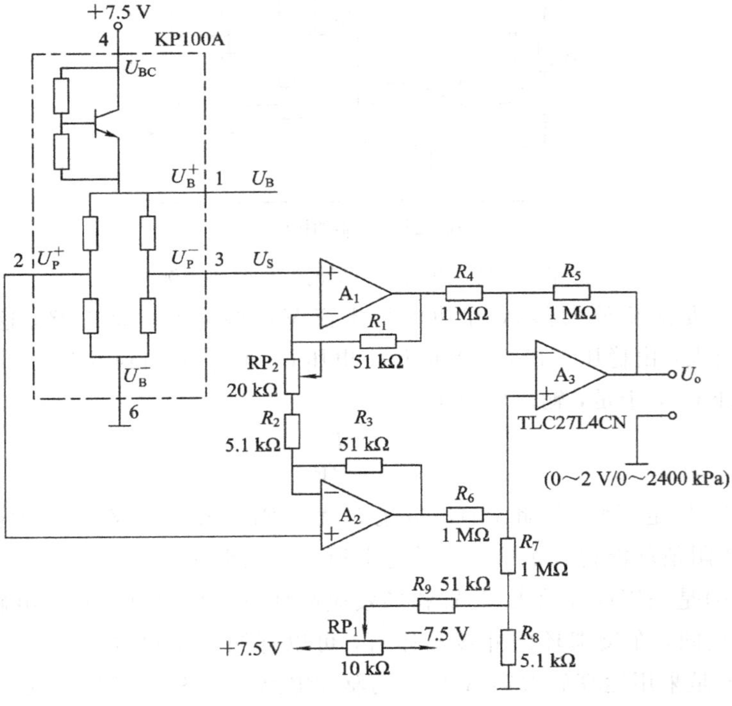

图 4-53 压力传感器恒压驱动电路

例 4-2 计算 KP100A 传感器的输出电压。KP100A 的灵敏度为 13 mV/V · bar。假设 1 脚电压 U_B 为 5 V，则电源电压为 7.5 V，压力为 1 bar(100 kPa)时，输出电压 U_S 为

$$U_S = 13\ \text{mV/(V}\cdot\text{bar)}\times5\ \text{V}\times1\ \text{bar} = 65\ \text{mV}$$

因此，压力为 1 bar，输出电压为 1 V 时，放大器增益为

$$A_V = \frac{1}{0.097} = 10.3$$

考虑到传感器特性的分散性，A_V 在 5～21 范围内可变，用电位器 RP_2 进行调整。

KP100A 的失调电压为±5 mV/V(max)，最大为 5 mV/V×5 V=25 mV。用电位器 RP_1 进行调整。

另外，完全真空时，输出电压为 0 V，但实际上存在失调电压，约为 10 mV。然而，对于绝对压力传感器，完全真空时，输入压力为 0，失调电压与信号电压可以分离。但做到完全真空是比较困难的。因此，加入相对于大气压的±0.5 bar 压力，再根据其斜率可以推断失调电压的大小。

2. 压力传感器的放大电路

简单压力传感器的放大电路如图 4-54 所示。

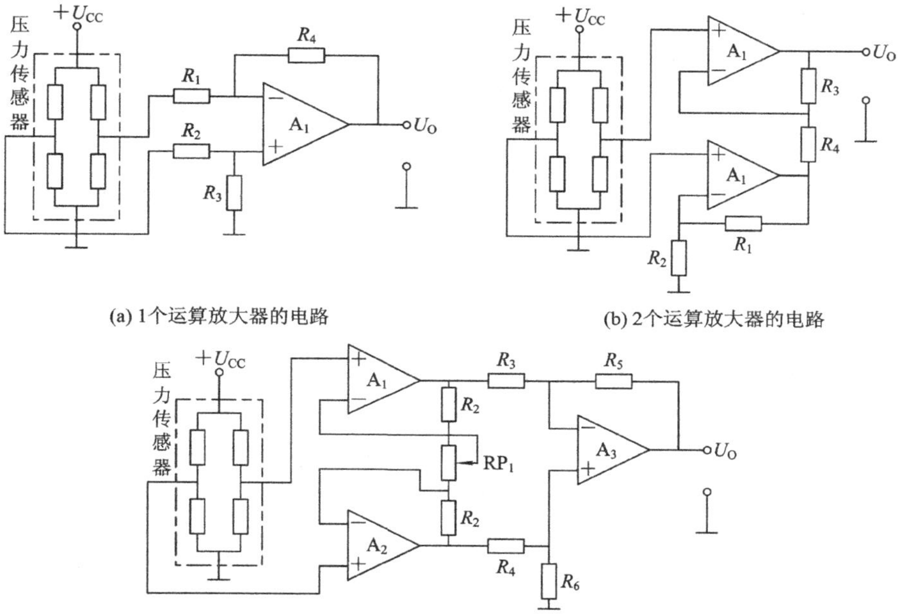

(a) 1个运算放大器的电路　(b) 2个运算放大器的电路

(c) 3个运算放大器的电路

图 4-54　简单压力传感器的放大电路

图 4-54(a)是采用一个运算放大器的电路，电路增益为 $A_V=R_4/R_1$，该电路是一般的差动放大器，输入阻抗不可能太高。图 4-54(b)是采用两个运算放大器构成的差动放大电路，增益 $A_V=R_3/R_4$。图 4-54(c)是用 3 个运算放大器构成理想差动放大电路，增益 $A_V=(R_5/R_3)(1+2R_2/RP_1)$，改变 RP_1 的阻值就可改变放大电路的增益，这时与 R_1 及共模抑制比无关，只要注意 R_3 和 R_4 的对称即可。该电路的共模抑制比非常高，输入阻抗也很高，它是作为测量仪器中特性最佳的放大器，也称为仪用放大器。

3. 压力传感器的温度补偿方式

这里介绍恒流驱动时对于失调电压与电压范围的温度补偿方式。失调电压的温度补偿方式如图 4-55(a)所示，在“+”输入与“+”输出或“-”输出之间接入温度系数小的金属膜电阻 R_1 或 R_2，控制与其并联的压力传感器的桥接电阻的温度系数，点画线内为 SP20C-G501 压力传感器的内部等效电路，由 4 只半导体应变片接成全桥形式。

由于接入了补偿电阻，破坏了电桥的平衡，需要对失调电压进行重新调整。改变补偿电阻值，温度特性就要发生变化。在温度特性为 0 时，调整传感器的补偿电阻值，这时 $R_1=650\ \text{k}\Omega$，R_2开路时温度特性为 0。

电压范围的温度补偿方式如图 4－55(b)所示，它是一个与传感器并联温度系数小的电阻 R，通过分流传感器的电流进行补偿。由于分流的作用，传感器的输出要降低，为此，要考虑增大放大器的增益。

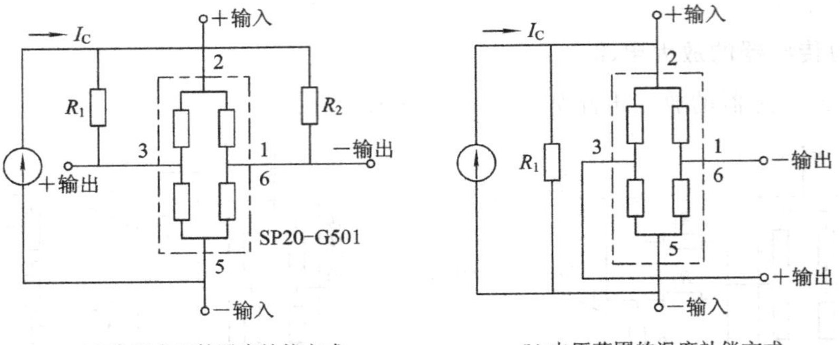

(a) 失调电压的温度补偿方式　　(b) 电压范围的温度补偿方式

图 4－55　传感器的温度补偿方式

4.5.2　压力传感器的应用实例

1. 压力传感器的实用电路

压力传感器的实用电路框图如图 4－56(a)所示，它由压力传感器、放大器 A 和电源三大部分组成。实用电路如图 4－56(b)所示，电路中的前置放大器采用 AM7650－1，它是一种斩波型放大器。后级放大器采用普通运算放大器即可，这里采用 AM427A。R_2和 C_2为噪声滤波器，截止频率 $f_c=\dfrac{1}{2\pi\sqrt{RC}}$，可按截止频率为 10 Hz 求出 R_2和 C_2值。R_1是防止放大器闭锁而限制输入电流的电阻，对于 AM7650－1 的输入电流要限制在 100 μA 以下，这样，才能保证 AM7650－1 不会闭锁。R_1和 VS_1及 VS_2为限幅电路，防止 AM7650－1 输入过大电压。C_3和 C_4是防止 AM7650－1 的振荡电容，采用 0.1 μF 的薄膜电容。R_3是防止 AM427A 接入大电容负载时产生振荡的保护电阻。

电源电路中有三种供电电压，供给 AM7650－1 的±5 V 电源，由 7805 和 7905 提供；供给 AM427A 的±15 V 电源，由 7815 和 7915 提供；供给压力传感器的 10 V 电源，由 LM317 提供，如图 4－56(c)所示。

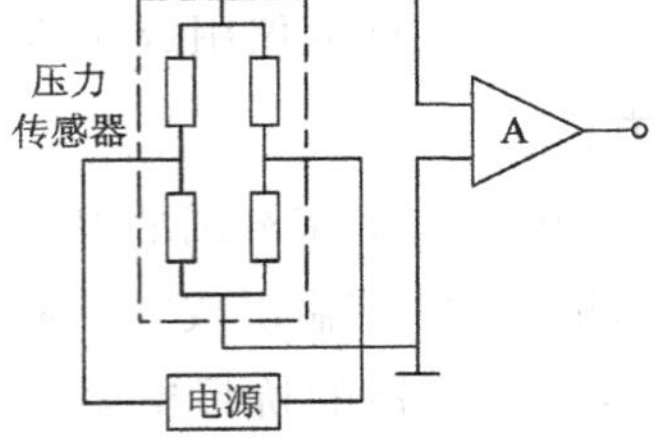

(a) 电路框图

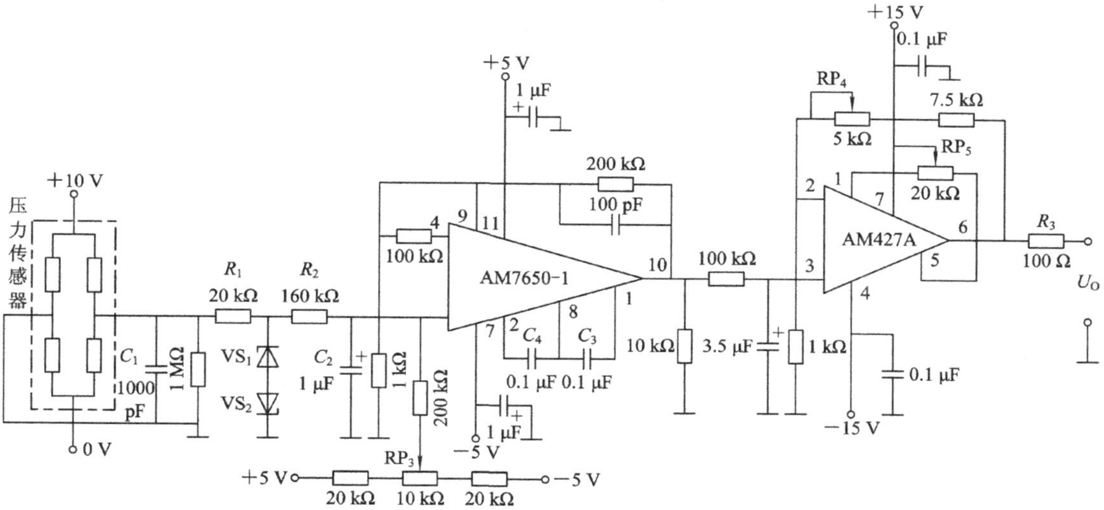

(b) 应用实例

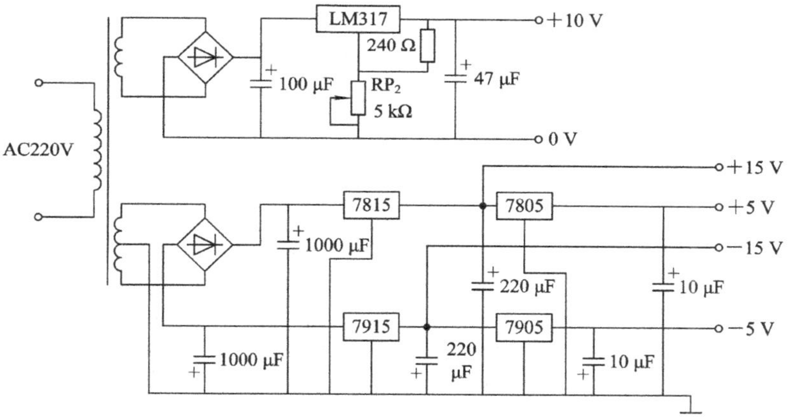

(c) 电源电路

图 4－56　压力传感器应用电路

2. SP20C－G501 型压力传感器应用电路

图 4－57 是传感器 SP20C－G501 应用电路，输出电压 1～5 V 相应的压力为 0～50 kPa。供电电流的变动会直接影响传感器的输出电压，因此，希望电流变动要小。另外，增大或减小驱动电流可调整输出电压，如电流过小，输出电压降低的同时，抗噪声的能力也会减弱；电流过大，会使传感器发热等，将对传感器各种特性的影响加大。对于 SP20 系列传感器，推荐的标准驱动电流为 1 mA，即使用的电流为 1 mA 左右即可。电路中，采用通用运算放大器 LM324，由稳压二极管 VS 提供 2.5 V 的输出电压经电阻 R_2 和 R_3 的分压得到的基准电压，作为运算放大器 A_1 的输入电压，并供给 1 mA 的电流。传感器的驱动电流流经基准电阻 R_4，其上的电压降等于输入电压，从而进行负反馈工作。

在图 4－57 中，R_{13} 和 R_{14} 为失调电压的温度补偿电阻，阻值选用 500 kΩ～1.5 MΩ；R_{12} 为电压范围温度补偿电阻，阻值选用 50～150 kΩ。输入采用高输入阻抗的差动输入方式，再由差动放大电路进行放大，输出 1～5 V 的电压。RP_2用于调整电路输出的灵敏度，RP_1用于失调电压的调整。调整时，压力为 0，调整 RP_1使输出电压为 1 V；压力为 50 kPa 时，调整 RP_2使输出电压为 5 V 即可。

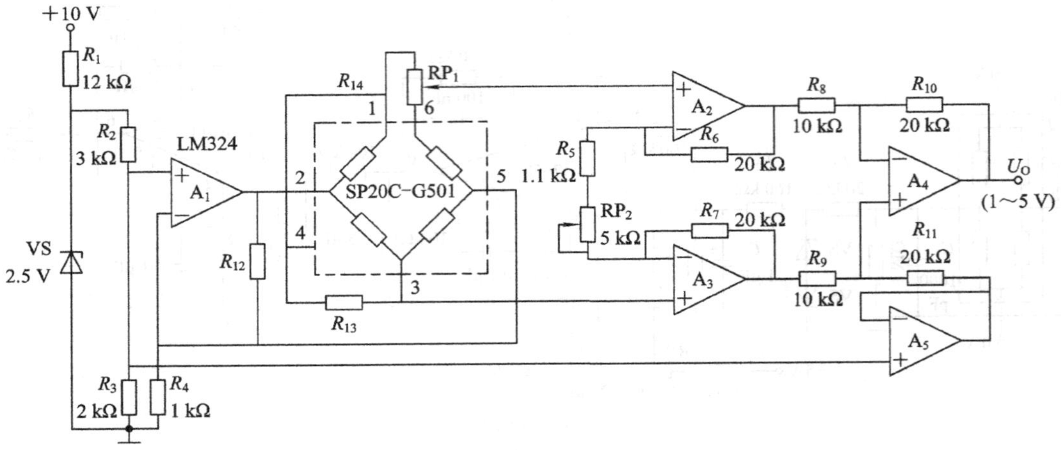

图 4－57 传感器 SP20C－G501 应用电路

3. 带数显压力测量电路

图 4－58 是压力测量电路，压力传感器的标称电阻为 120 Ω。电路中的放大器是采用仪用放大器 AD521，增益为 100，它由 R_S/R_G决定；A/D 转换器采用 3 $\frac{1}{2}$位的 ICL7107 可

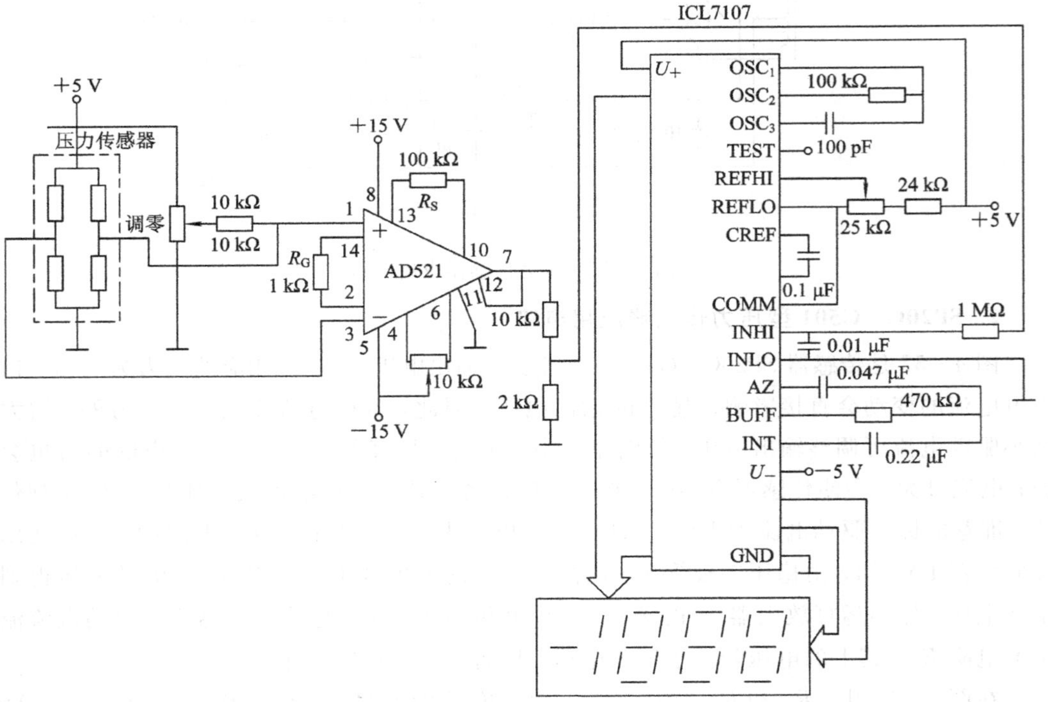

图 4－58 压力测量电路

驱动 LED 数码管显示，用数字显示其测量的压力。

4. 采用智能传感器的接口芯片的压力传感器的接口电路

图 4－59 是压力传感器的接口电路。

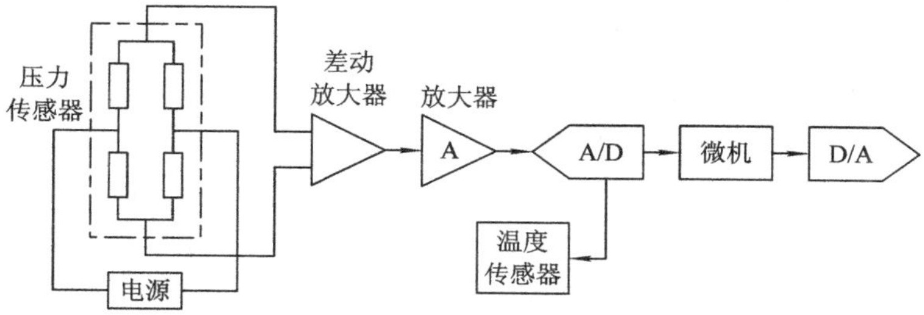

(a) 接口电路框图

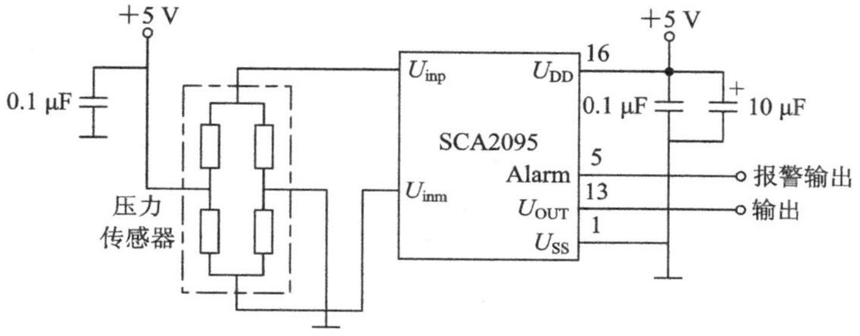

(b) 接口电路

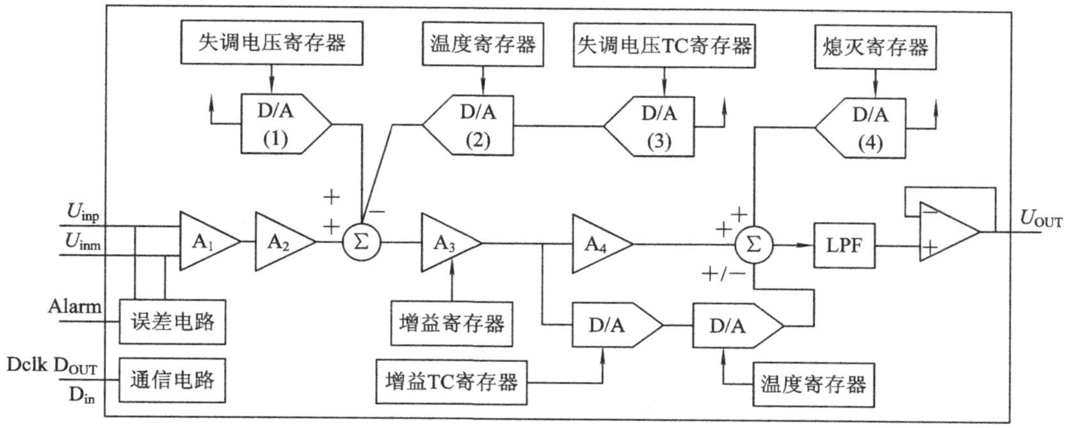

(c) SCA2095内部等效电路框图

图 4－59　压力传感器的接口电路

图 4－59(a)为接口电路框图，压力传感器为桥接方式，要为其提供驱动电源。传感器输出因有共模电压，为此，采用差动放大器除去共模电压。传感器输出电压非常小，一般为几百微伏到几毫伏，为此，采用运算放大器将其放大到足够的电压，放大器的放大倍数约为 1000 倍。由于压力传感器受温度影响较大，用温度传感器进行温度补偿。运算放大器的输出信号经 A/D 转换器变换为数字信号送往微机，由微机进行信号处理后，经 D/A 转换器变换为模拟信号再进行压力控制。

图 4-59(b)是采用 SCA2095 的接口电路。SCA2095 是 ISS 公司开发的利用压阻效应，采用全桥设计的传感器(例如压力传感器、应力计、加速度计等)的信号调节电路的智能集成芯片。SCA2095 采用 E^2PROM 进行校准、温度补偿，并具有传感器输出保护和诊断的功能。SCA2095 还能够很好地调节增益和传感器电桥偏移，能修正灵敏度误差。

图 4-59(c)为 SCA2095 内部等效电路框图。SCA2095 芯片的外部数字接口采用三线制，即串行时钟 SCLK、数据输出 DO、数据输入 DI。通过 CPU 的操作，设置零位偏移寄存器、温度寄存器、零点温度补偿寄存器、输出基准寄存器、增益温度补偿寄存器等。这些寄存器中的值可通过 D/A 转换器变成模拟量叠加在调理电路中，从而改善了传感器特性。SCA2095 具有以下特征：采用 CMOS 工艺，因此耗能小；工作温度范围宽，为－40～＋125℃；可进行折线近似；与电源电压成比例的检测工作；片内有传感器断线检测电路；可接 1 μF 以下的容性负载。SCA2095 片内 A_1 为缓冲器，A_2、A_3 和 A_4 放大器对传感器的输出电压进行放大。其中，A_2 对增益进行粗调，将 8、12、16 等固定倍数存储于存储器中；A_3 对增益进行微调；A_4 用于调节增益的温度特性，再接到增益随温度改变的 D/A 转换器上。由 4 个 D/A 转换器设定失调电压：D/A(1)用于补偿桥不平衡状态，D/A(2)和 D/A(3)用于补偿失调电压的温度特性，D/A(4)用于设定输出电压的中心值。上述这些补偿都是数字式的。传感器输出信号经放大与补偿后，通过 LPF 滤除数字化噪声，再经电压跟随器输出。失调电压也可以通过串行口由外电路进行调整，调整数据存储在片内寄存器中，片内温度传感器对温度进行测量，从而补偿桥电阻增益以及失调电压的温度特性。

4.5.3 压力传感器的选择

压力传感器的种类繁多，其性能也有较大的差异，在实际应用中，应根据具体的使用场合、条件和要求，选择较为适用的传感器，做到经济、合理。

在选择压力传感器时，应注意以下性能参数。

1. 额定压力范围

额定压力范围就是满足标准规定值的压力范围。也就是在最高和最低温度范围之间，传感器输出符合规定工作特性的压力范围。在实际应用时，传感器所测压力在该范围之内。

2. 最大压力范围

最大压力范围是指传感器能长时间承受最大压力，且不引起输出特性永久性改变。特别是半导体压力传感器，为提高线性和温度特性，一般都大幅度减小额定压力范围。因此，即使在额定压力以上连续使用也不会损坏。一般最大压力是额定压力最高值的 2～3 倍。

3. 损坏压力

损坏压力是指能够加在传感器上且不使传感器元件或传感器外壳损坏的最大压力。

4. 线性度

线性度是指在工作压力范围内，传感器输出与压力之间直接关系的最大偏离。

5. 温度范围

压力传感器的温度范围分为补偿温度范围和工作温度范围。补偿温度范围是由于施加了温度补偿，精度进入额定范围内的温度范围。工作温度范围是保证压力传感器能正常工作的温度范围。

思考题与习题

1. 按照结构特点分类，压力传感器分为哪几类？各有何特点？

2. 电容式传感器可分为哪几类？各自的主要用途是什么？

3. 试述变极距型电容传感器产生非线性误差的原因及在设计中如何减小这一误差。

4. 电容式传感器的测量电路主要有哪几种？各自的目的及特点是什么？使用这些测量电路时应注意哪些问题？

5. 为什么高频工作的电容式传感器连接电缆的长度不能任意变动？

6. 某平行极板电容传感器的圆形极板半径 $r=4$ mm，工作初始极板间距离 $\delta_0=0.3$ mm，介质为空气。问：

(1) 如果核板间距离变化量 $\Delta\delta=\pm1\ \mu$m，电容的变化量 ΔC 是多少？

(2) 如果测量电路的灵敏度 $K_1=100$ mV/pF，读数仪表的灵敏度 $K_2=5$ 格/mV，在 $\Delta\delta=\pm1\ \mu$m 时，读数仪表的变化量为多少？

7. 有一差动位移型电容传感器，测量电路采用变压器交流电桥，电容初始时 $b_1=b_2=b=200$ mm，$a_1=a_2=20$ mm，极距 $d=2$ mm，极间介质为空气，测量电路 $u_1=3\sin\omega t$，且 $u=u_o$。试求当动极板上输入一个位移量 $\Delta x=5$ mm 时，电桥输出电压 u_o。

8. 变间隙式、变截面式和螺线管式三种电感式传感器各适用于什么场合？它们各有什么优缺点？

9. 变间隙式电感传感器的灵敏度与哪些因素有关？要提高灵敏度可采取哪些措施？

10. 螺线管式电感传感器做成细长形有什么好处？欲扩大螺线管式电感传感器的线性范围，应采取哪些措施？

11. 差动变压器式传感器有几种结构形式？各有什么特点？

12. 差动变压器式传感器的等效电路包括哪些元件和参数？各自的含义是什么？

13. 差动变压器的零点残余电压产生的原因是什么？怎样减小和消除它的影响？

14. 差动式变压器测量电路为什么经常采用相敏检波(或差动整流)电路？试分析其原理。

15. 为什么设计电感式传感器时应尽量减小铁损？试述减小铁损的方法。

16. 试分析影响电感传感器精度的因素。

17. 试述造成自感式传感器和差动变压器温度误差的原因及其减小措施。

18. 传感器接入电桥如题图 4-1 所示。若差动式自感传感器的两个线圈的有效电阻不等($R_1\neq R_2$)，则在机械零位时存在零位电压($U_o\neq0$)。试用矢量图分析能否用调整衔铁位置的方式使 $U_o=0$。

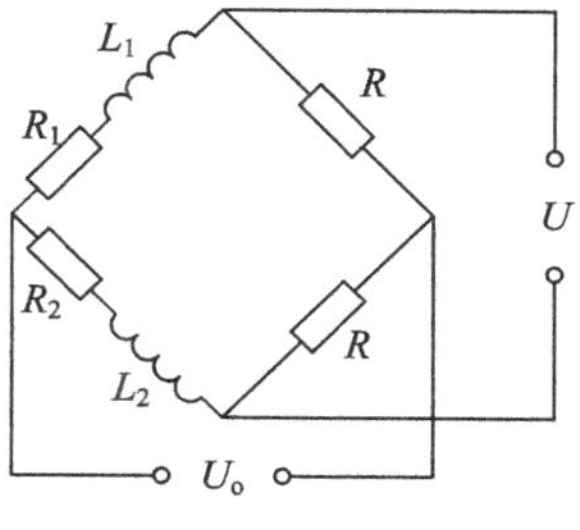

题图 4-1

19. 试计算题图 4-2(a)所示的差动变压器式传感器接入桥式电路(顺接法)时的空载输出电压 U_o；已知初级线圈激磁电流为 I_1，电源角频率为 ω，初、次级线圈间的互感为 M_a、M_b，两个次级线圈完全相同。又若同一差动变压器式传感器接成题图(b)所示反串电路(对接法)，问这两种方法中哪一种灵敏度高？高几倍？[提示：① 将题图(a)次级简化为题图(c)等效电路(根据已知条件 $Z_a=Z_b$)；② 求出题图(b)空载输出电压，与题图(c)的计算结果比较。]

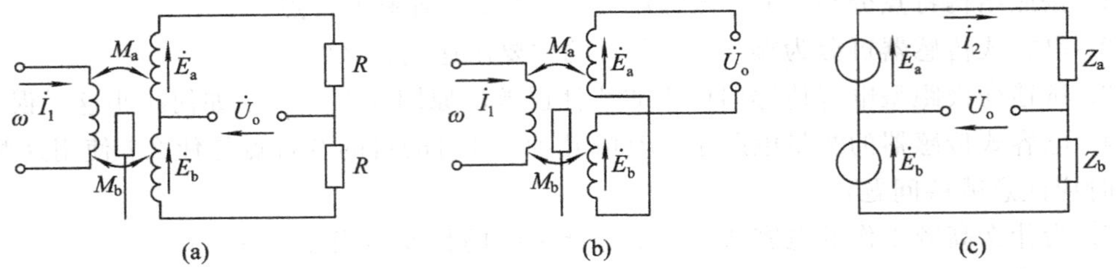

题图 4-2

20. 什么是金属导体的应变效应？电阻应变片由哪几部分组成？各部分的作用是什么？

21. 金属应变片与半导体应变片在工作原理上有何不同？

22. 应用较广的半导体应变片分为哪几类？有何特点？

23. 以单臂工作为例，说明在进行电阻应变测量时，消除温度影响的原理和条件。

24. 某一等强度梁上、下表面贴有若干参数相同的应变片，如题图 4-3 所示。梁材料的泊松比为 μ。在力的作用下，梁的轴向应变为 ω，用静态应变仪测量时，如何组桥，方能实现下列读数？

① ω；② $(1+\mu)\ \omega$；③ 4ω；④ $2(1+\mu)\ \omega$；⑤ 0；⑥ 2ω。

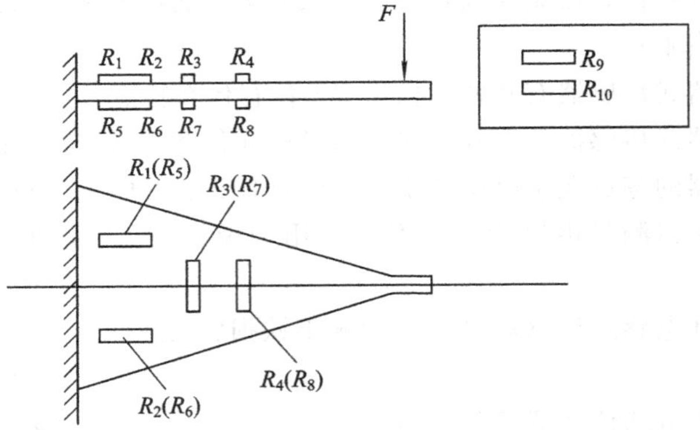

题图 4-3

25. 如题图 4-4 所示，在一个受拉弯综合作用的构件上贴有四个电阻应变计。试分析各应变计感受的应变，将其值填写在应变表中，并分析如何组桥，才能进行下述测试：① 只测弯矩，消除拉应力的影响；② 只测拉力，消除弯矩的影响。电桥输出各为多少？

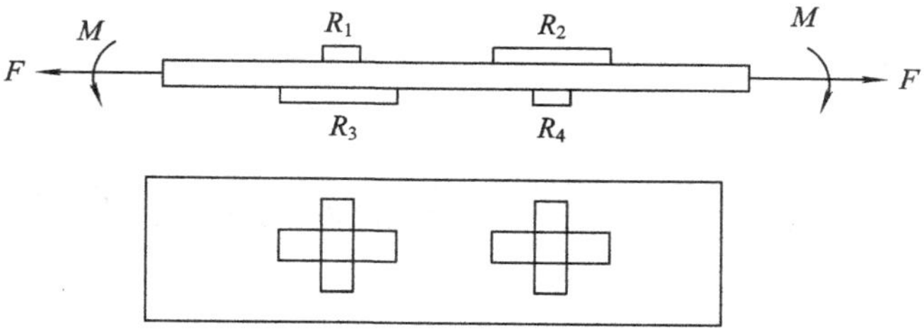

题图 4-4

26. 应变片电阻值 $R_0=120\ \Omega$，灵敏系数 $K=2.0$，用作应变为 500 μm/m 的传感元件，若电源电压 $U=4$ V，求此时电桥的输出电压 U_o。

27. 试述应变计的主要参数及选用原则。

28. 什么是压电效应和逆压电效应？以石英晶体为例说明压电晶体是怎样产生压电效应的。

29. 什么是压电传感器？它有哪些特点和主要用途？

30. 压电片叠在一起的特点及连接方式是什么？

31. 压电式传感器有几种测量电路？电路中为什么要引入前置放大器？为什么电压灵敏度与电缆长度有关，而电荷灵敏度与之无关？

32. 用压电元件和电荷放大器组成的压力测量系统能否用于静态测量？对被测力信号的变化速度有何限制？这种限制由哪些因素组成？

33. 何谓压阻效应？扩散硅压阻式传感器与贴片型电阻应变式传感器相比有什么优点及缺点？如何克服缺点？

34. 压力传感器的驱动电路有哪几种驱动方式？各有何特点？

35. 试说明压力传感器对于失调电压和电压范围的温度补偿方式。

36. 如何选择压力传感器？应注意哪些参数？

37. 试举例说明电阻应变式测力传感器的应用。

38. 简述差动电容传感器测力时的特点。

第 5 章　流量传感器及其检测技术

教学目标

本章内容通过对物理量流量相关概念的分析，引入了流量的检测方法、流量计的分类和技术指标，重点介绍了差压式流量计、容积式流量计、速度式流量计和质量流量计的工作机理、主要特点和实际应用。其中，在速度式流量计中介绍了超声波传感器的工作机理、主要特点、测量电路和在流量检测中的应用；流量计的选用相关知识。通过本章的学习，读者了解流量检测的检测方法，熟悉常用流量计的测量原理、主要特点，学会根据检测要求、现场环境、被测介质等选择合适的检测方案和传感器完成检测任务。

教学要求

知识要点	能力要求	相关知识
流量的概述	(1) 熟悉流量的概念、单位； (2) 熟悉流量的检测方法和流量计的分类； (3) 熟悉流量计的主要技术指标	物理学
差压式流量计	(1) 掌握节流式、靶式、转子流量计的工作机理、主要特点和适用范围； (2) 掌握差压式流量计的安装和使用	(1) 物理学 (2) 机械工程学
容积式流量计	(1) 掌握椭圆齿轮、腰轮、旋转活塞式、刮板式流量计的工作机理、主要特点和适用范围； (2) 掌握容积式流量计的安装和使用	(1) 物理学 (2) 机械工程学
速度式流量计	(1) 掌握涡流、叶轮式、涡街、电磁流量计的工作机理、主要特点和适用范围； (2) 掌握超声波传感器工作机理、主要特点及其在流量检测中的应用	(1) 物理学 (2) 机械工程学 (3) 电工学
质量流量计	掌握间接式、直接式质量流量的检测方法	
流量计的选型	了解选用流量计的相关因素和选型步骤	

本章介绍了流量的基本概念，流量的检测方法，常用流量计的分类、性能和主要参数；重点讲述了压差式流量计、容积式流量计、速度式流量计的检测原理、主要特点及适用范围等；对压差式流量计的安装使用与容积式流量计的安装使用也作了一定的阐述，最后介绍了选用流量计应考虑的因素以及选型步骤。通过本章学习，要求掌握针对不同被测介质而选用对应流量计的方法和流量计的安装使用。

5.1 概　　述

5.1.1 流量检测基础

在工业生产过程和日常生活中，常常要对流体(气体或液体)进行计量和控制，需要测量流体的速度或流过的流量，因此流量是需要经常测量和控制的重要参数之一。测量流量的目的是为了正确指导工艺操作、计量物质的损耗与存储、进行成本核算、保证产品的质量和设备的安全。

所谓流量，是指单位时间内流过管道某截面流体的体积(称为体积流量)或质量(称为质量流量)，在一段时间内流过的流体量就是流体总量，即瞬时流量对时间的积累。

测量流量的计量器具称为流量计，通常由一次装置和二次仪表组成。一次装置安装于流体导管内部或外部，根据流体与一次装置相互作用的物理定律，产生一个与流量有确定关系的信号，一次装置又称为流量传感器。二次仪表接受一次装置的信号，并转换成流量输出信号或显示信号，当转换成输出信号送出时，即成为流量变送器。前一章节已将变送器的概念作了介绍，在这里，流量变送器专门接受从流量传感器送来的信号，经特定的电路转换成与流量成正比的 4～20 mA 的 DC 信号输出。流量变送器兼容所有流量传感器，通常，其工作电源是 4～24 V 直流或交流。由于用于流量测量的一次装置与二次仪表通常配套使用，所以将传感器与二次仪表通称为流量计。流量计可分为专门测量流体瞬时流量的瞬时流量计和专门测量流体累积流量的累积式流量计。累积式流量计又称计量表。随着流量测量技术及测量仪表的发展，大多数流量计都同时具备测量流体瞬时流量和计算流体总量的功能。

体积流量的计量单位为米^3/秒(m^3/s)；质量流量的计量单位为千克/秒(kg/s)；累积体积流量的计量单位为米^3(m^3)；累积质量流量的计量单位为千克(kg)。除这些计量单位外，工程上还使用米^3/时(m^3/h)、升/分(L/min)、吨/小时(t/h)、升(L)、吨(t)等作为流量计量单位。

5.1.2 流量的检测方法

流量的测量方法很多。按测量对象可划分为封闭管道用和明渠用两大类；按测量目的又可划分为总量测量和流量测量，其仪表分别称为总量表和流量表；按测量原理分为力学原理、热学原理、声学原理、电学原理、原子物理学原理等。由于流体的性质各不相同，如液体和气体在可压缩性上差别很大，其密度受温度、压力的影响也相差悬殊；且各种流体的黏度、腐蚀性、导电性等也不一样，尤其是工业生产过程情况复杂，某些场合的流体伴随着高温、高压，甚至是气液两相或固液两相的混合流体。因此很难用同一种方法测量流量。为满足各种情况下流量的检测，目前已有上百种流量计，以适用于不同的检测对象和场合。常见的流量检测方法有节流差压法、容积法、速度法、流体振动法、质量流量测量等。

1. 节流差压法

在管道中安装一个直径比管径小的节流件，当已经充满管道的单向流体流经节流件时，由于流道截面突然缩小，流速将在节流件处形成局部收缩，使流速加快。由能量守恒定律可知，动压能和静压能在一定条件下可以互相转换，流速加快必然导致静压力降低，于是在节流件前后产生静压差，而静压差的大小和流过的流体流量有一定的函数关系，所以通过测量节流件前后的静压差即可求得流量。

2. 容积法

应用容积法可连续地测量密闭管道中流体的流量，由壳体和活动壁构成流体计量室。当流体流经该测量装置时，在其入、出口之间产生压力差，此流体压力差推动活动壁旋转，将流体一份一份地排出，记录总的排出份数，则可得出一段时间内的累积流量。

3. 速度法

通过测出流体的流速，再乘以管道截面积即可得出流量。显然，对于给定的管道其截面积是常数。流量的大小仅与流体的流速大小有关，流速大流量大，流速小流量小。该方法是根据流速进行测量的，故称为速度法。

4. 流体振动法

流体振动法是在管道中设置特定的流体流动条件，使流体流过后产生振动，而振动的频率与流量有确定的函数关系，从而实现对流体流量的测量。

5. 质量流量测量

流体的体积是流体温度、压力和密度的函数。在工业生产和科学研究中，由于产品质量控制、物料配比测定、成本核算以及生产过程自动调节等许多应用场合的需要，仅测量体积流量是不够的，还必须了解流体的质量流量。

质量流量的测量方法，可分为间接测量和直接测量两类。间接式测量方法通过测量体积流量和流体密度计算得出质量流量，这种方式又称为推导式；直接式测量方法则由检测元件直接检测出流体的质量流量。

5.1.3 流量计的分类

流量计种类繁多，按测量原理分类，有利用流体流过管道中的阻力件时产生的压力差测量流量的差压式，也有通过测量管道截面上流体平均流速来测量流量的速度式，还有记录流体流经一定体积份数的容积式等。工程上常用的流量计如表 5-1 所示。

表 5-1　常用流量计分类及性能

类别		工作原理	传感器名称	可测流体种类	适用管径/mm	测量精度%	安装要求和特点
体积流量计	差压式流量计	流体流过管道中的阻力件时产生的压力差与流量之间有确定关系，通过测量压差值求得流量	节流式 孔板	液、气、蒸汽	50～1000	±1～2	需直管段，压损大
			节流式 喷嘴		50～500		需直管段，压损中等
			节流式 文丘利管		100～1200		需直管段，压损小
			均速管	液、气、蒸汽	25～9000	±1	需直管段，压损小
			转子流量检测	液、气	4～150	±2	垂直安装
			靶式流量检测	液、气、蒸汽	15～200	±1～4	需直管段
			弯管流量检测	液、气		±0.5～5	需直管段，无压损
	容积式流量计	直接对仪表排出的定量流体计数确定流量	椭圆齿轮检测	液	10～400	±0.2～0.5	无直管段要求，需装过滤器压损中等
			腰轮流量检测	液、气			
			刮板流量检测	液		±0.2	无直管段要求，压损小
	速度式流量计	通过测量管道截面上流体平均流速来测量流量	涡轮流量检测	液、气	4～600	±0.1～0.5	需直管段，装过滤器
			涡街流量检测	液、气	150～1000	±0.5～1	需直管段
			电磁流量检测	导电液体	6～2000	±0.5～1.5	直管段要求不高，无压损
			超声波流量检测	液	＞10	±1	需直管段，无压损
质量流量计	直接式	直接检测与质量流量成比例的量来得到质量流量	热式质量检测	气		±1	
			冲量式质量检测	固体粉料		±0.2～2	
			科氏质量检测	液、气		±0.15	
	间接式	同时测体积流量和流体密度来计算质量流量	体积流量经密度补偿	液、气		±0.5	
			温度、压力补偿				

5.1.4　流量计的主要技术参数

1. 流量范围

流量范围是指流量计可测的最大流量与最小流量的范围。在正常使用条件下，该范围内流量计的测量误差不会超过允许值。

2. 量程和量程比

流量范围内最大流量与最小流量值之差称为流量计的量程。最大流量与最小流量的比值称为量程比，亦称流量计的范围度。

量程比是评价流量计计量性能的重要参数，它可用于不同流量范围的流量计之间性能的比较。量程比大，说明流量范围宽。流量计的流量范围越宽越好，但流量计量程比的大小受传感器测量原理和结构的限制。

3. 允许误差和精度等级

流量计在规定的正常工作条件下允许的最大误差，称为该流量计的允许误差，一般用最大相对误差和引用误差来表示。流量计的精度等级是根据允许误差的大小来划分的。

4. 压力损失

安装在流通管道中的流量传感器实际上是一个阻力件，在流体流过时将造成压力损失，这将带来一定的能源消耗。压力损失通常用流量计的进、出口之间的静压差来表示，它随流量的不同而变化。

压力损失的大小是流量计选型的一个重要技术指标。压力损失小，流体能耗小，输运流体的动力要求小，测量成本低；反之则能耗大，经济效益相应降低。所以希望流量计的压力损失愈小愈好。

5.2　差压式流量计

差压式流量计是通过测量流体在管道内流动而产生的差压来测得流体的流量，主要有节流式流量计、靶式流量计、转子流量计等，下面主要介绍它们的测量原理、主要特点和适用范围，供读者参考使用。

5.2.1　节流式流量计

1. 测量原理

节流式流量计的工作原理示意如图 5-1 所示。它由节流装置、测量静压装置和测量仪表三部分构成。所谓节流装置是在管道中安装一个直径比管径小的节流件，如孔板、喷嘴、文丘利管等。

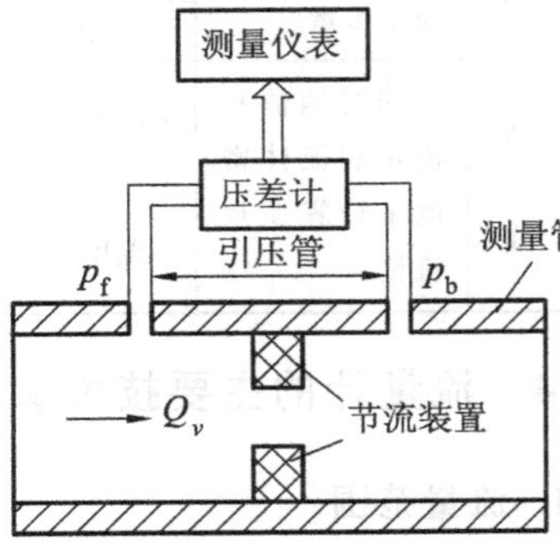

图 5-1　节流流量计工作原理示意图

当充满管道的单相流体流经节流件时，由于流道截面突然缩小，流体就会在节流件处形成流束收缩，流体的平均速度加大，使动压力加大、而静压力减小，从而在节流装置前后形成静压差，即

$$\Delta p = p_f - p_b \tag{5-1}$$

式中，p_f为节流装置前的流体静压(N/m^2)；p_b为节流装置后的流体静压(N/m^2)。

静压差的大小 Δp 与流过管道的流体体积流量 Q_V之间的关系为

$$Q_V = \alpha\varepsilon S_0\sqrt{\frac{2\Delta p}{\rho}} \tag{5-2}$$

式中，α 为实验方法所确定的流量系数；ε 为流体膨胀校正系数(可压缩流体 $\varepsilon<1$，不可压缩流体 $\varepsilon=1$)；S_0 为节流装置收缩最明显时的截面面积(m^2)；ρ 为流体密度(kg/m^3)。

由式(5-2)可知，只要能够测得节流装置前后的静压差 Δp，即可测得流体的体积流量 Q_V，这就是节流式流量计的测量原理。

2. 主要特点

节流式流量计是由节流装置与差压变送器(或差压计)配套组成的一种传感器，它具有结构简单、牢固、工作可靠、性能稳定、准确度适中、价格便宜、使用方便的优点，因此这种流量计是目前工业生产中应用最多的一种，几乎占到应用量的 70%；但这种流量计存在易受流体密度的影响、管道中有压力损失、只适用于对洁净流体的测量等缺陷。

3. 适用范围

节流式流量计广泛用于石油、化工、冶金、电力、轻纺等行业，适用于对液体、蒸汽、气体的流量测量。节流式流量计的外形如图 5-2 所示。

图 5-2　节流式流量计的外形

5.2.2　靶式流量计

1. 测量原理

靶式流量计由测量装置和力转换器两大部分组成。力转换器有电动和气动两种结构型式。其测量原理为：在测量管的截面中心设置一个圆板形“靶”，它与流体的方向垂直，流体的流动对靶产生一定的作用力，力的大小与流过靶所在测量管的流量有确定的对应关系，可用下式表示：

$$Q_V = 1.253\alpha D\,\frac{1-\beta^2}{\beta}\sqrt{\frac{F}{\rho}} \tag{5-3}$$

式中：Q_V 为体积流量(m^3/s)；β 为直径比，$\beta=d/D$；D 为测量管内径(m)；d 为靶直径(m)；ρ 为流体密度(g/m^3)；F 为靶受到的力(N)；α 为流量系数，由实验确定。

靶式流量检测的转换部分所输出的信号有电动和气动两种结构形式，测量时通过杠杆机构将靶上所受的力引出，按照力矩平衡方式将此力转换为相应的标准电信号或气压信号，由显示仪表显示流量值。

电动靶式流量计的原理结构如图 5-3 所示，其工作原理是流体作用于靶上的力 F，使主杠杆 8 以轴封膜片 9 为支点产生偏转位移，该位移经过矢量机构 6 传递给副杠杆 3，使固定于副杠杆上的检测板 13 产生位移。此时差动变压器 12 的平衡电压产生变化，由放大器 4 转换为 0～10 mA 电流输出。同时，该电流经过处于永久磁钢内的反馈线圈 11 与磁场作用，产生与之成正比的反馈力 F_f。该反馈力与测量力 F 平衡时，杠杆便达到平衡状态。因为仪表的输出电流和作用于靶上的力成比例，而作用于靶上的力和流量的平方成比例，因此，输出电流和流量平方成比例。

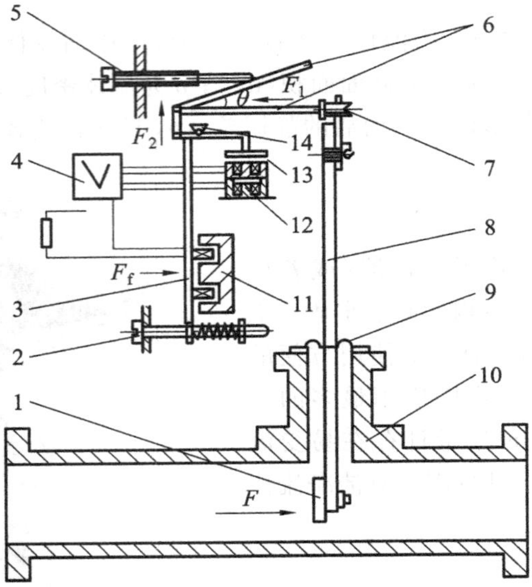

1—靶板；
2—调整螺钉；
3—副杠杆；
4—放大器；
5—量程调整丝杆；
6—矢量机构；
7—静压调整螺钉；
8—主杠杆；
9—轴封膜片；
10—测量管；
11—反馈线圈；
12—差动变压器；
13—检测板；
14—什字簧片(支点)

图 5-3　电动靶式流量计结构图

气动靶式流量计的原理结构如图 5-4 所示。其工作原理是：流体流过靶时，靶受到流体的作用力为 F，力 F 使主杠杆 2 以轴封膜片 3 为支点而转动，经固定在主杠杆 2 上端的挡板 11 将力 F 传递给副杠杆 13(挡板 11 与副杠杆为固定链接)，使其围绕量程调节螺钉 14 的顶端支点旋转。副杠杆 13 的运动，改变挡板 11 与喷嘴 10 之间的距离，当距离变小(两者靠近)时，则增加了压缩空气向外喷射的阻力，从而增大了气动放大器 8 的输入气压。这样，经气动放大器的输出气压也增大，此输出气压即为力转换器的输出压力值。该输出

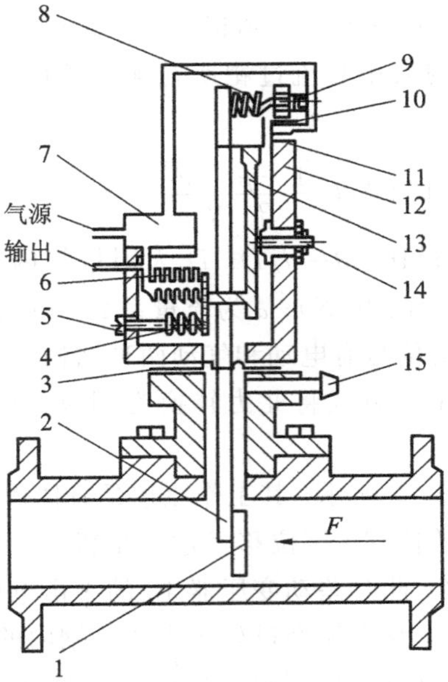

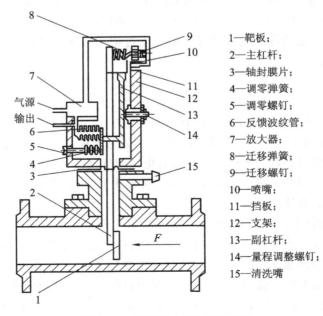

1—靶板；
2—主杠杆；
3—轴封膜片；
4—调零弹簧；
5—调零螺钉；
6—反馈波纹管；
7—放大器；
8—迁移弹簧；
9—迁移螺钉；
10—喷嘴；
11—挡板；
12—支架；
13—副杠杆；
14—量程调整螺钉；
15—清洗嘴

图 5-4　气动靶式流量计结构图

气压同时又通入反馈波纹管 6，从而产生了对副杠杆 13 的一个反馈力，此反馈力经挡板 11 又传到主杠杆 2 的上端，以平衡流体作用在靶上的力 F。

2. 主要特点

靶式流量计与节流式相比具有结构简单、不需要安装引压管和其他辅助管件、安装维护方便和不易堵塞等特点。靶式流量计的压力损失一般低于节流式流量计，约为孔板压力损失的一半。

3. 适用范围

靶式流量计可用于测量液体、气体和蒸汽的流量，尤其可用于测量高黏度的液体。例如用于重油、沥青、含固体颗粒的浆液及腐蚀性介质的流量测量。

5.2.3　转子流量计

1. 测量原理

如图 5－5 所示，转子流量计的检测部件主要由从下到上内径逐步扩大的锥形管和在锥管内可自由上下运动的转子两部分构成。转子流量计的两端用法兰、螺纹和软管与测量管连接，且垂直安装，被测流体在锥形管的上端流入，下端流出。

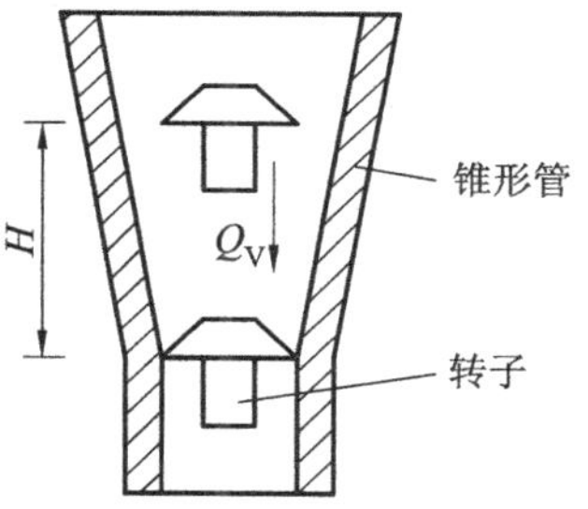

图 5－5　转子流量传感器测流量原理图

当流体由上向下流动时，在转子上产生压力差，当压力差大于转子的重力和流体对转子的浮力差时，转子上升，在转子上升的过程中，转子与锥形管之间的间隙增大，则流体在转子上产生的压力差逐步减小，直到压力差与转子的重力和流体对转子的浮力差相平衡时，转子便停留在锥管内某一位置；同样，当压力差小于转子的重力和流体对转子的浮力差时，转子下降，在转子下降的过程中，转子与锥形管之间的间隙减小，则流体在转子上产生的压力差逐步增大，直到压力差与转子的重力和流体对转子的浮力差相平衡时，转子便停留在锥管内某一位置。因此转子在锥形管内的位置（高度）与被测流体的体积流量有关，它们的关系可用下式表示：

$$Q_V = \frac{1}{\sqrt{\zeta}} \pi d_f H \tan\theta \sqrt{\frac{2g(\rho_f - \rho)}{\rho S_f}} \tag{5-4}$$

式中，ζ 为转子对流体的阻力系数；d_f 为转子的最大直径（m）；H 为转子高度（m）；θ 为锥形管的锥角（rad）；g 为重力加速度；ρ_f 为转子的密度（kg/m^3）；ρ 为流体的密度（kg/m^3）；S_f 为转子最大的横截面积（m^2）。

由式（5－4）可知，转子在锥形管内的高度 H 与流体的体积流量 Q_V 呈线性关系。这就是转子流量计的工作原理。

2. 主要特点

转子流量计按锥形管制造材料的不同有玻璃管和金属管两大类，玻璃管转子流量计将流量示值刻在锥形管上，由转子位置高度读出流量值，其结构简单，价格低廉，使用方便，可制成防腐蚀仪表，耐压低，多用于透明流体的现场测量。金属管转子流量计有就地指示型和电气信号远传型两种，测量时将转子的位移通过测量机构(多采用差动变压器)进行传递变换，变换后的位移信号可直接用于就地指示，也可将该位移转换为电信号进行远传及显示。

3. 适用范围

转子流量计适合测量较小的流量，如可测量气体或液体的流量(黏度大的液体除外)，比较适合于实验室或仪器装置中的流量指示和监视。转子流量计的外形如图 5-6 所示。

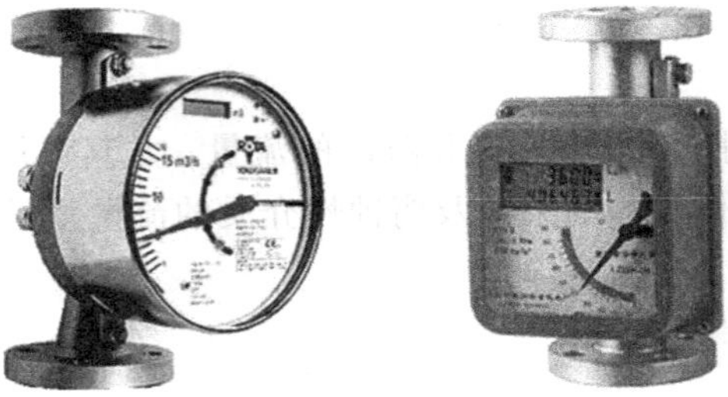

图 5-6　转子流量计的外形

5.2.4　差压式流量计标准节流装置的安装要求

流量计安装的正确和可靠与否，对能否保证将节流装置输出的差压信号准确地传送到差压计或差压变送器上，是十分重要的。因此，流量计的安装必须符合要求。

(1) 安装时，必须保证节流件的开孔和管道同心，节流装置端面与管道的轴线垂直。在节流件的上下游，必须配有一定长度的直管段。

(2) 导压管尽量按最短距离敷设在 3～50 m 之内。为了不致在此管路中积聚气体和水分，导压管应垂直安装。水平安装时，其倾斜率不应小于 1∶10，导压管为直径 10～12 mm 的铜、铝或钢管。

(3) 测量液体流量时，应将差压计安装在低于节流装置处。若一定要装在上方，则应在连接管路的最高点处安装带阀门的集气器，在最低点处安装带阀门的沉降器，以便排出导压管内的气体和沉积物，如图 5-7 所示。

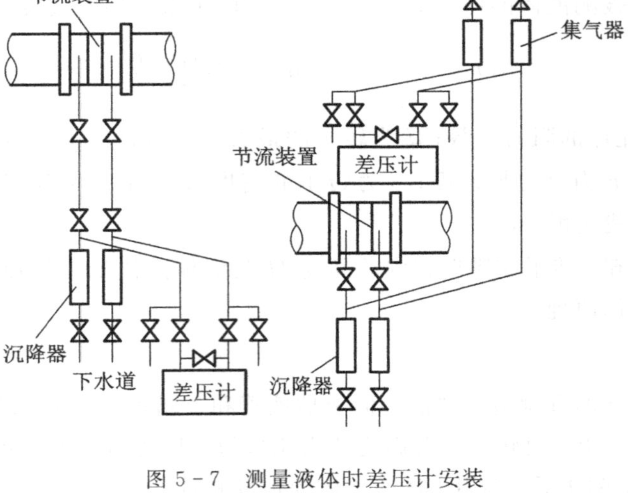

图 5-7　测量液体时差压计安装

（4）测量气体流量，最好将差压计装在高于节流装置处。如果一定要安装在下面，则应在连接导管的最低处安装沉降器，以便排出冷凝液及污物，如图 5－8 所示。

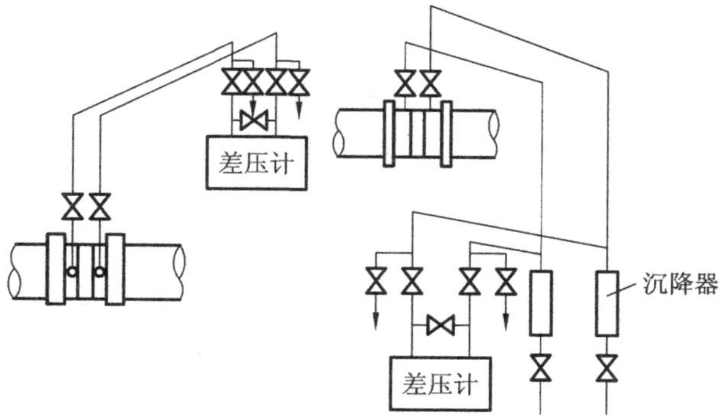

图 5－8　测量气体时差压计安装

（5）测量黏性的、腐蚀性的或易燃的液体流量时，应安装隔离器，如图 5－9 所示。隔离器的用途是保护差压计不受被测流体的腐蚀和沾污。隔离器是两个相同的金属容器，容器内充满化学性质稳定并与被测流体不相互作用和溶融的液体，差压计同时充满隔离液。

（6）测量蒸汽流量时，差压计和节流装置之间的相对配置和测量液体流量相同。为保证导压管中的冷凝水处于同一水平面上，在靠近节流装置处安装冷凝器。冷凝器是为了使差压计不受 70℃以上高温流体的影响，并能使蒸汽的冷凝液处于同一水平面上，以保证测量精度，如图 5－10 所示。

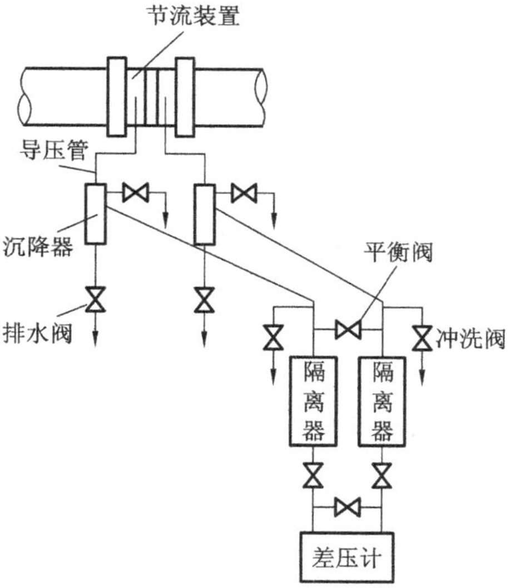

图 5－9　测量腐蚀性液体时仪表安装

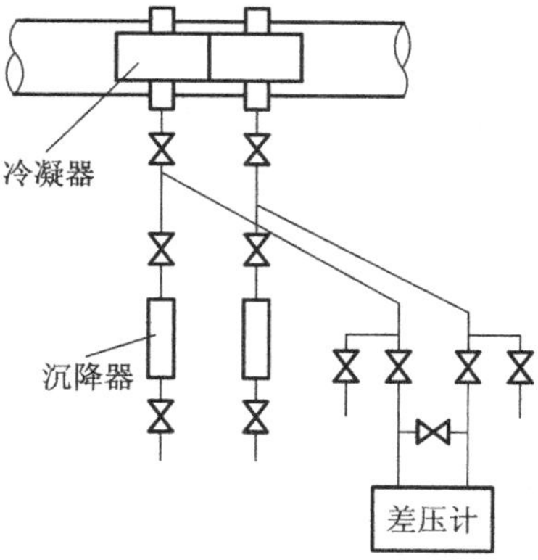

图 5－10　测量蒸汽流量时安装

5.2.5　差压式流量计的使用

1. 测量液体流量

在连接差压流量计前，打开节流装置处的两个导压阀和导压管上的冲洗阀，用被测液体冲洗导压管，以免管锈和污物进入差压计，此时差压计上的两个导压阀处于关闭状态。待导压器充满液体后，先打开差压计上的平衡阀，然后微微打开差压计上的正压导压阀，使液体慢慢进入差压计的测压室，同时将空气从差压计的排气针阀孔排尽，关闭排气针阀，接着关上平衡阀，并骤然打开负压导压阀门，流量计投入正常测量。

在必须装配隔离器时，在运行前应充满隔离液体。步骤如下：首先关闭节流装置上的两个导压阀门，然后打开差压计的三个导压阀和上端的两个排气针阀，再打开两个隔离器的中间螺塞。从一个隔离器慢慢注入隔离液体，直到另一个隔离器溢流为止，旋紧中间螺塞，打开隔离器上端的平衡阀，关闭差压计上面的平衡阀，然后打开隔离器上端的正压导压阀，待被测流体充满导压管和隔离器后，先关闭隔离器上端的平衡阀，再打开负压导压阀，流量计投入正常工作。

测量具有腐蚀性的流体时，操作时要特别小心，在未关闭差压计的两个导压阀前，不允许先打开差压计上端的平衡阀门；也不允许在平衡阀打开时，将两导压阀打开。如果因某种原因发现腐蚀性流体进入测量室，则应停止工作，进行彻底清洗。

2. 测量气体流量

在将差压计与节流装置接通之前，先打开节流装置上的两个导压阀和导压管上的两个吹洗阀，用管道气体吹洗导压管，以免管道上的锈片和杂物进入差压计(此时差压计的两导压阀应关闭)。使用时，首先缓慢打开节流装置上的两个导压阀，使被测管道的气体流入导压管；然后打开平衡阀，并微微打开仪表上端的正压导压阀，测量室逐渐充满测量气体，同时将差压计内的液体从排液针阀排掉；最后，关上差压计的平衡阀，并打开差压计上面的负压导压阀，流量计进入正常工作。

3. 测量蒸汽流量

冲洗导压管的过程同上。使用时，先关闭节流装置处的两个导压阀，将冷凝器和导压管内的冷凝水从冲洗阀放掉，然后打开差压计的排气针阀和三个导压阀。向一支冷凝器内注入冷凝液，直至另一支冷凝器上有冷凝液流出为止。当排气针阀不再有气泡后关上排气针阀。为避免仪表的零点变化，必须注意冷凝器与仪表之间的导压管以及表内的测量室都应充满冷凝液，两冷凝器内的液面必须处于同一水平面。最好能同时打开节流装置上的两个导压阀，关上差压计的平衡阀，流量计即投入正常的工作。

5.3 容积式流量计

容积式流量测量是一种很早就使用测量流量的方法，它是使被测流体充满具有一定容积的空间，由壳体和活动壁构成流体计量室，用来连续地测量密闭管道中各种液体和气体的体积流量。当流体流经该测量装置时，在其入、出口之间产生压力差，此流体压力差推动活动壁旋转，将流体一份一份地排出，记录总的排出份数，则可得出一段时间内的累积流量。这种测量方法的优点是测量精度高、被测流体黏度影响小、不要求前后有直管段等。但要求被测流体干净，不含有固体颗粒，否则应加过滤器。容积式流量计有椭圆齿轮流量计、腰轮流量计、刮板式流量计等，下面主要介绍它们的测量原理、主要特点和适用范围，供读者参考使用。

5.3.1　椭圆齿轮流量计

1. 测量原理

椭圆齿轮流量计的工作原理如图 5-11 所示。互相啮合的一对椭圆形齿轮在被测流体压力的推动下产生旋转运动。在图 5-11(a)中，椭圆齿轮 1 两端分别处于被测流体入口侧和出口侧。由于流体经过流量计有压力降，故入口侧和出口侧压力不等，所以椭圆齿轮 1 将产生旋转，而椭圆齿轮 2 是从动轮，被齿轮 1 带着转动。当转至 5-11(b)状态时，齿轮 2 已是主动轮，齿轮 1 变成从动轮。由图可见，由于两轮的旋转，它们便把齿轮与壳体之间所形成的新月形空腔中的流体从入口推至出口。因此，只要计量齿轮的转数即可得知有多少体积的被测流体通过管道。椭圆齿轮流量传感器就是将齿轮的转动通过一套减速齿轮传动，传递给计数机构，指示被测流体的体积流量。在计数机构中还可安装脉冲发信器，实现远传自动化测量和控制。

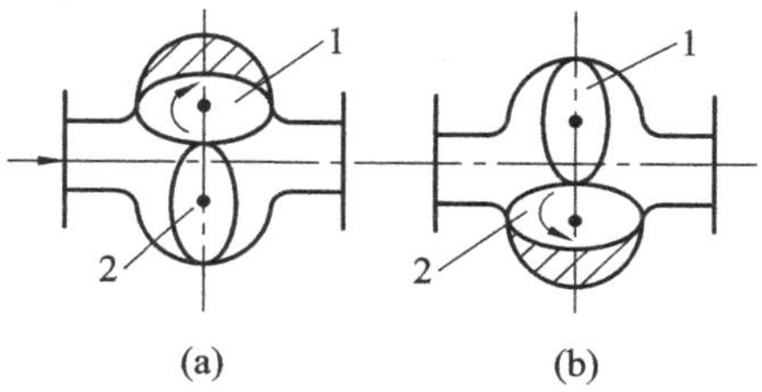

图 5-11　椭圆齿轮流量计的工作原理

2. 主要特点

椭圆齿轮流量计是封闭管道中对液体流量进行连续测量的一种高精度流量计量仪表，它具有量程范围大、黏度适应性强、准确度高、使用寿命长、能测变温、标定方便、安装简易等诸多优点。缺点是被测介质中的污物会造成齿轮卡涩和磨损，影响正常测量，所以在流量计的上游均需加装过滤器，这样会造成较大的压力损失。

3. 适用范围

椭圆齿轮流量计适合于测量中小流量，其最大口径为 250 mm，适用于石油、化工、化纤、交通、商业、食品、医药卫生等工业部门的流量计量。椭圆齿轮流量计的外形如图 5-12 所示。

图 5-12　椭圆齿轮流量计的外形

5.3.2 腰轮流量计

1. 测量原理

腰轮流量计的工作原理与椭圆齿轮流量计相同，如图 5-13 所示，只是转子形状不同。腰轮流量计的两个轮子是两个摆线齿轮，它们的传动比恒为常数。为减小两转子的磨损，在壳体外装有一对渐开线齿轮作为传递转动之用，每个渐开线齿轮与每个转子同轴。为了使大口径的腰轮流量计转动平稳，每个腰轮均做成上下两层，而且两层错开 45°角，称为组合式结构。

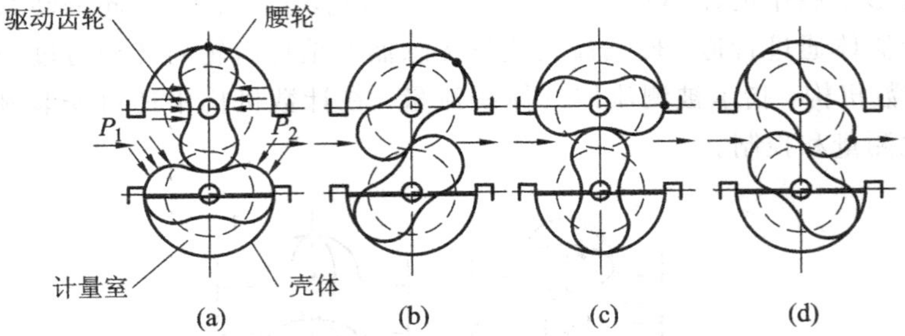

图 5-13　腰轮流量计的工作原理

2. 主要特点

腰轮流量计是一种容积式流量测量仪表，用以测量封闭管中流体的体积流量。腰轮流量计工作时各测量元件间都不接触，因此运行中的磨损很小，可达较高的测量准确度，能保持长期的稳定性。它具有准确度高、重复性好、流量计可不需前后直管段，适应介质黏度范围广、使用寿命长、具有防爆功能等特点。腰轮流量计可就地显示累积流量，并有远传输出接口，与相应的光电式电脉冲转换器和流量积算仪配套，可进行远程测量、显示和控制功能。

3. 适用范围

腰轮流量计有测液体的，也有测气体的，测液体的口径为 10～600 mm；测气体的口径为 15～250 mm，可见腰轮流量计既可测小流量也可测大流量，适用于黏度较高、流体黏度变化对示值影响较小的流体，也适用于无腐蚀性能的流体，如原油、石油制品(柴油、润滑油等)。腰轮流量计的外形如图 5-14 所示。

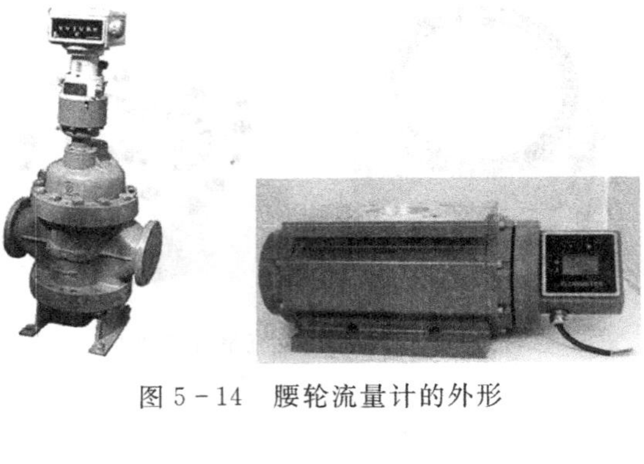

图 5-14　腰轮流量计的外形

5.3.3　旋转活塞式流量计

1. 测量原理

旋转活塞式流量计的工作原理如图 5-15 所示。被测液体从进口处进入计量室，被测流体进、出口的压力差推动旋转活塞按图 5-15(a)中箭头所示的方向旋转。当转至图 5-15(b)所示的位置时，活塞内腔新月形容积 V_1 中充满了被测液体。当转至图 5-15(c)所示的位置时，这一容积中的液体已与出口相通，活塞继续转动便将这一容积的液体由出口排出。当转至图 5-15(d)所示的位置时，在活塞外面与测量室内壁之间也形成一个充满被测液体的容积 V_2。活塞继续旋转又转至图 5-15(a)所示的位置，这时容积 V_2 中的液体又与出口相通，活塞继续旋转又将这一容积的液体由出口排出。如此周而复始，活塞每转一周，便有 V_1+V_2 容积的液体从流量计排出。活塞转数既可由机械计数机构计得，也可转换为电脉冲由电路输出。由于零部件不耐腐蚀，故旋转活塞式流量计只能测量无腐蚀性的液体，如重油或其他油类，现多用于小口径的管路中各种油类的流量。

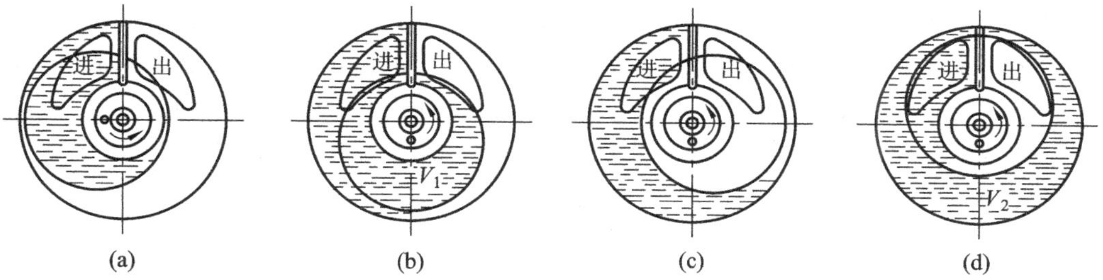

图 5-15　旋转活塞式流量计的工作原理

2. 主要特点

旋转活塞式流量计具有结构简单、工作可靠、精度高和受黏度影响小等优点。

3. 适用范围

旋转活塞式流量计适合测量小流量液体的流量。其测量介质有煤油、柴油、重油、化学制品、热水、冷水及其他液体，广泛用于石油、化工等部门的液体流量精密计量。

5.3.4　刮板式流量计

1. 测量原理

刮板式流量计的工作原理如图 5-16 所示。流量的转子中开有两两互相垂直的槽，槽中装有可以伸出缩进的刮板，伸出的刮板在被测流体的推动下带动转子旋转。伸出的两个刮板与壳体内腔之间形成计量容积，转子每旋转一周便有 4 个这样容积的被测流体通过流量计。因此计量转子的转数即可测得流过流体的体积。凸轮式刮板流量计的转子是一个空心圆筒，中间固定一个不动的

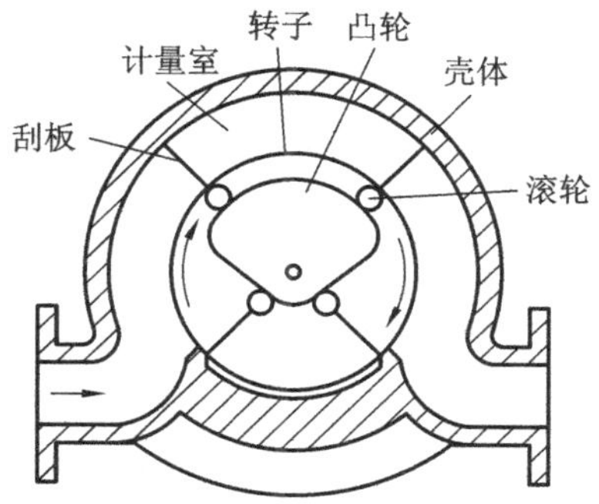

图 5-16　凸轮式刮板流量计的工作原理

凸轮，刮板一端的滚轮压在凸轮上，刮板在与转子一起运动的过程中还要按凸轮外廓曲线形状从转子中伸出和缩进。

2. 主要特点

刮板式流量计具有测量精度高、量程比大、振动和噪声小、流量计前后不需要直管段、性能稳定、工作可靠、受流体黏度影响小等优点。它既可对流量进行现场积算，又可以把流量信号变成电脉冲信号与各种电子显示仪表组合，实现对流量的运传积累指示和定量控制；但缺点是结构复杂、价格较高。

3. 适用范围

刮板式流量计适合测量中等到较大的液体流量，广泛用于石油和石油化工的生产过程、油品贸易结算、飞机地面加油等场合。

5.3.5 容积式流量计的安装与使用

容积式流量计的安装地点应满足技术性能规定的条件，管线应安装牢固。多数容积式流量计可以水平安装，也可以垂直安装，安装时要注意被测流体的流动方向应与流量计外壳上的流向标志一致。容积式流量计只能测量单相洁净的流体，安装前必须先清洗上游管线，在流量计上游要安装过滤器，以免杂质进入流量计内，卡死或损坏测量元件；当测量含气液体或易气化的液体时，还应考虑加装消气器；调节流量的阀门应位于流量计下游，为维护方便需要设置旁通管路。

容积式流量计在使用过程中被测流体应充满管道，并工作在规定的流量范围内；当黏度、温度等参数超过规定范围时应对流量值进行修正；流量计需定期清洗和检定。

5.4 速度式流量计

速度式流量计是利用测量管道内流体流动的速度来测量流量的，若测得管道截面上的平均流速，则流体的体积流量为平均流速与管道截面积的乘积。显然，对于给定的管道其截面积是个常数，流量的大小仅与流体流速大小有关，流速大流量大，流速小流量小。这种测量方法称为流量的速度式测量方法，也是流量测量的主要方法之一。工业生产中根据测量流速方法的不同，有很多种不同的速度式流量计，常用的有涡轮式流量计、叶轮式流量计、涡街式流量计、电磁式流量计、超声波流量计等。

速度式流量计对管道内流体的速度分布有一定的要求，流量计前后必须有足够长的直管段或加装整流器，以使流体形成稳定的速度分布。

5.4.1 涡轮流量计

1. 测量原理

涡轮流量计是一种典型的速度式流量计，它是基于流体动量矩守恒原理工作的。被测流体推动涡轮叶片使涡轮旋转，在一定范围内，涡轮的转速与流体的平均流速成正比，通过磁电转换装置将涡轮转速变成电脉冲信号，经放大后送给显示记录仪表，即可算出被测流体的瞬时流量和累积流量。

涡轮流量计的结构和外形如图 5－17 所示，主要由壳体、导流器、支承、涡轮和磁电转换器组成。涡轮是测量元件，由导磁性较好的不锈钢制成，根据流量计直径的不同，其上装有 2～8 片螺旋形叶片，支承位于摩擦力很小的轴承上。为了提高对流速变化的响应性，涡轮的质量要尽可能小。

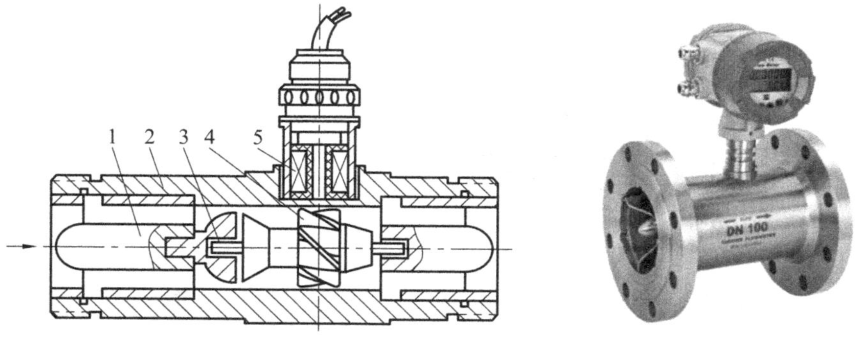

(a) 结构　　(b) 外形

1—导流器；2—壳体；3—支承；4—涡轮；5—磁电转换器

图 5－17　涡轮流量计的结构和外形

导流器由导向片及导向座组成，用以导直流体并支承涡轮，以免因流体的漩涡而改变流体与涡轮叶片的作用角，从而保证流量计的精度。

磁电转换装置由线圈和磁钢组成，安装在流量计壳体上，它可分成磁阻式和感应式两种。磁阻式将磁钢放在感应线圈内，涡轮叶片由导磁材料制成。当涡轮叶片旋转通过磁钢下面时，磁路中的磁阻改变，使得通过线圈的磁通量发生周期性变化，因而在线圈中感应出电脉冲信号，其频率就是转过叶片的频率。感应式是在涡轮内腔放置磁钢，涡轮叶片由非导磁材料制成。磁钢随涡轮旋转，在线圈内感应出电脉冲信号。由于磁阻式比较简单、可靠，所以使用较多。

2. 主要特点

涡轮流量计具有测量精度高、复现性和稳定性好、量程范围宽、耐高压、对流量变化反应迅速等特点，输出为脉冲信号，抗干扰能力强，信号便于远传。涡轮流量计的缺点是制造困难、成本高；由于涡轮高速转动，轴承易损，降低了长期运行的稳定性，影响使用寿命。

3. 适用范围

涡轮流量计可用于测量气体、液体流量，但要求被测介质洁静，不适用于对黏度大的液体测量，主要用于精度要求高、流量变化快的场合，还用作标定其他流量计的标准仪表。

涡轮流量计应水平安装，并保证其前后有一定的直管段。要求被测流体黏度低、腐蚀性小、不含杂质，以减小轴承磨损，一般应在流量计前加装过滤装置。如果被测液体易气化或含有气体时，要在流量计前装消气器。液体介质密度和黏度的变化对流量示值有影响，必要时应做修正。

5.4.2　叶轮式流量计

家用自来水表就是典型的叶轮式流量计，其用途只在于提供总用水量，以便按量收费，其结构和外形如图 5－18 所示。

图 5－18(a)中，自进水口 1 流入的水经筒状部件 2 周围的斜孔，沿切线方向冲击叶轮。叶轮轴通过齿轮逐级减速，带动各个十进位指针以指示累积总流量，齿轮装在图中 4 处。水流再经筒状部件上排孔 5 汇至总出水口 6。

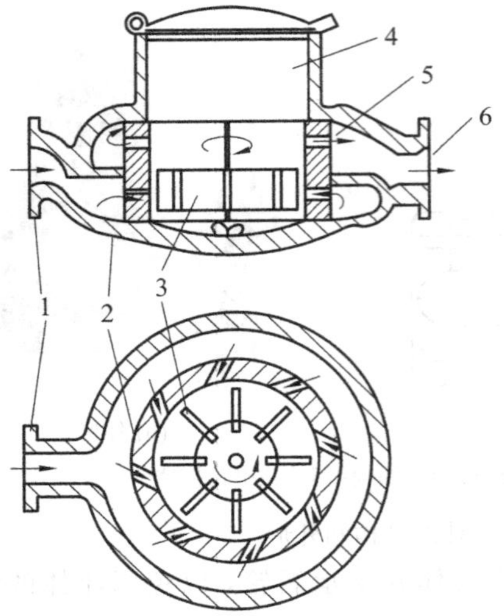

(a) 结构

(b) 外形

1—进水口；2—筒状部件；3—叶轮；4—安装齿轮处；5—上排孔；6—出水口

图 5－18　叶轮式流量计

为了减少磨损、避免锈蚀，叶轮与各个齿轮都采用轻而耐磨的塑料制造。叶轮式流量计也可以测量气体流量。

5.4.3　涡街流量计

1. 测量原理

在均匀流动的流体中，垂直地插入一个具有非流线型截面的柱体，称为漩涡发生体，其形状有圆柱、三角柱、矩形柱、T 形柱等，在该漩涡发生体两侧会产生旋转方向相反、交替出现的漩涡，并随着流体流动，在下游形成两列不对称的漩涡列，称之为“卡门涡街”，如图 5－19 所示。当漩涡发生体的形状和尺寸确定后，可以通过测量漩涡产生频率来测量流体的流量。

漩涡频率的检测有多种方式，可以将检测元件放在漩涡发生体内，用于检测漩涡产生的周期性流动变化频率，也可以在下游设置检测器进行检测。

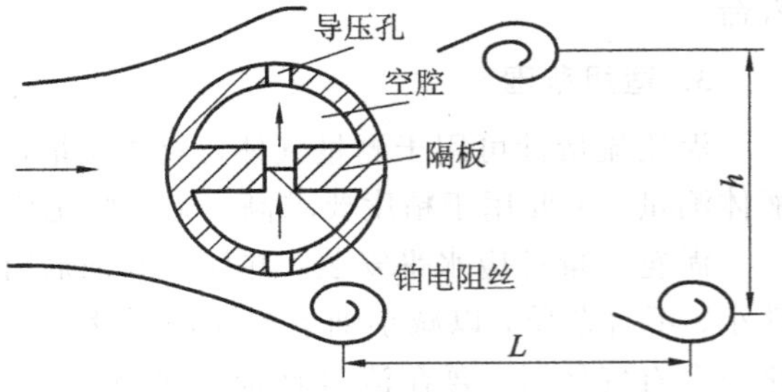

图 5－19　圆柱漩涡发生器

在图 5－19 中空的圆柱体两侧开有导压孔与内部空腔相连，空腔由中间有孔的隔板分成两部分，孔中装有铂电阻丝。当流体在下侧产生漩涡时，由于漩涡的作用使下侧的压力高于上侧的压力；如在上侧产生漩涡，则上侧的压力高于下侧的压力，因此产生交替的压力变化，空腔内的流体亦呈脉动流动。用电流加热铂电阻丝，当脉动的流体通过铂电阻丝时，交替地对电阻丝产生冷却作用，改变其阻值，从而产生和漩涡频率一致的脉冲信号，检测此脉冲信号，即可测出流量。也可以在空腔间采用压电式或应变式检测元件测出交替变化的压力。

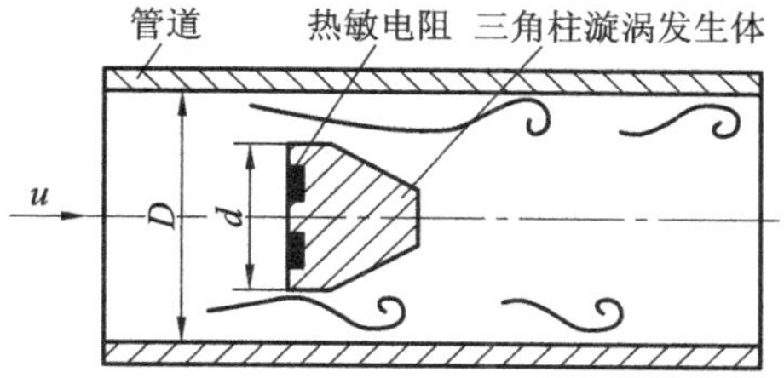

图 5 - 20　三角柱涡街检测器原理示意图

图 5 - 20 为三角柱体涡街检测器原理示意图。在三角柱体的迎流面对称地嵌入两个热敏电阻组成桥路的两臂，以恒定电流加热使其温度稍高于流体，在交替产生的漩涡作用下，两个电阻被周期地冷却，使其阻值改变，阻值的变化由桥路测出，即可测得漩涡产生频率，从而测出流量。三角柱漩涡发生体可以得到更强烈稳定的漩涡，故应用较多。

2. 主要特点

涡街流量计在管道内无可动部件，使用寿命长，压力损失小，水平或垂直安装均可，安装与维护比较方便；测量几乎不受流体参数(温度、压力、密度、黏度)变化的影响，用水或空气标定后的流量计无须校正即可用于其他介质的测量；其输出是与体积流量成比例的脉冲信号，易与数字仪表或计算机相连接。涡街流量计的外形如图 5 - 21 所示。

图 5 - 21　涡街流量计的外形

3. 适用范围

涡街流量计实际是通过测量流速测流量的，流体流速分布情况将影响测量准确度，因此适用于紊流流速分布变化小的情况，并要求流量计前后有足够长的直管段。

5.4.4　电磁流量计

1. 测量原理

电磁流量计是工业生产中测量导电流体常用的流量计，它能够测量酸、碱、盐溶液以及含有固体颗粒(例如泥浆)或纤维液体的流量。

电磁流量计(简称 EMF)是利用法拉第电磁感应定律制成的一种测量导电液体体积流量的仪表，其测量原理及外形如图 5 - 22 所示。

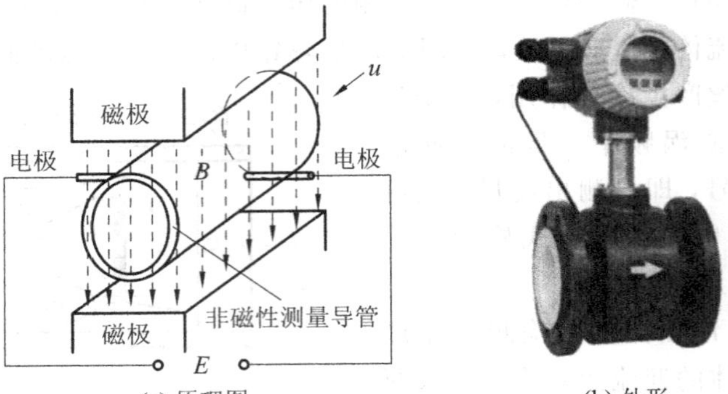

(a) 原理图　　(b) 外形

图 5-22　电磁流量计

图 5-22(a)中，当被测导电流体在磁场中沿垂直于磁力线方向流动而切割磁力线时，在对称安装在流通管道两侧的电极上将产生感应电势，磁场方向、电极及管道轴线三者在空间互相垂直，感应电势的大小与被测流体的流速有确定的关系，即

$$E = BDu \tag{5-5}$$

式中，B 为磁感应强度；D 为管道内径；u 为流体平均流速。

电磁流量计的励磁方式有三种，即直流励磁、交流励磁和低频方波励磁。直流励磁方式能产生一个恒定的均匀磁场，不受交流磁场的干扰，但电极上产生的直流电势将使被测液体电解，使电极极化，破坏了原来的测量条件，影响测量精度。所以直流励磁方式只适用于非电解质液体，如液态金属钠或汞等的测量。对电解性液体，一般采用工频交流励磁，可以克服直流励磁的极化现象，便于信号的放大，但会带来一系列的电磁干扰问题，主要是正交干扰和同相干扰，影响测量。低频方波励磁兼有直流和交流励磁的优点，能排除极化现象，避免正交干扰；抑制交流磁场在流体和管壁中引起的电涡流，是一种较好的励磁方式。

2. 主要特点及适用范围

电磁流量计的测量导管中无阻力件，压力损失极小，且不受被测介质的物理性质(如温度、压力、黏度)的影响；此外电磁流量计结构也比较复杂，成本较高。电磁流量计的安装地点应尽量避免剧烈振动和交直流强磁场，要选择在任何时候测量导管内都能充满液体。在垂直安装时，流体要自下而上流过仪表，水平安装时两个电极要在同一平面上。电磁流量计的选择要根据被测流体情况确定合适的内衬和电极材料。其测量准确度受导管的内壁，特别是电极附近结垢的影响，使用中应注意维护清洗。

电磁流量计适用于含有颗粒、悬浮物等流体的流量测量；由于电极和衬里是防腐的，故可以用来测量腐蚀性介质的流量；电磁流量计的输出与流量呈线性关系，反应迅速，可以测量脉动流量。但是，被测介质必须是导电的液体，不能用于气体、蒸汽及石油制品的流量测量。电磁流量计的外形见图 5-22(b)所示。

3. 实际应用中安装与使用注意事项

1) 使用时应注意的一般事项

液体应具有测量所需的电导率，并要求电导率分布大体上均匀。因此流量传感器安装要避开容易产生电导率不均匀场所，例如其上游附近加入药液，加液点最好设于传感器下游。使用时传感器测量管必须充满液体(非满管型例外)。液体有混合时，其分布应大体均匀。液体应与地同电位，必须接地。如工艺管道用塑料等绝缘材料时，输送液体产生摩擦静电等原因，造成液体与地之间有电位差。

2) 电磁流量传感器安装

(1) 安装场所。通常电磁流量传感器外壳防护等极为 IP65(GB 4208 规定的防尘防喷水级)，对安装场所有以下要求：

① 测量混合相流体时，选择不会引起相分离的场所；测量双组分液体时，避免装在混合尚未均匀的下游；测量化学反应管道时，要装在反应充分完成段的下游；

② 尽可能避免测量管内变成负压；

③ 选择震动小的场所，特别对一体型仪表；

④ 避免附近有大电机、大变压器等，以免引起电磁场干扰；

⑤ 易于实现传感器单独接地的场所；

⑥ 尽可能避开周围环境有高浓度腐蚀性气体；

⑦ 环境温度在 −25/−10～50/600℃ 范围内，一体型结构温度还受制于电子元器件，范围要窄；

⑧ 环境相对湿度在 10%～90% 范围内；

⑨ 尽可能避免受阳光直照；

⑩ 避免雨水浸淋，不会被水浸没。

如果防护等级是 IP67(防尘防浸水级)或 IP68(防尘防潜水级)，则无需上述⑧、⑩两项要求。

(2) 直管段长度要求。为获得正常测量精确度，电磁流量传感器上游也要有一定长度的直管段，但其长度与大部分其他流量仪表相比要求较低。90°弯管、T 形管、同心异径管、全开闸阀后通常认为只要离电极中心线(不是传感器进口端连接面)5 倍直径(5D)长度的直管段，不同开度的阀则需 10D，下游直管段为(2～3)D 或无要求；但要防止蝶阀阀片伸入到传感器测量管内。

(3) 安装位置和流动方向。传感器安装方向水平、垂直或倾斜均可，不受限制，但测量固、液两相流体时最好垂直安装，以使流体自下而上流动。这样能避免水平安装时衬里下半部局部磨损严重，低流速时固相沉淀等缺点。

水平安装时要使电极轴线平行于地平线，不要处于垂直于地平线，因为处于底部的电极易被沉积物覆盖，顶部电极易被液体中偶存气泡擦过遮住电极表面，使输出信号波动。在图 5-23 所示的管系中，c、d 为适宜位置；a、b、e 为不宜位置，b 处可能液体不充满，a、e 处易积聚气体，且 e 处传感器后管段短也有可能不充满，排放口最好如 f 形状所示。对于固、液两相流体 c 处亦是不宜位置。

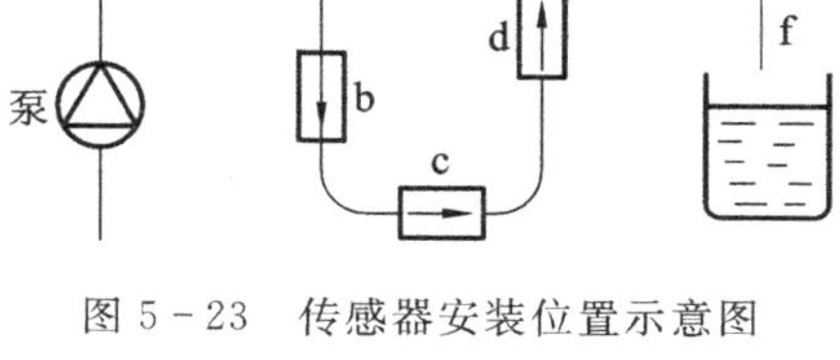

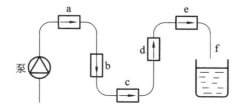

图 5-23　传感器安装位置示意图

(4) 旁路管、便于清洗连接和预置入孔。为便于在工艺管道继续流动和传感器停止流动时检查和调整零点，应装设旁路管。但大管径的管系因投资和位置空间限制，往往不易办到。

除了采用非接触电极或带刮刀清除装置电极的仪表可解决一些问题外，有时还需要清除内壁附着物，则可按图 5－24 所示连接，即可在不卸下传感器时就地清除内壁附着物。

对于管径大于 1.5～1.6 m 的管系在 EMF 附近管道上预置入孔，以便管系停止运行时清洗传感器测量管内壁。

(5) 负压管系的安装。氟塑料衬里传感器须谨慎地应用于负压管系；正压管系应防止产生负压，例如液体温度高于室温的管系，关闭传感器上下游截止阀停止运行后，流体冷却收缩会形成负压，应在传感器附近装设负压防止阀，如图 5－25 所示。

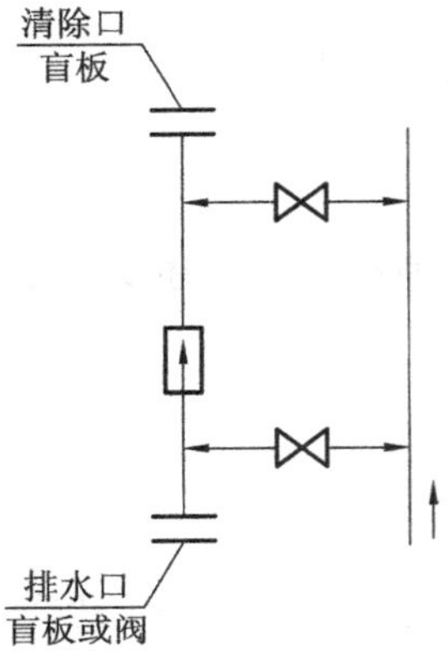

图 5－24　便于清洗管道的连接示意图

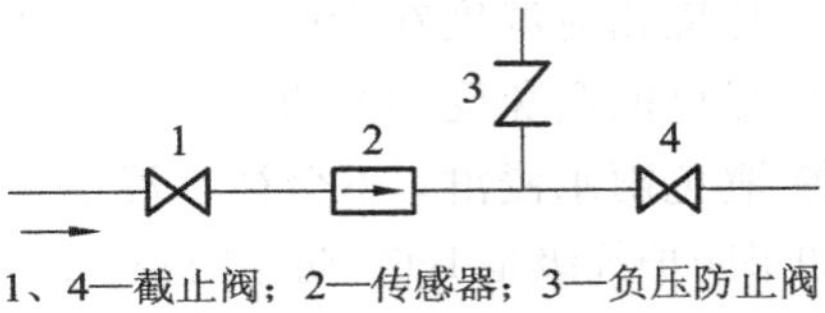

图 5－25　负压防止连接示意图

(6) 接地。传感器必须单独接地(接地电阻小于 100 Ω)。分离型原则上接地应在传感器一侧，转换器接地应在同一接地点。如传感器装在有阴极腐蚀保护管道上，除了传感器和接地环一起接地外，还要用较粗铜导线(16 mm^2)绕过传感器跨接管道两连接法兰上，使阴极保护电流与传感器之间隔离。

有时候杂散电流过大，如电解槽沿着电解液的泄漏电流影响 EMF 正常测量，则可采取流量传感器与其连接的工艺之间电气隔离的办法。同样有阴极保护的管线上，阴极保护电流影响 EMF 测量时，也可以采取本方法。

3) 转换器安装和连接电缆

一体型 EMF 无单独安装转换器；分离型转换器安装在传感器附近或仪表室，场所选择余地较大，环境条件比传感器好些，其防护等级是 IP65 或 IP64。安装场所的要求与上面(1)中③、④、⑥、⑧、⑨、⑩各条相同，环境温度受电子器件限制，使用温度范围比⑦规定所列要窄一些。

由于转换器和传感器间距离受制于被测介质电导率和信号电缆型号，即电缆的分布电容、导线截面和屏蔽层数等，所以，要用制造厂随仪表所附(或规定型号)的信号电缆。电导率较低液体和传输距离较长时，也有规定用三层屏蔽电缆。通常，仪表的使用说明书中会对不同电导率液体给出相应传输距离范围。单层屏蔽电缆用于工业用水或酸碱液，通常可传送距离 100 m(转换和变送之间的距离)。

为了避免干扰信号，信号电缆必须单独穿在接地保护钢管内，不能把信号电缆和电源线安装在同一钢管内。

5.4.5　超声波流量计

超声波和声音一样，是一种机械振动波，是机械振动在弹性介质中的传播现象。超声波具有频率高、衍射不严重、定向传播好、声强比一般声波强、传播中衰减小、穿透能力强等特点，且碰到杂质或媒质反界面产生反射显著，而发射和接收又较容易。因此，超声波广泛应用在流量监测、物位检测、厚度检测和金属探伤等方面；在医学上主要用于超声检查、超声情洗等。

1. 超声波的物理基础

1）声波的分类和传播波形

（1）声波的分类。振动在弹性介质内的传播称为波动，简称波。其频率为 16～2×10^4 Hz，能为人耳所能听到的机械波称为声波；低于 16 Hz 的机械波称为次声波；高于 2×10^4 Hz 的机械波称为超声波；频率为 3×10^8～3×10^{11} Hz 的波称为微波。声波的频率分布如图 5-26 所示。

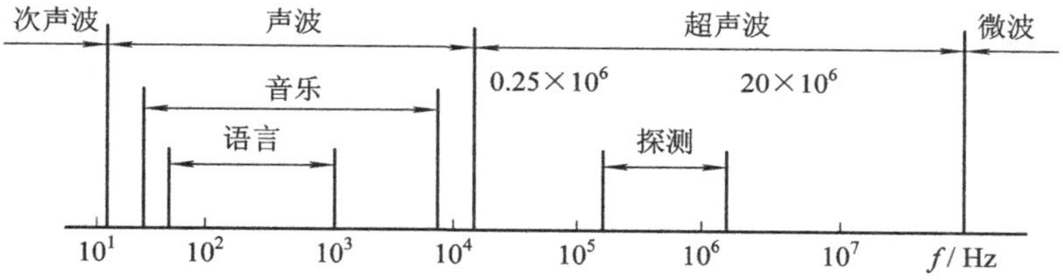

图 5-26　声波的频率分布

在图 5-26 中，频率低于 16 Hz 的声波是次声波，人耳听不到，但某些频率的次声波由于和人体器官的振动频率相近，容易和人体器官产生共振，7～8 Hz 的次声波会引起人的恐怖感，动作不协调，甚至导致心脏停止跳动；频率高于 20 kHz 的声波是超声波，虽然人耳听不到，但蝙蝠等动物能够通过超声波进行导向和捕食。超声波区别于声波，具有如下独特的物理性质：

① 可在气体、液体、固体、固溶体等介质中有效传播；

② 可传递很强的能量；

③ 会产生反射、折射、叠加和共振现象；

④ 在液体介质中传播时，可在界面上产生强烈的冲击和空化现象。

当超声波由一种介质入射到另一种介质时，由于在两种介质中的传播速度不同，在介质界面上会产生反射、折射和波形转换等现象。

（2）传播波形。超声波的传播波形主要有纵波、横波和表面波等几种。

① 纵波：质点振动方向与波的传播方向一致的波，它能在固体、液体和气体介质中传播。

② 横波：质点振动方向垂直于传播方向的波，它只能在固体介质中传播。

③ 表面波：质点的振动介于横波与纵波之间，沿着介质表面传播，其振幅随深度增加而迅速衰减的波，它只在固体的表面传播。

2）超声波的性质

（1）超声波的传播速度。超声波可以在气体、液体及固体中传播，并有各自的传播速度，纵波、横波及表面波的传播速度与介质密度和弹性特性有关；在固体中，纵波、横波及表面波三者的声速有一定的关系，一般横波声速为纵波的 1/2，表面波声速为横波声速的 90%。超声波在气体和液体中传播时，由于不存在剪切应力，所以仅有纵波的传播，其传播速度 c 为

$$c=\sqrt{\frac{1}{\rho B_a}} \tag{5-6}$$

式中，ρ 为介质密度；B_a为绝对压缩系数。

在固体中，纵波、横波及其表面波三者的声速有一定的关系，通常可认为横波声速为纵波的一半，表面波声速为横波声速的 90%。在常温下气体中纵波声速为 344 m/s，液体中纵波声速为 900～1900 m/s，在钢铁中的声度约为 5000 m/s。

(2) 超声波的反射和折射。声波从一种介质传播到另一种介质，在两个介质的分界面上部分被反射回原介质的波称为反射波；另一部分透射过界面，在另一种介质内部继续传播的波称为折射波，如图 5 - 27 所示。

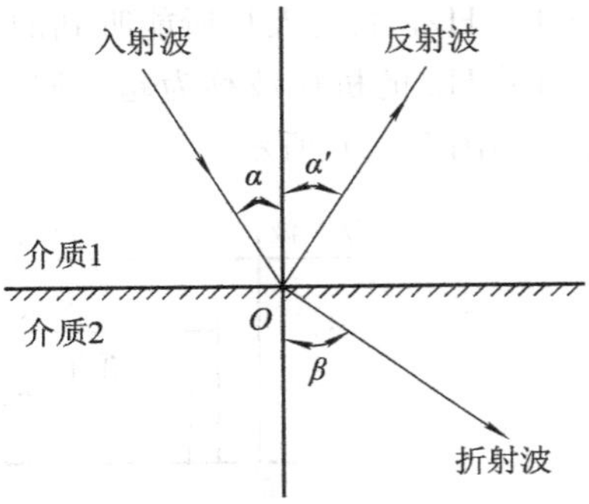

图 5 - 27　波的反射和折射

由物理学知，当波在界面上产生反射时，入射角 α 的正弦与反射角 α' 的正弦之比等于波速之比。当入射波和反射波的波型相同时，波速相等，入射角 α 即等于反射角 α'；当波在界面处产生折射时，入射角 α 的正弦与折射角 β 的正弦之比，等于入射波在介质 1 中的波速 c_1 与折射波在介质 2 中的波速 c_2 之比，即

$$\begin{cases}\alpha=\alpha' \\ \dfrac{\sin\alpha}{\sin\beta}=\dfrac{c_1}{c_2}\end{cases} \tag{5-7}$$

由式(5 - 7)可知，当 $\beta>\alpha$ 时，说明介质 2 的波速 c_2 大于介质 1 的波速 c_1。

当入射角 α 足够大时，将导致折射角 $\beta=90°$，则折射声波只能在介质分界面传播，折射波将转换为表面波，此时的入射角称为横波临界角。如果入射角 α 大于临界角，将导致声波全反射。

(3) 超声波的衰减。超声波在介质中传播时因被吸收而衰减，气体吸收最强而衰减最大，液体次之，固体吸收最小而衰减最小，因此对于一段给定强度的声波，在气体中的传播距离会明显比在液体和固体中传播的距离短。另外声波在介质中传播时衰减的程度还与声波的频率有关，频率越高，声波的衰减也越大，由此超声波比其他声波在传播时的衰减更明显。

2. 超声波传感器

利用超声波物理特性和各种效应而研制的装置称为超声波换能器、超声波探测器或超声波传感器，有时也叫超声波探头。

超声波探头按其工作原理可分为压电式、磁致伸缩式、电磁式等，在检测技术中常用压电式。压电式超声波探头常用的材料是压电晶体和压电陶瓷，这种传感器统称为压电式超声波探头。它是利用压电材料的压电效应来工作的(压电效应相关知识请参看本书 4.4.1 小节)：逆压电效应将高频电振动转换成高频机械振动，从而产生超声波，可作为发射探

头；而正压电效应是将超声振动波转换成电信号，可作为接收探头；由于其结构不同，分为直探头、斜探头和双探头等。

1）超声波探头的结构

超声波探头的结构示意图如图 5－28 所示。

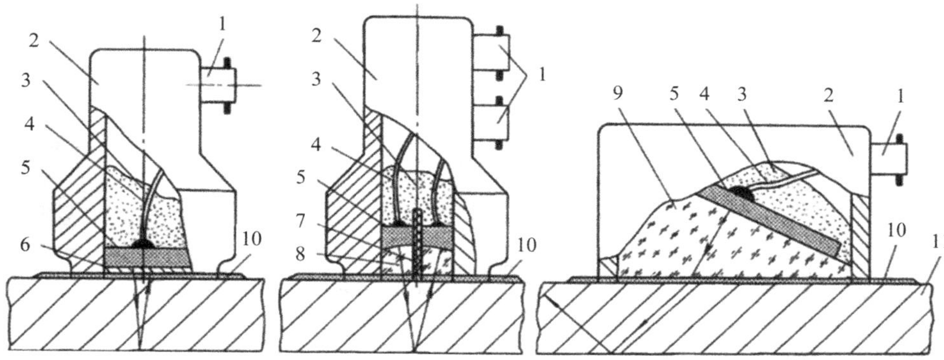

(a) 单晶直探头　(b) 双晶直探头　(c) 斜探头

1—接插件；2—外壳；3—阻尼吸收块；4—引线；5—压电晶片；6—保护膜；7—隔离层；8—延迟块；9—有机玻璃斜楔块；10—耦合剂；11—试件

图 5－28　超声波探头结构示意图

从图 5－28 可以看出，超声波探头主要由压电晶片、阻尼吸收块、保护膜、引线等组成。其中，压电晶体多为圆板形，厚度为 δ，超声波频率 f 与其厚度 δ 成反比。压电晶片的两面镀有银层，作为导电的极板，压电片的底面接地线，上面接导线引至电路中。阻尼吸收块的作用是降低晶片的机械品质，吸收声能量。如果没有阻尼块，当激励的电脉冲信号停止时，压电片因惯性作用会继续振荡，加长超声波的脉冲宽度，使其分辨率变差。当吸收块的声阻抗等于晶体的声阻抗时，效果最佳。

图 5－28(a)为单晶直探头的结构。其工作原理是：发射超声波时，将 500 V 以上的高压电脉冲加到压电晶片上，利用逆压电效应，使压电晶片发射一束持续时间很短的超声波。垂直透射到图中试件内，若该试件为钢板，其底面与空气交界，则超声波到达钢板底面的绝大部分能量被此界面反射。经过一个延时返回到压电晶片，根据压电效应，压电晶片将此反射波转换成同频率的交变电荷和电压，经放大即可得到相关的检测经过。单晶直探头的发射和接收都利用同一片压电晶片，只是在时间上有先后。所以，工作时必须用电子开关来切换两种工作状态。

图 5－28(b)为双晶直探头的结构，是由两个单晶直探头组合而成，装配在同一壳体内。其中一片压电晶片发射超声波，另一片接收超声波，两晶片之间用一片吸声性能强、绝缘性能好的薄片隔离。晶片下方设置了用有机玻璃或环氧树脂制作的延迟块，使超声波延迟一段时间后入射到试件，可减小试件接近表面处的盲区，提高分辨率。双晶探头的结构虽然复杂，但检测精度比单晶直探头高，且超声信号的反射和接收的控制电路比单晶直探头简单。双晶探头多数用于纵波探伤。

图 5－28(c)为斜探头的结构。压电晶片粘贴在与底面成一定角度(如 30°、45°等)的有机玻璃斜楔块上，当斜楔块与不同材料的被测介质(试件)接触时，超声波将产生一定角度

的折射，倾斜入射到试件中去，可产生多次反射，而传播到较远处去。斜探头主要用于横波探伤。

2）气介超声波探头

由于空气的声阻是固体的几千分之一，所以气介超声波探头与固介的有很大差别。气介超声波探头的发射换能器和接收换能器一般是分开设置的，两者的结构也略有不同，如图 5－29 所示。

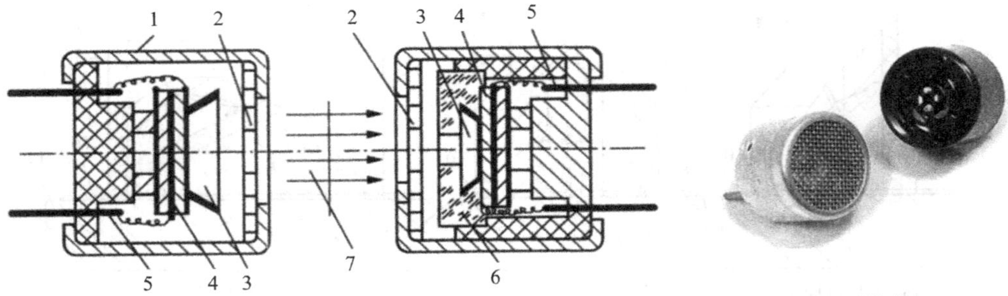

(a) 发射器　(b) 接收器　(c) 外形

1—外壳；2—金属丝网罩；3—锥形共振盘；4—压电晶片；5—引脚；6—阻抗匹配器；7—超声波束

图 5－29　气介超声波发射器、接收器结构

图 5－29(a)为发射器。在发射器的压电晶片上粘贴了一个锥形共振盘，以提高发射效率和方向性。图 5－29(b)为接收器。接收器在共振盘上还增加了一个阻抗匹配器，以滤除噪声、提高接收效率。气介超声波发射器、接收器配对使用，有效工作范围从几米到几十米。其外形如图 5－29(c)所示。

3. 超声波传感器的应用

1）超声波传感器的应用类型

根据超声波的发射器与接收器的安装方向不同，可分为透射型和反射型，如图 5－30 所示。

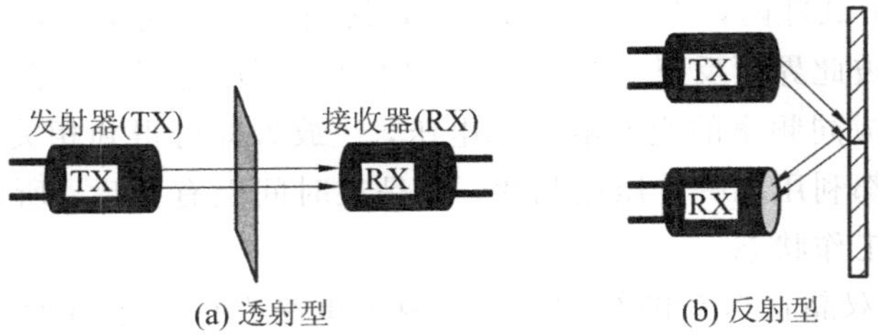

(a) 透射型　(b) 反射型

图 5－30　超声波传感器应用的两种类型

当超声波的发射器与接收器分别置于被测物两侧时，这种类型称为透射型，如图 5－30(a)所示。透射型超声波传感器可用于遥控器、防盗报警器、接近开关等。超声波的发射器与接收器置于同侧时属于反射型，如图 5－30(b)所示。反射型超声波传感器可用于接近开关、测距、测液位或物位、金属探伤以及测厚等。

2）超声波传感器的应用实例

（1）B 超中的应用。B 超机的外形如图 5-31 所示。

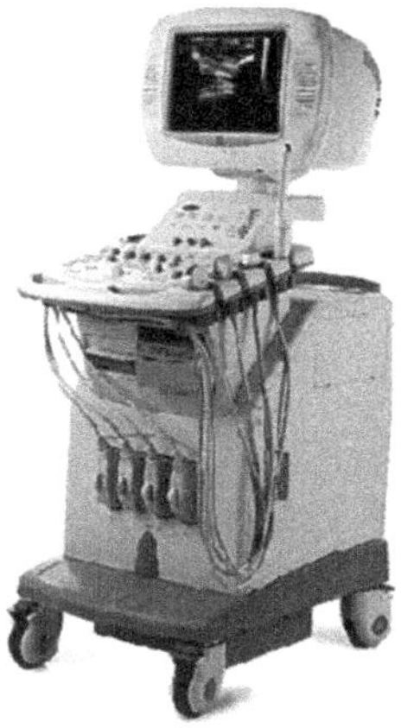

图 5-31　B 超机的外形

B 超的基本原理：超声波在人体内传播，由于人体各种组织有声学的特性差异，超声波在两种不同组织界面处产生反射、折射、散射、绕射、衰减，以及声源与接收器相对运动产生多普勒频移等物理特性。

应用不同类型的超声波诊断仪，采用各种扫查方法，接收这些反射、散射信号，显示各种组织及其病变的形态，结合病理学、临床医学，观察、分析、总结不同的反射规律，从而对病变部位、性质和功能障碍程度作出诊断。用于诊断时，超声波只作为信息的载体，把超声波射入人体，通过它与人体组织之间的相互作用获取有关生理与病理的信息。

当前超声波诊断技术主要用于体内液性、实质性病变的诊断，而对于骨、气体遮盖下的病变不能探及，因此在临床使用中受到一定的限制。用于治疗时，超声波则作为一种能量形式，对人体组织产生结构或功能的及其他生物效应，以达到某种治疗目的。

（2）超声波多普勒效应的应用。多普勒效应是指当超声波源与传播介质之间存在相对运动时，接收器收到的频率与超声波源发射的频率将有所不同。产生的频偏 $\pm\Delta f$ 与相对速度的大小及方向有关。接收器将接收到两个不同频率所组成的差拍信号（40 kHz 以及偏移的频率 40 kHz$\pm\Delta f$）。这些信号由 40 kHz 的选频放大器放大，并经检波器检波后，由低通滤波器滤去 40 kHz 信号，而留下 Δf 的多普勒信号。此信号经低频放大器放大后，由检波器转换为直流电压，去控制报警器或指示器。多普勒效应不仅仅适用于声波，它也适用于所有类型的波，包括电磁波。

应用超声波多普勒效应来实现防盗的报警器电路框图如图 5-32 所示。

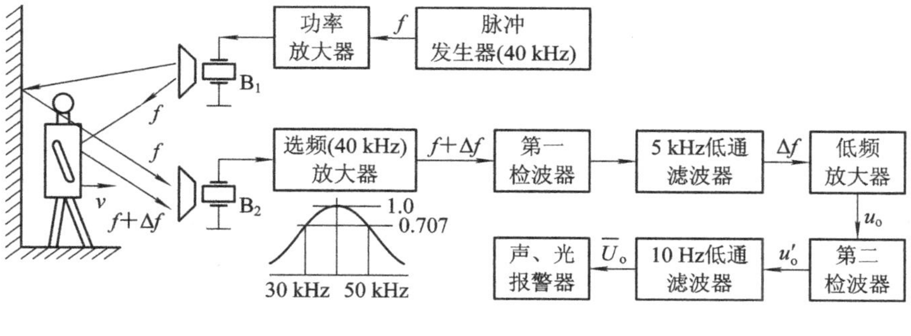

图 5-32　超声波防盗的报警器电路框图

图 5-32 中的上半部分为发射电路，下半部分为接收电路。发射器发射出频率 $f=$ 40 kHz 左右的超声波。如果有人进入信号的有效区域，相对速度为 v，从人体反射回接收器的超声波将由于多普勒效应，而发生频率偏移 Δf。

（3）超声波探伤。超声波探伤是目前应用十分广泛的无损探伤手段。它既可检测材料表面的缺陷，又可检测内部几米深的缺陷，这些是 X 光探伤所达不到的深度。A 型超声波探伤如图 5-33 所示。

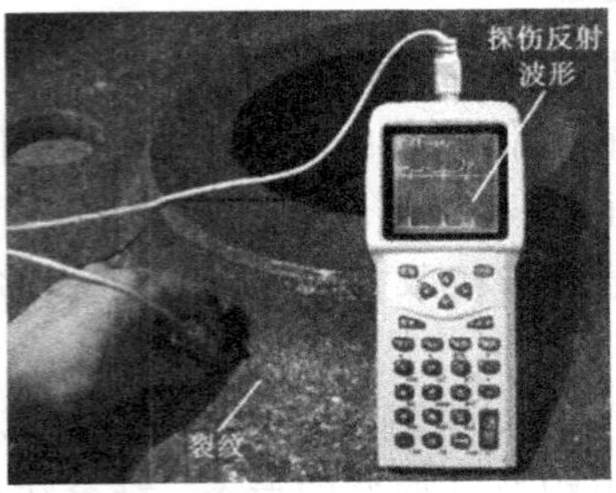

图 5-33　超声波探伤

4. 超声波流量计

1) 测量原理

超声波在流体中传播时，受到流体速度的影响而载有流速信息，通过检测接收到的超声波信号可以测知流体流速，从而求得流体流量。超声波测流量的作用原理有传播速度法、多普勒法、波束偏移法、噪声法等多种方法，这些方法各有特点，在工业应用中以传播速度法最普遍。

由于超声波在流体中的传播速度与流体流速有关。传播速度法利用超声波在流体中顺流与逆流传播的速度变化来测量流体流速并进而求得流过管道的流量。其测量原理如图 5-34 所示，根据具体测量参数的不同，又可分为时差法、相差法和频差法。

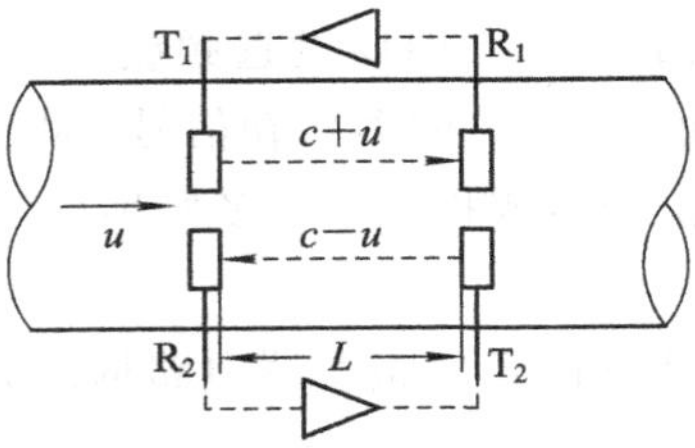

图 5-34　超声测流速原理

(1) 时差法。时差法的原理如图 5-34 所示。在管道上、下游相距 L 处分别安装两对超声波发射器(T_1、T_2)和接收器(R_1、R_2)。设声波在静止流体中的传播速度为 c，流体的流速为 u，则声波沿顺流和逆流的传播速度将不同。当 T_1 按顺流方向、T_2 按逆流方向发射超声波时，超声波到达接收器 R_1 和 R_2 所需的时间 t_1 和 t_2 与流速之间的关系为

$$t_1 = \frac{L}{c+u}, \quad t_2 = \frac{L}{c-u} \tag{5-8}$$

由于流体的流速相对声速而言很小，即 $c \gg u$，因此时差为

$$\Delta t = t_2 - t_1 = \frac{2Lu}{c^2} \tag{5-9}$$

而流体流速为

$$u = \frac{C^2}{2L}\Delta t \tag{5-10}$$

当声速 c 为常数时，流体流速和时差 Δt 成正比，测得时差即可求出流速，进而求得流量。但是，时差 Δt 非常小，在工业计量中，若流速测量要达到 1%精度，则时差测量要达

到 0.01 μs 的精度。这样不仅对测量电路要求高，而且限制了流速测量的下限。因此，为了提高测量精度，可采用检测灵敏度高的相位差法。

(2) 相差法。相位差法是把上述时间差转换为超声波传播的相位差来测量。设超声波换能器向流体连续发射形式为 $s(t)=A\sin(\omega t+\varphi_0)$ 的超声波脉冲，式中 ω 为超声波的角频率。按顺流和逆流方向发射时收到的信号相位分别为

$$\varphi_1 = \omega t_1 + \varphi_0; \quad \varphi_2 = \omega t_2 + \varphi_0 \tag{5-11}$$

则顺流和逆流接收的信号之间有相位差：

$$\Delta\varphi = \varphi_2 - \varphi_1 = \omega\Delta t = 2\pi f\Delta t \tag{5-12}$$

式中，f 为超声波振荡频率。

由此可见，相位差 $\Delta\varphi$ 比时差 Δt 大 $2\pi f$ 倍，且在一定范围内，f 越大放大倍数越大，因此相位差 $\Delta\varphi$ 要比时差 Δt 容易测量，则流体的流速为

$$u = \frac{c^2}{2\omega L}\Delta\varphi = \frac{c^2}{4\pi fL}\Delta\varphi \tag{5-13}$$

相差法用测量相位差取代测量微小的时差提高了流速的测量精度。但在时差法和相差法中，流速测量均与声速 c 有关，而声速是温度的函数，当被测流体温度变化时会带来流速测量误差，因此为了正确测量流速，均需要进行声速修正。

(3) 频差法。频差法是通过测量顺流和逆流时超声脉冲的循环频率之差来测量流量的。其基本原理可用图 5-34 说明。超声波发射器向被测流体发射超声脉冲，接收器收到声脉冲并将其转换成电信号，经放大后再用此电信号去触发发射电路发射下一个声脉冲，不断重复，即任一个声脉冲都是由前一个接收信号脉冲所触发，形成“声循环”。脉冲循环的周期主要是由流体中传播声脉冲的时间决定的，其倒数称为声循环频率(即重复频率)。由此可得，顺流时脉冲循环频率和逆流时脉冲循环频率分别为

$$f_1 = \frac{1}{t_1} = \frac{c+u}{L}; \quad f_2 = \frac{1}{t_2} = \frac{c-u}{L} \tag{5-14}$$

顺流和逆流时的声脉冲循环频差为

$$\Delta f = f_1 - f_2 = \frac{2u}{L} \tag{5-15}$$

所以流体流速为

$$u = \frac{L}{2}\Delta f \tag{5-16}$$

由式(5-16)可知流体流速和频差成正比，式中不含声速 c，因此流速的测量与声速无关，这是频差法的显著优点。循环频差 Δf 很小，直接测量的误差大，为了提高测量精度，一般需采用倍频技术。

由于顺、逆流两个声循环回路在测循环频率时会相互干扰，工作难以稳定，而且要保持两个声循环回路的特性一致也是非常困难的。因此实际应用频差法测量时，仅用一对换能器按时间交替转换作为接收器和发射器使用。

2) 主要特点及适用范围

超声波流量计可以从管道外部进行测量，在管道内无任何测量部件，因此没有压力损失，不改变原流体的流动状态，对原有管道不需任何加工就可以进行测量；测量结果不受被测流体的黏度、导电率的影响；其输出信号与被测流体的流量呈线性关系。

超声波流量计可测各种液体和气体的流量，可测很大口径管道内流体的流量，甚至河流也可测其流速。超声波流量计的外形如图 5-35 所示。

(a) 外夹式　　(b) 管段一体式　　(c) 插入式

图 5-35　超声波流量计的外形

3) 实际应用中选型、安装与使用注意事项

(1) 选型。正确的选型是超声波流量计正常工作的基础。在超声波流量计的选型过程中要充分考虑以下几个因素：① 管道材质，管壁厚度及管径；② 流体类型，是否含有杂质，气泡以及是否满管；③ 经济因素。小口径超声波流量计与其他流量仪表相比价格较贵，然而非管段式超声波流量计价格并不明显增加，所以用于大口径、超大口径仪表有明显的价格优势。

在考虑以上几个因素的前提下，结合不同类别超声波流量计的优缺点进行选择。

(2) 安装。正确选择安装场所及传感器安装方式对于超声波流量计的稳定运行非常关键。超声波流量计出现的使用问题很大一部分跟安装不正确、不规范有关，譬如声波的接受信号弱、流量指示波动过大、误差较大等。

① 安装地点的选择。

直管段要求。为保证传感器前流体沿管轴平行流动，必须在传感器前设置一定的直管段。一般而言，应保证上游直管段长度大于 $10D$(D 为被测管道的内径)，下游大于 $5D$。当上游有流量干扰因素如泵、阀门等时，直管段长度至少延长为 $30D$。

传感器安装位置。超声波传感器应尽可能安装在与水平直径上下成 45°的范围内，避免在垂直直径位置附近安装。否则在测量液体时传感器声波传送易受气体或颗粒影响，在测量气体时受液滴或颗粒影响。传感器安装处和管壁反射处必须避开接口和焊缝。另外还应注意由控制阀高压力降等所形成的声学干扰，特别在测量气体流量时尤为重要，应设法避免。

② 安装方式的选择。

声道布置的发送和接收方式采用直射的 Z 型还是反射的 V 型或 W 型，选择的原则是：要有足够的声路和介质吸收声波的程度，另外，还要考虑管道内壁的粗糙度。一般，小管径(25～75 mm)采用 W 型，中管径(75～250 mm)采用 V 型，大管径(250 mm 以上)采用 Z 型。

(3) 使用中出现的问题及解决措施。在流量计的实际使用过程中出现过以下问题，根据这些问题出现的原因采取相应的措施解决。

① 超声波流量计的读数不稳定，出现负数。

主要原因：传感器安装时，上、下游传感器位置装反；传感器装在水流向下的管道上，管内未充满流体。

例如：清洁废水处理站处理清水流量和浓水流量使用超声波流量计，流量计通电使用时显示为负数，因直管段大部分埋在地下，考虑电源位置选择了与地面角度大约 30°，水流向下的管道上安装，管道内不能充满流体，所以显示负数。现按照安装要求，将超声波流量计改至进入水池的垂直管道上进行安装，流体能充满管道，流量计显示正常。

② 超声波流量计读数不正确，与正常相比较小。

主要原因：在超声波流量计参数设置的过程中，将小流量切除设置为 0.03 m/s，造成流量显示偏小。将小流量切除设置为 0 m/s，流量计显示正常。

③ 超声波流量计读数不稳定，流量值忽正忽负，有时无法测量。

主要原因：探头损坏；探头沉积杂质、水垢。应更换传感器，清除探头上沉积的杂质、水垢。

5.5　质量流量计

5.5.1　间接式质量流量计

间接式质量流量测量方法，一般是采用体积流量计和密度计或两个不同类型的体积流量计组合，实现质量流量的测量。常见的组合方式主要有三种。

1. 节流式流量计与密度计的组合

由前述可知，节流式流量计的差压信号 Δp 正比于 ρq_v^2，如图 5-36 所示，密度计连续测量出流体的密度 ρ，将两仪表的输出信号送入运算器进行必要运算处理，即可求出质量流量为

$$q_m = \sqrt{\rho q_v^2 \cdot \rho} = \rho q_v \tag{5-17}$$

2. 体积流量计与密度计的组合

如图 5-37 所示，容积式流量计或速度式流量计，如涡轮流量计、电磁流量计等，测得的输出信号与流体体积流量 q_v 成正比，这类流量计与密度计组合，通过乘法运算，即可求出质量流量为

$$q_m = \rho \cdot q_v \tag{5-18}$$

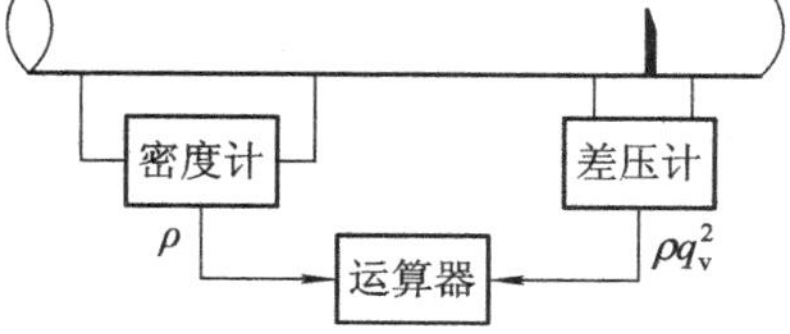

图 5-36　节流式流量计与密度计结合

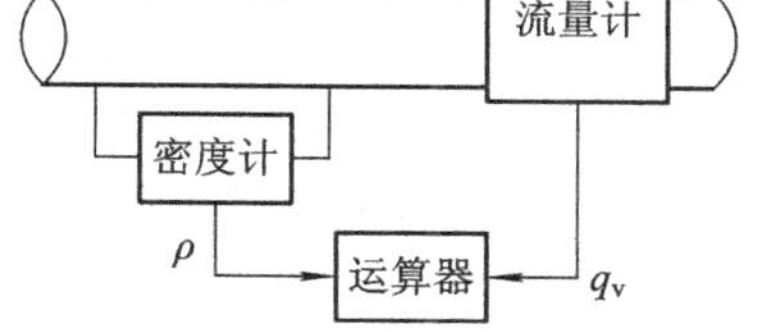

图 5-37　体积流量计与密度计结合

3. 差压流量计与体积流量计的组合

如图 5-38 所示，这种质量流量检测装置通常由节流式差压流量计和容积式流量计或速度式流量计组成，它们的输出信号分别正比于 ρq_v^2 和 q_v，通过除法运算，即可求出质量流量为

$$q_m = \frac{\rho q_v^2}{q_v} = \rho q_v \tag{5-19}$$

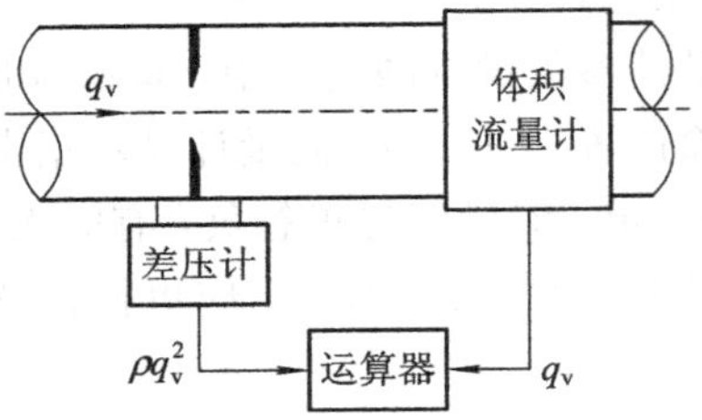

图 5-38 差压流量计与体积流量计结合

5.5.2 直接式质量流量计

直接式质量流量计的输出信号直接反映质量流量，其测量不受流体的温度、压力、密度变化的影响。直接式质量流量计有许多形式。

1. 热式质量流量计

热式质量流量计的基本原理是利用外部热源对管道内的被测流体加热，热能随流体一起流动，通过测量因流体流动而造成的热量(温度)变化来反映出流体的质量流量。

如图 5-39 所示，在管道中安装一个加热器对流体加热，并在加热器前后的对称点上检测温度。设 c_p 为流体的定压比热，ΔT 为测得的两点温度差，根据传热规律，对流体加热功率 P 与两点间温差的关系可表示为

$$P = q_m c_p \Delta T \tag{5-20}$$

由此可得出质量流量为

$$q_m = \frac{P}{c_p \Delta T} \tag{5-21}$$

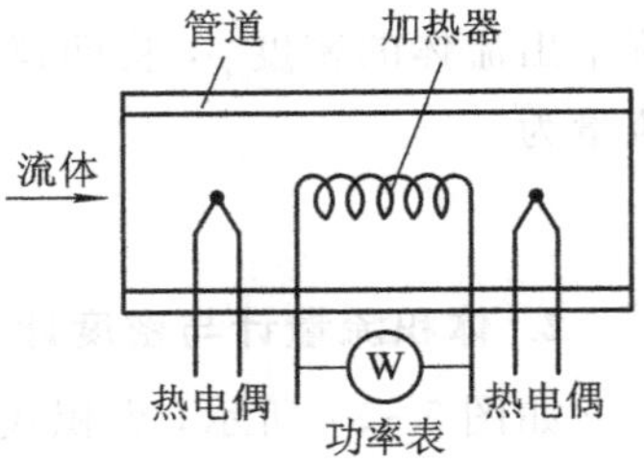

图 5-39 热式质量流量计

当流体成分确定时，流体的定压比热为已知常数。因此由上式可知，若保持加热功率 P 恒定，则测出温差 ΔT 便可求出质量流量；若采用恒定温差法，即保持两点温差 ΔT 不变，则通过测量加热的功率 P 也可以求出质量流量。由于恒定温差法较为简单、易实现，所以实际应用较多。

为避免测温和加热元件因与被测流体直接接触而被流体玷污和腐蚀，可采用非接触式测量方法，即将加热器和测温元件安装在薄壁管外部，而流体由薄壁管内部通过。非接触式测量方法，适用于小口径管道的微小流量测量。当用于大流量测量时，可采用分流的方法，即仅测量分流部分流量，再求得总流量，以扩大量程范围。

2. 差压式质量流量计

差压式质量流量计是利用孔板和定量泵组合实现流量测量的。双孔板差压式质量流量计的结构形式如图 5－40 所示。

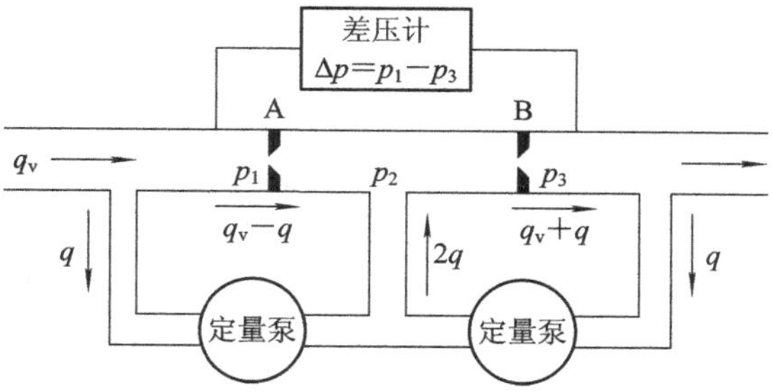

图 5－40　双孔板差压式质量流量计结构示意图

图 5－40 中，主管道上安装结构和尺寸完全相同的两个孔板 A 和 B，在分流管道上装置两个流向相反、流量固定为 q 的定量泵，差压计连接在孔板 A 入口和孔板 B 出口处。设主管道体积流量为 q_v，且满足 $q<q_v$，则由图可知，流经孔板 A 的体积流量为 q_v-q，流经孔板 B 的流量为 q_v+q，根据差压式流量测量原理，孔板 A 和 B 处的压差分别为

$$\Delta p_A = p_2 - p_1 = K\rho(q_v - q),\quad \Delta p_B = p_2 - p_3 = K\rho(q_v - q) \tag{5-22}$$

可见，孔板 A、B 前后的压差 $\Delta p=p_1-p_3$ 与流体质量流量 $q_m=\rho q_v$ 成正比，测出压差 Δp 便可求出流体质量流量。

质量流量计的外形如图 5－41 所示。

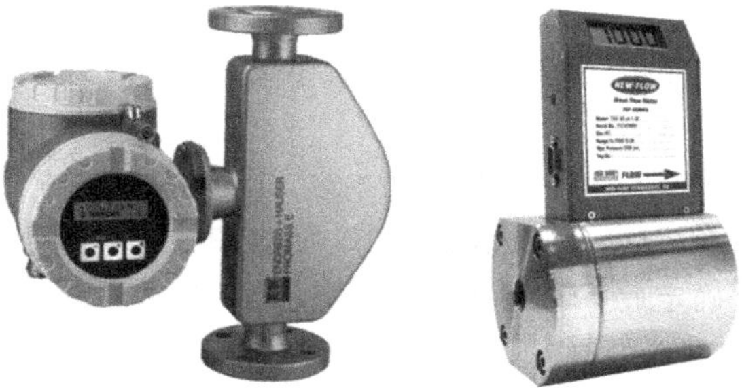

图 5－41　质量流量计的外形

5.6　流量计的选用

在实际使用流量计的过程中，如何根据具体的测量对象以及测量环境合理地选用流量计，是首先要解决的问题。对于一个具体的流量测量对象，首先要考虑采用何种原理的流量计，这需要分析多方面的因素之后才能确定。因为，即使是测量同一流量，也有多种原理的流量计可供选用，选用哪一种原理的流量计更为合适，则需要根据被测量的特点和流量计的使用条件考虑以下一些具体问题：量程的大小；被测位置对流量计体积的要求；测量方式为接触式还是非接触式；信号的引出方法；流量计的来源，国产还是进口，价格能否承受等。没有一种十全十美的流量计，各种类型的流量计都有各自的特点，选型的目的

就是在众多的品种中扬长避短选择最合适的流量计。

5.6.1 选用流量计应考虑的因素

选用流量计一般应从性能、流体特性、安装条件、环境条件和经济因素五个方面进行选型。

1. 性能方面

流量计的性能主要有：准确度、重复性、线性度、范围度、流量范围、信号输出特性、响应时间、压力损失等。

(1) 线性度。流量计输出有线性和非线性两种。大部分流量计的非线性误差不单独列出，包含在基本误差内。对于宽流量范围脉冲输出用作总量积算的流量计，线性度就变成一个重要指标，线性度差就要降低流量计精度。

(2) 上限流量和流量范围。上限流量也称温度流量。应按被测管道使用流量范围和待选流量计的上限流量和下限流量来选配流量计口径，而不是简单地按管道通径配用。虽然通常管道流体最大流速是按经济流速(例如水等低黏度液体为1.5～3 m/s)来设计的，而大部分流量计上限流量流速接近或略高于管道经济流速，因此流量计选择口径与管径相同的机会较多。

但对于生产能力分期增加的工程设计，管网往往按全能力设计，运行初期流量小，应安装较小口径流量计以相适应。否则运行于下限流量附近时，测量误差的增加所造成的经济损失，可能大大地超过改装流量计的费用。

同一口径不同类型流量计上限流量的流速受工作原理和结构所约束，差别很大。以液体为例，玻璃锥管浮子流量计的上限流量流速最低，为0.5～1.5 m/s，容积式流量计为2.5～3.5 m/s，涡街流量计较高为5.5～7 m/s，电磁流量计最高为1～7 m/s(甚至0.5～10 m/s)。

液体的上限流量还需结合工作压力一起考虑，不要使流量计产生气穴现象。

有些流量计订购以后，其流量值不能改变，如容积式流量计和浮子流量计等；差压式流量计孔板等一般设计确定后下限流量不能改变，但上限流量可以调整差压变送器量程以相适应；有些流量计(如某些型号电磁流量计和超声流量计)可不经实流校准，用户自行设定新流量上限值就能使用。

(3) 范围度(可调)和上限范围度。范围度定义为“在规定的精确度等级内最大量程对最小量程之比”，习惯称量程比。其值愈大流量范围愈宽，上限范围度定义为“最大上限值与最小上限值的比值”。线性流量计有较大范围度，一般为10∶1，非线性流量计则较小，通常仅3∶1。一般过程控制和贸易计量范围度较窄可满足要求，但亦有贸易计量要求宽范围度的，如食堂炊用蒸汽供应量，自来水厂冬夏供水量等。近年对范围度窄的流量计如差压式流量计采取许多新技术使其范围度拓宽，但流量计价格相应增高较多，在采用时需权衡之。对于像电磁流量计甚至用户可自行调整流量上限值，上限可调比(最大上限值和最小上限值之比)可达10，再乘上所设定上限值20∶1的范围度，一台流量计扩展意义的范围度(即考虑上限可调比)可达(50～200)∶1，有些型号流量计具有自动切换流量上限值的功能。

有些制造厂为显示其范围度宽，不适当地把上限流量提得很高，液体流速高达7～

10 m/s，气体为 50～75 m/s，实际上这么高流速一般是用不上的。不要为这样宽的范围度所迷惑，范围度宽是要使下限流量的流速更低些才好。

(4) 压力损失。除无阻碍流量计(电磁式、超声式)外，大部分流量计在其内部有固定或活动部件，流体流经这些阻力件将产生不可恢复的压力损失，其值有时高达数十千帕，压力损失大可能限制管道的流通能力，因此有些测量对象提出压力损失的最大允许值，它是流量计选型的一个限制条件。对于大口径流量计，压力损失造成的附加能耗会相当可观，宁可选择压损小、价格贵的流量计而不采用价廉、压力损失大的流量计。对于高蒸汽压的液体(如某些碳氢液体)，较大的压力损失使流量计下游压力降至蒸汽压会产生气穴现象，它使测量误差大幅增加甚至损坏流量计部件。

(5) 输出信号特性。流量计的信号输出显示有几种：① 流量(体积流量或质量流量)；② 总量；③ 平均流速；④ 点流速。亦可分为模拟量(电流或电压)和脉冲量。模拟量输出适合于过程控制，与调节阀配接，但较易受干扰；脉冲量适用于总量和高精度测量，长距信号传输不受干扰。

2. 流体特性方面

流体特性方面主要考虑的有温度、压力、密度、黏度、化学腐蚀、磨蚀性、结垢、混相、相变、电导率、声速、导热系数、比热容等。

(1) 流体温度和压力。必须界定流体的工作温度和压力，特别在测量气体时温度压力造成过大的密度变化，可能要改变所选择的测量方法。如果温度或压力变化造成较大流动特性变化而影响测量性能，则要进行温度和(或)压力修正。

(2) 密度。大部分液体应用场合，液体密度相对稳定，除非密度发生较大变化，一般不需要修正。在气体应用场合，某些流量计的范围度和线性度取决于密度。低密度气体对某些测量方法，例如利用气体动量推动检测元件(如涡轮)工作的流量计呈现困难。

(3) 黏度和润滑性。在评估流量计适应性时，要掌握液体的温度—黏度特性。气体与液体不同，其黏度不会因温度和压力变化而显著地变化，其值一般较低，除氢气外各种气体黏度差别较小。因此确切的气体黏度并不像液体那样重要。

黏度对不同类型流量计范围度影响趋势各异，例如对大部分容积式流量计黏度增加范围度增大，涡轮式和涡街式则相反，黏度增加范围度缩小。

润滑性是不易评价的物性。润滑性对有活动测量元件的流量计非常重要，润滑性差会缩短轴承寿命，轴承工况又影响流量计运行性能和范围度。

(4) 化学腐蚀和结垢。流体的化学性有时成为选择测量方法和流量计的决定因素。流体腐蚀流量计的接触件，表面结垢或析出结晶，均将降低使用性能和寿命。流量计制造厂为此常提供变型产品，例如开发防腐型、加保温套防止析出结晶，装置除垢器等防范措施。

(5) 压缩系数和其他参量。测量气体需要知道压缩系数，按工况下压力温度求取密度。若气体成分变动或工作接近超临界区，则只能在线测量密度。

某些测量方法要考虑流体特性参量，如热式流量计的热传导和比热容，电磁流量计的液体电导率等。

3. 安装条件方面

不同原理的测量方法对安装要求差异很大。例如上游直管段长度，差压式和涡街式需要较长，而容积式与浮子式无要求或要求很低。在安装条件方面主要考虑管道布置方向，流动方向，检测件上下游直管段长度、管道口径，维修空间、电源、接地、辅助设备(过滤器、消气器)、安装等。

(1) 管道布置和流量计安装方向：有些流量计水平安装或垂直安装在测量性能方面会有差别。而有些流量计有时还取决于流体物性，如浆液在水平位置可能沉淀固体颗粒。

(2) 流动方向：有些流量计只能单向工作，反向流动会损坏流量计。使用这类流量计应注意在误操作条件下是否可能产生反向流，必要时装逆止阀来保护。能双向工作的流量计，正向和反向之间测量性能亦可能有些差异。

(3) 上游和下游管道工程：大部分流量计或多或少受进口流动状况的影响，必须保证有良好流动状况。上游管道布置和阻流件会引入流动扰动，例如两个(或两个以上)空间弯管引起漩涡，阀门等局部阻流件引起流速分布畸变。这些影响能够以适当长度上游直管或安装流动调整器予以改善。

除考虑紧接流量计前的管配件外，还应注意更往上游若干管道配件的组合，因为它们可能是产生与最接近配件扰动不同的扰动源。尽可能拉开各扰动产生件的距离以减少影响，不要靠近连接在一起，像常常看到单弯管后紧接部分开启的阀。流量计下游也要有一小段直管以减小影响。气穴和凝结常是不良管道布置所引起的，应避免管道直径上或方向上的急剧改变。管道布置不良还会产生脉动。

(4) 管径：有些流量计的口径范围并不很宽，限制了流量计的选用。测量大管径、低流速，或小管径、高流速，可选用与管径尺寸不同口径的流量计，并以异径管连接，使流量计运行流速在规定范围内。

(5) 维护空间：维护空间的重要性常被忽视。一般来说，人们应能进入到流量计周围，易于维修和能有调换整机的位置。

(6) 有些流量计(如压电检测信号的涡街式、科里奥利质量式)易受振动干扰，应考虑流量计前后管道作支撑等设计。脉动缓冲器虽可清除或减小泵或压缩机的影响，然而所有流量计还是尽可能远离振动或振动源为好。

(7) 阀门位置：控制阀应装在流量计下游，避免其所产生气穴和流速分布畸变影响，装在下游还可增加背压，减少产生气穴的可能性。

(8) 电气连接和电磁干扰：电气连接应有抗杂散电平干扰的能力。制造厂一般提供连接电缆或提出型号和建议连接方法。信号电缆应尽可能远离电力电缆和电力源，将电磁干扰和射频干扰降至最低水平。

(9) 防护性配件：有些流量计需要安装保证流量计正常运行的防护设施。例如：跟踪加热以防止管线内液体凝结或测气体时出现冷凝；液体管道出现非满管流的检测报警；容积式和涡轮式流量计在其上游装过滤器，等等。

4. 环境条件方面

环境条件方面主要考虑的因素有环境温度、湿度、电磁干扰、安全性、防爆、管道振动等。

(1) 环境温度：环境温度超过规定，对流量计的电子元件造成影响，进而改变测量性能，因此某些现场流量计需要有环境受控的外罩；如果环境温度变化要影响流动特性，管道需包上绝热层。此外在环境或介质温度急剧变化的场合，要充分估计流量计结构材料或连接管道布置所受的影响。

(2) 环境湿度：高湿度会加速流量计的大气腐蚀和电解腐蚀，降低电气绝缘；低湿度容易感生静电。

(3) 安全性：应用于爆炸性危险环境，按照气氛适应性、爆炸性混合物分级分组、防护电气设备类型以及其他安全规则或标准选择流量计。若有化学侵蚀性气体，流量计外壳应具有防腐性和气密性。某些工业流程要定期用水冲洗整个装置，因此要求流量计外壳防水等。

(4) 电磁干扰环境：应注意电磁干扰环境以及各种干扰源，如：大功率电机、开关装置、继电器、电焊机、广播和电视发射机等。

5. 经济因素方面

经济方面只考虑流量计购置费是不全面的，还应调查其他费用，如附件购置费、安装费、维护和流量校准费、运行费和备件费等。此外，应用于商贸核算和储存交接还应评估测量误差造成经济上的损失。

(1) 安装费用：安装费应包括作定期维护所需旁路管和运行截止阀等辅助件的费用。

(2) 运行费用：流量计运行费用主要是工作时能量消耗，包括电动流量计电力消耗或气动流量计的气源耗能(现代流量计的功率极小，仅有几瓦到几十瓦)；以及测量过程中推动流体通过流量计所消耗的能量，亦即克服流量计因测量产生压力损失的泵送能耗费。泵送能耗费用是一个隐蔽性费用，往往被忽视。

(3) 校准费用：定期校准费用取决于校准频度和所校准仪表精度的要求。为了经常在线校准石油制品储存交接贸易结算用流量计，常在现场设置标准体积管式流量标准装置。

(4) 维护费用：维护费用是流量计投入运行后保持测量系统正常工作所需的费用，主要包括维护劳务和备用件费用。

5.6.2　流量计选型的步骤

在综合了上述五个方面的因素后，流量计的选型可参照图 5－42 所示的流程进行。

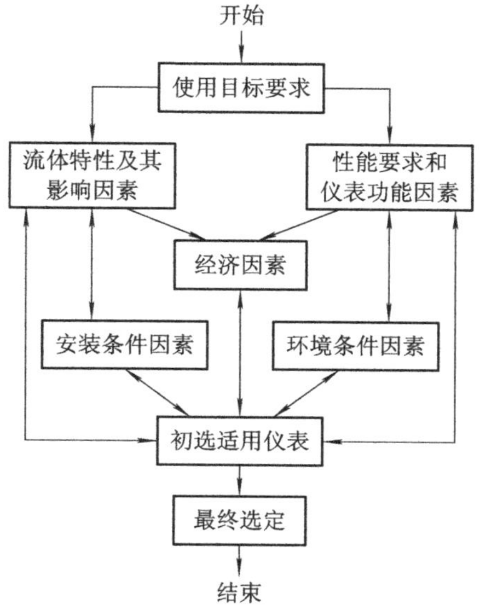

图 5－42　流量计选型流程

(1) 依据流体种类及五个方面的因素，初选可用的流量计类型(要有几种类型以便进行选择)。

(2) 对初选类型进行资料及价格信息的收集，为深入的分析比较准备条件。

(3) 采用淘汰法逐步集中到1～2种类型，再根据上述5个方面的因素进行反复比较、分析，最终确定预选目标。

思考题与习题

1. 流量计主要有哪几类？各有什么特点？

2. 简述差压式流量计的基本构成及使用特点。

3. 差压式流量计有几种取压方式？各有何特点？

4. 简述容积式流量计的工作原理及椭圆齿轮流量计的基本结构。

5. 椭圆齿轮流量计的排量 $q=8\times10^{-5}\ \mathrm{m^3/r}$，齿轮转速 $n=80\ \mathrm{r/s}$，求每小时流体的排量。

6. 分析容积式流量计的误差及造成误差的原因。为了减小误差，测量时应注意什么？

7. 当前应用比较广泛的集成超声波专用芯片有哪些？相关性能指标如何？使用的时候需要注意哪些方面的问题？给出具体应用电路。

8. 各列举两种超声波发送和接收应用电路图，解释整体工作过程。

9. 总结超声波传感器应用注意事项。

10. 简述电磁流量计的工作原理及使用特点。

11. 简述推导式质量流量计的基本组合形式及各自工作原理。

12. 光纤传感器测量流速的工作原理是怎样的？

第 6 章　机械量传感器及其检测技术

教学目标

本章主要以机械量检测中的“位移检测”、“厚度检测”和“速度(转速)检测”知识模块的形式来构成。主要学习内容有：机械量检测中位移、厚度和速度(转速)的概念、检测方法和常用传感器等；位移检测中常用的模拟式、数字式传感器的测量原理、主要特点和应用；厚度检测中常用传感器的测量原理、主要特点和应用；速度(转速)检测中常用的传感器的测量原理和应用等。其中，重点介绍了电位器式、电涡流式、霍尔式和光电式传感器的工作机理、主要特点、测量电路及其在机械量检测中的应用。

通过本章的学习，读者了解机械量检测的常用参量和检测方法，熟悉常用机械量传感器的测量原理、主要特点，学会根据检测要求、现场环境、被测介质等选择合适的检测方案和传感器完成检测任务。

教学要求

知识要点	能 力 要 求	相关知识
位移检测	(1) 熟悉位移检测的方法； (2) 掌握常用模拟位移传感器如电位器式、电感式、电容式、霍尔式的测量原理、主要特点、测量电路和应用； (3) 掌握常用数字位移传感器如光栅式、磁栅式、光电编码器的测量原理、主要特点和应用	(1) 电工学 (2) 机械工程学 (3) 物理学
厚度检测	掌握常用厚度传感器如超声波式、电涡流式、电容式、核辐射式、X 射线式传感器在厚度检测中的应用	(1) 电工学 (2) 物理学
速度(转速)检测	(1) 熟悉速度(转速)检测的方法； (2) 掌握磁电式、测速发电机、光电式和霍尔式测速传感器的测量原理、主要特点及应用	(1) 电工学 (2) 物理学

描述物体机械运动状态的位移(线位移及角位移)、厚度、速度(转速)、加速度、力、振动等物理量通常称为机械量，对这些物理量的检测常采用相应的传感器进行，如位移传感器、速度传感器、加速度传感器和振动传感器等。在机械量检测中，对位移、速度、力和厚度的检测是最常见的，对这些参数的检测不仅为机械加工、机械设计、安全生产以及提高产品质量提供了重要依据，同时也为其他参数检测，如转子流量计、浮子液位计等提供了基础。下面以位移检测、厚度检测和速度(转速)检测为主介绍机械量传感器及应用，将加速度和振动的检测穿插在上述内容中，不再做专门介绍。

6.1 位移传感器及其检测技术

位移是指物体或其某一部分的位置对参考点产生的偏移量，位移可以是直线位移或角位移。一般称直线位移检测为长度检测，称角位移检测为角度检测。根据位移检测范围变化的大小，可分为微小位移检测、小位移检测和大位移检测三种；根据检测时是否与被测对象接触，可分为接触式和非接触式两种；根据检测结果信号的形式可分为模拟式和数字式两种。除此之外，位移传感器对检测准确度、分辨率、使用条件等的要求不同，因此会有多种多样的检测方法。

6.1.1 位移的检测方法和常用位移传感器

1. 位移的检测方法

位移检测笼统讲包括线位移检测和角位移检测，实际在工业现场包含：偏心、间隙、位置、倾斜、弯曲、变形、移动、圆度、冲击、偏心率、冲程、宽度等。所以，来自不同领域的许多参量都可归结为位移或间隙变化的检测，常用的位移检测方法有下述几种。

1）积分法

测量运动物体的速度或加速度，经过积分或二次积分求得运动物体的位移。

2）相关测距法

利用相关函数的时延性质，向某被测物发射信号，将发射信号与经被测物反射的返回信号作相关处理，求得时延，若发射信号的速度已知，则可求得发射点与被测物之间的距离。

3）回波法

从测量起始点到被测面是一种介质，被测面以后是另一种介质，利用介质分解面对波的反射原理测位移。

4）线位移和角位移相互转换

被测量是线位移时，若检测角位移更方便，则可用间接测量方法，通过测角位移再换算成线位移。同样，被测是角位移时，也可先测线位移再进行转换。

5）位移传感器法

通过位移传感器，将被测位移量的变化转换成电量(电压、电流、阻抗等)、流量、磁通量等的变化，间接测位移。位移传感器法是目前应用最广泛的一种方法。

一般来说，在进行位移检测时，要充分利用被测对象所在场合和具备的条件来设计、选择检测方法。

2. 常用位移传感器的性能特点

用于位移测量的传感器很多，因测量范围的不同，所用的传感器也不同。小位移传感器主要用于从微米级到毫米级的微小位移测量，如蠕变测量、振幅测量等，常用的传感器有：应变式、电感式、差动变压器式、电容式、霍尔式等，测量精度可以达到0.5%～1.0%，其中电感式和差动变压器式传感器的测量范围要大一些，有些可达100 mm。大位移的测量则常采用感应同步器、计量光栅、磁栅、编码器等传感器，这些传感器具有较易实现数字化、测量精度高、抗干扰性能强、避免了人为的读数误差以及方便可靠等特点。位移传感器在测量线位移和角位移的基础上，还可以测量长度、速度等物理量。表 6－1 为常见位移传感器的主要性能及其特点。

表 6－1　常用位移传感器的性能与特点

类型		测量范围	精度/%	线性度/%	工作特点
电阻式	滑线式、线位移 (分压式)角位移	1～300 mm 0°～360°	±0.1 ±0.1	±0.1 ±0.1	分辨率较高，可用于静态或动态测量。接触元件易磨损
电阻式	变阻式、线位移 角位移	1～1000 mm 0～60r	±0.5 ±0.5	±0.5 ±0.1	结构牢固，寿命长，但分辨率较差，电噪声大
应变式	非粘贴式 粘贴式 半导体式	±0.15%应变值 ±0.3%应变值 ±0.25%应变值	±0.1 ±2～±3 ±2～±3	±1	不牢固。 牢固，使用方便，要作温度补偿，输出幅值大
电感式	自感型变气隙式 螺线管式 差动变压器式	±0.2 mm 1.5～2 mm ±0.08～±85 mm	±1 ±0.5	±3	适用于微小位移测量。 使用简便，动态性能较差。 分辨率好，需屏蔽
电感式	电涡流式	±2.5～±250 mm	±1～±3	<3	分辨率好，被测体须是导体
电感式	同步机	360°	±0.1°～±8°	±0.5 ±0.05	能在 1200 r/min 转速下工作，对温度和湿度不敏感。
电感式	微动变压器 旋转变压器	±10° ±60°	±1 ±1(在±10°内)	 ±0.1	非线性误差与变压比和测量范围有关
电容式	变面积型	10^{-3}～100 mm	±0.005	±1	介电常数受环境温度、湿度影响较大。
电容式	变极距型	10^{-2}～10 mm	±0.1		分辨率很好，测量范围很小，在较小极距内保持线性
霍尔元件式		±1.5 mm	0.5		结构简单，动态特性好
感应同步器	直线式 旋转式	10^{-3}～250 mm 0^0～360^0	2.5 μm/250 mm ±0.5″		模拟和数字混合测量系统，数字显示(直线式感应同步器的分辨率可达 1 μm)
计量光栅	长光栅 圆光栅	10^{-3}～250 mm 可按需要接长	3 μm/1 m ±0.5″		模拟和数字混合测量系统，数字显示(长光栅分辨率为 0.1～1 μm)
激光干涉仪					测量精度高，操作简便，能精确测得位移及方向
磁栅	长磁栅 圆磁栅	10^{-3}～10000 mm 0°～360°	5 μm/1 m ±1″		测量时工作速度可达 12 m/min
编码器	接触式 光电式	0°～360° 0°～360°	10^{-6} r/min 10^{-8} r/min		分辨率好，可靠性高
光纤式	纤维光学位移传感器	0.025～0.1 mm (探头直径为 2.8 mm)		±1	分辨率高，约 0.25 μm，抗环境干扰能力强

6.1.2　电位器式传感器及位移检测

常用的位移传感器以模拟式结构型居多，包括电位器式、电感式、自整角机、电容式、涡流式、霍尔式等。从这些传感器的结构来看，都含有可动部分(如电位器的滑动臂、电容传感器的动极板、电感传感器的活动衔铁、涡流式传感器的金属板等)，而且其输出量都是传感器可动部分位移的单值函数。

电位器是常用的一种电子元件，具有结构简单，成本低，性能稳定、对环境条件要求不高、输出信号大、精度高等优点，虽然存在着电噪声大、分辨力有限、精度不够高、动态响应差和寿命短等缺点，但它作为传感器可以将机械位移或其他能变换成位移的非电量变换成与其成一定函数的电阻或电压输出的变化。所以，电位器传感器但仍被广泛应用于测量变化较缓慢的线位移或角位移中，它还适用于压力、高度、加速度、航面角等的测量。

1. 线绕式电位器测量原理

电位器按其结构形式不同，可分为线绕式和非线绕式。本书以线绕式电位器为例介绍电位器的工作原理、基本结构和特性。一般线绕式电位器额定功率范围为 0.25～50 W，阻值范围为 100 Ω～100 kΩ。

电位器的工作原理是基于均匀截面导体的电阻计算公式，即

$$R = \rho \frac{L}{S} \tag{6-1}$$

式中，ρ 为导体的电阻率(Ω · m)；L 为导体的长度(m)；S 为导体的截面积(m^2)。

由式(6-1)可知，当 ρ 和 S 一定时，其电阻 R 与长度 L 成正比。将上述电阻做成线绕式线性电位器，其原理结构如图 6-1 所示。

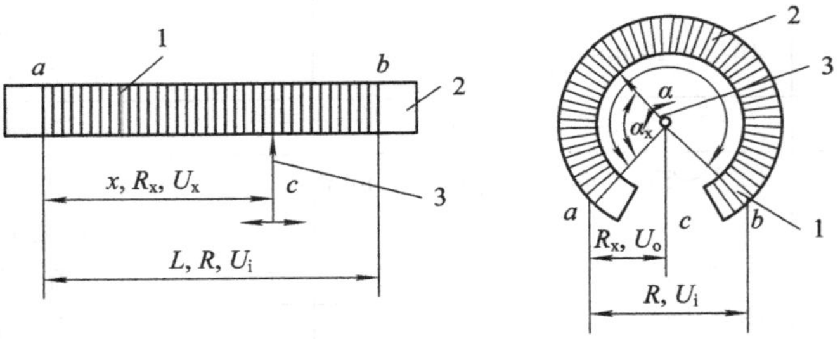

(a) 直线式　　(b) 旋转式

1—电阻元件；2—骨架；3—电刷

图 6-1　绕线式线性电位器原理图

图 6-1 中，电位器由骨架、电阻元件 R 和电刷两部分组成，电刷就是输出的抽头端，由回转轴、滑动触点元件和导电环组成。工作时，在电阻元件 R 的 a、b 端两端加上固定的直流工作电压 U_i，从 a、c 两端就有电压 U_x 输出。若图 6-1(a)直线式电位器电刷的总行程为 L，电刷的直线位移为 x，设电刷位移 x 时，跟随变化的电阻为 R_x，则

$$R_x = \frac{x}{L} R \tag{6-2}$$

若把电位器做分压器使用，电位器的负载电阻 $R_L = \infty$(相当于空载状态)，根据式

(6－2)，则空载输出电压为

$$U_{x} = \frac{x}{L}U_{i} \tag{6-3}$$

由式(6－3)可知，电位器在空载状态下的输出电压 U_x 与电刷的直线位移成正比。

同理，若图 6－1(b)旋转式电位器的行程夹角为 α，电刷的旋转夹角为 α_x，设电刷旋转 α_x 时，跟随旋转的电阻为 R_x，则

$$U_{x} = \frac{\alpha_{x}}{\alpha}U_{i} \tag{6-4}$$

由式(6－4)可知，电位器在空载状态下的输出电压 U_x 与电刷的旋转夹角成正比。根据上述结论，电位器式传感器的工作原理是当电刷随着被测量产生位移时，输出电压也发生了相应的变化，从而实现了位移和电信号的转换。

2. 线绕式电位器结构类型

直线式和旋转式电位器可分别制作成直线位移传感器和角位移传感器。其结构外形如图 6－2 所示。

(a) 直线式　(b) 旋转式

图 6－2　电位器式位移传感器外形

图 6－2(b)中的旋转式位移传感器有单圈和多圈两种。但不管哪种形式的电位器式位移传感器都由骨架、电阻元件和电刷(活动触点)等组成。其中，电阻元件是由电阻系数很高的极细均匀导线按照一定的规律整齐地绕在一个由绝缘骨架上制成的。在它与电刷相接触的部分，将导线表面的绝缘去掉，然后抛光，形成一个电刷可在其上滑动的接触道；电刷由回转轴、滑动触头、臂、导向及轴承等装置组成，外部与其他被测量的机构相连接。通常电刷臂由具有弹性的金属薄片或金属丝制成弧形，利用电刷与电阻本身的弹性变形产生的弹性力，使电刷与电阻元件有一定的接触压力，以使两者在相对滑动过程中保持可靠的接触和导电。电位器常用的电阻元件的材料为铜镍合金类、铜锰合金类、铂铱合金类、镍铬丝、卡玛丝(镍铬铁铝合金)及银钯丝等；电刷触头用银、铂铱、铂铑等金属，电刷臂为磷青铜，其接触能力在 0.005～0.05 μm 之间；骨架为陶瓷、酚醛树脂和工程塑料等。

3. 线绕式电位器的基本特性

线性线绕式电位器理想的输入/输出关系遵循式(6－3)和式(6－4)。线性线绕式电位器的绕制示意图如图 6－3 所示。

图 6－3 中的右图为电位器骨架的截面，根据公式(6－1)，则电位器的电阻为

$$R = \frac{\rho}{S}2(l+h)n \tag{6-5}$$

式中，n 为绕制匝数；h 为骨架截面的高(m)；l 为骨架截面的长(m)。

图 6－3 中的左图为线性线绕式电位器的绕制示意图，电刷的总行程为 L(m)，相邻两

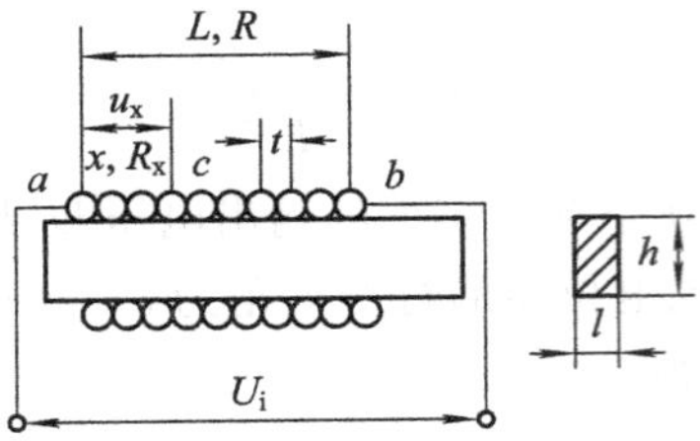

图 6－3　线性线绕式电位器的绕制示意图

线绕线的距离 t(m)，也称为节距。则

$$L = nt \tag{6-6}$$

电位器在可移动范围内的电阻灵敏度为

$$K_R = \frac{R}{L} = \frac{2(l+h)\rho}{S \cdot t} \tag{6-7}$$

电位器在可移动范围内的电压灵敏度为

$$K_u = \frac{U_i}{L} = I \cdot \frac{2(l+h)\rho}{S \cdot t} \tag{6-8}$$

式中，I 为流过电位器的电流(A)。

由式(6－7)和式(6－8)可知，K_R和 K_u除了与电阻率 ρ 有关外，还与骨架尺寸 l 和 h、导线截面积 S、绕线节距 t 等结构参数有关；电压灵敏度还与通过电位器的电流 I 的大小有关。K_R和 K_u分别表示单位位移所引起的输出电阻和输出电压的变化量。若 K_R和 K_u均为常数，这样的电位器称为线性电位器，即改变测量电阻值 R_x所引起输出电压 U_x的变化为线性变化。

由图 6－3 可以看出，电刷在电位器的线圈上移动时，线圈一圈一圈地变化。因此，电位器的阻值随电刷移动是不连续的阶跃变化。电位器的阶梯特性曲线如图 6－4 所示。

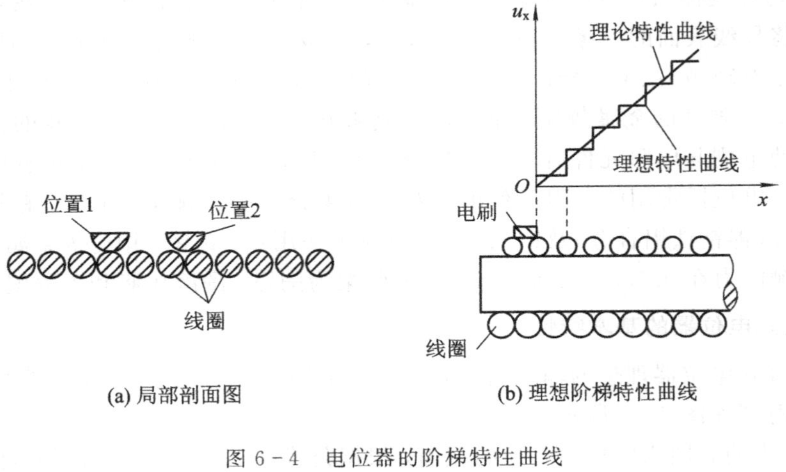

(a) 局部剖面图　(b) 理想阶梯特性曲线

图 6－4　电位器的阶梯特性曲线

图 6－4(a)中，电刷与一匝线圈接触过程中(位置 1)，虽有微小位移，但电阻值无变化，则输出电压不改变，在输出特性曲线上对应地出现平直段；当电刷离开这一匝线圈而与下一匝接触时，电阻突然增加了一匝线圈的阻值，因此特性曲线相应地出现阶跃段。这

样，电刷每移过一匝线圈，输出电压便阶跃一次，若电位器总匝数为 n，则会产生 n 个电压阶梯，其阶跃值即为线绕式电位器的分辨率。其阶梯特性曲线如图 6-4(b)所示。

由图 6-4(b)可以看出，通过每个阶梯中的直线为理论特性曲线。工程上，将围绕该直线上下波动的曲线称为理想阶梯特性曲线，两条曲线间的偏差，称为阶梯误差。

由此可见，阶梯误差和分辨率的大小都是由线绕电位器本身工作原理决定的，是一种原理性误差，它决定了电位器可能达到的最高精度。在实际设计中，为改善阶梯误差和分辨率，需要增加匝数，即减小导线直径(小型电位器通常选 0.5 mm 或更细的导线)或增加骨架长度(如采用多圈螺旋电位器)等。

4. 非线绕式电位器

虽然线绕式电位器具有精度高、性能稳定、易于实现线性变化等优点，但也存在分辨率差、耐磨性差、寿命较短缺点。为了克服这些缺点，人们研制了一些性能优良的非线绕式电位器。常用的非线绕式电位器如图 6-5 所示。

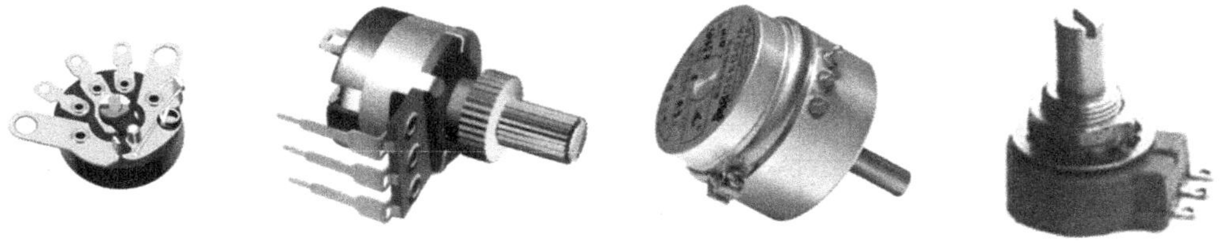

(a) 合成膜电位器　(b) 金属膜电位器　(c) 导电塑料电位器　(d) 导电玻璃釉电位器

图 6-5　常用的非线绕式电位器

1) 薄膜电位器

薄膜电位器的结构与精密线绕电位器大致相仿，主要区别是电阻元件是在绝缘基体(骨架)上喷涂或蒸镀具有一定形状的电阻膜带而形成的，根据喷涂材料的不同，薄膜电位器可分为合成膜电位器和金属膜电位器两类。薄膜电位器的电刷通常采用多指电刷，以减小接触电阻，提高工作的稳定性。

合成膜电位器是在绝缘基体表面喷涂一层由石墨、炭黑等材料配制的电阻液，经烘干聚合后制成电阻膜，其外形如图 6-5(a)所示。这种电位器的优点是分辨率高、阻值范围宽(100 Ω～4.7 MΩ)、耐磨性较好、工艺简单、成本较低、线性度好，但有接触电阻大、噪声大和容易吸潮等缺点。

金属膜电位器是在玻璃或胶木基体上，用高温蒸镀或电镀方法涂覆一层金属膜而制成的，其外形如图 6-5(b)所示。用于制作金属膜的合金为锗铑、铂铜等。这种金属膜电位器具有温度系数小、满负荷达 70℃、无限分辨率、接触电阻小等优点，但仍存在耐磨性差、功率小、阻值范围窄(10～100Ω)等缺点。

2) 导电塑料电位器

导电塑料电位器又称为实心电位器，是由塑料粉及导电材料粉(合金、石墨、炭黑等)压制而成，其外形如图 6-5(c)所示。这种电位器的优点是耐磨性较好、寿命较长、电刷允许的接触压力较大(几十至几百克)，适用于振动、冲击等恶劣条件下工作，分辨率高、阻值范围大、能承受较大的功率；其缺点是温度影响较大、接触电阻大、精度不高。

3）导电玻璃釉电位器

导电玻璃釉电位器又称为金属陶瓷电位器，是以合金、金属氧化物等作为导电材料，以玻璃釉粉为黏合剂，经混合烧结在陶瓷或玻璃基体上制成，其外形如图 6-5(d)所示。这种电位器的优点是耐高温、耐磨性好，电阻温度系数小且抗湿性能强；缺点是接触电阻大、噪声大、测量准确度不高。

4）光电电位器

上述介绍的几种非线绕式电位器均是接触式电位器，它们的共同缺点是耐磨性较差、寿命较短。光电电位器是一种无接触式电位器、它克服了接触式电位器的缺点，用光束代替常用的电刷。

光电电位器在氧化铝基体上沉积一层硫化镉(CdS)或硒化镉(CdSe)的光电导层，这种半导体光电导材料，在无光照情况下，暗电阻很大，相当于绝缘体，而当受一定强度的光照射时，它的明电阻很小，相当于良导体，其暗电阻与明电阻之比可达 $10^5 \sim 10^8$。光电电位器正是利用半导体光电导材料的这种性质而制成的，电位器由薄膜电阻带、光电导层和导电极等主要部分组成，其原理如图 6-6 所示。

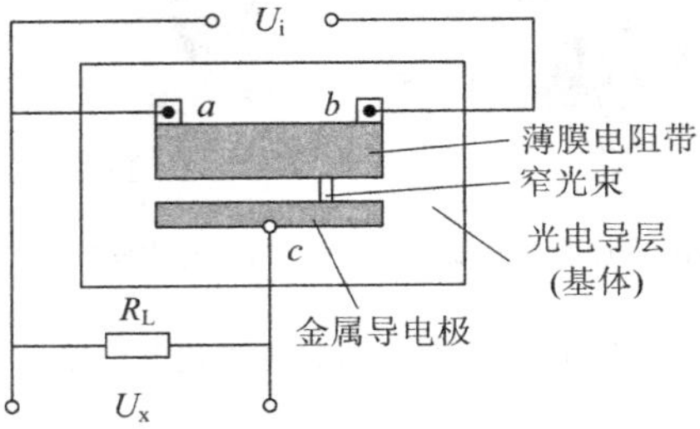

图 6-6　光电电位器原理图

图 6-6 中，光电电位器在光电导层上分别沉积薄膜电阻带和金属导电极，薄膜电阻带是电位器的电阻元件，相当于精密线绕电位器的绕组，或者相当于薄膜电位器中的电阻膜带，它有两个电极引出端 a、b，在其上加工作电压 U_i；而金属导电极相当于普通电位器的导电环，作为电位器的输出端(电极 c)而输出信号电压 U_x。薄膜电阻带和金属导电极之间形成一间隙，这样，当无光束照射在间隙的光电导材料上时，薄膜电阻带与金属导电极之间是绝缘的，没有电压输出，$U_x=0$。当有一束经过聚焦的窄光束照射在光电导层的间隙上时，该处的明电阻就变得很小，相当于把薄膜电阻带和金属导电极接通，类似于电刷触头与电阻元件相接触，这时，金属导电极输出与光束位置相应的薄膜电阻带电压，负载电阻 R_L上便有电压输出。如果光束位置移动，就相当于电刷位置移动，输出电压 U_x 也相应变化。

光电电位器的主要优点是：由于非接触，所以电位器的精度、寿命、分辨率和可靠性都很高，阻值范围可达 500 Ω～15 MΩ；光电电位器也有缺点如工作温度范围比较窄(<150℃)，输出电流小，输出阻抗较高，且光学系统结构复杂，体积和重量较大。

5. 电位器式位移传感器

电位器式位移传感器常用于测量几毫米到几十米的位移和几度到 360°的角位移，所以有直线位移传感器和角位移传感器两种形式。图 6-7 所示为直线位移传感器内部结构。

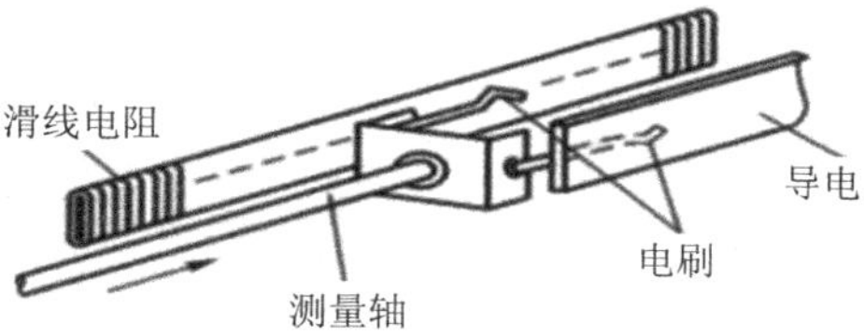

图 6－7　直线位移传感器的内部结构

图 6－7 中，测量轴与被测物相接触，当有位移输入时，测量轴便沿导轨移动，同时带动电刷在滑线电阻上移动，因电刷的位置变化会有电压输出，据此可以判断位移的大小，并由导电片输出。一般在传感器内部要加一根拉紧弹簧，一是保证测量位置的稳定性，二是当外力撤除后，在弹簧回复力的作用下恢复到初始位置。

旋转式位移传感器的内部结构如图 6－8 所示。

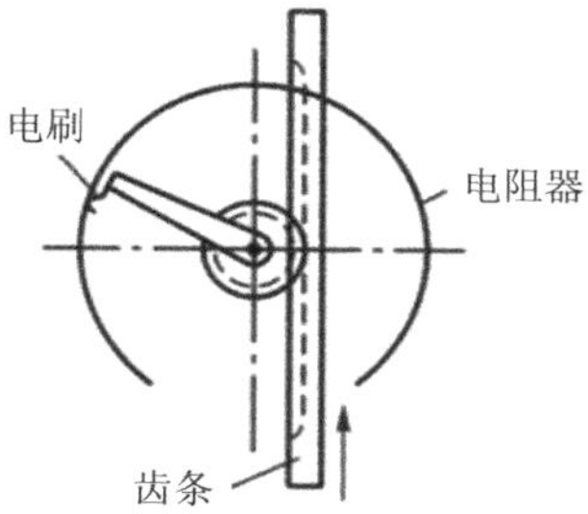

图 6－8　旋转式位移传感器的内部结构

图 6－8 这种传感器叫推杆式位移传感器。当被测物带动齿条动作时，将线性位移转换成电刷的角位移，当在电位器两固定端加上工作电压后，其滑动端就有对应于位移的电压信号输出。这种传感器可测量 5～200 mm 的位移，工作频率为 300 Hz 以内及加速度为 300 m/s^2 的振动条件，工作温度为±50℃，相对湿度为 98％(20℃时)，精度为 2％，电位器总电阻 1500 Ω。

6.1.3　霍尔传感器及位移检测

霍尔传感器是一种利用半导体霍尔元件的霍尔效应实现磁电转换的传感器，是目前应用最为广泛的一种磁敏传感器，可用来检测磁场及其变化，适合在各种与磁场有关的场合中使用。

霍尔传感器不仅具有灵敏度高、线性度好、稳定性好、寿命长、功耗小等性能优点，还具有结构牢固、体积小、重量轻、安装方便、工作频率高(可达 1 MHz)、耐振动、不怕污染或腐蚀的环境(灰尘、油污、水汽及盐雾等)外部特点，广泛应用于工业、农业、国防和社会生活中非电量电测、自动控制等各个领域。

1. 霍尔元件

1) 霍尔效应

霍尔效应的实质是磁电转换效应。如图 6－9 所示的有限尺寸的霍尔材料中，在 y 方向

加电流 I，在 z 方向加恒定磁场 B，此时，半导体中的载流子(设为电子)将受电场力作用而向 $-x$ 方向运动。当电子以一定速度运动时，由于磁场 B 的作用产生洛伦兹力，运动的电子在电场力和洛伦兹力的作用下会改变运动轨迹而向 $-x$ 方向运动。结果在 $-x$ 平面上堆积了负电荷，而 $+x$ 平面上就有多余的正电荷，两种电荷使半导体内又产生了一个横向电场。只有当作用在电子上的洛伦兹力和电场力相平衡时，电子的运动才会停止。在稳定状态下，半导体片两侧面(x 方向)的负电荷和正电荷相对积累，形成电动势，这种现象称为霍尔效应。由此而产生的电动势称为霍尔电势。霍尔电势 U_H 的大小为

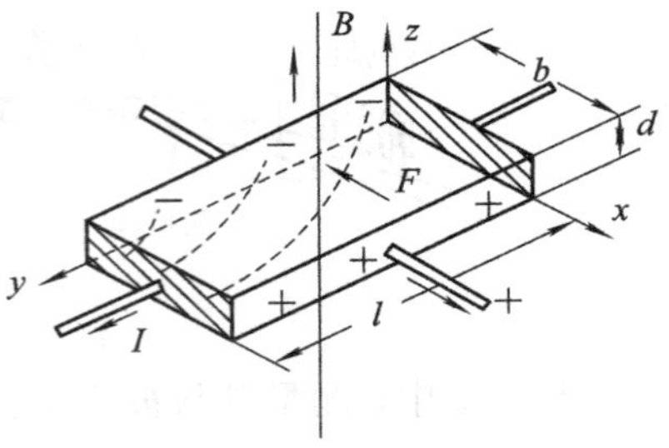

图 6-9　霍尔效应

$$U_H = K_H IB \tag{6-9}$$

式中，K_H 为霍尔灵敏度，它表示一个霍尔元件在单位控制电流和单位磁感应强度时产生的霍尔电势差的大小；I 为控制电流；B 为磁感应强度。

式(6-9)是表示传感器受磁面与所加磁场成直角的情况。如果受磁面与所加磁场夹角为 θ，则式(6-9)变为

$$U_H = K_H IB\ \sin\theta \tag{6-10}$$

在工程应用中，控制电流 I 通常为几到几十毫安；B 的单位可为高斯(Gs)或特斯拉(T)，1 特斯拉(T)$=10^4$ 高斯(Gs)；K_H 通常表示电流为 1 mA、磁场为 1 kGs 时的输出电压，单位为 mV/(mA · kGs)，它与元件材料的性质和几何尺寸有关。

2) 霍尔元件材料及特点

霍尔元件常用材料有 N 型锗(Ge)、锑化铟(InSb)、砷化铅(InAs)、砷化镓(GaAs)等。目前常用的霍尔元件材料主要有 InSb 和 GaAs 两种，其特性如图 6-10 所示。可见两者都具有良好的线性特性。

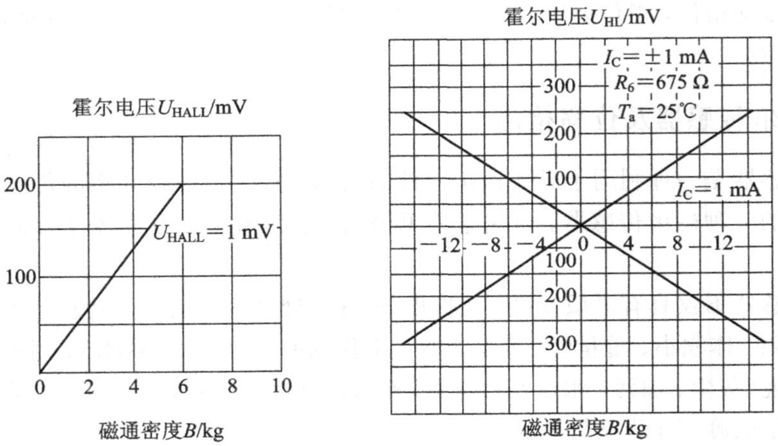

(a) 锑化铟InSb　　　(b) 砷化镓GaAs

图 6-10　霍尔元件的实际特性

InSb 材料霍尔元件的特点：① 稳定性好，受漂移电压的影响较小；② 霍尔电压受温度变化影响较大；③ 频率特性较差。GaAs 材料霍尔元件的特点：① 霍尔电压的温度系数较小；② 线性好；③ 灵敏度低。

3）霍尔元件外形

霍尔元件的外形如图 6－11(a)所示，由霍尔片、4 根引线和壳体组成。图 6－11(b)所示的霍尔片是一块矩形半导体单晶薄片，在它的长度方向两端面上焊接有 a、b 两根引线，称为控制电流端引线，通常用红色导线。在薄片的另两侧端面的中间以点的形式对称地焊接有 c、d 两根霍尔输出引线，通常用绿色导线。霍尔元件的壳体上是用非导磁金属、陶瓷或环氧树脂封装。图 6－11(c)为霍尔元件符号，图 6－11(d)是它的基本电路。

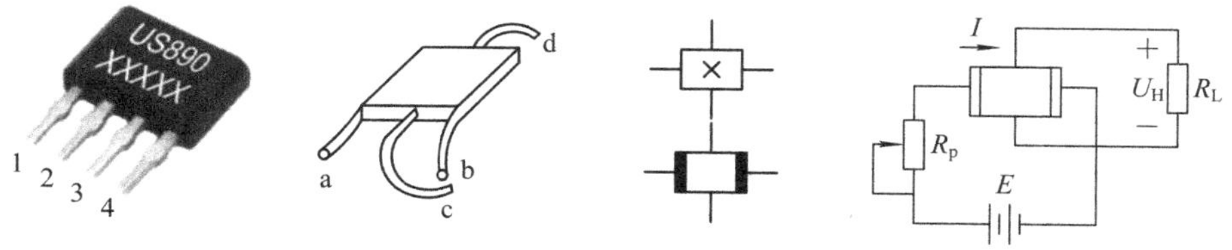

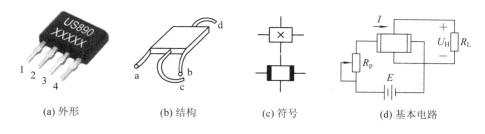

(a) 外形　(b) 结构　(c) 符号　(d) 基本电路

图 6－14　霍尔元件

4）霍尔元件主要技术参数

(1) 输入电阻 R_I 和输出电阻 R_O。霍尔元件控制电流极间的电阻为 R_I；霍尔电压极间的电阻为 R_O。输入电阻与输出电阻一般为 100～2000 Ω，而且输入电阻大于输出电阻，但相差不太多，使用时不能搞错。

(2) 额定控制电流 I。额定控制电路 I 为使霍尔元件在空气中产生 10℃温升的控制电流。I 大小与霍尔元件的尺寸有关，尺寸愈小，I 愈小。一般为几毫安～几十毫安。

(3) 不等位电势 U_0 和不等位电阻 R_0。霍尔元件在额定控制电流作用下，不加外磁场时，其霍尔电压电极间的电势为不等位电势。它主要与两个电极不在同一等位面上其材料电阻率不均等因素有关。可以用输出的电压表示，或空载霍尔电压 U_H 的百分数表示，一般 U_0 不大于 10 mV。不等位电势与额定控制电流之比称为不等位电阻 R_0，U_0 及 R_0 越小越好。

(4) 灵敏度 K_H。灵敏度是在单位磁感应强度下，通以单位控制电流所产生的霍尔电压。

(5) 寄生直流电势 U_{0D}。在不加外磁场时，交流控制电流通过霍尔元件而在霍尔电压极间产生的直流电势。它主要是由电极与基片之间的非完全欧姆接触所产生的整流效应造成的。

(6) 霍尔电压温度系数 α。α 为温度每变化 1℃霍尔电压变化的百分率。这一参数对测量仪器十分重要。若仪器要求精度高时，要选择 α 值小的元件，必要时还要加温度补偿电路。

(7) 电阻温度系数 β。β 为温度每变化 1℃霍尔元件材料的电阻变化的百分率。

(8) 灵敏度温度系数 γ。γ 为温度每变化 1℃霍尔元件灵敏度变化率。

(9) 线性度。霍尔元件的线性度常用 1 kGs 时霍尔电压相对于 5 kGs 时霍尔电压的最大差值的百分比表示。

表 6-2 为几种霍尔元件的主要参数。

表 6-2　几种霍尔元件主要参数

型号 \ 项目	控制电流	输入电阻	输出电阻	不等位电势	灵敏度	U_H温度系数	电阻温度系数	材料
符号	I	R_I	R_O	U_0	K_H	α	β	
单位	mA	Ω	Ω	mV	mV/(mA·kG)	%/℃	%/℃	
HZ-1	20	110±20%	100±20%	0.1	1.5±20%	0.03	0.5	Ge
6SH	1～5	200～1000	200～1000	1	2～15	0.04	0.3	GaAs
	5～10	170～350	小于输入	0.8	1～2	0.04		Si
KH400A	5	240～550	50～110	10	5～110	−0.1～1.3	−0.1～−1.3	InSb

5）霍尔元件的应用电路

（1）基本测量电路。霍尔元件的基本测量电路如图 6-11(d)所示。控制电流 I 由电源 E 供给，并通过电位器 R_P 调节其大小。霍尔元件的输出接负载电阻 R_L，R_L 可以是放大器的输入电阻或测量仪表的内阻。由于霍尔元件必须在磁场 B 和控制电流 I 的作用下才会产生霍尔电势 U_H，所以在实际应用中，可以把 I 和 B 的乘积，或者 I，或者 B 作为输入信号，则霍尔元件的输出电势分别正比于 IB 或 I 或 B。

（2）连接方式。霍尔元件除了基本电路形式之外，如果为了获得较大的霍尔输出电势，可以采用几片叠加的连接方式，如图 6-12 所示。

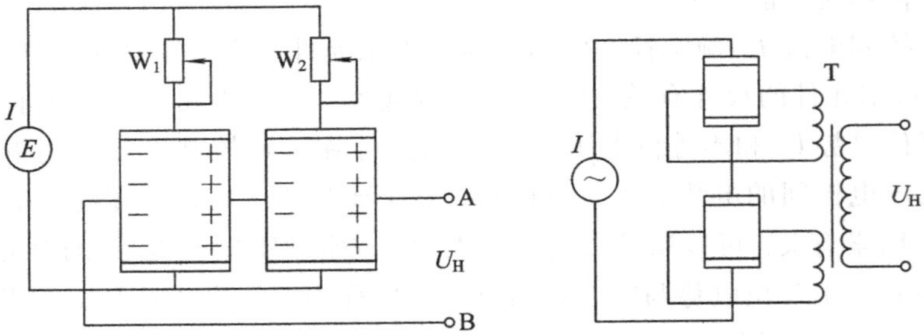

(a) 直流供电　　(b) 交流供电

图 6-12　霍尔元件叠加连接方式

图 6-12(a)为直流供电情况。控制电流端并联，由 W_1、W_2 调节两个元件的输出霍尔电势，A、B 为输出端，则它的输出电势为单块的两倍。注意此种情况下，控制电流端不能串联，因为串联起来将有大部分控制电流被相连的霍尔电势极短接。

图 6-12(b)为交流供电情况。控制电流端串联，各元件输出端接输出变压器 T 的初级绕组，变压器的次级便有霍尔电势信号叠加值输出。这样可以增加霍尔输出电势及功率。

（3）输出电路。霍尔器件是一种四端器件，本身不带放大器。霍尔电势一般在毫伏量级，在实际使用时必须加差分放大器。霍尔元件大体分为线性测量和开关状态两种使用方式，因此，输出电路有两种结构。下面以 GaAs 霍尔元件为例，给出两种参考电路，如图 6-13 所示。

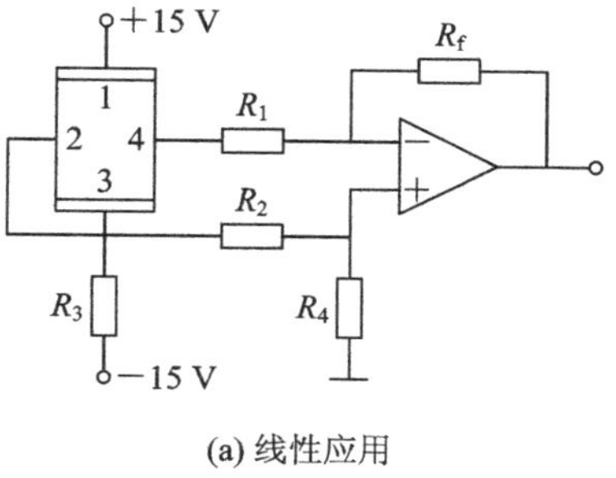

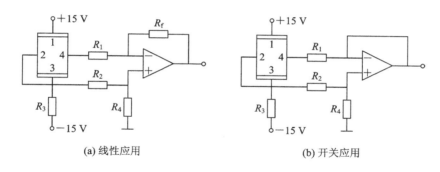

图 6-13　GaAs 霍尔元件的输出电路

当霍尔元件作线性测量时，最好选用灵敏度低一点、不等位电势小、稳定性和线性度优良的霍尔元件。

例 6-1　选用 K_H=5 mV/(mA·kGs)，控制电流为 5 mV 的霍尔元件作线性测量元件，若要测量 1～10 kGs 的磁场，则霍尔器件最低输出电势 U_H 为

$$U_H = 5\ \text{mV/(mA·kGs)} \times 5\ \text{mA} \times 10^{-3}\ \text{kGs} = 25\ \mu\text{V}$$

最大输出电势为

$$U_H = 5\ \text{mV/(mA·kGs)} \times 5\ \text{mA} \times 10\ \text{kGs} = 250\ \text{mV}$$

故要选择低噪声的放大器作为前级放大。

当霍尔元件作开关使用时，要选择灵敏度高的霍尔器件。

例 6-2　K_H=20 mV/(mA·kGs)，如果采用 2 mm×3 mm×5 mm 的钐钴磁钢器件，控制电流为 2 mA，施加一个距离器件 5 mm 的 300 kGs 的磁场，则输出霍尔电势为

$$U_H = 20\ \text{mV/(mA·kGs)} \times 2\ \text{mA} \times 300\ \text{kGs} = 120\ \text{mV}$$

这时选用一般的放大器即可满足。

6) 霍尔元件的测量误差和补偿方法

霍尔元件在实际应用时，存在多种因素影响其测量精度，造成测量误差的主要因素有两类：一类是半导体固有特性；另一类是半导体制造工艺的缺陷。其表现为零位误差和温度引起的误差。

(1) 霍尔元件的零位误差及其补偿。零位误差是霍尔元件在加控制电流不加外力磁场或反之时，而出现的霍尔电势称为零位误差。霍尔元件的零位误差主要是由制造霍尔元件的工艺问题而出现的不等位电势引起，即制造工艺很难保证霍尔元件两侧的电极焊接在同一等电位面上，当控制电流 I 流过时，即使末加外磁场，两电极仍存在电位差，此电位差称为不等位电势 U_0。

不等位电势与霍尔电势具有相同的数量级，有时甚至超过霍尔电势，而实际使用中通过工艺措施要消除不等位电势是极其困难的，可以采用补偿的方法来实现。分析不等位电势时，可以把霍尔元件等效为一个电桥，用分析电桥平衡来补偿不等位电势，如图 6-14 所示。

图 6-14 中 A、B 为控制电极，C、D 为霍尔电极，在极间分布的电阻用 R_1、R_2、R_3、R_4表示，视为电桥的四个臂。如果两个霍尔电极 A、B 处在同一等位面上，桥路处于平衡状态，即 $R_1=R_2=R_3=R_4$，则不等位电势 U_0=0(或零位电阻为零)。如果两个霍尔电极不

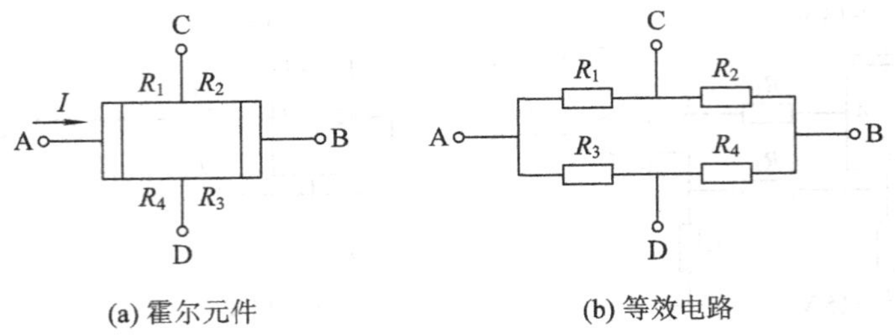

图 6－14　霍尔元件不等位电势等效电路

在同一等位面上，四个电阻不等，电桥处于不平衡状态，则不等位电势 $U_0 \neq 0$。此时根据 A、B 两点电位高低，判断应在某一桥臂上并联一个电阻，使电桥平衡，从而就消除了不等位电势。

常用的三种消除不等位电势的补偿方法如图 6－15 所示。

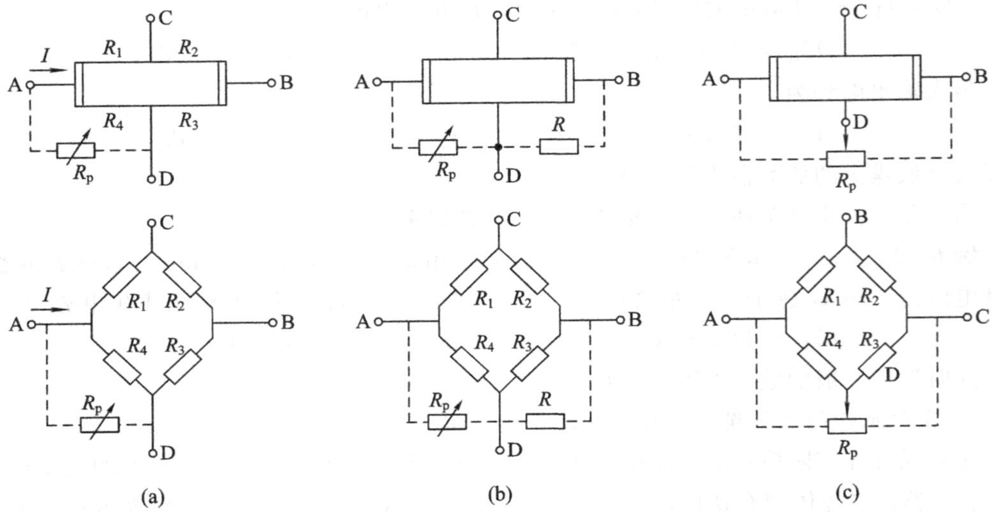

图 6－15　霍尔元件不等位电势补偿电路原理图

图 6－15(a)为在阻值较大的桥臂上并联电阻；图 6－15(b)为在两个桥臂上同时并联电阻；图 6－15(c)为加入可调电位器，显然这种方案调整比较方便。

(2) 温度误差及其补偿。霍尔元件是采用半导体材料制成的，由于半导体材料的载流子浓度、迁移率、电阻率等随温度变化而变化，因此，会导致霍尔元件的内阻、霍尔电势等也随温度变化而变化。这种变化程度随不同半导体材料有所不同，而且温度高到一定程度，产生的变化相当大，温度误差是霍尔元件测量中不可忽视的误差。为了减小温度变化导致内阻(输入、输出电阻)的变化，可以对输入或输出电路的电阻进行补偿。

利用输出回路并联电阻进行补偿。在输入控制电流恒定的情况下，如果输出电阻随温度增加而增大，霍尔电势增加；若在输出端并联一个补偿电阻 R_L，则通过霍尔元件的电流减小，而通过 R_L 的电流却增大。只要适当选择补偿电阻 R_L，就可以达到补偿的目的。

利用输入回路串联电阻进行补偿。霍尔元件的控制回路用稳压电源 E 供电，其输出端处于开路工作状态，当输入回路串联适当的电阻 R 时，霍尔电势随温度的变化可以得到补偿。

除此之外，还可以在霍尔元件的输入端采用恒流源来减小温度的影响。

2. 霍尔集成传感器

霍尔传感器分为霍尔元件和霍尔集成电路两大类，前者是一个简单的霍尔片，使用时需要将获得的霍尔电压进行放大。后者是利用硅集成电路工艺将霍尔元件和测量线路集成在同一个芯片上。霍尔集成电路可分为线性型和开关型两大类，前者输出模拟量，后者输出数字量。霍尔线性器件的精度高、线性度好；霍尔开关器件无触点、无磨损、输出波形清晰、无抖动、无回跳、位置重复精度高(可达 μm 级)。采取了各种补偿和保护措施的霍尔器件的工作温度范围宽，可达－55～150℃。

1) 霍尔开关集成传感器

霍尔开关集成传感器也是一种磁敏传感器，它的输出信号是开关信号形式。霍尔开关集成传感器由稳压电路、霍尔元件、放大器、整形电路、开路输出五部分组成，如图 6－16 所示。稳压电路可使传感器在较宽的电源电压范围内工作，开关输出可使传感器方便地与各种逻辑电路接口。

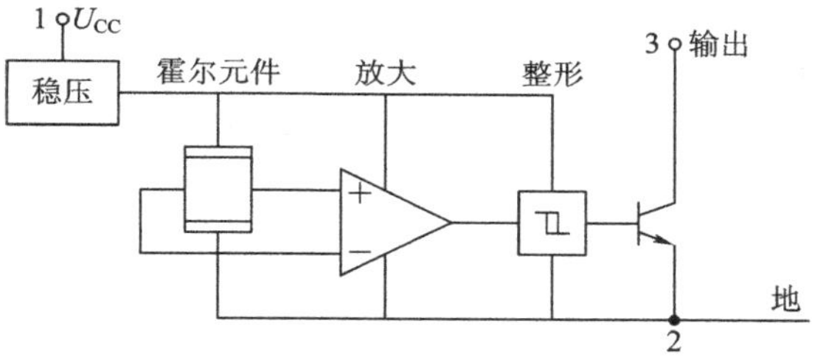

图 6－16　霍尔开关集成传感器内部框图

霍尔开关集成传感器可应用于汽车点火系统、保安系统、转速、里程测定、机械设备的限位开关、按钮开关、电流的检测与控制、位置及角度的检测等。

2) 霍尔线性集成传感器

霍尔线性集成传感器的输出电压与外加磁场强度在一定范围内呈线性关系，它通常由霍尔元件、恒流源和线性差动放大器组成，有单端输出和双端输出(差分输出)两种形式，如图 6－17 所示。这种传感器的电路比较简单，常用于精度要求不高的一些场合。较典型的线性型霍尔器件如 UGN3501 等。

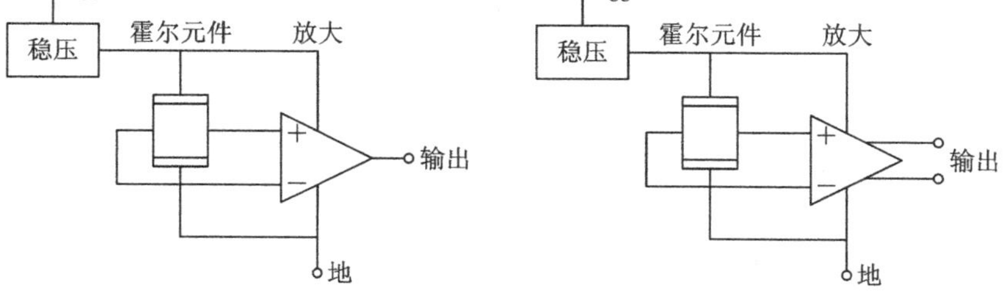

(a) 单端输出　　(b) 双端输出

图 6－17　霍尔线性集成传感器

霍尔线性传感器广泛用于位置、力、重量、厚度、速度、磁场、电流等的测量或控制。

3) 霍尔传感器的应用

霍尔传感器的应用是通过受检对象在设置好的磁场中，其工作状态发生变化，实现非电物理量向电量转变，从而实现检测目的。由式(6-10)可知，霍尔电势是关于 I、B、θ 三个变量的函数。利用使其中两个量不变，将第三个量作为变量，或者固定其中一个量，其余两个量都作为变量。这使得霍尔传感器有许多用法。

(1) 维持 I、θ 不变，则 $U_H=f(B)$，这方面的应用有：测量磁场强度的高斯计、测量转速的霍尔转速表、磁性产品计数器、霍尔式角编码器以及基于微小位移测量原理的霍尔式加速度计、微压力计等；

(2) 维持 I、B 不变，则 $U_H=f(\theta)$，这方面的应用有角位移测量仪等；

(3) 维持 θ 不变，则 $U_H=f(IB)$，即传感器的输出 U_H 与 I、B 的乘积成正比，这方面的应用有模拟乘法器、霍尔式功率计等。

3. 霍尔位移传感器

霍尔位移传感器的测量原理是保持霍尔元件的激励电流不变，并使其在一个梯度均匀的磁场中移动，所移动的位移正比于输出的霍尔电势。霍尔位移传感器的惯性小、频响高、工作可靠、寿命长，因此常用于将各种非电量转换成位移后再进行测量的场合。霍尔位移传感器的工作原理如图 6-18 所示。

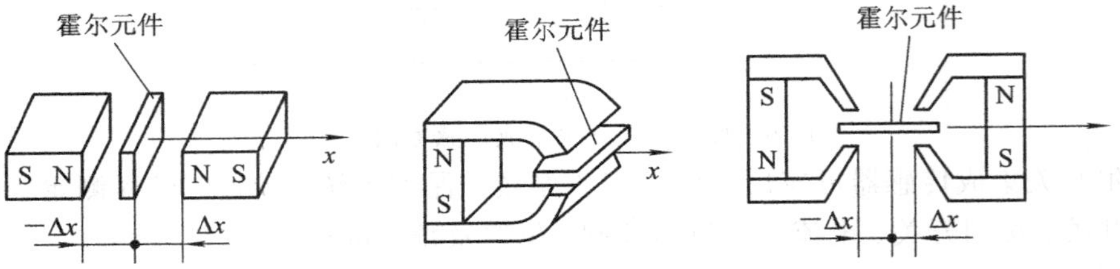

(a) 两块永磁铁结构 (b) 一块永磁铁结构 (c) 两块对称永磁铁结构

图 6-18 霍尔位移传感器的工作原理

图 6-18(a) 是磁场强度相同的两块永久磁铁，同极性相对地放置，霍尔元件处在两块磁铁的中间。由于磁铁中间的磁感应强度 $B=0$，因此霍尔元件输出的霍尔电势 U_H 等于零，此时位移 $\Delta x=0$。若霍尔元件在两磁铁中产生相对位移，霍尔元件感受到的磁感应强度也随之改变，这时 U_H 不为零，其量值大小反映出霍尔元件与磁铁之间相对位置的变化量。这种结构的传感器，其动态范围可达 5 mm，分辨率为 1 μm。

图 6-18(b)所示是一种结构简单的霍尔位移传感器，由一块永久磁铁组成磁路的传感器。在 $\Delta x=0$ 时，霍尔电压不等于零，系统的线性范围窄。

图 6-18(c)是一个由两个结构相同的磁路组成的霍尔位移传感器，为了获得较好的线性分布，在磁极端面装有极靴，霍尔元件调整好初始位置时，可以使霍尔电压 $U_H=0$。磁场梯度越大，灵敏度越高，梯度变化越均匀，霍尔电势与位移的关系越接近于线性。

霍尔位移传感器的灵敏度很高，但它所能检测的位移量较小，适合于微位移量及振动的测量；以微位移检测为基础，可以构成压力、应力、应变、机械振动、加速度、重量、称重等霍尔传感器。用霍尔位移传感器与膜盒组合成的霍尔压力传感器如图 6－19 所示。

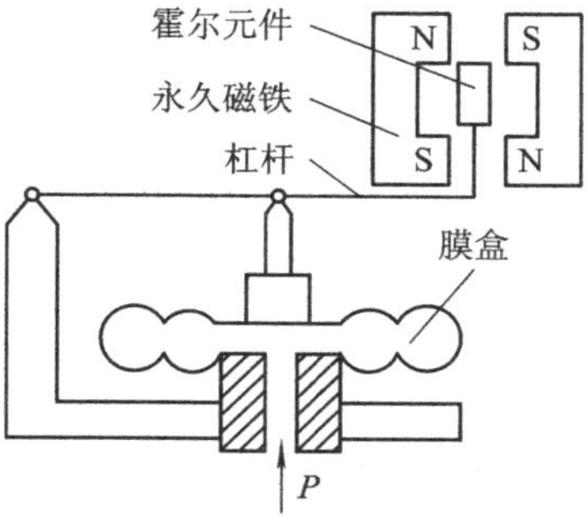

图 6－19　霍尔压力传感器

6.1.4　光栅式、磁栅式传感器及位移检测

光栅式、磁栅式传感器属于数字式传感器，主要用于测量物体的直线位移或角位移、直线速度或角速度，输出数字信号。这种传感器具有测量精度高、分辨率高、信噪比高等特点，且很容易和其他各种数字电路对接，特别适宜在恶劣环境下和远距离传输情况下使用。数字式传感器是传感器技术的发展方向。

1. 光栅式传感器

1）光栅简介

光栅有物理光栅和计量光栅，在检测中常用计量光栅。计量光栅有测量直线位移的长光栅和测量角位移的圆光栅，其分辨力长度可达 0.05 μm，角度可达 0.1″，且每秒钟脉冲读数可达几百次的速率，非常适合动态检测。目前光栅广泛应用于精密加工、光学加工、大规模集成电路设计、检测等方面。

下面以透射式长光栅为例介绍光栅的工作原理。

光栅是在透明的玻璃上刻有大量相互平行、等宽而又等间距的线条（透射式）或在不透明具有强反射能力的基体上均匀地划出间距、宽度相等的条纹（反射式）。黑白型长光栅如图 6－20 所示。

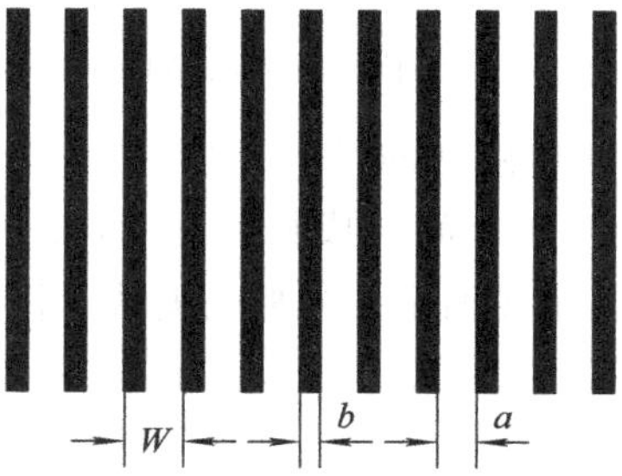

图 6－20　黑白型长光栅

图 6－20 中，设透光的缝宽为 a，不透光的缝宽为 b，一般情况下，光栅的透光缝宽等

于不透光的缝宽，即 $a=b$。图中 $W=a+b$ 称为光栅的栅距(也称为光栅节距或光栅常数)，它是光栅的一个重要参数。光栅栅线的密度一般分为 10 线/mm、25 线/mm、50 线/mm、100 线/mm、200 线/mm 等几种。圆光栅两条相邻栅线的中心线夹角称为角节距，栅线的数量从较低精度的 100 线到高精度的 21600 线都有。

2) 长光栅式传感器的结构和原理

长光栅式传感器是高精度、大位移、数字式的位移传感器，其主要由主光栅、指示光栅和光路系统组成(主光栅和指示光栅合称光栅副)，其结构原理和外形如图 6-21 所示。

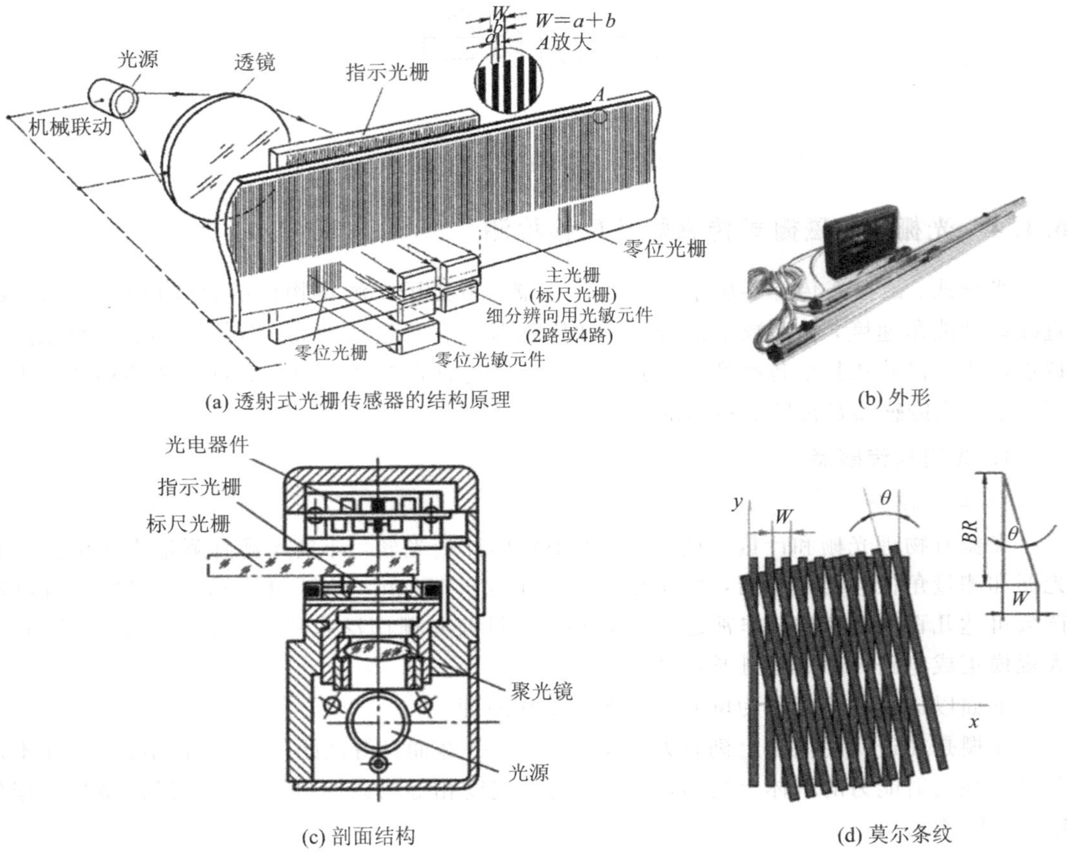

(a) 透射式光栅传感器的结构原理　(b) 外形

(c) 剖面结构　(d) 莫尔条纹

图 6-21　长光栅传感器的结构原理和外形

图 6-21(a)中，透射式光栅传感器的指示光栅、主光栅叠合在一起，主光栅固定不动，指示光栅安装在运动部件上，两者之间形成相对运动，且保持 0.05 mm 或 0.1 mm 的间距，见图 6-21(c)剖面结构。指示光栅和主光栅的栅线有微小的夹角 θ，由于挡光效应或光的衍射，这时在与光栅线纹大致垂直的方向上，即两刻线交角的二等分线处，产生明暗相间的条纹——莫尔条纹，如图 6-21(c)所示。莫尔条纹的方向与刻线的方向相垂直，故又称横向条纹。

在光栅两栅线交角的二等分线处安装两只光敏元件(或四只)，如图 6-21(a)的细分辨向用光敏元件。当指示光栅沿 x 轴自左向右移动时，莫尔条纹的亮带和暗带将顺序自下而上周期性的扫过光敏元件，光敏元件感知到光强的变化近似于正弦波。光栅移动一个栅距 W，光强变化一个周期，如图 6－22 所示。

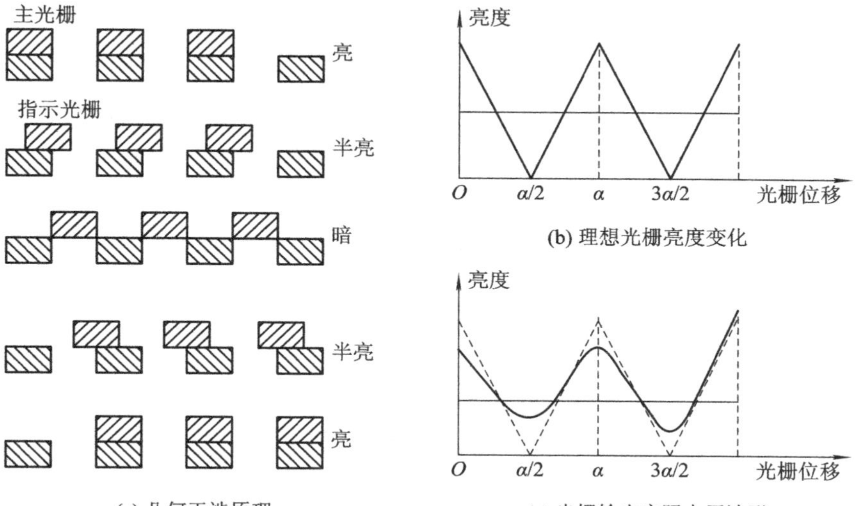

(a) 几何干涉原理

(b) 理想光栅亮度变化

(c) 光栅输出实际电压波形

图 6－22　光栅输出原理图

当光栅相对移动一个光栅栅距 W 时，莫尔条纹移动一个间距 B_H。栅距 W、间距 B_H、两光栅刻线夹角 θ 之间的关系为

$$B_H = \frac{W}{\sin\frac{\theta}{2}} \approx \frac{W}{\theta} \tag{6-11}$$

由式(6－11)可知：夹角 θ 越小，莫尔条纹的间距 B 越大。当 $\theta = 10'$ 时，$1/\theta \approx 344$，可知莫尔条纹间距 B 为栅距 W 的 344 倍，莫尔条纹具有位移的放大作用，提高了光栅传感器的测量灵敏度。

例 6－3　有一直线光栅，栅线数为 50 线/mm，主光栅与指示光栅的夹角 $\theta = 1.8$ rad，求分辨力。

解：
$$分辨力 = 栅距\ W = \frac{1\ \text{mm}}{50} = 0.02\ \text{mm} = 20\ \mu\text{m}$$

$$B_H \approx \frac{W}{\theta} = \frac{0.02\ \text{mm}}{1.8^\circ \times 3.14/180^\circ} = \frac{0.02\ \text{mm}}{0.0314} = 0.02\ \text{mm} \times 32 = 0.64\ \text{mm}$$

由以上计算可知，莫尔条纹的宽度是栅距的 32 倍，即分辨力提高了 32 倍。

3）光栅信号的输出

莫尔条纹通过光栅固定点（光敏元件）的数量刚好与光栅移动的栅线数量相等。由图 6－22 可见，主光栅移动一个栅距 W，莫尔条纹就变化一个周期(2π)，通过光电转换元件，可将莫尔条纹的变化变成近似正弦波形的电信号。电压小的相应于暗条纹，电压大的对应于明条纹，它的波形看成是一个直流分量上叠加了一个交流分量。

$$U = U_0 + U_m \sin\left(\frac{x}{W}360^\circ\right) \tag{6-12}$$

式中，x 为主光栅与指示光栅间瞬时位移；U_0 为直流电压分量；U_m 为交流电压分量幅值；U 为输出电压。

由式(6－12)可见，输出电压反映了瞬时位移的大小，当 x 从 0 变化到 W 时，相当于电角度变化了 360°，如采用 50 线/mm 的光栅，当主光栅移动了 x mm 时，即 $50x$ 条。将此条数用计数器记录，就可知道移动的相对距离。

由于光栅式传感器只能产生一个正弦信号，因此不能判断 x 移动的方向。实际上光栅信号输出是采取如图 6－23 所示的形式。在一个莫尔条纹周期内设置 4 个光敏元件(细分技术)，接收信号在相位上相差 90°，再将相位差 180°的信号输入差动放大器，分别得到两路信号，称为正弦信号和余弦信号，经差分放大后，信号中的直流分量和偶次谐波均减小。将放大后的两路信号整形为方波，经微分电路转换为脉冲信号，再由辨向电路和可逆计数电路计数，则可以数字形式实时地显示出位移量的大小。

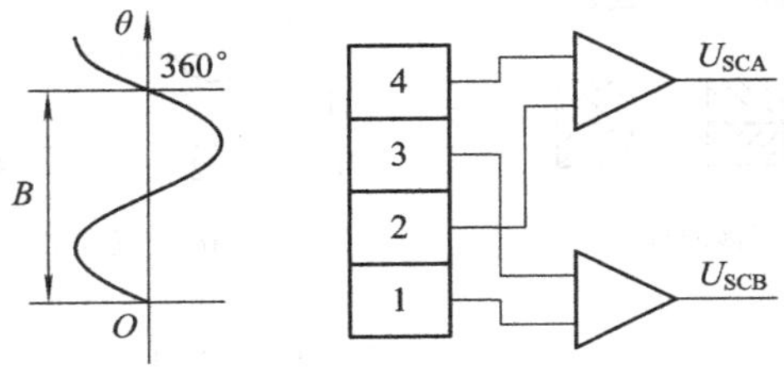

图 6－23　光栅输出示意图

位移是矢量，所以位移的测量除了要确定大小之外，还要确定其方向。光栅副在相对运动时，在视场中某一点观察莫尔条纹都是作明暗交替变化，故利用单一的光电元件可以确定条纹的移动个数，却无法辨别其移动的方向，所以在实际的测量电路中必须加入辨向电路。如图 6－24 所示为辨向电路示意图。

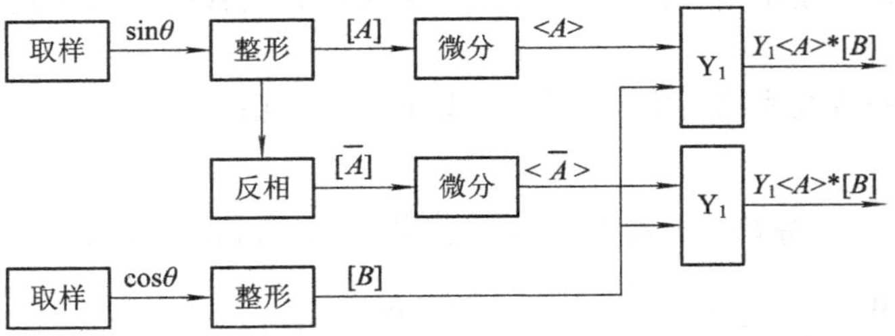

图 6－24　辨向电路示意图

图 6－24 中的取样信号来自图 6－23 的 U_{SCA} 和 U_{SCB}，这是两个对应于莫尔条纹的相位差为 90°的信号。当主光栅正向移动时，辨向电路只有 Y_1 门输出脉冲；当主光栅反向运动时，辨向电路只有 Y_2 门输出脉冲。如图 6－25 所示为辨向电路时序。

从图 6－25 中可以看到，辨向电路可根据光栅运动方向正确地给出加计数脉冲或减计数脉冲，将其输入到可逆计数器，可实时显示出相对于某个参考点的位移量。

在增量式光栅中，为了寻找坐标原点、消除累计误差，需要设置零位标记，如图 6－21(a)所示的零位光栅。把整形后的零位信号作为计数器的起始条件。

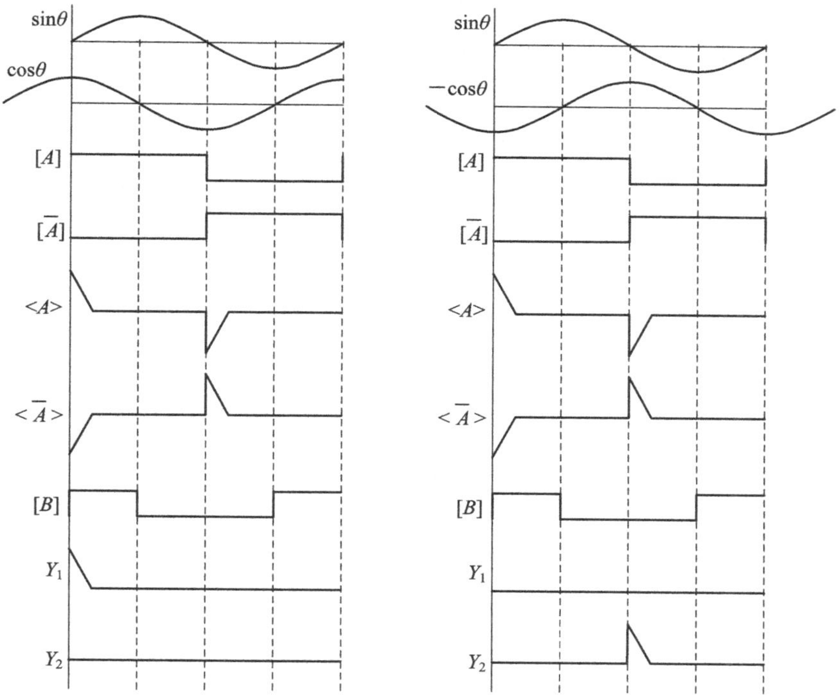

(a) 正向移动　　(b) 反向移动

图 6 - 25　辨向电路时序图

4）光栅式传感器的应用

由于光栅式传感器在位移检测中的突出优势，使它逐渐成为数控机床的主要位置检测元件，实现机床的精密定位、长度检测工作。光栅式传感器应用如图 6 - 26 所示。

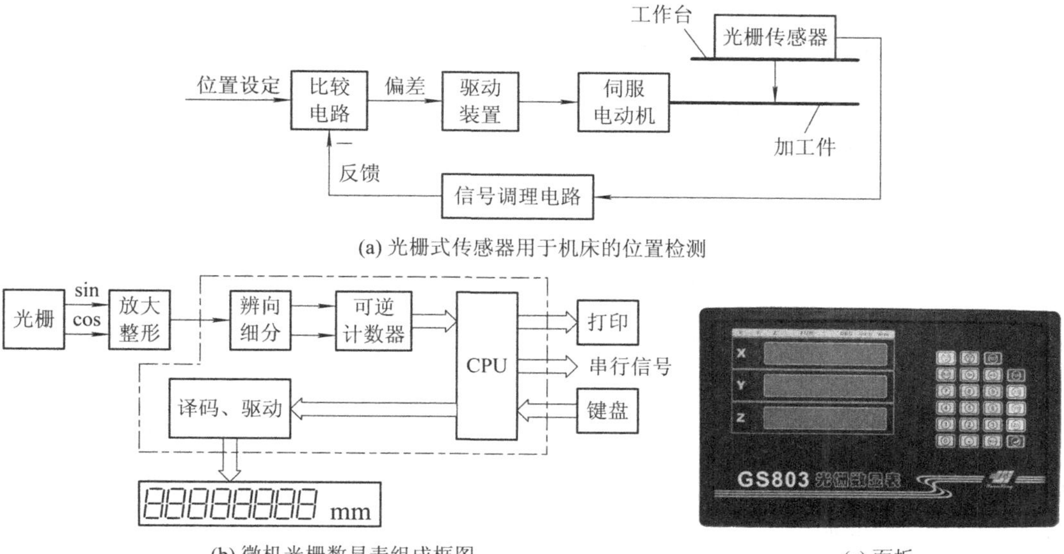

(b) 微机光栅数显表组成框图　　(c) 面板

图 6 - 26　光栅式传感器应用

图 6－26(a)中，控制系统生成的指令控制工作台的移动，首先在工作台移动的过程中，光栅式传感器不断检测工作台的实际位置，并进行反馈，与设定值形成位置偏差。当偏差为零对，表示工作台已经到达指定位，伺服电动机停转，工作台能准确地停在指令位置上。基于此，一些配套企业对应研发了微机光栅数显表，一方面用以替代传统的标尺读数，另一方面大幅度提高加工精度和效率，其组成框图如图 6－26(b)所示。该数显表还实现了公制/英制转换、绝对/相对转换、线性误差补偿、正反方向计算、归零、插值补偿、到达目标值停机、PCD 圆周分孔、200 组零位记忆、掉电记忆等功能。微机光栅数显表的面板如图 6－26(c)所示。

2. 磁栅式传感器

磁栅式传感器利用磁栅与磁头的磁作用进行测量的位移传感器。与光栅式传感器类似，磁栅式传感器也属于高精度数字式传感器。作为高精度测量长度和角度的仪器，磁栅式传感器具有成本较低且便于安装和使用的特点。当需要时，可将原来的磁信号(磁栅)抹去，重新录制；还可以安装在好后再录制磁信号，这对于消除安装误差和设备本身的几何误差，以及提高测量精度都十分有利；并且可以采用激光定位录磁，而不需要采用感光、腐蚀等工艺，因而精度较高，可达±0.01 mm/m，分辨率为 1～5 μm。同时磁栅式传感器可作为自动控制系统中的检测元件，如三坐标测量机、程控数控机床及高精度重、中型机床控制系统中的测量装置等。其缺点是需要屏蔽和防尘。

1) 组成与工作原理

磁栅式传感器主要由磁栅(亦称磁尺)、磁头和检测电路组成。其内部结构和外形如图 6－27 所示。

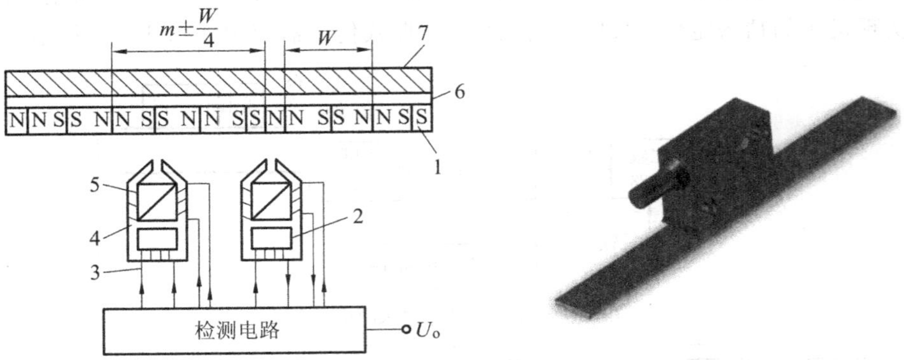

(a) 结构示意图　　(b) 外形

1—磁尺；2—磁头；3—激励绕组；4—铁芯；5—输出绕组；6—抗磁镀层；7—磁尺的尺基

图 6－27　磁栅式传感器

图 6－27(a)中，磁尺是测量位移的基准尺，磁头用来读取磁尺上的记录信号，检测电路为磁头提供激励电压，同时将磁头检测到的位移变化信号转换为脉冲电压信号输出，并以数字形式显示出来。

(1) 磁栅。磁栅类似于一条录音带，上面记录有一定波长的矩形波或正弦波磁信号。它实质上是一种具有磁化信息的标尺，是用不导磁的、工作面平直度在 0.005～0.01 mm/m

以内的金属做尺基，并在其表面均匀镀一层 0.10～0.20 mm 厚的磁性薄膜，经过 N、S 极的均匀录磁而形成，也可以在钢尺材料表面上涂一层抗磁材料做尺基。由图 3-18 中可以看出，录磁后的磁栅相当于一个个小磁铁按照 NS、SN、NS……极性排列起来，就是说磁栅上的磁场强度是呈现周期性的正弦变化，在 N-N 处为正的最大值，在 S-S 处为负的最大值。因此，在磁头上感应出的位移信号也为正弦交流信号。

按结构可将磁栅划分为长磁栅和圆磁栅两种，前者用于测量直线位移，后者用于测量角位移。长磁栅又分为尺型、带型和同轴型三种，工作时，磁头用片簧机构固定于磁头架上，并随着被测位移沿磁尺基面不接触运动，产生出感应信号。

(2) 磁头。磁头的作用是把磁尺上的信号转换成电信号，就是在测量时读取磁尺上记录信号的作用。按读取信号方式的不同，磁头可分为静态磁头和动态磁头两种。

① 静态磁头。静态磁头又称磁通响应式磁头。它可用在磁头与磁栅间无相对运动的测量，如图 6-28(a)所示。

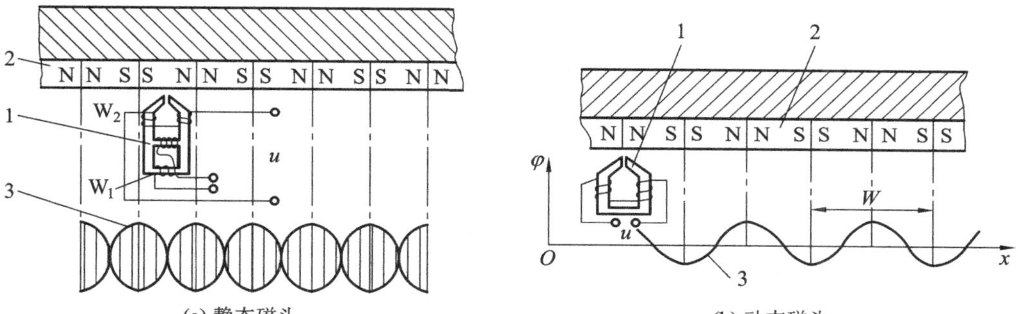

(a) 静态磁头　(b) 动态磁头

1—磁头；2—磁栅；3—输出信号波形

图 6-28　磁头工作原理

图 6-28(a)中的静态磁头有两个绕组，一为励磁绕组 W_1，另一为输出绕组 W_2。在励磁绕组上加交变的励磁信号 u，使截面很小的 H 形铁芯中间部分在每个周期内两次被励磁信号产生的磁通所饱和。这时铁芯的磁阻很大，磁栅上的信号磁通就不能通过，输出绕组上无感应电动势。只有在励磁信号每周期两次过零时，铁芯不饱和，磁栅上的信号磁通才能通过输出绕组的铁芯而产生感应电动势，磁头移动一个节距 W，感应电动势就变化一个周期。其频率为励磁信号频率的两倍，幅值与磁栅的信号磁通大小成比例。

② 动态磁头。动态磁头又称速度响应式磁头。它仅有一组输出绕组，只有在磁头与磁栅间有连续相对运动时才有信号输出。运动速度不同，输出信号的大小也不同，静止时将没有信号输出，所以一般不适合于长度测量。磁头的输出为正弦信号，在 NN 处达正向峰值，在 SS 处达负向峰值，如图 6-28(b)所示。

2) 静态磁头的信号处理方式

静态磁头在实际应用中，是用两个磁头来读取磁栅上的磁信号，它们的安装位置相距 $(m\pm1/4)W$，其中 m 为整数。也就是说两个磁头在空间上有 90°相差，其信号处理有鉴幅和鉴相两种方式。

(1) 鉴幅方式。两个磁头的输出电压相位差为 90°，分别为

$$\begin{cases} u_1 = U_m \sin \dfrac{2\pi x}{W} \sin\omega t \\ u_2 = U_m \cos \dfrac{2\pi x}{W} \sin\omega t \end{cases} \tag{6-13}$$

经检波器去掉载波信号($\sin 2\omega t$)后可得输出电压为

$$\begin{cases} u_1' = U_m \sin \dfrac{2\pi x}{W} \\ u_2' = U_m \cos \dfrac{2\pi x}{W} \end{cases} \tag{6-14}$$

式(6-14)表明，两个输出电压的幅值与磁头位置成比例，通过细分和鉴相电路处理后，以数字量形式送显示器显示出位移 x。

(2) 鉴相方式。将两个磁头中的某一个激励电压移相 45°，或将其输出移相 90°，则两个磁头的输出电压分别为

$$\begin{cases} u_1 = U_m \sin \dfrac{2\pi x}{W} \cos 2\omega t \\ u_2 = U_m \cos \dfrac{2\pi x}{W} \sin 2\omega t \end{cases} \tag{6-15}$$

将 u_1 和 u_2 相加得到总的输出电压为

$$u_0 = u_1 + u_2 = U_m \sin\left(\frac{2\pi x}{W} + 2\omega t\right) \tag{6-16}$$

式(6-21)表明输出信号是一个幅值不变，但其相位与磁头、磁栅的相对位移量有关的信号。读出输出信号的相位，就可以得到位移量，这就是鉴相法的工作原理。

磁栅传感器的优点是成本低廉，安装、调整、使用方便，特别是在油污、粉尘较多的工作环境中使用，具有较好的稳定性，可以广泛用于各类机床作位移测量传感器。其缺点是：当使用不当时易受外界磁场的影响，其精度略低于感应同步器。目前线位移测量误差约为 $\pm(2+5\times10^{-6}L)\mu m$，角位移测量误差约为 $\pm 5''$。

3) 位移检测实例

磁栅检测物体的位移，只需将磁栅源固定于被测物体，通过被测物体的移动来检测位移。我们以罐体液面位移检测为例，为了便于检测在料液罐外安装一玻璃管并与料液罐连通，这就是旁通玻璃管，将磁栅源改制成浮子式的磁栅源(简称浮子)放进旁通玻璃管中。将浮子设计成两头粗中间细的形状，粗端为不规则形，只有三个点与玻璃管接触，以减小浮子在旁通玻璃管中的阻力。当液位发生变化时，“磁栅源”即“浮子”能在旁通管内随液位的变化而自由移动，以减小测量误差。磁栅尺的安装示意图如图 6-29 所示。

磁栅液面位移检测的输出信号可以直接送入到 PLC 中，在送料和加料的过程中都得以应用。图 6-29(a)中，料罐形状为 U 形，最底部有 8 kg 的液体为不可测的，上部分为均匀的圆柱体。在此范围磁栅尺上刻度每变化 1 mm，料罐液位就变化 1.1 kg。

由于送料流量较大为 1800 kg/h，为了保证实际液面位移变化(即送入料罐的料液重量)的检测精度 $L\%\leqslant\pm0.5\%$，则先计算液面位移变化量 ΔL，再求出 $L\%$，如果某时刻读入到 PLC 中的数值经过运算比较后得出 $L\%>\pm0.5\%$，系统就会发出精度偏低的报警信号，同时在集控电脑和现场电脑上显示出报警信息；如果得出 $L\%>\pm1\%$，系统就发出精度偏低停车的信号，使设备停机。

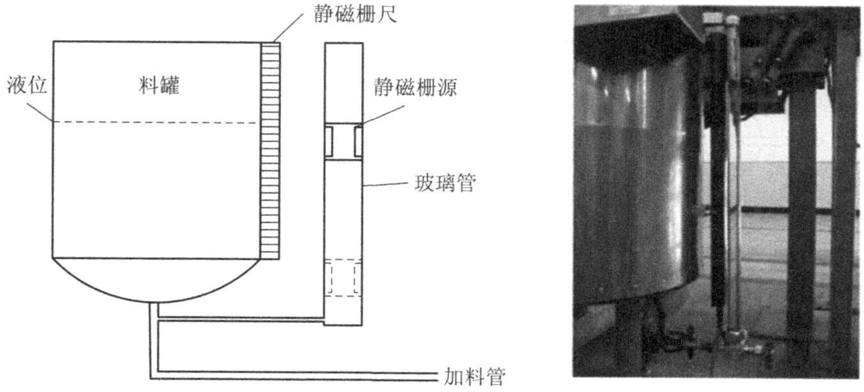

(a) 磁栅安装示意图　(b) 应用现场

图 6-29　磁栅罐体液面位移检测

因此，在送料过程中：

$$\Delta L = L_{\mathrm{L}} - L_{\mathrm{C}} - K$$

$$L\% = \frac{\Delta L}{L_{\mathrm{L}}} \times 100\%$$

式中：L_{L}为理论液位，L_{L}＝理论上送入料罐的料液重量 /1.1；L_{C}为测量液位即磁栅尺的读数；K 为补偿系数(定值)，K＝(底部不可测料液重量 8 kg＋送料管路中的料液重量)/1.1。

考虑到送料管路和料罐底部的料液无法测量到，所以送料开始 30 s 后，PLC 程序开始每 5 s 对料罐中液位进行一次读入、计算和比较，以满足检测精度 $L\% \leqslant \pm 0.5\%$的要求。实际应用如图 6-29(b)所示。

6.1.5　编码器传感器及位移检测

编码器是将位移量转换成数字代码形式输出的传感器，也属于数字式传感器。这类传感器的种类很多，按其结构形式有直线式编码器和旋转式编码器，直线式编码器又称编码尺，旋转式编码器又称为编码盘。编码尺和编码盘可以分别用于直线位移和角位移的测量。由于许多直线位移是通过转轴的运动产生的，因此旋转式编码器应用得更为广泛。按编码器的检测原理，可以分为电磁式、接触式、光电式等。目前，在精密位移检测中光电式编码器的使用最为广泛，其具有非接触、体积小、分辨率高的特点。

1. 光电式编码器的结构

光电式编码器主要由安装在旋转轴上的编码圆盘(码盘)、狭缝以及安装在圆盘两边的光源和光敏元件等组成，其基本结构和外形如图 6-30 所示。

图 6-30(a)中，光源发出的光线，经柱面镜变成一束平行光或会聚光，照射到码盘上，码盘由光学玻璃制成，其上刻有许多同心码道，每位码道上都有按一定规律排列着的若干透光和不透光部分，即亮区和暗区。通过亮区的光线经狭缝后，形成一束很窄的光束照射在光电元件上，光电元件的排列与码道一一对应。当有光照射时，对应于亮区和暗区的光电元件输出的信号相反，例如前者为“1”，后者为“0”。光电元件的各种信号组合，反映出按一定规律编码的数字量，代表了码盘轴的转角大小。由此可见，码盘在传感器中是将轴

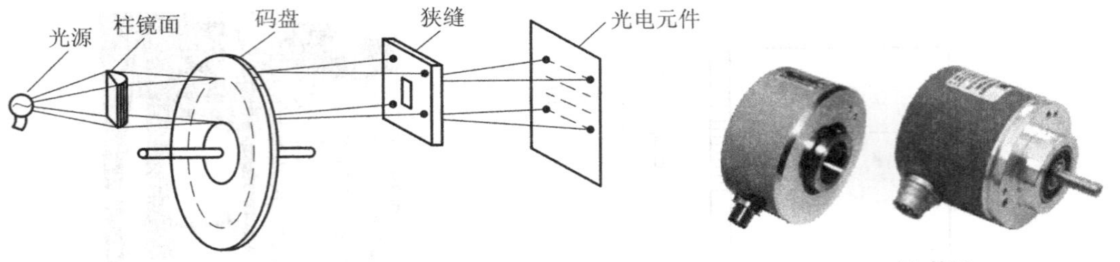

(a) 结构　　(b) 外形

图 6-30　光电码盘式传感器

的转角转换成代码输出的主要元件。其外形见图 6-30(b)。

2. 绝对式光电编码器

绝对式码盘一般由光学玻璃制成，上面刻有许多同心码道，每位码道上都有按一定规律排列的透光和不透光部分，即亮区和暗区，如图 6-31 所示。编码器码盘按其所用码制可分为二进制码、十进制码、循环码等。

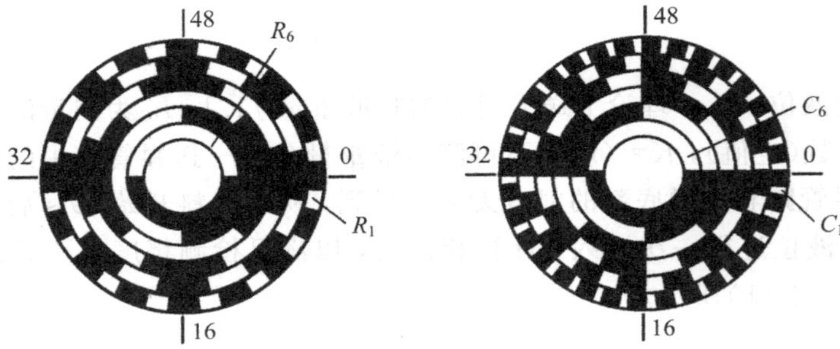

(a) 二进制码码盘　　(b) 循环码码盘

图 6-31　绝对式码盘

图 6-31(a)为 6 位的二进制码盘结构，其最内圈码盘一半透光、一半不透光，最外圈一共分成 $2^6=64$ 个黑白间隔。每一个角度方位对应于不同的编码。例如，零位对应于 000000(全黑)，第 23 个方位对应于 010111。这样在测量时，只要根据码盘的起始和终止位置，就可以确定角位移，而与转动的中间过程无关。一个 n 位二进制码盘的最小分辨率，即能分辨的最小角度为 $\alpha=360°/2^n$。

在实际应用中，由于制作误差可能会引起读数的粗误差，一般较少采用二进制编码器，而常用循环码编码器。图 6-31(b)所示为一个 6 位的循环码码盘。对于 n 位的循环码盘，与二进制码一样，具有 2^n 种不同的编码，循环码从任何数变到相邻数时，仅有一位编码发生变化，就不会产生粗误差。

3. 增量式光电编码器

增量式码盘一般只有三个码道，不能直接产生几位编码输出，如图 6-32(a)所示。它是一个被划分成若干交替透明和不透明扇形区的圆盘，最外圈的码道是用来产生计数脉冲的增量码道，另有一条码道往往开有一个(或一组)特殊的窄缝，用于产生定位或零位信号。

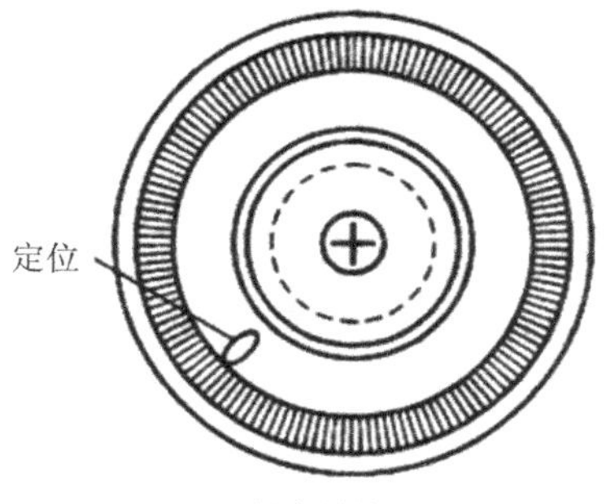

(a) 码盘结构

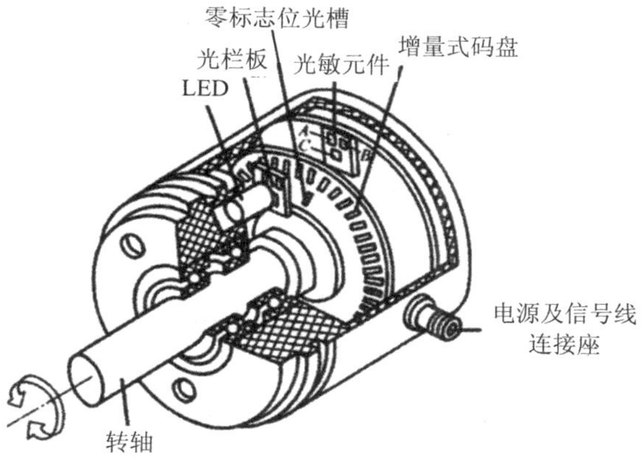

(b) 内部结构

图 6-32　增量编码器的结构

在编码器的相对两侧分别安装光源和光电器件，当码盘转动时，检测光路时通时断，形成光电脉冲。通过信号处理电路的整形、放大、细分、辨向后输出脉冲信号或显示角位移。

增量编码器的分辨率以每转的计数值来表示，和码盘圆周上狭缝条纹数 n 有关，能分辨的角度 $\alpha=360°/n$，分辨率$=1/n$。例如，某码盘的每转计数为 2048，则可分辨的最小角度为 $10'33''$。

增量编码器为了实现辨向功能在光栏板上设置了两个狭缝，并配置了对应的光敏元件 A、B，如图 6-32(b)中的光栏板和光敏元件所示。光敏元件所产生的信号 A、B 彼此相差 90°相位。当码盘正转时，A 信号超前 B 信号 90°；当码盘反转时，B 信号超前 A 信号 90°。这样增量编码器的辨向功能与长光栅式位移传感器的相同，这里不再赘述。

4. 编码器选型注意事项

机械安装尺寸：定位置口、轴径、安装孔位、电缆出线方式、安装空间体积、工作环境防护等级是否满足要求。

分辨率：编码器工作时每圈输出的脉冲数是否满足设计使用精度要求。

电气接口：常见的编码器输出方式有推拉输出(F 型 HTL 格式)、电压输出(E)、集电极开路(C，常见 C 为 NPN 型管输出，C2 为 PNP 型管输出)、长线驱动器输出。输出方式应和其控制系统的接口电路相匹配。

6.1.6　其他常用位移传感器

1. 电容式位移传感器

电容式传感器的基本原理见本书第 4 章。电容式位移传感器是将被测位移量的变化转换成电容量变化的一种传感器。其应用示意如图 6-33 所示。

电容式位移传感器主要采用变极距方式。单电极电容式位移传感器如图 6-34 所示。

图 6-34 所示的传感器在使用时，常把被测对象作为一个电极使用，而将传感器本身的平面测端电极作为电容器的另一极，通过电极座由引线接入电路。金属壳体与测端电极

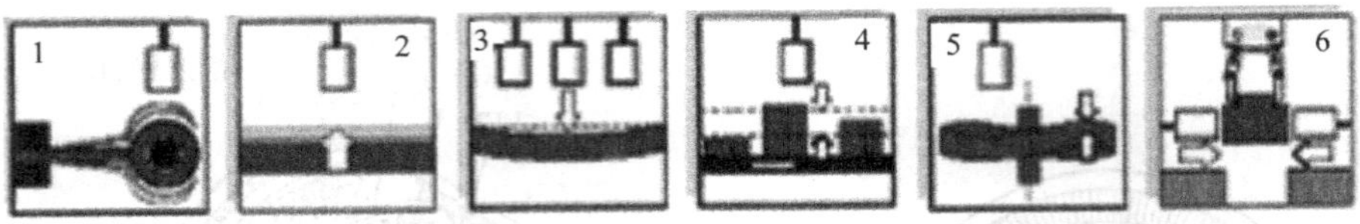

(a) 振动　(b) 垂直位移　(c) 弹性位移　(d) 厚度检测　(e) 曲度检测　(f) 中心度检测

图 6-33　电容式位移传感器应用示意图

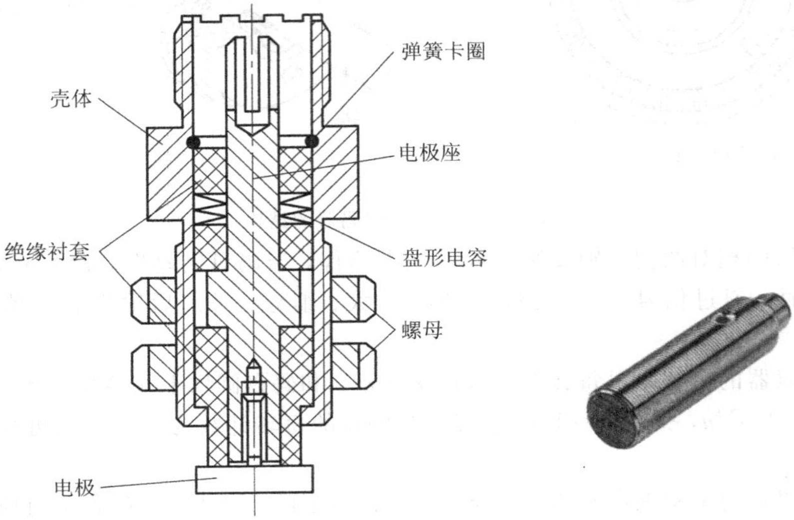

(a) 结构示意图　(b) 外形

图 6-34　单电极电容式位移传感器

间有绝缘衬套使彼此绝缘。使用时壳体为夹持部分，被夹持在标准台架或其他支承上，壳体接大地可起屏蔽作用。

电容式位移传感器由于电容变化量很小(几皮法到几十皮法)，这样小的电容量不便于直接传输和记录，需要通过测量电路对它进行检测转换和放大。常用的测量电路有电桥电路、运算放大器测量电路和脉宽调制电路等(见本书 4.2.2 小节)。

单电极电容式位移传感器的应用如图 6-35 所示。

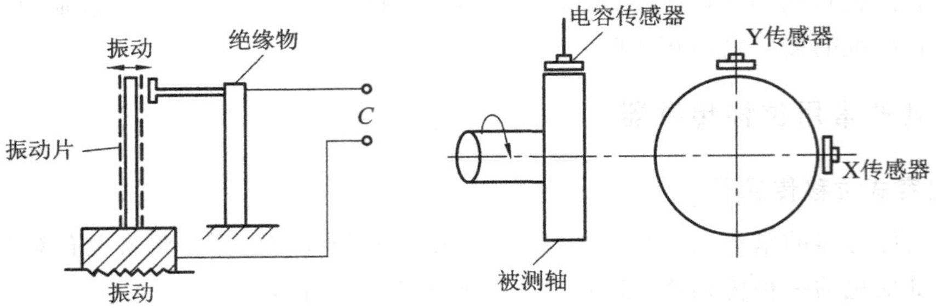

(a) 振幅测量　(b) 轴的回转精度测量

图 6-35　振动位移和回转精度的测量

图 6-35(a)是振幅位移测量，可测 0.05 μm 的位移；图 6-35(b)是转轴回转精度的测量，利用正交安放的两个电容位移传感器，可测出转轴的轴心动态偏摆情况。

以上两种测量均为非接触测量，故传感器特别适合于测量高频振动的微小位移。

2. 电感式位移传感器

电感式传感器的原理参见本书第4章。在位移检测中，电感式传感器将直线或角位移的变化转换为线圈的自感系数 L 或互感系数 M 的变化，并通过测定电感量的变化确定位移量。因为传感器的线圈匝数和材料导磁系数都是一定的，其电感量的变化是由于位移输入量导致线圈磁路的几何尺寸变化所引起的，所以当把线圈接入测量电路并接通激励电源时，就可获得正比于位移输入量的电压或电流输出。

下面以轴向电感式位移传感器为例说明其结构及应用。

1）轴向电感式位移传感器的结构

轴向电感式位移传感器如图 6-36 所示。

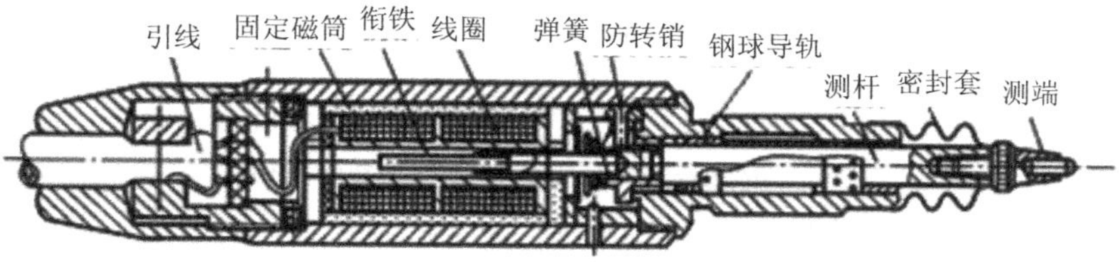

(a) 结构

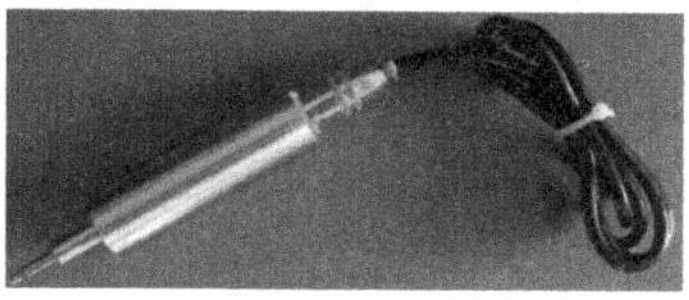

(b) 外形

图 6-36　轴向电感式位移传感器

图 6-36(a)中，可换测端连接测杆，测杆受力后钢球导轨作轴向移动，带动上端的衔铁在线圈中移动。两个线圈接成差动形式，通过导线接入测量电路。测杆的复位靠弹簧，端部装有密封套，以防止灰尘等污物进入传感器。图 6-36(b)为轴向电感式位移传感器的外形。

2）差动变压器式位移传感器

差动变压器的原理参见本书 4.2.3 节。差动变压器式位移传感器是把被测位移量转换为传感器线圈互感系数的变化，来实现位移的测量。由于该类传感器具有结构简单、灵敏度高和测量范围广等优点，所以在位移检测中应用广泛。

差动变压器式位移传感器的结构如图 6-37 所示。

图 6-37 中，测头通过轴套与测杆连接，活动铁芯固定在测杆上。线圈架上绕有三组线圈，中间是初级线圈，两端是次级线圈，它们都是通过导线与测量电路相接。线圈的外面有屏蔽筒，用以增加灵敏度和防止外磁场的干扰。测杆用圆片弹簧作导轨，以恢复弹簧获得恢复力，为了防止灰尘侵入测杆，装有防尘罩。

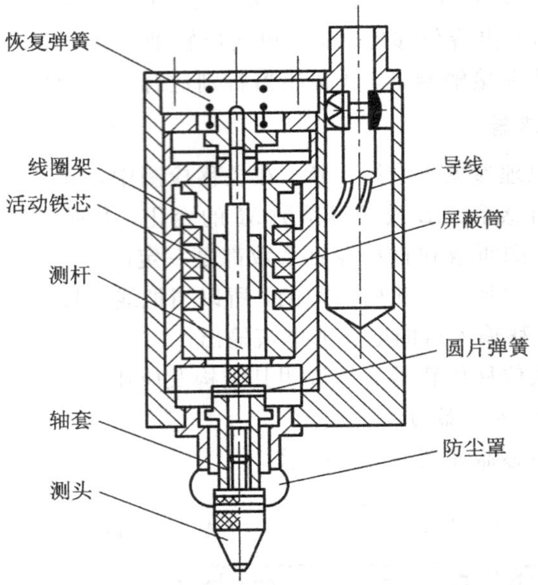

图 6-37　差动变压器式位移传感器的结构

3）电感式位移传感器应用举例

滚珠直径分拣机工作原理示意图如图 6-38 所示。当加工好的滚珠 4 从振动料斗进入落料管 5，按顺序下落到气缸 1 推杆 3 的右侧。汽缸 1 在电磁阀的控制下，将待测滚珠推到限位挡板 8 处。电感测微器 6 的钨钢测头 7 下降对滚珠的直径进行检测，同时将检测结果经相敏检波电路、电压放大电路送给控制计算机，计算机按编制好的程序发出相应的控制命令。如检测结果与标称直径相同，没有偏差，则计算机控制电磁铁驱动器使 0 μm 的电磁

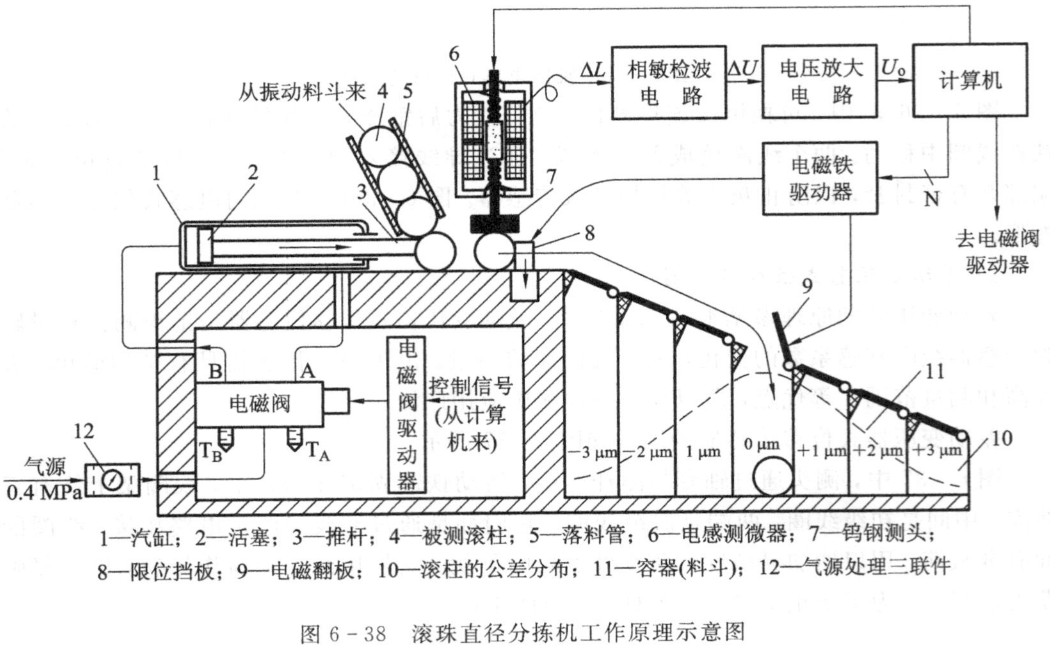

1—汽缸；2—活塞；3—推杆；4—被测滚柱；5—落料管；6—电感测微器；7—钨钢测头；8—限位挡板；9—电磁翻板；10—滚柱的公差分布；11—容器(料斗)；12—气源处理三联件

图 6-38　滚珠直径分拣机工作原理示意图

翻板 9 翻起，同时将限位挡板 8 下降，此时再次控制气缸 1 动作，使推杆 3 将已检测完成的滚珠推出，滚珠沿滚道进入落料箱，如图箭头所示，即完成了一次自动的滚珠直径分拣工作。

6.2　厚度传感器及检测技术

厚度检测也属于长度检测范畴，主要指对材料及其表面镀层厚度的测量。厚度传感器在工业生产中常用于材料厚度检验和厚度控制系统的误差测量，一般情况下用测长、测位移的传感器来检测厚度。

厚度传感器可分为接触式和非接触式两类。其中，接触式厚度检测通常采用电感式位移传感器、电容式位移传感器、电位器式位移传感器、霍尔位移传感器等进行接触式厚度测量。为了连续测量移动着的材料的厚度，常在位移传感器的可动端头上安装滚动触头，以减少磨损；还常采用两个相同的位移传感器分别安装于被测材料的上下两面，将两个传感器的测量值平均，以提高测量精度。接触式厚度传感器可测量移动速度较低（小于 5 m/s）的材料，精度可达 0.1%～1%；非接触式厚度检测的特点是适于连续快速测量，按工作原理可分为电涡流式厚度传感器、磁性厚度传感器、电容式厚度传感器、核辐射式厚度传感器、X 射线式厚度传感器、微波式厚度传感器等。

6.2.1　超声波式传感器及厚度检测

超声波式传感器的测量原理见本书第 5 章。超声波式厚度传感器是根据超声波脉冲反射原理来进行厚度测量的，适用的材料主要有：金属（如钢、铸铁、铝、铜等）、塑料、陶瓷、玻璃、玻璃纤维及超声波的良导体材料。超声波式厚度传感器如图 6-39 所示。

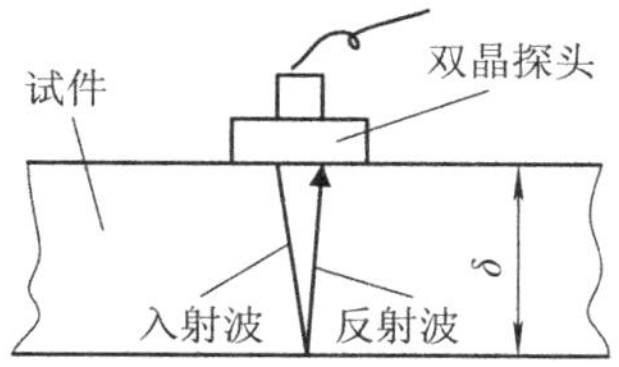

(a) 测厚原理示意图

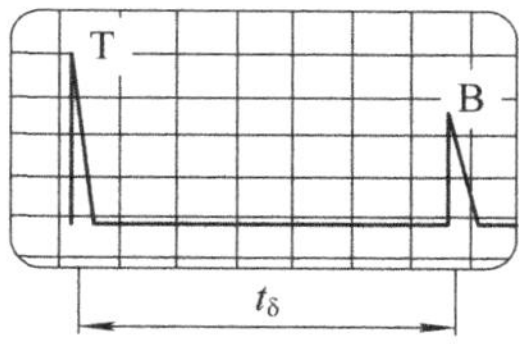

(b) 超声显示波形

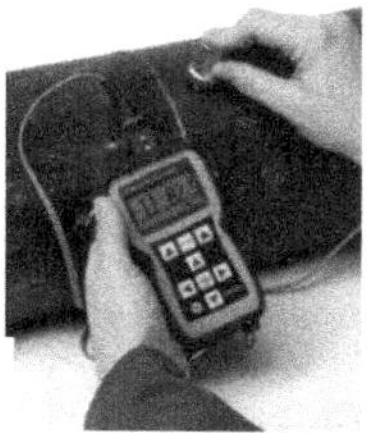

(c) 管理测量

图 6-39　超声波式厚度传感器

图 6-39(a)中，双晶直探头中的压电晶片发射超声波脉冲，超声脉冲通过被测物体到达试件分界面时，被反射回来，并被另一只压电晶片所接收。只要精确测出从发射超声波脉冲到接收超声波脉冲所需的时间 t，再乘以被测体的声速常数 c，就是超声脉冲在被测件中所经历的来回距离，再除以 2，就得到厚度 δ：

$$\delta = \frac{1}{2}ct \tag{6-17}$$

例 6-4　设图 6-39(a)中的试件为钢板，图 6-39(b)为测厚时超声显示的波形。已知纵波在钢板中的声速常数 $c=5.9\times10^3$ m/s，设显示器的 x 轴为 10 μs/div（格），现测得 B

波与 T 波的距离为 6 格。求钢板的厚度 δ。

解：

$$t_\delta = 10\ \mu s/\text{div} \times 6\ \text{div} = 60\ \mu s$$

$$\delta = t_\delta \times \frac{c}{2} = \frac{0.06 \times 10^{-3} \times 5.9 \times 10^{3}}{2} = 0.177\ \text{m}$$

经计算，被测钢板厚度为 0.177 m。

由于超声波式厚度传感器为了提高信号强度和减小界面波必须使用耦合剂，因此属于接触式厚度检测。按此原理设计的测厚仪可对各种板材和各种加工零件作精确测量，也可以对生产设备中各种管道和压力容器进行监测，监测它们在使用过程中受腐蚀后的减薄程度，如图 6－39(c)所示。该传感器可广泛应用于石油、化工、冶金、造船、航空、航天等各个领域。

由于影响超声波式传感器测厚精度的因素很多，所以在使用时需注意：① 测厚仪需要校准，包括探头选择、试块准备、声速的确定、温度的考虑等；② 测厚仪与工件接触方式要合理；③ 工件表面处理要符合规范；④ 厚度测量部位和测厚点数的选择；⑤ 测量数据的应用和整理等。超声波式厚度传感器的主要技术指标有：厚度范围(6～500 mm)、测量精度(±0.1 mm(最高))、被测物温度(≤80℃)。

6.2.2　电涡流式传感器及厚度检测

将块状金属导体置于变化的磁场中或在磁场中作切割磁力线的运动时，根据法拉第电磁感应定律，导体内会产生旋涡状的感应电流，把这种电流称之为电涡流，这种现象称为电涡流效应。电涡流式传感器就是利用电涡流效应制造而成的。在实际工程中，电涡流式传感器主要用来对位移、振动、厚度、转速、表面温度、硬度、材料损伤等进行非接触式连续测量，具有结构简单、体积小、灵敏度高、频响范围宽、不受油污等介质影响的特点。

1. 电涡流式传感器工作原理

电涡流式传感器如图 6－40 所示。

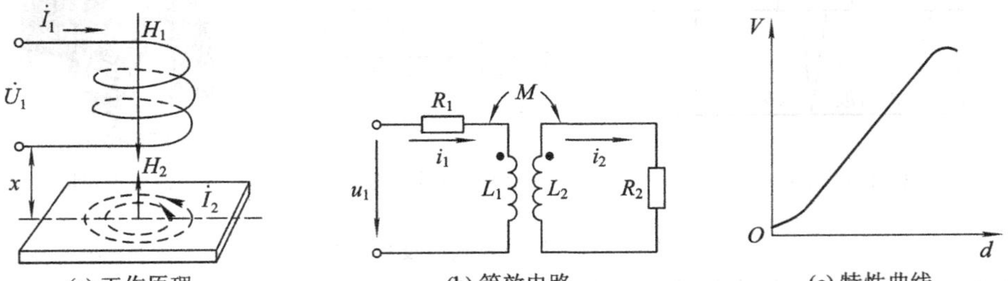

(a) 工作原理　　(b) 等效电路　　(c) 特性曲线

图 6－40　电涡流式传感器

图 6－40(a)中，电涡流式传感器主要是一只固定于框架上的扁平线圈，它与一个电容并联，构成一个并联谐振回路。当线圈通以高频(200 kHz 左右)交变电流 i_1 时，线圈周围就产生一个交变磁场 H_1。若被测导体靠近该磁场，在磁场作用范围的导体表层，就产生了与这个外磁场相交链的电涡流 i_2，而此电涡流又将产生一个交变磁场 H_2。对电涡流而言，由于其相位的落后，电涡流的磁场从平均角度看，总是抵抗外磁场的存在，即 H_2 与 H_1 方向相反，力图削弱原磁场 H_1。从能量角度来看，在被测导体内存在电涡流的损耗和磁损

耗，但在高频时电涡流损耗值远大于磁损耗值，所以一般只需考虑电损耗即可。能量的损耗，使传感器的品质因数和等效阻抗减低，因此当被测体与传感器间的距离 x 改变时，使传感器的品质因数、等效阻抗和电感发生变化，这样就把位移量转换成为电量，这也就是电涡流式传感器的基本原理。

为分析方便，将被测导体上形成的电涡流等效为一个短路环中的电流。这样，线圈与被测导体便等效为相互耦合的两个线圈，如图6-40(b)所示。设线圈的电阻为 R_1，电感为 L_1，阻抗为 $Z_1=R_1+j\omega L_1$；短路环的电阻为 R_2，电感为 L_2；线圈与短路环之间的互感系数为 M。

M 随线圈与导体之间的距离 x 减小而增大。加在线圈两端的激励电压为 u_1。根据基尔霍夫定律，可列出电压平衡方程组：

$$\begin{cases}R_1\dot{I}_1+j\omega L_1\dot{I}_1-j\omega\dot{I}_2=\dot{U}_1\\-j\omega M\dot{I}_1+R_2\dot{I}_2+j\omega L_2\dot{I}_2=0\end{cases} \tag{6-18}$$

解得

$$\dot{I}_1=\frac{\dot{U}_1}{R_1+\dfrac{\omega^2M^2}{R_2^2+(\omega L_2)^2}R_2+j\omega\left[L_1-\dfrac{\omega^2M^2}{R_2^2+(\omega L_2)^2}L_2\right]}$$

$$\dot{I}_2=j\omega\frac{M\dot{I}_1}{R_2+(\omega L_2)}=\frac{M\omega^2L_2\dot{I}_1+j\omega MR_2\dot{I}_1}{R_2^2+(\omega L_2)^2} \tag{6-19}$$

由此可求得线圈受金属导体涡流影响后的等效阻抗为

$$Z=R_1+R_2\frac{\omega^2M^2}{R_2^2+(\omega L_2)^2}+j\omega\left[L_1-L_2\frac{\omega^2M^2}{R_2^2+(\omega L_2)^2}\right]=R+j\omega L \tag{6-20}$$

式中，R、L 分别为线圈靠近被测导体时的等效电阻和等效电感。

从式(6-20)可知，由于涡流的影响，线圈阻抗的实数部分增大，虚数部分减小，因此线圈的品质因数 Q 下降。由式(6-20)可得

$$Q=Q_0\frac{1-\dfrac{L_2}{L_1}\dfrac{\omega^2M^2}{Z_2^2}}{1+\dfrac{R_2}{R_1}\dfrac{\omega^2M^2}{Z_2^2}} \tag{6-21}$$

式中，$Q_0=L_1/R_1$ 为无涡流影响时线圈的 Q 值；$Z_2=\sqrt{R_2^2+(\omega L_2)^2}$ 为短路环的阻抗。

Q 值的下降是由涡流损耗所引起的，并与被测导体的导电性和距离 x 直接有关。所以，当被测导体与电涡流线圈的间距 x 减小时，电涡流线圈与被测导体的互感量 M 增大，等效电感 L 减小，等效电阻 R 增大，品质因数 Q 值降低。可以通过测量 Q 值的变化来间接判断电涡流的大小。

由式(6-20)和式(6-21)可知，电涡流式传感器和被测导体的阻抗、电感和品质因数都是其互感系数平方的函数，而互感系数又是距离 x 的非线性函数，因此，$Z=f_1(x)$、$L=f_2(x)$、$Q=f_3(x)$ 都是非线性函数。若变换为电压 u 与位移 x 间的特性曲线，如图6-40(c)所示，在中间一段呈线性关系，传感器的线性范围大小、灵敏度高低不仅与 Q、L 或 Z 有关，而且与传感器线圈的形状和大小有关。

2. 电涡流式传感器的结构

电涡流式传感器由探头线圈、延伸电缆和前置器组成，如图6-41(a)所示。其中，探

头线圈一般是绕在一个扁平空心的高频铁氧体磁芯上，满足由于激励源频率较高(大于500 kHz)，且要求磁力线集中的要求，外部用聚四氟乙烯等高品质因数塑料密封，其结构如图 6－41(b)所示；前置器由振荡器、检测电路、放大器和线性补偿等组成。其外形如图 6－41(c)所示。

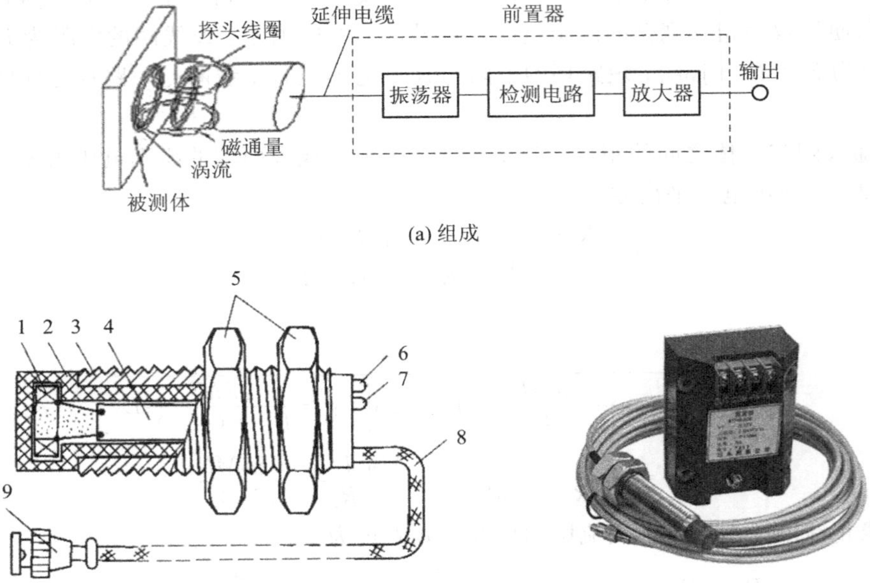

(a) 组成

(b) 结构　　(c) 外形

1—电涡流线圈；2—探头壳体；3—壳体上的位置调节螺纹；4—印制电路板；
5—夹持螺母；6—电源指示灯；7—阈值指示灯；8—输出屏蔽电缆线；9—电缆插头

图 6－41　电涡流探头结构

以上海东太振动仪器仪表科技有限公司生产的 HN800 系列电涡流式传感器为例，介绍电涡流式传感器的主要技术参数，如表 6－3 所示。

表 6－3　HN800 系列电涡流式传感器主要技术参数

探头直径/mm	∅8	∅11	∅18	∅25
线性范围/mm	2	4	8	12.5
灵敏度/(V/m)	8	4	1.5	0.8
线性误差/%	≤1	≤1	≤1	≤1.5
安装螺纹/mm	M10×1.0	M14×1.5	M25×1.5	M30×2.0
探头温度/℃	－30～120			
分辨率/μm	0.1			
频率响应/kHz	0～10			
电源	DC－24 V			
输出	DC－2～－18 V			

注：为了适应各种不同工业场合，HN800 系列电涡流式传感器除了常规 DC－2～－18 V 输出外还有多种形式输出，如：1～5 V；1～10 V；0～5 V；0～10 V；±5 V；±10；4～20 mA。

由表 6-3 可知，探头直径越大，测量范围越大，但分辨率越差，灵敏度也降低。有研究表明各种不同参数的电涡流式传感器，在线圈薄时灵敏度高(一般在 0.2 mm 以上)，线圈内径改变时，只有在被测体与传感器靠近处灵敏度才有变化。同时发现在被测体远离时，传感器的 Q 值对灵敏度的影响较大。传感器的线性范围，在未采用线性补偿电路时，一般为线圈外径的 1/3～1/5。

3. 电涡流式传感器的测量转换电路

根据电涡流式传感器的基本原理，传感器与被测体间的距离可以变换为传感器的 Q 值、等效阻抗 Z 和等效电感 L 三个参数，究竟是利用哪一个参数，则由其测量转换电路来决定。因此，测量转换电路的任务是把这些参数变换为频率或电压。常用的测量转换电路有谐振电路、电桥电路与 Q 值测试电路等，鉴于篇幅有限，这里主要介绍谐振电路。目前电涡流式传感器所用的谐振电路有三种类型：定频调幅式、变频调幅式与调频式。

1）定频调幅电路

定频调幅电路的原理框图如图 6-42 所示。

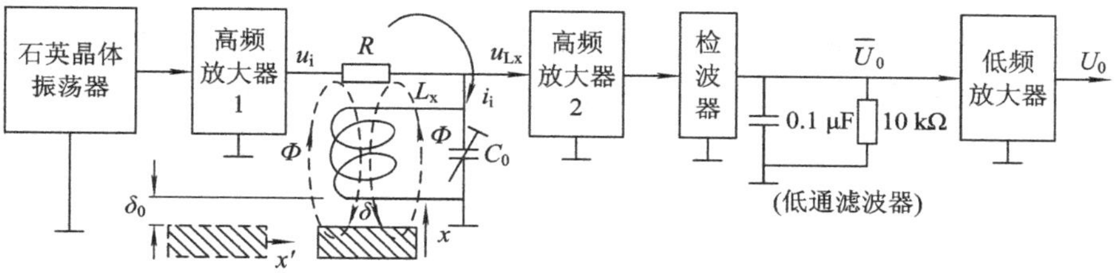

图 6-42　定频调幅电路原理框图

图 6-42 中，石英晶体振荡器通过耦合电阻 R，向探头线圈电感 L_x 与电容 C_0 组成的并联谐振回路提供一个稳频稳幅高频激励信号，相当于一个恒流源。在无被测导体时，L_xC_0 并联谐振回路调谐在与晶体振荡器频率一致的谐振状态(频率为 f_0)，这时回路阻抗最大，回路压降最大(图 6-42 中的 U_0)。

当传感器接近被测导体时，损耗功率增大，回路失谐，输出电压相应变小。若输出电压的频率 f_0 始终恒定，此测量转换电路称为定频调幅式。

LC 回路谐振频率的偏移如图 6-43 所示。当无被测导体时，振荡回路的 Q 值最高，振荡电压幅值最大为 U_0，振荡频率恒定为 f_0。当有金属导体接近线圈时，涡流效应使回路 Q

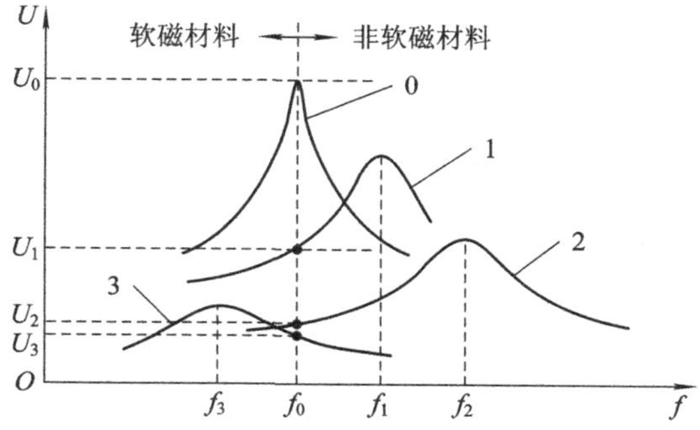

图 6-43　定频调幅谐振曲线

值降低，谐振曲线变钝，振荡幅度降低，振荡频率也发生变化。当被测导体为非软磁材料时，由于L减小而使谐振频率上升，曲线1、2向右偏移，输出电压是曲线与f_0的交点分别为U_1和U_2，且曲线1比曲线2探头与被测物间距要远。当被测导体为软磁材料时则反之，谐振频率降低，曲线3向左偏移，输出电压为U_3。这种电路采用石英晶体振荡器，旨在获得高稳定度频率的高频激励信号，以保证稳定的输出。若振荡频率变化1%，一般将引起输出电压10%的漂移。

图6-42中耦合电阻R，用来减小传感器对振荡器的影响，并作为恒流源的内阻。R的大小直接影响灵敏度：R大灵敏度低，R小则灵敏度高；但R过小时，由于对振荡器起旁路作用，也会使灵敏度降低。谐振回路的输出电压为高频载波信号，信号较小，因此设有高频放大和检波等环节，使输出信号便于传输与测量。

定频调幅式测量转换电路虽然有很多优点，并获得广泛应用。但其输出电压U_0与位移x不是线性关系，电路易受温度影响而必须采取各种温度补偿措施，所以造成产生线路较复杂，装调较困难。

2）变频调幅电路

变频调幅电路的基本原理是将传感器线圈直接接入电容三点式振荡回路。当导体接近传感器线圈时，由于涡流效应的作用，振荡器输出电压的幅度和频率都发生变化，利用振荡幅度的变化来检测线圈与导体间的位移变化，而对频率变化不予理会。

这里不再对电路进行分析。变频调幅电路的谐振曲线如图6-44所示。

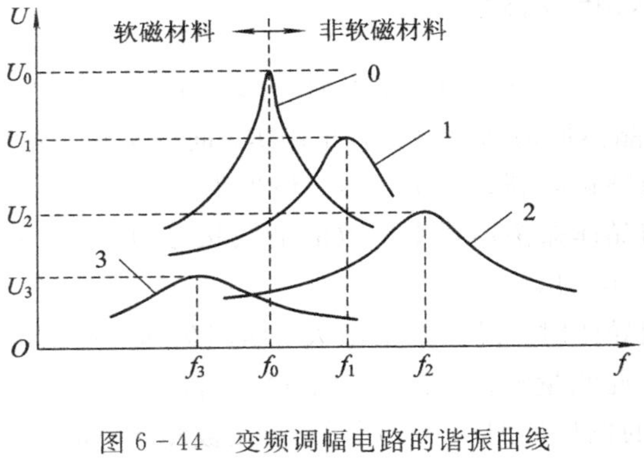

图6-44　变频调幅电路的谐振曲线

图6-44中，与定频调幅电路的谐振曲线所不同的是，振荡器输出电压不是各谐振曲线与f_0的交点，而是各谐振曲线峰点的连线。

这种电路除结构简单、成本较低外，还具有灵敏度高、线性范围宽等优点，因此监控等场合常采用它。必须指出，该电路用于被测导体为软磁材料时，虽由于磁效应的作用使灵敏度有所下降，但磁效应时对涡流效应的作用相当于在振荡器中加入负反馈，因而能获得很宽的线性范围。所以如果配用涡流板进行测量，则应选用软磁材料。

3）调频电路

调频电路与变频调幅电路一样，将传感器线圈接入电容三点式振荡回路，所不同的是，以振荡频率的变化作为输出信号。如欲以电压作为输出信号，则应后接鉴频器。

调频式测量转换电路原理框图及特性如图6-45所示。图中探头线圈的电感L与C_0构成LC振荡器，以振荡器频率f作为输出量。

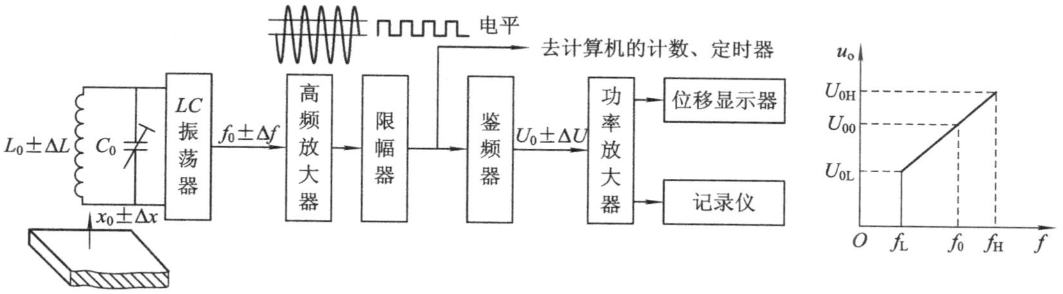

(a) 信号流程　　(b) 鉴频器特性

图 6 - 45　调频式测量转换电路原理框图及特性

由电工知识可知，并联谐振回路的谐振频率为

$$f=\frac{1}{2\pi\sqrt{LC_0}} \tag{6-22}$$

当电涡流线圈与被测体的距离 x 改变时，电涡流线圈的电感量 L 也随之改变，引起 LC 振荡器的输出频率变化，此频率可以通过 F/V 转换器(又称为鉴频器)，将 Δf 转换为电压 ΔU_0，由表头显示出电压值。也可以直接将频率信号(TTL 电平)送到计算机的计数/定时器，测量出频率的变化。鉴频器特性如图 6 - 45(b)所示。

这种电路的关键是提高振荡器的频率稳定度。通常可以从环境温度变化、电缆电容变化及负载影响三方面考虑。其中，提高谐振回路元件本身的稳定性也是提高频率稳定度的一个措施。为此，传感器线圈 L 可采用热绕工艺绕制在低膨胀系数材料的骨架上，并配以高稳定的云母电容或具有适当负温度系数的电容(进行温度补偿)作为谐振电容 C_0。此外，提高传感器探头的灵敏度也能提高仪器的相对稳定性。

4. 涡流式传感器的安装与使用

1) 涡流式传感器的安装

(1) 图 6 - 46(a)中，被测体为平面时，探头的敏感端面应与被测表面平行；图 6 - 46(b)中，被测体为圆柱时，探头轴线与被测圆柱轴线应垂直相交；被测体为球面时，探头轴线应过球心。安装传感器时，传感器之间的安装距离不能太近，以免产生相邻干扰，见图 6 - 46(c)。

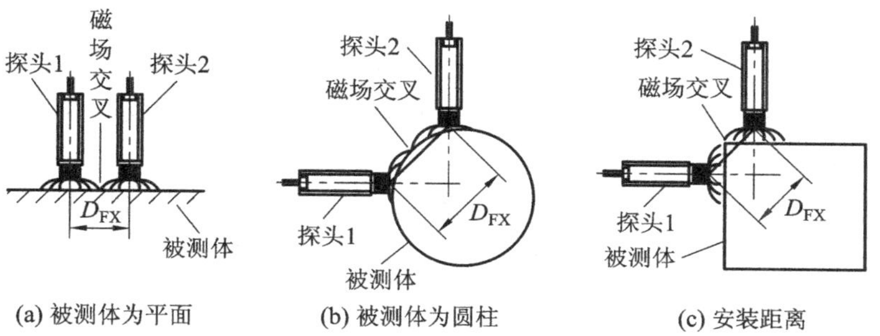

(a) 被测体为平面　　(b) 被测体为圆柱　　(c) 安装距离

图 6 - 46　各传感器探头间的距离

(2) 安装传感器时，应考虑传感器的线性测量范围和被测间隙的变化量，尤其当被测

间隙总的变化量与传感器的线性工作范围接近时。在订货选型时，一般应使所选的传感器线性范围大于被测间隙的15%以上。通常，测量振动时，将安装间隙设在传感器的线性中点；测量位移时，要根据位移往哪个方向变化或往哪个方向的变化量较大来决定其安装间隙的设定。当位移向远离探头端部的方向变化时，安装间隙应设在线性近端；反之，则应设在远端。

(3) 不属于被测体的任何一种金属接近电涡流传感器线圈，都能干扰磁场，从而产生线圈的附加损失，导致灵敏度的降低和线性范围的缩小。所以不属于被测体的金属与线圈之间，至少要相距一个线圈的直径 D 大小。探头头部与安装面的距离如图 6-47 所示。

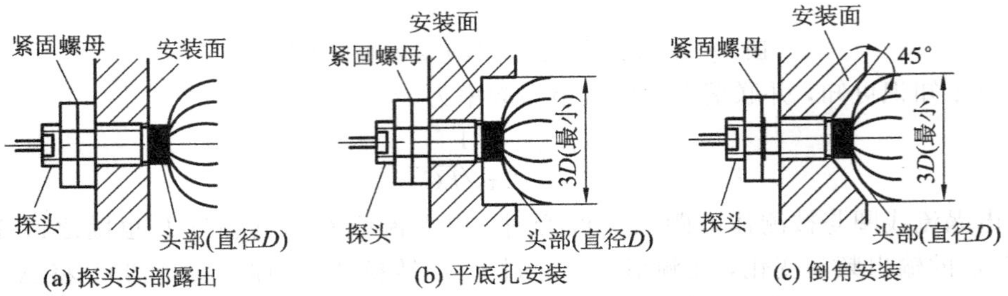

图 6-47　探头头部与安装面的距离

由图 6-47 可见，安装传感器时，头部宜完全露出安装面，否则应将安装面加工成平底孔或倒角，以保证探头的头部与安装面之间不小于一定的距离。

(4) 传感器安装使用的支架的强度应尽量高，其谐振频率至少为机器转速的 10 倍，这样才能保证测量的准确性。

2) 涡流式传感器的使用

电涡流传感器利用电涡流探头与被测金属体之间的磁性耦合程度来实现检测。因此在电涡流传感器的使用中，必须考虑被测体的材料和几何形状、尺寸等对被测量的影响。

(1) 被测材料对测量的影响。根据式(6-20)可知，被测体电导率和磁导率的变化都会引起线圈阻抗的变化。一般情况下，被测体的电导率越高，则灵敏度也越高；但被测体为磁性体时，导磁率效果与涡流损耗效果呈相反作用。因此与非磁性体相比，灵敏度低。所以被测体在加工过程中遗留下来的剩磁需要进行消磁处理。

(2) 被测体几何形状和大小对测量的影响。为了充分有效地利用电涡流效应，被测体的半径应大于线圈半径，否则将使灵敏度降低。一般涡流传感器，涡流影响范围约为传感器线圈直径的 3 倍。被测体为圆盘状物体的平面时，物体的直径应为传感器线圈直径的 2 倍以上，否则灵敏度会降低；被测体为圆柱体时，它的直径必须为线圈直径的 3.5 倍以上，才不会影响测量结果。

被测体的厚度也不能太薄，一般情况下，只要有 0.2 mm 以上的厚度，测量就不受影响。

5. 涡流式传感器的应用

1) 位移和振动测量

一些高速旋转的机械对轴向位移的要求很高。如当汽轮机运行时，叶片在高压蒸汽推动下高速旋转，它的主轴要承受巨大的轴向推力。若主轴的位移超过规定值，则叶片有可能与其他部件碰撞而断裂。采用电涡流式传感器可以对旋转机械的主轴的轴向位移进行非接触测量，如图 6-48 所示。电涡流式传感器可以用来测量各种形式的位移量，最大位移可达数百毫米，一般分辨率达 0.1%。但其线性度较差，只能达到 1%。

又如在汽轮机或空气压缩机中常用电涡流式传感器来监控主轴的径向振动。在研究轴的振动时，需要了解轴的振动形式，绘出轴的振动图。为此，可采用多个电涡流式传感器探头并列安装在轴的侧面附近，用多通道指示仪输出并记录，以获得主轴各个部位的瞬时振幅及轴振动图。

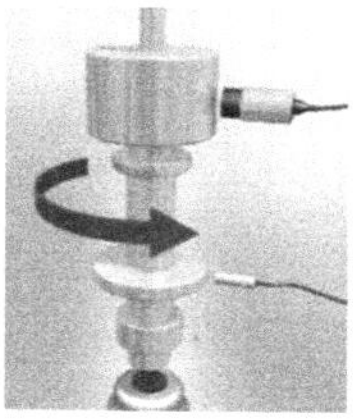

图 6-48　偏心和振动检测

2）转速测量

如果被测旋转体上有一条或数条槽，或做成齿状，如图 6-49 所示，则利用电涡流式传感器可测量出该旋转体的转速。当转轴转动时，传感器周期性地改变着与旋转体表面之间的距离，于是它的输出电压也周期性地发生变化。此脉冲电压信号经信号放大、变换后，可以用频率计指示出频率值，从而测出转轴的转速。被测体转速 n、频率 f 和槽齿数 z 的关系是 $n=\frac{60f}{z}$。

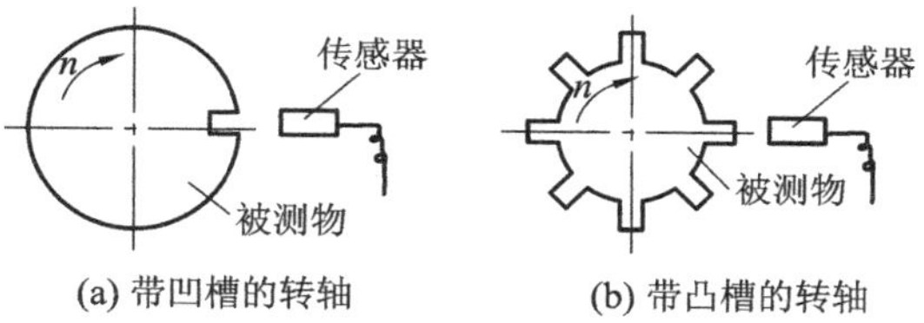

图 6-49　电涡流传感器转速测量

6. 电涡流式厚度传感器

电涡流式传感器的电涡流探头线圈的阻抗受诸多因素影响，例如金属材料的厚度、尺寸、形状、电导率、磁导率、表面因素、距离等。所以电涡流式传感器多用于定性测量，即使要用作定量测量，也必须采用前面述及的逐点标定、计算机线性纠正、温度补偿等措施。

电涡流式厚度传感器就是利用涡流效应来实现对金属材料厚度的测量的，特点是测量范围宽、反应快和精度高。该传感器可分为高频反射式和低频透射式两类。

1）高频反射式涡流测厚仪

高频反射式涡流测厚仪的结构如图 6-50 所示。高频检测线圈绕制在框架的开槽中，形成一个扁平线圈，线圈采用高强度漆包线。

高频反射式涡流测厚仪的测量电路有调幅式和调频式两种，如图 6-51 所示。

图 6-51(a)中以稳频稳幅正弦波高频振荡器供电，检测线圈电感 L 与电容 C_1、C_2 组成谐振回路，并处于谐振状态。当电感线圈的高频磁场作用于被测金属板表面时，由于金属板的涡流反射作用，使 L 值降低，造成回路失谐，串联在回路中电阻 R 上的压降将减小，在其他条件不变的情况下，失谐程度仅与检测线圈到金属板的距离 d 有关。一般失谐回路的检波电压 U 与距离 d 有一段线性的范围。这个线性范围与检测线圈直径有关，线圈直径增大时，线性范围也增大。

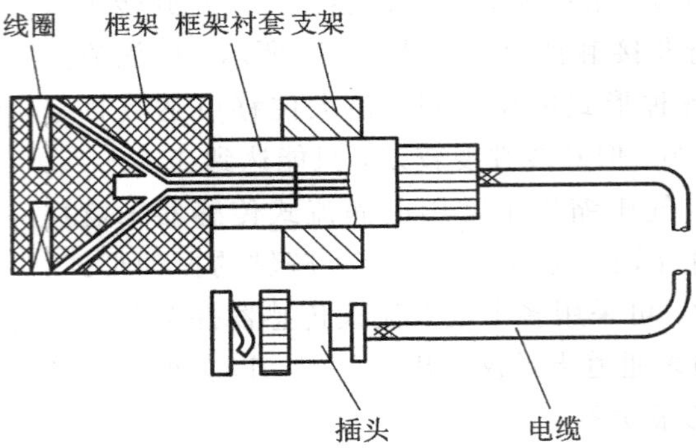

图 6－50　高频反射式涡流测厚仪的结构

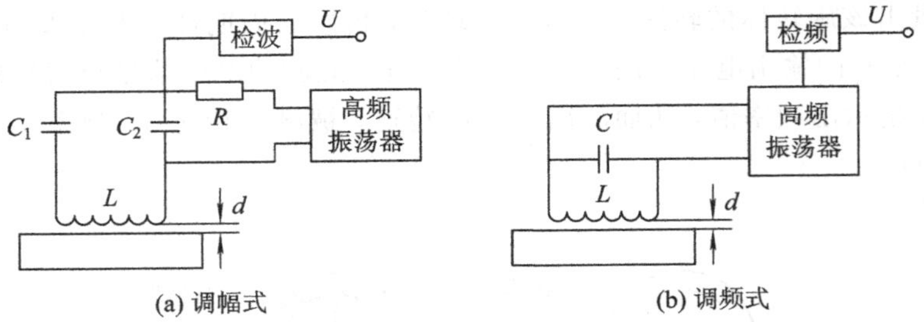

图 6－51　高频反射式涡流测厚仪测量电路

图 6－51(b)是调频式电路，检测线圈电感 L 与电容 C 并联组成谐振回路，并以这个回路作为高频振荡器的振荡回路，当距离 d 变化时，使 L 改变，因而改变了谐振频率，这样就把距离变化变成了频率变化，再经过鉴频器就可以得到与 d 成正比的输出电压。

由上述测量电路工作原理可知，在实际测量中，常在被测金属板上、下对称的地方各装一个特性相同的传感器，如图 6－52 所示。这两个传感器分别测出它们至金属板上、下表面的距离 d_1 和 d_2。如果两传感器距离为 D，则金属板厚度 $h=D-(d_1+d_2)$。

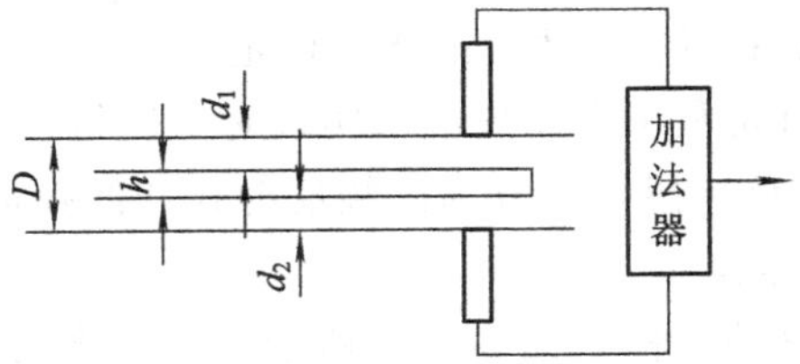

图 6－52　反射式涡流测厚仪检测方法

高频涡流测厚仪主要应用于被测物厚度变化不大、环境好、被测物运行平稳等场合。其缺点是对测量环境要求高、测量精度受外界因素影响大、不能测量高温物体。

2）低频透射式厚度测量仪

低频透射式厚度测量仪的原理如图 6－53 所示。在被测金属板上、下方各垂直安装一个电感线圈，上方为励磁线圈，由正弦波音频信号发生器供电(U)，因此在线圈 L_1 周围将产生音频交变磁场。如果两线圈间不存在被测物体，则 L_2 线圈将直接受 L_1 产生的交变磁场作用而产生感应电势 E。感应电势 E 的大小与励磁电压 U 及两个线圈的参数、距离等有关。如果在两线圈中有被测金属板通过，则由 L_1 产生的磁通除有一部分可以通过检测线圈 L_2 外，还有一部分由于中间金属导体中产生涡流而损耗，中间金属厚度愈大，损耗愈多，透过的磁力线就愈少。因此在检测线圈 L_2 中的感应电势 E 也将相应减小。这样就可以由 L_2 中产生感应电势大小来测量被测物体的厚度。

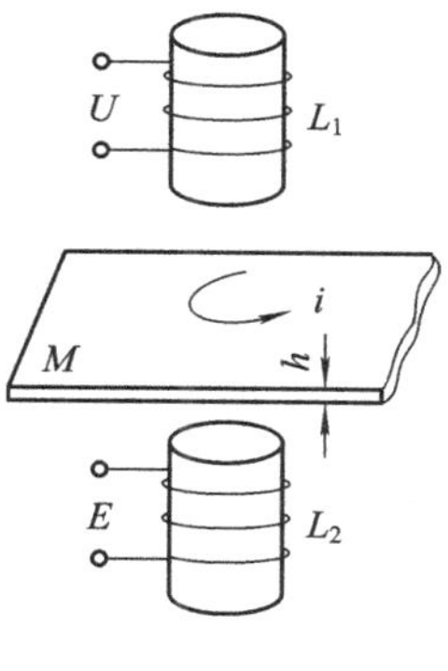

图 6－53　透射式涡流测厚仪原理

在实际测量时还应注意，在金属板中产生的涡流损失不仅决定于厚度，而且还与其材料特性有关。对同一材料，使用不同励磁频率对输出也影响很大，一般在频率提高时，可以得到较高的电压灵敏度，但线性不好；而在采用较低频率时，虽然线性有改善，但灵敏度却大大降低，因此频率的选择要结合具体情况而定。

涡流式测厚仪是一种非接触式测厚仪表，它的测量范围宽、反应时间快、动态精度高，因此广泛应用于冶金工业中，如在冷轧机上对金属带材厚度的自动检测。

6.2.3　核辐射式传感器及厚度检测

核辐射传感器是根据被测物质对射线的吸收、反射和散射或射线对被测物质的电离激发作用而进行工作的。该传感器是核辐射式检测仪表的重要组成部分，它是利用放射性同位素来进行测量的，又称同位素传感器。

核辐射传感器主要由放射源、接收器(探测器)、电信号转换电路和显示仪表组成，可用来测量物质密度、厚度和物位等参数，分析气体成分，探测物体内部结构等，又称为辐射物位计。

1. 核辐射传感器的测量原理

由于物质都是由一些最基本的物质——元素所组成的，而组成每种元素的最基本单元是原子，每种元素的原子都不是只存在一种，把具有相同的核电荷数而有不同的质子数的原子所构成的元素称为同位素。假设某种同位素的原子核在没有外力的作用下自动发生衰变，衰变中会释放出 α 射线、β 射线、γ 射线、X 射线等，这种现象称为核辐射。放出射线的同位素称为放射性同位素，又称放射源。

放射性同位素的种类很多，由于核辐射检测仪表对采用的放射性同位素要求它的半衰期比较长(半衰期是指放射性同位素的原子核数衰变到 1/2 所需要的时间，这个时间又称放射性同位素的寿命)，且对放射出来的射线能量也有一定要求，因此常用的放射性同位素有 Sr^{90}(锶)、Co^{60}(钴)、Cs^{137}(铯)、Am^{241}(镅)等 20 多种。

用于检测的核辐射线的性质如下：

(1) α 粒子。α 粒子的质量为 4.002775u(u 为原子质量单位)，它带有正电荷，一般具有 4～10 MeV 能量，其电离能力较强，主要用于气体分析，也可用来测量气体压力、流量等参数。

(2) β 粒子。β 粒子的质量为 0.000549u，带有一个单位的电荷，能量为 100 keV 至几兆电子伏特，实际上是高速运动的电子，它在气体中的射程可达 20 m。在自动检测中，主要根据 β 辐射吸收来测量材料的厚度、密度或重量；根据辐射的反射和散射来测量覆盖层的厚度，利用 β 粒子很大的电离能力来测量气体流。

(3) γ 射线。γ 射线是一种从原子核内发射出来的电磁辐射，在物质中的穿透能力比较强，在气体中的射程为数百米，能穿过几十厘米厚的固体物质。γ 射线主要用于金属探伤、厚度检测及物体密度检测等。

2. 核辐射式厚度传感器

核辐射式厚度传感器利用核辐射线进行测量，可分为穿透式和反射式两类。穿透式测厚仪由同位素核辐射源和核辐射传感器(检测器)组成，原理示意如图 6-54 所示。被测的塑料板、纸板、橡皮板等材料在辐射源和传感器之间经过。当射线穿过板材时，一些射线被板材吸收，使传感器接收到的射线减弱。对于密度不变的材料，辐射吸收量随厚度变化，因此可测出厚度。下面以 γ 射线式测厚仪为例分析其测量原理。

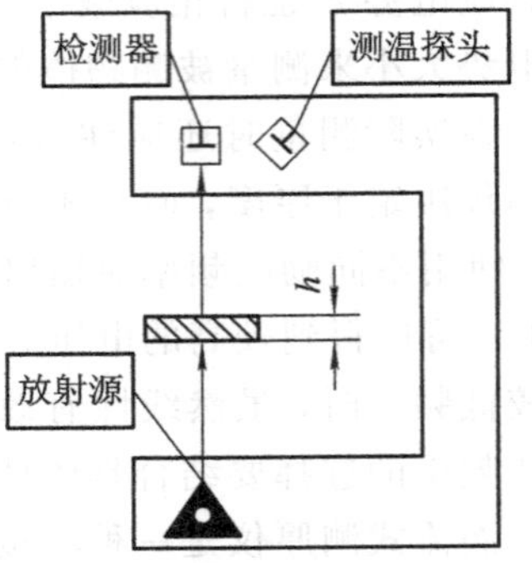

图 6-54　穿透式测厚仪原理示意图

γ 射线式测厚仪是从原子核内部放出的不带电的光子流，穿透力极强。如果放射源的半衰期足够长，在单位时间内放射出的射线量一定，即射线的发射强度 I 恒定。当 γ 射线穿透被测物时，被测物本身吸收一定射线能量(被吸收能量多少取决于被测物的厚度和材质等因素)。我们通过测量被吸收后射线的强度，即可实现被测物厚度的检测。被测物厚度与射线衰减强度的关系如下：

$$I = I_0 e^{\mu\rho h} \tag{6-23}$$

式中，I、I_0 为射线通过被测物前后的辐射强度；μ 为被测物的吸收系数；h 为被测物厚度；ρ 为被测物密度。

由式(6-23)可以看出，传感器的测量范围与材料密度有关，一般按被测表面单位面积所含质量计算，称为质量厚度(均匀材料的厚度与质量厚度正比)。

穿透式 γ 射线式测厚仪的放射源和检测器分别置于被测物上下，如图 6-54 所示。

γ 射线式测厚仪的放射源一般为 Cs^{137} 或 Co^{60}。当被测物通过时，检测器测到射线强度的变化，经计算机运算后得到被测物厚度。

穿透式 γ 射线式测厚仪具有稳定、寿命长和测量精度高的特点，在使用时要注意辐射剂量要随被测物的厚度和材质而变，另外还要留意温度的影响。主要技术指标有：厚度范围(2～100 mm)、标定精度(±0．25％)、响应时间(阶跃 1 ms)、被测物温度(≤1300℃)。这种传感器还适于测量镀层或涂层的厚度。

3. X 射线式厚度传感器

X 射线式厚度传感器又称为 X 射线式测厚仪，其工作原理与 γ 射线式测厚仪基本相同，所不同的是用人造 X 射线管代替了天然核辐射源。这里不再赘述。特点是 X 射线的强度可控、发射可控，因此比较安全。主要技术指标有：厚度范围(0．2～19 mm)、测量精度(±0．1％)、响应时间(30 ms)、被测物温度(≤1300℃)。

6.2.4　厚度传感器应用实例

下面介绍电容式厚度传感器在板材轧制装置中的应用——电容测厚仪。

电容测厚仪的工作原理如图 6-55 所示。在被测带材的上、下面侧各置一块面积相等、与带材距离相等的极板，这样，极板与带材就构成了两个电容器 C_1 和 C_2。将两块极板用导线连接形成一个电极，而带材就是电容的另一个电极，其总电容为 $C_x=C_1+C_2$。电容 C_x 与固定电容 C_0、变压器的次级 L_1 和 L_2 构成电桥，信号发生器提供变压器初级信号，经耦合作为交流电桥的供桥电源。

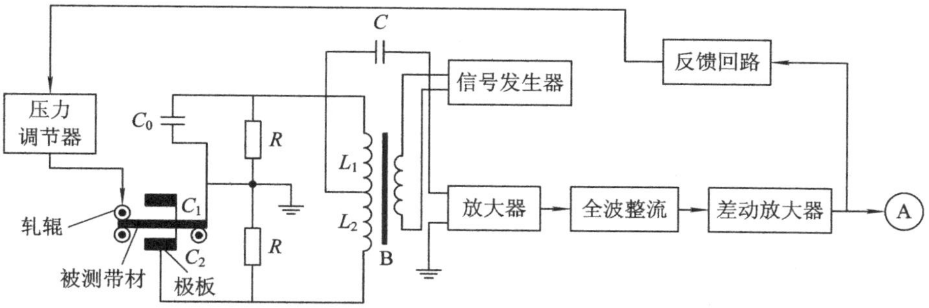

图 6-55　电容测厚仪工作原理图

当被轧制板材的厚度相对于要求值发生变化时，则 C_x 发生变化。C_x 增大，板材变厚；反之，板材变薄。此时电桥输出信号也将发生变化，变化量经耦合电容 C 输出给放大器放大、整流，再经差动放大器放大后，一方面由指示仪表读出板材厚度，另一方面通过反馈回路将偏差信号传送给压力调节装置，调节轧辊与板材间的距离。经过不断调节，使板材厚度控制在一定误差范围内。

这种电容测厚传感器就这样将测出的变化量与标定量进行比较，比较后的偏差量反馈控制轧制过程，以控制板材厚度，其中的电容测厚仪是关键设备。

6.3　速度(转速)传感器及检测技术

速度是指单位时间内位移的增量。速度传感器是指能感受被测物体运动速度并转换成可用输出信号的传感器。速度检测从物体运动形式来看可分为线速度检测和角速度(转速)检测；从物体运动速度的参考基准来看可分为绝对速度检测和相对速度检测；从速度的数值特征来看可分为平均速度检测和瞬时速度检测；从获取物体运动速度的方式来看可分为直接速度检测和间接速度检测。速度检测线速度的单位通常用 m/s，工程上通常用 km/s。转速常以单位时间内转动的圈数来表示，工程上大都采用每分钟内的转速(r/min)作为转速的单位。对于角速度，以每秒钟弧度(rad/s)作为单位，它表示瞬时转速。

6.3.1　速度(转速)的检测方法

1. 速度检测的一般方法

1) 时间、位移计算法

这种方法是根据速度的定义测量速度，即通过测量距离和通过该距离的时间，然后求得平均速度。距离取值越小，则求得速度越接近运动物体的瞬时速度。

2）加速度积分法和位移微分测量法

测量到运动体的加速度，并对时间积分，就可得到运动物体的速度；测量运动体的位移信号，并将其对时间微分，也可以得到速度，这两种方法完全相同。利用该方法的典型实例是在振动测量中，利用加速度计测量振动体的加速度振动信号经电路积分获得振动速度；利用振幅计测量振动体位移信号再进行微分得到振动的速度。

3）速度传感器法

速度传感器法是最常用的一种方法，即利用各种速度传感器，将速度信号变换为电信号、光信号等易测信号进行测量。

4）多普勒效应测速

利用多普勒效应制成的多普勒雷达来实现对被测物体的线速度和转速进行测量。

2. 转速检测方法

物体运动的速度检测有线速度检测和转速检测。由上述检测方法看，运动物体的线速度不能直接测得，需要通过计算求得。所以一般线速度的检测都要转换为转速检测，本节主要讨论转速检测方法。

1）用机械结构把转速变换为位移

离心式转速表就是利用重锤所受离心力与转速之间的关系，把转速变换成相应的位移量，间接测出转轴的转速。离心式转速表的结构简单、成本低、测速范围宽，可达 2×10^4 r/min。它的缺点是：刻度不均匀，测量精度不高，一般为±(1～2)%；惯性大，不能测量变化快的转速。

2）用电磁原理把转速变换为角位移

常见的便携式转速表就属这类。仪表转轴端部有橡胶触头，靠摩擦与被测转轴端头顶接，带动仪表内部固连在转轴另一端的马蹄形永久磁铁作同速转动，从而使紧邻的铝盘中感应产生涡流。在涡流磁场与旋转磁铁的磁场相互作用下，使磁盘受到一个大小与被测转速成正比的电磁力矩而偏转出现角位移。这类转速表结构简单、使用方便，但精度不高，常为±(1.2～2)%，而且摩擦接触力的过大过小都会带来附加误差。

3）把转速变换成模拟电压信号

基于发电机原理制成测速电机是一种微特电机，把转速变换成模拟电压信号，有交流、直流之分。其优点是测速特性好、线性范围宽、灵敏度高、惯性小，适合于自动控制使用，但不能直接给出转速值。

4）频闪法

利用人视觉的暂留特性，采用变频闪光的方法构成了闪光测速仪。调节闪光光源的频率，当与旋转轴转速同步时，即每转照亮一次所见旋转体好像静止不转，由此时闪光频率可以判定转速。闪光测速仪可为非接触测量，使用正确时，可以得到较高的精度，其测量范围也较宽，但缺点是调节不当时，图像不清，易造成误差。此外，闪光测速仪不宜用于转速变化和要求自动测量的场合。

5）把转速变换成脉冲数字信号

随着生产过程自动化程度的提高，开发出了各种各样的检测线速度和角速度的传感器，如磁电式速度计、光电转速计，电磁转速计、测速发电机、离心转速表和差动变压器测速仪等。

3. 常用的速度(转速)传感器

目前常用速度(转速)传感器的主要性能见表 6-4。

表 6-4　常用速度(转速)传感器性能与特点

类型	原理		测量范围	精度	特　点
线速度测量	磁电式		工作频率 10～50 0Hz	≤10%	灵敏度高，性能稳定，移动范围 ±(1～15)mm，尺寸、重量较大
	空间滤波器		1.5～200 km/h	±0.2%	无需两套特性完全相同的传感器
转速测量	交流测速发电机		400～4000 r/min	<1%满量程	示值误差在小范围内可通过调整预扭弹簧转角来调节
	直流测速发电机		1400 r/min	1.5%	有电刷压降形成死区，电刷及整流子磨损影响转速表精度
	离心式转速表		30～2400 r/min	±1%	结构简单，价格便宜，不受电磁干扰，精度较低
	频闪式转速表		$0\sim1.5\times10^5$ r/min	1%	体积小，量程宽，使用简便，精度高，非接触测量
	光电式	反射式转速表	30～4800 r/min	±1 脉冲	非接触测量，要求被测轴径大于 3 mm
		直射式转速表	1000 r/min		在被测轴上装有测速圆盘
	激光式	测频法转速仪	几万～几十万 r/min	±1 脉冲/s	适合高转速测量，低转速测量误差大
		测周法转速仪	1000 r/min		适合低转速测量
	汽车发动机转速表		70～9999 r/min	$0.1\%n\pm1$ r/min ($n\leqslant4000$ r/min) $0.2\%n\pm1$ r/min ($n>4000$ r/min)	利用汽车发电机点火时，高压线圈放电，感应出脉冲信号，实现对发电机不剖体测量

6.3.2　磁电式速度传感器及转速检测

磁电式速度传感器采用电磁感应原理来达到测速目的，具有输出信号大、抗干扰性能好、不需外接电源等优点，可在烟雾、油气、水气等恶劣环境中使用。

1. 测量原理

磁电式速度传感器是利用电磁感应原理将被测量(速度)转换成电信号的一种传感器，也称为电磁感应传感器。根据电磁感应定律，当 N 匝线圈在恒定磁场内运动时，设穿过线圈的磁通为 ϕ，则线圈内会产生感应电动势 e 为

$$e=-N\frac{\mathrm{d}\phi}{\mathrm{d}t}=-NBlv\ \sin\theta \qquad (6-24)$$

式中，B 为磁场的磁感应强度；l 为单匝线圈的有效长度；N 为线圈的匝数；v 为线圈与磁

场的相对运动速度；θ 为线圈运动方向与磁场方向的夹角。

由式(6-24)可见，线圈中感应电势的大小跟线圈的匝数和穿过线圈的磁通变化率有关。一般情况下，匝数是确定的，而磁通变化率与磁场强度 B、磁路磁阻、线圈的运动速度 v 有关，故只要改变其中一个参数，都会改变线圈中的感应电动势。

2. 磁电式速度传感器

磁电式速度传感器是依据上述原理制成的一种传感器，也称为惯性式速度传感器。当有一线圈在穿过其磁通发生变化时，会产生感应电动势，电动势的输出与线圈的运动速度成正比。它的灵敏度高、内阻低，经放大、微积分等运算后可测量振动速度、位移和加速度等。磁电式相对速度传感器的结构和外形如图 6-56 所示。它用于测量两个试件之间的相对速度(振动)。

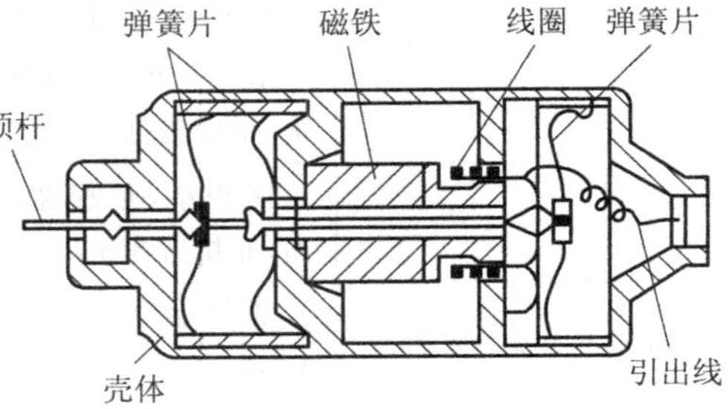

(a) 结构

(b) 外形

图 6-56　磁电式相对速度传感器

图 6-56(a)中，壳体固定在一个试件上，顶杆顶住另一个构件，磁铁通过壳体构成磁回路，装在轴上的线圈置于回路的缝隙中。当两试件之间的相对振动速度通过顶杆使轴和线圈在磁场气隙中运动，线圈因切割磁力线而产生感应电动势，其大小与线圈运动的线速度成正比。因此，通过测量输出电压便可得到构件的相对运动速度。

磁电式速度传感器具有以下优点：① 不需要外加电源；② 低频特性好，频率范围宽；③ 有水平与垂直两种测试方向；④ 输出信号可以不经调理放大，直接配接显示处理仪表；⑤ 带低频补偿电路，可测试极低频，小信号；⑥可在烟雾、油气、水气等恶劣环境中使用等。但由于传感器中存在机械运动部件，它与被测系统同频率振动，不仅限制了传感器的测量上限，而且其疲劳极限造成传感器的寿命比较短等缺点。

磁电式速度传感器主要用于振动测量。由于这种惯性式传感器不需要静止的基座作为参考基准，它直接安装在振动体上进行测量，因而在地面振动测量及机载振动监视系统中获得了广泛的应用。如航空发动机、各种大型电机、空气压缩机、机床、车辆、轨枕振动台、化工设备、各种水、气管道、桥梁、高层建筑等，其振动监测与研究都可使用磁电式速度传感器。

3. 磁电式转速传感器

磁电式转速传感器是采用电磁感应原理来达到测量转速目的传感器。它具有输出信号大，抗干扰性能好，不需外接电源，可在烟雾、油气、水气等恶劣环境中使用等特点。

磁电式转速传感器的测转速原理、安装和外形如图 6-57 所示。这种传感器是针对测速齿轮而设计的发电型传感器(无源)。

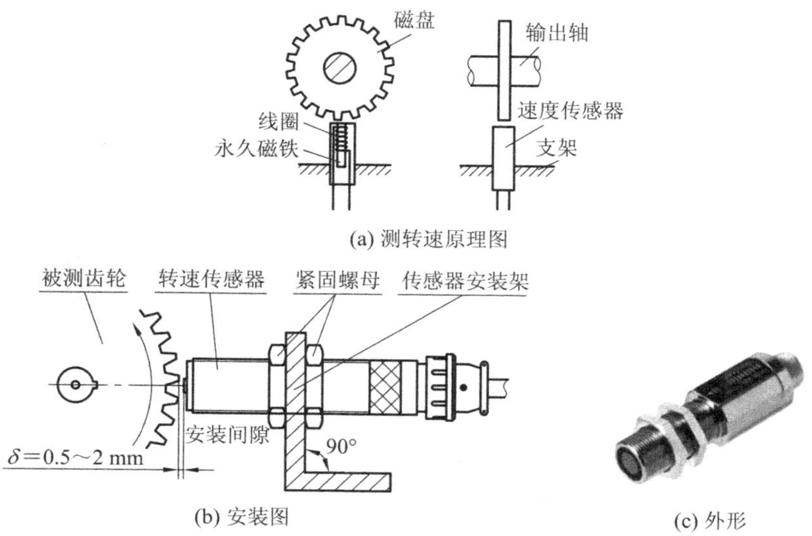

图 6－57 磁电式转速传感器的结构原理图

图 6－57(a)中，在永久磁铁组成的磁路中，若改变磁阻(如空气隙)的大小，则磁通量随之改变。根据上述原理，在待测轴上装一个由软磁材料做成的齿盘(通常采用 60 齿)，当待测轴转动时，齿盘也跟随转动，齿盘中的齿和齿隙交替通过永久磁铁的磁场，从而不断改变磁路的磁阻，使铁芯中的磁通量发生突变，在线圈内产生一个脉冲电动势，其频率跟待测转轴的转速成正比。线圈所产生的感应电动势的频率为

$$f=\frac{nz}{60} \tag{6-25}$$

式中，n 为转速(r/min)；f 为频率(Hz)；z 为齿轮的齿数。

当齿轮的齿数 $z=60$ 时，$f=n$。只要测量频率 f，即可得到被测转速。磁电式转速传感器的安装方式和外形如图 6－57(b)、(c)所示。磁电式转速传感器主要性能指标如表 6－5 所示。

表 6－5 磁电式转速传感器主要性能指标

项目	规　格	项目	规　格
直流电阻	150～200(25℃)	使用温度	－10～＋120℃
齿轮形式	模数 2～4(渐开线齿轮)	螺纹规格	M16×1(或客户要求)
抗振动	20 g	测量范围	10～15 000 r/min(60 齿)
输出信号幅值	60 r/min＞100 mV		

4. 测速发电机式转速传感器

测速发电机是一种专门测速微型电机，电机的输出电势，在励磁一定的条件下，其值与转速成正比。若将被测旋转体的转轴与发电机转轴相连接，即可测得转速。在自动控制系统中，测速发电机常用作测速、校正元件。测速发电机分为直流型和交流型两种。

测速发电机的测速原理在相关电机类课程中已有叙述，这里以直流测速发电机为例作

一简单介绍。

1）测量原理

直流测速电机是利用在恒定磁场中，转动的电枢绕组切割磁通而产生感应电动势，经电刷引出感应电动势，其原理如图 6－58 所示。

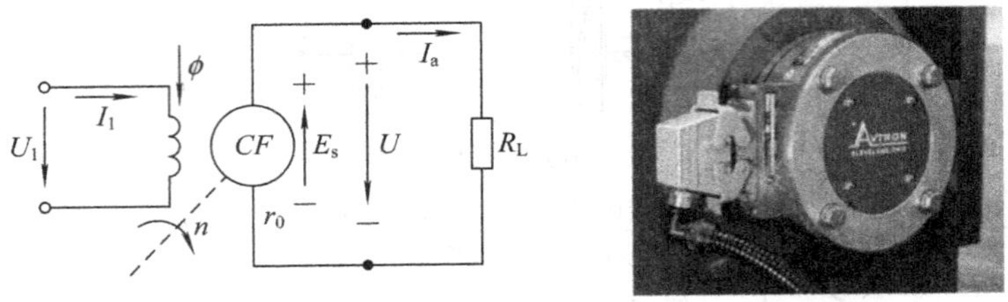

(a) 原理图　　(b) 外形

图 6－58　直流测速发电机

图 6－58(a)中，当恒定的励磁电压 U_1 加到励磁绕组上后，会产生一个恒定的磁场，其磁通为 ϕ。此时若被测对象带动转子转动，由于电枢绕组切割磁力线，从而会产生感应电动势 U，经电刷引出，在回路中产生感应电流 I_a。输出电势的极性反应旋转方向，输出电压大小 U 为

$$U=\frac{nC_e\phi}{1+\frac{r_0}{R_L}} \tag{6-26}$$

式中，C_e 为电势常数；r_0 为电枢回路总电阻；R_L 为负载电阻；n 为被测转速。

由式(6－26)可以看出，电机选定则 C_e、r_0 为常数，若励磁电压 U_1 恒定，则输出电压 U 与被测转速 n 成正比关系。即瞬时的被测转速被转换成模拟电压的变化量，实现了测速的要求。

2）主要特点

测速发电机的输出电动势具有斜率高、特性成线性、无信号区小或剩余电压小、正转和反转时输出电压不对称度小、对温度敏感低等特点，广泛用于各种速度或位置控制系统。在自动控制系统中作为检测速度的元件，以调节电动机转速或通过反馈来提高系统稳定性和精度；在解算装置中可作为微分、积分元件，也可作为加速或延迟信号用或用来测量各种运动机械在摆动或转动以及直线运动时的速度。在使用中，测速发电机的轴通常直接与电机轴连接，如图 6－58(b)所示。

6.3.3　光电式传感器及转速检测

光电式传感器是将光信号转换为电信号的一种传感器，其工作的物理基础是光电效应。光电式传感器可以直接检测光强、光照度和辐射温度等，还可以间接检测应变、位移、振动和速度等物理量。其具有反应快、非接触等优点，在检测和控制领域有着广泛的应用。

1．光电效应及光电器件

通过物理学知识我们知道，光由具有一定能量的粒子组成。用光照射某一物体，可以看成一连串的具有能量的粒子轰击这个物体，使这个物体在吸收了光子能量后而发生相应的电效应，这种物理现象称为光电效应。光电效应可分为外光电效应、内光电效应和光生

伏特效应三种类型。

1）外光电效应及其光电器件

在光照射下，使电子逸出物体表面而产生光电子发射的现象称为外光电效应。基于外光电效应原理工作的光电器件主要有光电管和光电倍增管。外光电效应示意图和光电管外形如图 6－59 所示。

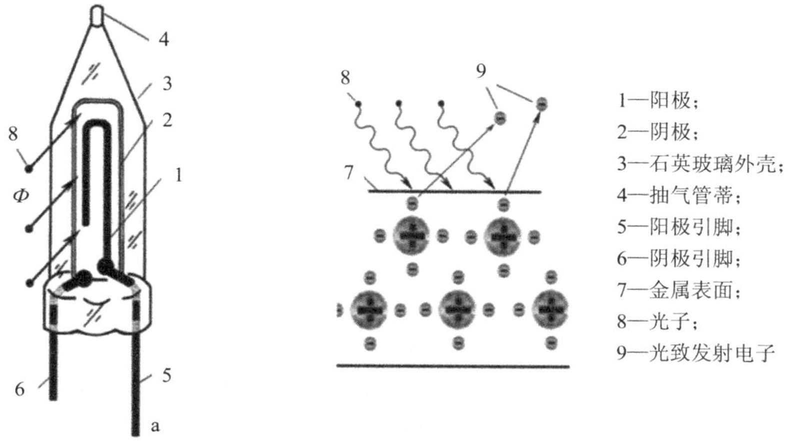

(a) 光电管　　(b) 外光电效应示意

图 6－59　外光电效应示意图和光电管外形

图 6－59(a)中，金属阳极和阴极封装在一个真空玻璃壳内。在光电管的阴极受到光照后，阴极表面的电子吸收到足够大光子传递过来的能量，就会克服金属表面对它的束缚而逸出金属表面，形成电子发射，如图 6－59(b)，把这种电子称为光电子。这些光电子被具有一定电位的阳极吸引，在光电管内形成电子流。若在光电管外电路中串入一个适当阻值的电阻，则该电阻上的压降(电路中的电流)大小与入射光强度成函数关系，实现了光电转换。光电倍增管在光电管的基础上又增加了若干个光电倍增极，使光电流成倍增加。

2）内光电效应及其光电器件

在光线作用下，半导体材料吸收了入射的光子能量，就激发出电子－空穴对，使载流子浓度增加，半导体的导电性能增加，阻值降低。使半导体材料的导电性能发生变化，引起电阻率或电导率改变的现象称为内光电效应(光电导效应)。基于内光电效应原理工作的光电器件主要有光敏电阻、光敏二极管和光敏三极管。

(1) 光敏电阻。在半导体光敏材料两端装上电极引线，将其封装在带有透明窗的管壳里就构成光敏电阻，为了增加灵敏度，两电极常做成梳状。光敏电阻没有极性，纯粹是一个电阻器件，使用时既可加直流电压，也可加交流电压。在光敏电阻两端的金属电极加上电压，在无入射光时，阻值(暗电阻)很大(兆欧级)，回路中电流(暗电流)很小，在受到一定波长的光线照射时，光敏电阻的阻值随入射光照增加而减小(千欧级以下)，电流就会随光强的增大而变大，从而实现光电转换。光敏电阻的图形符号、结构和外形如图 6－60 所示。

光敏电阻通常采用涂敷、喷涂、烧结等方法在绝缘衬底上制作很薄的光敏电阻体及梳状欧姆电极，接出引线，封装在具有透光镜的密封壳体内，以免受潮影响其灵敏度。构成光敏电阻的材料有金属的硫化物(如 CdS 硫化镉)、硒化物、碲化物等半导体，分为环氧树

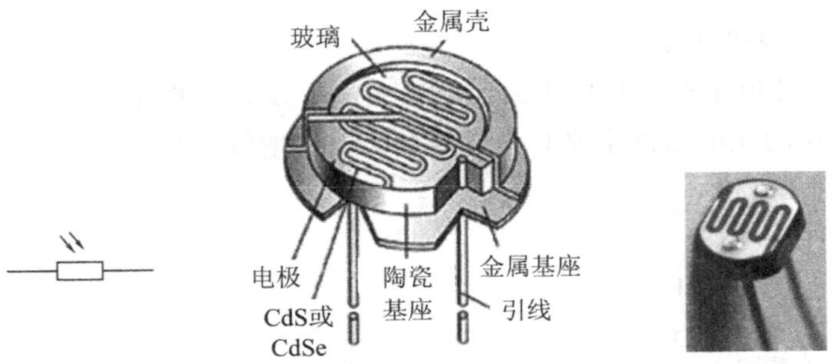

(a) 图形符号　(b) 结构　(c) 外形

图 6-60　光敏电阻

脂封装和金属封装两款，同属于导线型(DIP 型)。环氧树脂封装光敏电阻按陶瓷基板直径分为 $\phi3$ mm、$\phi4$ mm、$\phi5$ mm、$\phi7$ mm、$\phi11$ mm、$\phi12$ mm、$\phi20$ mm、$\phi25$ mm。

光敏电阻的主要参数如下：

① 光电流、亮电阻。光敏电阻器在一定的外加电压下，当有光照射时，流过的电流称为光电流，外加电压与光电流之比称为亮电阻，常用“100 lx[①]”表示。单位：kΩ。

② 暗电流、暗电阻。光敏电阻在一定的外加电压下，当没有光照射的时候，流过的电流称为暗电流。外加电压与暗电流之比称为暗电阻，常用“0 lx”表示。单位：MΩ。

③ 灵敏度。灵敏度是指光敏电阻不受光照射时的电阻值(暗电阻)与受光照射时的电阻值(亮电阻)的相对变化值。

光敏电阻具有灵敏度高、体积小、重量轻、光谱响应范围宽、机械强度高、耐冲击和振动、寿命长等优点。但光敏电阻也存在受温度影响较大、光电特性非线性严重、响应时间长等缺点。光敏电阻器一般用于光的测量、光的控制和光电转换(将光的变化转换为电的变化)。

(2) 光敏二极管。光敏二极管的 PN 结装在透明管壳顶部的正下方，可以直接受到光的照射。光敏二极管如图 6-61 所示。

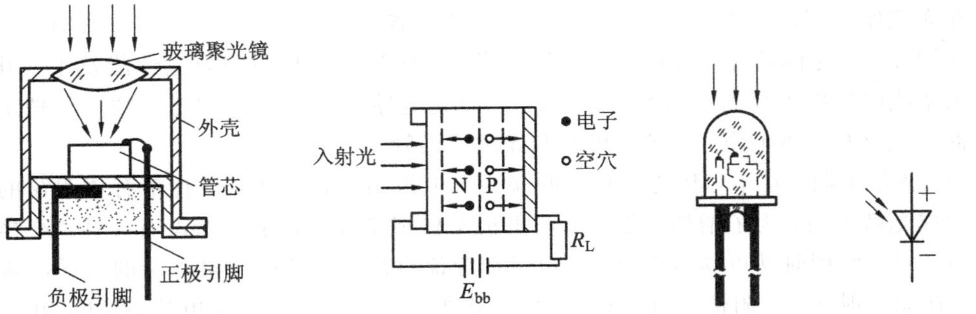

(a) 结构原理　(b) 工作原理　(c) 外形　(d) 图形符号

图 6-61　光敏二极管

① lx 勒克斯是照度单位。照度是反映光照强度的一种单位，其物理意义是照射到单位面积上的光通量，照度的单位是每平方米的流明(lm)数，也叫做勒克斯(lx)，即：确 1 lx=1 lm/m^2。

图 6-61(a)中，光敏二极管的两个电极间的管芯是一个具有光敏特征的 PN 结，与半导体二极管在结构上类似，具有单向导电性，因此工作时需加上反向电压。在无光照时，有很小的饱和反向漏电流，即暗电流，此时光敏二极管截止。图 6-61(b)中，光线照射到 PN 结时，携带能量的光子进入 PN 结，把能量传给共价键上的束缚电子，使部分电子挣脱共价键，从而产生电子-空穴对，使少数载流子的密度增加，这些载流子在反向电压下漂移，电子漂移到 N 区，空穴漂移到 P 区，使反向电流增加，形成光电流，方向与反向电流一致。光的强度越大，产生的电子-空穴对数量也随之增加，反向电流也越大。在一定范围内，光电流与照度成正比。光敏二极管的外形和图形符号如图 6-61(c)、(d)所示。

光敏二极管的主要参数如下：

① 最高反向工作电压 BVR(Reverse Breakdown Voltage)：光敏二极管在无光照的条件下，反向漏电流不大于 0.1 mA 时所能承受的最高反向电压值。

② 暗电流 I_D(Dark Current)：光敏二极管在无光照及最高反向工作电压条件下的漏电流。暗电流越小，光敏二极管的性能越稳定，检测弱光的能力越强。单位：nA。

③ 光电流 I_L(Reverse Light Current)：光敏二极管在受到一定光照时，在最高反向工作电压下产生的电流。其数值会因器件的测试条件而不同。单位：μA。

④ 光电灵敏度 S_n：反映光敏二极管对光敏感程度的一个参数，用在每微瓦的入射光能量下所产生的光电流来表示。单位：μA/μW。

⑤ 上升时间/下降时间 t_r/t_f(Rise/Fall Time)：光敏二极管将光信号转化为电信号所需要的时间。单位：ns。响应时间越短，说明光敏二极管的工作频率越高。

⑥ 结电容 C_t：光敏二极管 PN 结的电容。C_t是影响光电响应速度的主要因素，PN 结的面积越小，结电容 C_t也就越小，则工作频率越高。光敏二极管的响应时间主要取决于管中结电容和外部电路电阻的乘积。

光敏二极管具有灵敏度高、噪声低、响应时间快等优点，广泛应用于遥控、遥测、光开关、光隔离、光纤通信和激光测距等领域。

(3) 光敏三极管。光敏三极管又叫光敏晶体管，它和普通三极管相似，也有两个 PN 节，同样具有电流放大作用。光敏三极管如图 6-62 所示。

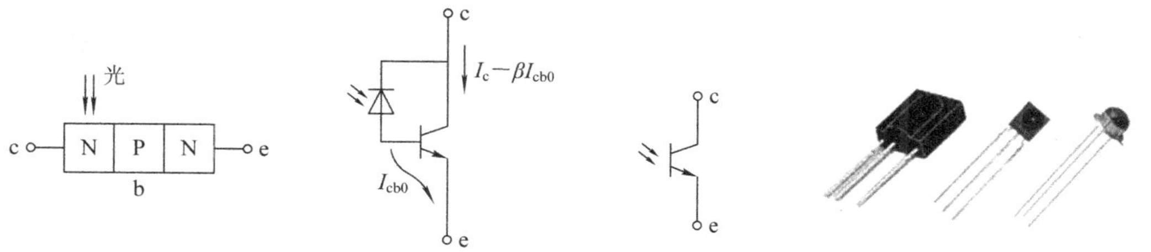

(a) 结构简化模型　(b) 等效电路　(c) 图形符号　(d) 外形

图 6-62 光敏三极管

图 6-62(a)中，光敏三极管的基极没有引出线，只有 c、e 两个引脚。这样光敏三极管的集电极电流不只是受基极电路和电流控制，同时也受光辐射的控制，由此可以把光敏三极管等效成一个 b、c 极为光敏二极管的三极管，如图 6-62(b)所示。在光照作用下，光敏二极管将光信号转换成电流信号，该电流信号被三极管放大。若三极管增益为 β 时，容易

得出结论，光敏三极管的光电流要比相应的光敏二极管大 β 倍。光敏三极管的图形符号和外形如图 6－62(c)、(d)所示。

光敏三极管的主要参数如下：

① 暗电流 I_D：在无光照的情况下，集电极与发射极间的电压为规定值时，流过集电极的反向漏电流称为光敏三极管的暗电流。单位：μA。

② 光电流 I_L：在规定光照下，当施加规定的工作电压时，流过光敏三极管的电流称为光电流，光电流越大，说明光敏三极管的灵敏度越高。单位：mA。

③ 最高工作电压 U_{RM}：在无光照下，在无光照下，集电极电流为规定的允许值时，集电极与发射极之间的电压降称为最高工作电压。单位：V。

④ 光电灵敏度 S_n：在给定波长的入射光输入单位为光功率时，光敏三极管管芯单位面积输出光电流的强度称为光电灵敏度。单位：A/μW。

⑤ 响应时间：响应时间指光敏三极管对入射光信号的反应速度，一般为 $1\times10^{-3}\sim1\times10^{-7}$ s 。光敏晶体管的响应时间比光敏二极管约慢一个数量级，因此在要求快速响应或入射光调制频率较高时，应选用硅光敏二极管。

⑥ 最大功率 P_M：最大功率指光敏三极管在规定条件下能承受的最大功率。单位：mW。

⑦ 峰值波长 λ_p：当光敏三极管的光谱响应为最大时对应的波长叫做峰值波长。单位：μm。

光敏三极管的与光敏二极管相比，具有很大的光电流放大作用，即很高的灵敏度。光敏三极管常用于测量光亮度、非接触的测量转速，和发光二极管配合使用作为信号接收装置等。

3) 光生伏特效应及其光电器件

在光线作用下，物体产生一定方向电动势的现象称为光生伏特效应。基于光生伏特效应原理工作的光电器件主要有光电池等。

光电池是自发电式有源器件，如图 6－63 所示。

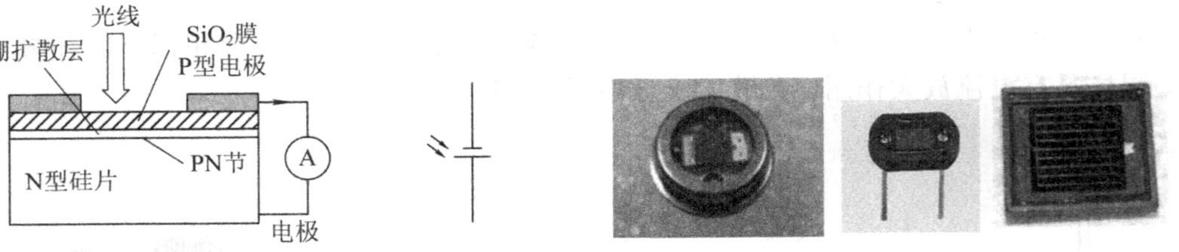

(a) 光电池结构示意图　　(b) 图形符号　　(c) 外形

图 6－63　光电池

图 6－63(a)中，在一片 N 型硅片上用扩散方法渗入一些 P 型杂质，形成一个大面积的 PN 结，将 P 型衬底制造得很薄、透明，使光线穿透到 PN 结上，就构成了最简单的光电池。当光照射到节区时，PN 结每吸收一个光子就产生一对光生电子-空穴对。在节电场的作用下，光生电子-空穴对的电子被拉到 N 区，空穴漂移到 P 区，随着在 N 区的积累和空穴在 P 区积累，使 PN 结的 N 区带负电，P 区带正电。如果光照是连续的，经短暂的时间，PN 结两侧就有一个稳定的光生电动势输出，这就是光生伏特效应。光电池的图形符号和外形如图 6－63(b)、(c)所示。

硅光电池的主要参数如下：

① 路电压 U_{oc}：在一定光照下，硅光电池两个输出端开路时，所产生的电动势。

② 路电流 I_{sc}：在一定光照下，硅光电池所接负载电阻为零时，流过硅光电池的电流。

③ 电流 I_D：在无光照的条件下，在硅光电池两端施加额定反向电压时所产生的电流。

④ 反向阻抗 R_ξ：在无光照的条件下，在硅光电池两端施加额定反向电压时所呈现的阻抗。

⑤ 值波长 λ_o：响应光谱转换效率最大处的波长。

⑥ 上、下限波长 λ_1、λ_2：响应光谱中转换峰值的 50% 处所对应的上、下限波长。

⑦ 最大反向电压 U_{RM}：使用硅光电池时所允许加的极限反向电压(由串联的其他电池产生)。

⑧ 转换效率 η：硅光电池输出电能与输入光能量的比值。

光电池种类很多，常用的有硅、硒、砷化镓、硫化镉等。其中硅光电池以其性能稳定、光谱范围宽、频率响应特性好、传递效率高、能耐高温辐射、价格便宜等优点而得到了广泛应用。

4) 光电器件的基本特性

通过上述讨论，我们熟悉了光敏电阻、光敏二极管、光敏三极管和光电池的基本工作原理、常用技术指标和应用的领域，为了更好地使用上述器件，还需要掌握这些半导体器件的各种特性。下面分别从这些光电器件的光谱特性、光照特性、伏安特性、频率特性和温度特性进行对比介绍。

(1) 光谱特性。光电器件的光谱特性是指相对灵敏度与入射光波长之间的关系。几种光电器件的光谱特性如图 6－64 所示。

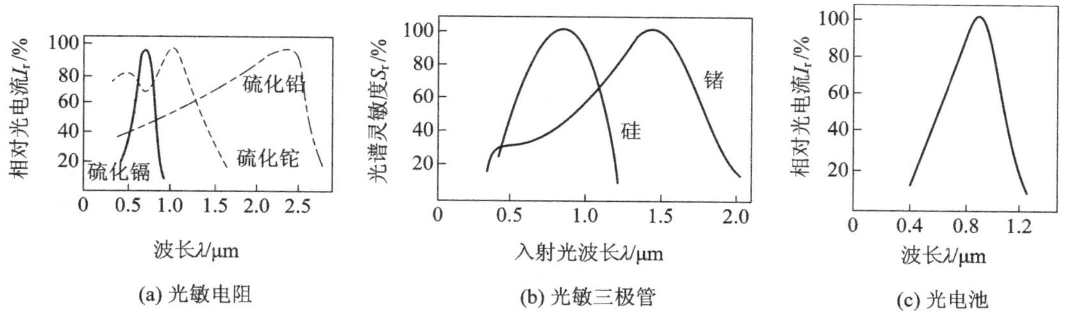

图 6－64　光电器件的光谱特性

由图 6－64(b)可以看出，硅光敏三极管响应的波长范围在 0.4～1.0 μm，峰值波长为 0.8 μm 附近，如图虚线位置。锗光敏三极管的峰值波长为 1.4 μm 附近。对相同材质的光敏器件，在入射光波长太长或波长太短时都使其相对灵敏度下降。光敏电阻和光电池的光谱特性如图 6－64(a)、(c)所示。

(2) 光照特性。光电器件的光照特性是指半导体光电器件产生的光电流与光照之间的关系。几种光电器件的光照特性如图 6－65 所示。

图 6－65(a)可以看出，光敏电阻的光照强度与光电流呈非线性关系。因此，光敏电阻一般不作为线性检测器件使用，在自动控制领域作为开关使用。

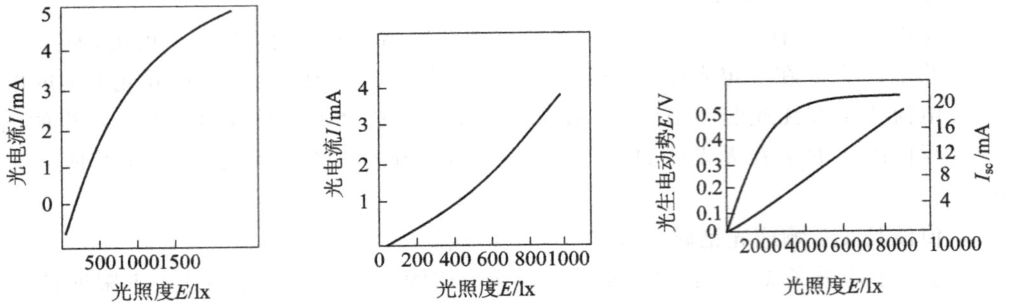

(a) 光敏电阻　　(b) 光敏三极管　　(c) 硅光电池

图 6－65　光电器件的光电特性

光敏三极管的光照特性曲线如图 6－65(b)所示。光敏三极管和光敏二极管的光电流与光照强度呈线性关系，光敏三极管光照特性曲线的斜率较大，比光敏二极管的灵敏度要高。

从光电池的光照特性曲线图 6－65(c)可以看出，开路电压与光照度成非线性关系，近似于对数曲线，在 2000 lx 照度以上就趋于饱和。在 2000 lx 照度以下，其灵敏度较高，当被测非电量是开关量时，也可以把光电池作为电压源来使用。负载电阻越小，光电流与照度之间的线性关系就愈好。当希望光电池的输出与光照度成正比时，应把光电池作为电流源来使用。

(3) 伏安特性。在一定的光照下，光电器件所加的电压与光电流之间的关系成为光电器件的伏安特性。使用时注意不要超过器件最大允许功耗。几种光电器件的伏安特性如图 6－66 所示。

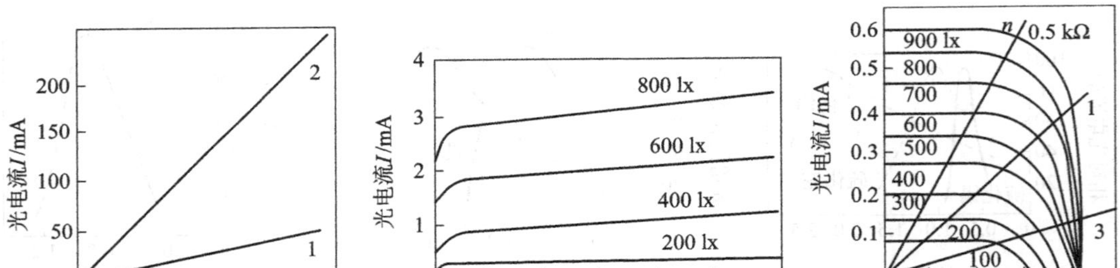

(a) 硫化镉光敏电阻　　(b) 光敏三极管　　(c) 光电池

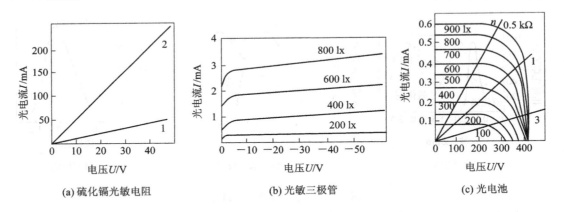

图 6－66　光电器件的伏安特性

图 6－66(a)中的曲线 1 和 2，分别表示照度为零和某一照度时光敏电阻器的伏安特性。光敏电阻器的最高使用电压由它的耗散功率确定，而耗散功率又与光敏电阻器的面积、散热情况有关。图 6－66(b)为光敏三极管的伏安特性曲线，与一般三极管相似，其光电流相当于反向饱和电流，光电流值取决于光照强度。光电池的伏安特性曲线如图 6－66(c)所示，可以做出光电元件的负载线，并可确定最大功率时的负载。

(4) 频率特性。光电器件输出电信号与调制光频率变化的关系为光电器件的频率特性。几种光电器件的频率特性如图 6－67 所示。

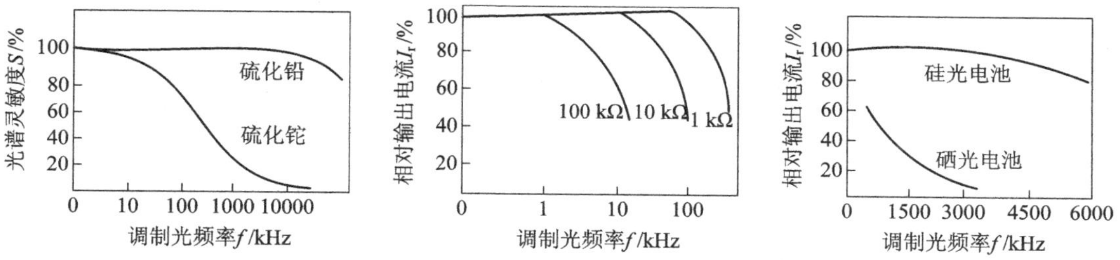

(a) 光敏电阻　　(b) 光敏三极管　　(c) 光电池

图 6－67　光电器件的频率特性

图 6－67(a)所示为硫化铅和硫化铊光敏电阻的频率特性。由图可以看出，硫化铅光敏电阻随入射光调制频率升高，其相对灵敏度略有下降；硫化铊要差一些。由图 6－67(b)可以看出，光敏三极管的频率特性和负载有关，减小负载可以提高响应频率。图 6－67(c)为两种不同光电池的频率特性曲线，其中，硅光电池的频率响应较好。

(5) 温度特性。温度变化对光电器件的亮电流影响不大，但对暗电流的影响非常大，并且是非线性的。光敏电阻，当温度上升时，暗电流增大，灵敏度下降，因此常常需要温度补偿；光敏晶体管的温漂要比光敏二极管大许多，虽然硅光敏晶体管的灵敏度较高，但在在线性测量中还是选用硅光敏二极管较多，并采用低温漂、高准确度的运算放大器来提高检测灵敏度；光电池受温度的影响主要表现在开路电压随温度增加而下降，其温度系数约为－0.34％/℃，短路电流随温度上升缓慢增加，其温度系数约为＋0.017％/℃。光电池的工作温度范围为－40～＋90℃。当光电池作为检测元件时，也应考虑温度漂移的影响，采取相应措施进行补偿。

2. 光电式传感器

光电式传感器是以光电器件作为转换元件，实现对被测对象的相关物理量进行测量的传感器，属于非接触式测量。它可用于检测直接引起光量变化的非电量，如光强、光照度、辐射测温、气体成分分析等；也可用来检测能转换成光量变化的其他非电量，如零件直径、表面粗糙度、应变、位移、振动、速度、加速度，以及物体的形状、工作状态的识别等。光电式传感器具有非接触、响应快、性能可靠等特点，因此在工业自动化装置和机器人中获得了广泛应用。

1) 光电式传感器

光电式传感器在一般情况下由三部分构成：发送器、接收器、光路系统和信号处理电路。其工作原理如图 6－68 所示。

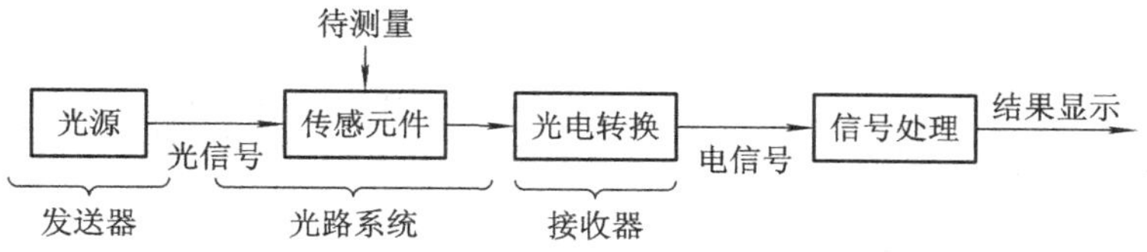

图 6－68　光电式传感器的工作原理

图 6－68 中，发送器对准被测物发射光束，发送器一般由发光二极管(LED)、激光二

极管或红外发射二极管等构成。接收器有光电二极管、光电三极管、光电池等光电器件组成。在发送器、接收器的前面，装有光学元件(如透镜和光圈等)形成的光路系统。在其后是信号处理电路，实现对信号的滤波、放大等功能。根据恒定光源、被测物、光路系统等的关系，光电式传感器的检测方式有吸收式、反射式、遮光式和辐射式四种，如图 6－69 所示。

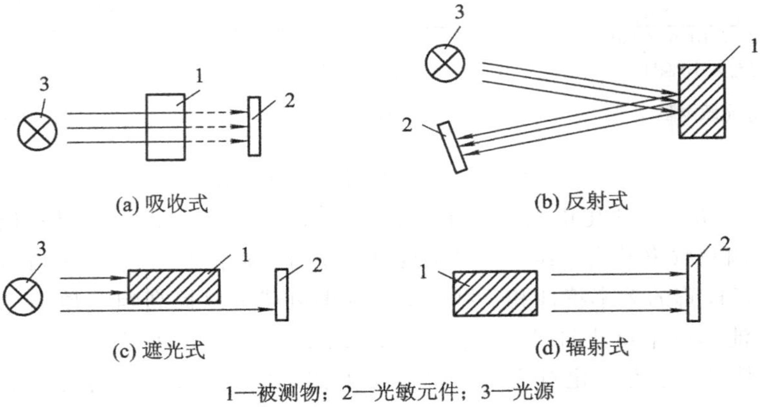

图 6－69 光电式传感器的检测方式

图 6－69(a)中，被测物位于恒定光源与光电器件之间，根据被测物对光的吸收程度来测定某些参数，如透明度检测、浊度检测等。

图 6－69(b)中，恒定光源发出的光投射到被测物上，再从被测物表面反射到光电器件上，光电器件的输出反映出被测物表面性质和状态的某些参数，如转速的反射式检测、工件表面粗糙度检测和表面位移检测等。

图 6－69(c)中，被测物位于恒定光源与光电器件之间，恒定光源发出的光被被测物遮掉一部分，根据被测物阻挡光通量的多少来测定某些参数，如振动检测和工件尺寸检测等。

图 6－69(d)中，被测物本身是光源，被测物发出的光投射到光电器件上，光电器件的输出反映出被测物某些参数，如光电高温计、光照度计等。

2) 光电式传感器应用实例

(1) 条形码扫描笔。条形码扫描笔在当前生活应用中是很常见的，尤其是图书、相关商品等的条形码。条形码扫描笔笔头结构示意图如图 6－70(a)所示。对应的脉冲序列扫描结果如图 6－70(b)所示。

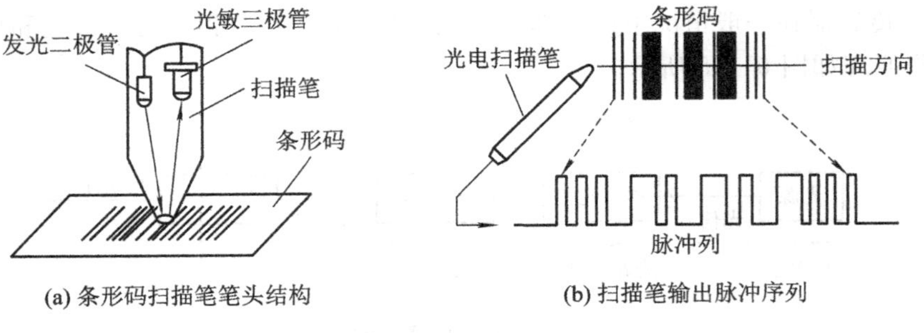

图 6－70 光电式传感器在条形码扫描中应用

图 6－70(a)中，黑色线条吸收发光二极管发出的光线，白色间隔反射光线，对应的光敏三极管根据信号接收到与否就会给出对应的信号，如图 6－70(b)所示，条形码扫描笔输出的脉冲序列经过放大、整形后就是一串 01 代码，然后调动原先数据库中的商品存储信息，就可以完成检索或交易了。

(2) 太阳能自动跟踪接收装置。太阳能接收装置示意图和自动跟踪控制电路如图 6－71 所示。

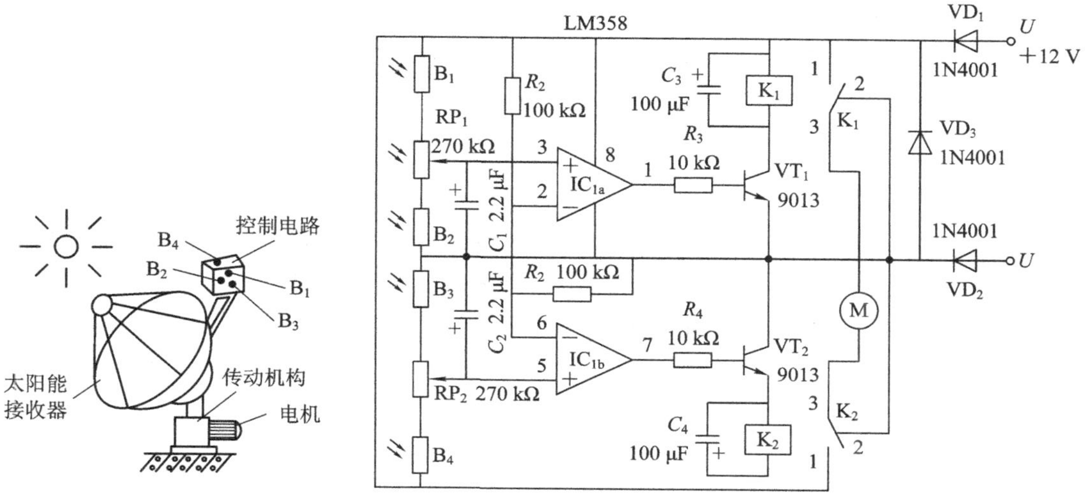

(a) 太阳能接收装置示意图　　(b) 太阳能自动跟踪控制电路

图 6－71　太阳能自动跟踪接收装置

图 6－71(a)采用四个光敏传感器和两个比较器，分别构成两个光控比较器以控制电动机的正反转，使太阳能接收器自动跟踪太阳转动。

图 6－71(b)中，双运放 LM358 与 R_1、R_2 构成两个比较器，光敏电阻 B_1、B_2 与电位器 RP_1 和光敏电阻 B_3、B_4 与电位器 RP_2 分别组成光敏传感器电路。为了能根据环境光线的强弱自动进行补偿，将 B_1 和 B_3 安装在控制电路外壳的一侧，将 B_2 和 B_4 安装在控制电路外壳的另一侧。

当 B_1、B_2、B_3 和 B_4 同时受到环境自然温度光线作用时，RP_1 和 RP_2 中心点电压不变。如果只有 B_1 和 B_3 受阳光照射，B_1 内阻减小，IC_{1a} 同相端电位升高，输出端输出高电位，三极管 VT_1 导通，继电器 K_1 工作，其触点 3 与触点 1 闭合；同时 B_3 内阻减小，IC_{1b} 的同相端电位下降，K_2 不工作，其转换触点 3 与触点 2 仍处于闭合状态，电机 M 正向转动。

同理，如果只有 B_2 和 B_4 受阳光照射，继电器 K_2 工作，K_1 停止工作，电动机反向转动；当太阳能接收器旋转面向太阳时，此时控制电路两侧光照度相同，继电器 K_1、K_2 同时工作，电机 M 停止转动。

3. 光电式转速传感器

光电式转速传感器有透射式和反射式两种类型。该传感器由光源、光路系统、调制器和光电元件组成。其中调制器的作用是把连续光调制成光脉冲信号，它可以是一个带有均匀分布的多个小孔(缝隙)的圆盘，也可以是一个涂有黑白相间条纹的圆盘。当安装在被测轴上的调制器随被测轴一起旋转时，利用圆盘的透光性或反射性，把被测转速调制成相应的光脉冲。光脉冲照射到光电元件上时，即产生相应的电脉冲信号，从而把转速转换成电脉冲信号。

透射式光电转速传感器如图 6－72 所示。

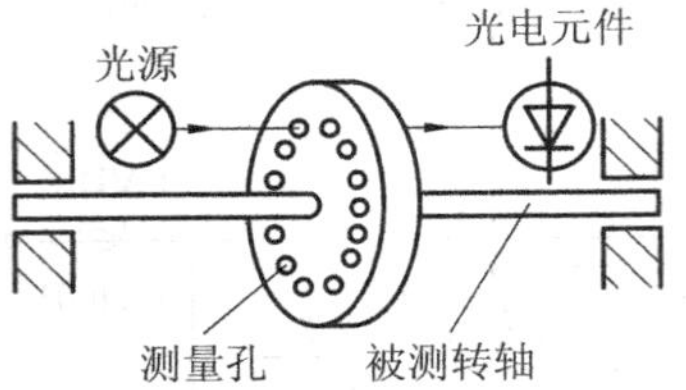

(a) 测量原理

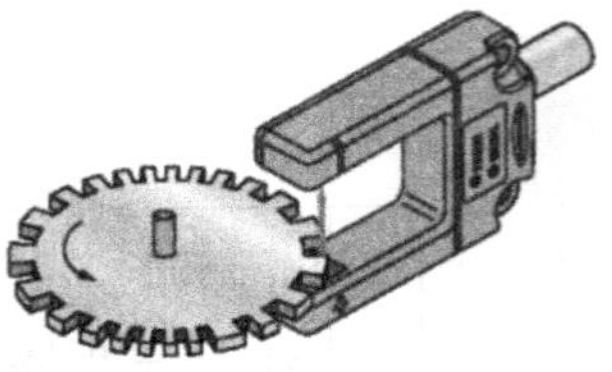
(b) 槽型光电式传感器的转速检测

(c) 外形

图 6－72　透射式光电转速传感器

图 6－72(a)为透射式光电转速传感器的测量原理图。当被测轴旋转时，其上的圆盘调制器将光信号透射至光电元件，转换成相应的电脉冲信号，经放大、整形电路输出 TTL 电平的脉冲信号，转速可由该脉冲信号的频率决定。图 6－72(b)为槽型光电式传感器的转速检测。

反射式光电转速传感器如图 6－73 所示。

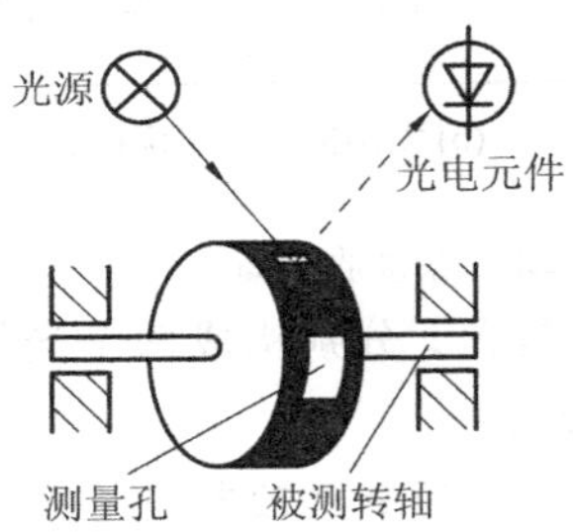

(a) 测量原理

(b) 光电式传感器的转速检测

图 6－73　反射式光电转速传感器

图 6－73(a)是反射式光电转速传感器的测量原理图。当被测轴转动时，反光与不反光交替出现，光电元件接收光的反射信号，并转换成电脉冲信号。图 6－73(b)为基于光电式传感器的光电式转速表。

频率可用一般的频率表或数字频率计测量。光电元件多采用光敏二极管或光敏三极管，以提高寿命、减小体积、减小功耗和提高可靠性。被测转轴每分钟转速与脉冲频率的关系如下：

$$n = \frac{60f}{N} \tag{6-27}$$

式中，n 为被测轴转速；f 为电脉冲频率；N 为测量孔数或黑白条纹数。

由于光电转速传感器是采用光学原理制造，属于非接触式检测，所以传感器具有以下特点：不会对被测量轴施加额外负载，提高了测量精度，测量距离一般可达 200 mm；传感器的结构紧凑，一般重量不超过 200 g，方便安装和使用；由于采用 LED 调制光源，极少出现光线停顿现象，且不受普通光线影响，有极强的抗干扰能力；若采用光纤封装，则可对微小的旋转体进行测量，适用于高精密、小元件的设备测量，且运行稳定，可靠性高。

6.3.4　霍尔式转速传感器

霍尔式转速传感器的基本原理参见本书 6.1.3 小节。在转速检测中，霍尔式转速传感器是基于霍尔效应将被测转速转换成霍尔电动势输出的一种传感器。

霍尔式转速传感器的结构原理如图 6－74 所示。

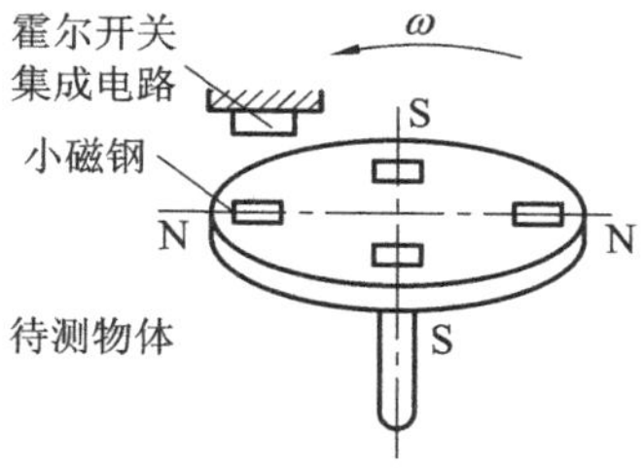

图 6－74　霍尔式转速传感器的结构原理图

由图 6－74 可知，霍尔式转速传感器是利用霍尔开关实现转速测量的。非磁性圆盘固连在被测转轴上，圆盘边缘上等距离地嵌装有永久磁钢，相邻磁钢的极性相反。由导磁体和置于导磁体间隙中的霍尔元件组成测量头，测量头两端的距离与圆盘上两相邻磁钢之间的距离相等。导磁体尽可能安装在磁钢边上，当圆盘转动以角速度 ω 旋转时，每当一个小磁钢转过霍尔开关集成电路时，霍尔开关便产生一个相应的脉冲，检测出单位时间的脉冲数，即可确定待测物的转速。小磁钢愈多，分辨率愈高。

霍尔式转速传感器的磁路方式主要有背磁式、多级圆环磁铁式和遮断式三种，如图 6－75 所示。

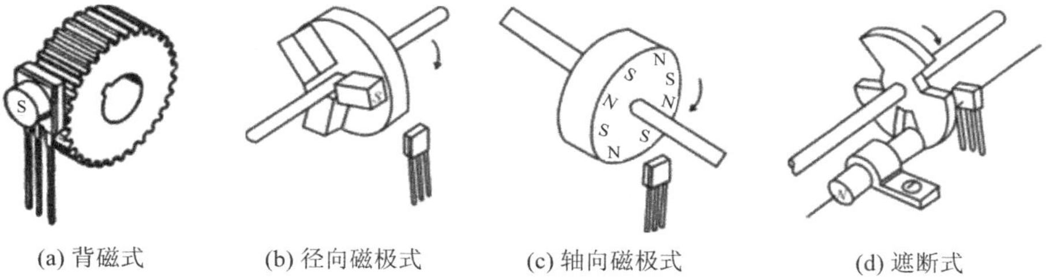

图 6－75　霍尔式转速传感器的检测方式

图 6－75(a)为背磁式检测方式，由永久磁体、霍尔芯片和高导磁率的齿轮组成，霍尔芯片位于磁体和齿轮之间，其检测原理如图 6－76 的分析；图 6－75(b)为多级圆环磁铁式检测方式中的径向磁极方式。为了达到旋转平衡，使用了三个磁铁，两个磁铁之间呈 120°。当测量时，轴每旋转一圈霍尔芯片有效三次，即产生三个脉冲。图 6－75(c)为多级圆环磁铁式检测方式中的轴向磁极方式，其工作原理和图 6－75(b)图相同。图 6－75(d)为遮断式检测方式，由永久柱型磁体(轴向充磁)、霍尔芯片和高导磁率的叶片组成。当叶片进入磁铁和芯片之间的空气间隙时，加于芯片上的磁场被旁路，芯片输出高电平。当叶片离开时，芯片上的磁场恢复，输出低电平。于是当叶片转动时，芯片将产生相应的脉冲信号。

图 6 - 75(a)方式中将工作磁体固定在霍尔芯片的背面(外壳上没打标志的一面)，让被检的铁磁物体(例如齿轮圈)从它们近旁通过，检测出物体上的特殊标志(如齿、凸缘、缺口等)，得出物体的运动参数。检测原理如图 6 - 76 所示。

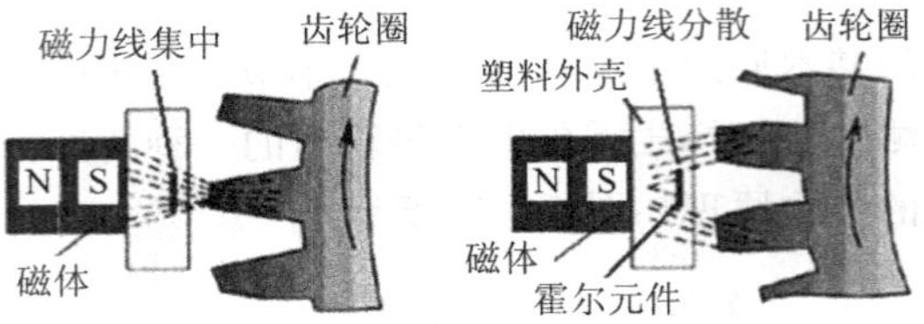

(a) 原理示意图

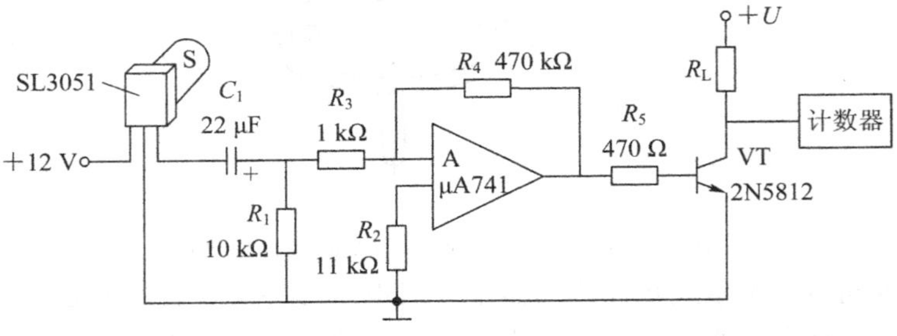

(b) 测量电路

图 6 - 76　霍尔齿轮传感器原理示意图

图 6 - 76(a)中，当齿轮圈的齿对准霍尔元件时，磁力线集中穿过霍尔元件，可产生较大的霍尔电动势，经放大、整形后输出低电平；当齿轮的空挡对准霍尔元件时，磁力线从上下侧通过，输出为高电平。这样齿轮圈的转动使磁路的磁阻随气隙的改变而周期性地变化，霍尔器件输出周期性的脉冲信号经计数确定被测物的转速。霍尔汽车速度检测实例如图 6 - 77 所示。

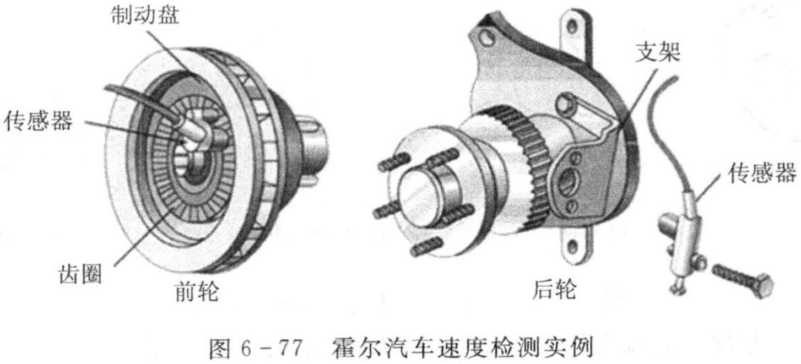

图 6 - 77　霍尔汽车速度检测实例

由图 6 - 77 可见，经过简单的信号转换，便可得到实际的车速，读者可自行分析。

6.3.5　多普勒雷达测速

1. 测速原理

1) 多普勒效应

如果电磁波的发射机与接收机之间的距离发生变化，则出现发射机发射信号的频率与接收机收到的信号频率不同的现象。此现象是由奥地利物理学家多普勒发现的所以称为多普勒效应。

如果发射机和接收机在同一地点，两者无相对运动，而被测物体以一定速度向发射机和接收机运动，就可以把被测物体对信号的反射现象看成是一个发射机。这样，接收机和被测物体之间因有相对运动，于是就产生了多普勒效应。

2）多普勒测速原理

以被测物体按某一速度从检测点接近的情况来分析多普勒测速原理，如图 6－78 所示。

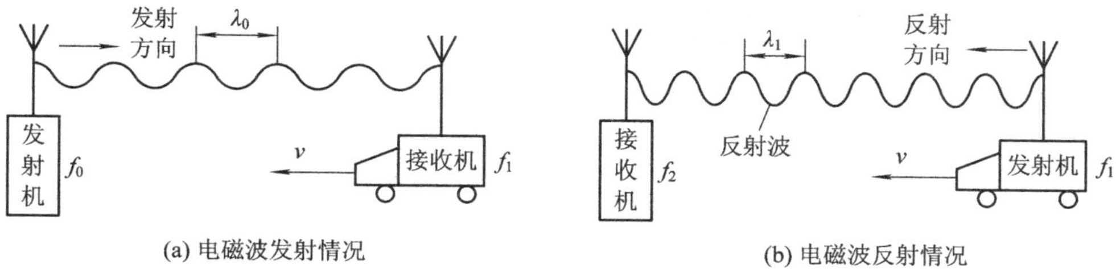

图 6－78　多普勒效应示意图

发射机发射出的电磁波向被测物体辐射，被测物体以速度 v 向发射机运动，如图 6－78(a)所示。发射机发出的电磁波频率为 f_0，波长为 λ_0，被测物体作为接收机接收到的频率 f_1 为

$$f_1 = f_0 + \lambda_0 \tag{6-28}$$

式中，$\lambda_0 = c/f_0$；c 为电磁波的传播速度。

如果把 f_1 作为反射波向接收机发射信号，如图 6－78(b)所示。接收机接收到的信号频率为

$$f_2 = f_1 + \frac{v}{\lambda_1} = f_0 + \frac{v}{\lambda_0} + \frac{v}{\lambda_1} \tag{6-29}$$

由于被测物体的运动速度远小于电磁波的传播速度，则可认为 $\lambda_0 = \lambda_1$，那么

$$f_2 = f_0 + \frac{2v}{\lambda_0} \tag{6-30}$$

由多普勒效应产生的频率之差称为多普勒频率，即

$$F_d = f_2 - f_0 = \frac{2v}{\lambda_0} \tag{6-31}$$

从式(6－31)可以看出，被测物体的运动速度 v 可以用多普勒频率来描述。

2. 多普勒雷达测速

多普勒雷达由发射机、接收机、混频器、检波器、放大器及处理电路等组成，多普勒雷达测速电路原理框图和测速原理如图 6－79 所示。

图 6－79(a)中，当发射信号(频率为 f_0)和接收到的回波信号(频率为 f_2)经混频器混频后，两者产生差频现象，差频的频率正好为多普勒频率。图 6－79(b)为检测线速度的工作原理图。根据式(6－31)，多普勒雷达产生的多普勒频率为

$$F_d = \frac{2v\cos\theta}{\lambda_0} = Kv \tag{6-32}$$

式中，v 为被测物体的线速度；λ_0 为电磁波的波长；θ 为电磁波方向与速度方向的夹角为被

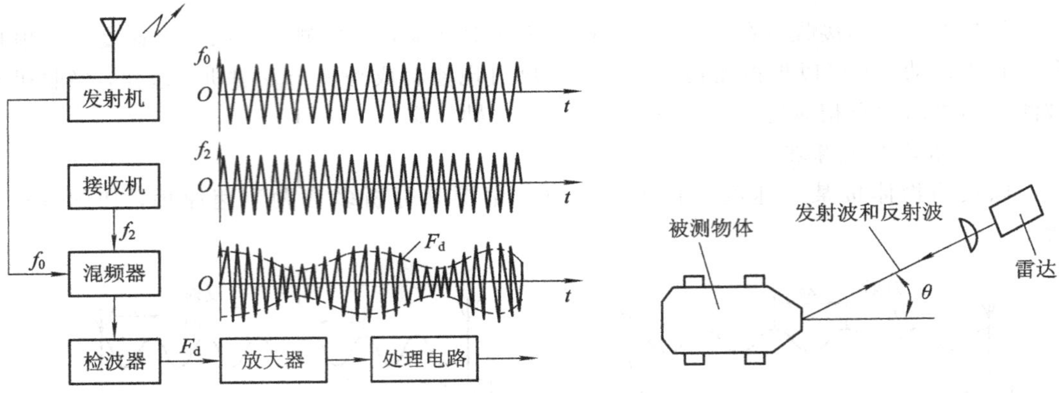

(a) 电路原理框图　　(b) 测线速度原理

图 6-79　多普勒雷达测速原理

测物体速度的电磁波方向分量；F_d 的单位为 Hz。

用多普勒雷达检测运动物体的线速度已广泛用于检测车辆的行驶速度，如图 6-80 所示。

(a) 测速现场　　(b) 手持式多普勒雷达

图 6-80　多普勒雷达测速原理

思考题与习题

1. 简述线位移、角位移的检测方法及测量原理。
2. 电感式位移传感器的工作原理是什么?
3. 什么是霍尔效应? 霍尔电压与哪些因素有关? 制作霍尔元件应采用什么材料?
4. 霍尔片不等位电动势是如何产生的? 减小不等位电动势可以采用哪些方法?
5. 为什么霍尔元件要进行温度补偿? 主要有哪些补偿方法? 补偿的原理是什么?
6. 试给出用热敏电阻法在霍尔式传感器输出回路中减小温度补偿的线路，并分析。
7. 莫尔条纹是如何形成的? 用在先栅传感器中的莫尔条纹有什么作用?
8. 说明光栅传感器的辨向和细分原理。
9. 为什么采用循环码码盘可以消除二进制码盘的粗误差?
10. 请上网查一下有关圆光栅的特性及应用。
11. 某增量式编码器共有 360 个狭缝，能分辨的角度为多少度?
12. 查阅相关资料，说明光电编码器还有哪些方面的应用。

13. 利用超声波进行厚度检测的基本方法是什么？

14. 在脉冲回波测厚时，利用何种方法测量时间间隔 t 会有利于自动测量？若已知超声波在工件中的声速为 5640 m/s，测得时间间隔 t 为 22 μs，试求出工件厚度。

15. 核辐射线有几种？各有什么特点？

16. 核辐射线探测器有几种？各有什么特点？

17. 测量大厚度工件和测量表面涂层时应各采用何种射线源？为什么？

18. 试从电涡流式传感器的基本原理简要说明它的各种应用。

19. 电涡流式传感器分为几类？它们的主要特点是什么？简述其工作原理。

20. 用反射式电涡流传感器测量位移(或振幅)时对被测体要考虑哪些因素？为什么？

21. 比较恒频调幅式、变频调幅式和调频式三种测量电路的优缺点，并指出它们的应用场合。

22. 反射式电涡流传感器探头线圈为什么通常做成扁平型？

23. 简述电涡流效应的工作原理，怎样利用电涡流效应进行厚度测量？

24. 电涡流式传感器常用的测量电路有几种？其测量原理如何？各有什么特点？

25. 如何利用电涡流式传感器测量金属板厚度？

26. 根据磁电式传感器工作原理，设计传感器测量转轴的转速。要求画出原理结构简图并说明原理。

27. 光电效应有哪几种？与之对应的光电元件各有哪些？

28. 光电元件的光谱特性和频率特性的意义有什么区别？在选择光电元件时应怎样考虑光电元件的这两种特性？

29. 试比较光敏电阻、光电池、光敏二极管和光敏三极管的性能差异，并简述在不同场合下应选用哪种器件最合适。

30. 光电传感器有哪几种常见形式？各有哪些用途？

31. 光电传感器由哪些部分组成？被测量可以影响光电传感器的哪些部分？

32. 举出几种利用被测物具有反射力来测量参数的光电传感器。

33. 用光电脉冲转换原理进行转速检测，试画出其原理结构简图，并说明其工作原理。

34. 试分别用光敏电阻、光电池、光敏二权管和光敏三极管设计一种适合 TTL 电平输出的光电开关电路，并叙述其工作原理。

35. 利用开关型霍尔式传感器来测量电动小汽车的路程和速度，并说明其工作原理。

36. 简述压电加速度传感器的工作原理。

37. 某石油运输管道，需要检测是否有漏油处，说明检测方法，并简述所用传感器的工作原理。

第7章　物位传感器及其检测技术

教学目标

本章内容主要由物位检测的基本知识、连续式物位传感器、定点式物位传感器和接近开关与物位检测四个知识模块构成。主要学习内容有：物位的概念、物位检测的对象和物位检测的方法；常用的静压式、电容式、超声波式、磁致伸缩式和核辐射式等连续式物位传感器的测量原理、主要特点和应用；常用的超声波式、微波式定点式物位传感器的测量原理、主要特点和应用；接近开关相关知识，涡流式、电容式、霍尔式和光电式接近开关的结构原理、特点、典型应用及其在物位检测方面的举例。

通过本章的学习，读者了解物位检测的对象和常用方法，熟悉常用物位传感器的测量原理、主要特点，学会根据检测要求、现场环境、被测介质等选择合适的检测方案和传感器完成检测任务。

教学要求

知识要点	能 力 要 求	相关知识
物位检测概述	(1) 熟悉物位的概念，掌握物位检测的对象特点； (2) 了解物位检测技术方法	检测技术
连续式物位检测	(1) 掌握浮力式、静压式、电阻式、电容式、超声波式和磁致伸缩式液位检测传感器及液位检测； (2) 掌握重锤式、电容式、核辐射式料位检测传感器及料位检测	(1) 物理学； (2) 电工学
定点式物位检测	(1) 掌握电阻式、电感式、光纤式定点液位开关的工作原理、主要特点； (2) 掌握微波式、超声波式、音叉式和阻旋式料位开关的工作原理、主要特点	(1) 物理学； (2) 电工学
接近开关与物位检测	(1) 熟悉接近开关的特点、结构外形、主要技术指标、接线与安装方式； (2) 掌握涡流式、电容式、霍尔式和光电式接近开关的结构原理和典型应用； (3) 学会在物位检测中合理选用接近开关的方法	(1) 物理学； (2) 电工学

7.1　概　　述

在实际工业生产中，除了需要对生产过程中所使用的固体、液体等物料重量进行检测外，还需要对这些物料的体积、高度等进行检测和控制，如锅炉中的水位，油管、水塔及各种储液罐的液位，粮仓、配料仓、化学原料库中的料位等，确保生产质量，实现安全、高效生产。

物位是指各种容器设备中液体液面的相对高度、两种不相溶的液体的分界面(界位)和固体粉末状物料的堆积高度等的总称。物位检测包括液位、料位和相界面位置的检测，它一般是以容器口为起点，测量物料相对起点的位置。液位指液体表面位置；料位指固体粉料或颗粒的堆积高度的表面位置；相界面指容器中互不相溶的两种物质在静止或扰动不大时的分界面，包括液-液相界面、液-固相界面等。物位检测的结果常用绝对长度单位或百分数表示。要求物位检测装置或系统应具有对物位进行测量、记录、报警或发出控制信号等功能。物位检测是过程检测的重要组成部分。

7.1.1　物位检测的方法

目前使用的物位检测方法按工作原理大致可分为以下几类。

1. 直读法

直接使用与被测容器连通的玻璃管或玻璃板来显示容器内的物位高度，或在容器上开有窗口直接观察物位高度。这类仪表有玻璃管液位计、玻璃板液位计、窗口式料位仪表等。

2. 压力法

在静止的介质内，某一点所受压力与该点上方的介质高度成正比，因此可用压力表示其高度，或者间接测量此点对另一参考点的压力差。这类仪表有压力式、差压式等。

3. 浮力法

利用漂浮于液面上的浮子的位置随液面的升降而变化，或者浸没于液体中的浮筒的浮力随液位的变化而变化来测量液位。这类仪表有带钢丝绳或钢丝带式浮子液位计、磁浮子式液位计、浮球式液位计和带杠杆浮球(浮筒)式液位计等几种形式。

4. 电学法

将物位的变化转换为某些电学参数的变化而进行间接测量的物位仪表。根据电学参数的不同，可分为电阻式、电容式、电感式以及压磁式等。

5. 声学法

由于物位的变化引起声阻抗变化、声波的遮断和声波反射距离的不同，测出这些变化就可测知物位高低。这类仪表有声波遮断式、反射式和声阻尼式等。

6. 光学法

利用物位对光波的遮断和反射原理来测量物位。

7. 核辐射法

放射性同位素所放出的射线，如 α 射线、γ 射线等，被中间介质吸收而减弱，利用此原理可以制成各种液位仪表。

8. 其他方法

利用微波、激光、光纤等测量物位的方法。

目前，常用的各种液位、料位检测方法及相应测量仪器的主要性能特点汇总如表 7－1

所示。

表 7-1　物位测量方法及常见物位计性能

测量方法		直读法	差力法			浮力法			电学法		
仪器名称		玻璃管液位计	压力式液位计	吹气式液位计	差压式液位计	钢带浮子式	杠杆浮球式	浮筒式液位计	电阻式物位计	电容式物位计	电感式物位计
技术性能	被测介质类型	液位	液位 物料	液位	液位 液-液 相界面	液位	液位 液-液 相界面	液位 液-液 相界面	液位 料位 相界面	液位 料位 相界面	液位
	测量范围/m	1.5	50	16	20	20	2.5	2.5	安装位置定	50	20
	误差/%	±3	±2	±2	±1	±1.5	±1.5	±1	±10 mm	±2	±0.5
	工作压力/Pa	1.6×10^6	常压	常压	40×10^6	6.4×10^6	6.4×10^6	32×10^6	1×10^6	3.2×10^6	16×10^6
	工作温度/℃	100～150	200	200	-20～200	120	150	200	200	-200～400	-30～160
	对黏性介质	不适用	法兰式可用	不适用	法兰式可用	不适用	不适用	不适用	不适用	不适用	适用
	对有泡沫沸腾介质	不适用	适用	适用	适用	不适用	适用	适用	不适用	不适用	不适用
	与介质接触状态	接触	接触或不接触	接触	接触	接触	接触	接触	接触	接触	接触或不接触
	可动部件	无	无	无	无	有	有	有	无	无	无
输出	操作条件	就地目视	远传显示调节	就地目视	远传显示调节	计数远传	报警控制	显示记录调节	报警控制	指示	报警控制

测量方法		声学法			核辐射法	光学法	机械接触式			其他		
仪器名称		超声波物位计			核辐射式物位计	激光式物位计	重锤式	旋翼式	音叉式	磁滞伸缩式	称重式	微波式
		气介式	液介式	固介式								
技术性能	被测介质类型	液位 料位	液位 液-液 相界面	液位	液位 料位	液位 料位	液位 液-固 相界面	液位	液位 料位	液位 液-液 相界面	液位 料位	液位 料位
	测量范围 m	30	10	50	20	20	50	安装位置定	安装位置定	18	20	70
	误差/%	±3	±5 mm	±1	±2	±0.5	±2	±1	±1	±0.05	±0.5	±0.5

续表

测量方法		声学法			核辐射法	光学法	机械接触式			其　他		
仪器名称		超声波物位计			核辐射式物位计	激光式物位计	重锤式	旋翼式	音叉式	磁滞伸缩式	称重式	微波式
		气介式	液介式	固介式								
技术性能	工作压力/Pa	0.8×10^6	0.8×10^6	1.6×10^6	随容器定	常压	常压	常压	4×10^6	随容器定	常压	1×10^6
	工作温度/℃	200	150	高温	无要求	1500	500	80	150	$-40\sim70$	常温	150
	对黏性介质	不适用	适用	适用	适用	适用	不适用	不适用	不适用	适用	适用	适用
	对有泡沫沸腾介质	适用	不适用	适用	适用	适用	不适用	不适用	不适用	不适用	适用	适用
	与介质接触状态	不接触	不接触	接触	不接触	不接触	接触	接触或不接触	接触或不接触	接触	接触	不接触
	可动部件	无	无	无	无	无	有	有	有	无	有	无
输出	操作条件	显示	显示	显示	需防护远传显示	报警控制	报警控制	报警控制	报警控制	远传显示控制	报警控制	记录调节

由表 7-1 可以看出，在物位检测中，由于被测对象不同、介质状态、特性不同以及检测环境、条件不同，决定了物位检测方法的多种多样，也决定了物位传感器的不同应用领域。

7.1.2　影响物位测量的因素

在实际生产过程中，被测对象很少有静止不动的情况，因此会影响物位测量的准确性。各种影响物位测量的因素对于不同介质各有不同，这些影响因素表现在如下方面。

1. 影响液位测量的因素

(1) 稳定的液面是一个规则的表面，但是当物料有流进、流出时，会有波浪使液面波动。在生产过程中还可能出现沸腾或起泡沫的现象，使液面变得模糊。

(2) 大型容器中常会有各处液体的温度、密度和黏度等物理量不均匀的现象。

(3) 容器中的液体呈高温、高压、高黏度，或含有大量杂质、悬浮物等。

2. 影响料位测量的因素

(1) 料面不规则，存在自然堆积的角度。

(2) 物料排出后存在滞留区。

(3) 物料间的空隙不稳定，会影响对容器中实际储料量的计量。

3. 影响界位测量的因素

界位测量的特点则是在界面处可能存在浑浊段。

以上这些问题，在物位传感器的选择和使用时应予以考虑，并要采取相应的措施。

目前，物位传感器重要可分两类：一类是连续测量物位变化的连续式物位传感器；另一类是以定点测量为目的的开关式物位传感器即物位开关。连续式物位传感器主要用于连续控制和仓库管理等方面，有时也可用于多点报警系统中；开关式物位传感器主要用于过程自动控制的门限、溢流和空转防止等。

7.2 连续式物位传感器

连续式物位检测主要是利用物位传感器连续检测物位的变化，通过物位检测可确定容器里的原料、半成品或成品的数量，以保证能连续供应生产中各个环节所需的物料；连续监视或调节容器内流入和流出物料的平衡，使之保持在一定的高度，使生产正常进行，以保证产品的质量、产量和安全。

7.2.1 连续式液位检测

液位是指液体介质在容器中的液面的高度，液位传感器也称液位计，是一种用来测量液位的仪表。在工业生产过程控制中，液位是一个很重要的参数，可能会直接影响到生产的安全。从液面测量的工艺来看存在几个特点：一是液面在稳定的时候是一个规则表面；二是当设备容器内存在介质流进流出、机械搅拌、蒸发或冷凝等相变现象时，液面会出现漩涡、波浪、汽泡和泡沫等现象；三是大型容器中经常出现液体各处温度、密度、黏度不均匀的现象；四是容器中可能出现高温、高压、高黏度和存在杂质、悬浮物等现象。所以，在实际的操作过程中，应根据不同方面的要求来选用不同种类的液位计。根据工作原理，液位计可分为直读式、浮力式、电容式、静压式、声学式、射线式、光纤式和核辐射式等。本节主要介绍工业上广泛应用的浮力式、电容式和静压式液位计。

1. 浮力式液位传感器

浮力式液位传感器又称浮力式液位计。其原理是根据液位变化时漂浮在液体表面的浮子受浮力作用随之同步移动来实现测量的，可分为恒浮力式和变浮力式两种。

1）恒浮力式液位计

浮力式液位计是恒浮力式液位计中的一种。它是利用能够漂浮在液面上的浮子进行测量的。当浮子漂浮在液面上达到稳定时，根据力学原理，其本身的重量和所受的浮力相平衡。当液面发生变化时，浮子的位置也相应地变化，根据这一原理来测量液位。浮力式液位测量示意如图 7－1 所示。

图 7－1 中，液面上的浮子由绳索经滑轮与塔外的重锤相连，重锤上的指针位置便可反映水位。与直观印象相反，标尺下端代表水位高，若使指针动作方向与水位变化方向一致，应增加滑轮数目，但会引起摩擦阻力增加，灵敏度降低，误差也会增大。

根据阿基米德原理，浮子所受浮力的大小等于浸在液体里的浮子排开液体的重力，即

$$F = \rho g V \tag{7-1}$$

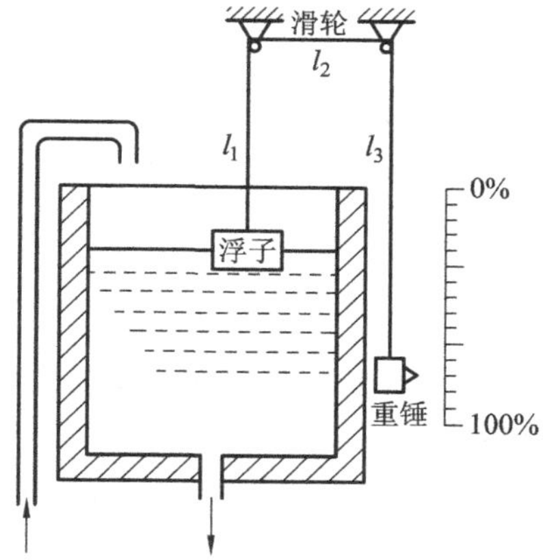

图 7-1　浮力式液位测量

式中，F 为浮子所受浮力；ρ 为被测液体密度(kg/m^3)；g 为重力加速度(9.8 m/s^2)；V 为浮子排开液体的体积(m^3)。

由实际测量经验可知，由于存在较大的机构摩擦力，此种液位计不灵敏区较大。即当浮力变化量达到一定值时，才能克服机构的摩擦力，浮子才会动作。根据分析可知，要提高液位计的灵敏度和精度，可以通过增加浮子的直径或将浮子制成扁平空心圆盘、圆柱形来实现。

恒浮力式液位计可以高精度地测量大跨度的液位，如长期测量水库、河流、湖泊、坝体测压管等的水位。

2）变浮力式液位计

变浮力式液位计是通过把液位变化先转化为力的变化，再把力的变化转化为物体的位移，通过测量物体的位移来实现液位的检测。浮筒式液位计是一种典型的变浮力式液位计，如图 7-2 所示。

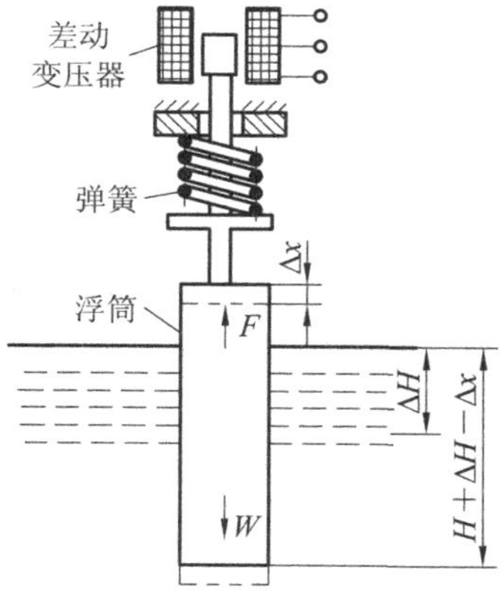

(a) 原理图

(b) 应用现场

图 7-2　浮筒式液位计原理图

图 7-2(a)中，在平衡时压缩弹簧的弹力与浮筒浮力及重力相平衡，即

$$kx = \rho gAH - G \tag{7-2}$$

式中，k 为弹簧刚度；x 为弹的压缩量；G 为浮筒的重量(kg)；A 浮筒的截面积(m^2)；H 为浮筒的浸没部分的高度(m)。

若液位升高 ΔH，弹簧被压缩 Δx，则力平衡关系为

$$k(x+\Delta x)=\rho gA(H+\Delta H-\Delta x)-G \tag{7-3}$$

两式相减得

$$\Delta H=\left(1+\frac{k}{\rho gA}\right)\Delta x \tag{7-4}$$

式(7-4)表明，液位的变化量与弹簧的长度变化量成正比，所以变浮力液位检测就是把液位变化转换为元件浮筒位移的变化。在此，弹簧起到了把大位移 ΔH 变成小位移 Δx 的作用。由图 7-2(a)可见，弹簧的长度变化量即是差动变压器铁芯的位移量。因此，差动变压器的输出反映了液位的高度，即将液位的变化转换成电量的变化。应用现场如图 7-2(b)所示。

在有些设计中采用霍尔元件测量浮筒位移。为了把位移由压力容器中传出，采用扭力管机构，一般精度可达 1.5 级左右。浮筒式液位计的结构及安装示意图如图 7-3 所示。

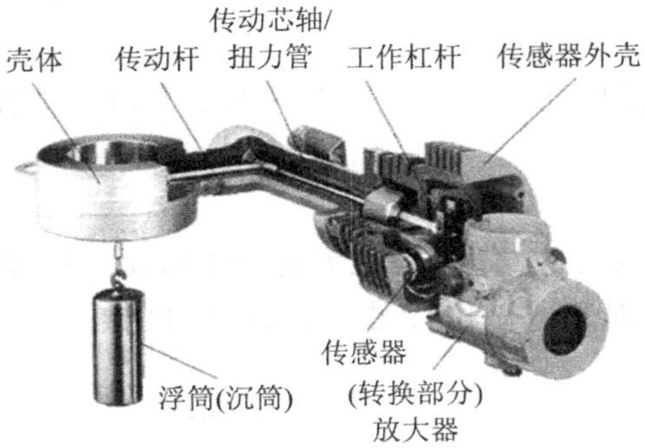

(a) 结构

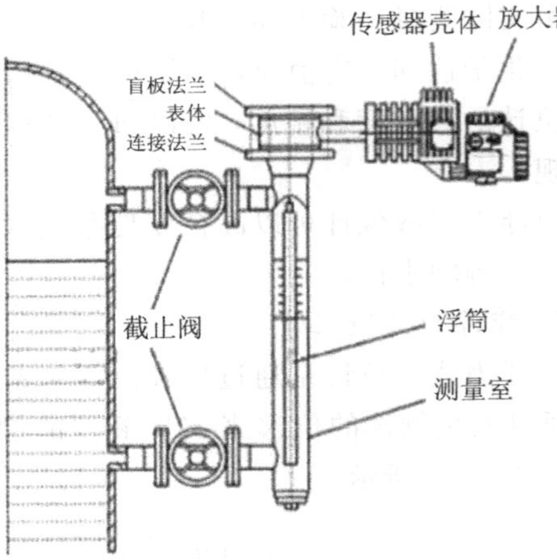

(b) 安装

图 7-3　浮筒式液位计的结构及安装示意图

图 7-3(a)中，浮筒一般是由不锈钢制成的空心长圆柱体，垂直地悬挂在被测介质中，质量大于同体积的液体重量，重心低于几何中心，使浮筒总是保持直立而不受液体高度的影响。它在测量过程中的位移极小，也不会漂浮在液面上，故也称沉筒。浮筒悬挂在杠杆的一端，杠杆的另一端与扭力管芯轴的一端垂直地连接在一起，扭力管的另一端固定在仪表外壳上。扭力管是一种密封式的输出轴，它一方面能将被测介质与外部空间隔开；另一方面又能利用扭力管的弹性扭转变形把作用于扭力管一端的力矩变成芯轴的角位移(转动)。浮筒式液位计不用轴套、填料等进行密封，故它能测量高压容器中的液位。

当液位在零位时，扭力管受到浮筒质量所产生的扭力矩(这时扭力矩最大)作用，当液位上升时，浮筒受到液体的浮力增大，通过杠杆对扭力管产生的力矩减小，扭力管变形减小，在液位最高时，扭角最小(约为 2°)，通过杠杆，浮筒略有上升，浮力减小，最终达到扭矩平衡。扭力管扭角的变化量(也就是芯轴角位移的变化量)与液位成正比关系，即液位越

高，扭角越小。变送器将这转角转换成 4～20 mA 直流信号，这个信号正比于被测液位。

浮筒式液位计安装示意图如图 7-3(b)所示(外浮筒)。需要说明的是，浮筒式液位计的输出信号不仅与液位高度有关，还与被测介质的密度有关，被测介质密度在 0.5～1.5 g/cm^{3}时，适用的测量范围在 200 mm 以内；被测介质密度在 0.1～0.5 g/cm^{3}时，适用的测量范围在 1200mm 以内。因此在密度发生变化时，必须进行密度修正。浮筒式液位计适用于真空对象、易汽化的液体测量。

浮筒式液位传感器测量精度高、性能可靠、长期稳定性好、使用方便，广泛适用于电力、石油、化工、冶金、环保、建筑、食品等各行业生产过程中的液位、界位测量与控制。

3）磁翻柱式液位计

利用浮力原理和磁性耦合作用制作的磁翻柱式液位计在工业环境中广泛应用。其测量原理如图 7-4 所示。

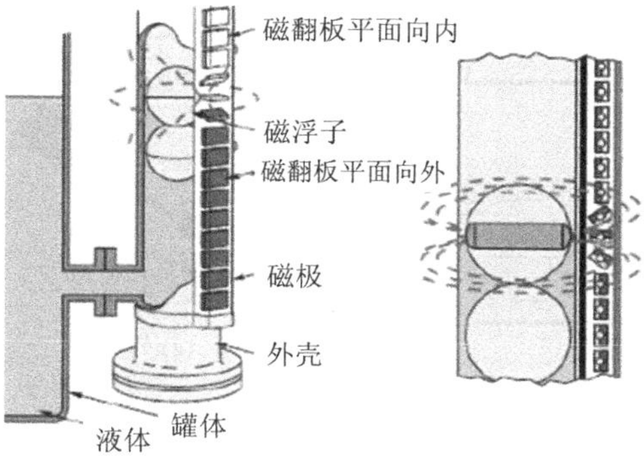

(a) 结构原理

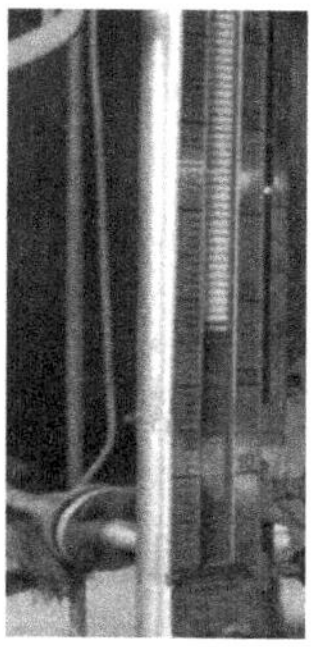

(a) 应用现场

图 7-4　磁翻柱式液位计测量原理

图 7-4(a)磁翻柱式液位计的结构中有一个容纳浮球的腔体称为外壳，它通过法兰或其他接口与罐体组成连通器，使腔体内的液面与罐体液面具有相同高度，在腔体外面装一个磁翻柱显示器。当被测罐体中的液位升降时，液位计腔体中的磁性浮子也随之升降，浮子内的永久磁钢通过磁耦合传递到磁翻柱指示器，驱动红、白翻柱翻转 180°，当液位上升时翻柱由白色转变为红色，当液位下降时翻柱由红色转变为白色，指示器的红白交界处为容器内部液位的实际高度，从而实现液位清晰的指示。其现场应用如图 7-4(b)所示。若加装磁性液位开关在对应液位点动作，再经过变送器把电信号转换成 4～20mA 电流信号输出，即可实现远传功能。

磁翻柱液位计安装方式有侧装式和顶装式两种。它适合任何介质的液位、界面的测量；由于被测介质与指示结构完全隔离，可适应高压、高温、腐蚀条件下的液位测量，且全过程测量无盲区，显示醒目，读数直观，测量范围大，广泛应用于冶金、石油、化工、船舶、环保、电力、造纸、制药、印染、食品、市政等行业的液位、油位、油水界面、泡沫界面的连续测量与控制。

4）磁浮球式液位计

磁浮球式液位计不同于其他浮球式液位计主要区别在于它的结构。磁浮球式液位计是基于浮力和静磁场原理设计的。其结构原理如图 7-5 所示。

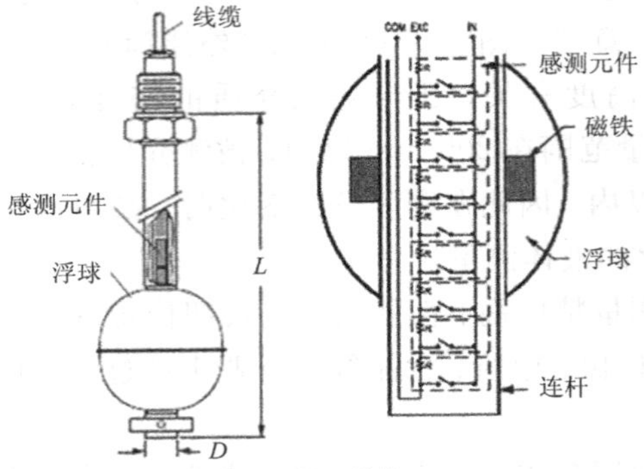

(a) 内部结构

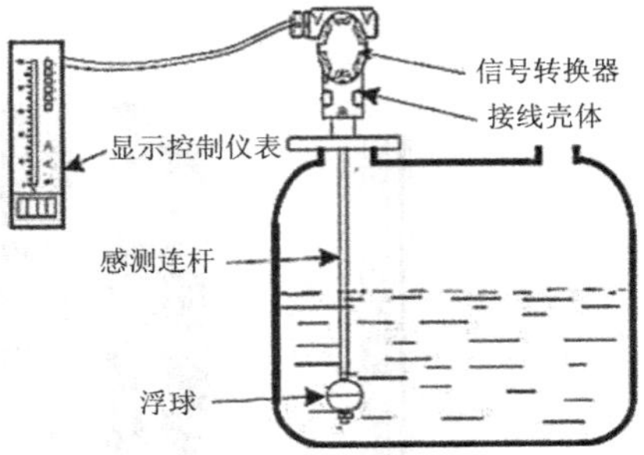

(b) 测量原理

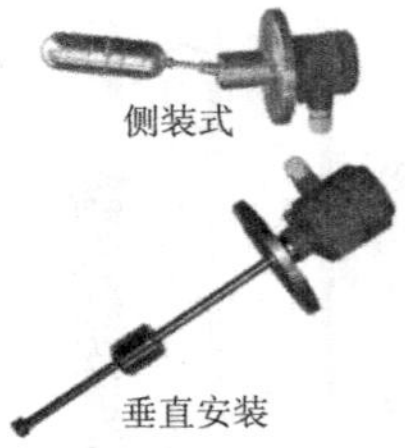

(c) 外形

图 7-5 磁浮球式液位计结构原理图

图 7-5(a)中，磁浮球式液位计主要由带有磁体的浮球(简称浮球)、感测连杆和和信号转换电路构成。其中，右图中感测连杆内部由磁簧开关和感测元件组成。

磁浮球式液位计的工作原理如图 7-5(b)所示，浮球在被测介质中的位置受浮力作用的影响，随液位的变化而变化。当浮球中的磁体和磁簧开关作用，使串联入电路的元件(如定值电阻)的数量发生变化，进而使仪表电路系统的电学量发生改变，通过检测电学量的变化来反映容器内液位的情况。

磁浮球式液位计可以直接输出电阻值信号，也可以配合 $R-I$ 转换器，输出电流值(4～20 mA)信号；同时配合其他转换器，输出电压信号及其开关信号，从而实现电信号的远程传输与控制。

磁浮球式液位计具有结构简单、使用方便、性能稳定、使用寿命长、便于安装维护等优点，几乎可以适用于各种工业自动化过程控制中的液位测量与控制，可以广泛应用于石油加工、食品加工、化工、水处理、制药、电力、造纸、冶金、船舶和锅炉等领域中的液位测量、控制与监测。

2. 静压式液位传感器

静压式液位传感器依据液体重量所产生的压力进行测量。

1) 测量原理

由于液体对容器底面产生的静压力与液位高度成正比，因此通过测量容器中液体的压力来测算液位高度。对常压开口容器，液位高度 H 与液体静压力 p 之间有如下关系：

$$H = \frac{p}{\rho g} \tag{7-5}$$

由式(7－5)可知，若被测液体的密度 ρ 是稳定的，且重力加速度 $g=9.8\ m/s^2$，则测出静压力 p 即可求出液位 H。根据此原理制成的传感器就是静压式物位传感器，有压力式和差压式两种。

2）压力式液位传感器

压力式液位传感器的重点是检测压力，检测的原理见本书第 4 章。这里介绍常用的压力式液位传感器。

用于测量开口容器液位的压力式液位传感器如图 7－6 所示。

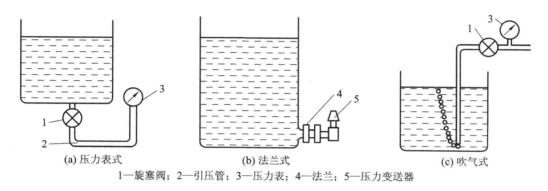

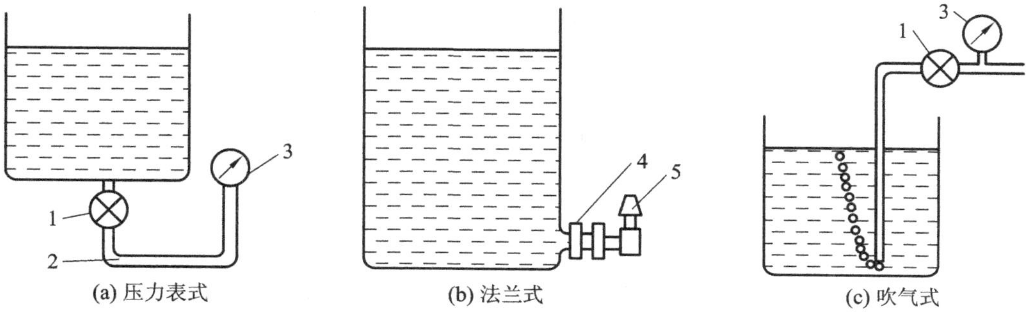

1—旋塞阀；2—引压管；3—压力表；4—法兰；5—压力变送器

图 7－6　压力式液位传感器

图 7－6(a)为压力表式，它是利用引压管将压力变化值引入高灵敏度压力表进行测量的。图中压力表高度与容器底等高，这样压力表读数即直接反映液位高度。如果两者不等高，当容器中液位为零时，压力表中读数不为零，而是反映容器底部与压力表之间的液体的压力差值，该值称为零点迁移量，测量时应予以注意。这种方法的使用范围较广，但要求介质洁净，黏度不能太高，以免阻塞引压管。

图 7－6(b)为法兰式压力变送器，变送器通过法兰装在容器底部，作为敏感元件的金属膜盒经导压管与变送器的测量室相连，导压管内封入沸点高、膨胀系数小的硅油，使被测介质与测量系统隔离。它可以将液位有关的压力信号变成电信号或气动信号，用于液位显示或控制调节。由于是法兰式连接，且介质不必流经导压管，因此可用来检测有腐蚀性、易结晶、黏度大或有色的介质。

图 7－6(c)为吹气式，通过旋塞阀调节进入液体的压缩空气量，使液体静压与压缩空气压力平衡，此时大约每分钟 150 个左右气泡从液体中逸出。由于气泡微量，可认为容器中液体静压与气泡管内压力近似相等。当液位高度变化时，由于液体静压变化会使逸出气泡量变化。调节阀门使气泡量恢复原状，即调节液体静压与气泡管压力平衡，从压力表的读数即可反映液位高低。这种方法使用方便，可用于测量有悬浮物及高黏度液体。如果容器封闭，则要求容器上部有通气孔。它的缺点是需要气源，而且只能适用于静压不高、精度要求不高的场合。

3）投入式静压液位传感器

投入式静压液位传感器又称为投入式液位计，其基本工作原理就是静压液位测量的原理。其结构外形如图 7－7 所示。

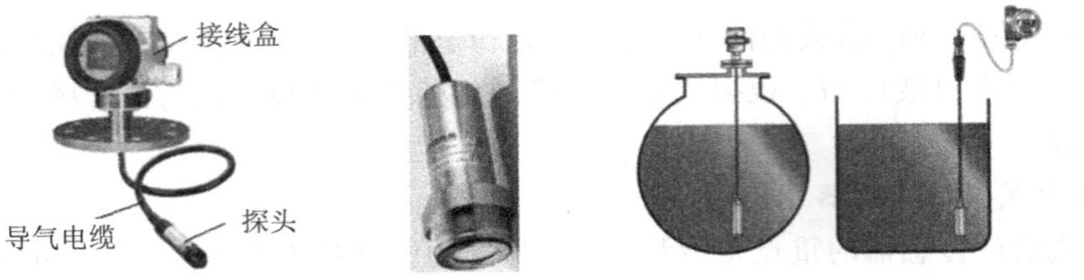

(a) 结构　(b) 探头　(c) 测量原理

图 7－7　投入式液位计

图 7－7(a)中，投入式液位计由接线盒、内置毛细软管的特殊导气电缆、抗压接头和探头组成。图 7－7(b)为投入式液位计的探头，其构造是一个不锈钢筒芯，底部带有膜片，并由一个带孔的外壳罩住。膜片采用扩散硅或陶瓷的压阻元件。将投入式液位计置入开放或密闭的容器中，如图 7－7(c)所示。在测量时，探头感受到液体静压与实际大气压之差，附着在不锈钢薄膜上的压阻元件将此静压转成电信号，再经信号调理电路转换成 4～20 mA 标准输出信号。

投入式液位计主要特点是：测量精度高、安装方便、信号可远传、对不同的介质可以选择不同的材料来抗腐蚀、适合用于防爆场合等。但它无法测量超过 125℃ 的高温介质，且要求测量介质的密度必须均匀一致。目前，投入式液位计已广泛应用于石油、化工、电力、矿山、制药、水厂等行业。

4）*差压式液位传感器*

对于密闭容器中的液位测量，除可应用上述三种方法外，还可用差压法进行测量。差压法是将液位差转换为差压进行测量，输出标准电流，从而达到液位测量的目的。

（1）差压式液位变送器测量原理。差压式液位传感器常称为差压式液位变送器。在密闭容器的液位检测中，测量容器底部压力，除与液面高度有关外，还与液面上部介质压力有关。其测量液位的原理如图 7－8 所示。

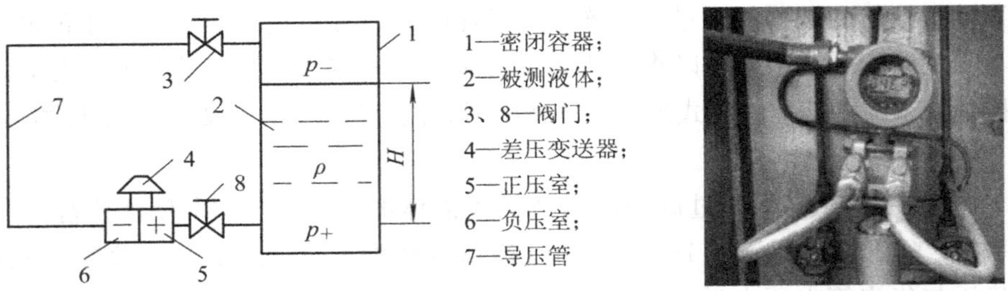

(a) 结构原理图　(b) 外形

图 7－8　差压式液位变送器测量原理

图 7－8(a)中，差压变送器的正、负压室分别与容器下侧液相和上侧气相相连，且气相部分不冷凝，变送器的正、负压室与零液位在同一水平位置，液体导压管到液面距离为 H，液体密度为 ρ。p_- 为液面上部介质压力，p_+ 为液面以下 H 深度的液体压力，都施加到差压变送器正、负压室间的膜盒上，差压变送器的基本原理、结构和特性见本书第 5 章。其关

系为

$$p_{+} = p_{-} + H\rho g \tag{7-6}$$

则图 7-6(a)中液面上、下的压力差为

$$\Delta p = p_{+} - p_{-} = H\rho g \tag{7-7}$$

由式(7-7)可知，密闭容器中液面上、下的压差 Δp 与液位高度 H 成正比。差压式液位变送器就是基于此种原理实现液位检测的，其外形如图 7-8(b)所示。

(2) 量程迁移。上述差压式液位变送器的测量原理是在差压式变送器的正压室取压口正好与密闭容器的最低液位($H=0$)处于同一水平位置时得到的，见式(7-7)。但在实际使用差压变送器或法兰测量液位时，由于变送器安装位置低于零液位会出现膜盒既要感受液位变化带来的差压，又要承受正负导压管内液柱带来的压力，即会产生一个附加差压，所以要进行零点迁移，由于测量的具体情况不同，有正迁移和负迁移。

无迁移：正压室与零液面等高，则 $\Delta p= H\rho g$。当 $H=0$ 时，正、负压室的差压 $\Delta p=0$，变送器输出信号为 4 mA；当 $H=H_{max}$时，正、负压室的差压 $\Delta p=\Delta p_{max}$，变送器输出信号为 20 mA。由于零液位对应变送器输出零点信号，故称为无迁移。

负迁移：在液位检测时，如果被测介质具有腐蚀性，或密闭容器上方气相部分会冷凝使导压管内的凝液数量发生变化，这时为了防止导压管被腐蚀性介质腐蚀，或为了保持负导压管内充满液体且液柱高度恒定不变，常在差压式变送器正、负压室与液、气相取压点之间分别安装隔离罐或冷凝罐。其结构如图 7-9 所示。

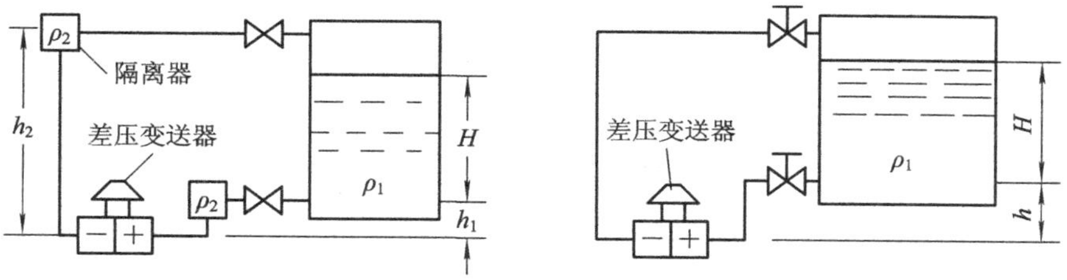

(a) 负迁移　　(b) 正迁移

图 7-9　差压式液位变送器迁移示意图

图 7-9(a)中，在隔离罐到变送器正、负压室的导压管内充满介电常数为 ρ_2 隔离液；隔离罐液位到变送器正压室的高度 h_1，隔离罐液位到变送器负压室的高度 h_2；p_0 是气相压力(Pa)。作用于差压变送器正、负压室的压力为

正压室侧压力：

$$p_{+} = p_0 + \rho_1 gH + \rho_2 g h_1$$

负压室侧压力：

$$p_{-} = p_0 + \rho_2 g h_2$$

差压：

$$\Delta p = p_{+} - p_{-} = \rho_1 gH - \rho_2 g(h_2 - h_1) \tag{7-8}$$

当 $H=0$ 时，$\Delta p= -\rho_2 g(h_2 - h_1)<0$，相当于变送器负压室受到一个固定的附加压力，使变送器输出电流小于 4 mA；当 $H=H_{max}$时，$\Delta p=\rho_1 gH_{max}-\rho_2 g(h_2 - h_1) <\Delta p_{max}$，则变送器输出电流小于 20 mA。为了消除这个附加压力对输出的影响，就必须对变送器进

行零点迁移。

由于要迁移的量小于 0，因此称为负迁移，迁移的量为 $\rho_2 g(h_2 - h_1)$。差压式液位变送器的零点迁移是通过对变送器上的专门机构调整来实现的。即 $H=0$ 时，由于变送器的输入 $\Delta p = -\rho_2 g(h_2 - h_1) < 0$，通过调整使变送器的输出电流仍为 4 mA；而 $H=H_{max}$时，变送器的输出电流仍为 20 mA。变送器的特性曲线如图 7-10 中 c 曲线所示。

正迁移：由于工业现场安装条件的限制，安装变送器时不能满足无迁移的安装要求，如图 7-9(b)所示。差压变送器的安装位置比被测液位零点低了 h，若差压变送器负导压管内充满气体，并忽略气体产生的静压力，则作用于差压变送器正、负压室的压力为

正压室侧压力：

$$p_+ = p_0 + \rho_1 gH + \rho_1 g h$$

负压室侧压力：

$$p_- = p_0$$

差压：

$$\Delta p = p_+ - p_- = \rho_1 gH + \rho_1 gh \tag{7-9}$$

当 $H=0$ 时，$\Delta p = \rho_1 gh > 0$，相当于变送器正压室受到一个固定的附加压力，使变送器输出电流小于 4 mA；当 $H=H_{max}$时，$\Delta p = \rho_1 gH_{max} - \rho_1 gh > \Delta p_{max}$，则变送器输出电流大于 20 mA。如前所述，由于要迁移的量大于 0，因此称为正迁移，迁移的量为 $\rho_1 gh$，差压式液位变送器的零点迁移是通过对变送器上的专门机构调整来实现的。变送器的特性曲线如图 7-10 中 b 曲线所示。

某差压变送器的测量范围为 0～5000 Pa，迁移量为 2000 Pa，测定的特性曲线如图 7-10 所示。

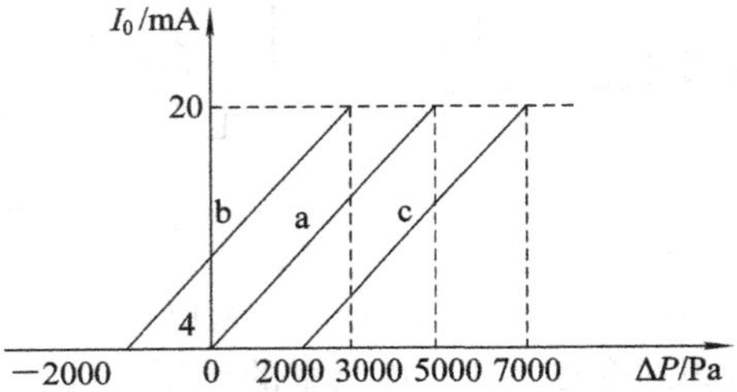

a—无迁移；b—负迁移；c—正迁移

图 7-10　差压变送器特性曲线

由图 7-10 可以看出，零点迁移的实质是通过零点迁移机构改变变送器的零点，它同时改变了测量范围的上、下限，但不改变量程大小，所以相当于将测量范围进行了平移。

例 7-1　已知 $\rho_1 = 1200\ \text{kg/m}^3$，$\rho_2 = 950\ \text{kg/m}^3$，$h_1 = 1.0$ m，$h_2 = 5.0$ m，$H = 0 \sim 3.0$ m，差压式液位变送器的安装如图 7-9(a)所示。求迁移量和迁移后变送器的测量范围。

解：根据式(7-7)，则液位高度变化形成的差压值为

$$\Delta p = H\rho_1 g = (0 \sim 3.0) \times 1200 \times 9.8 = 0 \sim 352\ 80\ \text{Pa}$$

所以可选择差压变送器量程为 40 kPa。

由图 7-9(a)可知，这种安装方式需要负迁移。

根据式(7-8)，则迁移量为

$$\Delta p = -\rho_2 g(h_2 - h_1) = -950 \times 9.8 \times (5-1) = -37240\ \text{Pa}$$

迁移后变送器的测量范围为－37.24～2.76 kPa。

(3) 差压式液位变送器的测量方法。差压式液位测量主要有两种方法：双法兰式和平衡式。

双法兰式液位测量主要用于量程比较大的高塔、罐等密闭容器的液位检测，也常用于易对导压管造成腐蚀或堵塞的具有腐蚀性或含有结晶颗粒，且黏度大、易凝固介质的液位检测。其测量原理和外形如图 7-11 所示。

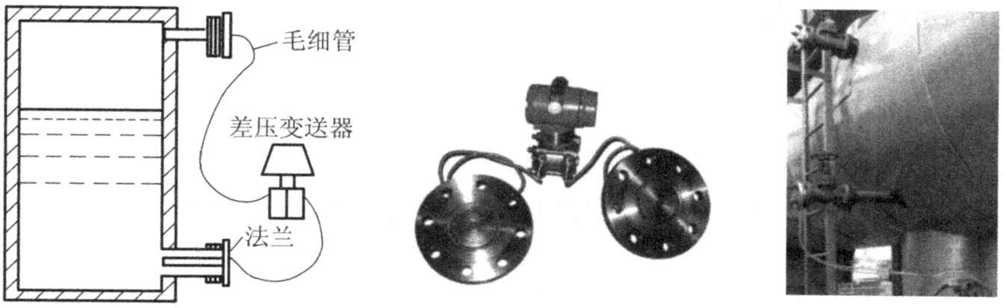

(a) 测量原理　(b) 外形　(c) 应用现场

图 7-11　双法兰式液位测量

图 7-11 中，敏感元件为金属膜盒，它直接与被测介质接触，省去导压管，从而克服了导压管的腐蚀和堵塞问题。膜盒经毛细管与变送器的测量室相通，它们组成的密闭系统内充以硅油，作为传压介质。为了保证毛细管经久耐用，其外部均套有金属蛇皮保护管。

平衡式差压液位测量适用于介质组分、温度、压力存在较大变化的容器。例如锅炉汽包的液位测量。测量原理及外形如图 7-12 所示。

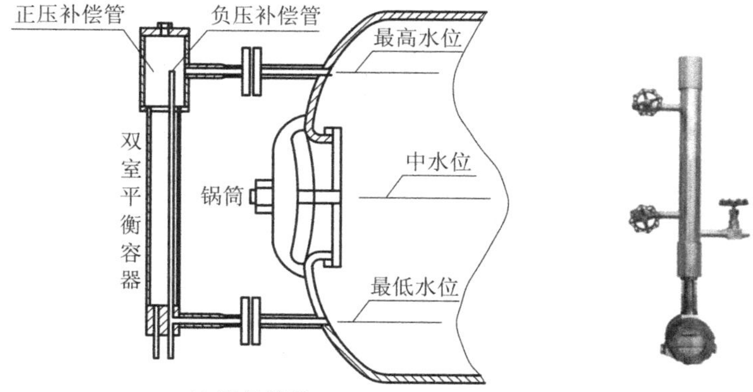

(a) 测量原理　(b) 外形

图 7-12　平衡式液位测量

图 7-12(a)的锅炉中，水、汽的温度、压力、密度等波动较大，液位检测条件比较苛刻，测量误差较大。若采用双室平衡容器将被测介质引出进行相应补偿，则可以有效抵消上述变化的影响。因此锅炉汽包液位检测常采用平衡式差压水位传感器，其外形如图 7-12(b)所示。

(4) 差压式液位计使用注意事项如下：

① 对有腐蚀性介质、易结晶介质等，要用隔离器进行防护；

② 双法兰差压式液位计的变送器安装高度应不影响零点迁移；

③ 当介质密度受温度变化影响时，必须注意对刻度进行修正；

④ 差压式液位计在安装时，要在取压口处装截止阀，以便安装和维护；

⑤ 差压式液位计的正、负压引压管之间要装平衡阀，以避免差压变送器单向受压而损坏；

⑥ 差压式液位计在使用时，要防止泄漏，应按规定进行定期排污或排气。

3. 电阻式液位传感器

电阻式液位传感器的原理是基于液位变化引起电极间电阻变化，由电阻变化反映液位情况。电阻式液位传感器既可进行定点液位控制，又可进行连续测量。电阻式液位传感器进行液位的连续测量有利用电极间电阻变化测量和探针式测量。其中，探针式电阻式液位传感器利用跟踪测量法来测量液位。以液位上升的为例来分析，当液位上升时，探针已浸没在液体中。测量时，提起探针完全脱离液体，然后缓慢降低探针寻找液面，当探针与液体刚接触时，此位置即与液位相对应。探针式的特点是测量精度很高，控制电路复杂。这里只讨论利用电极间电阻变化连续的液位测量。

1) 测量原理

电阻式液位传感器特别适用于导电液体的测量，敏感器件具有电阻特性，其电阻值随液位的变化而变化，故将电阻变化值传送给二次电路即得到液位的高度。连续测量电阻式液位传感器的原理图如图 7－13 所示。

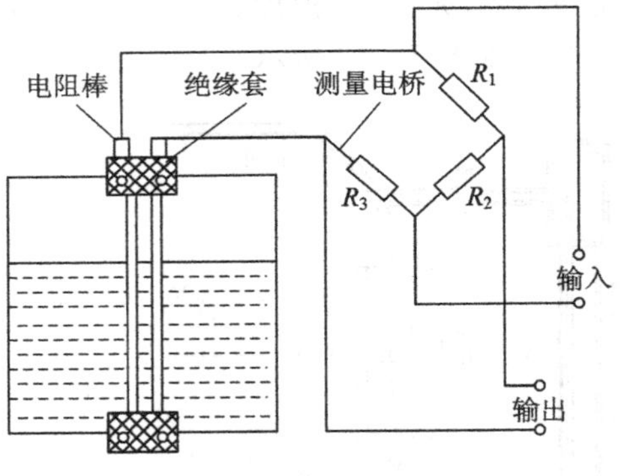

图 7－13　电阻式液位传感器的原理

图 7－13 中，液位传感器的两根电极由两根材料、截面积相同的具有大电阻率的电阻棒组成，电阻棒两端固定并与容器绝缘。整个传感器电阻为

$$R=\frac{2\rho}{A}(h-H)=\frac{2\rho}{A}h-\frac{2\rho}{A}H=K_1-K_2H \tag{7-10}$$

式中，ρ 为电阻棒的电阻率；A 为电阻棒的截面积(m^2)；h 为电阻棒的全长(m)；H 为液面高度(m)。电阻的测量可用图 7－13 中的电桥电路完成。

该传感器的材料、结构与尺寸确定后，K_1、K_2 均为常数，则式(7－10)表明，电阻大小与液位高度成正比。

2）主要特点

电阻式液位传感器的特点是结构和电路简单，测量准确，通过在与测量臂相邻的桥臂中串接温度补偿电阻可以消除温度变化对测量的影响；但其缺点是极棒表面容易生锈、极化、被介质腐蚀等。

4. 电容式液位传感器

电容式物位传感器主要利用电容式传感器的变面积和变介电常数原理实现物位检测的。电容式传感器的基本原理、结构和特性见本书第 4 章。这种传感器有两个导体电极(通常把容器壁作为一个电极)，由于电极间是气体、流体或固体而导致静电容的变化，因此可以反映物位的变化。它的敏感元件有三种形式，即棒状、线状和板状，其工作温度、压力主要受绝缘材料的限制。电容式物位传感器可以采用微机控制，实现自动调整灵敏度，并且具有自诊断的功能，同时能够检测敏感元件的破损、绝缘性的降低、电缆和电路的故障等，并可以自动报警，实现高可靠性的信息传递。由于电容式物位传感器无机械可动部分，且敏感元件简单，操作方便，因此，它是应用最广的一种物位传感器。现以测量导电液体的电容式液位传感器和测量非导电液体的电容式液位传感器为例进行介绍。

1）测量导电液体的电容式液位传感器

由于是导电液体，容器和液体可看作为电容器的一个电极，在液体中插入一根带绝缘套(聚四氟乙烯)的金属电极作为另一电极，绝缘套管为中间介质，三者组成圆筒电容器。如图 7 - 14 所示。

当液位变化时，图 7 - 14 中的电容器两极覆盖面积的大小随之变化，液位越高，覆盖面积就越大，容器的电容量就越大。当容器为非导电体时，必须引入辅助电极(金属棒)，其下端浸至被测容器底部，上端与电极的安装法兰有可靠的导电连接，以使两个电极中有一个与大地及传感器地线相连，保证传感器的正常测量。应注意，如液体是黏滞介质，当液体下降时，由于电极套管上仍黏附一层被测介质，会造成虚假的液位示值，使仪表所显示的液位比实际液位高。

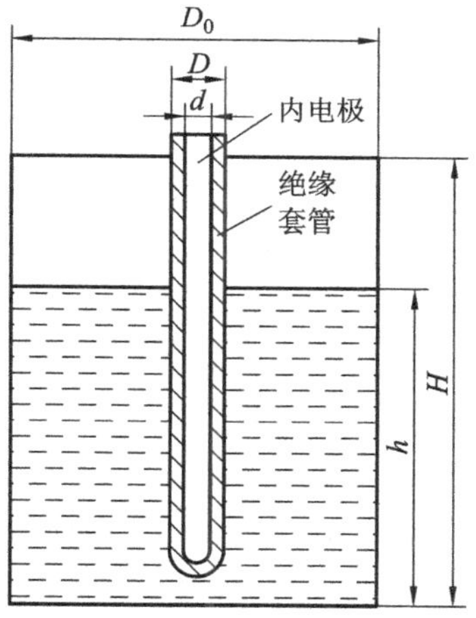

图 7 - 14　导电液体电容液位传感器示意图

图 7 - 14 中的电容式液位传感器为同心圆柱式电容器。当没有液体时，其电容量为

$$C_0 = \frac{2\pi\varepsilon_0 H}{\ln\left(\frac{D_0}{d}\right)} \tag{7-11}$$

式中，D_0、d 分别为外电极内径(容器内壁)和内电极外径(m)；ε_0 为两极板间空气与绝缘套介质的介电常数(F/m)；H 为两极板相互重叠的长度(m)。

液面高度为 h 时，有液体部分由内电极与导电液体构成电容器，绝缘套作为介电层。此时，电容液位传感器相当于有液体部分和无液体部分两个电容的并联。有液体部分的电容量为

$$C_1 = \frac{2\pi\varepsilon h}{\ln\left(\frac{D}{d}\right)} \tag{7-12}$$

式中，D 为绝缘套外径(m)；ε 为绝缘套的介电常数(F/m)；h 为两极板间液面高度(m)。

无液体部分的电容量为

$$C_2 = \frac{2\pi\varepsilon_0 (H-h)}{\ln\left(\frac{D_0}{d}\right)} \tag{7-13}$$

则电容的总容量为

$$C = C_1 + C_2 = \frac{2\pi\varepsilon h}{\ln\left(\frac{D}{d}\right)} + \frac{2\pi\varepsilon_0 (H-h)}{\ln\left(\frac{D_0}{d}\right)} \tag{7-14}$$

因此，液位为零时的电容如式(7-11)所示，液位为 h 时电容的变化量 C_h 为

$$C_h = C - C_0 = \left[\frac{2\pi\varepsilon}{\ln\left(\frac{D}{d}\right)} - \frac{2\pi\varepsilon_0}{\ln\left(\frac{D_0}{d}\right)}\right] h \tag{7-15}$$

若 $D_0 \gg d$，则式(7-15)可变形为

$$C_h = \frac{2\pi(\varepsilon - \varepsilon_0)}{\ln\left(\frac{D}{d}\right)} h \tag{7-16}$$

式(7-16)表明，电容的变化量与液位的高低成正比。$\frac{2\pi\varepsilon}{\ln\left(\frac{D}{d}\right)}$ 为电容液位传感器的灵敏度。

测量导电液体的电容式液位传感器使用注意事项：①适用于电导率不小于 10^{-2} S/m 的液体；② 被测液体黏度不能大，防止形成虚假液位；③ 底部约有 10 mm 的非测量区。

2) 测量非导电液体的电容式液位传感器

当测量非导电液体如轻油、某些有机液体以及液态气体的液位时，可采用一个内电极，外部套上一根金属管(如不锈钢)，两者彼此绝缘，以被测介质为中间绝缘物质构成同轴套管形电容器，如图 7-15 所示，绝缘垫上有小孔，外套管上也有孔或槽，以便被测液体自由地流进或流出。因为电极浸没的长度与电容量的变化量成正比关系，因此测出电容增量的数值便可知道液位的高度。

设容器中液体介质淹没电极的高度为 h，单位为 m。根据同心筒状电容的公式，可写出气体部分(上部)的电容为

$$C_1 = \frac{2\pi\varepsilon_0 (H-h)}{\ln(D/d)} \tag{7-17}$$

液体部分的电容为

$$C_2 = \frac{2\pi\varepsilon_1 h}{\ln(D/d)} \tag{7-18}$$

忽略杂散电容及边缘效应，两电极间的总电容为

$$C = C_0 + \frac{2\pi}{\ln(D/d)}(\varepsilon_1 - \varepsilon_0) h \tag{7-19}$$

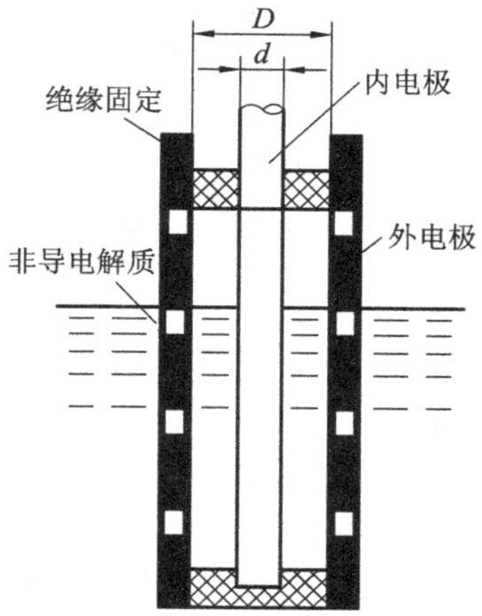

图 7-15　非导电液体电容液位传感器示意图

式中：ε_1、ε_0分别为液体、空气的介电常数(F/m)；H 为电极的总高度(m)；D、d 分别为外电极内径、内电极外径(m)。

式(7-19)中的 C_0 为初始电容，在无液体时测得。当有液体时，输出电容 C 与液面高度 h 呈线性关系。

当测量粉状非导电固体料位时，可采用将电极直接插入圆筒形容器的中央，传感器地线与容器相连，以容器作为外电极，物料作为绝缘物质构成圆筒形电容器，其测量原理与上述相同。

3) 主要特点

电容式液位传感器适用范围非常广泛，对导电介质和非导电介质都能测量，此外还能测量有倾斜晃动及高速运动的容器的液位，具有功率小、阻抗高；静电引力小；本身发热影响小；有良好的动态特性，可进行非接触测量等，在液位测量中占有重要地位。常用物质的介电常数如表 7-2 所示。

表 7-2　常用物质的介电常数　F/m

物质	介电常数	物质	介电常数
水	80	水泥	1.5～2.5
甲醇	33.7	干砂	2.5
煤油	2.8	洗衣粉	1.2～1.5
矿物油	2.1	纯白糖	3
油	4.6	食盐	7.5
丙酮	20	碳酸钙	8.3～8.8
苯	2.3	聚苯乙烯	2.4～2.6
油漆	3.5	橡胶	2～3

4) 使用注意事项

(1) 电极必须垂直安装，安装前要校直；

(2) 注意不要把电极安装在管口、孔、凹坑等里面，以防止介质停留而造成误动作；

(3) 传感器的同轴电缆芯线绝对不允许进水；

(4) 同轴电缆不允许切断或加长，因为在校验中已计入初始电容量，否则将影响零点和整个线性度；

(5) 当被测介质改变后，需要重新校准；

(6) 当周围温度与校准时的温度偏离过大时，则必须重新校准。

5. 超声波液位传感器

超声波物位检测是利用回声原理工作的。其原理是超声波发射探头工作时向液面或粉体表面发射一束超声波，被其反射后，传感器再接收此反射波，根据声波往返的时间就可以计算出传吸器到液面(粉体表面)的距离，即测量出液面(粉体表面)距离。超声波物位传感器特别适合高黏度液体和粉状体的物位。

在化工、石油、水电行业，超声波广泛用于油位、水位等的液位检测。根据传声介质的不同，超声波液位传感器可分为液介式、气介式和固介式三种，前两种最为常用。

1) 超声波液位传感器的基本方案

根据探头的工作方式，超声波传感器可分为发射和接收由一个探测器完成的单探头式超声波液位传感器，发射和接收由两个探测器分别完成的双探头式超声波液位传感器。由于介质的不同和探头使用上的差异，可以组成六种形式，如图 7-16 所示。

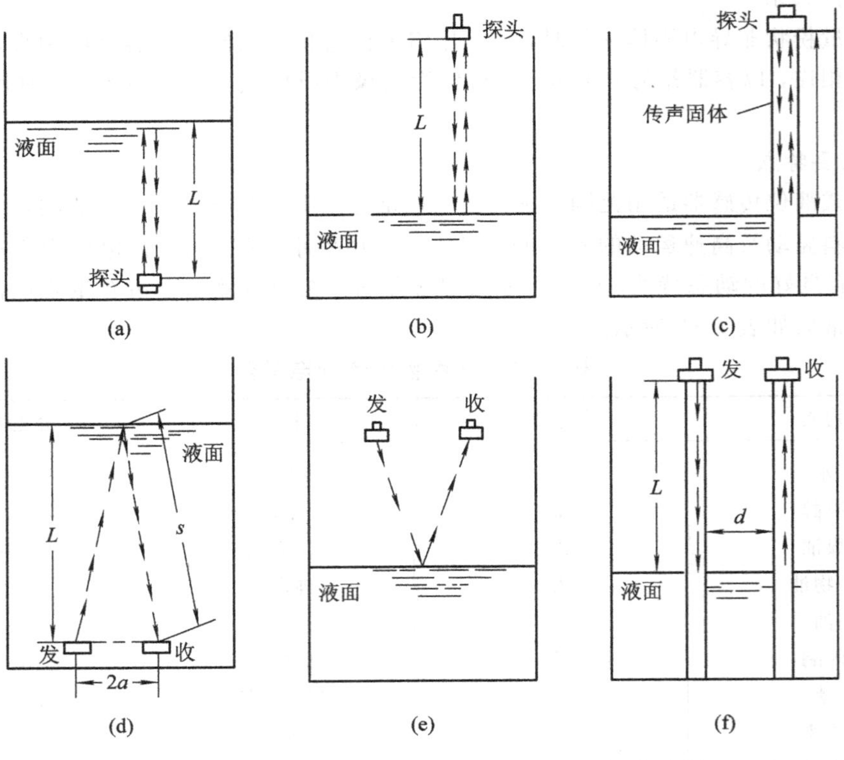

图 7-16　脉冲回波式超声波液位传感器六种基本方案

图 7-16(a)、(b)、(c)为单探头式超声波液位传感器，图 7-16(d)、(e)、(f)为双探头式超声波液位传感器。

2）测量原理

图 7-16(a)为液介式，探头固定装在液位最下部。如果探头至液面的垂直距离为 L，从发射到接收经过的时间为 t，而经过精确测定的超声波在介质中的传播速度为 c，则液位高度 h 就能根据式(7-20)算出。

$$h = L = \frac{1}{2}ct \tag{7-20}$$

图 7-16(b)为气介式，如果知道探头到容器底部的距离 H，则液位高度 h 为

$$h = H - L = H - \frac{1}{2}ct \tag{7-21}$$

应注意的是探头应放在高于液面能达到的最大高度之上，亦即

$$H > h_{\max} \tag{7-22}$$

图 7-16(c)是固介式，它与前边的图 7-16(b)所示的方案基本相同，只是这里超声波传播不是在气体中，而是在固体介质中。由于上述原因，这种方案适用于液面上部气体成分变化较大的情况。

图 7-16(d)所示为双探头液介式，若两个探头在液面以下，且水平距离为 $2a$，则探头到被面的距离 h 为

$$h = \sqrt{\frac{1}{4}c^2t^2 - a^2} \tag{7-23}$$

图 7-16(e)同(d)大致相同，此时有

$$h = H - \sqrt{\frac{1}{4}c^2t^2 - a^2} \tag{7-24}$$

对于图 7-16(f)的工作方式，液位高度为

$$h = H - \frac{1}{2}c\left(t - \frac{d}{c_t}\right) \tag{7-25}$$

式中，d 为两探头水平距离；c_t 为超声波在介质中的传播速度。

在式(7-25)中又增加了一个受外界影响而变化的因素 c_t，测量效果显然比图 7-16(c)方案要差些。

在实际工程应用时，因为空气中声速远低于液体和固介式中常用的不锈钢管，所以在相同测量条件下，常采用气介式可获得较高的测量精度。但若被测液体温度高于环境温度，使得储液罐中液面上方气体发生对流；食品发酵罐等生物、化学反应容器的液面经常有泡沫、悬浮物等，这些场合就不宜采用气介式，可考虑采用液介式。在液面有较大波动或沸腾的情况下，气介式、液介式都不宜采用，此时利用固介式中常用不锈钢管做固体传声介质，有效解决了回波的混乱问题。

不管选择哪种超声波液位检测方案，都应从技术方面主要考虑：① 在精度方面要满足要求；② 安装、维修方便，使用安全可靠。由于超声波换能器振幅小、寿命长，且声波与介质的电导率、热导率及介电常数等无关，因而使用范围广。只要界面的声阻抗率不同，液体、料位都可检测，同时还可用于低温、有毒、有腐蚀性、黏度高的液体和固体的物位检测；但其缺点是不能承受高温，而且声速还受介质成分、温度、压力的影响，如果有些介质对声波吸收能力较强，则无法使用。

3）应用实例

在某搅拌罐上方安装空气传导型超声波发射器和接收器，液位测量及超声波传感器测量原理如图 7-17 所示。

(a) 液位测量实物示意图

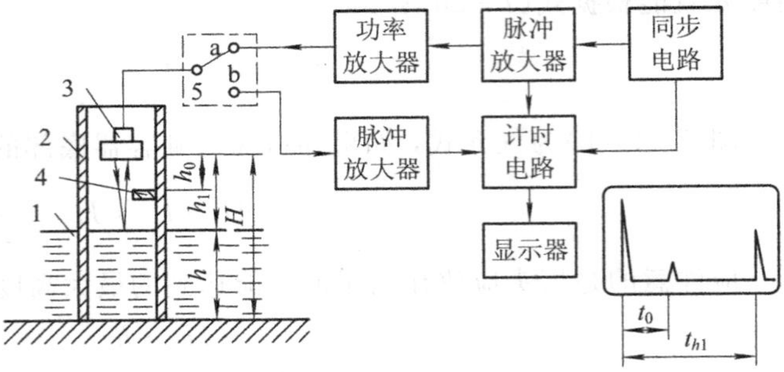

(b) 超声波液位传感器测量原理图

1—液面；2—直管；3—气介超声波探头；4—反射小板；5—电子开关

图 7-17　超声波液位传感器测量实例

例 7-2　图 7-17(b)中，从显示器上测得 $t_0=1.5$ ms，$t_{h1}=6.0$ ms。已知罐底距超声波探头的间距 H 为 10 m，反射小板与探头的间距 h_0 为 0.5 m，求液位 h。

解：由式(7-21)可知

$$c=\frac{2h_0}{t_0}=\frac{2h_1}{t_1}$$

则有

$$\frac{h_0}{t_0}=\frac{h_1}{t_1}$$

超声波探头到液面的距离为

$$h_1=\frac{t_1}{t_0}h_0=\left(6.0\times\frac{0.5}{1.5}\right)=2\ \text{m}$$

$$h=H-h_1=10-2=8\ \text{m}$$

所以，当前搅拌罐中液位高度为 8 m。

4）主要特点

超声波液位测量换能器与介质不接触，无可动部件，不受光线、介质黏度、湿度、介电常数、电导率、热导率等因素的影响，适用于有毒、腐蚀性或高黏度等特殊场合的液位测量，且仪器寿命长；能测量高速运动或有倾斜晃动的液体的液位，如置于汽车、飞机、轮船中的液位；可进行液位定点控制和连续测量，便于实现信号远传控制。

超声波液位传感器的缺点是：仪器结构复杂，价格相对昂贵；而且声速会受传播介质温度或密度的影响、一般需要有相应的补偿措施，否则严重影响测量精度；不适于测量对超声波有强烈吸收作用的介质。

6. 磁致伸缩液位传感器

磁致伸缩液位传感器是综合利用磁致伸缩效应、浮力原理、电磁感应、电子技术等多种技术研制而成的液位测量传感器。

众所周知物质有热胀冷缩现象。但除了加热外，磁场和电场也会导致物体尺寸的伸长或缩短。铁磁性物质在外磁场的作用下，其尺寸伸长(或缩短)，去掉外磁场后，其又恢复原来的长度，这种现象称为磁致伸缩现象(或效应)。另外有些物质(多数是金属氧化物)在电场作用下，其尺寸也伸长(或缩短)，去掉外电场后又恢复至原来的尺寸，这种现象称为电致伸缩现象。磁致伸缩效应可用磁致伸缩系数(或应变)λ 来描述。

$$\lambda = \frac{l_H - l_0}{l_0} \tag{7-26}$$

式中，l_H 为在外磁场作用下伸长(或缩短)后的长度；l_0 为物体原来的长度。一般铁磁性物质的 λ 很小，约百万分之一，通常用 ppm(part per million)代表。

磁致伸缩材料主要有三大类。第一大类是磁致伸缩的金属与合金，如镍(Ni)基合金(Ni、Ni－Co 合金、Ni－Co－Cr 合金)、铁基合金(如 Fe－Ni 合金、Fe－Al 合金、Fe－Co－V 合金等)，以及铁氧体磁致伸缩材料、如 Ni－Co 和 Ni－Co－Cu 铁氧体材料等。这两种统称为传统磁致伸缩材料，由于其 λ 值(在 20～80 ppm 之间)过小，因而没有得到推广应用。第二大类是电致伸缩材料，如(Pb，Zr，Ti)O_3 材料(简称为 PZT 或压电陶瓷材料)，其电致伸缩系数比金属与合金铁大(约 200～400 ppm)，得到了广泛的应用。第三大类是近期发展的稀土金属间化合物磁致伸缩材料，如以(Tb，Dy)Fe_2 化合物为基体的合金 $Tb_{0.3}Dy_{0.7}Fe_{1.95}$ 材料(简称 Tb－Dy－Fe 材料)的 λ 达到 1500～2000 ppm，比前两类材料的 λ 大 1～2 个数量级，因此称为稀土超磁致伸缩材料。

1）测量原理

磁致伸缩液位传感器主要由测杆、电子仓和套在测杆上的非接触的磁环或浮球(子)组成。其外形如图 7－18(a)所示。

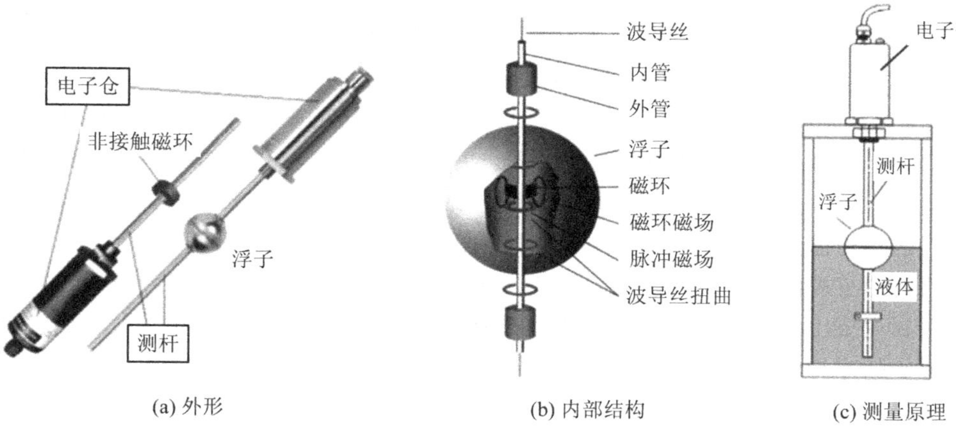

图 7－18　磁致伸缩液位传感器结构示意图

图 7－18(b)中，测杆内装有磁致伸缩波导丝，测杆由不导磁的不锈钢管制成，起导向和保护波导丝作用。浮球(子)内装有一组永久磁铁，所以浮子同时产生一个磁场。

图 7－18(c)为测量原理图，磁致伸缩液位传感器垂直安装，浮子水平中心线为尺寸水线，随液位上下移动。

磁致伸缩液位传感器的工作原理如图 7－19 所示。

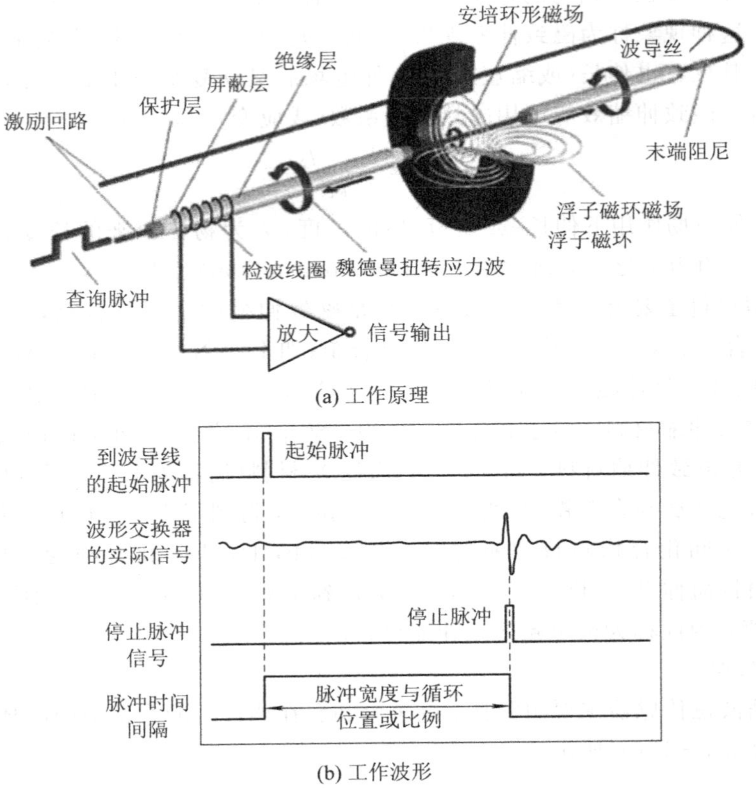

图 7－19　磁致伸缩液位传感器的工作原理

图 7－19 在测量时，电子仓内的脉冲发生电路产生一个起始脉冲，该脉冲以光速沿着敏感检测元件(磁致伸缩波导丝)传播，在其周围形成旋转的安培环形磁场；移动的磁浮子在波导管中产生轴向磁场。当安培环形磁场与磁浮子产生轴向磁场发生耦合作用时，会导致波导丝产生扭曲形变，在波导丝的表面形成魏德曼效应的扭转应力波，扭转波以超声速向波导管两端传播，如图 7－19(a)中箭头所示。传向末端的扭转波被阻尼器件吸收，传向激励端的超声波被固定在波导管上的回波接收装置接收转化为电脉冲(停止脉冲)，该脉冲经放大送到主要由计数器组成的电路中。因为超声波在波导管中是以恒速传播的，所以只要测出起始脉冲与停止脉冲之间的时间间隔，乘以波速(约 2830 m/s)，即可计算出扭转波发生位置与测量基准点间的距离，也即可得到磁铁的位置，实现位置精确测量，如图 7－19(b)所示。

上述过程是连续不断的，所以，每当浮子磁铁移动时，新的位置就会被测出来。由于测量单元可探测到由同一查询脉冲产生的连续返回脉冲，因此可以在同一传感器上配有多个活动浮子，同时进行液位、界位多参数测量。

2) 主要特点

磁致伸缩液位传感器根据磁致伸缩测量原理研制而成，可精确地测量液位、界面的高度和温度。它具有测量精度高、稳定可靠、抗干扰、安装方便快捷、免定期维护和标定、零点全量程任意可调等优点，但存在测量盲区。该传感器适用于石化、电力、生物制剂、粮油、酿造等行业各种油面和界面的精确测量。

3）安装注意事项

磁致伸缩液位传感器安装时应注意：① 安装前核对被测容器实际安装高度与传感器测杆长度是否一致；② 垂直安装，倾斜度不得超过产品使用说明书中的规定；③ 安装时应使测杆末端与容器底部有 2～10 mm 距离，以防止测杆弯曲；④ 应保证最高和最低液位在其测量范围内；⑤ 对介质有轻微搅拌或进出液体时有冲击的场合，可安装防护管；对介质搅拌程度比较剧烈或介质温度较高的场合，需采用旁通管方式安装；⑥ 液位传感器的屏蔽电缆必须避开大功率电源和其他有噪声的传输线等。该传感器安装示意如图 7－20 所示。

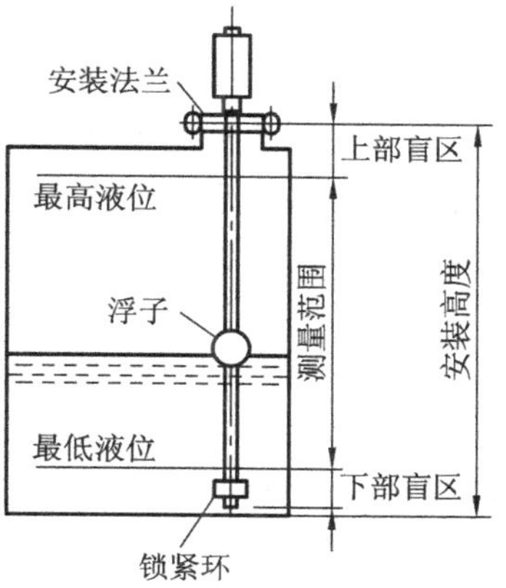

图 7－20　安装示意图

4）应用实例

一种典型的安放于储罐中的液位传感器总体结构如图 7－21 所示。

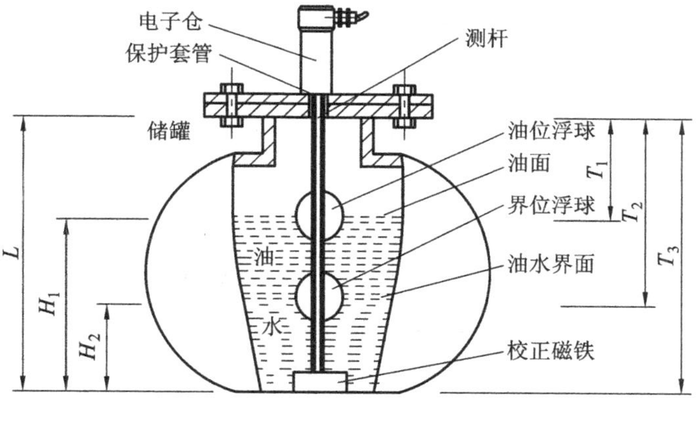

图 7－21　储罐中的液位传感器总体结构

图 7－21 中，电子仓装置在罐体之外，其内部包括脉冲发生、回波接收、信号检测与处理电路等。不锈钢测杆插入液体中直达罐底，底部固定在罐底。磁浮子有两个：一个测量油位；另一个安放在波导管对应的油水界面处，用于测量油水界位。若在波导管底部（罐底）固定一个磁环，还可完成自校准功能，消除温度对波速的影响。

设罐总高 L，超声波从油面、油水界面和罐底返回的时间分别为 T_1、T_2 和 T_3，则油位：$H_1=L(T_3-T_1)/T_3$；水位：$H_2=L(T_3-T_2)/T_3$。所以在同一传感器上配多个活动磁浮子，可以同时进行液位、界位多参数测量。

7.2.2　连续式料位检测

许多液位检测方法和传感器均可类似地用来测量料位或相接面，但从料位测量的工艺来看存在以下几个特点：一是自然堆积时，存在倾斜角，导致料面不平；二是物料内部存在大的空隙，或粉料中存在小的空隙；三是在振动、压力、湿度变化时，料位也发生变化，因此也有一些特殊方法。目前常用的料位传感器主要有重锤式、核辐射式、超声波式和电容式等。

1. 重锤式料位传感器

重锤式料位传感器是一种用于监测料斗、筒仓和其他类型容器内粉末、颗粒和液体的传感器，也称为重锤式料位计。重锤式料位计通过直接测量顶部无料空间距离，从而间接测量料仓内的物料高度。

重锤式料位计可测量饲料、化学品、塑料颗粒、水泥、石块、PVC 粉末、骨料、液体、煤、石灰石、研磨塑料、砂子、粉末、谷物、油等。它常用于电厂灰库、煤仓、渣仓、泥浆池等，广泛应用于电力、冶金、水泥、煤炭、化工、食品等行业筒形料仓的粉末状、块状、颗粒状及液态物料的料位检测与控制。

1）测量原理

重锤式料位计内部主要由电机、鼓轮和测量、操控电路构成，外部由重锤、悬有重锤的钢缆、法兰盘和外壳等组成。其外形及测量原理如图 7－22 所示。

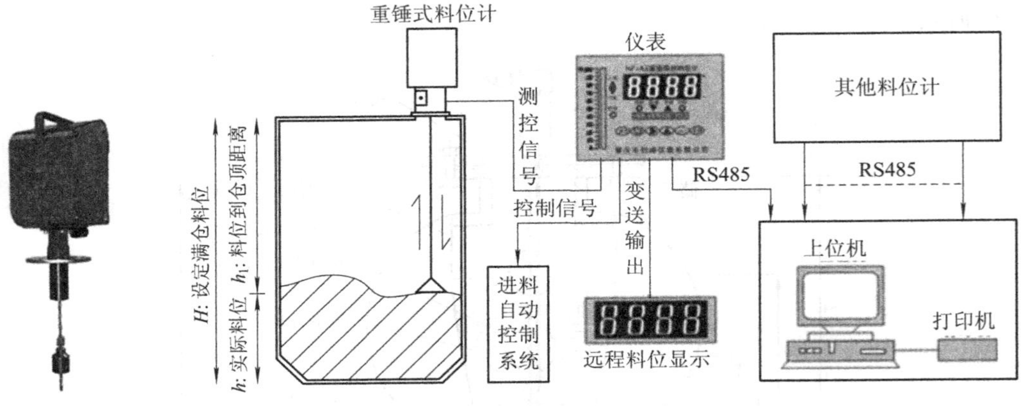

(a) 外形　　　　(b) 测量原理图

图 7－22　重锤式料位计外形及测量原理

图 7－22(b)中，重锤通过钢缆连在与电机的鼓轮上。测量时，控制器发出降锤信号，控制电机使重锤从用户预置的仓顶原点处开始下降，通过计数或逻辑控制记录重锤下降的数据；当重锤碰到物料时，产生失重信号，控制执行机构停转，控制器记录重锤的位置 h_1；再控制电机反转带动重锤迅速返回原点位置，仪表通过对重锤下降过程传感信号的处理可得到仓顶到料面的距离 h_1，若仓高为 H，这样料位高度 $h=H-h_1$，仪表直接显示料位高度 h。该数据可以通过变送器进行远传或送上位机，经过一段延时后再重复上述动作。

2）主要特点

重锤式料位计为机械式测量，简单可靠，抗粉尘干扰能力强；最大量程可达 60 m；有多重防尘设计(防尘刷、进风孔、测量室隔离)，不受介质湿度、黏度的影响；不受介质介电常数、电导率、热导率的影响。重锤式料位计也可用于测量泥浆、矿浆、沥青(高温)等特殊液体。

3）安装注意事项

重锤式料位计可安装在大多数容器的顶部，其安装示意如图 7-23(a)所示。

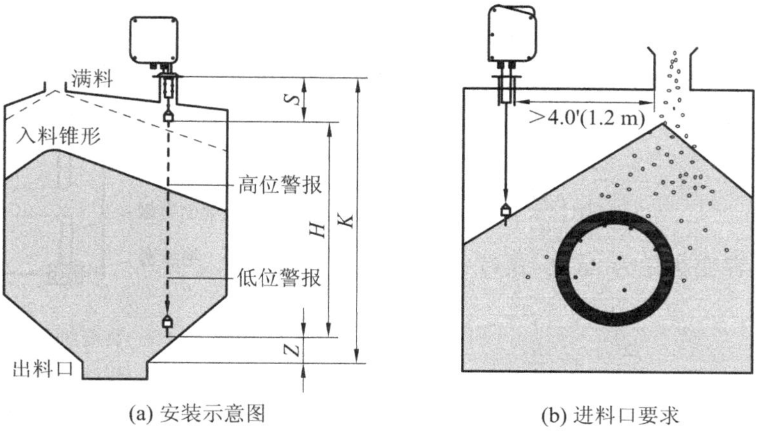

(a) 安装示意图　　(b) 进料口要求

图 7-23　重锤式料位计安装示意图

图 7-23(a)中，顶部安装法兰面到底部储量距离为容器高度 K；安装法兰到重锤距离为容器盲区 S；避开障碍物，防止重锤下落影响设备正常运行的安全距离为 Z；测量重锤收、放的行程，4～20 mA 输出值为测量高度 H；高位报警设定值为 HI；低位报警设定值为 LO。在安装时要考虑上述基本要求。

在安装的同时还需注意要确保重锤自然垂直，让重锤/钢缆装置直接下坠；安装位置应尽量避开进料口、障碍物、搅拌桨等干扰因素，且应距离装料入口至少 1.2 m，如图 7-23(b)所示。由于重锤式料位传感器主要应用对象为颗粒度较小的固体，大尺寸矿石不适用，安装位置一般选在 1/6 料仓直径左右。

2. 电容式料位传感器

电容式料位传感器是应用较为广泛的一种料位检测传感器它是采用测量容器内探头与容器内壁之间、两探头之间或探头与同心测量管之间的电容，利用物料如块状、颗粒状及粉料等非导电固体的介电常数恒定时极间电容正比于料位的原理进行工作的。电容式料位传感器的测量原理图如图 7-24 所示。

图 7-24 中，电容随料位高度 h 变化的关系根据式(7-16)可得

$$C=\frac{2\pi(\varepsilon_1-\varepsilon_0)}{\ln\left(\dfrac{D}{d}\right)}h \qquad (7-27)$$

式中，D 为储罐的内径(m)；d 为测定电极的直径(m)；h 为被测物料的高度(m)；ε_0、ε_1 分别为空气、被测物料的相对介电常数(F/m)。

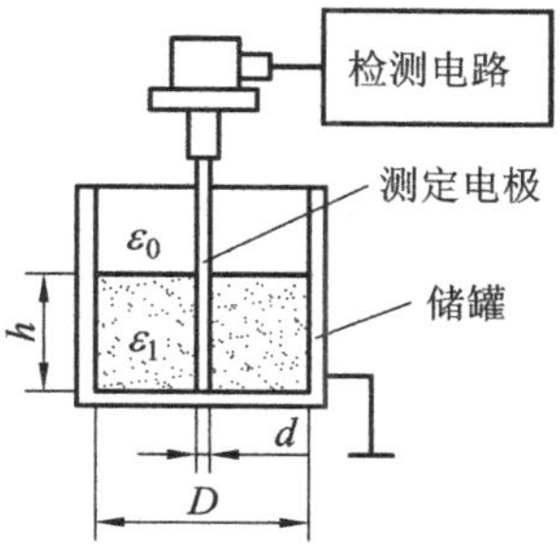

图 7-24　电容式料位传感器的测量原理图

由(7-27)式可以看出，两种介质的介电常数差别越大、D 与 d 相差越小，传感器的灵敏度越高。

电容式料位传感器在测量固体颗粒时，由于固体摩擦力大，容易“滞留”，产生虚假料

位，因此一般不使用双层电极，而是只用一根电极。另外，为了消除物料的温度、湿度、密度、杂质等导致介电常数变化而产生的测量误差，通常在容器底部引入一根辅助电极，它与主电极可同轴也可不同轴。装有辅助电极的电容式料位传感器测量示意图如图 7-25 所示。

图 7-25 中，设辅助电极长 l，它相对于料位为零时的电容变化量 C_1 为

$$C_1 = \frac{2\pi(\varepsilon - \varepsilon_0)}{\ln\left(\frac{D}{d}\right)} l \tag{7-28}$$

而主电极的电容变化量为 ΔC_h，式(7-27)与式(7-28)相比得

$$\frac{\Delta C_h}{C_1} = \frac{h}{l} \tag{7-29}$$

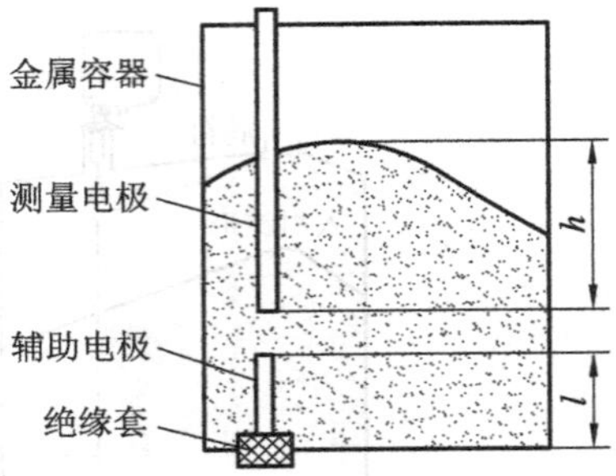

图 7-25 装有辅助电极的电容式料位传感器测量示意图

用此方法消除了介电常数的影响。由于 l 和 C_1 都是常数，因此主电极相对于辅助电极的电容变化取决于料位高低。

3. 核辐射式物位传感器

核辐射式传感器的测量原理见本书 6.2.3 节。在物位检测中主要由物料对 γ 射线的阻挡作用进行物位测量，因此也叫射线物位计。

1) 测量原理

核辐射物位传感器是由于不同被测介质对 γ 射线的吸收能力不同而制成的。一般固体吸收能力最强，液体次之，气体最差。其工作原理如图 7-26 所示。

图 7-26 中，γ 射线的放射源被封装在贮仓下侧的灌铅的钢保护罩内，设有能开闭的窗口，不用时闭锁，以免辐射危害，放射源主要有 Co^{60}（半衰期 5.26 年）和 Cs^{137}（半衰期 32.2 年）。上侧装有 γ 射线接收器，随着料面高度的变化，γ 射线穿过料层后的强度也不同，接收器检测出射入的 γ 射线强度并通过显示仪表显示出料位高度。

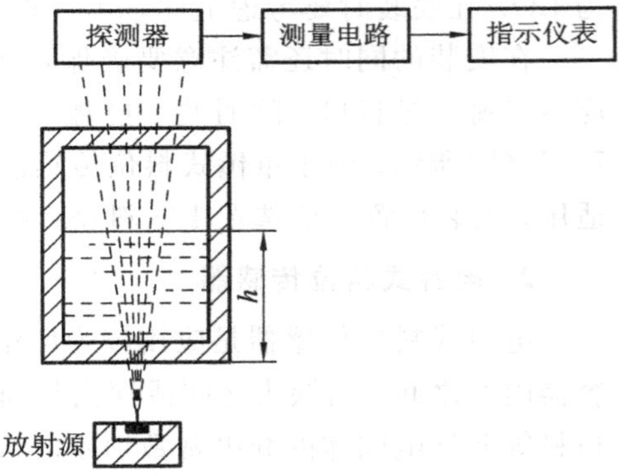

图 7-26 核辐射物位传感器原理图

当射线射入高度为 h 的介质时，会有一部分被介质吸收。透过介质的射线强度 I 与入射强度 I_0 之间有如下关系：

$$I = I_0 e^{-\mu h} \tag{7-30}$$

式中，μ 为吸收系数，条件固定时为常数。则

$$h = \frac{1}{\mu}(\ln I_0 - \ln I) \tag{7-31}$$

由式(7-31)可知，当 μ、I_0 一定时，被测介质高度与射线强度有关。

2) 主要特点

核辐射物位传感器的优点是放射源不与被测介质直接接触，属于非接触式测量；放射

源的辐射不受介质温度、压力等因素的影响；适用于高压、高温、低温等容器中的高黏度、强腐蚀性、易燃、易爆等介质的液位、介质的分界面、散料、块料等料位的测量。不足之处是射线对人体有危害，使用时必须采取严格的防护措施。

3）检测方法

核辐射物位传感器的检测方法有定点检测和自动跟踪检测两种。根据被测对象的实际要求，放射源可采取多种安装方式，以满足适应不同物位检测和控制的要求。图 7－27 给出几种核辐射式物位计的检测方式。如图 7－27(a)所示为自动跟踪方式，通过电机带动射线源和接收器沿导轨随物位变化而升降，射线源和接收器始终保持在同一高度，可以实现对物位的自动跟踪。如图 7－27(b)所示为在容器外部的相应位置上安装射线源与接收器，射线通过容器中的介质时被吸收，当物位变化时其衰减程度将发生变化，测得辐射强度可知物位。在测量变化范围大的物位时，可以采用射线源多点组合，如图 7－27(c)所示；或接收器多点组合，如图 7－27(d)所示；或二者并用的方式，如图 7－27(e)所示。这三种方式可以改善线性关系，但也增加了安装与维护的困难。

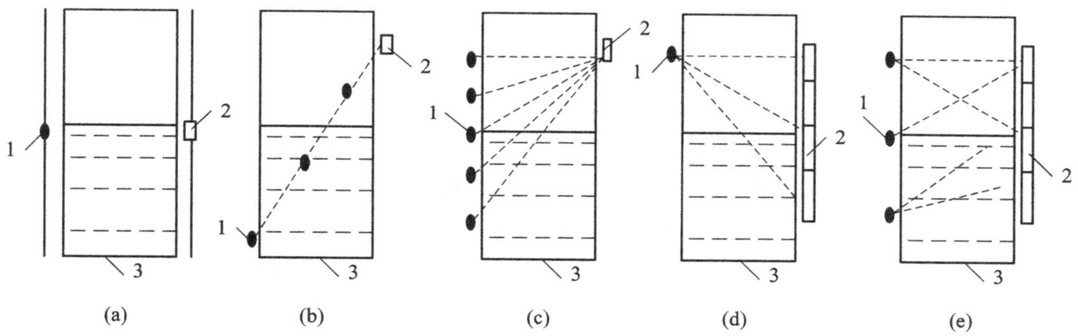

1—放射源；2—探测器；3—被测容器

图 7－27　几种核辐射式物位计的检测方式

7.2.3　相界面检测

相界面的检测包括液-液相界面、液-固相界面的检测。液-液相界面检测与液位检测相似，因此各种液位检测方法及液位传感器都可用来进行液-液相界面的检测，如压力式液位计、浮力式液位计和反射式激光液位计等；而液-固相界面的检测与料位检测相似，因此料位检测方法和料位传感器也同样可用于液-固相界面的检测控制，如重锤式料位计、称重式料位计、遮断激光式。在具体进行相界面检测时，虽然各种方法和物位传感器的原理与前面介绍的相同或相似，但仍需根据被测介质物理性质的差别和其他具体测量情况进行分析、选择或设计。

7.3　定点式物位传感器

定点式物位检测也称为开关式物位是检测物位是否超限(上、下限)或到达某一位置，并输出相应开关信号的一种物位开关，其主要有利用超声波、激光、微波的反射与对射形式进行检测或利用接近开关检测等。常见的物位开关及其特点如表 7－3 所示。

表 7-3　常见的物位开关及其特点

分类	示意图	与介质接触部分	分类	示意图	与介质接触部分
浮球式	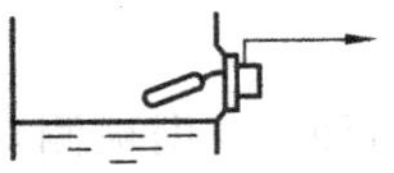	浮球	微波式	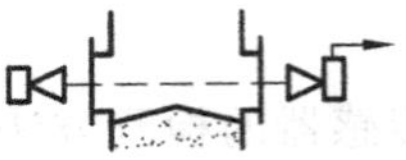	非接触
电导式	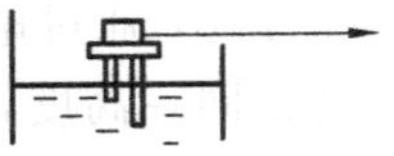	电极	核辐射式	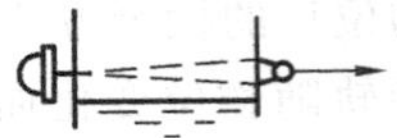	非接触
振动叉式	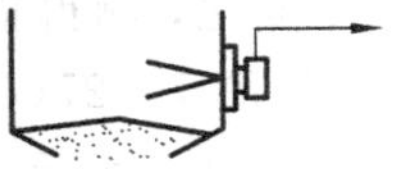	振动叉或杆	运动阻尼式	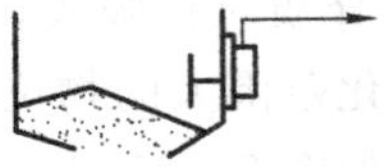	运动板

7.3.1　定点式液位检测

1. 电阻式液位传感器

由前节可知电阻式液位传感器既可进行定点液位控制，又可进行连续测量。所谓定点控制，是指在液位上升或下降到一定位置时，引起电路的接通或断开，触发报警器报警。电阻式液位传感器用于定点控制主要有电接点液位传感器和热电阻液位传感器。

电接点液位传感器是根据液体与其蒸汽之间导电特性(电阻值)的差异进行液位测量的。热电阻液位传感器是利用液体和蒸汽对热敏材料传热特性不同而引起热敏电阻变化的现象进行液位测量的。

1) 电接点液位传感器测量原理

由于密度和所含导电介质的数值不同，液体与其蒸汽在导电性能上往往存在较大的差别。电接点液位传感器就是利用这种差别实现液位检测的。

电接点液位传感器如图 7-28 所示。

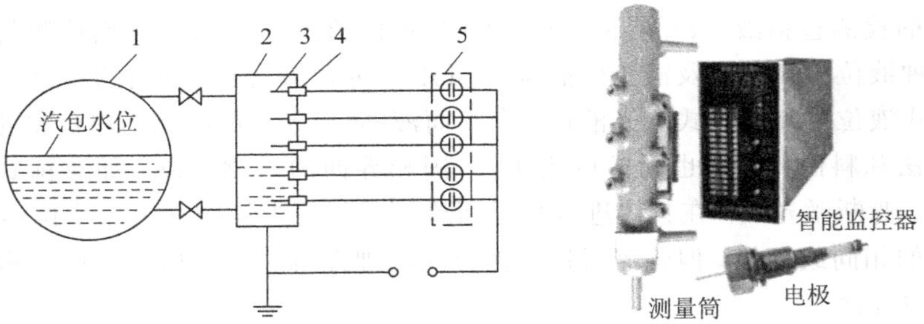

(a) 测量原理　　(b) 外形

1—汽包；2—测量筒；3—电极；4—绝缘套；5—指示灯

图 7-28　电接点液位传感器

图 7-28(a)中，为了便于测点的布置，被测的液位通常由金属测量筒引出，电接点安装在测量筒上。电接点由两个电极组成，一个电极裸露在测量筒中，它和测量筒的壁面用

绝缘子隔开；另一个电极为所有电接点的公共接地极，它与测量筒的壁面接通。由于液体的电阻率较低，浸没在其中的电接点的两电极被导通，相应的显示灯亮；而暴露在蒸汽中的电接点因蒸汽的电阻率很大而不能导通，相应的显示灯暗。因此，液体的高低决定了亮灯数目的多少。将电接点是否浸没在液体中对应的电阻“通—断”开关信号转换为“高—低”电位信号，从而实现数字显示或远传。其外形如图 7-28(b)所示。

由工作原理可知，电接点液位传感器无法准确指示位于两相邻电接点之间的液位，存在测量信号不连续的问题，也称为测量的固有误差，是该传感器的不灵敏区。这种误差的大小取决于电接点的安装距离。

用电接点液位传感器测量锅炉汽包水位时，除了上述问题外，测量筒内水柱的温降会造成筒内水位汽包重力水位的偏差，因而应该对测量筒采取保温措施。

2）热电阻液位传感器测量原理

热电阻液位传感器利用金属丝与液、蒸汽之间传热系数的差异及其电阻值随温度变化的特点进行液位测量。热电阻液位传感器的测量原理图如图 7-29 所示。

图 7-29 中，通以恒定电流的热丝在是否浸没在液体中，其热丝的电阻值会发生变化。因为在一般情况下，液体的传热系数要比其蒸汽的传热系数高 1～2 个数量级。对于通以恒定电流的热丝而言，其在液体和蒸汽环境中所受到冷却效果是不同的，浸没于液体时的温度要比暴露于蒸汽的温度要低。若热丝的电阻值是温度的敏感函数，那么传热条件变化导致的热丝温度的变化将引起热丝电阻值的变化。所以，通过测定热丝的电阻值的变化可以判断液位的高低。

利用热丝作为液位敏感元件，可制成定点式电阻液位传感器，如图 7-30 所示。

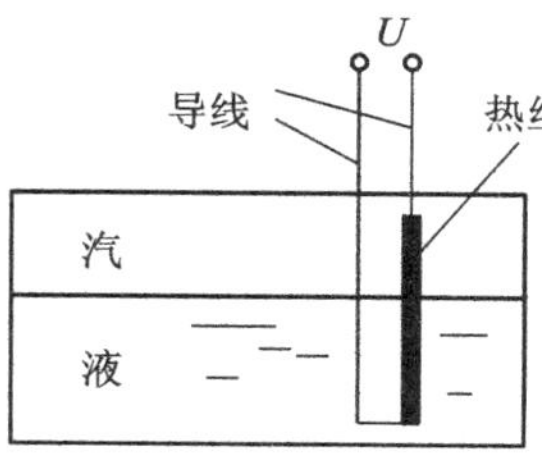

图 7-29　热电阻液位传感器的测量原理

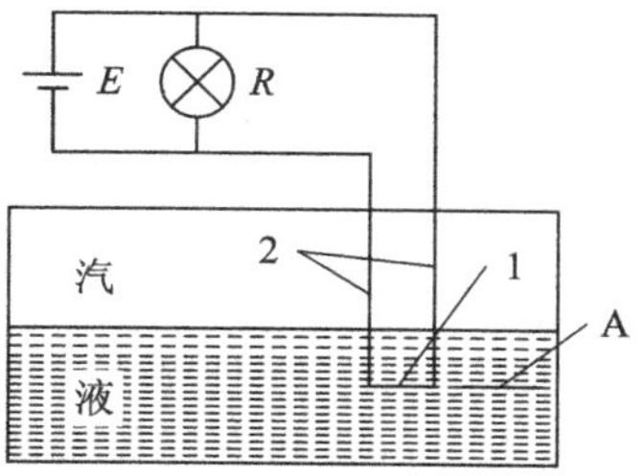

1—热丝；2—导线；A—预定液位

图 7-30　定点式热电阻液位传感器的工作原理

图 7-30 中，定点式热电阻液位传感器的热丝安装在 A(预定液位)处。若液体升高浸没热丝或降低离开热丝，则热丝的电阻值将发生跳变，发出报警信号，由此实现定点液位的检测。

2. 电感式液位传感器

电感式液位传感器利用电磁感应现象，液位变化引起线圈电感变化，感应电流也发生变化。电感式传感器的基本原理、结构和特性见本书第 4 章。电感式液位传感器主要进行液位定点控制。

1）测量原理

电感式液位传感器由不导磁的管子、导磁性浮子及线圈组成。其结构如图 7-31 所示。

图 7－31 中，管子与被测容器相连通，管子内的导磁性浮子浮在液面上，并跟随液面移动。线圈固定在液体上下限控制点，当浮子随液体移动到控制位置时，引起线圈感应电动势变化，以此信号控制继电器动作，触发上下限报警。

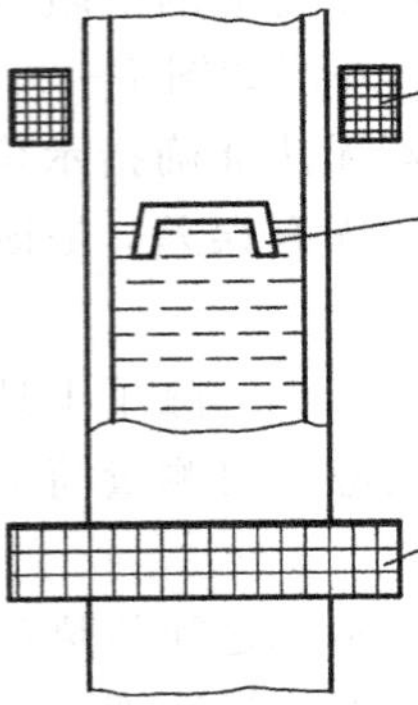

图 7－31　电感式液位传感器的结构

2）主要特点

电感式液位计的浮子与介质接触，因此不宜测量易结垢、腐蚀性强的液体及高黏度浆液。

3. 光纤液位传感器

光纤传感器进行液位检测可充分发挥光纤的无源特性，对被测对象无任何影响，且不受电磁干扰的影响；利用光纤的耐高温、耐高压、抗腐蚀特性，可使其在有毒、核辐射等恶劣环境下应用。光纤液位检测适用于原油、成品油、液化石油气和其他液态介质的液位检测，可对石油、化工等部门及其附属设施的各种容器中的液位进行高精度的连续自动检测，也可用于水电站、水库、江河、湖泊等水域的水位检测。光纤液位传感器又称为光纤液位计。

1）测量原理

光纤传感器的工作原理见本书第 3 章。光纤液位计是基于光纤传输技术而制成的液位传感器，主要有浮沉式和全反射型两种。

浮沉式光纤液位计是一种复合型液位测量仪表，由普通的浮沉式液位传感器和光信号系统组成。浮沉式光纤液位计的工作原理如图 7－32 所示。

图 7－32 中，浮沉式光纤液位计主要由机械转换、光纤光路和电子电路三大部分构成。其中，图 7－32(a)为机械转换部分，由浮子、重锤、钢索和计数齿轮组成。当液位上升时，浮子上升而重锤下降，经钢索带动计数齿轮顺时针方向转动相应齿数；反之，液位下降，则计数齿轮逆时针转动相应齿数。通常液位高度变化一个单位，齿轮转过一个齿。图 7－32(b)为光纤光路部分和电子电路部分。光纤光路部分由光源、光纤、等强度分束器、两组光纤光路和两个光电检测单元组成。两组光纤分别安装在齿盘的上下两边，每当齿轮转过一个齿，上下光纤光路就被切断一次，各自产生一个相应的光脉冲。由于两组光纤光路的光脉冲信号在时间上有一个很小的相位差，这样就可辨别齿轮的旋转方向；电子电路部分由光电转换及放大电路、逻辑控制电路、可逆计数器及显示电路等组成，主要完成将光脉冲信号转换成电脉冲信号并放大和对两路信号的辨别、显示计数结果等。

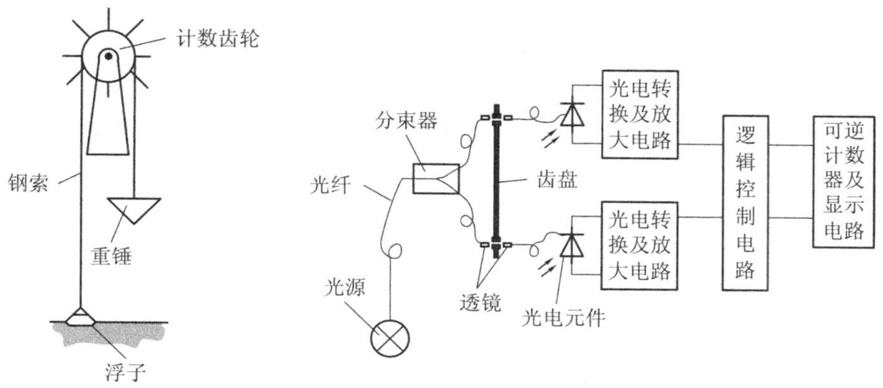

(a) 机械转换　　(b) 光纤光路和电子电路

图 7-32　浮沉式光纤液位计工作原理图

因此，浮沉式光纤液位计的工作原理是在力平衡机构的作用下，浮球把感测到的液位变化量，通过钢丝绳传递给测量装置内的磁耦合器，在磁耦合器的作用下使隔离的光纤传感器感受到位移的变化量，并通过光纤送出光信号给光电变换器变换成电信号，再送给显示器显示所测到的液位。

全反射型光纤液位计是基于全内反射原理研制的液位传感器，由液位敏感元件、传输光信号的光纤、光源和光电检测单元组成。其结构原理如图 7-33 所示。

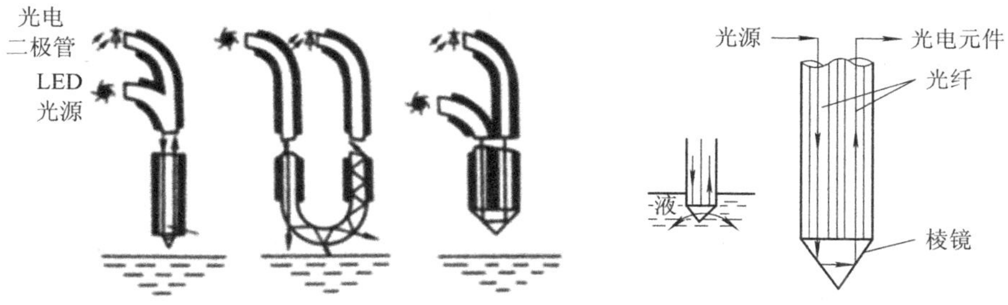

(a) Y型　(b) U型　(c) 棱镜　(d) 棱镜耦合结构

图 7-33　全反射型光纤液位计

图 7-33(a)、(b)、(c)为全反射型光纤液位计的三种结构形式。它们的结构特点是在光纤测头端有一个圆锥体反射器。

由图 7-33(d)可以看出，全反射型光纤液位计的传输光信号的光纤有两根，一根光纤与光源耦合，称为发射光纤；另一个光纤与光电元件耦合，称为接收光纤。两根光纤的另一端烧结棱镜作为液位敏感元件。

全反射型光纤液位计的工作原理是当光源发射出来的光送到敏感元件，在敏感元件的面上，有一部分光透过，而其余的光被反射回来，被光电检测单元检测到，透过分析反射回来的光强来实现检测。反射光量决定于敏感元件玻璃的折射率和被测介质的折射率，被测介质的折射率越大，反射光量越小，采用各种光纤/棱镜折射率变化传感器的各种液体的输出量如表 7-4 所示。当棱镜处于空气中时，光线全反射；当棱镜处于液体中时，光透射量增大，反射量减少。因此可以判断出敏感元件是否与液体接触。全反射型光纤液位计是一个定点式液位传感器，主要应用于液位的测量与报警和不同折射率介质的分界面的测定，但不适合于对敏感元件材料(玻璃)黏附性的液体。

表 7-4　采用各种光纤/棱镜折射率变化传感器的各种液体的输出量

介　质	相对输出量
空气	1.00
水	0.11
异丙醇	0.06
汽油	0.03
牛奶	0.20

2) 主要特点

光纤液位计可用于易燃、易爆物等设施中；由于敏感元件尺寸小，可用于检测微量液体；检测响应时间短、精度高、抗干扰能力强；具有抗化学腐蚀性能力；能检测两种(油、水等)液位界面等。

7.3.2　定点式料位检测

1. 微波物位传感器

1) 微波的基本知识

微波是指波长为 1 m～1 mm(相应的频率约为 300 MHz～300 GHz)的电磁波，它既有电磁波的性质，又不同于普通无线电波和光波。相对于波长较长的电磁波，微波具有下列特点：

(1) 发射方向性强，定向性好；

(2) 遇到各种障碍物易于反射；

(3) 绕射能力差；

(4) 传输特性好，在传输过程中受烟雾、火焰、灰尘、强光等影响很小；

(5) 介质对微波的吸收与介质介电常数成正比，水对微波的吸收作用最强。

2) 微波传感器测量原理

微波传感器是利用微波特性来检测某些物理量的器件或装置。它是近几年发展起来的新型的传感器，具有非接触、环境适应能力强、测量准确度高的特点，在石油、化工、水泥等行业中，主要用于材料的无损检测和物位检测，在地质勘探的断层扫描方面也有独到应用。

微波传感器主要由微波振荡器和微波天线组成。其中，微波振荡器是产生微波的装置，由于微波波长很短，而频率又很高，构成微波振荡器的器件有速调管、磁控管等；微波天线是用来发射和接收微波的装置，为了使发射的微波具有尖锐的方向性，天线需具有特殊的结构，常用的微波天线如喇叭形天线、抛物面天线，如图 7-34 所示。

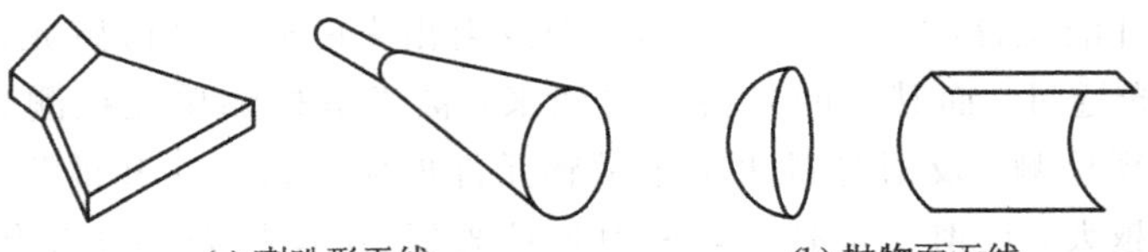

(a) 喇叭形天线　　(b) 抛物面天线

图 7-34　常用微波天线

图 7－34 中，喇叭形天线结构简单，制造方便，它可以被看做是波导管的延续。喇叭形天线在波导管与敞开的空间之间起匹配作用，可以获得最大能量输出；抛物面天线好像凹面镜产生平行光，因此使微波发射的方向性得到改善。

微波传感器的检测原理是先由微波振荡器产生振荡信号，并通过波导管(管长 10 cm 以上，可用同轴电缆)进行传输，由微波发射天线将微波向被测对象发射出去；当微波遇被测对象后部分被吸收，部分被反射回来形成回波，再由微波接收天线接收；接收器接收到通过被测物或由被测物反射回来的微波，并将它转换为电信号，再经过信号调理电路后，即可显示出被测量，从而实现微波检测过程。根据上述原理，微波传感器的检测方式可分为反射式和遮断式两类。

3）微波物位检测方式

(1) 反射式微波物位检测。反射式微波检测是通过检测被测物反射回来的微波功率或经过的时间间隔来测量被测物的位置、位移、厚度等参数。反射式微波液位的原理示意图如图 7－35 所示。

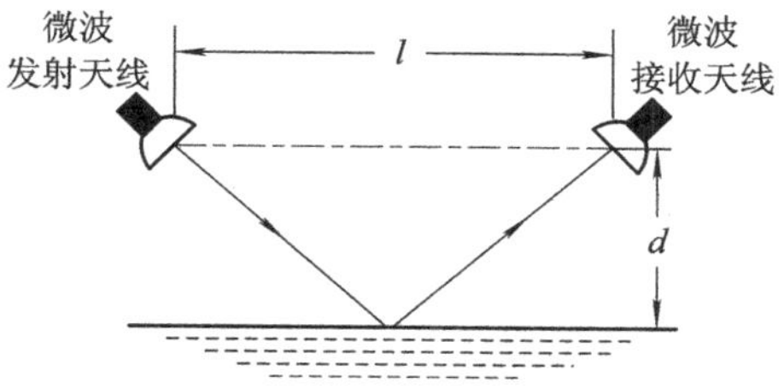

图 7－35　反射式微波液位检测原理示意图

图 7－35 中，相距为 l 的发射天线与接收天线，相互成一定角度。波长为 λ 的微波从被测液面反射后进入接收天线。接收天线接收到的微波功率将随着被测液面的高度不同而不同。接收天线接收到的功率为

$$P_0 = \left(\frac{\lambda}{4\pi}\right)^2 \frac{P_t G_t T_0}{l^2 + 4d^2} \tag{7-32}$$

式中，P_t 为发射天线的发射功率；G_t 为发射天线的增益；G_0 为接收天线的增益；d 为两天线与被测表面间的垂直距离。

当发射功率、波长、增益均恒定时，上式可以改写为

$$P_0 = \left(\frac{\lambda}{4\pi}\right)^2 \frac{P_t G_t T_0}{l^2 + 4d^2} \frac{1}{\frac{l^2}{4} + d^2} = \frac{K_1}{K_2 + d^2} \tag{7-33}$$

式中，K_1 为取决于发射功率、天线增益与波长的常数；K_2 为取决于天线安装方法和安装距离的常数。

由式(7－33)可知，只要测到接收功率 P_0，就可得到被测液面的高度。

(2) 遮断式微波物位检测。遮断式微波物位检测是通过检测接收天线接收到的微波功率的大小，来判断反射天线与接收天线之间有无被测物或被测物的位置与含水量等参数。遮断式微波物位检测的原理示意图如图 7－36 所示。

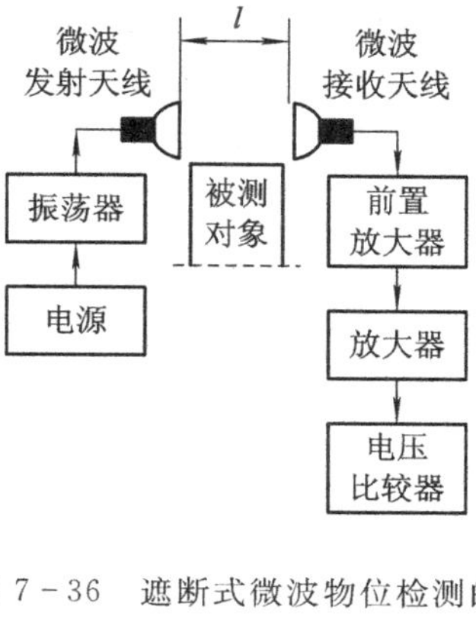

图 7－36　遮断式微波物位检测的原理示意图

图 7－36 中，当被测物体位置较低时，发射天线发出的微波束全部由接收天线接收，经过检波、放大与设定电压比较后，发出物位正常的信号。当

被测物升高到天线所在高度时，微波束部分被物体吸收，部分被反射，接收天线接收到的微波功率相应减弱，经检波、放大与设定电压比较，低于设定电压值时，微波物位开关就发出被测物体位置高出设定位置的信号。

4）微波物位传感器

利用微波来检测物位是近年来发展较快的一种物位检测技术。它由雷达(Radar)技术演化而来，所以相应仪表又称为雷达物位计。

雷达物位计一般由变送器和转换器两部分组成。其中，变送器部分由电子部件(包括微波发生器、发射器、接收器、放大器等)、波导连接器、天线及安装部件组成；转换器部分由信号处理计算机、显示器及电源等组成。

雷达物位计按测量方式可分为天线式和波导式。

天线式是通过天线发射与接收微波，属于非接触测量方式。其外形如图 7－37(a)～(c)所示。

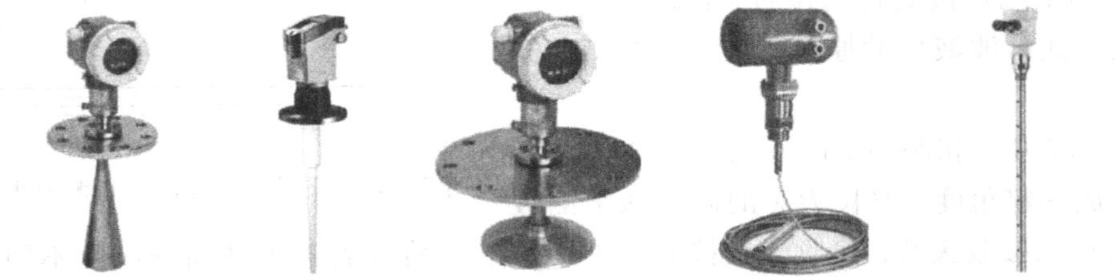

(a) 锥形喇叭　(b) 绝缘棒式　(c) 抛物面式　(d) 缆式导波杆　(e) 杆式导波杆

图 7－37　雷达物位计的外形

波导式与天线式微波物位传感器不同是在于微波不是通过空间传播，而是通过一根(或两根)从罐顶伸入、直达罐底的波导杆传播，所以波导式属于接触式测量方式。传感器带有的导波杆有缆式、杆式或同轴等形式，其外形如图 7－37(d)、(e)所示。波导式微波物位传感器在工作时，微波沿导波杆向下传播，在碰到被测物时反射，并被接收，根据微波的行程时间即可测出物位。此方式常用于介电常数较低的介质，如液化气、轻质汽油等。

5）雷达物位计特点

雷达物位计的特点是可实现非接触测量，适用于高黏度、腐蚀性或有度等特殊介质，测量部分无位移、无传动部件、工作可靠，检测速度快、灵敏度高、适应环境能力强，便于动态检测，并且可在高温、高压、有毒、有放射线等恶劣环境条件下检测。

6）雷达物位计的安装注意事项

由于雷达物位计能否正确测量，完全依赖于反射波的信号。所以，合理选择安装位置将十分重要，在安装时应注意以下几点：

(1) 雷达物位计天线的轴线应与被测物位的反射表面垂直，如图 7－38(a)所示。

(2) 槽内的搅拌阀、槽壁的黏附物和阶梯等物体，如果在微波物位传感器的信号范围内，会产生干扰的反射波，影响测量。在安装时要选择合适的安装位置，以避免这些因素的干扰，如图 7－38(b)所示。

(3) 喇叭形天线的喇叭口要超过安装孔的内表面一定的距离(＞10 mm)。棒式的天线要伸出安装孔，安装孔的长度不能超过 100 mm，如图 7－38(c)所示。对于圆形或椭圆形的容器，应装在离中心为 1/2 容器半径的位置，如图 7－38(a)所示，不可装在圆形或椭圆形的容器顶的中心处，否则雷达波在容器壁的多重反射后，汇集于容器顶的中心处，形成很强的干扰波，会影响准确测量。

(4) 对液位波动较大的容器的液位测量，可采用附带旁通管的液位计，以减少液位波动的影响，如图 7－38(d)所示。

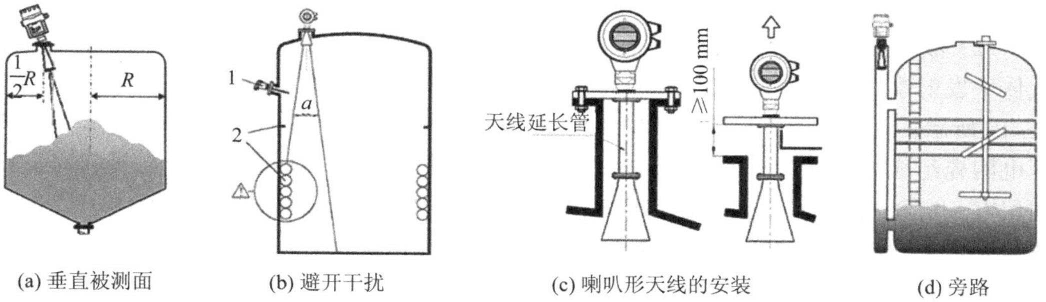

1—限位开关；2—挡板；3—加热管

图 7－38 微波物位传感器的安装

2. 超声波定点物位传感器

超声波物位传感器是向液面或粉体表面发射一束超声波，通过是否接收到反射波，来确定物位是否到达物位传感器的安装高度，并输出相应的开关信号，这种传感器也称为超声波物位开关。超声波物位开关广泛应用于化工、石油、食品及医药等领域，特别适合检测高黏度液体和粉状体的物位。

1) 测量原理

定点式物位开关用来检测被测物位是否达到预定高度(通常是安装检测探头的位置)，并发出相应的开关信号。根据不同的工作原理及换能器结构，超声波定点物位开关可以分别用来测量液位、固体料位、固-液分界面、液-液分界面以及检测液体的有无。超声波定点物位开关有声阻式、液介穿透式和气介穿透式三种。

(1) 声阻式液位开关。声阻式液位开关利用气体和液体对超声振动的阻尼有显著差别这一特性来判断测量对象是液体还是气体，从而测定是否到达检测探头的安装高度。其原理示意图如图 7－39 所示。

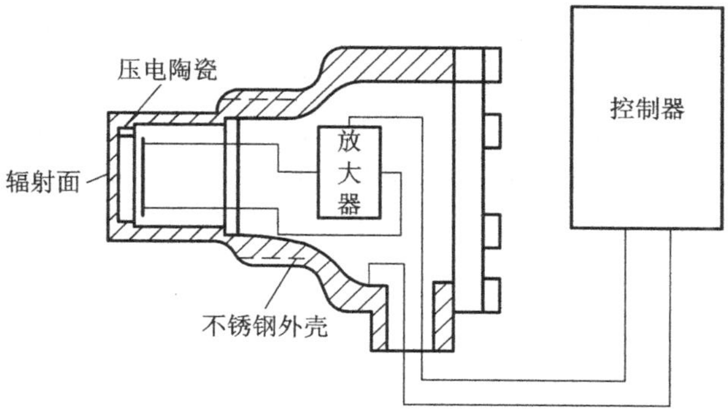

图 7－39 声阻式液位开关原理示意图

声阻式液位开关结构简单，使用方便。换能器上有螺纹，使用时可从容器顶部将换能器安装在预定高度即可。它适用于化工、石油和食品等工业中的各种液面测量，也用于检测管道中有无液体存在，重复性可达 1 mm。但这种物位开关不适用于黏滞液体，因有部分液体黏附在换能器上，不随液面下降而消失，因而容易误动作。同时也不适用于溶有气体的液体。避免气泡附在换能器上使辐射面上形成一层空气隙，减小了液体对换能器的阻尼，并导致误动作。

(2) 液介穿透式超声液位开关。液介穿透式超声液位开关是利用超声换能器在液体和气体中发射系数的显著差别来判断被测液面是否到达换能器安装高度。其原理示意图如图 7-40 所示。液介穿透式超声波液位开关由相隔一定距离平行放置的发射压电陶瓷与接收压电陶瓷组成。它被封装在不锈钢外壳中或用环氧树脂铸成一体，在发射与接收陶瓷片之间留有一定间隙(12 mm)。控制器内有放大器及继电器驱动线路，发射压电体和接收压电体分别被接到放大器的输出端和输入端。当间隙内充满液体时，由于固体与液体的声阻抗率接近，超声波穿透时界面损耗较小，从发射到接收，使放大器由于声反馈而连续振荡。当间隙内是气体时，由于固体与气体声阻抗率差别极大，在固-气分界面上声波穿透时的衰减极大，所以声反馈中断，振荡停止。可根据放大器振荡与否来判断换能器间隙是空气还是液体，从而判断液面是否到达预定高度，继电器发出相应信号。该液位计结构简单，不受被测介质物理性质的影响，工作安全可靠。

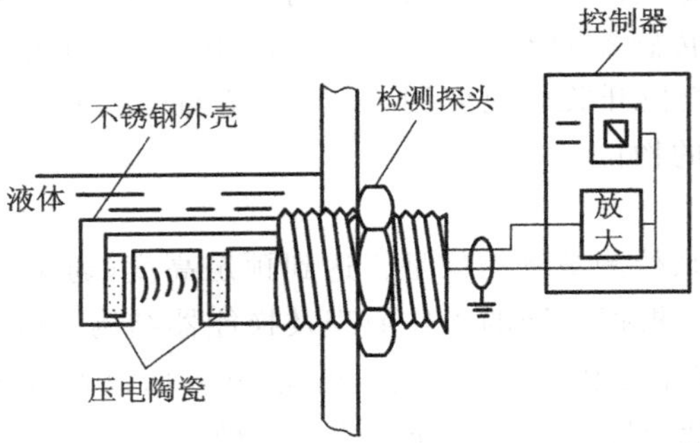

图 7-40　液介穿透式超声波液位开关原理示意图

(3) 气介穿透式超声物位开关。发射换能器中压电陶瓷和放大器接成正反馈振荡回路，振荡在发射换能器的谐振频率上。接收换能器同发射换能器采用相同的结构。使用时，将两换能器相对安装在预定高度的一条直线上，使其声路保持畅通。当被测料位升高遮断声路时，接收换能器接收不到超声波，控制器内继电器动作，发出相应的控制信号。

由于超声波在空气中传播，故频率选择得较低(20～40 kHz)。这种物位开关适用于粉状、颗粒状、块状或其他固体料位的极限位置检测。其结构简单，安全可靠，不受被测介质物理性质的影响，适用范围广，可用于密度小、介电率小，其他物位计难以测量的塑料粉末、羽兽毛等的物位测量。

2) 主要特点

(1) 能定点检测物位，并提供遥控信号；

(2) 无机械可动部分，安装维修方便，换能器压电体振动振幅很小，寿命长；

(3) 能实现非接触测量，适用于有毒、高黏度及密封容器内的液位测量；

(4) 能实现安全火花型防爆；

(5) 由于换能器不耐高温，不能用于高温介质的测量；

(6) 存在测量盲区。

3) 安装注意事项

超声波物位开关在安装时需注意：① 选择合适的安装位置；② 安装高度应保证换能器表面与最高物位之间的距离大于盲区；③ 尽可能使换能器的声波发射方向与被测介质表面垂直；④ 室外安装应加装防护罩；⑤ 物位开关一般横向水平安装，位置在需要定点测量处；⑥ 被测液面波动较大，或有阻挡声波的物体时，可向容器内加入波导管；⑦ 注意液体表面的悬浮物及气泡对测量的影响。

3. 音叉式物位传感器

音叉式物位传感器是一种新型的料位开关，它利用声振动法进行料位定点控制，常被称为音叉式物位计或者音叉式料位控制器。

1) 测量原理

音叉式物位计的结构及测量原理如图 7-41 所示。

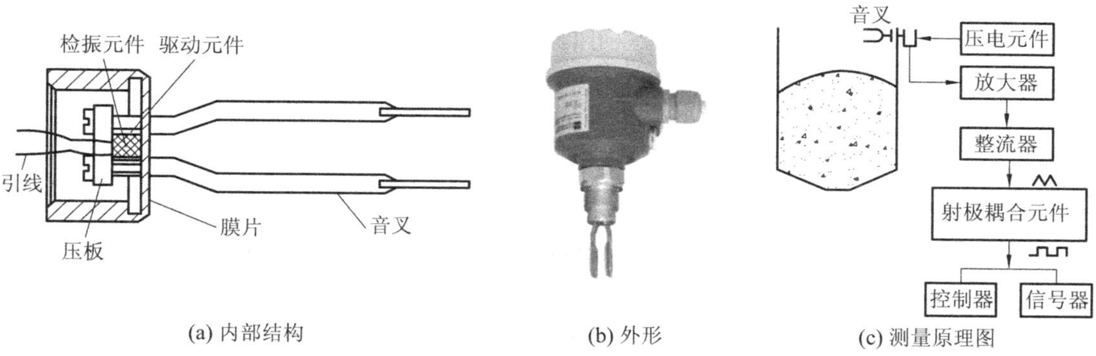

图 7-41　音叉式物位计

图 7-41(a)中，音叉式物位计由音叉、压电元件及电子电路等组成。其工作原理是在音叉式物位计的音叉底座，通过压电元件激励产生机械振动驱动音叉，并由另外一压电元件接受该振动信号，使振动信号循环，使音叉产生具有一定的频率和振幅的共振。其外形如图 7-41(b)所示。当物料与音叉接触时，振动信号逐渐变小，直到停止共振，控制电路会输出电气接点信号。由于音叉感度由前端向压板依次减弱，所以当桶槽内物料与桶周围向上堆积，触及音叉底座或在排料时，均不会产生错误信号。

2) 主要特点

音叉式物位传感器具有使用寿命长、性能稳定、安全可靠等优点，以及适应性强(被测介质不同的电参数、密度对测量均不产生影响)、不需调校(无论测量何种介质都不需要现场调校)和免于维护等特点，广泛应用于冶金、建材、化工、轻工、粮食等行业中物位的过程控制。

由于音叉式物位传感器灵敏度高，从密度很小的微小粉体到颗粒体一般都能测量，且不受泡沫、涡流、气体的影响，适用于各种料仓固体物料料位以及各种容器内液位的定点报警或控制。其中，固体物料：能自由流动的中等密度的固体粉末或颗粒，如粉煤灰、水泥、沙子，石粉、塑料颗粒、盐、糖等；液体介质：具有爆炸性和非爆炸性危险的液体，腐蚀性液体(酸、碱)高黏度液体水、酸、碱、泥浆、纸浆、染料、油类、牛奶、酒类、饮料等。

3）安装注意事项

测固体物料时，为了防止物料冲击叉股，在叉股上方应安装防护罩或设防护板。用风压送料时，应在叉股外加装一个防护管，并在护管前端的下部开一个 180°的沟槽，以便叉股前端露出。侧装时，应使出线口向下。室外安装时，应采取遮挡措施，防止变送器雨淋或暴晒。当料仓或容器壁温度过高时，仪表法兰与容器法兰之间应加隔热板或采用分体式安装方式。其安装示意图如图 7－42 所示。

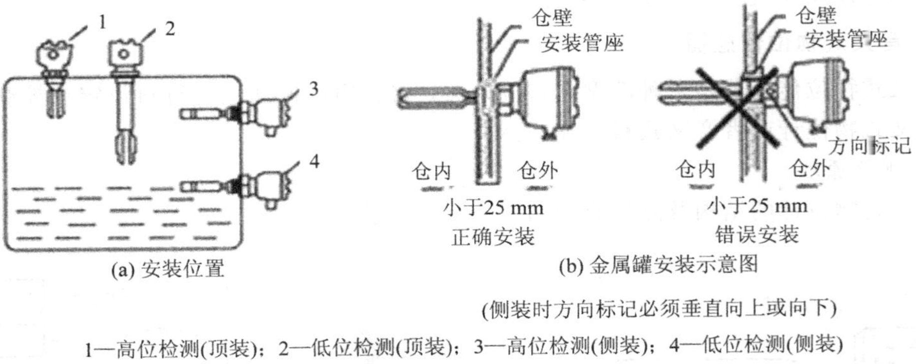

图 7－42　音叉式物位传感器安装示意图

4. 阻旋式料位传感器

阻旋式料位传感器是用于固态物料(包括粉状、块状、粒状、胶状等)的物位控制器，也称为阻旋式料位开关。它具有密封性好、过载能力强、轻便易装、输出触点容量大等特点。针对不同比重的物料，开关可通过调弹簧的拉力来实现，其接触物料部分全为不锈钢材料。阻旋式料位开关在化工、塑料、水泥、制药、饲料、食品等行业得到了广泛的应用。

1）测量原理

阻旋式料位开关的外形及安装示意图如图 7－43 所示。在工作时，永磁电机带动叶片旋转，当被测介质上升至叶片位置时，叶片转动受阻，该阻力通过传动轴传递到接线盒内的检测装置，检测装置则向外输出一个开关信号，并切断电机电源使叶片停止转动。当被测介质下降离开叶片时，叶片在弹簧的作用下恢复原位继续转动。弹簧的拉力可根据所测介质的比重进行调整，物料比重大时弹簧调整到最强，反之调至最弱。

2）安装注意事项

阻旋式料位开关的安装示意图如图 7－43(b)所示。首先阻旋料位开关应避免安装在进料口正下方，当无法避免时可加装防护挡板，以保护叶片不受物料冲击造成误动作；在安装前确认水平安装还是垂直安装，若水平安装，则注意叶片与水平向下呈 10°～20°的夹角，以减少物料的冲击；在测量黏度较大的粉体时，应从容器的上部向下垂直安装或从侧壁部斜向插入安装；探头使用温度超过 120℃时，由于压电元件寿命缩短，所以应定期检查开关动作是否正常。

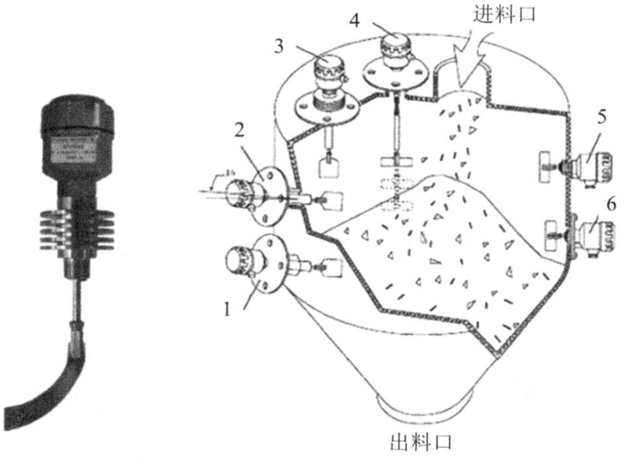

(a) 外形　　(b) 安装示意图

1、6—下限位置(法兰水平安装)；2、5—上限位置(2—法兰倾斜安装、5—螺旋水平安装)；
3、4—垂直安装(3—高温型、4—连轴加长型)

图 7-43　阻旋式料位开关外形及安装示意图

7.4　接近开关与物位检测

接近传感器是一种具有感知物体接近能力的器件。它利用传感器对接近的物体具有敏感特性来识别物体的接近，并输出相应的开关信号。通常把接近传感器又称为接近开关或无触点行程开关。常见的接近开关有电容式、涡流式、霍尔式、光电式、热释电式、多普勒式、电磁感应式及微波式、超声波式等。

7.4.1　接近开关概述

接近开关一般作为位置检测使用。它被广泛使用于在生产、生活的各个方面，如：宾馆、饭店、车库的自动门和自动热风机启停控制；在资料档案、财会、金融、博物馆、金库等重地的安全防盗中，由各种接近开关组成的防盗装置；在检测技术中长度、位置等参数的测量；在控制技术中位移、速度、加速度的检测和控制等。

1. 接近开关的特点、型号说明及结构外形

与机械开关相比，接近开关具有如下特点：① 非接触检测，不影响被测物的运行工况；② 不产生机械磨损和疲劳损伤，工作寿命长；③ 响应快，一般响应时间可达几毫秒或十几毫秒；④ 采用全密封结构，防潮、防尘性能较好，工作可靠性强；⑤ 无触点、无火花、无噪声，所以适用于要求防爆的场合(防爆型)；⑥ 输出信号大，易于与计算机或 PLC 等接口；⑦ 体积小，安装、调整方便。它的缺点是“触点”容量较小，输出短路时易烧毁。

常用接近开关的型号说明如图 7-44 所示。

常见接近开关的结构形式如图 7-45 所示。

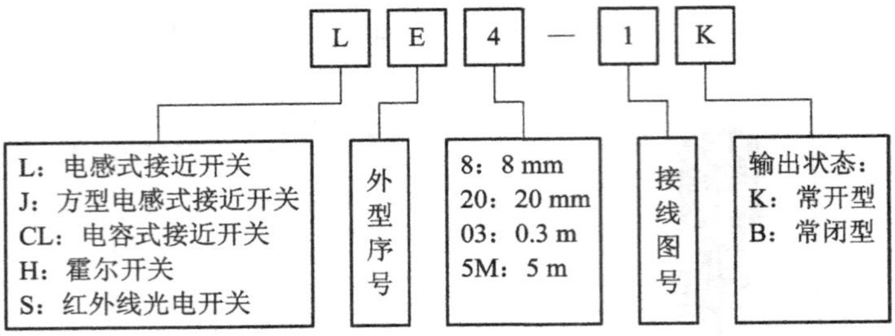

图 7 - 44　常用接近开关的型号说明

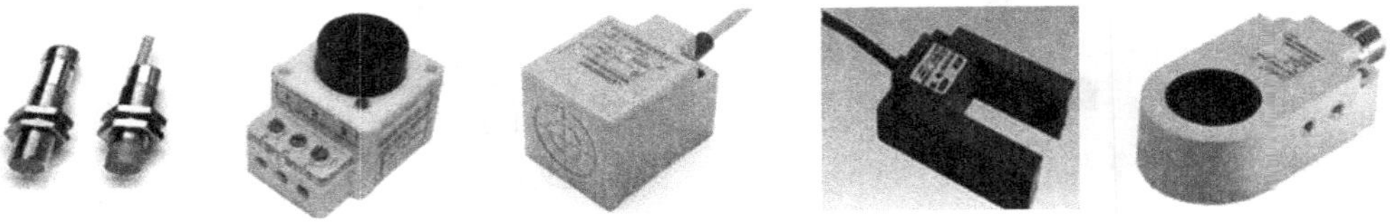

(a) 圆柱形　(b) 平面安装形　(c) 方形　(d) 槽形　(e) 贯穿形

图 7 - 45　常用接近开关的结构形式

2. 接近开关与无触点行程开关的区别

(1) 接近开关能在一定的距离(几毫米至几十毫米)内检测有无物体靠近。

(2) 当物体与其接近到设定距离时，就可以发出“动作”信号，不需要施加机械力。

(3) 接近开关给出的是开关信号(高电平或低电平)，多数接近开关具有较大的负载能力，能直接驱动中间继电器。

(4) 接近开关的核心部分是探头，它对正在接近的物体有很高的感辨能力。

(5) 多数接近开关已将探头和测量转换电路做在同一壳体内，壳体上多带有螺纹或安装孔，以便于安装和调整。

(6) 接近开关的应用已远超出行程开关的行程控制和限位保护范畴。它可以用于高速计数、测速，确定金属物体的存在和位置，测量物位，用于人体保护和防盗以及无触点按钮等。

(7) 即使仅用于一般的行程控制，接近开关的定位精度、操作频率、使用寿命、安装调整的方便性和耐磨性、耐腐蚀性等也是一般机械式行程开关所不能相比的。

3. 接近开关主要性能指标

接近开关主要性能指标示意图如图 7 - 46 所示。

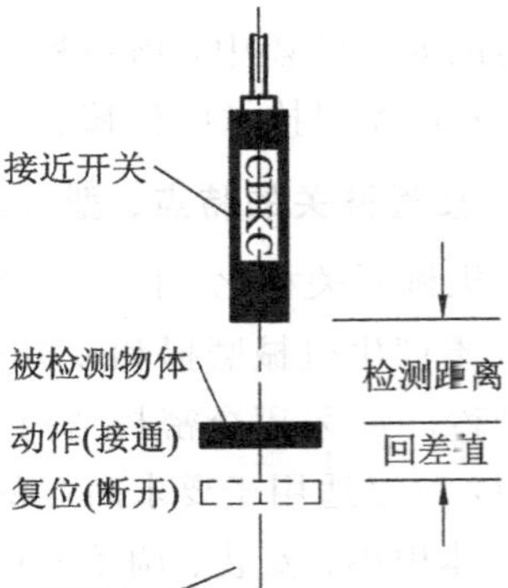

图 7 - 46　接近开关主要性能指标示意图

(1) 动作距离：当被测物由正面靠近接近开关的感应面时，使接近开关动作(输出状态变为有效状态)的最小距离 x_{min}(mm)。

(2) 复位距离：当被测物由正面离开接近开关的感应面，接近开关转为复位时，被测物离开感应面的最远距离 x_{max}(mm)。

(3) 动作滞差：指动作距离与复位距离之差的

绝对值。动作滞差越大，对抗被测物抖动等造成的机械振动干扰的能力越强，但动作准确度就越差。

(4) 额定工作距离：额定工作距离指接近开关在实际使用中被设定的安装距离。在此距离内，接近开关不应受温度变化、电源波动等外界干扰而产生误动作。额定工作距离应小于动作距离，但是若设置得太小，则有可能无法复位。实际应用中，考虑到各方面环境因素干扰的影响，较为可靠的额定工作距离约为动作距离的 75%。

(5) 重复定位准确度(重复性)：表征多次测量的最大动作距离平均值。其数值的离散性大小一般为最大动作距离的 1%～5%。离散性越小，重复定位准确度越高。

(6) 动作频率：每秒连续不断地进入接近开关的动作距离后又离开的被测物个数或次数。如果接近开关的动作频率太低而被测物又运动得太快，接近开关就来不及响应物体的运动状态，有可能造成漏检。

4. 接近开关的接线与安装方式

接近开关的负载可以是信号灯、继电器线圈或可编程控制器 PLC 的数字量输入模块。接近开关典型的 NPN 型输出的三线制接线方式如图 7-47 所示。引线的颜色：棕色为正电源(18～35 V)；蓝色接地(电源负极)；黑色为输出端。由于更多的接近开关输出级采用 OC 门，所以就有 NPN、PNP 型，还有常开、常闭之分(NPN 型常开：NPN 接通时黑色线输出为 0 V，当开关动作关闭时黑色和蓝色两线接通，黑色和蓝色两线电压为电源负极)。三线制中，两线接电源，黑色线应接负载。负载的另一端对于 NPN 型接近开关，应接到电源正端；对于 PNP 型接近开关，则应接到电源地端。

接近开关的安装方式主要有齐平式安装(也称为埋入式安装)和非齐平式安装(也称为非埋入式安装)，如图 7-48 所示。

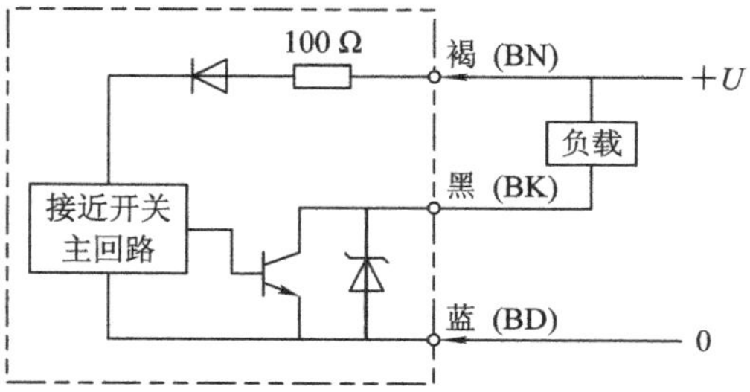

图 7-47　典型接近开关直流三线型输出接线图

图 7-48　接近开关的安装方式

图 7-48 中，齐平式安装是接近开关头部可以和金属安装支架相平安装；非齐平式安装是接近开关头部不能和金属安装支架相平安装。

一般情况下，可以齐平式安装的接近开关也可以非齐平安装，但非齐平式安装的接近开关不能齐平安装。这是因为，可以齐平式安装的接近开关头部带有屏蔽，齐平式安装时，其检测不到金属安装支架，而非齐平式安装的接近开关不带屏蔽，当齐平式安装时，其可以检测到金属安装。正因为如此，非齐平式安装的接近开关的灵敏度比齐平式安装的灵敏度要大些，在实际应用中可以根据实际需要选用。

5. 接近开关的选型

对于不同的材质的检测体和不同的检测距离，应选用不同类型的接近开关，以使其在系统中具有高的性能价格比，为此在选型中应遵循以下原则：

(1) 当检测体为金属材料时，应选用高频振荡的涡流型接近开关，该类型接近开关对铁镍、A3 钢类检测体检测最灵敏。对铝、黄铜和不锈钢类检测体，其检测灵敏度就低。

(2) 当检测体为非金属材料时，如木材、纸张、塑料、玻璃和水等，应选用电容式接近开关。

(3) 金属体和非金属要进行远距离检测和控制时，应选用光电式接近开关或超声波式接近开关。

(4) 当检测体为金属时，若检测灵敏度要求不高，则可选用价格低廉的磁性接近开关或霍尔式接近开关。

7.4.2 涡流式接近开关

涡流式接近开关习惯称电感接近开关，因为它的响应频率高、抗环境干扰性能好、价格较低，所以广泛应用于导电物体的检测。

1. 工作原理

涡流式接近开关的工作原理示意图如图 7－49 所示。

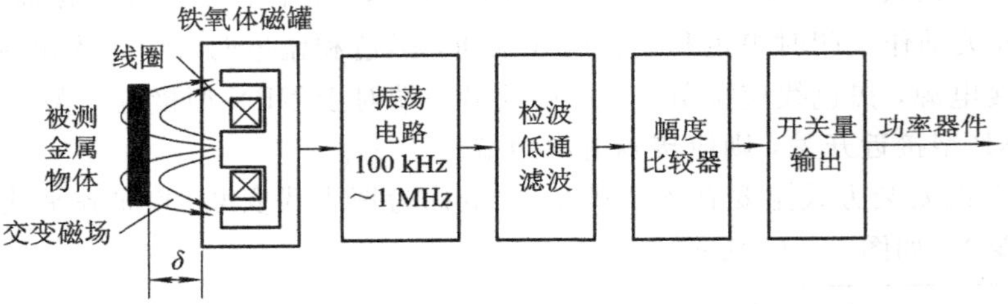

图 7－49　涡流式接近开关的工作原理示意图

涡流式接近开关由感应线圈、高频振荡器、整形检波电路、信号处理电路等组成。由涡流式传感器的原理可知，金属物体在接近这个能产生电磁场的振荡感应头时，使物体内部产生涡流，而这个涡流又反作用于接近开关，使接近开关振荡能力衰减，内部电路的参数发生变化，由此识别出有无金属物体接近，进而控制开关的通或断。这种接近开关只能检测金属物体。

对于非磁性材料的被测体，电导率越高，则灵敏度越高；对于磁性材料的被测体，磁滞损耗大时，其灵敏度通常较高。不同材料的金属检测物对涡流接近开关动作的影响如表 7－5 所示。一般都选用涡流式接近开关，

表 7－5　不同材料的金属检测物对涡流接近开关动作的影响(以铁为参考金属)

材料	铁(Fe37)	镍铬合金	不锈钢	黄铜	铝	铜
动作距离	100%	90%	85%	30%～45%	20%～35%	15%～30%

2. 应用实例

在自动生产线上加工工件的定位常采用接近开关实现。图 7－50 所示为某自动加工生产线金属工件定位和计数实例。

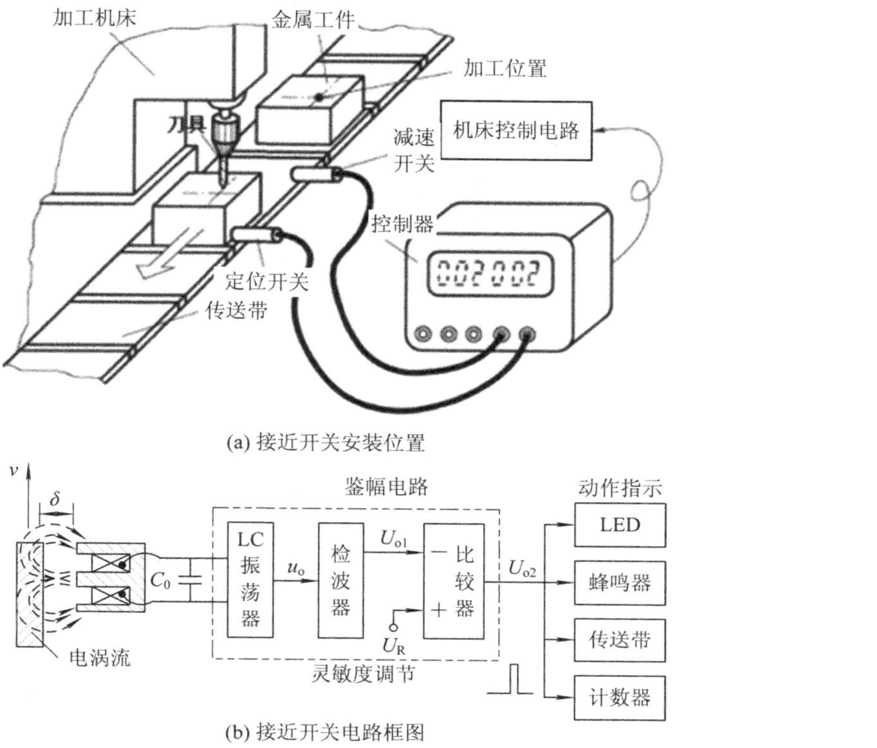

图 7-50　某自动加工生产线工件定位和计数实例

由于自动加工生产线是加工金属工件的，所以工件的定位和计数可以采用涡流式接近开关来实现。图 7-50(a)中，当传送带将待加工的金属工件传送到减速接近开关位置时，减速开关检测到并向控制器发出“减速”信号，控制器控制传送带减速；当金属工件被输送到定位接近开关位置时，定位开关发出“定位”信号，使传送带停止运行；延时后，加工刀具对工件进行加工。

图 7-50(b)中，当金属工件靠近电涡流线圈时，随着金属工件表面电涡流的增大，线圈 Q 值逐渐降低，接近开关输出电压 U_{o1} 减小，再与基准电压 U_R 比较，当 U_{o1} 小于 U_R 时，比较器翻转，输出高电平，则动作致使 LED 闪亮、蜂鸣器鸣响、传送带相应动作等。从而自动实现金属工件的定位和计数等工作。

3. 涡流式接近开关使用注意事项

涡流式接近开关不能使用在 0.02T 以上的磁场环境下，以免造成误动作；在接通电源前要检查接线是否正确，核定电压是否为额定值；由于接近开关的 DC 二线制有 0.5～1 mA 静态漏电流，在要求较高场合可用 DC 三线制接法；直流型接近开关在使用电感负载时，务必在负载两端并联续流二极管，以免损坏输出极；涡流式接近开关需要定期维护。

7.4.3　电容式接近开关

1. 工作原理

电容式接近开关的感应面由两个同轴金属电极构成。这两个电极构成一个电容，串接在 RC 振荡电路内。圆柱形电容接近开关的结构及原理框图如图 7－51 所示。

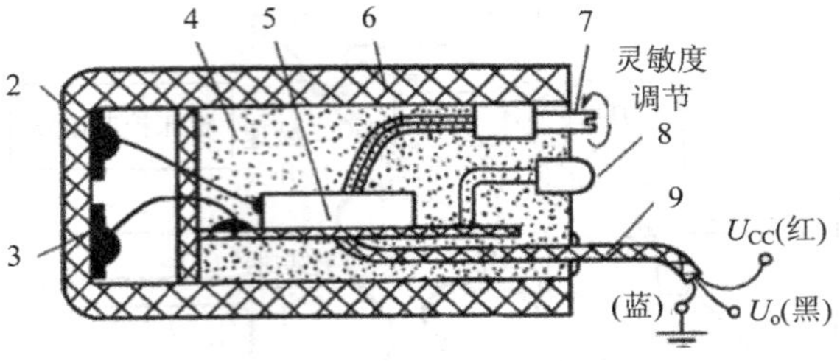

(a) 电容接近开关的结构

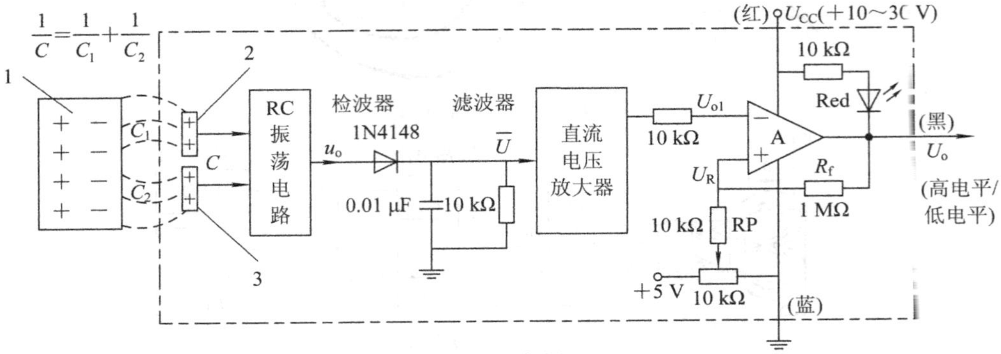

(b) 原理框图

1—被测物；2—上检测极板(或内圆电极)；3—下检测极板(或外圆电极)；4—充填树脂；5—测量转换电路板；6—塑料外壳；7—灵敏度调节电位器RP；8—动作指示灯；9—电缆；U_R—比较器的基准电压

图 7－51　圆柱形电容接近开关的结构及原理框图

图 7－51 中，两块检测极板设置在接近开关的前端，当没有被测物体时，由于 C_1 与 C_2 很小，RC 振荡器不振荡。当被测物体朝着电容器的电极靠近时，两个电极与被测物体构成电容 C，接到 RC 振荡电路中，等效电容 C 等于 C_1、C_2 的串联结果。当 C 增大到设定数值后，RC 振荡器起振，振荡器的高频输出电压 u_o 经二极管检波和低通滤波器，得到正半周的平均值。再经直流电压放大电路放大后，U_{o1} 与灵敏度调节电位器 RP 设定的基准电压 U_R 进行比较。U_{o1} 超过基准电压时，比较器翻转，输出动作信号(高电平或低电平)，从而起到了检测有无物体靠近的目的。电容式接近开关既能检测金属物体，也能检测非金属物体，对金属物体可以得到较大的动作距离，对非金属物体的动作距离主要取决于被测物质的介电常数，被测物的介电常数越大，动作距离也越大。不同材料的非金属检测物对电容式接近开关动作距离的影响如表 7－6 所示。

表 7－6　不同材料的非金属检测物对电容式接近开关动作距离的影响

材料	水	酒精	玻璃	木材	纸	橡皮	石英晶体	尼龙
动作距离	100％	85％	40％	20％～50％	20％～35％	20％～35％	20％～40％	20％

2. 应用实例

利用电容式接近开关进行谷物高度测量如图 7－52 所示。

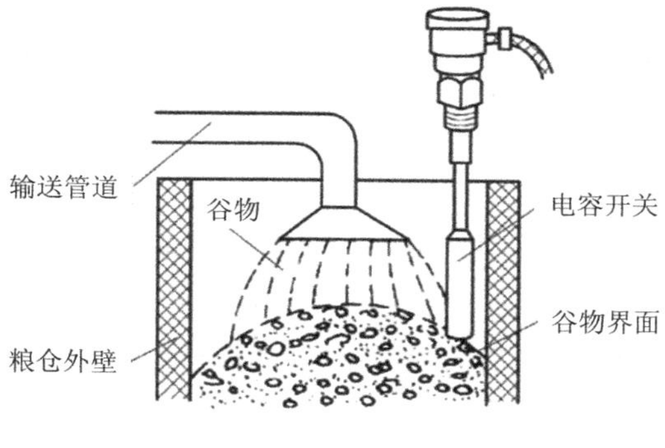

图 7－52　谷物高度测量

图 7－52 中，当谷物界面的高度达到电容式接近开关的底部时，电容式接近开关产生报警信号，关闭输送管道的阀门。

3. 使用注意事项

电容式接近开关检测过高介电常数物体时，检测距离要明显减小；由于电容式接近开关的接通时间较长(50 ms)，所以要先接通开关电源，保证不漏测；在使用感性负载时，应在开关与负载间经交流继电器转换，避免瞬间冲击电流较大；电容式接近开关不能使用在 200 Gauss 以上的直流磁场环境下，以免造成误动作；避免接近开关在化学溶剂，特别是强酸或强碱环境下使用。

7.4.4　霍尔式接近开关

霍尔式接近开关是根据半导体硅材料的霍尔效应制成的霍尔集成电路开关，是一种有源磁电转换器件。

1. 电路结构和原理

霍尔式接近开关内部结构原理图如图 7－53(a)所示。霍尔式接近开关电路由稳压、霍尔器件、差分放大、整形电路和输出电路等部分组成。

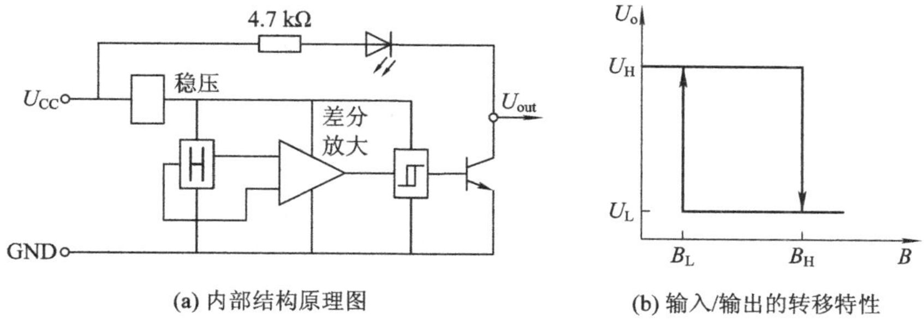

(a) 内部结构原理图　　(b) 输入/输出的转移特性

图 7－53　霍尔式接近开关

霍尔式接近开关的输入端是以磁感应强度 B 来表征的。当磁场 $B \leqslant B_L$ 时，器件的输出电压为高电平 U_H。当器件处于磁场感应强度为一定值的正向磁场 B_H 时，霍尔电压被放大，由整形电路(一般为施密特触发器)把放大的霍尔电压整形为矩形脉冲，使输出级的放大管进入饱和状态，电路输出由 B_L 磁场下的高电平突然转换成低电平 U_L。

使电路输出由高电平转换成低电平的正向磁感应强度称为导通磁感应强度 B_H。正向磁场由 B_H 减小到 B_L，电路输出又突然由低电平 U_L 转换到高电平 U_H，这时的磁感应强度称为截止磁感应强度 B_L。导通磁感应强度和截止磁感应强度之差称为回差宽度为 ΔB。霍尔式接近开关输入/输出转移特性如图 7-53(b)所示。当器件与磁铁之间有相对移动时，霍尔器件的磁场随相对距离变化而变化。当霍尔器件处于磁感应强度 B_L 时，电路输出为高电平，电路处于关闭态。当距离变小，使作用霍尔器件的磁感应强度到导通强度 B_H 时，电路输出突然由高电平降至低电平进入开态。一般导通磁感应强度值为 0.035～0.075 T。进入导通态以后，当距离增大时，作用于器件的量减小至截止磁感应强度 B_L 时，电路输出又突然由低电平变为高电平，进入关闭态。

2. 主要特点

霍尔式接近开关除了具有无触点、无开关瞬态抖动、高可靠和长寿命等特点外，还具有负载能力强、环境适应能力强等优势，比目前使用的电感式、电容式、光电式等接近开关具备更强的抗干扰能力。但霍尔式接近开关的检测对象必须是磁性物体。

3. 霍尔式接近开关安装方式

用磁场作为被传感物体的运动和位置信息载体时，一般采用永久磁钢来产生工作磁场。例如，用一个 5×4×2.5(mm^3)的钕铁硼Ⅱ号磁钢，就可在它的磁极表面上得到约 2300 高斯的磁感应强度。在空气隙中，磁感应强度会随距离增加而迅速下降。为保证霍尔器件，尤其是霍尔式开关器件的可靠工作，在应用中要考虑有效工作气隙的长度。在计算总有效工作气隙时，应从霍尔片表面算起。在封装好的霍尔电路中，霍尔片的深度在产品手册中会给出。工作磁体和霍尔式开关器件的运动方式如图 7-54 所示。

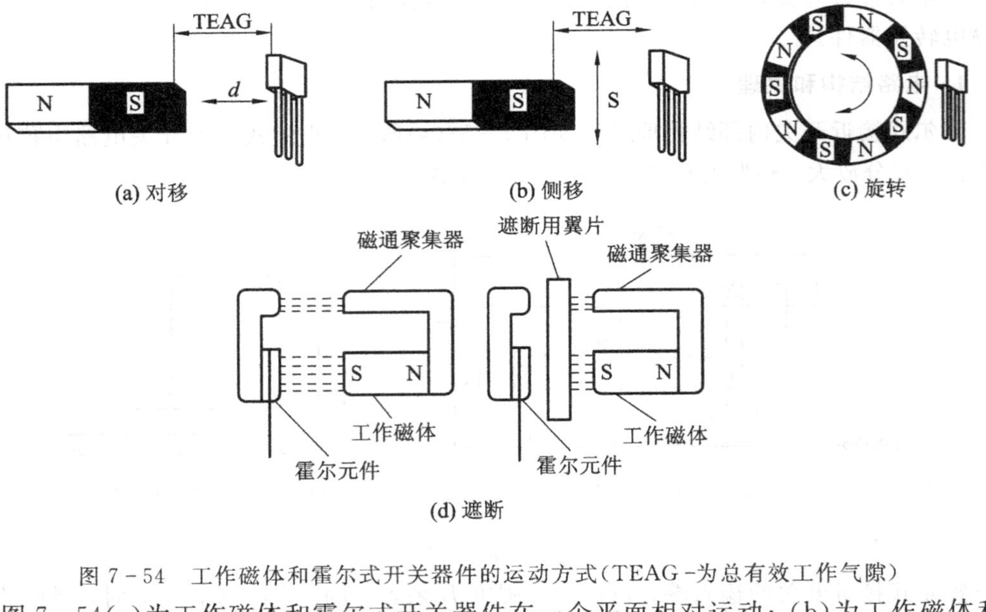

图 7-54　工作磁体和霍尔式开关器件的运动方式(TEAG -为总有效工作气隙)

图 7-54(a)为工作磁体和霍尔式开关器件在一个平面相对运动；(b)为工作磁体和霍尔式开关器件在垂直方向上侧向运动；(c)为工作磁体和霍尔式开关器件相对旋转运动；(d)为遮断方式，工作磁体和霍尔式器件以适当的间隙相对固定，用一软磁(例如软铁)翼

片作为运动工作部件，当翼片进入间隙时，作用到霍尔器件上的磁力线被部分或全部遮断，以此来调节工作磁场。被传感的运动信息加在翼片上。这种方法的检测精度很高，在125℃的温度范围内，翼片的位置重复精度可达 50 μm。

4. 霍尔式接近开关的典型应用

霍尔式接近开关具有灵敏度高、稳定性高、体积小和耐高温等特性，已广泛应用于非接触式测量、自动控制、计算机装置和现代军事技术等各个领域。下面介绍霍尔式接近开关的几种典型应用，如图 7－55 所示。

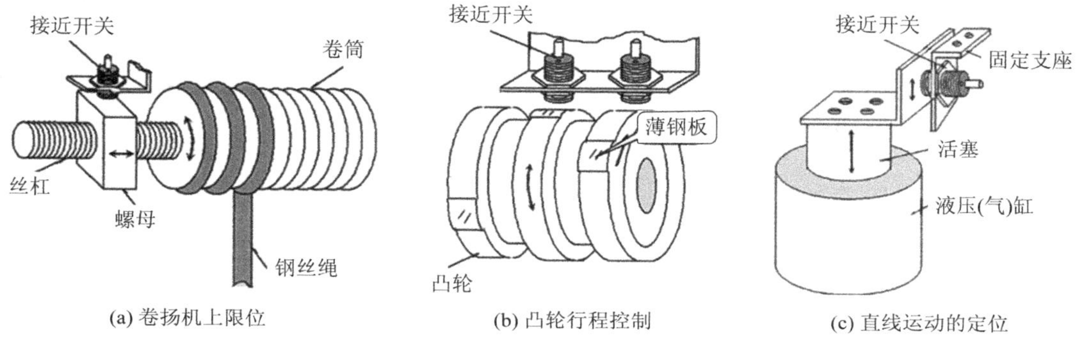

图 7－55　霍尔式接近开关典型应用

图 7－55(a)为天车卷扬机上限位控制。工作时卷扬机带动钢丝绳卷筒上、下运行，与卷筒同轴安装的丝杠同时旋转，带动螺母做水平直线运动，螺母上安装工作磁体。当卷扬机带动钢丝绳卷筒上行至上限位位置时，螺母移动到接近开关位置，触发开关动作。

图 7－55(b)为代替凸轮行程开关的触点。凸轮式行程开关是在传统控制领域经常会用到的一种小电流主令电器，它具有结构简单、功能实用、价格低廉的优势。但由于是接触式开关存在很多问题，这里不再赘述。采用霍尔式接近开关的凸轮行程开关，具有非接触、无损耗、动作频率高等特点。

图 7－55(c)为直线运动的机械定位控制。如图中液压缸推动活塞做直线运动，当与活塞同步运动的安装了工作磁体的立板，在接近霍尔式开关时，触发开关动作，发出定位控制信号。

7.4.5　光电式接近开关

利用光电效应做成的接近开关叫做光电式接近开关(简称光电开关)。它是利用被检测物对光束的遮挡或反射，从而检测物体有无等状态的光电传感器。光电开关对被测物体不限于金属，所有能反射光线的物体均可被检测。光电开关通常在环境条件比较好、无粉尘污染的场合下使用。光电开关工作时对被测对象几乎无任何影响。

1. 光电开关的分类

光电开关可分为遮断型和反射型两大类，如图 7－56 所示。其中，遮断型光电开关的发射器和接收器相对安放，轴线严格对准。当有物体在两者中间通过时，光线被遮断，接收器接收不到光线而产生一个脉冲信号。遮断型光电开关适用于对能遮断光线物体的检测；反射型光电开关是一种集发射器和接收器于一体的传感器，采用单侧安装方式，见图

7－56(a)。当有物体在光电开关面前通过时，光线被反射回来，接收器接收到光线，产生一个脉冲信号。反射型光电开关的检测距离一般不超过 1 m，对暗色物体无法检测。反射型又分漫反射式、镜反射式两种形式，见图 7－56(b)、(c)。前一种适用于被检测物体的表面光亮或其反光率较高场合；后一种需要调整反射镜的角度以取得最佳的反射效果。

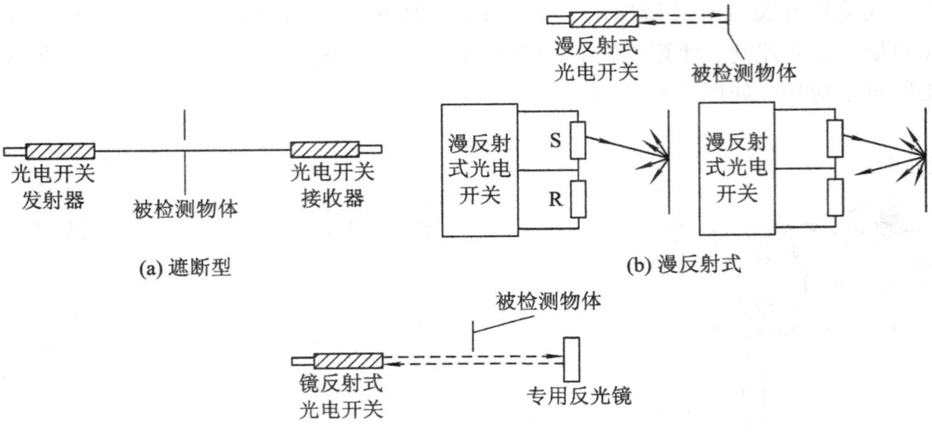

(a) 遮断型　　(b) 漫反射式

(c) 镜反射式

图 7－56　光电开关在生产线上检测产品的个数

2. 光电开关的结构和原理

光电开关由发射器、接收器和检测电路三部分组成。发射器起将调制后的光束对准目标发射作用，为了防止荧光干扰，可选用红外 LED，并在接收器光敏元件表面加红外滤光透镜；接收器主要采用光敏二极管或光敏三极管、光电池，实现将接收到的光束转换成有效信号输出。

1) 光电开关的结构

光电开关的典型结构和外形如图 7－57 所示。

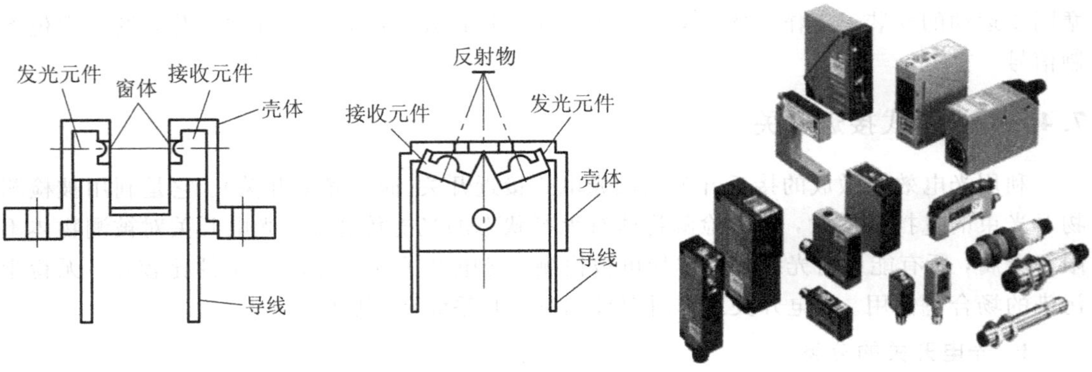

(a) 遮断式　　(b) 反射式　　(c) 外形

图 7－57　光电开关的典型结构和外形

图 7－57(a)是遮断式光电开关，它的发光元件和接收元件的光轴是重合的。当被测不

透明物体位于或经过它们之间时，会阻断光路，使接收元件接收不到来自发光元件的光线，这样就起到检测作用。图 7－57(b)是一种反射式光电开关，它的发光元件和接收元件的光轴在同一平面且以某一角度相交，交点一般即为待测物体所在位置。当有物体经过时，接收元件将接收到从物体表面反射的光线，没有物体时接收不到。图 7－57(c)为光电开关的外形。

2) 光电开关工作原理

反射式光电开关的工作原理框图如图 7－58 所示。

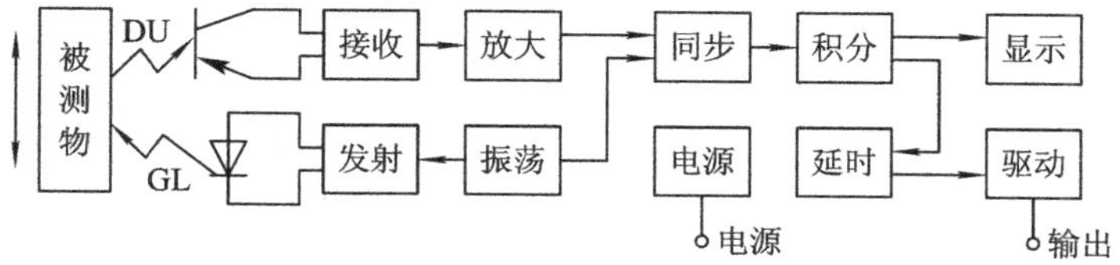

图 7－58　反射式光电开关的工作原理框图

图 7－58 中，由振荡回路产生的调制脉冲经反射电路后，由发光管 GL 辐射出光脉冲。被测物体进入光敏三极管 DU，并在接收电路中将光脉冲解调为电脉冲信号，再经放大器放大和同步选通整形，然后用数字积分或 RC 积分方式排除干扰，最后经延时(或不延时)触发驱动器输出光电开关控制信号。

光电开关一般都具有良好的回差特性，因而即使被检物体在小范围内晃动也不会影响驱动器的输出状态，从而可使其保持在稳定工作区。同时，自诊断系统还可以显示受光状态和稳定工作区，以随时监视光电开关工作。

光电开关的 LED 多采用中频(40 kHz 左右)窄脉冲电流驱动，从而发射 40 kHz 调制光脉冲。相应地，接收光电元件的输出信号经 40 kHz 选频交流放大器及专用的解调芯片处理，可以有效防止太阳光、日光灯的干扰，又可减小发射 LED 的功耗。

光电开关的特点是小型、高速、非接触，而且与 TTL、COMS 等电路兼容。

3. 光电开关的主要技术指标

光电开关区别于接近开关的技术指标如下：

(1) 回差距离：动作距离与复位距离之间的绝对值。

(2) 检测方式：根据光电开关在检测物体时发射器所发出的光线被折回到接收器的途径的不同，可分为漫反射式、镜反射式、对射式等。

(3) 指向角 θ：光电开关的指向角示意图如图 7－59 所示。

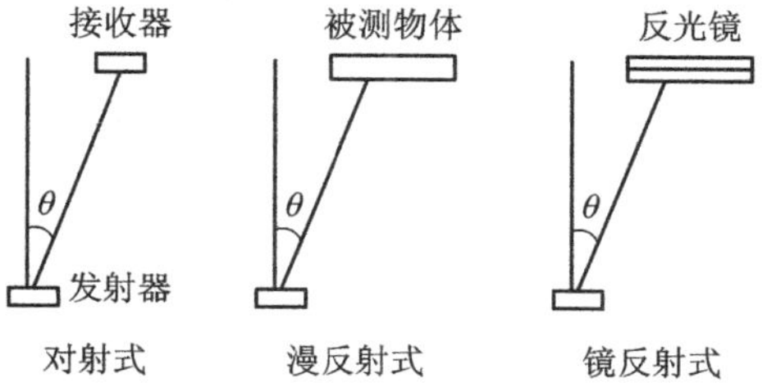

图 7－59　光电开关的指向角示意图

(4) 表面反射率：漫反射式光电开关发出的光线需要经检测物表面才能反射回漫反射开关的接收器，所以检测距离和被检测物体的表面反射率将决定接收器接收到光线的强度。粗糙的表面反射回的光线强度必将小于光滑表面反射回的光线强度，而且，被检测物体的表面必须垂直于光电开关的发射光线。常用材料的反射率如表 7－7 所示。

表 7－7　常用材料的反射率

材　料	反射率	材料	反射率
白画纸	90%	不透明黑色塑料	14%
报纸	55%	黑色橡胶	4%
餐巾纸	47%	黑色布料	3%
包装箱硬纸板	68%	未抛光白色金属表面	130%
洁净松木	70%	光泽浅色金属表面	150%
干净粗木板	20%	不锈钢	200%
透明塑料杯	40%	木塞	35%
半透明塑料瓶	62%	啤酒泡沫	70%
不透明白色塑料	87%	人的手掌心	75%

（5）环境特性：光电开关应用的环境亦会影响其长期工作可靠性。当光电开关工作于最大检测距离状态时，由于光学透镜会被环境中的污物粘住，甚至会被一些强酸性物质腐蚀，以致其使用参数和可靠性降低。较简便的解决方法是根据光电开关的最大检测距离降额使用，来确定最佳工作距离。

4. 光电开关的使用注意事项

光电开关具有检测距离长、对检测物体的限制小、响应速度快、分辨率高、便于调整等优点。但在光电开关的安装过程中，必须保证传感器到被检测物的距离在“检出距离”范围内，同时考虑被检测物的形状、大小、表面粗糙度及移动速度等因素。在传感器布线过程中要注意电磁干扰，不要在水中、降雨时及室外使用。光电开关应尽量避免安装在：① 尘埃多；② 阳光直接照射；③ 产生腐蚀性气体；④ 接触到有机溶剂；⑤ 有振动或冲击；⑥ 直接接触到水、油、药品；⑦ 湿度高，可能会结露等的这些场所，会引起误动作和故障。

5. 光电开关的典型应用

光电开关在自动控制系统、自动化生产线及安全预警系统中作光控制和光探测装置，主要可用作物位检测、产品计数、料位检测、尺寸控制、安全报警和计算机输入接口等方面。光电开关的主要用途见表 7－8 所示。

表 7－8　光电开关的主要用途

分类	用　途
通过检测	板料的检测，玻璃制品的检测，自动检票机的通过检测，纸、布的通过检测，硬币、纸币的检测
计数	电容等电子元件的计数，入、退场者的计数，装箱产品计数
尺寸、位置的控制	纸、板等定长切断，传输架定位，汽车洗车机定位，板料的边缘检测，电梯门区控制、换速控制
安全、报警	机床安全保护，吊车碰撞预防，工厂、家庭防盗，车辆高度控制，电梯、公共汽车乘客上下安全检测
缺陷、缺空检测	板、线材的弯曲程度检测，线断头检测，供料中断检测，瓶盖检测，铁头断刃检测，片剂缺空检测
料位检测	连通管液面检测，料门、料位检测，板料的堆垒高度控制
识别、分类	传送带上箱子的标志分检，正、反判别，胶带等透明物体的接缝检测

1）光幕的应用

发光器发出的光直射到受光器，形成保护光幕。当光幕被遮挡时，受光器产生遮光信号，通过信号电缆传输到控制器，控制器将此信号进行处理，产生相应控制信号或发出报警信号。图 7-60 为光幕的应用举例。光幕还主要应用于危险区域的防护。

(a) 产品高度检测

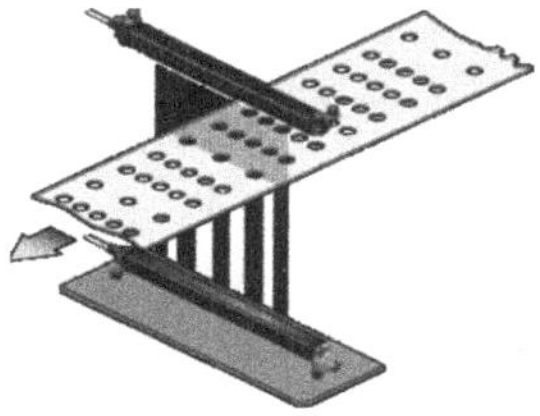

(b) 孔的检测

(c) 带材卷曲纠偏

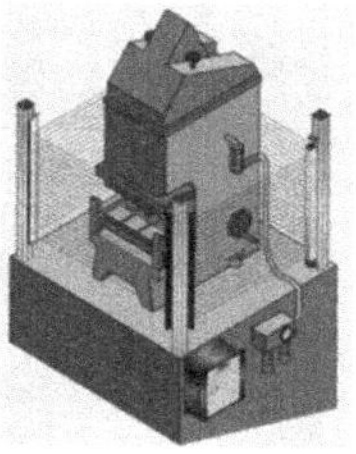

(d) 工作区域防护

图 7-60　光幕的应用举例

2）烟雾报警器

反射型光电式烟雾报警器如图 7-61 所示。

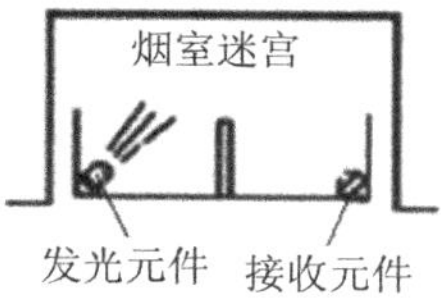

(a) 无烟雾

(b) 有烟雾

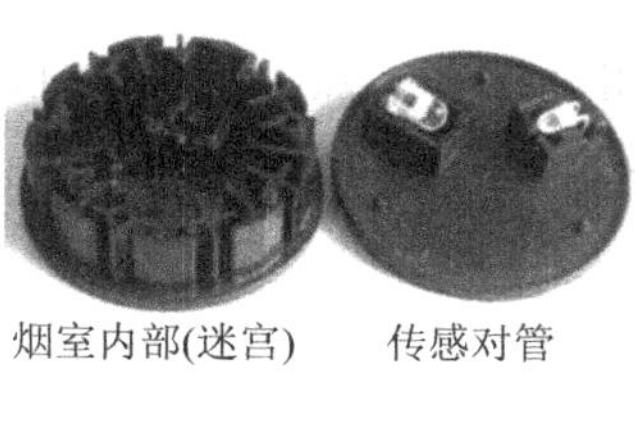

(c) 烟室内部结构

(d) 报警器结构

图 7-61　反射型光电烟雾报警器

图 7-61(a)可以看到，在没有烟雾时，由于发光、接收对管未正对安装，且烟室内又涂有黑色吸光材料，所以接收元件无法感应到光强，烟感器没有输出；图 7-61(b)在有烟雾进入烟室迷宫时，烟雾的固体粒子对光线产生漫反射，使部分光线被接收元件接收，有光电流输出，从而实现烟雾检测报警作用。图 7-61(c)为光电检测烟室内部结构，图 7-61(d)为烟雾报警器结构。

3）光电开关其他应用

图 7-62 为光电开关的部分应用。

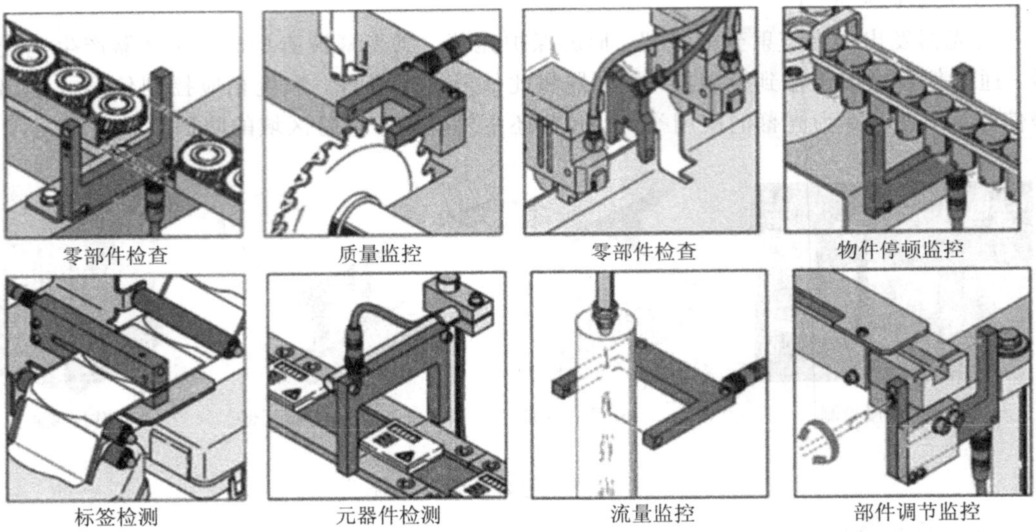

图 7-62　光电开关的部分应用

7.4.6　其他接近开关及物位检测技术

1. 其他接近开关

1）磁性干簧管开关

磁性干簧开关又称干簧管，属于无源接近开关。干簧管是在充有惰性气体的玻璃管内封装了两支由导磁材料制成的舌簧开关，其中触点部分镀金。当有磁场接近干簧管时，与干簧管形成闭合磁路，磁力克服簧片弹力，使触点动作。当磁场离开时，触点跳开。干簧管具有触点不易氧化、接触电阻小、绝缘电阻高、耐高压等优点，但它只对磁性较强的物体起作用，且动作速度较慢(约 10 ms)。其内部结构和外形如图 7-63 所示。

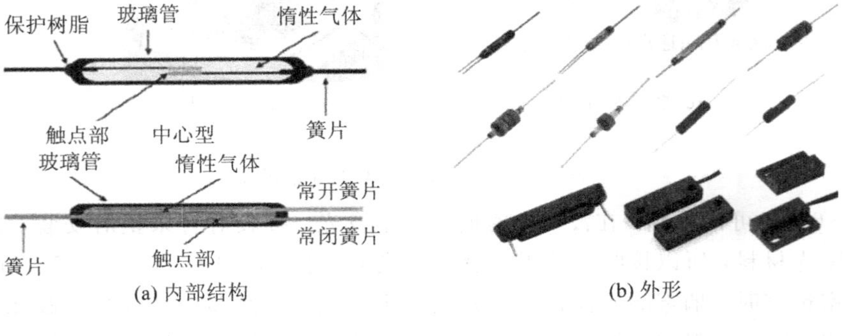

图 7-63　磁性干簧开关

2）热释电式接近开关

用能感知温度变化的元件做成的开关叫热释电式接近开关。这种开关是将热释电器件安装在开关的检测面上，当有与环境温度不同的物体接近时，热释电器件的输出便变化，由此便可检测出有物体接近。

2. 接近开关在物位检测中的应用

使用接近开关检测和控制料位的示意图如图 7－64 所示。使用接近开关检测液位上、下限的原理示意图如图 7－65 所示。

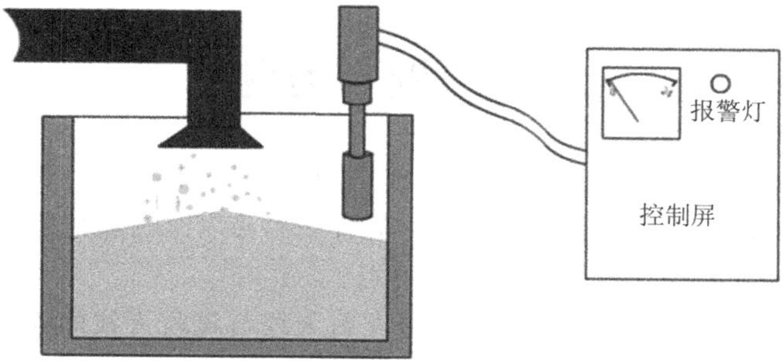

图 7－64　接近开关检测料位示意图

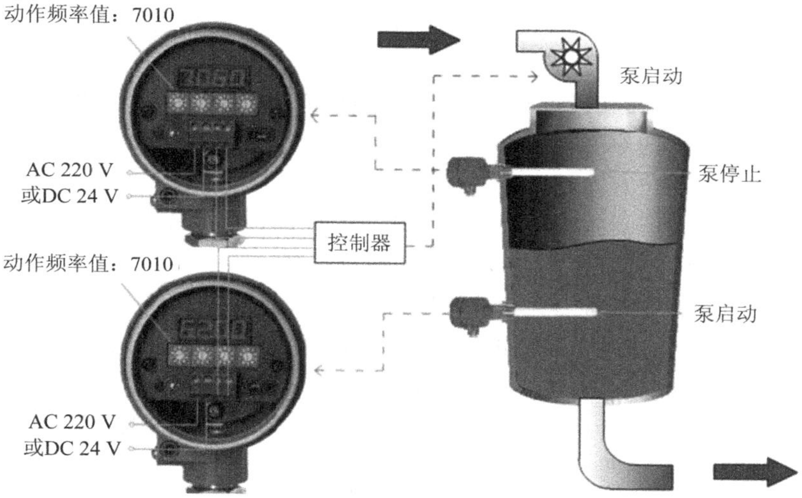

图 7－65　接近开关液位上、下限检测示意图

3. 接近开关的选型注意事项

因为涡流式接近开关和电容式接近开关对环境的要求条件较低，所以在一般的工业生产场所，通常都选用两种接近开关。

当被测对象是导电物体或可以固定在一块金属物上的物体时，一般都选用涡流式接近开关，因为它的响应频率高、抗环境干扰性能好、应用范围广、价格较低。

若所测对象是非金属(或金属)、液位高度、粉状物高度、塑料、烟草等，则应选用电容式接近开关。虽然这种开关的响应频率低，但稳定性好。安装时应考虑环境因素的影响。

当被测物为导磁材料或者为了区别和它在一起运动的物体而把磁钢埋在被测物体内时，应选用霍尔接近开关，它的价格最低。

在环境条件比较好、无粉尘污染的场合，可采用光电接近开关。光电开关几乎对被测对象无任何影响。因此，在要求较高的如传真机、烟草机械上被广泛地使用。

在防盗系统中，自动门通常使用热释电接近开关、超声波接近开关、微波接近开关。有时为了提高识别的可靠性，上述几种开关往往被复合使用。

无论选用哪种接近开关，都应注意对工作电压、负载电流、响应频率、检测距离等各项指标的要求。

思考题与习题

1. 什么是物位？为什么要进行物位检测？物位检测的目的是什么？

2. 试述浮力式液位传感器的工作原理。有什么特点？影响其精度的主要原因是什么？

3. 超声物位计和超声厚度计各有什么特点？

4. 在图 7-34 所示的微波液位计中，若发射天线与接收天线的连线不平行于液面，则对测量结果有什么影响？

5. 测量液位时，液体的密度对传感器选择有何要求？

6. 对于有压力的封闭式容器的液位测量若采用差压测量，应该如何选择传感器？

7. 查阅相关资料，分析电容式键盘的工作原理是否与电容式接近开关传感器相似。

8. 试述电容式开关传感器检测液位的工作原理。

9. 霍尔式开关传感器在接近测量时，对被测物有何要求，应考虑哪些因素？

10. 电涡流测厚度的原理是什么？具有哪些特点？

11. 超声波测量物位有几种方式？各有什么特点？

12. 已知超声波传感器垂直安装在被测介质的底部，超声波在被测介质中的传播速度为 1480 m/s，测得时间间隔为 24 μs，试求此液位高度。

13. 微波传感器有哪些特点？微波传感器是如何分类的？

14. 题图 7-1 所示为油量表中的电容传感器简图，其中 1、2 为电容传感元件的同心圆筒(电极)，3 为箱体。已知：$R_1=12$ mm，$R_2=15$ mm；油箱高度 $H=2$ m，汽油的介电常数 $\varepsilon_r=2.1$。试求同心圆套筒电容传感器在空箱和注满汽油时的电容量。

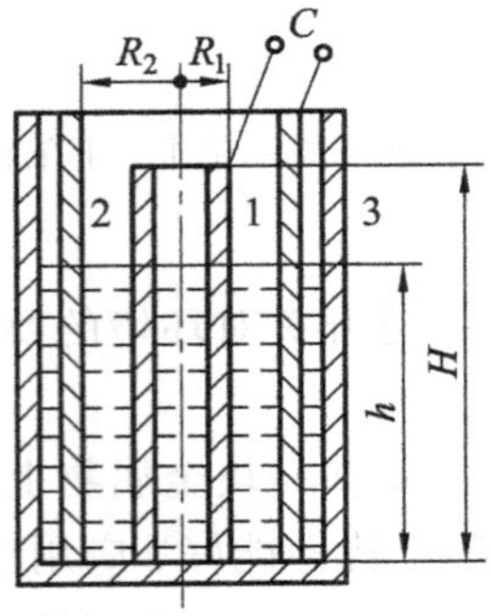

题图 7-1

15. 在下述检测液位的仪表中，受被测液位密度影响的有哪几种？并说出原因。

① 玻璃液位计；② 浮力式液位计；③ 差压式液位计；④ 电容式掖位计；⑤ 超声液位计；⑥ 射线式液位计。

第 8 章　气体和湿度传感器及其检测技术

教学目标

本部分内容摘要包括“过程分析仪概述”、“气敏传感器及成分分析检测技术”和“湿度传感器及物质性质检测技术”三大部分。通过本章的学习，了解过程分析仪表及其分类、组成和主要技术特性；掌握气体传感器的工作原理、应用注意事项和检测电路；正确理解“温湿度”的概念，掌握湿度、物质含水量和物质密度的检测方法，掌握湿度传感器的分类、基本工作原理和典型应用电路的分析。读者根据实际需要，学会正确选择相应的气体传感器、气体分析仪表和湿度传感器及物质含水量、密度的检测技术等。

教学要求

知识要点	能力要求	相关知识
过程分析仪表概述	(1) 了解过程分析仪表在工业现场的重要作用； (2) 了解过程分析仪表的定义和分类； (3) 熟悉过程分析仪表的组成、主要技术特性	过程控制的对象和参数
气体传感器及成分分析检测技术	(1) 熟悉气敏传感器的使用条件、分类； (2) 掌握半导体式、接触燃烧式气敏传感器的工作原理； (3) 了解常用气体分析仪的选择和使用	(1) 检测气体的种类、形式； (2) 半导体特性； (3) 红外光谱
湿度传感器及物质性质检测技术	(1) 熟悉湿度、物质含水量、密度的检测方法； (2) 掌握湿度传感器的分类、工作原理和典型应用电路； (3) 学会湿度传感器的选择和使用	(1) 湿敏元件特性； (2) 物料介电常数

8.1　概　　述

对混合气体的成分及混合物中某些物质的含量或性质进行自动测定，称为物质成分的分析，是自动检测技术的一个重要内容。物质成分分析是了解生产流程中原料、中间产品及最终成品性质和含量的重要手段，是生产过程控制实施的先决条件，是使生产过程最优控制的保证。特别在环保已提升为现代社会生活中的首要条件时，混合气体的成分分析更直接关系到人类的生存环境，其重要性不容忽视。

8.1.1　过程分析仪表及其分类

成分分析是利用各物质的性质之间存在着差异，把所要检测的成分或物质性质转换成某种电信号，实现气体成分和物质性质的非电量的检测。由于构成物质的成分非常复杂，检测转换步骤较多，受外界的影响因素较大，成分分析一般由过程分析仪表来实现。

过程分析仪表是安装在生产现场，可用来对物料的成分组成以及各种物理、化学特性进行分析测量的仪表。过程分析仪表在石油、化工、冶金、电力、食品、制药、轻工等行业以及环保工程、生物工程方面都有着广泛的用途，是自动化仪表的一个重要组成部分，它对于提高产品质量、降低能源消耗、保证生产安全、防止环境污染等方面都起着十分重要的作用。

过程分析仪表可分为两大类：第一类是气体分析器，它可以在一个多组分的混合气体中定性、定量地检测出一种或几种组分；第二类为物性测量仪表，它可以测量介质的多种物性参数。

过程分析仪表按测量原理来分类共有八种：电化学式分析仪器(如电导式、电量式、电位式等)；热学式分析仪器(如热导式、热化学式、热谱式等)；磁式分析仪器(如磁性氧分析器、核磁共振波谱仪等)；光学式分析仪器(如吸收式光学分析仪、发射式光学分析仪等)；射线式分析仪器(如 X 射线分析仪、Y 射线分析仪、同位素分析仪等)；色谱分析仪器(如气相色谱仪、液相色谱仪等)；电子光学式和离子光学式分析仪器(如电子探针、质谱仪、离子探针等)；物性测量仪器(如水分计、黏度计、湿度计、密度计、酸度计、电导率测量仪以及石油产品的闪点、倾点、辛烷值测定仪等)。

8.1.2　过程分析仪表的组成

过程分析仪表能自动取样、连续分析及信号的处理和远传，并随时指示或记录分析结果，一般由以下三个部分组成。

1. 检测部分

检测部分的基本功能是将被测物质的成分或性质的变化转变成电信号，由敏感元件和转换电路组成。

2. 信号处理装置

检测部分送出来的模拟电信号一般都很微弱，且参杂了很多噪声干扰，需要对信号进行处理。信号处理装置就是完成小信号放大、滤波、变换、零点校正、线性化处理、温度补偿、误差修正和量程切换等信号处理任务。

3. 取样及预处理装置

为了保证连续自动地供给分析检测系统合格的样品，正确地取样并进行预处理是十分重要的。这是仪表安装和使用中必须注意的问题，如果疏忽，往往使仪表不能正常工作，甚至损坏。取样及预处理装置包括抽吸器(负压取样时使用)、冷却器、机械夹杂及化学杂质过滤器、转化器、干燥器、稳流器、稳压器、流量指示器等。必须根据工艺流程、样品的物理化学状况及所采用的分析仪的特性等具体地选择、安装取样装置及预处理系统。一般说来脏污的样品必须净化。除了需要检测水分以外，气体分析前一般需要干燥。

8.1.3　过程分析仪表的主要技术特性

过程分析仪表的特点是专用性强，适用范围有限，其主要技术特性有精度、灵敏度和响应时间。

(1) 精度：检测后所得结果相对于实际值的准确度。精度是评价仪表静态性能的综合性指标。一般分析仪表精度为±(1～2.5)%，微量分析的分析仪精度为±(2～5)%。

(2) 灵敏度：仪表输出信号变化与被测组分浓度变化之比，比值越大，表明仪表越灵敏。被测组分浓度有微小变化时，仪表将有较大的输出变化。灵敏度是衡量仪表质量的主要指标之一。

(3) 响应时间：被测组分的浓度发生变化后，仪表输出信号跟随变化的快慢，一般从样品含量发生变化开始，到仪表响应达到最大指示值的90%时所需的时间即为响应时间。分析仪表的响应时间愈短愈好。

8.2　气敏传感器及成分分析检测技术

8.2.1　气敏传感器概述

在工业生产和日常生活中，气体成分或含量对质量、环境、安全等具有相当重要的作用。因此，气体成分分析在当今检测技术中占有相当重要的地位，比如化工生产中气体成分的检测与控制、煤矿瓦斯浓度的检测与报警、环境污染情况的监测、煤气泄漏、火灾报警、燃烧情况的检测与控制等。为了保护人类赖以生存的自然环境，防止不幸事故的发生，需要对各种有害气体或可燃性气体在环境中存在的情况进行有效的监控。

在前述的气体分析器就是完成上述任务的过程分析仪表。它们利用气敏传感器中的气敏元件把混合气体中的特定成分检测出来，并将它转换成电信号，向分析仪表提供有关待测气体是否存在及其浓度大小的信息，供自动检测、控制和报警系统使用。

1. 气体浓度表示方法及换算

1) 气体浓度的表示方法

对环境大气(空气)中污染物浓度的表示方法有两种：一种是质量-体积浓度表示法，另一种是体积浓度表示法。其中，质量-体积浓度表示法是指每立方米空气中所含污染物的质量数，通常以毫克/立方米(mg/m^3)表示；体积浓度表示法是指一百万体积的空气中所含污染物的体积数，通常以ppm表示(part per million，即百万分之一，是一个无量纲量)。

由于使用质量浓度单位(mg/m^3)作为空气污染物浓度的表示方法，可以方便计算出污染物的真正含量。因此，我国的国家标准规范要求气体浓度以质量浓度的单位(mg/m^3)来表示。但质量浓度与检测气体的温度、压力环境条件有关，其数值会随着温度、气压等环境条件的变化而不同；实际测量时需要同时测定气体的温度和大气压力。而在使用体积浓度单位(ppm)作为描述污染物浓度时，由于采取的是体积比，不会出现这个问题。所以，大部分气体检测仪器测得的气体浓度都是体积浓度(ppm)。

2) 浓度单位ppm与mg/m^3的换算

质量-体积浓度的单位是毫克/立方米(mg/m^3)与ppm的换算关系。

$$X(mg/m^3) = \frac{M}{22.4} \times \frac{273 \times P}{101\,325 \times T} \times C(ppm) \tag{8-1}$$

式中：X 为污染物以每标立方米的毫克数表示的浓度值；C 为污染物以 ppm 表示的浓度值；M 为污染物的分子量；T 为温度；P 为压力。

如已知大气中二氧化硫的浓度为 5 ppm，二氧化硫的分子量为 64，则用 mg/m³ 表示的浓度值为 $X = 5\times 64/22.4\ \text{mg/m}^3 = 14.3\ \text{mg/m}^3$。

2. 气体成分的主要检测方法

(1) 利用半导体气体器件检测的电气法；

(2) 使用电极和电解液对气体进行检测的电化学法；

(3) 利用气体对光的折射率或光吸收等特性来检测气体的光学法。

3. 气敏传感器的类型

依据上述检测方法制成的气敏传感器有半导体式、接触燃烧式、化学反应式、光干涉式、热传导方式和红外吸收散射方式等类型。其主要特征如表 8－1 所示。

表 8－1　气敏传感器类型及其特征

类　型	原　　理	检测对象	特　　点
半导体方式	如果气体接触到加热的金属氧化物（SnO_2、Fe_2O_3、ZnO_2），电阻值就增大或减小	还原性气体①、城市排放气体、丙烷气等	灵敏度高、构造与电路简单，但输出与气体浓度不成比例
接触燃烧方式	可燃性气体接触到氧气就会燃烧，使得作为气敏材料的铂丝温度升高，电阻值相应增大	燃烧气体	输出与气体浓度成比例，但灵敏度较低
化学反应式	化学溶剂与气体的反应产生的电流、颜色、电导率的增加等	CO、H_2、CH_4、C_2H_5OH、SO_2 等	气体选择性好，但不能重复使用
光干涉式	利用与空气的折射率不同而产生的干涉带	与空气折射率不同的气体、CO_2 等	寿命长，但选择性差
热传导方式	根据热传导率差而放热的发热元件的温度降低进行检测	与空气热传导率不同的气体 H_2 等	构造简单，但灵敏度低、选择性差
红外线吸收散射方式	由于红外线照射气体分子谐振而吸收或散射量来检测	CO、CO_2、NO_x	能定性测量，但装置大、价贵

① 还原型气体是在化学反应中能给出电子、化学价升高的气体，有 H_2、CO、碳氢化合物和酒类等。

气敏传感器从结构上还可分为两大类，即干式与湿式。凡构成气敏传感器的材料为固体的均称为干式气敏传感器；凡利用水溶液或电解液感知待测气体的称为湿式气敏传感器。图 8－1 所示为气敏传感器的分类情况。

在各类气体传感器中，用得最多的是半导体气敏传感器，主要用于工业和生活中各种易燃、易爆、有毒、有害气体的监测、预报和自动控制，是安全生产和大气环境保护不可缺少的检测器件。

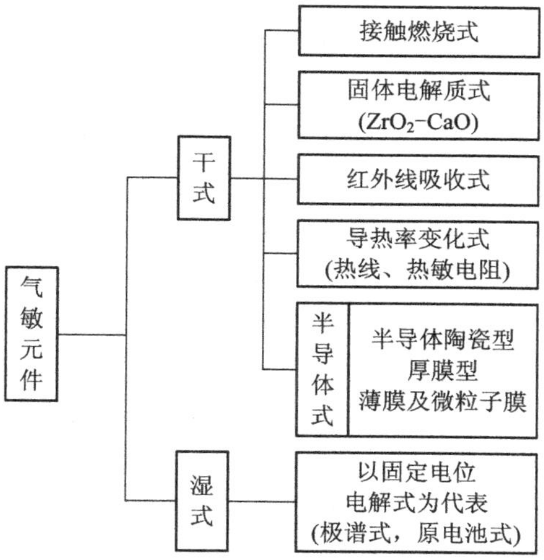

图 8-1　气敏传感器的分类

4. 气敏传感器的性能要求

气敏传感器可以敞露在各种成分的气体中使用，但检测现场的粉尘油雾、高温潮湿、污染腐蚀等环境条件非常恶劣。因此对传感器的性能要求较高，主要如下：

(1) 能够检测爆炸气体的允许浓度、有害气体的允许浓度和其他基准设定浓度，并能及时给出报警、显示和控制信号；

(2) 对被测气体以外的共存气体或物质不敏感；

(3) 能长期稳定工作，工作的重复性好；

(4) 响应速度要快；

(5) 维修方便、价格便宜等。

实际上目前还没有能全都满足上述要求的气体传感器，随着技术发展还在不断探寻新的办法来完善它。金属氧化物半导体式气敏传感器是最有发展前途的一种气敏传感器。

8.2.2　半导体式气敏传感器

半导体气敏传感器是利用半导体气敏元件与气体接触，造成半导体性质变化来检测气体成分或测量气体浓度。半导体气敏传感器大体可分为电阻式和非电阻式两大类。电阻式半导体气敏传感器是由氧化锡 SnO_2、氧化锌 ZnO 等金属氧化物材料制作的敏感元件，利用其阻值的变化来检测气体的浓度。气敏元件有多孔质烧结体、厚膜以及目前正在研制的薄膜等。非电阻式半导体气体传感器是一种半导体器件，它们与气体接触后，如二极管的伏安特性或场效应管的电容-电压特性等将会发生变化，根据这些特性的变化来测定气体的成分或浓度。

半导体气敏元件都附有加热器，一般加热到 200～400℃，加热器使用时可以使附在探测部分处的油雾、尘埃烧掉，同时加速气体的吸附，从而提高器件的灵敏度和响应速度。

1. 半导体气敏传感器的工作机理和主要特性

半导体气敏传感器按其工作原理可分为电阻型和非电阻型。电阻型又可分为表面控制型和体控制型；非电阻型又可分为二极管型、PET 型和电容型。其中，非电阻型尚未形成产品，这里以最为典型的表面控制型为例介绍半导体气敏传感器的工作机理及主要特性。

1）半导体气敏传感器工作机理

表面控制型气敏传感器表面电阻的变化，取决于表面原来吸附气体与半导体材料之间的电子交换。通常气敏元件工作在空气中，空气中的氧化性气体(如氧和 NO_x 等)接受来自半导体材料的电子而吸附负电荷，其结果表现为：N 型半导体材料的表面空间电荷区域的传导电子减少，使电阻增加。一旦元件与被测的还原性气体(如 H_2、CO、酒精等)接触就会与吸附的氧起反应，将被氧束缚的电子释放出来，使元件电阻减小；P 型半导体气敏元件情况与 N 型相反，氧化性气体使其表面电阻减小，还原性气体使其电阻增加。

N 型半导体材料有 SnO_2、ZnO_3、TiO_2、W_2O_3 等，P 型材料有 MnO_2、CrO_3 等。目前，商品化的表面控制型半导体气敏传感器元件有 SnO_2、ZnO 等，体电阻控制型的有 $\alpha-Fe_2O_3$、$\gamma-Fe_2O_3$ 和 TiO 等。以下仅就 SnO_2 系列气敏元件及传感器进行介绍。

2）半导体气敏传感器的主要特性

(1) 灵敏度。气体传感器在最佳工作条件下，接触同一种气体，其电阻值 R_S 随气体浓度变化的特性称之为灵敏度，用 K 表示：

$$K=\frac{R_S}{R_0} \tag{8-2}$$

式中：R_0 为气体传感器在正常空气条件下(洁净空气)的阻值；R_S 为气体传感器在一定浓度检测气体中的阻值。

(2) 初期稳定性。气体传感器经一定时间不通电放置后，再通电工作，其阻值达到稳定时所需的时间定义为初期稳定时间。

对 SnO_2 气体传感器，不通电存放一段时间后，再通电器件不能立即进入正常工作状态。其阻值在洁净空气中先会急剧下降，达极小值后又上升，经一段时间后达到稳定值，如图 8-2 所示。

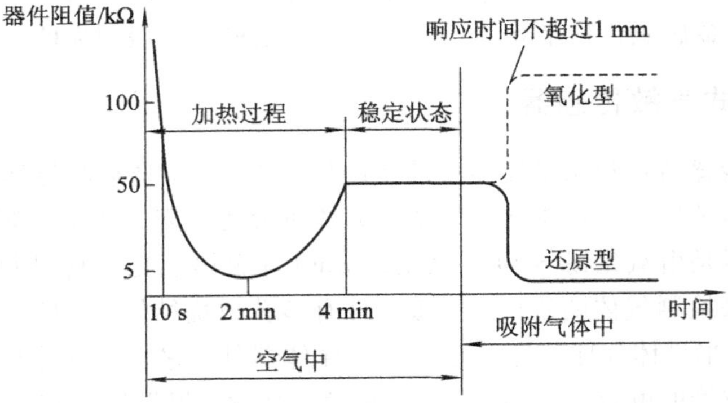

图 8-2　N 型半导体吸附气体时器件阻值的变化

(3) 初期恢复时间。SnO_2 气敏传感器长时间不通电存放，无论处于何种气体中都将出现高阻现象。通电一定时间后，气敏元件阻值才恢复到初始稳定值，这种变化如图 8-2 所示。仪表通电开始到元件恢复到初始稳定值的时间称为初期恢复时间。

初期恢复时间随元件种类、表面温度等不同而异。直热式的恢复期较长，旁热式较短。

通常在设计应用电路时普遍加延时电路和加热清洗电路来弥补此缺点。

(4) 加热特性。SnO_2气敏传感器要在加热状态下工作，加热温度直接影响元件性能。因此可选择元件的工作条件，使其工作于最佳加热电压下。

(5) 温湿度特性。SnO_2气敏传感器易受环境温湿度影响，应用中要加温湿度补偿措施。

另外气敏传感器的气体选择性对其至关重要。若其气体选择性不佳或使用过程中逐渐变劣均会给气体测试、控制或报警带来很大困难，甚至造成事故。提高传感器气体选择性的方法有：向气敏功能材料中加其他金属氧化物及不同添加物；控制元件烧结温度，改变气敏元件工作时的加热温度。

3) 半导体气敏传感器的特点

半导体气敏传感器的优点是制造简单，使用方便，价格低廉，对气体浓度变化的响应时间短，即使在低浓度(10^{-6}级)情况下，灵敏度也很高。它的缺点是稳定性差，容易老化，各器件之间的差异大等。

2. 半导体气敏传感器结构

1) 气敏元件的结构形式

半导体气敏元件按结构可将其分成烧结型、薄膜型和厚膜型三种。

(1) 烧结型气敏元件。这类器件以半导瓷SnO_2为基本材料(其粒度在 1 μm 以下)添加不同杂质，采用传统制陶方法进行烧结。烧结时埋入加热丝和测量电极，制成管芯，最后将加热丝和测量电极焊在管座上，加特种外壳构成器件。烧结型器件的结构如图 8-3(a)所示。

烧结型器件的一致性较差，机械强度也不高。但它价格便宜，工作寿命较长，目前仍得到广泛应用。

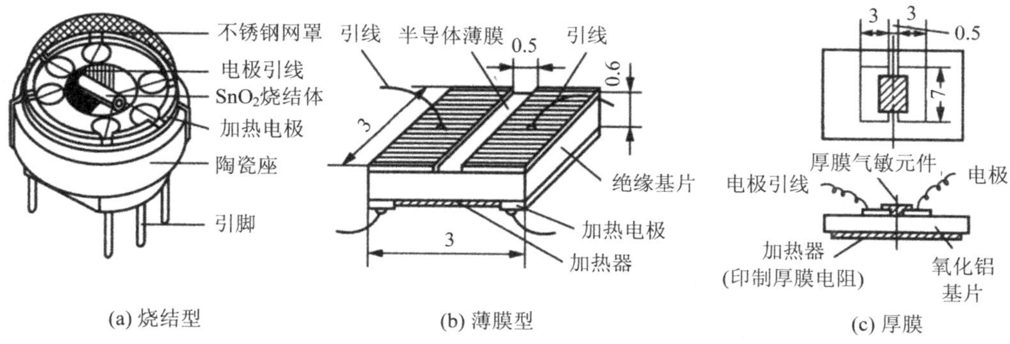

图 8-3　半导体气敏传感器的结构

(2) 薄膜型气敏元件。薄膜型气敏元件的结构如图 8-3(b)所示，采用蒸发或溅射方法在石英基片上形成一层氧化物半导体薄膜。实验测定，证明SnO_2和 ZnO 薄膜的气敏特性最好。但这种薄膜为物理性附着系统，器件之间的性能差异仍较大。

(3) 厚膜型气敏元件。为解决器件一致性问题，出现了厚膜器件。它是用SnO_2和 ZnO 等材料与 3%～15%(重量)的硅凝胶混合制成能印刷的厚膜胶，把厚膜胶用丝网印刷到事

先安装了铂电极的 Al_2O_3 基片上，以 400～800℃烧结 1 小时制成。其结构原理如图 8-3(c)所示。

厚膜工艺制成的元件一致性较好，机械强度高，适于批量生产，是一种有前途的器件。

2）半导体气敏传感器结构

半导体气敏传感器结构和外形如图 8-4 所示。它由塑料底座、电极引线、气敏元件(烧结体)、防爆用的双层不锈钢网以及包裹在烧结体中的两组铜丝组成。其中一组铜丝为工作电极，另一组为加热电极。

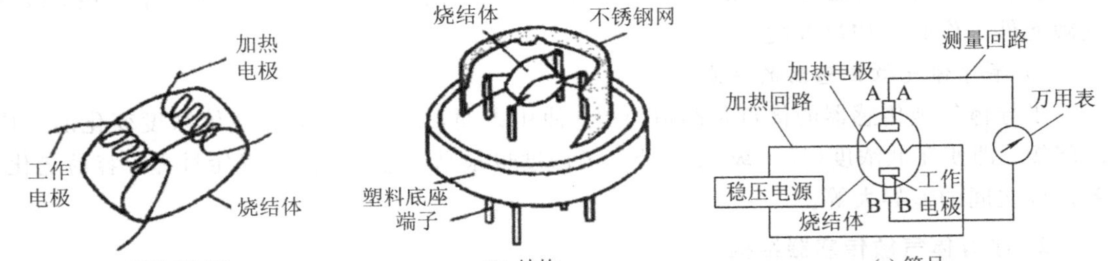

(a) 气敏烧结体　(b) 结构　(c) 符号

(d) 外形

图 8-4　气敏传感器结构

3. SnO_2 系列气敏传感器应用实例

烧结型 SnO_2 气敏元件是目前工艺最成熟、使用最广泛的气敏元件。由它制成的气敏传感器主要用于检测还原性气体、可燃性气体和液体蒸汽。下面以 QM-N5 型气敏元件为实例介绍 SnO_2 气敏元件的应用。

1）QM-N5 型气敏元件

QM-N5 型属旁热式气敏元件，其内部结构如图 8-5 所示。它的管芯是一个陶瓷管，在管内放进加热丝，管外涂梳状金电极作测量极，在金电极外涂 SnO_2 材料。这种结构使加热丝与测量极分离，这样加热丝不与气敏材料接触，避免了测量回路与加热回路之间的相互影响；QM-N5 元件的热容量大，使环境温度对器件加热温度的影响降低，容易保持 SnO_2 材料结构稳定。

QM-N5 型气敏元件适用于检测可燃性气体，如：天然气、煤气、液化石油气、氢气、一氧化碳、烷烃类、烯烃类、炔烃类等气体以及汽油、煤油、柴油、氨类、醇类、醚类等可燃液体蒸汽及烟雾等。其基本特性如图 8-6 所示，它表示被测气体在不同浓度下气敏器件的电阻值，因而也表示了气敏器件的灵敏度。SnO_2 气敏器件的环境条件为：温度为 20～40℃，湿度不大于 85%。

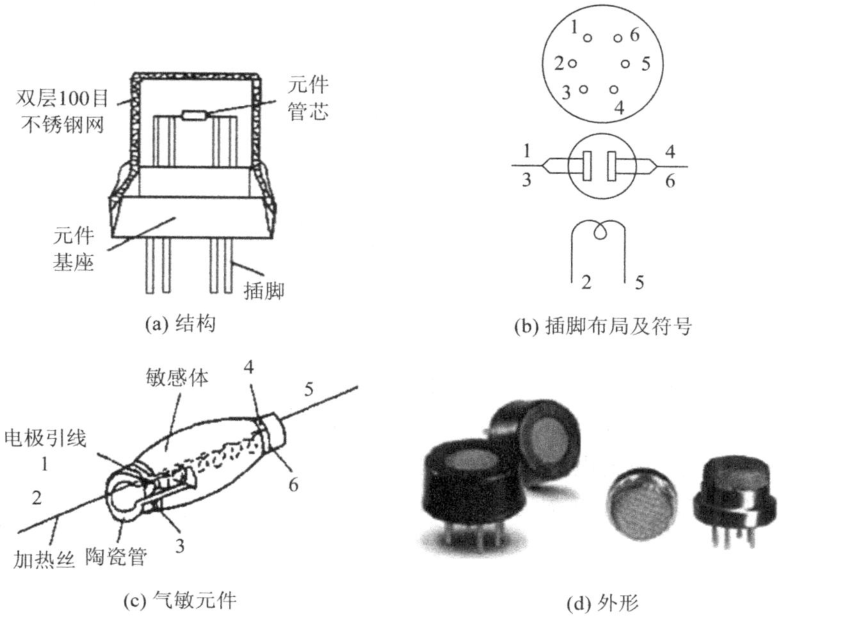

(a) 结构　(b) 插脚布局及符号　(c) 气敏元件　(d) 外形

图 8-5　QM-N5 型气敏元件内部结构与电路符号

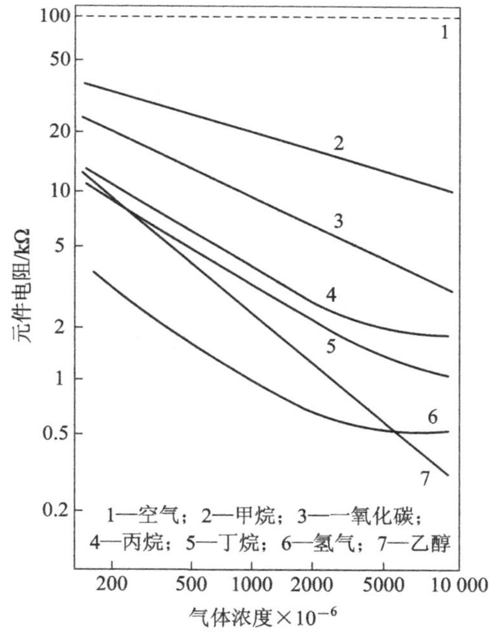

图 8-6　QM-N5 型气敏元件的基本特性

2）QM-N5 型气敏传感器的特性

QM-N5 型气敏传感器的主要技术指标如表 8-2 所示。

表 8-2 QM-N5 型气敏传感器的主要技术指标

技术指标	参　　数	技术指标	参　　数
加热电压(U_H)	AC 或 DC (5±0.2)V	响应时间(t_{res})	≤10 s
回路电压(U_C)	DC 24 V(最大)	恢复时间(t_{rec})	≤30 s
负载电阻值(R_L)	2 kΩ	元件功耗	≤0.7 W
清洁空气中电阻值(R_a)	≤2000 kΩ	检测范围	50～10 000 ppm
灵敏度($K=R_a/R_{dg}$)	≥4(在 1000 ppm C_4H_{10} 中)	使用寿命	2 年

气敏传感器件基本测试电路如图 8-7 所示。

图 8-7 中，U_H 为加热电压，U_C 为测量电压，R_L 为负载电阻。电路中气敏器件电阻值的变化引起电路中电流的变化，输出电压(信号电压)由电阻 R_L 上取出。由于气敏元件在低浓度下灵敏度高，在高浓度下趋于稳定。所以，QM-N5 型气敏传感器常用于检查可燃性气体泄漏并报警等方面。

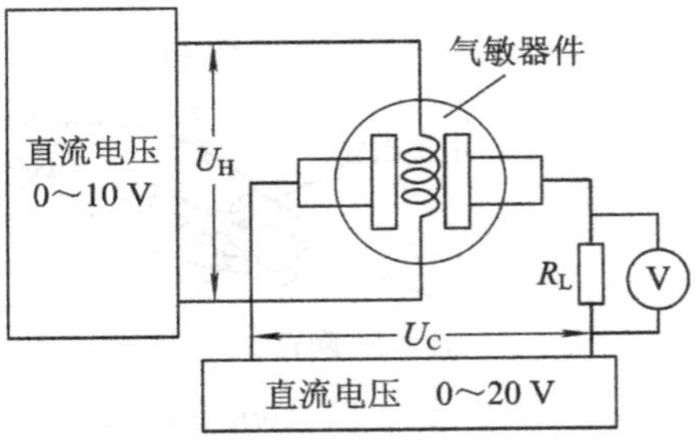

图 8-7　气敏传感器件基本测试电路

3) QM-N5 型气敏传感器的应用

采用 QM 气敏传感器的简易煤气监测电路如图 8-8 所示。无煤气泄漏的正常情况下，A-B 间呈高阻抗，使 RP 滑动端为低电平，D_1 输出为高电平，则 D_2 输出为低电平时，D_3 和 D_4 所构成的振荡器不能工作，扬声器 B 不发声。LED_1 发光表示无煤气漏泄。当有煤气漏泄时，QM 检测到有害气体，A-B 间电阻降低，使 RP 滑动端为高电平，D_1 输出为低电平，则 D_2 输出为高电平，使 D_3 和 D_4 构成的振荡器起振，扬声器 B 发出报警声，同时，LED_2 发光表示有煤气泄漏。

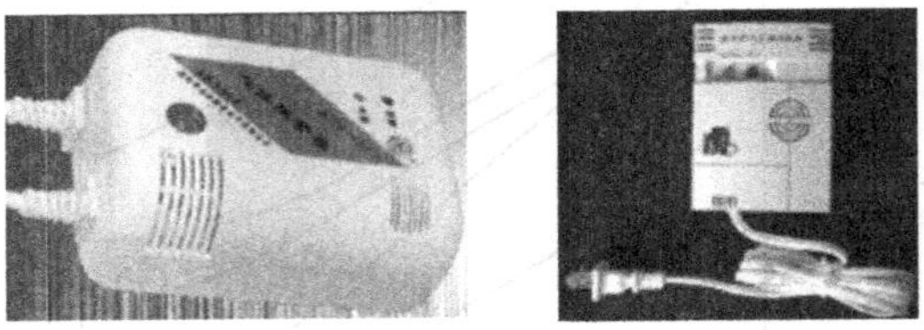

(a) 外形

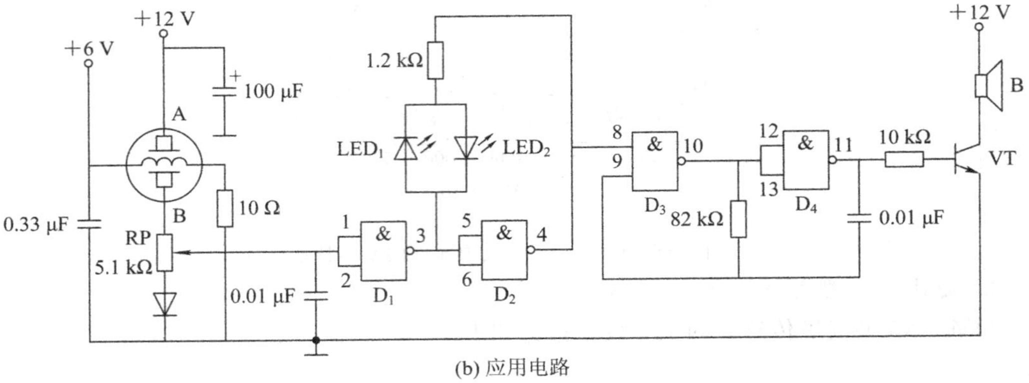

(b) 应用电路

图 8-8　采用 QM 气敏传感器的简易煤气监测电路

瓦斯的主要成分是甲烷(CH_4)，是一种无毒、无味、无颜色的可燃气体。瓦斯是煤炭开采过程的伴生物，当瓦斯浓度达到 43%以上、氧含量降到 12%以下时，可使人窒息；当瓦斯浓度达到 57%以上、氧含量降到 9%以下时，可使人立即死亡。在井下发生瓦斯爆炸，会使氧气迅速消耗，从而造成人员死亡，所以瓦斯是煤矿安全生产的重大隐患，瓦斯的检测就显得尤为重要。图 8－9 所示为一种直接安装在矿工安全帽内的瓦斯报警器电路。矿灯瓦斯报警器由矿灯蓄电池 4 V 电源供电，瓦斯探头由 QM－N5 型气敏元件、限流电阻 R_1 和矿灯蓄电池组成。

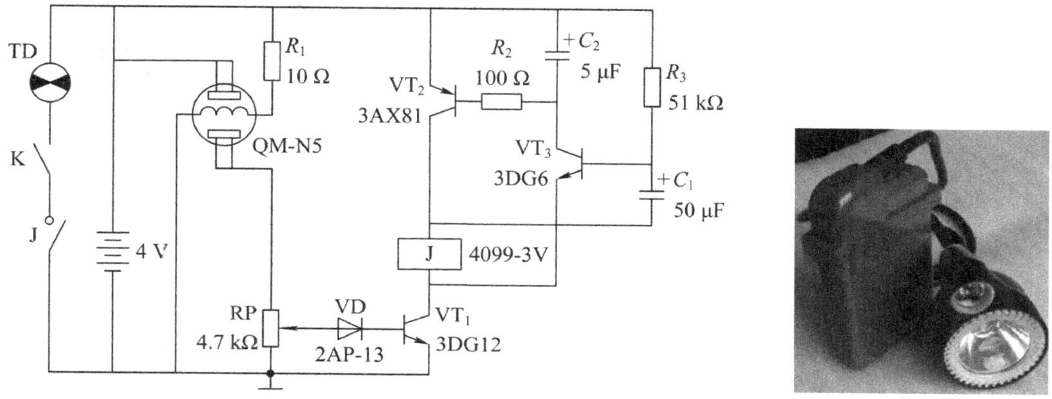

(a) 应用电路　　(b) 外形

图 8－9　瓦斯报警器电路

图 8－9 中，PR 为瓦斯报警设定电位器；当矿内瓦斯浓度超过某一设定值时，气敏器件输出瓦斯——电信号，通过二极管 VD 使 VT_1 导通，VT_2、VT_3 便开始工作；而当瓦斯浓度低时，气敏器件输出信号减小、VT_1 截止，VT_2、VT_3 也停止了工作。

VT_2、VT_3 构成一个互补式自激多谐振荡器。在 VT_1 导通后，电源通过 R_3 对 C_1 充电。此时因 VT_2、VT_3 均截止，所以 C_2 充电很慢；当 C_1 充电至一定电压时，VT_3 导通，C_2 很快地通过 VT_3 充电，使 VT_2 很快导通，继电器 J 的触点吸合。当 VT_2 导通时，C_1 立即开始放电，其放电回路为 C_1 正极经 VT_3、VT_1 管再经电源和 VT_2 管返回 C_1 负极，所以放电时间常数较大。当 C_1 两端电压接近 0 V 时，VT_3 也就截止了，但当 VT_3 截止时，由于电容器 C_2 上还有电荷，VT_2 还不能立即截止。此时 C_2 经 VT_2 和 R_2 放电，待 C_2 两端电压接近 0 V 时，VT_2 也就截止，继电位 J 的触点释放，VT_3 管截止，C_1 又进入充电阶段，重复上述过程，使电路形成自激振荡，继电器 J 的触点不断地吸合与释放，使矿灯不断闪亮。由于继电器安装在矿工帽上，继电器吸合时衔铁铁芯发出“嗒嗒”声响，通过硬质的矿工帽传递，使矿工听到声音。声光信号引起矿工警觉，以便及时采取措施，防止事故发生。

由于 QM 系列各型元件特性不同，所以选择敏感元件时应注意：

QM－N5 供防火用：对可燃气体检测响应，恢复速度、灵敏度高。

QM－N7 供环保用：对一氧化碳具有选择性。

QM－N7 供家庭用：检测液化石油气、管道煤气、天然气，稳定性好，对香水(乙醇)具有一定抗干扰性。

QM－J9 供保安用：对乙醇气体具有很高灵敏度与选择性，其应用电路及外形如图 8－10 所示。

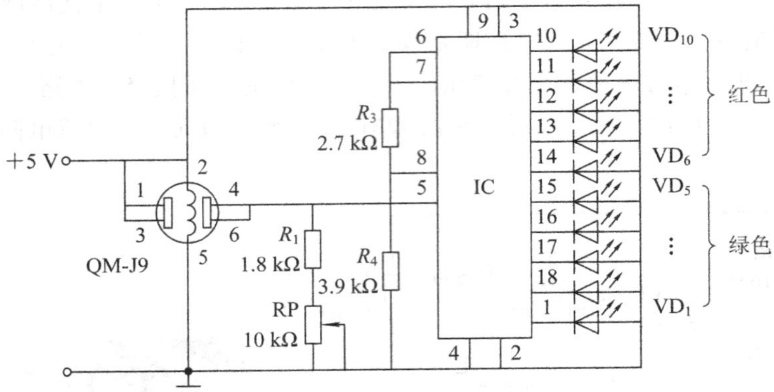

(a) 应用电路

(b) 外形

图 8－10　酒精检测报警器

图 8－10 所示为实用酒精检测报警器。只要被测试者向传感器吹一口气，该仪器即可显示出其醉酒的程度，确定被测试者是否还适宜驾驶车辆等。气体传感器选用 QM－J9 型气敏元件。

当气体传感器探测不到酒精时，加在 IC5 脚的电平为低电平；当气体传感器探测到酒精时，其内阻变低，从而使 IC5 脚电平变高。IC 为显示驱动器，它共有 10 个输出端，每个输出端可以驱动一个发光二极管，显示驱动器 IC 根据第 5 脚的电压高低来确定依次点亮发光二极管的级数，酒精含量越高则点亮二极管的级数越大。上 5 个发光二极管为红色，表示超过安全水平；下 5 个发光二极管为绿色，代表安全水平(酒精含量不超过 0.05%)。

8.2.3　接触燃烧式气体传感器

接触燃烧式气体传感器是利用被测气体进行的化学反应中产生的热量与气体浓度的关系进行检测的，如图 8－11 所示。

图 8－11(b)元件构造中，在绕成螺圈状铂(Pt)丝的周围涂覆载体与催化剂，并制成小球状组成检测元件，又称为黑元件。图 8－11(a)中，将传感器接入电桥的一个桥臂(A－X)中，Pt 丝作为热敏电阻和加热元件使用。在回路中通过 300～400 mA 电流，黑元件被加热到使气体能在催化剂表面燃烧的温度(300～600℃)时，调节电桥达到平衡。当黑元件中通入被测可燃性气体时，由于催化作用，气体在黑元件表面发生燃烧，使 Pt 丝温度升高，阻值增大，电桥平衡被破坏。电桥的不平衡输出与可燃性气体浓度成比例，由此测出可燃性气体的浓度。电桥的另一个桥臂(A－Y)与黑元件在电阻等方面都非常相近，但不含催化剂的补偿元件，又称为白元件。检测元件与气体接触，补偿元件不接触。

接触燃烧式传感器的外形如图 8－11(c)所示。其与半导体气敏传感器相比，优点是对气体选择性好，检测精度高，线性度好，受温度、湿度影响小，工作寿命长、响应快；缺点是对低浓度可燃气体灵敏度低，催化层活性高、易与硫、氯等元素化合而失去催化作用(称之为中毒)，金属丝易断，价格高。

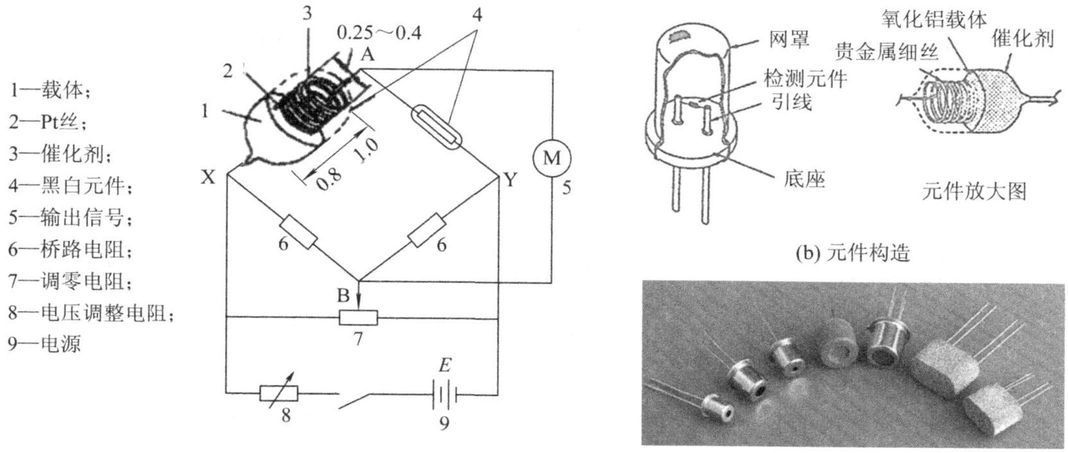

(a) 工作原理　　(b) 元件构造　　(c) 外形

图 8－11　接触燃烧式气体传感器的外形与工作原理

8.2.4　常用气体分析仪

常用的气体分析器有热导式气体分析仪、磁性氧分析器、氧化锆氧分析器、红外线气体分析器、气相色谱仪和工业质谱仪等。这里简单介绍应用较广的热导式气体分析仪、氧化锆氧分析器、红外线气体分析器、气相色谱仪的气体分析机理、使用领域和注意事项。

1. 混合气体中组分含量的分析仪

热导式气体分析仪属于热学式分析仪中的一种。它利用各种气体的导热系数不同来实现混合气体的成分检测，常用气体的导热系数 λ 如表 8－3 所示。

表 8－3　常用气体的导热系数 λ(0℃)

气体名称	空气	N_2	O_2	CO	CO_2	H_2	SO_2	NH_3	CH_4	Cl_2
$\lambda\times10^2$ W/m·K	2.440	2.432	2.466	2.357	1.465	17.417	1.004	2.177	3.019	0.788
相对导热系数	1.00	0.966	1.013	0.6	0.605	7.15	0.35	0.89	1.25	0.323

混合气体一般由多个组分组成，要检测这些组分中某一组分的含量，这个组分称为待测组分。检测时须具备的必要条件是：

(1) 待测组分的导热系数，要比其他组分的导热系数应有明显的差别，差别愈大，测量愈灵敏；

(2) 余下组分的导热系数必须尽量相同或十分接近，对这些组分以导热系数角度来看，可视它们为同一种成分，以便与待测组分的导热系数相比较。

例如检测分析烟气中的 CO_2 含量。设烟气中含有 N_2、CO_2、O_2、CO、SO_2 和 H_2 等，在检测分析之前先对烟气进行预处理，除去 SO_2 和 H_2。余下成分中 N_2、CO、O_2 的导热系数很接近，这样就满足了 CO_2 的检测分析条件。

热导式气体分析仪就是完成混合气体成分检测与分析的仪表，它是利用气体体积的百分比含量与气体导热系数有关的物理特性进行分析工作的。由于混合气体的导热系数随待测组分含量而变化，因此只要测出混合气体的导热系数即可得知待测组分的含量。热导式气体分析仪将导热系数的差异转化为电阻的变化，解决了直接测量导热系数的困难。

热导式气体分析仪由热导室、测量电桥和显示仪组成，其外形如图 8－12(a)所示。

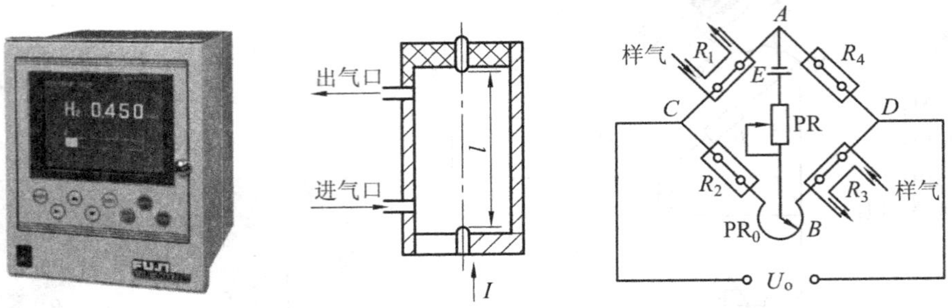

(a) 富士ZAF3外形　(b) 热导室结构　(c) 热导式气体分析仪的测量电桥

图 8－12　热导式气体分析仪外形、热导室的结构和测量电桥

图 8－12(b)中，热导室内悬吊一根电阻丝(长度为 l)作为热敏元件。将混合气体送入热导室，通过在热导室内用恒定电流 I 加热铂丝，铂丝的平衡温度即电阻值，取决于混合气体的热导系数，即待测组分的含量。铂丝的电阻值可利用不平衡电桥来测量。

图 8－12(c)为热导式气体分析仪的测量电桥，铂丝电阻 $R_{1\sim4}$ 组成不平衡电桥。R_1、R_3 为工作臂，置于待测气体流过的热导室内。R_2、R_4 为参比臂，置于流过参比气体的参比室内。整个电桥置于保持温度基本稳定的环境中。当待测气体以一定速度通过测量室时，显示仪指示即显示待测组分的百分含量。

2. 氧气含量分析仪

1) 氧化锆

氧化锆(ZrO_2)是一种利用氧离子导电的固体电解质，若在氧化锆加入一定量的氧化钙(CaO)或氧化钇(Y_2O_3)，不仅提高了 ZrO_2 的稳定性，还因为 Zr^{4+} 被 Ca^{2+} 或 Y^{3+} 置换而生成氧离子空穴，使空穴浓度大大增加。当温度为 800℃以上时，空穴型的氧化锆就变成了良好的氧离子导体，从而可以构成氧浓差电池。

2) 氧化锆氧量分析仪工作机理与条件

氧化锆氧量分析仪属于电化学分析器中的一种。它利用氧化锆浓差电池所形成的氧浓差电动势与氧(O_2)含量之间的量值关系进行氧含量测量。氧化锆氧量分析仪除了具有灵敏度高、稳定性好、响应快和测量范围宽的优点外，与其他过程气体分析仪最大的不同在于氧化锆传感器探头可以直接插入烟道中进行测量，不需要复杂的采样和预处理系统，减少了仪器的维修工作量。但必须指出的是，氧化锆测量探头必须在 850℃左右的高温下运行，否则灵敏度将会下降。所以氧化锆氧量计在探头上都装有测温传感器和电加热设备。例如，用氧化锆氧量分析仪连续分析各种工业窑炉烟气中的氧含量，即可控制送风量来调整空气系数 α 值，以保证最佳的空气燃料比，达到节能及环保的双重效果。

经上述分析，为保证氧化锆氧量分析仪正常工作，需满足以下三个条件：

(1) 为保证测量准确性，减少温度变化对氧浓差电动势的影响，应保持温度恒定(一般保持在 850℃左右时仪器灵敏度最高)，且应增加温度补偿环节。

(2) 保证要有参比气体，且参比气体的氧含量要稳定不变。参比气体的氧含量与被测气体的氧含量差别越大，仪器灵敏度越高。

(3) 被测气体和参比气体应具有相同的压力，这样可以用氧气的体积百分比浓度代替分压力，仪器可以直接以氧浓度来作刻度。

3) 氧化锆氧量分析仪的结构与安装

氧化锆氧量分析仪主要由氧化锆管组成。一般外径为 11 mm，长度为 80～90 mm，内外电极及其引线采用金属铂，要求铂电极具有多孔性，并牢固地烧结在氧化锆管的内外侧，内电极的引线是通过在氧化锆管上打一个 0.8 mm 小孔引出的。带恒温装置的氧化锆氧量分析仪结构如图 8-13 所示。

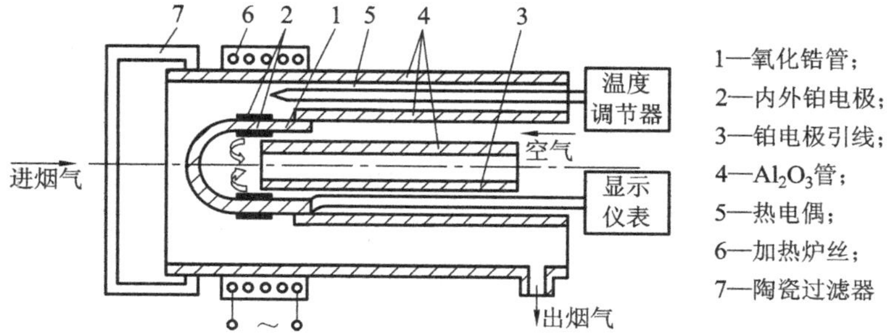

图 8-13　氧化锆氧量分析仪结构

空气进入一头封闭的氧化锆管的内部作为参比气体。烟气经陶瓷过滤器后作为被测气体流过氧化锆管的外部。为了稳定氧化锆管的温度，在氧化锆管的外围装有加热电阻丝，并装有热电偶用来监测管子温度，通过调节器调整加热丝电流的大小，使氧化锆管子稳定在 850℃左右。

氧化锆氧量分析仪的现场安装有两种方式，一种为直插式，如图 8-14(a)所示。这种形式多用于锅炉、窑炉的烟气含氧量的测量，使用温度在 600～850℃之间。另一种为抽吸式，如图 8-14(b)所示。这种形式在石油、化工生产中可测量最高达 1400℃的高温气体。

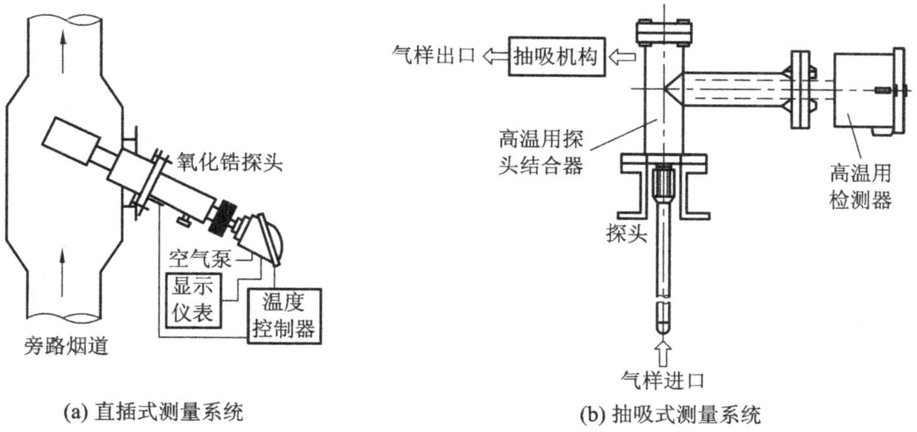

图 8-14　氧化锆氧量分析仪

氧化锆氧量分析仪的内阻很大，而且信号与温度有关，为保证测量精度，前置放大器的输入阻抗应足够高。另外，当氧浓度增大时，氧浓差电势信号会减小，它们之间为对数关系，若使用一般模拟电路进行反对数运算，精度较低，电路复杂。现在多以单片计算机为核心，组成微机化的二次仪表，无论在测量精度、可靠性，还是在功能方面都有很大的提高。

3. 红外线气体分析仪

红外线气体分析器是利用某些气体对不同波长的红外辐射电磁波能量具有特殊的吸收特性而进行分析的。大部分的有机和无机气体在红外波段内部有其特征吸收峰，有的气体还有两个或多个特征吸收峰，如表 8－4 所示。

表 8－4　部分气体的特征吸收峰波长

气体	特征吸收峰波长/μm	气体	特征吸收峰波长/μm
CO	4.65	H_2S	7.6
CO_2	2.7，4.26，14.5	HCl	3.4
CH_4	2.4，3.3，7.65	C_2H_4	3.4，5.3，7，10.5
NH_3	2.3，2.8，6.1，9	$H_2O\uparrow$	2.6～10(广泛吸收)
SO_2	7.3		

气体的特征吸收波长的红外光通过该气体时，光的透射率小于 100%，透射率大小与气体分子浓度有关，通过测定透射率减少的比率，便可测得这种气体的浓度。

红外线气体分析仪的结构原理如图 8－15 所示。

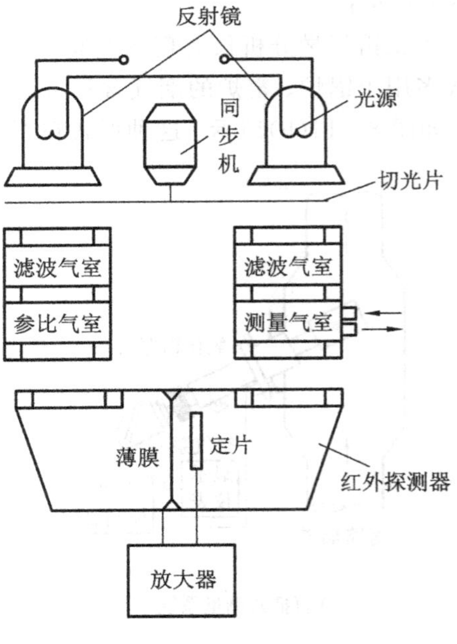

图 8－15　红外线气体分析仪结构原理图

图 8－15 中，光源产生两束能量相同的 3～10 μm 红外线，由同步电机带动的切光片将连续的红外线调制成 3～25 Hz 的脉冲式红外光，其中一路进入通有待测气体的测量室，经滤波室进入红外检测器的右侧；另一路进入密封的装有不吸收红外线气体(如氮气)的参比室后，再进入红外检测器的左侧。红外检测器分为左右两个检测室，里面充有一定浓度的被分析气体，两气室中间用隔膜隔开。当两条光束分别进入到左右两个检测室后，由于两条光束经过工作室和参比室时被吸收的能量不同，到达检测室后的能量也就不同，这些能量被检测室中的待测组分气体吸收后，使两室的温度产生了差别，进而压力也不同，使气室中间的隔膜变形。在膜片上装有电容极板，称之为动片；另有固定安装在检测器上

的电容电极，称之为定片。动片和定片之间形成电容。切光片转动，检测器中的膜片也同步产生变形、复位的振动，这样就产生了一个交变的电容量，通过前置放大器中的电子线路就可以把这个电容量转化为电压信号。被测气体浓度愈大，两束光强的差值也愈大。因此，电容的变化量反映了被分析气体中被测气体的浓度。

红外线气体分析仪具有结构简单、体积小、耐震、可靠性高，以及对样气的预处理要求低等优点，同时有较高的选择性和稳定性。

4. 气相色谱仪

气相色谱仪属于色谱分析仪器中的一种。它是一种高效、快速、灵敏的物理式分离分析方法，可以定性、定量地把几十种组分一次全部分析出来。

色谱法是一种物理的分离方法，它包括两个核心技术：第一是分离的技术，它要把复杂的多组分的混合物分离开来，这取决于现代色谱柱技术；第二是检测技术，经过色谱柱分离开的组分要进行定性和定量的分析，这取决于现代检测器的技术。

气相色谱仪由载气瓶、流量计、进样装置、色谱柱、检测器、放大器及记录仪等环节组成，其基本设备和工作流程如图 8－16 所示。

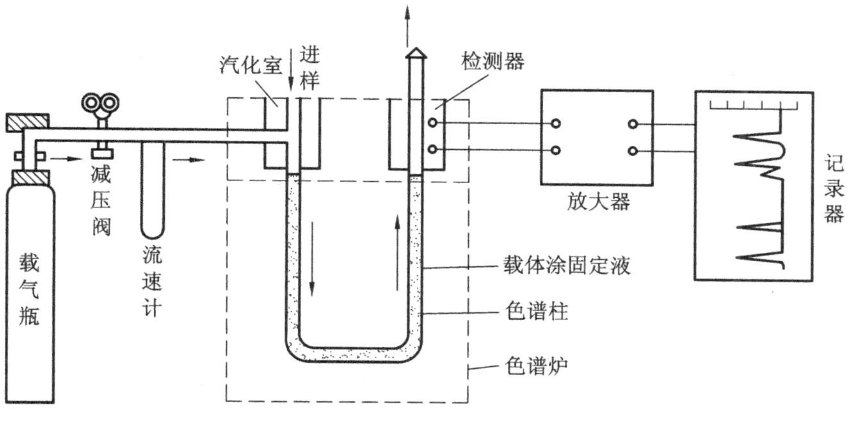

图 8－16　气相色谱仪基本设备和工作流程

当一定量的气样在纯净的载气(称为流动相)的携带下通过具有吸附性能的固体表面，或通过具有溶解性能的液体表面(这些固体和液体称为固定相)时，由于固定相对流动相所携带气样的各成分的吸附能力或溶解能力不同，气样中各成分在流动相和固定相中的分配情况是不同的。分配系数大的成分不易被流动相带走，因而在固定相中停滞的时间较长；相反，分配系数小的成分在固定相中停滞的时间较短。固定相是填充在一定长度的色谱柱中，流动相与固定相之间作相对运动。气样中各成分在两相中的分配在沿色谱柱长度上反复进行多次，使得即使分配系数只有微小差别的成分也能产生很大的分离效应，即使不同成分完全分离。分离后的各成分按时间上的先后次序由流动相带出色谱柱，进入检测器检出，如图 8－17 所示，并用记录仪记录下该成分的峰形。各成分的峰形在时间上的分布图称为色谱图。

从图 8－17 中可以看出，两个组分 A 和 B 的混合物经过一定长度的色谱柱后，将逐步地分离，在不同的时间流出色谱柱，进入检测器产生信号，于是在记录仪中出现色谱峰。

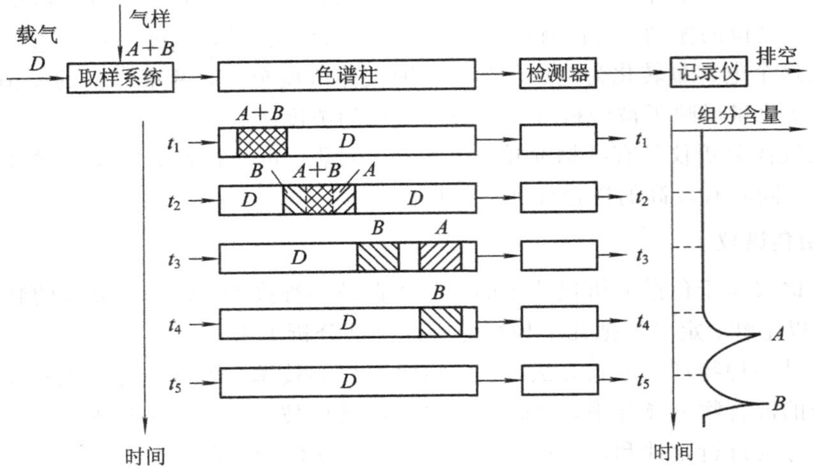

图 8-17　气样在色谱柱中的分离

我们可以根据色谱峰出现的不同时间如 t_1 和 t_5 来进行定性分析，同时还可以根据色谱峰的高度或峰面积进行定量分析。

三种常用色谱仪检测器的性能技术指标、试样性质、应用范围和设备要求如表 8-5 所示。

表 8-5　三种色谱仪检测器的性能技术指标

检测仪名称 / 性能	热导式检测器（TCD）	氢焰离子式检测器（FID）	电子捕获式检测器（ECD）
灵敏度	10^4 mV·mL/mg	10^{-2} C/g	800 A·mL/g
最小检测浓度	$0.1/10^4$	$1/10^{12}$	$0.1/10^{12}$
线性范围	10^4	10^7	$10^2 \sim 10^4$
最高温度	500℃	1000℃	225℃(H^3) 350℃(Ni^{63})
进样量	1～40 μL	0.05～0.5 μL	0.1～10 ng
试样性质	所有物质	含碳有机物	多卤、亲电子物
应用范围	无机气体、有机物	有机物及痕量分析	农药、污染物
设备要求	恒温控制，稳压电源，电桥	净化气体	载气要去除 O_2

8.2.5　气体分析仪的选择及注意事项

1. 气体分析仪的选择

气体传感器的类型较多，性能差异也较大，在实际应用时，宜根据具体的使用场合、条件和要求进行合理选择，做到既经济合理、又安全可靠。目前，对于气体成分浓度的测量都采用一体化仪器完成，这类仪器就是将气敏传感器、测量电路、显示器、报警器、电源

(充电电池)、抽气泵等组装成一个整体，成为一体式仪器，对某一种气敏传感器的选择实际上就是对某一种气体检测仪的选择。以下就选择这类仪器需注意的一些具体问题作一介绍。

1）确认所要检测气体种类和浓度范围

每一个生产部门所遇到的气体种类都是不同的。在选择气体检测仪时就要考虑到所有可能发生的情况。对有害气体的检测有两个目的：第一是测爆，第二是测毒。所谓测爆是检测危险场所可燃气含量，超标报警，以避免爆炸事故的发生；测毒是检测危险场所有毒气体含量，超标报警，以避免工作人员中毒。测爆的范围是(0～100)%LEL，测毒的范围是0～几十(或几百)ppm，两者相差很大。危险场所有害气体有三种情况，第一、无毒(或低毒)可燃；第二、不燃有毒；第三、可燃有毒。前两种情况容易确定，第一测爆，第二测毒，第三种情况如有人员暴露就测毒，如无人员暴露则测爆。测爆选择可燃气体检测报警仪，测毒选择有毒气体检测报警仪。

2）确定使用场合

工业环境的不同，选择气体检测仪种类也不同。检测仪有两种类型：便携式和固定式。生产或贮存岗位长期运行的泄漏检测选用固定式检测报警仪；其他如检修检测、应急检测、进入检测和巡回检测等选用便携式(或袖珍式)仪器。

3）择优选择仪器型号

选择仪器型号时要考虑以下几点原则：

(1) 生产厂家讲诚信、信誉好、生产的质量有保证，通过了ISO9002质量体系认证，具有技术监督部门颁发的CMC生产许可证，具有消防、防爆合格证。

(2) 选择的型号产品功能指标要符合国标GB12358—90、GB15322—94、GB16808—1997等标准的要求。

(3) 仪器的检测原理要适应检测对象和检测环境的要求。

2. 使用气体分析仪时需要注意的问题

1）注意经常性的校准和检测

有毒有害气体检测仪也同其他的分析检测仪器一样，都是用相对比较的方法进行测定的：先用一个零气体和一个标准浓度的气体对仪器进行标定，得到标准曲线储存于仪器之中，测定时，仪器将待测气体浓度产生的电信号同标准浓度的电信号进行比较，计算得到准确的气体浓度值。因此，随时对仪器进行校零，经常性对仪器进行校准都是保证仪器测量准确的必不可少的工作。需要说明的是：目前很多气体检测仪都是可以更换检测传感器的，但是，这并不意味着一个检测仪可以随时配用不同的检测仪探头。不论何时，在更换探头时除了需要一定的传感器活化时间外，还必须对仪器进行重新校准。另外，建议各类仪器在使用之前，对仪器用标气进行响应检测，以保证仪器真正起到保护的作用。

2）注意各种不同传感器间的检测干扰

一般每种传感器都对应一个特定的检测气体，但任何一种气体检测仪也不可能是绝对有效的。因此，在选择一种气体传感器时，都应当尽可能了解其他气体对该传感器的检测干扰，以保证它对于特定气体的准确检测。

3）注意各类传感器的寿命

各类气体传感器都具有一定的使用年限，即寿命。一般来讲，在便携式仪器中，LEL

传感器的寿命较长，一般可以使用三年左右；光离子化检测仪的寿命为四年或更长一些；电化学特定气体传感器的寿命相对短一些，一般在一年到两年；氧气传感器的寿命最短，大概在一年左右。电化学传感器的寿命取决于其中电解液的干涸，所以如果长时间不用，将其密封放在较低温度的环境中可以延长一定的使用寿命。固定式仪器由于体积相对较大，传感器的寿命也较长一些。因此，要随时对传感器进行检测，尽可能在传感器的有效期内使用，一旦失效，及时更换。

4）注意检测仪器的浓度测量范围

各类有毒有害气体检测器都有其固定的检测范围。只有在其测定范围内完成测量，才能保证仪器准确地进行测定。而长时间超出测定范围进行测量，就可能对传感器造成永久性的破坏。比如，LEL 检测器，如果不慎在超过 100%LEL 的环境中使用，就有可能彻底烧毁传感器。而有毒气体检测器，长时间工作在较高浓度下使用也会造成损坏。所以，固定式仪器在使用时如果发出超限信号，要立即关闭测量电路，以保证传感器的安全。表 8-6 为常见气体传感器的浓度检测范围、分辨率、允许浓度和最高承受浓度(ppm)。

表 8-6　常见气体传感器的浓度检测范围、分辨率、允许浓度和最高承受浓度　ppm

传感器	检测范围	分辨率	TWA	最高浓度
一氧化碳	0～500	1	25	1500
硫化氢	0～100	1	10	500
二氧化硫	0～20	0.1	2	150
一氧化氮	0～250	1	25	1000
氨气	0～50	1	25	200
氰化氢	0～100	1	10	100
氯气	0～10	0.1	0.5	30
VOC	0～10 000	0.1	—	无限制

总之，有毒有害气体检测仪是保证工业安全和工作人员健康的有力工具。我们要根据具体的使用环境场合以及需要的功能，选择合适的气体检测仪。目前，可供我们选择的检测仪包括固定式/便携式、扩散式/泵吸式、单气体/多气体、无机气体/有机气体等等多种多样的组合。只有选择好了合适的气体检测仪器，才能真正做到事半功倍，防患于未然。随着技术和工艺水平的提高，气体检测仪在工业安全和人员健康保护中的应用会更加广泛，相信还会有更多更先进的有毒有害气体检测仪问世。

8.3　湿度传感器及物质性质检测技术

物质性质的检测主要针对湿度、物质的含水量、密度等参量来进行的。其中以湿度检测最为普遍，湿度检测在工农业生产、医疗卫生、食品加工以及日常生活中有着非常重要的地位与作用，它直接关系到产品的质量，如半导体制造中静电荷与湿度有直接关系等。

湿度传感器主要用于湿度测量和湿度控制。湿度测量方面有气象观测，一般环境管理的湿度测量，微波炉、干燥设备、医疗设备、汽车的除湿设备、录像机等的湿度或露点检测等；湿度控制方面有食品、医疗、农业、造纸业、纺织业以及楼房、家庭空调管理，印刷、制药、食品加工等干燥度的控制，食品储存、微生物管理等的湿度调节。

本节主要介绍湿度、物质的含水量、密度的表示方法、检测方法和常用物性测量仪表。其中，重点论述湿度的检测机理、湿敏材料及其结构和湿度传感器的应用。

通常“温湿度”放在一起讲，抛开温度而去单纯讲湿度没有意义，因为湿度受温度的影响非常大。

8.3.1　湿度传感器及其检测技术

1. 湿度的表示方法

湿度是表示空气中水蒸气的含量的物理量，常用绝对湿度、相对湿度等表示。所谓绝对湿度就是单位体积空气内所含水蒸气的质量，也就是指空气中水蒸气的密度。一般用一立方米空气中所含水蒸气的克数表示(g/m^3)，即

$$H_a = \frac{m_V}{V} \tag{8-3}$$

式中，m_V为待测空气中水蒸气质量(g)；V 为待测空气的总体积(m^3)。

相对湿度是表示空气中实际所含水蒸气的分压(P_W)和同温度下饱和水蒸气的分压(P_N)的百分比，即

$$H_T = \left(\frac{P_W}{P_N}\right)_T \times 100\% \tag{8-4}$$

通常，用 RH% 表示相对湿度，这是一个无量纲的值。当温度和压力变化时，因饱和水蒸气变化，所以气体中的水蒸气压即使相同，其相对湿度也发生变化。日常生活中所说的空气湿度，实际上就是指相对湿度而言。

我们知道湿度越高的气体，含水蒸气越多。如果对气体进行冷却，同时保持气体中所含水蒸气的量不变，那么气体的相对湿度将逐渐增加，当温度增到某一值时，气体的相对湿度达 100%，即呈饱和状态。若再进行冷却，蒸汽的一部分将凝聚生成露，这个温度值称为露点温度。也就是说：气体在气压不变的情况下，为了使气体中所含水蒸气达到饱和状态，就必须将气体冷却到的温度值称为露点温度。这样气体温度和露点温度的差值越小，表示空气中的湿度就越接近饱和。

2. 湿敏器件的类型

湿敏器件种类繁多，有多种分类方式。按元件输出的电学量分类可分为电阻式、电容式、频率式等；按其探测功能可分为相对湿度、绝对湿度、结露和多功能式四种；按材料则可分为陶瓷类、有机高分子类、半导体类、电解质类等。下面对电解质、高分子材料和半导体陶瓷构成的湿敏器件作简单介绍。

1) 陶瓷类湿敏器件

陶瓷类湿敏器件主要是由两种以上氧化物混合烧结而成的多孔材料。金属氧化物组成的陶瓷质地坚硬，在水中不膨胀、不溶解，耐高温。该器件多为薄片电容型元件，阻值高，线路较复杂。陶瓷类湿敏器件可旁热或直热清洗，排出有害气体，因此寿命较长，但精度和响应时间不如高分子材料。

陶瓷类湿敏器件较成熟的产品有 $MgCr_2-TiO_2$ 系、$ZnO-Cr_2O_3$ 系，ZrO_2 系厚膜型，Al_2O_3 薄膜型，$TiO_2-V_2O_5$ 薄膜型等品种。它主要用于微波炉的食品调理控制及各种空调控制等。

2）高分子类湿敏器件

能够用做湿敏器件的高分子材料有聚乙烯醇、醋酸纤维素、聚酰胺、乙基纤维素等。高分子材料一般质地柔软，不耐高温，在某些溶剂内易溶解，但加工方便，响应速度快，精度较高，可以做成电阻式、电容式和机械式等；其耐老化和抗污染能力不如陶瓷材料，较好的元件寿命在一年左右。

3）电解质类湿敏器件

电解质类湿敏器件有氯化锂（LiCl）和五氧化二钒等。利用器件吸湿使其离子导电性发生变化而实现湿度的检测。其中，氯化锂传感器的湿度、温度工作范围分别为 20%～90% RH 和 0～60℃，响应时间在 2～5 min，精度较高，应用广泛；露点传感器采用氯化锂饱和溶液，对吸湿（自发热）→蒸发（冷却）→凝结的平衡温度（露点）进行检测，工作温度范围为 －30～＋100℃，响应时间为 2～4 min，不易受污染，主要用于露点计等。

3. 湿度的检测方法

由于湿度的检测必定伴随温度的检测，所以湿度传感器常称为温湿度传感器。常用的湿度测量方法有干湿球法、露点法、电阻法、电容法等。

1）毛发湿度计

从 18 世纪开始利用脱脂处理后的毛发构成湿度计，空气相对湿度增大时毛发伸长带动指针取得读数。现已改用竹膜、蛋壳膜、乌鱼皮膜、尼龙带等材料。这种原理本身不能构成传感器，只能就地指示，精确度高，但滞后时间长。适用范围：30%RH～100%RH。目前在无人气象站和探空气球上仍有用它构成的自动记录仪表。

2）干湿球法

干湿球温湿度传感器由两支规格完全相同的温度传感器组成，如图 8－18 所示。一支称为干球温度计，其暴露在测量环境中，用以测量环境温度；另一支称为湿球温度计，其敏感部分用特制的纱布包裹起来，并保持湿润，纱布中的水分不断向空气中蒸发带走热量。使湿度传感器的温度下降。水分蒸发速率与周围空气含水量有关，空气湿度越低，水分蒸发速率越快。可见，空气湿度与干湿球温差之间存在某种函数关系。利用这种现象，通过测量干球温度和湿球温度来确定空气的湿度。

图 8－18　干湿球温湿度计

3）露点法

空气的相对湿度越高越容易结露，其露点温度越高。所以测出空气开始结露的温度（即露点温度）也就能反映空气的相对湿度。

实验室测露点温度的办法是：利用光亮的金属盒，内装乙醚并插入温度计，强迫空气吹入使形成气泡，乙醚迅速气化时吸收热量而降温，待光亮的盒面出现凝露层时读出温度即可。将此原理改进成自动露点仪，如图 8－19 所示。

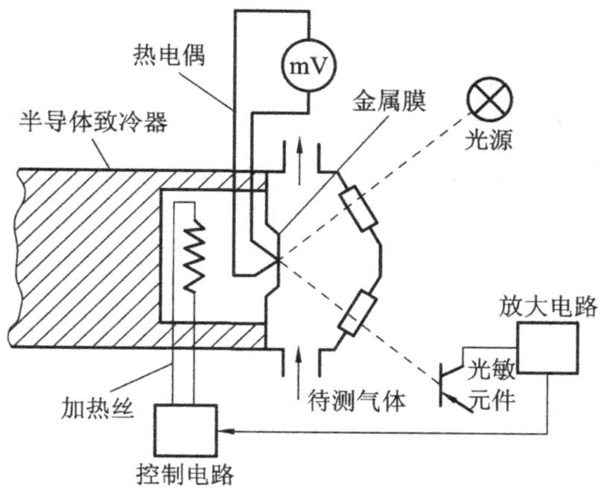

图 8－19　自动露点仪原理

图 8－19 中，在半导体致冷器端部有带热电偶的金属膜，其外表面镀铬抛光形成镜面。光源发出的光被镜面反射至光敏元件，未结露时反光强烈，结露后反射急剧减小。放大电路在反光减小后使控制电路所接的电加热丝升温。露蒸发之后反光增强，控制加热丝降温，于是重新结露。如此循环反复，在热电偶所接的仪表上便可指示膜片的平均温度，这也就是露点温度。

如已知当时的空气温度，可根据露点温度查湿空气曲线或表格得知相对湿度。对于自动测试而言，只需再引入空气温度信号，不难使指示值直接反映相对湿度。

4）电阻法

当相对湿度较低时，湿敏器件上吸附的水较少，不能产生荷电离子，所以电阻值较高。随着相对湿度增加，水的吸附量也增加，集团化的吸附水就成为导电通道，使湿敏器件阻值下降。通过对湿敏器件电阻值的测量，即可实现相对湿度的检测。

5）电容法

以高分子湿敏器件为例。当高分子器件吸水后，器件的介电常数随环境相对湿度的改变而变化，器件的介电常数是水与高分子材料两种介电常数的总和。当含水量以水分子形式被吸附在高分子介质膜中时，由于高分子介质的介电常数（3～6）远小于水的介电常数（81），所以介质中水成分的影响比较大，使元件对湿度有较好的敏感性能。

4. 湿度传感器的结构

常用湿度传感器有电阻变化型和电容变化型。

1）电阻变化型湿度传感器

电阻变化型湿度传感器根据使用湿敏材料的不同可分为高分子型和陶瓷型。图 8－20 是采用了 MCT（$MgCr_2O_4-TiO_2$）系列多孔陶瓷材料的湿度传感器，它灵敏度高、响应特性好、测距范围宽、高温清洗后性能稳定，目前已商品化，且应用广泛。

图 8－20 的内部结构中，湿敏陶瓷以 $MgCr_2O_4$ 为基材，加入一定比例的 TiO_2 感湿材料，压制成薄膜片后，在两面涂布氧化钌（RuO_2）多孔电极，在 800℃下烧结，并通过铂-铱引线引出。湿敏陶瓷外安装有辐射状用于清洗的加热线圈，其作用是通过加热排除附着在

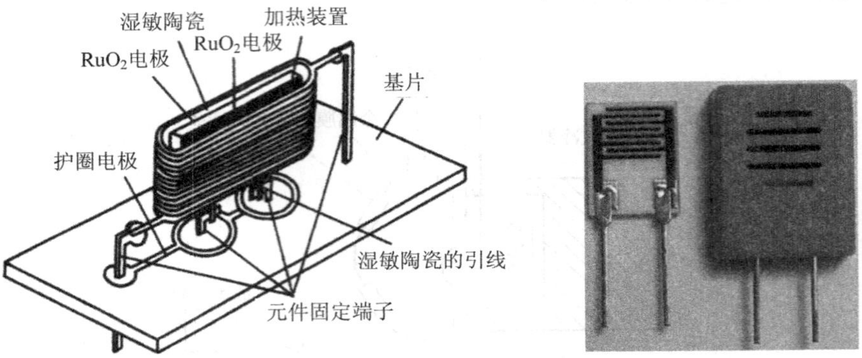

(a) 结构　　(b) 外形

图 8-20　湿敏电阻传感器

湿敏陶瓷上的有害气氛及油雾、灰尘，恢复对水汽的吸附能力。

MCT 系列陶瓷材料在温度 200℃以下时的电阻值受温度影响比较小，当温度在 200℃以上时呈现普通的热敏电阻的特性。这样加热清洗的温度控制可利用湿敏陶瓷在高温时具有热敏电阻特性进行自动控制。由于传感器的基片与湿敏陶瓷容易受到污染，当电解质附着在基片上时，传感器端子间将产生电气泄漏，相当于并联一只泄漏电阻。为此，需要在基片上增设防护圈。

2）湿敏电容传感器

湿敏电容传感器是利用了两个电极间的电介质随湿度变化引起电容值变化的特性制造出来的。其基本结构如图 8-21(a)所示。

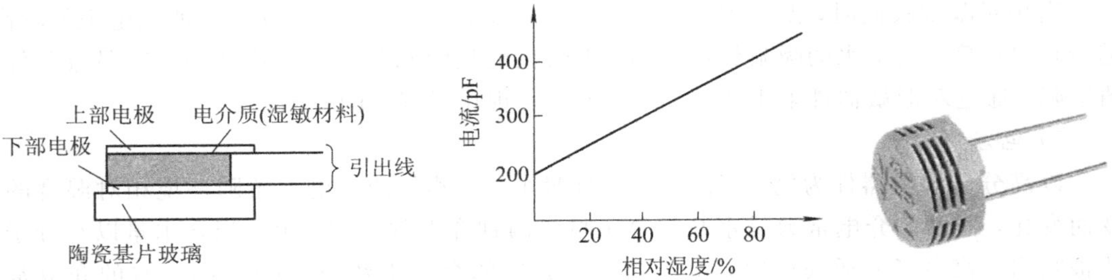

(a) 结构　　(b) 特性　　(c) 外形

图 8-21　湿敏电容传感器的结构与特性

图 8-21 中，在绝缘衬底(玻璃或陶瓷基片)上制作一对平板金电极，然后在上面涂敷一层均匀的感湿膜作电介质，在表层以镀膜方法制作多孔浮置电极，形成串联电容。

5. 湿度检测的应用实例

1）电阻型湿敏传感器实例

HS15 是一种在高湿度环境中具有很强适应性的电阻-高分子型湿度传感器，测量湿度范围为 0～100%RH。测湿电路如图 8-22 所示。

图 8-22 中，A_1 等构成正弦波振荡电路，它将频率约为 90 Hz、电压有效值为 1.3 V、

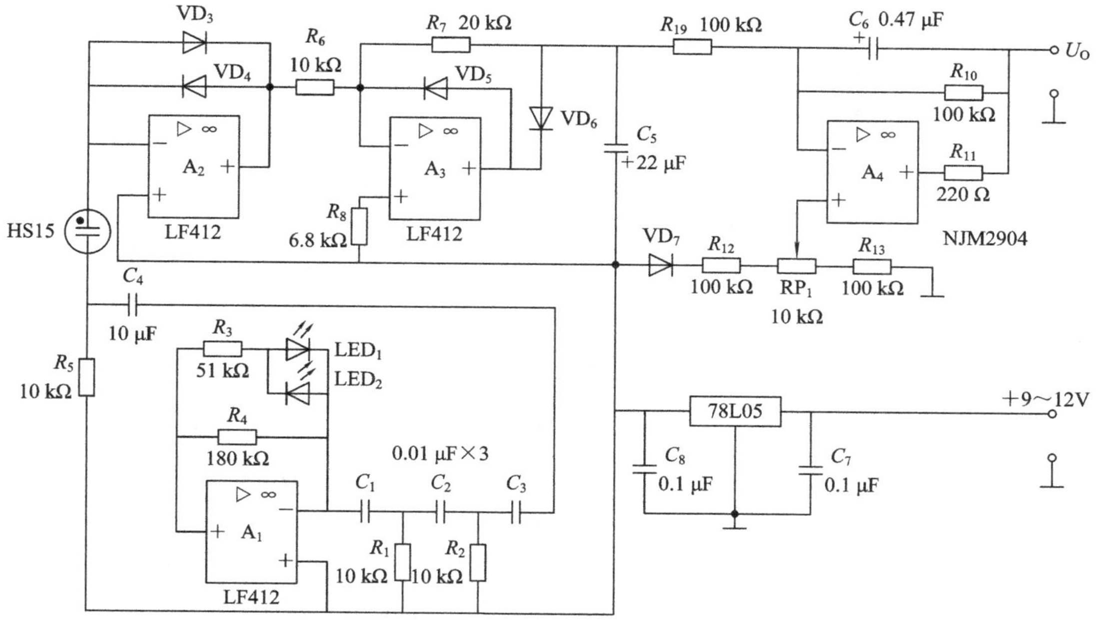

图 8－22　采用 HS15 湿敏传感器的测湿电路

无直流分量的正弦波信号通过 C_4(无极性电解电容)供给湿度传感器 HS15。LED_1 和 LED_2 用于稳定振荡幅度，工作时并不发光。A_2 选用双路 JFET 输入运算放大器 LF412，并利用 VD_3 和 VD_4 硅二极管正向电压、电流特性构成对数压缩电路，使 HS15 的电阻变化所引起的电流变化被对数压缩后以电压形式输出。另外，为了在低湿度情况下，获得正确的测量值，A_2 同湿敏传感器的连接点(反相输入端)应采用保护环等措施使它在电气上浮空。

对数压缩电路同时又兼作温度补偿电路，即利用硅二极管正向电压-电流特性的温度系数，补偿湿敏传感器的温度特性。VD_3 和 VD_4 要接近传感器安装，使它们同湿敏传感器具有相同的温度。电路中的 VD_7 用于过补偿调节。

A_3 与 VD_5 和 VD_6 等构成半波整流电路，它截去被 A_2 对数压缩过的交流信号的一个半周，经电容 C_5 滤波后变换成直流信号，再通过 A_4 的电平移动，得到输出 U_O。

电路调整时，先用一个 51 kΩ 电阻来替代 HS15，并使电路通电工作；调整 RP_1，使输出 U_O 为 540～550 mV 后，切断电源，将 51 kΩ 电阻卸下，重新换上 HS15。电路中虽没有线性化电路，但可以获得±5%RH 精度的输出信号，在 0～100%RH 湿度范围内可输出 0～1 V 直流电压，若后接相关的电路就可组成测湿仪或控湿器。

2) 电容型湿敏传感器实例

采用湿敏电容的雨量计电路如图 8－23 所示。

水位传感器的结构如图 8－23(a)所示。杯中水位的高低与电容量有关，测得电容量即知水位高低，也就测得雨量。

设流经电容 C 的电流为 i，交流电源的电压为 U，则有 $i=1/X_C=2\pi fCU$，若电源频率 f 和电压 U 恒定，则电流 i 与电容 C 成比例，电流表指示值即表示电容量的大小。其工作原理如图 8－23(b)所示。

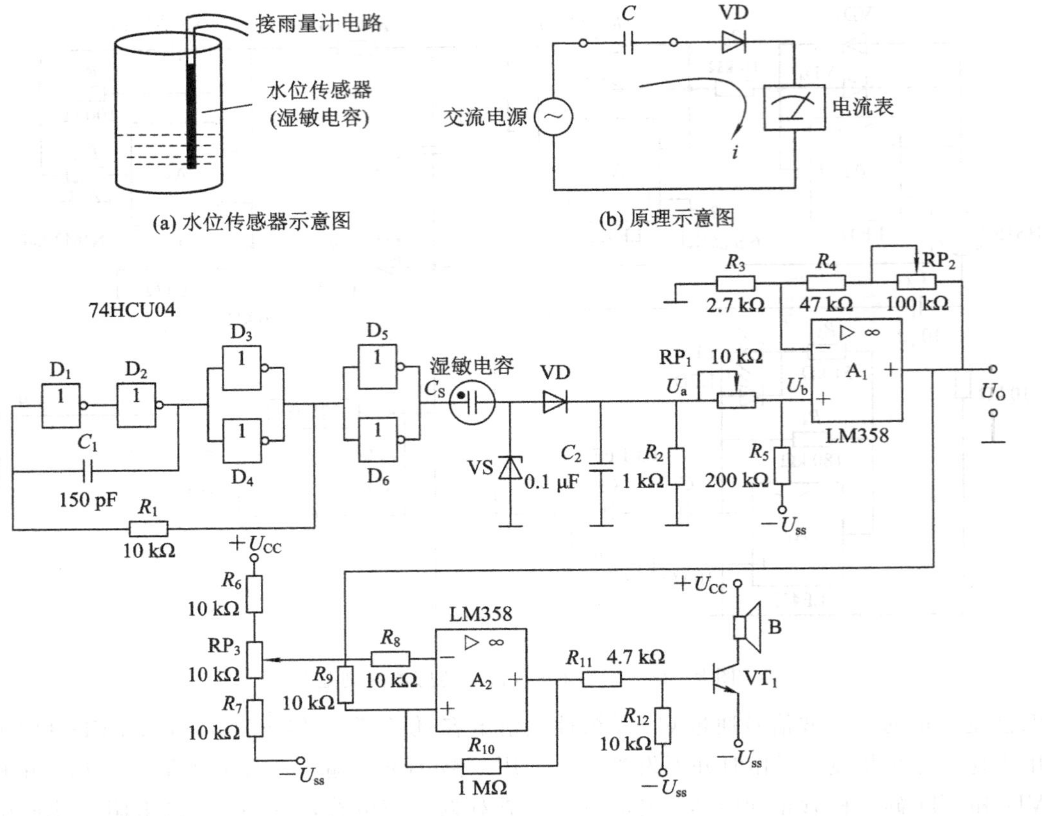

(a) 水位传感器示意图　(b) 原理示意图　(c) 电路图

图 8-23　采用湿敏电容的雨量计电路

湿敏电容的雨量计电路图如图 8-23(c)所示。图中六反相器 74HCU04 中的 D_1 和 D_2 以及 R_1 和 C_1 构成方波振荡电路，为湿敏电容 C_S 提供交流信号源，D_3 和 D_4 并联的目的是提高振荡器的输出能力，D_5 和 D_6 并联构成缓冲器，对于变动的 C_S 容量使其振荡工作稳定。通过 C_S 的电流经 VS 和 VD 整流，C_2 滤波变成平滑的直流流经负载电阻 R_2。由此可知，R_2 的两端电压与 C_S 的容量成比例。A_1 等构成电压范围调整电路，采用 3 V 也能工作的单电源运算放大器 LM358。

水位 H(mm)与输出电压 U_O(mV)之间关系设为 $U_O=H$，例如，水位为 10 mm 时，输出电压为 10 mV；水位为 100 mm 时，输出电压为 100 mV。RP_1 用于调整输出失调电压，即水位为 0 时输出电压为 0 V，即这时由 RP_1 调整 U_b 为 0 V。$U_b=(U_a R_5+U_{ss} R_{P1})/(R_{P1}+R_5)$。$RP_2$ 用于调整灵敏度，$U_O=[(R_4+R_{P2})/R_3+1]U_b$。

A_2 等构成报警电路，RP_3 设定基准电压接到 A_2 的反相输入端，当输出 U_O(与雨量相对应)超过设定值时，A_2 输出高电平，VT_1 导通，B 发声报警。

6. 湿度检测仪表的应用电路框图

采用湿度传感器检测被测物体的湿度时，一般用电位器设定所需湿度对应的电压，将其与湿度传感器检测的现场湿度转换为相应的电压进行比较，根据比较结果的输出去控制有关设备动作，使被测物体湿度保持恒定，同时可用数字显示器显示相对湿度。通用湿度检测仪表内部框图如图 8－24 所示。

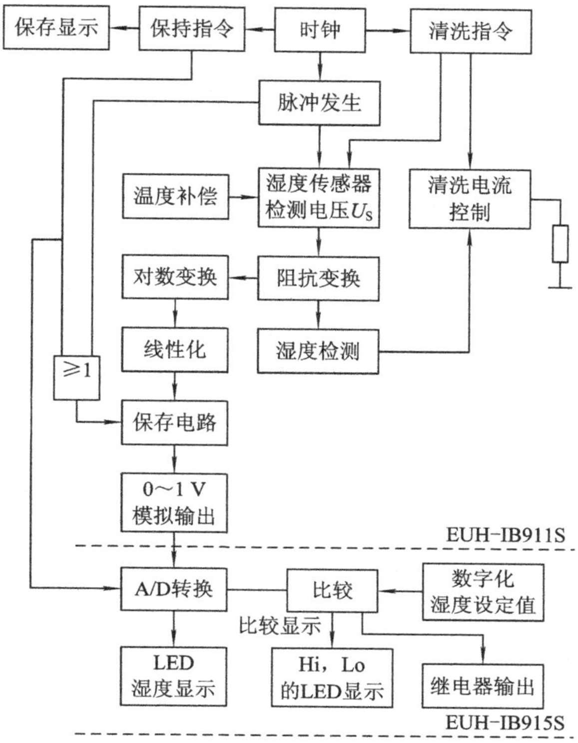

图 8－24　通用湿度检测仪表内部框图

一般湿度传感器都要采用温度补偿电路，在该电路中检测出温度补偿用热敏电阻相应电压，将其进行适当转换，得到只与相对湿度对应的并且容易处理的信号，作为模拟电压的输出信号进行温度补偿。另外，湿度传感器还需要定时周期性地进行加热清洗，为此，利用热敏电阻经常检测湿度传感器的温度，使其加热清洗温度保持在所需要的 500℃ 左右。

8.3.2　物质含水量检测技术

1. 物质含水量的定义

通常将液体或固体物质中的水分含量称为“含水量”。液体或固体物质中所含水分的质量与总质量之比的百分数，就是含水量的值。

2. 含水量检测方法

1）称重法

将被测物质烘干前后的重量 G_H 和 G_D 测出，含水量的百分数为

$$W = \frac{G_H - G_D}{G_H} \times 100\% \qquad (8-5)$$

这种方法很简单，但烘干需要时间，检测的实时性差，而且有些产品不能采取烘干法。

2）电导法

固体物质吸收水分后电阻变小，用测定电阻率或电导率的方法便可判断含水量。例如

用专门的电极安装在生产线上，可以在生产过程中得到含水量数据。但要注意被测物质的表面水分可能与内部含水量不一致，电极应设计成测量纵深部位电阻的形式。

3）电容法

水的介电常数远大于一般干燥固体物质，因此用电容法测含水量相当灵敏，造纸厂的纸张含水量便可用电容法测量。由于电容法是由极板间的电力线贯穿被测介质的，表面水分引起的误差较小。对于电容值的测定，可以用交流电桥、谐振电路及伏安法等。

4）红外吸收法

水分对波长为 1.94 μm 的红外射线吸收较强，并且可用几乎不被水分吸收的 1.81 μm 波长作为参比。由上述两种波长的滤光片对红外光轮流切换，根据被测物对这两种波长的能量吸收的比值，便可判断含水量。这种方法也常用于造纸工业的连续生产线。

检测元件可用硫化铅光敏电阻，但应使光敏电阻处于 10～15℃的某一温度下，为此要用半导体致冷器维持恒温。

5）微波吸收法

水分对波长为 1.36 cm 附近的微波有显著的吸收现象，而植物纤维对此波段的吸收率仅为水的几十分之一，利用这一原理可构成测木材、烟草、粮食、纸张等物质中含水量的仪表。微波吸收法要注意被测物料的密度和温度对检测的影响，这种方法的设备稍复杂一些。

3. 含水量检测的应用实例

电导式散料含水量检测传感器原理如图 8-25 所示。

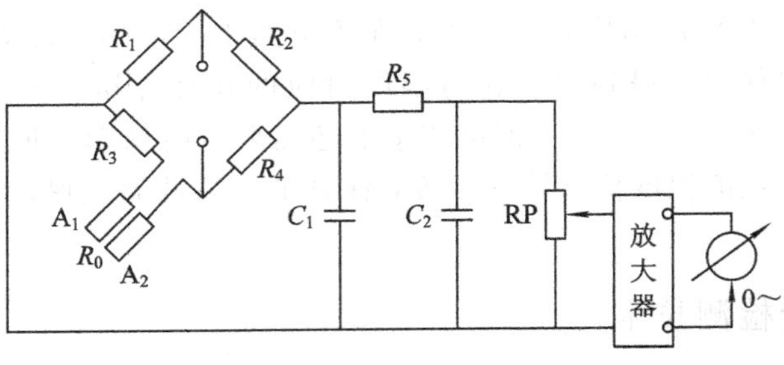

图 8-25　电导式散料含水量检测传感器原理图

图 8-25 中，A_1、A_2 为金属板，埋在散料中构成两电极，在一定距离条件下，金属板间电阻 R_0 随散料含水量而变化。将极间电阻接入不平衡电桥，就可将含水量的变化转换为标准信号输出。

8.3.3　物质密度检测技术

1. 基本概念

密度是物质的质量在空间的分布。物质的密度(ρ)定义为单位体积(V)内的质量(M)，即

$$\rho = \frac{M}{V} \tag{8-6}$$

密度的计量单位有克/厘米^3(g/cm^3)、磅/英尺^3(lb/ft^3)、磅/加仑(lb/gal)和千克/米^3(kg/m^3)等。

液体的相对密度定义是：在同一温度(15.5℃或4℃作为基准温度)和压力下，液体密度和水的密度之比。液体的密度受压力的影响较小，温度变化对密度的影响较大，一般要进行温度补偿。

气体的相对密度是指在标准温度、压力下(15.5℃和0.102 MPa)，气体的密度和空气密度之比。气体的密度取决于气体的温度、压力和性质，气体的密度受压力和温度的影响都比较大。

2. 密度的检测

被测物质有固、液、气三种形态，密度的检测方法随其形态不同而异。

1) *固体密度检测方法*

(1) 称重法。称重法是由天平分别称量出被测物在空气和液体中的质量求出。

(2) 射线法。根据物质对放射性同位素射线(β、γ)的吸收特性，当射线穿过被测物质时，其强度将随被测物质的密度而变化，通过测量射线强度变化而实现对密度变化的检测。γ射线密度计可用于对溶液、油浆或分散状固体进行连续的密度测量。它的工作原理如图 8-26 所示。一个镭源或γ射线放射源被放置在工艺管线的上方，在下方设有辐射检测器，γ射线穿过管壁并通过流体到达辐射检测器，因为通过管子的流体都会吸收部分γ射线的能量，所以最后到达检测器的能量与流体的密度成反比。为了保证安全，整个仪器四周加有屏蔽铅室。这种密度计不需要取样和预处理系统。

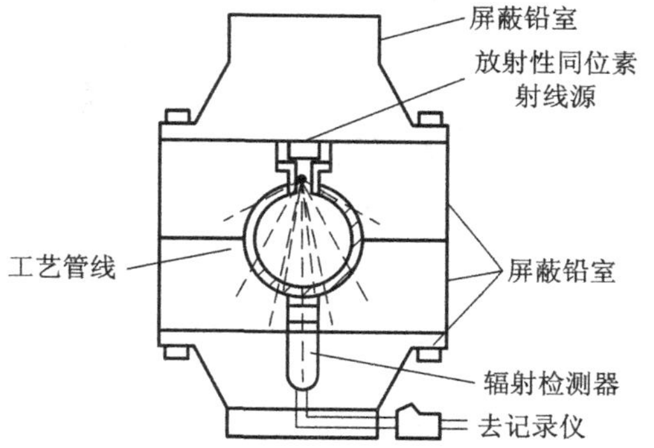

图 8-26　γ射线密度计原理图

2) *液体密度检测方法*

(1) 浮筒法。浮筒式密度计如图 8-27 所示，将浮筒置于检测液体中，液体的浮力与密度有关，当液体密度变化时，浮筒受的浮力不同而上、下移动。浮筒与差动变压器的铁芯相连，浮筒上、下移动带动铁芯位移，差动变压器就会有相应的输出。差动变压器的输出通过由图中Ⅱ部分的测量和平衡机构变化成液体密度的变化显示出来。

(2) 振动法。振动管的横向自振频率和振动管的质量有关，因此充满被测液后振动频率变化即可反映被测液体的质量和密度。

振动探头式密度计用于液体密度的测量，它的原理如图 8-28(a)所示。探头是一个桨状的有一定质量的金属体，由两根金属杆连接，其中一根为驱动通道，另一根为信号通道。

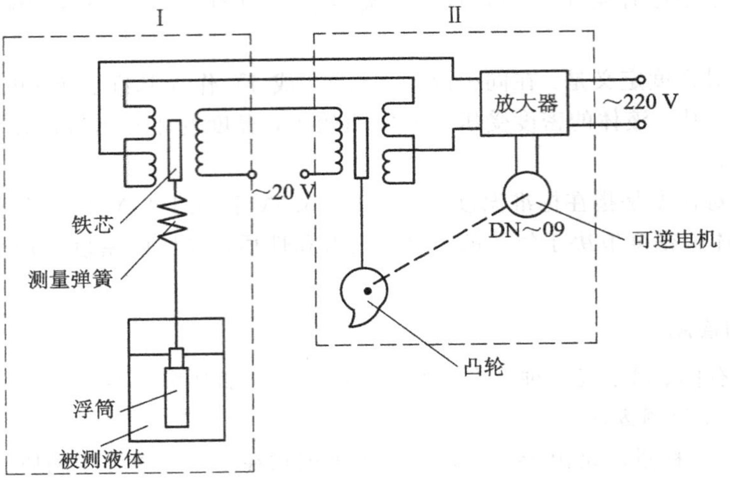

图 8-27　浮筒试密度计原理图

在驱动通道的末端有一组线圈和铁芯，线圈接收 115 V 和 60 Hz 的交流信号，使系统产生 120 Hz 的周期振动，这个振动又带动传感线圈中的磁铁，于是在传感线图中产生脉冲信号，它的幅值与桨状探头振动的幅值成比例。由于液体密度的变化、会增大或减小桨状探头振动的幅值，于是输出信号也会随之增大或减小，这样就可以测量液体的密度值。同时有一个温度传感器放入到被测液体中，并把信号送到仪表中，起到温度自动补偿的作用。

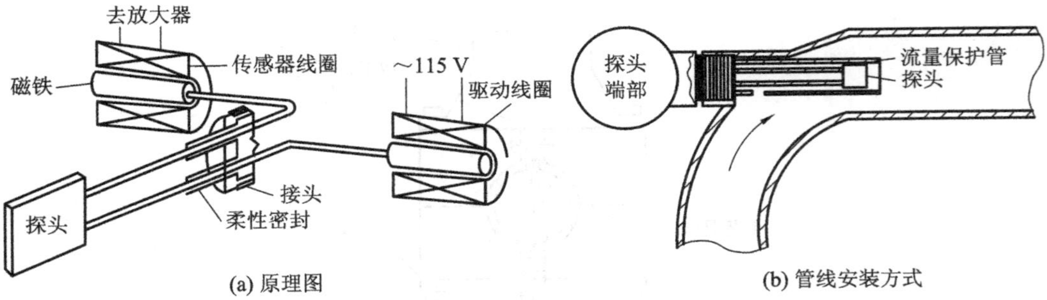

(a) 原理图　　(b) 管线安装方式

图 8-28　振动探头式密度计

振动探头式密度传感器可以直接安装在流体管线或容器上，如图 8-28(b)所示。它适用于各种液体或油浆，不需要特殊的取样或预处理系统。

3) 气体密度检测方法

重力平衡钟罩式密度计用于气体相对密度的测量。它的原理如图 8-29 所示。它包括一个测量室，在它的上部有一个长的放空管、测量室内是一个可以上下浮动的油封钟罩，钟罩与杠杆和平衡锤连接，构成重力平衡系统。被测气体在常压下进入测量室内钟罩的上半部空间，并从长的放空管顶端逸出。参比用的干燥空气从下方进入测量室内钟罩的下半部空间，仍保持常压，多余的空气从排气孔逸出。钟罩上半部的被测气体形成的气柱所产生的重力与钟罩下半部的干空气之间的压力差，用杠杆系统进行平衡。当被测气体的密度变化时，钟罩会产生垂直位移，位移量的大小就代表被测气体密度值。通过平衡重锤的移动，可以调整仪器零点。

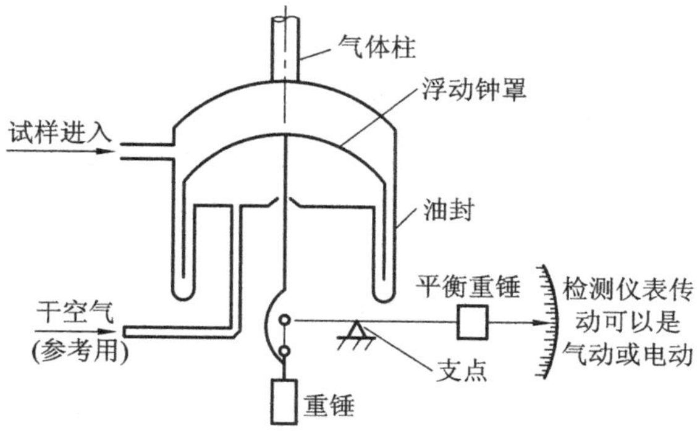

图8-29　重力平衡钟罩式密度计原理图

8.3.4　湿度传感器的选择

由于应用领域不同，对湿度传感器的技术要求也不同。从制造角度看，同是湿度传感器，材料、结构不同，工艺不同，其性能和技术指标有很大差异，因而价格也相差甚远。对使用者来说，选择湿度传感器时，首先要搞清楚需要什么样的传感器；根据自己的财力，权衡好"需要与可能"的关系。以下是在选择湿度传感器时需要注意的几个问题。

1. 选择测量范围

测量湿度和测量重量、温度一样，选择湿度传感器首先要确定测量范围。除了气象、科研部门外，需温、湿度测控的场合一般不需要全湿程(0～100%RH)测量。测量的目的在于控制，测量范围与控制范围合称使用范围。当然，对不需要测控的场合来说，直接选择通用型湿度仪就可以了。表8-7列举了一些应用领域对湿度传感器使用温度、湿度的不同要求，供使用者参考。用户可根据需要向传感器生产厂提出测量范围，生产厂优先保证用户在使用范围内传感器的性能稳定一致，求得合理的性能价格比。

表8-7　部分应用领域对湿度传感器使用温度、湿度要求

领域	部门	温度/℃	湿度/%RH	领域	部门	温度/℃	湿度/%RH
纺织	纺纱厂	23	60	通信	电缆充气	-10～30	0～20
	织布厂	18	85	食品	啤酒发酵	4～8	50～70
医药	制药厂	10～30	50～60	农业	良种培育	15～40	40～75
	手术室	23～26	50～60		人工大棚	5～40	40～100
轻工	印刷厂	23～27	49～51	仓储	水果冷冻	-3～5	80～90
	卷烟厂	21～24	55～65		地下菜窖	-3～-1	70～80
	火柴厂	18～22	50		文物保管	16～18	50～55
电子	半导体	22	30～45				
	计算机房	20～30	40～70				

2. 选择测量精度

和测量范围一样，测量精度也是传感器最重要的指标。生产厂商往往是分段给出其湿度传感器的精度的。如中、低湿段(0～80%RH)为±2%RH，而高湿段(80%RH～100%RH)为±4%RH，而且此精度是在某一指定温度下(如25℃)的值。如在不同温度下使用湿度传感器，其示值还要考虑温度漂移的影响。众所周知，相对湿度是温度的函数，温度严重地影响着指定空间内的相对湿度。温度每变化0.1℃。将产生0.5%RH的湿度变化(误差)。使用场合如果难以做到恒温，则提出过高的测湿精度是不合适的。所以控制湿度首先要控制好温度，这就是通常使用的是温湿度一体化传感器而不单纯是湿度传感器的缘故。

多数情况下，如果没有精确的控温手段，或者被测空间是非密封的，±5%RH的精度就足够了。对于要求精确控制恒温、恒湿的局部空间，或者需要随时跟踪记录湿度变化的场合，再选用±3%RH以上精度的湿度传感器。与此相对应的温度传感器，其测温精度须满足±0.3℃以上，至少也应是±0.5℃的。而精度高于±2%RH的要求可能连校准传感器的标准湿度发生器也难以做到，更何况传感器自身了。

3. 考虑时漂和温漂

几乎所有的传感器都存在时漂和温漂。由于湿度传感器必须和大气中的水汽相接触，所以不能密封。这就决定了它的稳定性和寿命是有限的。一般情况下，生产厂商会标明1次标定的有效使用时间为1年或2年，到期负责重新标定。请使用者在选择传感器时考虑好日后重新标定的渠道，不要贪图便宜或迷信“洋货”而忽略了售后服务问题。

选择湿度传感器要考虑应用场合的温度变化范围，看所选传感器在指定温度下能否正常工作，温漂是否超出设计指标。要提醒使用者注意的是：电容式湿度传感器的温度系数σ是个变量，它随使用温度、湿度范围而异。这是因为水和高分子聚合物的介电系数随温度的改变是不同步的，而温度系数σ又主要取决于水和感湿材料的介电系数，所以电容式湿敏元件的温度系数并非常数。电容式湿度传感器在常温、中湿段的温度系数最小，在5～25℃时，中低湿段的温漂可忽略不计。但在高温高湿区或负温高湿区使用时，就一定要考虑温漂的影响，进行必要的补偿或修正。

4. 其他注意事项

湿度传感器是非密封性的，为保护测量的准确度和稳定性，应尽量避免在酸性、碱性及含有机溶剂的环境中使用。也应避免粉尘较大的环境。为正确反映欲测空间的湿度，还应避免将传感器安放在离墙壁太近或空气不流通的死角处。如果被测的房间太大，就应放置多个传感器。

有的湿度传感器对供电电源要求比较高，否则将影响测量精度，或者传感器之间相互干扰，甚至无法工作。使用时应根据技术要求提供合适的、符合精度要求的供电电源。

湿度传感器要安装在流动空气的环境中才能加快响应速度。延长传感器的引线时要注意以下几点：延长线应使用屏蔽线，最长距离不要超过1 m，裸露部分的引线要尽量地短；特别是在10%RH～20%RH的低湿度区，由于受到的影响较大，必须对测量值和精度进行确认；在进行温度补偿时，温度补偿元件的引线也要同时延长，使它尽可能靠近湿度传感器安装，此时温度补偿元件的引线仍要使用屏蔽线；另外远距离信号传输时还要注意信号的衰减问题。当传输距离超过200 m以上时，建议选用频率输出信号的湿度传感器。

由于湿敏元件都存在一定的分散性，无论进口或国产的传感器都需逐支调试标定。大多数在更换湿敏元件后需要重新调试标定，对于测量精度比较高的湿度传感器尤其重要。

思考题与习题

1. 气敏传感器有哪几种类型？试说明它们各自的工作原理和特点。
2. 简要说明在不同场合分别应选用哪种气体传感器较适宜。
3. 试述半导体气敏传感器和固体电解质气敏传感器的工作原理。
4. 为什么多数气敏器件都附有加热器？
5. 如何提高半导体气敏传感器对气体的选择性和气体检测灵敏度？
6. 试设计一个检查人体呼出的气体中是否含有酒气的酒精探测器。
7. 简述选择有害气体检测仪的注意事项。
8. 什么是绝对湿度和相对湿度？
9. 试述湿度传感器的组成、分类、工作原理和主要性能指标。
10. 试述湿敏电容式和湿敏电阻式湿度传感器的工作原理。
11. 试述高分子膜湿度传感器的测湿原理。它能测量绝对湿度吗？为什么？
12. 请按感湿量的不同列出所学过的各类湿敏元件。
13. 选择湿度传感器时需要注意哪些问题？
14. 湿敏元件使用中为什么要进行加热？
15. 试说明含水量检测与一般的湿度检测有何不同。

第 9 章　新型传感器及其应用

教学目标

本章内容主要以新型传感器中较典型、能代表传感器领域发展方向，且已经投入实际使用的图像传感器、生物传感器、智能传感器和机器人传感器为代表的知识模块来构成。主要学习内容包括上述传感器的基本测量原理、主要特点和应用等方面的知识。

通过本章的学习，读者可对目前较为流行的新型传感器如图像传感器、生物传感器、智能传感器和机器人传感器的测量原理、主要特点有所了解，并且体会传感器发展的新领域、新趋势。

教学要求

知识要点	能 力 要 求	相关知识
图像传感器	(1) 熟悉 CCD 图像传感器的结构和工作原理； (2) 了解 COMS 图像传感器的基本工作特性； (3) 学会利用图像传感器实现检测目的	(1) 电子学； (2) 物理学
生物传感器	(1) 熟悉生物传感器的基本结构、原理、特点和分类； (2) 了解酶传感器、微生物传感器和免疫传感器的基本测量原理、主要特点和应用	(1) 生物学； (2) 电子学
智能传感器	(1) 熟悉智能传感器的结构、功能和特点； (2) 学会利用智能传感器实现检测目的	电子学
机器人传感器	(1) 熟悉机器人传感器的分类、特点和要求； (2) 了解内界检测传感器如运动、力觉传感器在机器人中的应用； (3) 了解外界检测传感器如触觉、接近觉和视觉传感器在机器人中的应用	(1) 电工学； (2) 物理学； (3) 机械工程学

本书前面章节介绍了传感器的相关概念及检测技术的基础知识，并重点介绍了温度、流量、压力、成分分析、物位、机械量等常用物理量的基本知识、检测方法的分析、传感器的选用及应用。本章将简要介绍目前较常用的新型传感器，如图像传感器、生物传感器和机器人传感器等，作为相关专业知识的拓展。

9.1 图像传感器

图像传感器是在光电技术基础上发展起来的且能将光学图像转换成电信号的器件，是数字摄像头的主要组成部分。目前的图像传感器主要采用半导体图像传感器，分为 CCD（电荷耦合器件）和 CMOS（金属-氧化物-半导体）两种。

半导体图像传感器是指在同一半导体衬底上布设的若干光敏单元与移位寄存器构成的集成化、功能化的光电传感器，具有体积小、重量轻、功耗低、分辨率高、可低压驱动、寿命长、价格低等特点，因此在物体振动、位置、位移、尺寸测量等方面得到了广泛应用。

9.1.1 CCD 图像传感器

CCD（Charge Coupled Devices，电荷耦合器件）图像传感器是在 1970 年由贝尔实验室发明的，是图像采集及数字化处理必不可少的关键器件，广泛应用于科学、教育、医学、商业、工业、军事和消费领域。

1. CCD 的基本结构

CCD 图像传感器利用光敏单元的光电转换功能将投射到光敏单元上的光学图像转换成电信号，即将光强的空间分布转换为与光强成比例的、大小不等的电荷包空间分布，然后利用移位寄存器的移位功能将这些电荷包在时钟脉冲控制下实现读取与输出，形成一系列幅值不等的时序脉冲序列。光敏单元简称像素或像点，其基本结构如图 9-1 所示。

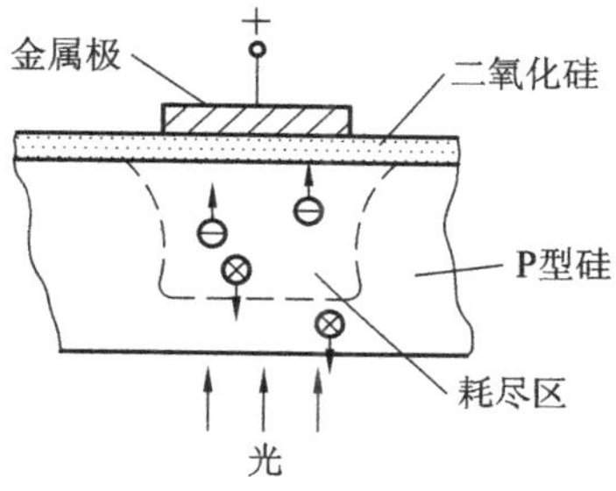

图 9-1　光敏元基本结构

图 9-1 中，在 P 型硅（Si）衬底表面上用氧化的办法生成一层厚度约为 1000～1500Å 的 SiO_2，再在 SiO_2 表面上蒸镀一金属层（多晶硅）作为电极，在衬底和金属电极间加上偏置电压，就构成一个 MOS 电容器。由此构成了一个金属-氧化物-半导体（MOS）电容器结构元。

由半导体的原理可知：P 型硅里的多数载流子是带正电荷的空穴，少数载流子是带负电荷的电子，当金属电极上施加正电压时，其电场能够透过 SiO_2 绝缘层对这些载流子进行排斥或吸引，于是带正电的空穴被排斥到远离电极处，带负电的电子则被吸引到紧靠 SiO_2 层的表面上来，形成耗尽区。这种现象对电子而言形成了一个陷阱，电子一旦进入就不能复出，故又称电子"势阱"。

如果有一束光线入射到 MOS 电容器上，光子穿过透明电极及氧化层，进入 P 型 Si 衬底，衬底中的电子将吸收光子的能量而进入耗尽区，形成电子-空穴对，由此产生的光生电子被附近的势阱所吸收（或称俘获），而同时产生的空穴则被电场排斥出耗尽区。此时势阱内所吸收的光生电子数量与入射到势阱附近的光强成正比。这样就把光的强弱变成电荷的数量，实现了光和电的转换。把一个势阱所收集的若干光生电荷称为一个"电荷包"，这样一个 MOS 光敏单元就称为一个像素。

通常 CCD 器件是在半导体硅片上制有几百或几千个相互独立排列规则的 MOS 光敏元，此被称为光敏元阵列。如果在金属电极上施加一正电压，则在这半导体硅片上就形成几百个或几千个相互独立的势阱。如果照射在这些光敏元上的是一幅明暗起伏的图像，则与此同时，在这些光敏元上就会感生出一幅与光照强度相对应的光生电荷图像。这就是电荷耦合器件光电效应的基本原理。

CCD 图像传感器就是按一定规律排列的金属-氧化物-半导体(MOS)电容器组成的阵列，它由衬底、氧化层和金属电极构成，其结构示意图如图 9-2 所示。

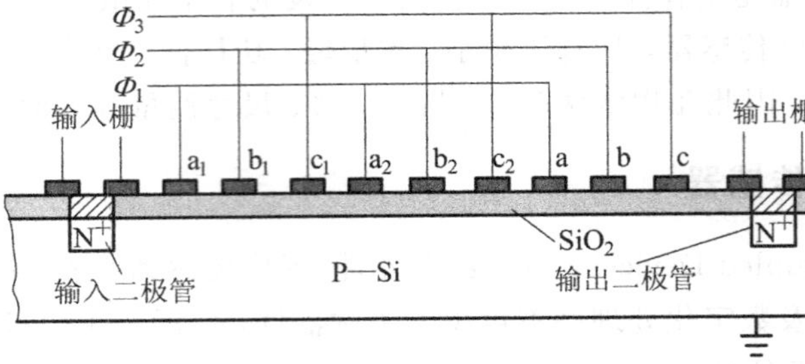

图 9-2　CCD 结构示意图

图 9-2 中，在 P 型衬底上生长一层很薄的 SiO_2 绝缘层，再在其上按一定次序沉积若干小面积的金属电极作为栅极，形成规则的 MOS 电容器阵列，再加上两端的输入及输出二极管就构成了 CCD 芯片。

2. 电荷转移原理

CCD 的基本功能是完成光生电荷、电荷的转移和电荷的存储。下面来说明电荷是如何实现转移和输出的。

三相 CCD 的结构如图 9-2 所示，图中三个 MOS 电容结构为一位，如 a_1、b_1、c_1 为第一位，a_2、b_2、c_2 为第二位，依此类推，共有 n 位；每一位的三个转移栅极按次序分别连接到 Φ_1、Φ_2、Φ_3 相差 120°前沿陡峭后沿倾斜的脉冲时钟驱动线上。Φ_1、Φ_2 和 Φ_3 的脉冲时序如图 9-3 所示。

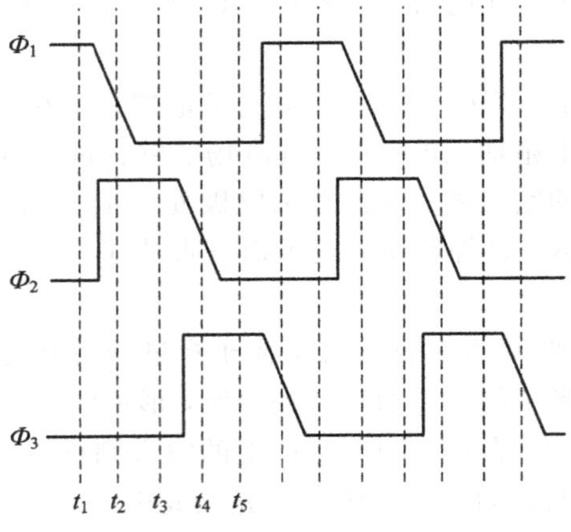

图 9-3　Φ_1、Φ_2 和 Φ_3 的脉冲时序图

设脉冲波的幅值为 U。

在 t_1 时刻，即 $\Phi_1=U$，$\Phi_2=0$，$\Phi_3=0$，此时半导体硅片上的势阱分布及形状如图 9-4(a)所示，此时只有 Φ_1 极下形成势阱(假设此时势阱中各自有若干个电荷)。

在 t_2 时刻，即 $\Phi_1=0.5U$，$\Phi_2=U$，$\Phi_3=0$，此时半导体硅片中的势阱分布及形状如图 9-4(b)所示，此时 Φ_1 极下的势阱变浅，Φ_2 极下的势阱最深，Φ_3 极下没有势阱。根据势能的原理，原先在 Φ_1 极下的电荷就逐渐向 Φ_2 极下转移。

在 t_3 时刻，如图 9－4(c)所示，即经过 1/3 时钟周期，Φ_1 极下的电荷完成了向 Φ_2 极下的转移。

在 t_4 时刻，如图 9－4(d)所示，Φ_2 极下的电荷向 Φ_3 极下转移。经过 2/3 时钟周期，Φ_2 极下电荷完成了向 Φ_3 极下的转移。依此类推，一直可以向后进行电荷转移。

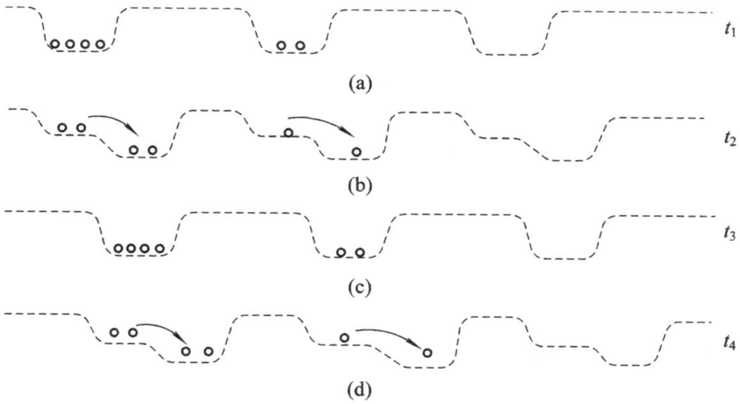

图 9－4　图像传感器的转移过程

经过 1 个时钟周期，Φ_3 极下电荷完成了向下一级的 Φ_1 极下的转移。每三个栅极构成 CCD 的一个级，每经历一个时钟脉冲周期，电荷就向右转移三个栅极即转移一级。以上过程重复下去，就可使电荷逐级向右进行转移。

3. CCD 图像传感器分类

CCD 图像传感器按其像素空间排列可分为线阵 CCD 和面阵 CCD 两大类。线阵 CCD 主要用于一维尺寸的自动检测，如测量精确的位移量、空间尺寸等，也可以由线阵 CCD 通过附加的机械扫描得到二维图像，用以实现对字符和图像的识别。面阵 CCD 主要用于实时摄像，如生产线上工件的装配控制、可视电话以及空间遥感遥测、航空摄影等。这里主要介绍线阵 CCD 图像传感器。

线阵 CCD 图像传感器的结构可分为单沟道和双沟道两种，其结构如图 9－5 所示。

由图 9－5 可以看出，CCD 图像传感器由排成直线的 MOS 光敏元阵列、转移栅和读出移位寄存器三部分组成，转移栅的作用是将光敏元中的光生电荷并行地转移到对应位的读出移位寄存器中去，以便将光生电荷逐位转移输出。

图 9－5(a)为单排结构，当光学成像系统将被测图像成像在 CCD 的光敏面上时，光敏元将图像信号按其强度大小转变为一定的电荷信号存储于其 MOS 电容中。光敏元中的光生电荷经转移栅转移到与每一个光敏元所对应的移位寄存器中，在驱动脉冲的作用下顺序移出，在输出端得到与光学图像对应的视频信号。

图 9－5(b)为双排结构，它具有两列 CCD 移位寄存器，平行地配置在光敏区(转移栅)两侧。当中间的光敏元阵列收集到光生电荷后，奇、偶单元的光生电荷分别送到上、下两列移位寄存器后串行输出，最后合二为一，恢复光生信号电荷的原有顺序。显然双排结构的图像分辨率比单排结构高 1 倍。

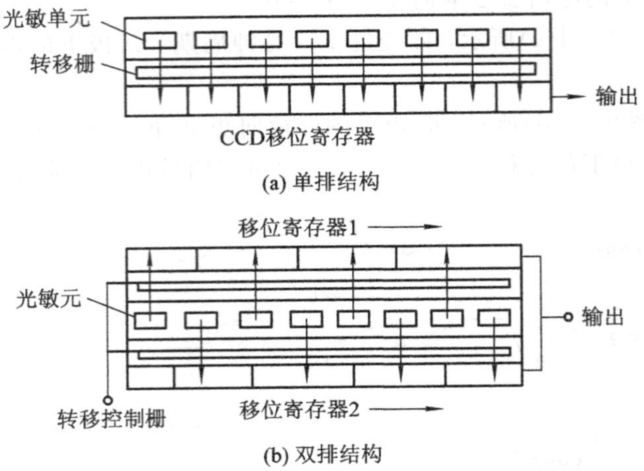

图 9-5　线阵 CCD 图像传感器结构

4. CCD 图像传感器的应用

CCD 图像传感器用于非电量的测量，主要用途大致归纳为两方面：一方面组成测试仪器，可测量物位、尺寸、工件损伤和自动焦点等；另一方面作光学信息处理装置的输入环节，例如用于传真技术、光学文字识别技术(OCR)、图像识别技术、光谱测量及空间遥感技术等。

9.1.2　CMOS 图像传感器

CMOS 图像传感器是近几年发展较快的新型图像传感器，它的名称来源于它的制造工艺，它采用的是与存储器及逻辑比同样的互补金属氧化物半导体(CMOS)工艺。CMOS 的基本感光原理与 CCD 相同，不过其制作工艺和结构与 CCD 大不相同。

CMOS 图像传感器是一个较完整的图像系统，通常包含一个图像传感器核心、单一时钟、所有的时序逻辑、可编程功能和模/数转换器，其基本结构如图 9-6 所示。在 CMOS 传感器中，每个单元感应到的光信号都可由邻近的放大器及模/数转换器直接传送到内存。

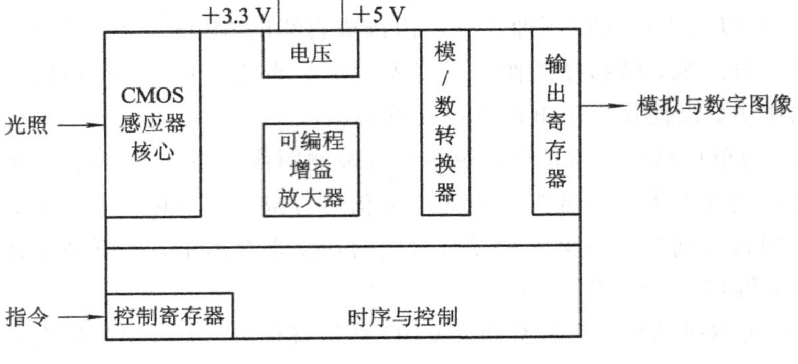

图 9-6　COMS 图像传感器结构

由于 CMOS 图像传感器采用的是 CMOS 工艺，因而可以在同一基片上集成时序、控制和信号处理电路，极大地降低了成本。因而与 CCD 图像传感器相比，它具有体积小、功耗低和平均成本低等优点。

随着 CMOS 技术的发展及市场需求的增加，CMOS 图像传感器得以迅速发展。CMOS 图像传感器具有高度集成化、成本低、功耗低、单一工作电压、局部像素可编程以及随机读取等优点，适用于超微型数码相机、便携式可视电话、PC 机电脑眼、可视门铃、扫描仪、摄像机、安防监控、车载电话、指纹识别和手机等领域。

9.1.3　图像传感器的应用举例

CCD 图像传感器具有高分辨率和高灵敏度，以及较宽的动态范围。所以它可广泛用于自动控制和自动测量，尤其适用于图像识别技术。CCD 图像传感器在检测物体的位置、工件尺寸的精确测量及工件缺陷的检测方面有独到之处。下面以利用 CCD 图像传感器测量工件尺寸为例来介绍图像传感器的应用。

1. 用 CCD 图像传感器测量小尺寸物体

测量小尺寸时，将被测物的未知长度 L_x 投射到 CCD 器件上，根据总像素数目和被物像遮掩的像素数目，可计算出尺寸 L_x。用 CCD 图像传感器测量小尺寸物体的原理如图 9－7 所示。

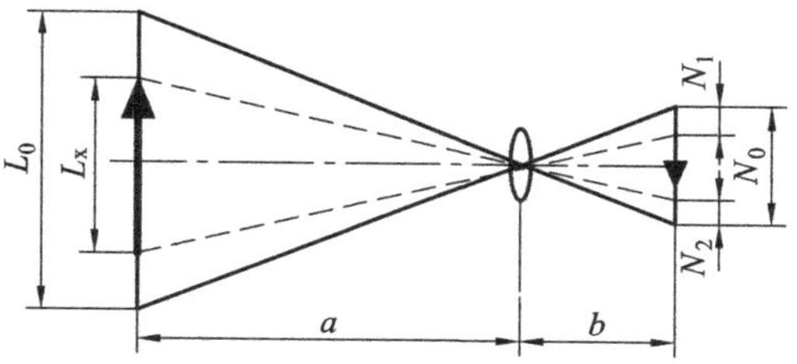

(a) 测量原理

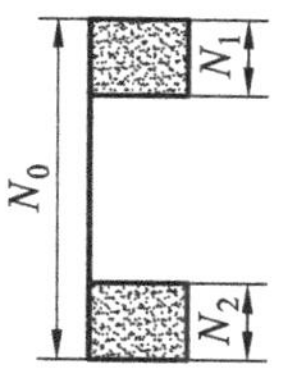

(b) 成像

图 9－7　CCD 测量小尺寸物体

图 9－7(a)表示在透镜前方距离 a 处置有被测物，在透镜后方距离 b 处置有 CCD 器件，设该器件的总像素数目为 N_0。其照明光源由被测物左方向右方发射，在整个视野范围 L_0 之中，将有 L_x 部分被遮挡，与此相应，在 CCD 上只有 N_1 和 N_2 两部分接受光照。于是有

$$\frac{L_x}{L_0}=\frac{N_0-(N_1+N_2)}{N_0} \tag{9-1}$$

式中，N_1 为上端受光照的像素数，N_2 为下端受光照的像素数，见图 9－17(b)。

由于 N_0、L_0 为常数，根据输出脉冲数可得 N_1、N_2 的值，从而计算出被测尺寸 L_x。

2. 用 CCD 图像传感器测量大尺寸物体

当被测物尺寸很大时，如连续轧制的钢板宽度测量，可采用两套光学成像系统和两个 CCD 器件，分别对被测物两端进行测量，然后算出物体尺寸。其原理如图 9－8 所示。

图 9－8 中，在被测连续轧制的钢板左右边缘下方设置光源，经过各自的透镜将边缘部分成像在各自的 CCD 器件上，两器件间的距离是固定的。

设两个 CCD 的像素数都是 N_0，两个 CCD 都监测不到的盲区的长度设为 L_3，为固定值。被测钢板的总宽度 $L=L_1+L_2+L_3$，其中 L_1 和 L_2 分别是由 CCD_1 和 CCD_2 测出的边缘

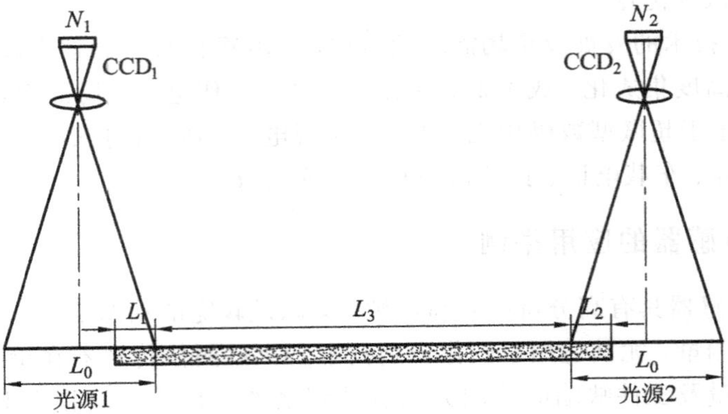

图 9－8　CCD 测量大尺寸物体原理图

宽度。

根据式(9－1)，则对 CCD_1 有

$$\frac{L_1}{L_0} = \frac{N_0 - N_1}{N_0}$$

所以

$$L_1 = \frac{N_0 - N_1}{N_0} \cdot L_0$$

对 CCD_2 有

$$L_2 = \frac{N_0 - N_2}{N_0} \cdot L_0$$

则总尺寸为

$$\begin{aligned} L &= L_1 + L_2 + L_3 \\ &= [(N_0 - N_1) + (N_0 - N_1)]\frac{L_0}{N_0} + L_3 \\ &= [2N_0 - (N_1 - N_2)]\frac{L_0}{N_0} + L_3 \end{aligned}$$

采用这种方法测量尺寸，当被测物左右晃动时，N_1 和 N_2 一个增大一个减小，总的检测值不受影响。

9.2　生物传感器

生物传感器是指由生物活性材料与相应转换器构成，并能测定特定化学物质(主要是生物物质)的传感器。它是近 20 年来发展起来的一门高新技术。作为一种新型的检测技术，生物传感器的产生是生物学、医学、电化学、热学、光学及电子技术等多门学科相互交叉渗透的产物，与常规的化学分析及生物化学分析方法相比，具有选择性高、分析速度快、操作简单、灵敏度高、价格低廉等优点，在工农业生产、环保、食品工业、医疗诊断等领域得到了广泛的应用，具有广阔的发展前景。

9.2.1　生物传感器概述

生物传感器是用生物活性材料(酶、蛋白质、DNA、抗体、抗原、生物膜等)与物理-化学换能器有机结合，将被测物的量转换成电学信号的装置。生物传感器是用以检测与识别生物体内的化学成分，是发展生物技术必不可少的一种先进的检测方法与监控方法，也是物质分子水平的快速、微量分析方法。

1. 生物传感器的基本结构

各种生物传感器具有以下共同的结构：① 分子识别部分(敏感元件)，包括一种或数种相关生物活性材料(生物膜)；② 转换部分(换能器)，即能把生物活性表达的信号转换为电信号的物理或化学换能器。生物传感器基本结构示意图如图 9－9 所示。

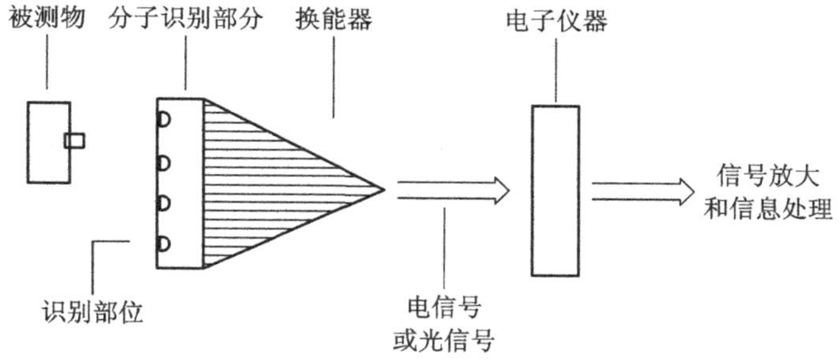

图 9－9　生物传感器基本结构示意图

图 9－9 中，分子识别部分用以识别被测目标，是可以引起某种物理变化或化学变化的主要功能元件，也是生物传感器选择性测定的基础，而转换部分是实现智能化监测的基础，将二者组合在一起，用现代微电子和自动化仪表技术进行生物信号的再加工，构成各种可以使用的生物传感器分析装置、仪器和系统。

2. 生物传感器的基本原理

生物传感器的工作原理就是将待测物质经扩散作用进入固定生物膜敏感层，经分子识别而发生生物学作用(物理、化学变化)，产生物理、化学现象或产生新的化学物质，再经过相应的信号转换器变为可定量处理的电信号，然后经二次仪表放大并输出，以电极测定其电流值或电压值，从而换算出被测物质的量或浓度。生物传感器的基本原理如图 9－10 所示。

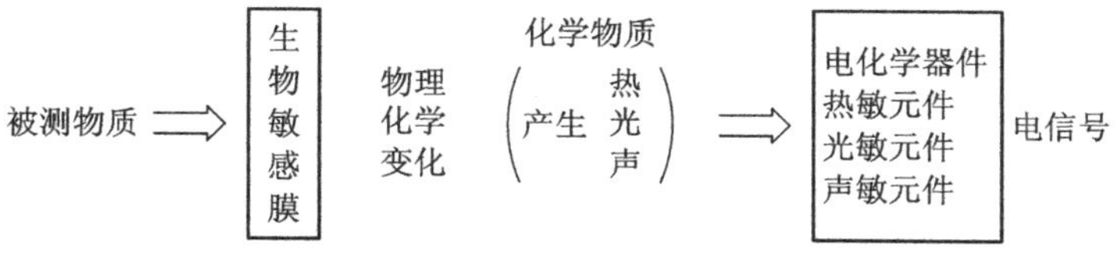

图 9－10　生物传感器原理图

根据信号转换方式，生物传感器有以下几种工作方式：

1) 化学变化转换为电信号方式

以酶传感器为例，用酶来识别分子，先催化使之发生特异反应，使特定生成物的量有所增减，将这种反应后所产生物质的增与减转换为电信号的装置和固定化酶耦合，即组成酶传感器。常用转换装置有氧电极、过氧化氢。

2）热变化转换为电信号方式

固定在膜上的生物物质与相应的被测物作用时常伴有热的变化。例如大多数酶反应的热焓变化量在 25～100 kJ/mol 的范围。这类生物传感器的工作原理是把反应的热效应借热敏电阻转换为阻值的变化，后者通过有放大器的电桥输入到记录仪中。

3）光变化转换为电信号方式

萤火虫的光是在常温常压下，由酶催化会产生化学发光。例如，过氧化氢酶，能催化过氧化氢/鲁米诺体系发光，因此如设法将过氧化氢酶膜附着在光纤或光敏二极管的前端，再和光电流测定装置相连，即可测定过氧化氢含量。还有很多细菌能与特定底物发生反应，产生荧光，也可以用这种方法测定底物浓度。

4）直接诱导式电信号方式

分子识别处的变化如果是电的变化，则不需要电信号转换器件，但是必须有导出信号的电极。例如：在金属或半导体的表面固定了抗体分子，称为同定化抗体，此固定化抗体和溶液中的抗原发生反应时，则形成抗原体复合体，用适当的参比电极测量它和这种金属或半导体间的电位差，则可发现反应前后的电位差是不同的。

3. 生物传感器的特点

生物传感器工作时，生物学反应过程中产生的信息是多元化的。生物传感器与传统的检测手段相比有如下特点：① 生物传感器是由高度选择性的分子识别材料与灵敏度极高的能量转换器结合而成的，因而它具有很好的选择性和极高的灵敏度；② 在测试时，一般不需对样品进行前处理；③ 响应快、样品用量少，可以反复多次使用；④ 体积小，可实现连续的在线监测；⑤ 易于实现多组分的同时测定；⑥ 成本远低于大型分析仪器，便于推广普及；⑦ 准确度和灵敏度高，一般相对误差不超过 1%；⑧ 可进入生物体内。

4. 生物传感器的分类

生物传感器的分类和命名方法较多且不尽统一，主要有两种分类法，按所用生物活性物质(或称按分子识别元件)分类法和器件分类法。

按所用生物活性物质不同可以将生物传感器分为五大类，如图 9－11 所示，即酶传感器、微生物传感器、免疫传感器、组织传感器和细胞器传感器。

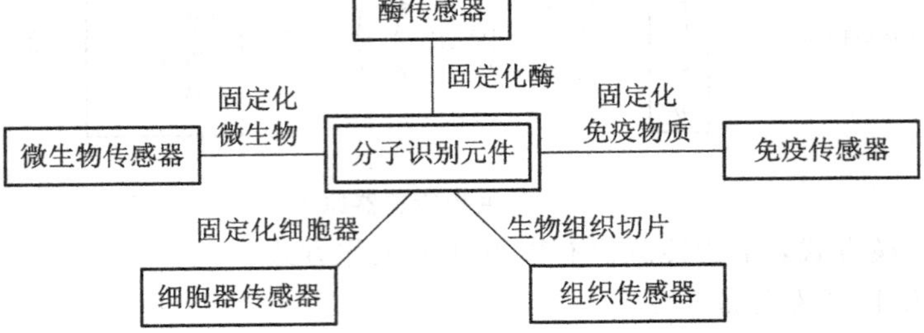

图 9－11　生物传感器按所用生物活性物质分类

按器件分类是依据所用变换器器件不同对生物传感器进行分类，有半导体生物传感器、光生物传感器、热生物传感器、压电晶体生物化感器和介体生物化感器。随着生物传感器技术的发展和新型生物传感器的出现，近年来又出现新的分类方法，如直径在微米级甚至更小的生物传感器统称为微型生物传感器；凡是以分子之间特异识别并接合为基础的生物传感器统称为亲和生物传感器；以酶压电传感器、免疫传感器为代表，能同时测定两种以上指标或综合指标的生物传感器称为多功能传感器，如滋味传感器、嗅觉传感器、鲜度传感器、血液成分传感器等；由两种以上不同的分子识别元件组成的生物传感器称为复合生物传感器，如多酶传感器、酶-微生物复合传感器等。

5. 生物传感器的应用

生物传感器在国民经济的各个领域有着十分广泛的应用，特别是食品、制药、环境监测、临床医学监测、生命科学研究等。测定的对象为物质中化学和生物成分的含量，如各种形式的糖类、尿酸、尿素、胆固醇、胆碱、卵磷脂等。目前，生物传感器的功能已发展到活体测定、多指标测定和联机在线测定，检测对象包括近百种常见的生化物质，在临床、发酵、食品和环保等方面显示出广阔的应用前景。本节将介绍一些具有代表性的生物传感器。

9.2.2　酶传感器

酶是生物体内产生的、具有催化活性的一类蛋白质。酶不仅具有一般催化剂加快反应速度的作用，而且具有高度的选择性，即一种酶只能作用于一种或一类物质，产生一定的产物，如淀粉酶只能催化淀粉水解。酶的这种选择性及其催化低浓度底物反应的能力在化学分析中非常有用，如酶的底物、催化剂、抑制剂以及酶本身的测定。

酶传感器的基本原理是用电化学装置检测酶在催化反应中生成或消耗的物质(电极活性物质)，将其变换成电信号输出。酶传感器的电极一般有电流型酶电极和电位型酶电极。其中，电流型酶电极采用的是 O_2 电极、燃料电池型电极和 H_2O_2 电极，是将酶催化反应产生的物质发生电极反应所产生的电流响应作为测量信号，得到电流值来计算被测物质；电位型酶电极一般采用 NH_4^+ 电极(NH_3 电极)、H^+ 电极、CO_2 电极等，电位型酶电极是将酶催化反应所引起的物质量的变化转变为电位信号输出。下面以葡萄糖酶传感器为例说明酶传感器的工作原理。

葡萄糖酶传感器的结构如图 9－12 所示。

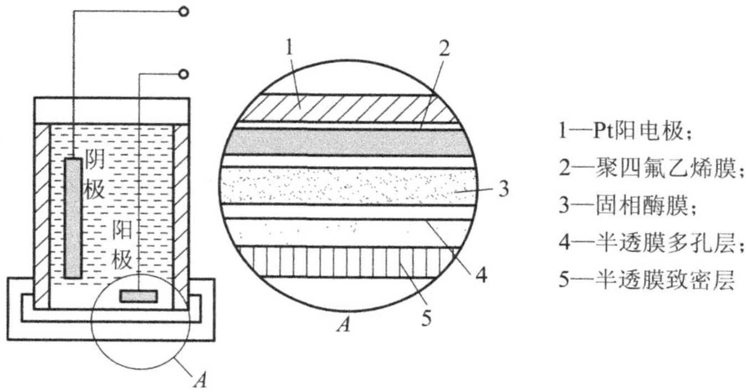

图 9－12　葡萄糖酶传感器的结构

图 9－12 中，葡萄糖酶传感器的敏感膜是葡萄糖氧化酶，它固定在聚乙烯酰胺凝胶上，其电化学器件为 Pt 阳电极和 Pb 阴电极，中间溶液为强碱溶液，并在阳电极表面覆盖一层透氧气的聚四氟乙烯膜，形成封闭式氧电极。它避免了电极与被测液直接相接触，防止了电极毒化。如电极 Pt 为开放式，它浸入蛋白质的介质中，蛋白质会沉淀在电极的表面，从而减小电极的有效面积，使电流下降，从而使传感器受到毒化。

实际应用时，葡萄糖酶传感器安放在被测葡萄糖溶液中。由于酶的催化作用会产生过氧化氢（H_2O_2），其反应式为

$$\text{葡萄糖} + HO_2 + O_2 \rightarrow \text{葡萄糖酸} + H_2O_2 \tag{9-2}$$

反应过程中，以葡萄糖氧化酶(GOD)作为催化剂。在(9－2)式中，葡萄糖氧化时产生 H_2O_2，它们通过选择性透气膜，在铂(Pt)电极上氧化，产生阳极电流，葡萄糖含量与电流成正比，这样，就测量出了葡萄糖溶液的浓度。例如，在 Pt 阳极上加 0.6 V 的电压，则 H_2O_2 在 Pt 电极上产生的氧化电流是

$$H_2O_2 \rightarrow O_2 + 2H^+ + 2e \tag{9-3}$$

式中，e 为所形成电流的电子。

酶传感器的应用十分广泛，如在食品工业中用来检测氨基酸，医疗中可用来检测葡萄糖、血脂和尿素等。各种酶传感器对应关系如表 9－1 所示。

表 9－1　各种酶传感器对应关系

测定目标	使用的酶	使用电极	稳定性/d	测定范围/(mg/mL)
葡萄糖	葡萄糖氧化酶	氧化极	100	$1\sim5\times10^2$
胆固醇	胆固醇酯酶	铂电极	30	$10\sim5\times10^3$
青霉素	青霉素酶	pH 电极	7～14	$10\sim1\times10^3$
尿素	尿素酶	铵离子电极	60	$10\sim1\times10^3$
磷脂	磷脂酶	铂电极	30	$100\sim5\times10^3$
乙醇	乙醇氧化酶	氧电极	120	$10\sim5\times10^3$
尿酸	尿酸酶	氧电极	120	$10\sim1\times10^3$
L一谷氨酸	谷氨酸脱氨酶	铵离子电极	2	$10\sim1\times10^4$
L一谷酰胺	谷酰胺酶	铵离子电极	2	$10\sim1\times10^4$
L一酪氨酸	L一酪氨酸脱羧酶	二氧化碳电极	20	$10\sim1\times10^4$

9.2.3　微生物传感器

微生物传感器是用微生物作为分子识别元件制成的传感器。微生物传感器与酶传感器相比，更经济，稳定性和耐久性也好。

微生物本身就是具有生命活性的细胞，有各种生理机能，其主要机能是呼吸机能（O_2 的消耗）和新陈代谢机能（物质的合成与分解），还有菌体内的复合酶和能量再生系统等。因此在不损坏微生物机能的情况下，可将微生物用固定化技术固定在载体上制成微生物敏感膜。载体一般是多孔醋酸纤维膜和胶原膜。所以，微生物传感器是由固定化微生物膜及电化学装置组成，如图 9－13 所示。

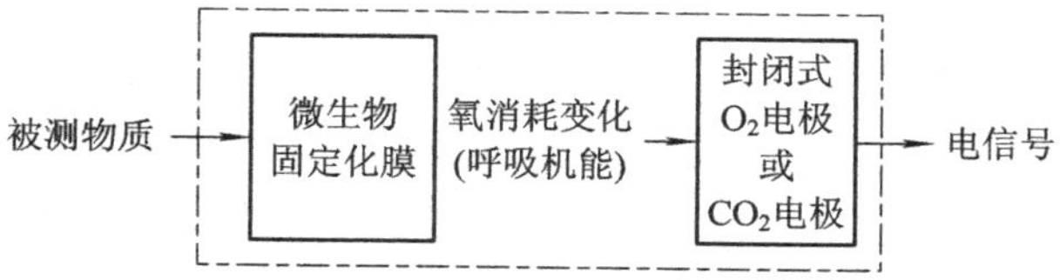

(a) 呼吸机能型

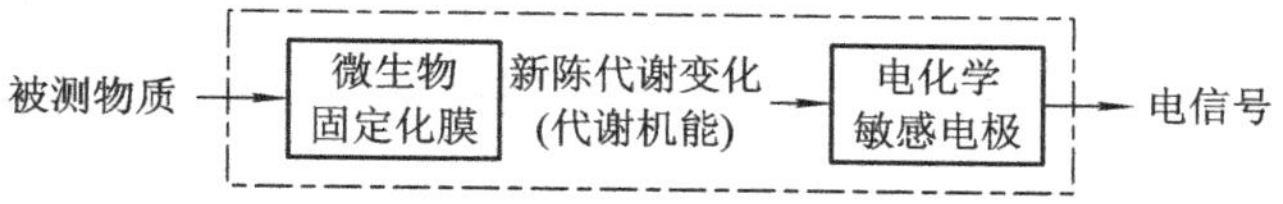

(b) 代谢机能型

图 9-13　微生物传感器的结构

1. 呼吸机能型微生物传感器

微生物呼吸机能存在好气性和厌气性两种。其中好气性微生物需要有氧气，因此可通过测量氧气来控制呼吸机能，并了解其生理状态；而厌气性微生物相反，它不需要氧气，氧气存在会妨碍微生物生长，而可以通过测量碳酸气消耗及其他生成物来探知生理状态。由此可知，呼吸机能型微生物传感器是由微生物固定化膜和 O_2 电极(或 CO_2 电极)组成的。在应用氧电极时，把微生物放在纤维性蛋白质中固化处理，然后把固化膜附着在封闭式氧极的透氧膜上。下面以生物化学耗氧量传感器 BOD 为例说明呼吸机能型微生物传感器的工作原理。

生物化学耗氧量传感器 BOD 的结构如图 9-14(a)所示。

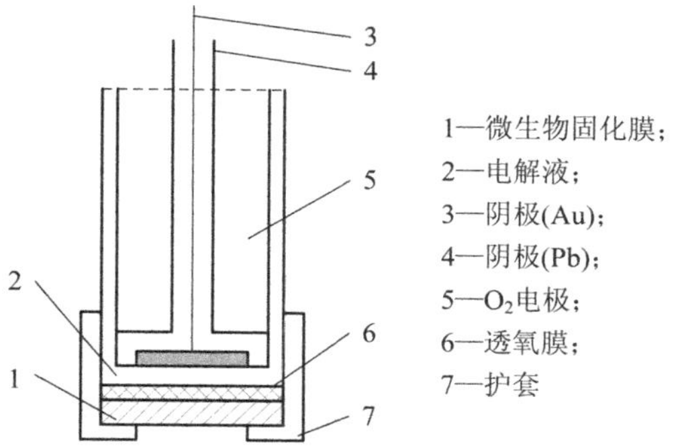

(a) 结构图

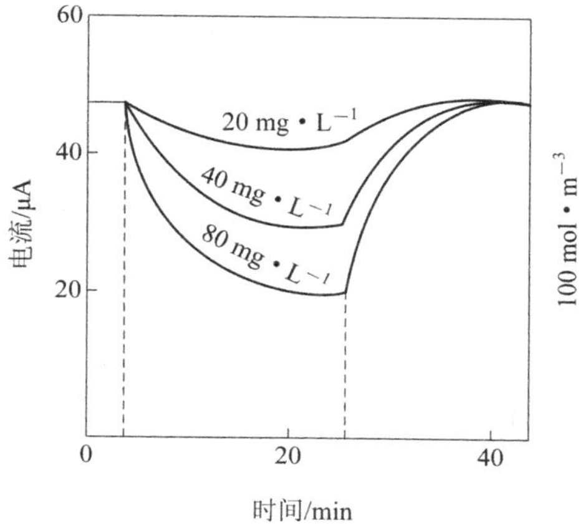

(b) 响应曲线

图 9-14　生物化学耗氧量传感器

若把图 9-14(a)所示的传感器放入含有有机化合物的被测溶液中，于是有机物向微生物膜扩散而被微生物摄取(称为资化)。由于微生物呼吸量与有机物资化前后不同，可通过测量 O_2 电极转变为扩散电流值，从而间接测定有机物浓度。生物化学耗氧量传感器 BOD 使用的微生物可以是丝孢酵母，菌体吸附在多孔膜上，室温下干燥后保存待用。测量系统包括：带有夹套的流通池(直径为 1.7 cm，高度为 0.6 cm，体积为 1.4 mL，生物传感器探头安装在流通池内)、蠕动泵、自动采样器和记录仪。

图 9-14(b)为这种传感器的响应曲线，曲线稳定电流值表示传感器放入待测溶解氧饱和状态缓冲溶液中(磷酸盐缓冲液)微小物的吸收水平。当溶液加入葡萄糖或谷氨酸等营养膜后，电流迅速下降，并达到新的稳定电流值，这说明微生物在资化葡萄糖等营养源时呼吸机能增加，即氧的消耗量增加，从而导致向 O_2 电极扩散氧气量减少，使电流值下降，直到被测溶液向固化微生物膜扩散的氧量与微生物呼吸消耗的氧量之间达到平衡时，得到相应的稳定电流值。由此可见，这个稳定值和未添加营养时的电流稳定值之差与样品中有机物浓度成正比。

2. 代谢机能型微生物传感器

代谢机能型微生物传感器的基本原理是微生物使有机物资化而产生各种代谢生成物。这些代谢生成物中，含有遇电极产生电化学反应的物质(即电极活性物质)，因此，微生物传感器的微生物敏感膜与离子选择性电极(或燃料电池型电极)相结合就构成了代谢机能型微生物传感器。以甲酸传感器为例说明代谢机能型微生物传感器的工作原理。

甲酸传感器结构示意图如图 9-15 所示。

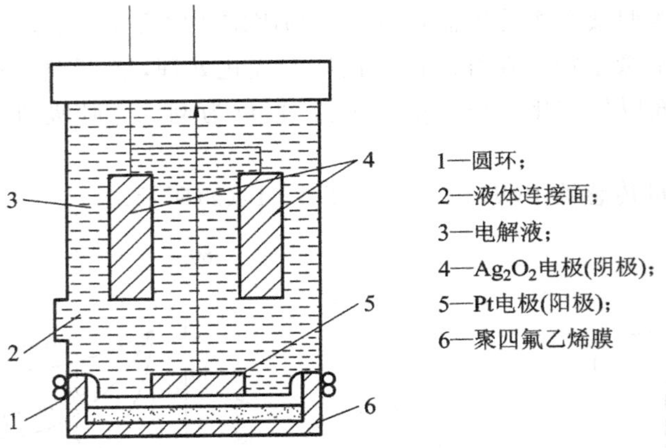

图 9-15　甲酸传感器结构示意图

图 9-15 中，将产生氢的酪酸梭状芽菌固定在低温胶冻膜上，并把它装在燃料电池 Pt 电极上，Pt 电极、Ag_2O_2 电极、电解液(100 mol/m^3 磷酸缓冲液)以及液体连接面组成传感器。当传感器浸入含有甲酸的溶液时，甲酸通过聚四氟乙烯膜向酪酸梭状芽菌扩散，被资化后产生 H_2，而 H_2 又穿过 Pt 电极表面上的聚四氟乙烯膜与 Pt 电极产生氧化反应而产生电流，此电流与微生物所产生的 H_2 含量成正比，而 H_2 含量又与待测甲酸浓度有关，因此传感器能测定发酵溶液中的甲酸浓度。

微生物传感器在发酵工业、石油化工生产、环境保护和医疗检测方面应用很广。如氨传感器在环保、发酵工业和医疗卫生等方面，常用于氨的测量；致癌物质探测器可用于检测丝裂霉素 C、N-三氯代甲基硫、四氢化邻苯二酰亚胺和亚硝基胍等致癌物质。常见的微生物传感器如表 9-2 所示。

表 9-2　常见微生物传感器

测定项目	微生物	测定电极	检测范围/(mg/L)
葡萄糖	荧光假单胞菌	O_2	5～200
乙醇	云苔丝孢酵母	O_2	5～300
亚硝酸盐	硝化菌	O_2	51～200
维生素 B_{12}	大肠杆菌	O_2	
谷氨酸	大肠杆菌	CO_2	8～800
赖氨酸	大肠杆菌	CO_2	10～100
维生素 B_1	发酵乳杆菌	燃料电池	0.01～10
甲酸	梭状芽胞杆菌	燃料电池	1～300
头孢菌素	费式柠檬酸细菌	pH	
烟酸	阿拉伯糖乳杆菌	pH	

9.2.4　免疫传感器

免疫传感器是利用抗体能识别抗原并与抗原结合功能的生物传感器。它利用固定化抗体(或抗原)膜与相应的抗原(或抗体)的特异反应，此反应的结果使生物敏感膜的电位发生变化。免疫传感器根据所采用转换器种类的不同，可将其分为电化学免疫传感器、光纤免疫传感器、场效应晶体管免疫传感器、压电晶体免疫传感器和表面等离子体共振免疫传感器等。

免疫传感器的基本原理是免疫反应。从生理学可知，抗原是能够刺激动物机体产生免疫反应的物质，但从广义的生物学观点看，凡是能够引起免疫反应性能的物质，都可称为抗原。抗原有两种性能：刺激机体产生免疫应答反应；与相应免疫反应产物发生特异性结合反应。抗原一旦被淋巴球响应就形成抗体，而微生物病毒等也是抗原。抗体是由抗原刺激机体产生的具有特异免疫功能的球蛋白，又称免疫球蛋白。

免疫传感器是利用抗体对相应的抗原的识别和结合的双重功能，将抗体或抗原与转换器组合而成的检测装置。如图 9-16 所示。抗原与抗体一经固定于膜上，就形成了具有识别免疫反应强烈的分子功能性膜。

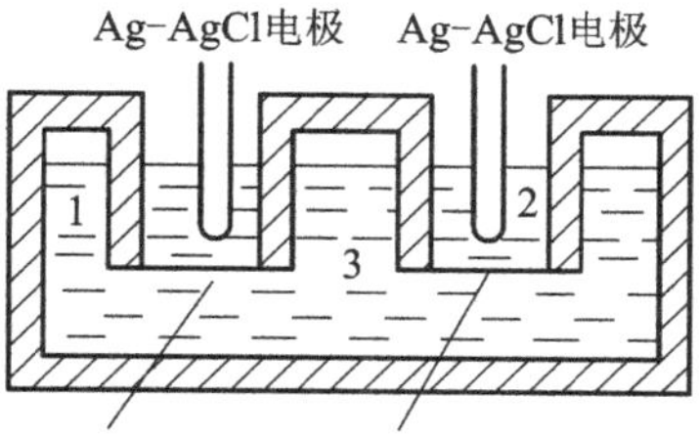

图 9-16　免疫传感器的结构

在图 9-16 中，2、3 两室间有固定化抗原膜，1、3 两室间没有固定化抗原膜。1、2 室注入 0.9%的生理盐水，当 3 室内导入食盐水时，1、2 室内电极间无电位差。若 3 室内注入含有抗体的盐水时，由于抗体和固定化抗原膜上的抗原相结合，使膜表面吸附了特异的抗体，而抗体是有电荷的蛋白质，从而使固定化抗原膜带电状态发生变化，于是 1、2 室内的电极间有电位差产生。电位差信号放大可检测超微量的抗体。

免疫传感器在医学上有着广泛的应用。如 AFP 免疫传感器，AFP(甲胎蛋白)是胚胎肝细胞所产生的一种特殊蛋白质，是胎儿血清的正常组成成分。健康成人，除孕妇和少数肝炎患者外，血清中测不出 AFP，但在原发性肝癌和胚胎性肿瘤患者血清中可测出。因此，近几年来用检测病人血清 AFP 的方法诊断原发性肝癌。

9.3　智能传感器

智能传感器(Intelligent Sensor)是一门现代化的综合技术，是当今世界正在迅速发展的高新技术，至今还没有形成规范化的定义。一般来说，智能传感器是指以微处理器为核心，能够自动采集、存储外部信息，并能自功对采集的数据进行逻辑思维、判断及诊断，能够通过输入/输出接口与其他智能传感器(智能系统)进行通信的传感器。智能传感器是在原有传感器的基础上引入微处理机并扩展了某些功能，使之具备了人的某些智能的新概念传感器。

9.3.1　智能传感器的结构

智能传感器视其传感元件的不同具有不同的名称和用途，而且其硬件的组合方式也不尽相同，但其结构模块大致相似，智能传感器的基本结构如图 9-17 所示。

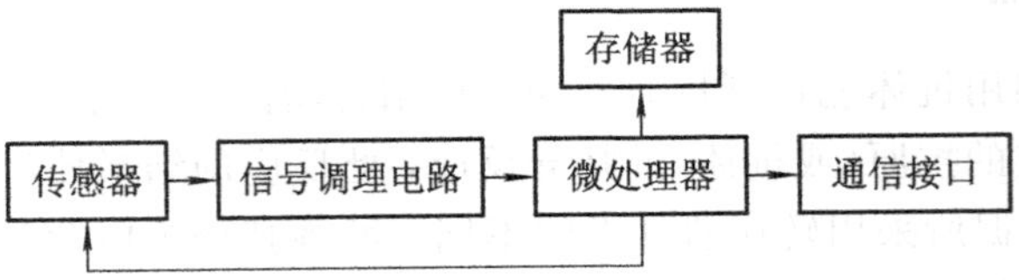

图 9-17　非集成化智能传感器结构

由图 9-17 可以看出，智能传感器一般由以下几个部分组成：① 一个或多个敏感器件；② 信号调理电路；③ 微处理器或微控制器；④ 非易失性可控写存储器；⑤ 双向数据通信的接口；⑥ 高效的电源模块。

一种智能压力传感器的结构如图 9-18 所示。

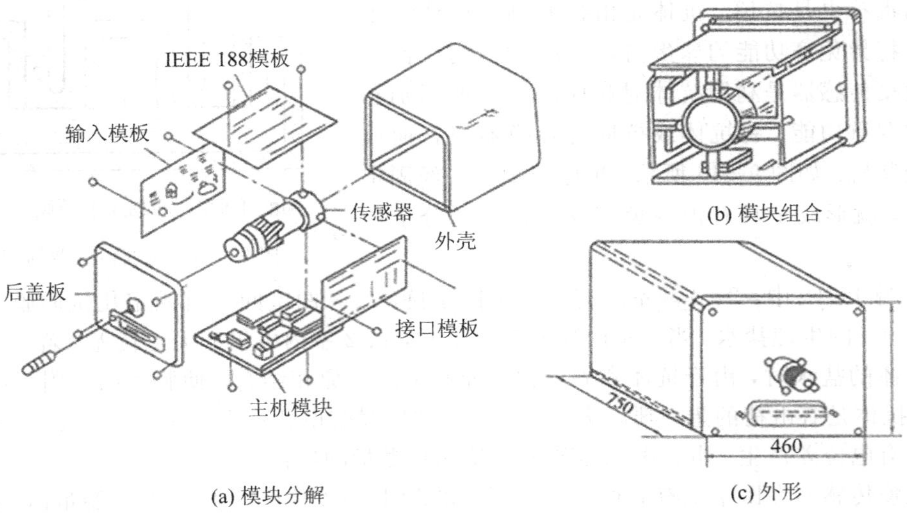

图 9-18　智能压力传感器的结构

图 9-18 中，在同一壳体内既有传感元件，又有信号处理电路和微处理器，其输出方

式可以采用 RS-232 或 RS-485 串行通信总线输出，也可以采用 IEEE-488 标准总线的并行输出，把以上这些各自独立的功能模板安装在一个壳体内就构成了智能传感器。

智能传感器按照实现形式可分为非集成化智能传感器和集成化智能传感器两种。

1. 非集成化智能传感器

非集成化智能传感器就是将传统的经典传感器、信号调理电路、微处理器以及相关的输入输出接口电路、存储器等进行简单组合集成而得到的测量系统。在这种方式下，传感器与微处理器可以分为两个独立部分，传感器及变送器将待测物理量转换为相应的电信号，送给信号调理电路进行滤波、放大，再经过模/数转换后送到微处理器。微处理器是智能传感器的核心，不但可以对传感器测量数据进行计算、存储、处理，还可以通过反馈回路对传感器进行调节。微处理器可以根据其内存中驻留的软件实现对测量过程的各种控制、逻辑推理、数据处理等功能，使传感器获得智能，从而提高了系统性能。图 9-21 为非集成化智能传感器。

2. 集成化智能传感器

集成化的智能传感器采用大规模集成电路工艺技术，将传感器与相应的电路都集成到同一芯片上，如图 9-19 所示。

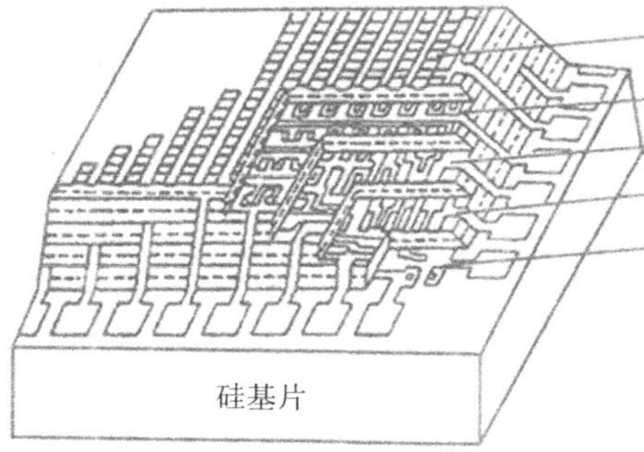

图 9-19　集成一体化的智能传感器

由图 9-19 可以看出，集成化的智能传感器没有外部连接元件，外接连线数量少，包括电源、通信线可以少至四条，因此，接线极其简便。它还可以自动进行整体自校，无需用户长时间反复多环节调节与校验。"智能"含量越高的智能传感器，它的操作使用越简便，用户只需编制简单的使用主程序。

9.3.2　智能传感器的功能与特点

1. 智能传感器的主要功能

几年来，自动化领域由于智能传感器的引入取得快速发展。智能传感器代表了传感器的发展方向，这种智能传感器带有标准数字总线接口，能够自己管理自己，能将所检测到的信号经过变换处理后，以数字量的形式通过现场总线与上位计算机或其他智能系统进行通信与信息传递。和传统的传感器相比，智能传感器具备以下一些功能：

(1) 复合敏感功能。智能传感器应该具有一种或多种敏感能力，如能够同时测量声、光、电、热、力、化学等多个物理或化学量，给出比较全面反映物质运动规律的信息；同时测量介质的温度、流速、压力和密度；同时测量物体某一点的三维振动加速度、速度、位移等。

(2) 自动采集数据并对数据进行预处理。智能传感器能够自动选择量程完成对信号的采集，并能够对采集的原始数据进行各种处理，如各种数字滤波、FFT 变换、HHT 变换等时频域处理，从而进行功能计算及逻辑判断。

(3) 自补偿、自校零、自校正功能。为保证测量精度，智能传感器必须具备上电自诊断、设定条件自诊断以及自动补偿功能，如能够根据外界环境的变化自动进行温度漂移补偿、非线性补偿、零位补偿、间接量计算等；同时能够利用计量特性数据进行自校正、自校零、自标定等功能。

(4) 信息存储功能。智能传感器应该能够对采集的信息进行存储，并将处理的结果送给其他的智能传感器或智能系统。实现这些功能需要一定容量的存储器及通信接口。现在大多智能传感器都具有扩展的存储器及双向通信接口。

(5) 通信功能。利用通信网络以数字形式实现传感器测试数据的双向通信，是智能传感器的关键标志之一；利用双向通信网络，也可设置智能传感器的增益、补偿参数、内检参数，并输出测试数据。智能传感器的出现将复杂信号由集中型处理变成分散型处理，即可以保证数据处理的质量，提高抗干扰性能，同时又降低系统的成本。它使传感器由单一功能、单一检测向多功能和多变量检测发展，使传感器由被动进行信号转换向主动控制和主动进行信息处理方向发展，并使传感器由孤立的元件向系统化、网络化发展。在技术实现上可采用标准化总线接口进行信息交换。

(6) 自学习功能。一定程度的人工智能是硬件与软件的结合体，可实现学习功能，更能体现仪表在控制系统中的作用。可以根据不同的测量要求，选择合适的方案，并能对信息进行综合处理，对系统状态进行预测。如 Alpha Go“阿尔法围棋”就属于具有自我学习和进化能力的人工智能系统。

2. 智能传感器的特点

与传统传感器相比，智能传感器具有以下特点：

(1) 精度高、测量范围宽。智能传感器保证它的高精度的功能有很多，如通过自动校零功能来去除零点误差；与标准基准实时对比以自动进行整体系统标定；自动进行整体系统的非线性系统误差的校正；通过对采集的大量数据进行统计处理以消除偶然误差的影响等，从而保证了智能传感器的高精度。智能传感器的量程比可达 100 : 1，最高达 400 : 1，可用一个智能传感器应付很宽的测量范围，特别适用于要求量程比大的控制场合。

(2) 高可靠性和高稳定性。智能传感器能自动补偿因工作条件与环境参数发生变化后引起的系统特性的漂移，如环境温度变化而产生的零点和灵敏度的漂移；在当被测参数发生变化后能自动改换里程，能实时自动进行系统的自我检验、分析、判断判断数据的合理性，并给出异常情况的应急处理(报警或故障提示)。因此，保证了智能传感器的高可靠性和高稳定性。

(3) 高信噪比和高分辨率。由于智能传感器具有数据存储、记忆与信息处理功能，通过软件进行数字滤波、分析等处理，可以去除输入数据中的噪声，将有用信号提取出来；通过数据融合和神经网络技术，可以消除多参数状态下交叉灵敏度的影响，从而保证在多参数状态下对待多参数测量的分辨率，故智能传感器具有高的信噪比和高的分辨率。

(4) 自适应性强。智能传感器的微处理器可以使其具备判断、推理及学习能力，从而具备根据系统所处环境及测量内容自动调整测量参数，使系统进入最佳工作状态。

(5) 价格性能比强。智能传感器采用价格便宜的微处理器及外围部件即可以实现强大的数据处理、自诊断自动测量与控制等多项功能。

(6) 功能多样化。相比于传统传感器，智能传感器不但能自动监测多种参数，而且能根据测量的数据自动进行数据处理并给出结果，还能够利用组网技术构成智能检测网络。

9.3.3　智能传感器的实现途径

智能传感器的"智能"主要体现在强大的信息处理功能上。在技术上有以下一些途径来实现。在先进的传感器中至少综合了其中两种趋势，往往同时体现了几种趋势。

1. 采用新的检测原理和结构实现信息处理的智能化

采用新的检测原理，通过微机械精细加工工艺设计新型结构，使之能真实地反映被测对象的完整信息，这也是传感器智能化的重要技术途径之一。例如多振动智能传感器，就是利用这种方式实现传感器智能化的。工程中的振动常是多种振动模式的综合效应，常用频谱分析方法分析解析振动。由于传感器在不同频率下灵敏度不同，所以势必造成分析上的失真。采用微机械加工技术，可在硅片上制作出极其精细的沟、槽、孔、膜、悬臂梁、共振腔等，构成性能优异的微型多振动传感器。目前，已能在 2 mm×4 mm 的硅片上制成有 50 条振动板、谐振频率为 4～14 kHz 的多振动智能传感器。

2. 应用人工智能材料实现信息处理的智能化

利用人工智能材料的自适应、自诊断、自修复、自完善、自调节和自学习特点，制造智能传感器。人工智能材料能感知环境条件变化(普通传感器的功能)、自我判断(处理器功能)及发出指令和自我采取行动(执行器功能)，因此，利用人工智能材料就能实现智能传感器所要求的对环境检测和反馈信息调节与转换的功能。人工智能材料种类繁多，如半导体陶瓷、记忆合金、氧化物薄膜等，按电子结构和化学键分为金属、陶瓷、聚合物和复合材料等几大类；按功能特性又分为半导体、压电体、铁弹体、铁磁体、铁电体、导电体、光导体、电光体和电致流变体等；按形状分为块材、薄膜和芯片智能材料。

3. 集成化

集成智能传感器是利用集成电路工艺和微机械技术将传感器敏感元件与功能强大的电子电路集成在一个芯片上(或二次集成在同一外壳内)，通常具有信号提取、信号处理、逻辑判断、双向通信等功能。与经典的传感器相比，集成化使得智能传感器具有体积小、成本低、功耗小、速度快、可靠性高、精度高以及功能强大等优点。

4. 软件化

传感器与微处理器相结合的智能传感器，利用计算机软件编程的优势，实现对测量数据的信息处理功能主要包括以下两方面：

(1) 运用软件计算实现非线性校正、自补偿、自校准等，可提高传感器的精度、重复性等；用软件实现信号滤波，如快速傅里叶变换、短时傅里叶变换、小波变换等技术，可简化硬件，提高信噪比，改善传感器动态特性。

(2) 运用人工智能、神经网络、模糊理论等，使传感器具有更高智能即分析、判断、自学习的功能。

5. 多传感器信息融合技术

单个传感器在某一采样时刻只能获取一组数据，由于数据量少，经过处理得到的信息只能用来描述环境的局部特征，且存在着交叉敏感度的问题。多传感器系统通过多个传感器获得更多种类和数量的传感数据，经过处理得到多种信息能够对环境进行更加全面和准确的描述。

6. 网络化

独立的智能传感器，虽然能够做到快速准确地检测环境信息，但随着测量和控制范围的不断扩大，单节点、被动的信息获取方式已经不能满足人们对分布式测控的要求，智能传感器与通信网络技术相结合，形成网络化智能传感器。网络化智能传感器使传感器由单一功能、单一检测向多功能和多点检测发展；从被动检测向主动进行信息处理方向发展；从就地测量向远距离实时在线测控发展。传感器可以就近接入网络，传感器与测控设备间无需点对点连接，大大简化了连接线路，节省了投资，也方便了系统的维护和扩充。

9.3.4 智能传感器的应用举例

1. 混合集成压力智能式传感器

美国霍尼韦尔公司研制的 DSTJ－3000 就是一种混合集成压力智能式传感器。该传感器是在同一块半导体基片上用离子注入法配置扩散了差压 ΔP、静压 P 和温度三种传感元件，有效解决了静压、差压以及温度之间交叉灵敏度对测量的影响问题。其内部除了传感器调理电路外，还带有微处理器、存储器及 I/O 接口，具有双向通信能力和完善的自诊断功能，输出有两种形式：一种是标准的 4～20 mA 模拟信号输出，另一种是数字信号输出。DSTJ－3000 智能传感器的组成包括变送器、现场通信器、传感器、脉冲调制器等，其内部结构如图 9－20 所示。

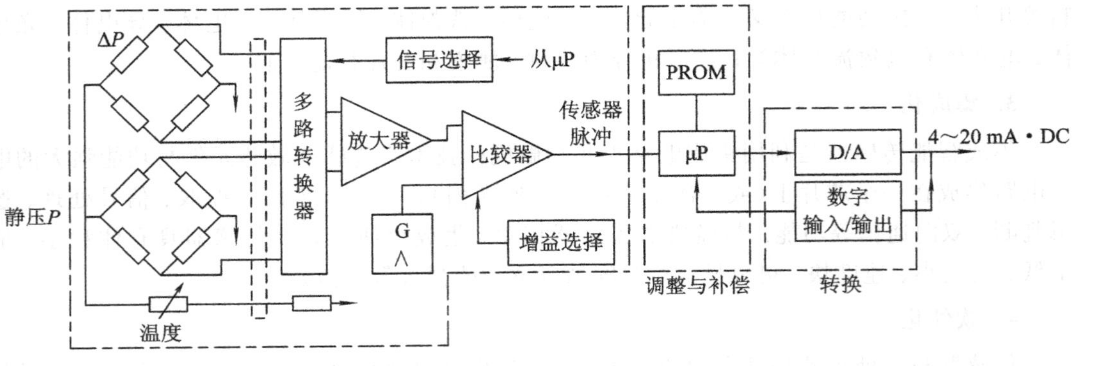

图 9－20 DSTJ－3000 智能传感器框图

图 9－20 中，传感器的内部由传感元件、电源模块、输入、输出、存储器和微处理器等组成，是一种固态的二线制(4～20 mA)压力变送器。

DSTJ－3000 型智能压力传感器的量程宽，可调到 100 ∶ 1，用一台仪器可覆盖多台传感器的量程；精度高达 0.1%。为了使整个传感器在环境变化范围内均可得到非线性补偿，生产后逐台进行差压、静压、温度试验，采集每个测量头的固有特性数据并存入各自的PROM中。

2. 集成智能式湿度传感器

HM1500 和 HM1520 是法国 Humirel 公司于 2002 年推出的两种电压输出式集成湿敏传感器。它们的共同特点是将侧面接触式湿敏电容与湿度信号调理器集成在一个模块中封装而成，由于集成度高，因此不需要外围元件，使用非常方便。

HM1500/1520 内部包含内 HS1101 型湿敏电容(位于传感器的顶部)构成的桥式振荡器、低通滤波器和放大器，能输出与相对湿度呈线性关系的直流电压信号，输出阻抗为 70 Ω，适配带 DAC 的单片机。HM1500 测量范围是 0～100%RH，输出电压范围是 1～4 V，相对湿度为 55%时的标称输出电压为 2.48 V，测量精度为±3%RH，灵敏度为 25 mV/RH，温度系数为 0.1%RH/℃，响应时间为 10 s。HM1520 采用管状结构，不受水凝结的影响，长期稳定性指标为 0.5%RH/年。HM1500 和 HM1520 的引脚功能与外形如图 9-21 所示。

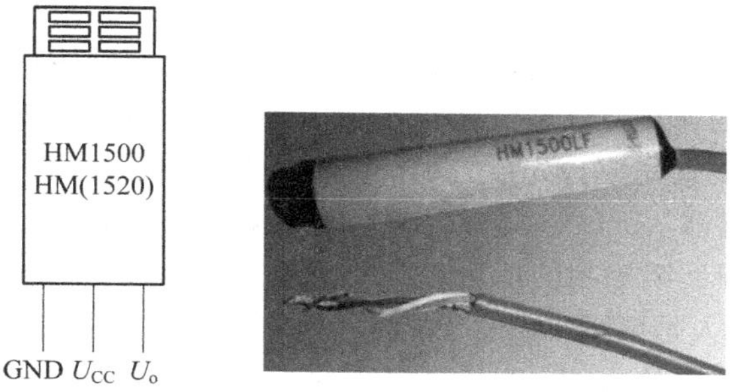

(a) 引脚功能　　(b) 外形

图 9-21　HM1500/1520 集成湿敏传感器

图 9-21(a)为 HM1500/1520 的模块，3 个引脚分别是 GND(地)，U_{CC}(+5 V 电源端)，U_o(电压输出端)，尺寸为 34 mm(长)×22 mm(宽)×9 mm(高)。其封装外形如图 9-21(b)所示。

HM1500 的输出电压与相对湿度的响应曲线如图 9-22 所示。在 10～95%RH 范围内，$T=23$℃时，输出电压与相对湿度的对应关系如表 9-3 所示。

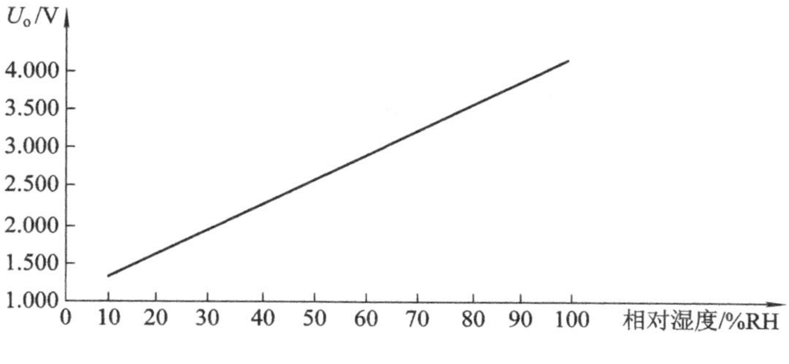

图 9-22　HM1500 的 U_o-RH 响应曲线

表 9-3　HM1500 的 U_o 与 RH 的对应关系($T=23℃$)

RH/%	10	15	20	25	30	35	40	45	50
U_o/V	1.325	1.465	1.600	1.735	1.860	1.990	2.110	2.235	2.360
RH/%	55	60	65	70	75	80	85	90	95
U_o/V	2.480	2.605	2.370	2.860	2.990	3.125	3.260	3.405	3.555

当 $T\neq +23℃$ 时，可按下式对读数值进行修正：

$$RH' = RH \cdot [1 - 2.4(T - 23)e^{-3}] \tag{9-4}$$

对于 HM1520，读者可查阅相关资料。

9.4　机器人传感器

机器人就是由计算机控制的能模拟人的感觉、动作和具有自动行走能力而又能完成有效工作的装置。机器人作为近几十年来迅速发展起来的涉及机械、电子、运动学、动力学、控制理论、传感检测、计算机技术、人工智能、仿生学等的一门综合性学科，已经成为当今世界科学技术发展最活跃的领域之一。

从机器人发展历史中不难看出，传感器是机器人中不可缺少的部分，在机器人的发展过程中起着举足轻重的作用。第一代机器人是一种进行程式化操作的机器，主要是通过诸如机械手之类的机械装置完成预先设置的一系列动作，虽然配有存储装置，能记忆重复动作，由于没有采用传感器，所以它没有适应外界环境变化的能力。第二代机器人应用了传感器，初步具有感觉和反馈控制的能力，能进行识别、选取和判断，这一代机器人具有初步的智能。第三代机器人是更高一级的智能机器，“计算机化”是这一代机器人的重要标志。

机器人要具备模拟人的功能，能从事复杂的工作，对变化的环境能有适应能力，需要能精确地定位和控制，就必须借用传感器来实现，这样传感器在机器人的发展过程中就起着举足轻重的作用。

机器人传感器可以被定义为一种能把机器人目标物特性(或参量)变换为电量输出的装置。机器人通过传感器实现类似于人类的知觉作用。感知系统是机器人能够实现自主化的必需部分。

9.4.1　机器人传感器的分类

机器人传感器是机器人与外界进行信息交换的主要窗口，机器人根据布置在机器人身上的不同传感器对周围环境状态进行瞬间测量，将结果通过接口送入计算机进行分析处理，控制系统则通过分析结果按预先编写的程序对执行元件下达相应的动作命令。按照机器人传感器所传感的物理量的位置，可以将机器人传感器分为内部检测传感器和外部检测传感器两大类。

内部检测传感器以机器人本身的坐标轴来确定其位置，是安装在机器人内部的，用来感知运动学(即动力学)参数。通过内部检测传感器，机器人可以了解自己的工作状态，调整和控制自己按照一定的位置、速度、加速度、压力和轨迹等进行工作。

外部检测传感器用于获取机器人周围环境或者目标物状态特征的信息，是机器人与周围进行交互工作的信息通道。外部检测传感器的功能是让机器人能认识工作环境，很好地执行如检查产品质量、取物、控制操作、应付环境和修改程序等工作，使机器人对环境有自校正和自适应能力。外部检测传感器通常包括触觉、接近觉、视觉、听觉、嗅觉、味觉等传感器。

9.4.2 机器人传感器的特点和要求

1. 机器人传感器的特点

机器人传感器的特点是：传感器包括获取信息和处理信息两部分，并密切结合；传感器检测的信息直接用于控制，以决定机器人的行动；与工业控制或一般检测用传感器不同的是，机器人传感器既能检测信息，又有紧随环境状态进行大幅度变化的功能，因此信息收集能力强；传感器对敏感材料的柔性和功能有特定要求。由此可见机器人传感器不仅包括传感器本身，而且必须包含传感器信息处理部分。

2. 机器人对传感器的要求

智能机器人对传感器的一般要求如下：

(1) 精度高、可靠性高、稳定性好。智能机器人在感知系统的帮助下，能自主完成人类指定的工作。如果传感器的精度差，会影响机器人的作业质量；如果传感器不稳定或可靠性不高，就很容易导致智能机器人出现故障，轻者导致工作不能正常进行，重者还会造成严重的事故。因此，传感器的可靠性和稳定性是智能机器人对其最基本的要求。

(2) 抗干扰能力强。智能机器人的传感器往往工作在未知的、恶劣的环境中，因此要求传感器具有抗电磁干扰、振动、灰尘和油污等恶劣环境的能力。

(3) 重量轻、体积小。对于安装在机器人手臂等运动部件上的传感器，重量要轻，否则会加大运动部件的惯性，影响机器人的运动性能。对于工作空间受到某种限制的机器人，对体积和安装方向的要求也是必不可少的。

(4) 安全。智能机器人的安全问题包括两个方面：一方面是智能机器人的自我保护，另一方面则是智能机器人为保护人类安全不受侵犯而采取的措施。人类在工作时，总是利用自己的感觉反馈，控制使用肌肉力量不超过骨骼和肌腱的承受能力。同样，机器人在工作过程中，采用力、力矩传感器来监测和控制各构件的受力情况，使各个构件均不超过其受力极限，从而保护构件不被破坏；为了防止机器人和周围物体碰撞，需要采用各种触觉和接近觉传感器，如采用触觉导线加缓冲器的方法来防止碰撞。智能机器人的服务对象通常是人类，为了保护人类免受伤害，智能机器人需要采用传感器来限制自身的行为。

9.4.3 内部检测传感器

机器人在移动或者做动作的时候必须时时刻刻知道自身的姿态，否则就会产生控制中的一个开环问题，没有反馈，无法获知运动是否正确。机器人内部检测传感器就是用于检测机器人内部的环境信息、自身的状态等。它安装在驱动装置内，用以测量运动、位置和速度等，以控制机器人定位精确和运动平稳。

1. 机器人运动传感器

运动传感器主要包括位置传感器和速度传感器，用于检测机器人内部关节的位置和运行速度。常用的如光电编码器，由于机器人的执行机构一般是电动机驱动，通过计算电动机转的圈数，可以得出电动机带动部件的大致位置，控制软件再根据读出数据进行位置计算。还有利用陀螺原理制作的陀螺仪传感器，主要可以测得移动机器人的移动加速度、转过的角度等信息。

1）位置传感器

位置检测和位移检测是机器人最基本的感觉要求。常用的机器人位移传感器有电阻式、电容式、电感式位移传感器，光电式位移传感器，霍尔元件位移传感器、光栅式、磁栅式位移传感器以及机械式位移传感器等。

2）速度传感器

速度传感器是机器人的内部传感器之一，用于测量机器人的关节速度。机器人使用的速度传感器有模拟式和数字式两种。

2. 机器人力觉传感器

力觉是指对机器人的指、肢和关节等运动中所受力的感知，主要包括腕力觉、关节力觉和支座力觉等。

智能机器人在自我保护时，需要检测关节利连杆之间的内力，防止手臂承载过大或与周围障碍物碰撞而引起的损坏。因此，智能机器人的关节内经常需要进行力觉控制，这就需要力或力矩传感器。力觉控制能够提高机器人的运动精度。机器人控制器通过力觉传感器获取机器人手臂受力后产生的形变并进行补偿，使机器人的末端操作器能够准确地到达预定位置。随着智能机器人应用领域的扩大，对机器人的力觉要求也越来越高。

常用的机器人力传感器和力矩传感器有电阻应变式力传感器、压电式力传感器、电容式力传感器、电感式力传感器以及各种外力传感器等，力觉传感器的共同特点是，首先通过弹性敏感元件将被测力（或力矩）转换成某种位移量或变形量，然后通过各自的敏感介质把位移量转换成能够输出的电量。

20 世纪 70 年代中期美国斯坦福大学研制的六维力和力矩传感器如图 9－23 所示。

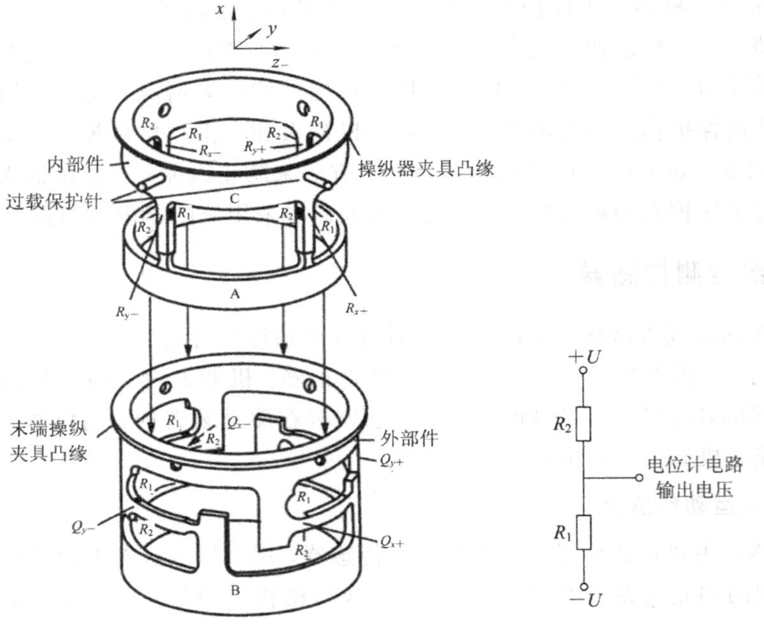

(a) 六维力和力矩传感器　　(b) 电位计温度补偿电路

图 9－23　机器人用六维力和力矩传感器

图 9-23(a)中，该传感器利用一段铝管巧妙地加工成串联的弹性梁，在梁上粘贴一对应变片，其中一片用于温度补偿。由图可知，有八个具有四个取向的窄梁，其中四个的长轴在 z 方向用 P_{x+}、P_{y+}、P_{x-}、P_{y-} 表示，其余四个的轴垂直于 z 方向，用 Q_{x+}、Q_{y+}、Q_{x-}、Q_{y-} 表示。一对应变片由 R_1、R_2，表示并取向，使得由后者的中心通过前者中心的矢量沿正 x、y 或 z 方向，例如，在梁 P_{x+} 和 P_{y-} 上的应变片垂直于 y 方向。梁一端的颈部在应变片处有放大应变的作用，而弯曲转矩忽略不计。

应变片可以由图 9-23(b)所示的电位计进行温度补偿。金属铝具有良好的导热性，环境温度的变化导致两个应变片的电阻变化几乎相同，从而使电路的输出不变。该传感器直接输出力和力矩，无须再做运算。该传感器的缺点在于弹性梁的刚性差，加工困难。

腕力传感器的结构原理如图 9-24 所示。设置在十字轮偏转棒四侧的半导体应变片在箔形的位置能提高灵敏度。采用电位计电路可以得到 $W_1 \sim W_8$ 的 8 个输出，使用 6×8 的变换矩阵可将这些数据变换成图中示出的力和力矩的实际 x、y 和 z 成分。

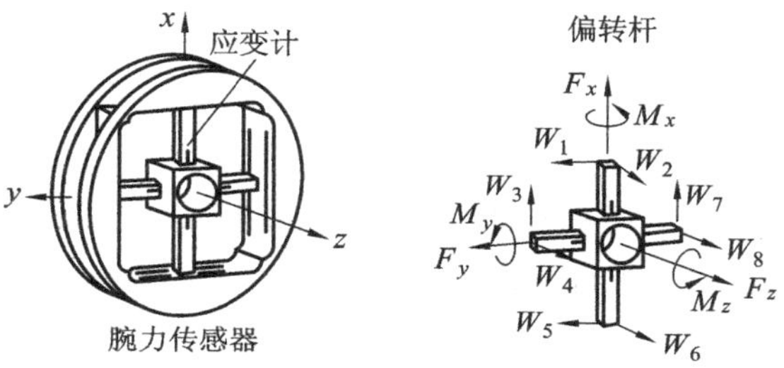

图 9-24　腕力传感器的结构

十字形腕力传感器的特点是结构比较简化、坐标容易设定并基本上认为其坐标原点位于弹性体的几何中心，但要求加工精度比较高。

9.4.4　外界检测传感器

外界检测传感器用于感知外部工作环境和外界事物对机器人的刺激。机器人用外界检测传感器的分类见表 9-4。在机器人上安装的外界检测传感器，是用来检测作业对象及环境或机器人与它们的关系的。

表 9-4　机器人用外界检测传感器的分类

传感器	检测内容	应用目的	传感器件
触觉	接触	限制开关	工作顺序控制
	把握力	应变计，半导体感压元件	把握力控制
	荷重	弹簧应变测量器	张力控制，指压控制
	分布压力	导电橡胶，感压高分子材料	姿势、形状判别
	多元力	应变计，半导体感压元件	装配力控制
	力矩	压阻元件，马达电流计	协调控制
	滑动	光学旋转检测器，光纤	滑动判定，力控制

续表

传感器	检测内容	应用目的	传感器件
接近觉	接近	光电开关，LED，激光，红外	动作顺序控制
	间隔	光电晶体管，光电二极管	障碍物躲避
	倾斜	电磁线圈，超声波传感器	轨迹移动控制，探索
视觉	平面位置	摄像机，位置传感器	位置决定，控制
	距离	测距器	移动控制
	形状	线图像传感器	物体识别、判断
	缺陷	面图像传感器	检查，异常检测器
听觉	声音	麦克风	语音控制(人机接口)
	超声波	超声波传感器	移动控制
嗅觉	气体成分	气体，射线传感器	化学成分探测
味觉	味道	离子敏感器，pH 计	化学成分探测

1. 触觉传感器

机器人触觉实际上是对人类触觉的某些模仿，承担着执行操作过程中所需要的微观判断的任务，在实时控制机器人进行操作步骤细微变动时十分有用。触觉实质上是接触、冲击、压迫等机械刺激感觉的综合，利用触觉可以使机器人感知物体的形状、软硬等物理性质，便于机器人完成抓取动作。机器人触觉可分为：接触觉(手指与被测物是否接触，接触图形的检测)、压觉(垂直于机器人和对象物接触面上的力感觉)、力觉(机器人动作时各自由度的力感觉)、滑觉(物体向着垂直于手指把握面的方向移动或变形)等几种。

1) 接触觉传感器

接触觉是通过与对象物体彼此接触而产生的，所以最好使用手指表面高密度分布触觉传感器阵列，它柔软易于变形，可增大接触面积，并且有一定的强度，便于抓握。接触觉传感器可检测机器人是否接触目标或环境，用于寻找物体或感知碰撞。常用的接触觉传感器有光电式、压阻式、压电式和电阻应变片式等。典型的接触觉传感器的结构如图 9－25 所示。

图 9－25(a)所示为金属圆顶式高密度的接触觉传感器。当物体与传感器接触时，把握力加在柔性绝缘层上，使具有弹性的金属圆顶向下弯曲直至连接到下面的电极，它的功能相当于一个开关，其输出“0”、“1”信号，可以用于控制机械子的运动方向和范围、躲避障碍物。可通过调整金属圆点和基点之间的空气压力来调整接触灵敏度。

图 9－25(b)所示为能进行高密度封装的接触觉传感器。在接点与富有导电性的碳纤维纸之间有一凹陷气隙，外力的作用使碳纤维纸与氨基甲酸乙酯泡沫产生如图中虚线所示的变形，接点与碳纤维纸之间形成导通状态，富有弹性与绝缘性的海绵体-氨基甲酸乙酯泡沫传感器具有接触觉的复原力。这种结构可以感测极小的力，能进行高密度封装。

图 9－25(c)所示的传感器采用斯坦福研究所研制的导电橡胶制成的接触觉传感器。这种传感器与图 9－25(a)、(b)所示的传感器一样也是利用两个电极接触导通的方法，不同的是，它所使用的是导电橡胶。

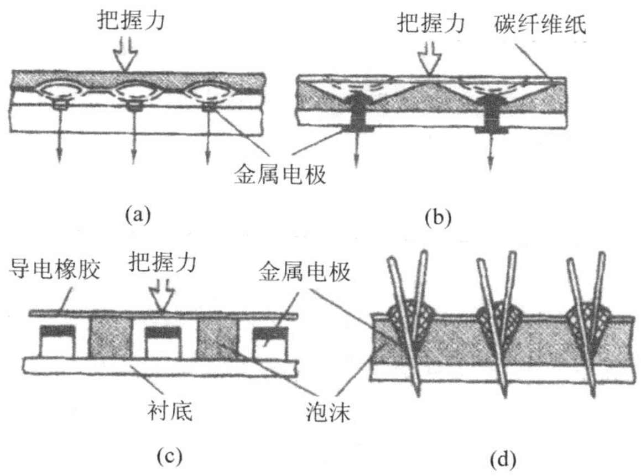

图 9－25　接触觉传感器的典型结构

图 9－25(d)所示的接触觉传感器的结构采用的是用导电橡胶制作的细丝，从传感器的表面突出来，一旦物体与其突起部分接触，它就变形，夹住绝缘体的上下金属成为导通的状态，实现接触觉传感的功能。

2）压觉传感器

压觉传感器用来检测机器人手指的握持面上承受的压力大小和分布。传感器的设计是通过把分散敏感元件排列成矩阵式格子来实现的。压觉传感器常用的敏感材料有导电橡胶、感应高分子、应变计、光电器件和霍尔元件等，具有小型轻便、响应快、阵列密度高、在线性好、可靠性高等特点。压觉传感器本身相对于力的变化基本上不发生位置变化或几何形状的变化。硅电容压觉传感器阵列结构示意如图 9－26 所示。

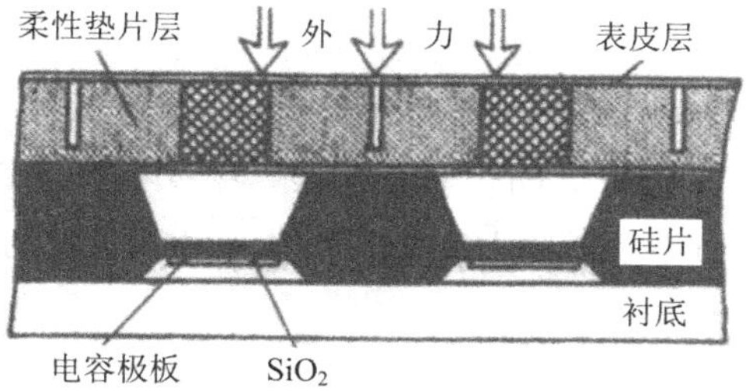

图 9－26　硅电容压觉传感器阵列结构示意图

图 9－26 中，硅电容压觉传感器由若干个电容单元构成。在基本的硅电容阵列上还有三层结构用以传递作用力。第一层是带通孔的保护盖板；第二层是一层富有弹性的柔性垫片；第三层是表皮藤膜。其中，第二层的垫片中开有沟道，目的是隔离外部局部作用力的横向扩散效应，使作用力只沿垂直方向施加于电容器单元的极板上。为了更好地传递作用力，在每一个电容器单元的正上方的位置，垫片层被掏孔并填入能很好地传递力的物质(如硅橡胶)。硅电容压觉传感器的电容与外界压力的关系与普通电容式传感器工作原理几乎完全一样。为了消除湿度的影响，压觉传感器阵列中同样也附加了一个基准电容 C_x。若干个电容器均匀地排列成一个简单的电容器阵列，它的灵敏度由电容器的极板尺寸和硅弹性膜的厚度决定。

3）力觉传感器

力觉传感器用于检测和控制机器人臂及手腕的力与力矩。由于力觉是多维力的感觉，因此用于力觉的触觉传感器，为了能检测到多维力的成分，需要把多个检测元件立体地安装在不同位置上。用于力觉传感器的主要有应变式、压电式、电容式、光电式和电磁式等。由于应变式的价格便宜，可靠性好，且易于制造，故被广泛采用。机器人力觉传感器主要包括关节力传感器、腕力传感器和基座力传感器等。

4）滑觉传感器

人手在握持物体时，能够感知物体在手中的滑动情况，从而调整抓握力的大小。机器人要抓住属性未知的物体，也应具有感知物体滑动的能力，从而根据滑动信息决定增加或减少抓握力。滑觉传感器作用是通过检测机器人的手指与物体接触面之间相对运动（滑动）的大小和方向，使机器人对物体作用最佳大小的把握力，以保证既能握住物体不产生滑动，又不至于因用力过大而使物体发生变形或被损坏。

机器人专用滑觉传感器如图 9－27 所示。

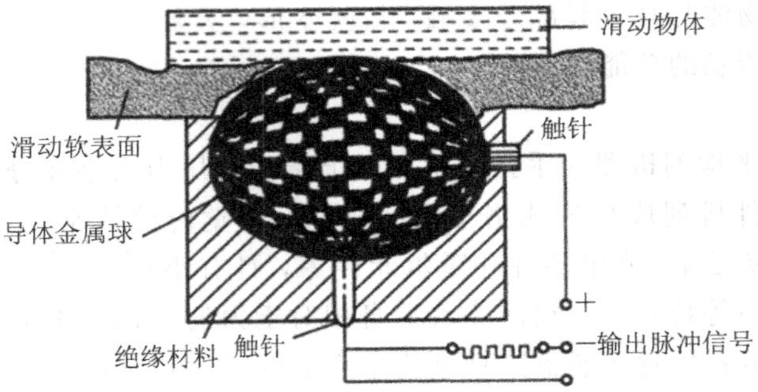

图 9－27　机器人专用滑觉传感器

图 9－27 中，球形滑觉传感器的主要部分是一个可自由滚动的球，球的表面是用导体和绝缘体按一定规格相间布置得如同棋盘的网眼。在球表面任意两个地方安装有接触器，接触器端头（触针）接触表面小于球面上露出的导体面积。当球与被握持物体相接触时，如果物体滑动，将带动球随之滚动，接触器与球的导体区交替接触从而发出一系列的脉冲信号，脉冲信号的频率与物体滑动的速度有关。另外，无论滑动方向如何，球都会发生滚动，传感器也都产生信号输出，因此，这种结构的传感器所测量的滑动不受滑动方向的限制，能检测全方位滑动。减少球的尺寸和传导面积可以提高检测灵敏度。

2. 接近觉传感器

接近觉是一种粗略的距离感觉，是介于触觉和视觉之间的感觉。接近觉传感器是指机器人能感知相距几毫米至几十厘米内对象物或障碍物的距离以及对象物的表面性质等的传感器。其目的是在接触对象前得到必要的信息，以便后续动作，一般用“1”和“0”二值化信号表示。

常见的接近觉传感器有电磁感应式、光电式、电容式、气压式、超声波和微波式等多种，实际使用需要根据对象物体性质而定。光电式接近觉传感器如图 9－28 所示。

对于金属物体，可采用电磁感应式接近觉传感器，如图 9－29 所示。

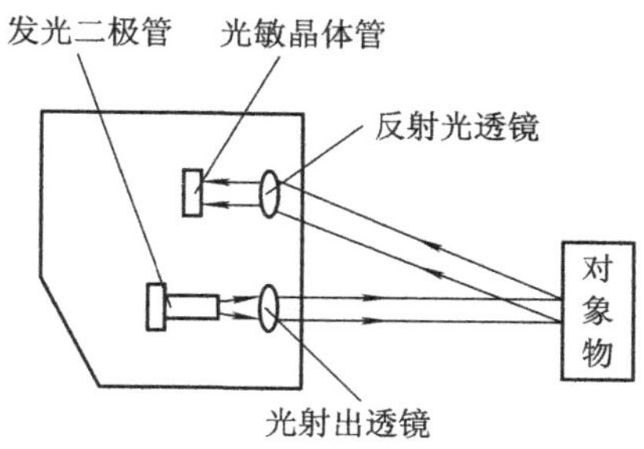

图 9－28　光电式接近觉传感器

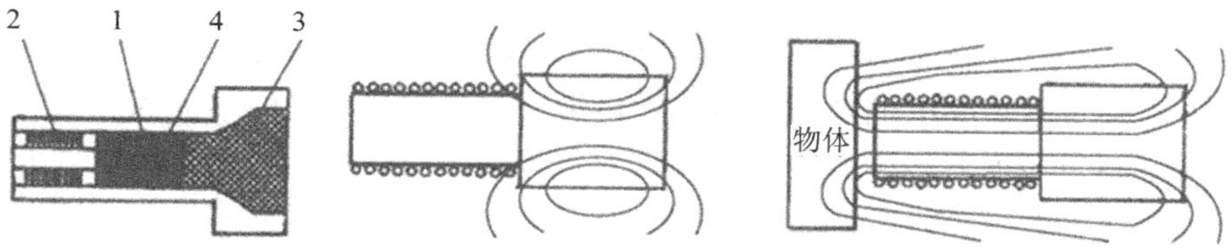

1—永久磁铁；2—紧贴磁铁的圆柱形线圈；3—树脂；4—外壳

图 9－29　电磁感应式接近觉传感器

图 9－29(a)为传感器结构。图 9－29(b)为在远离物体时，永久磁铁的磁力线对称分布情况。图 9－29(c)为当有金属(钢或铁等导磁金属)物体接近时，永久磁铁的磁力线分布发生不对称变化情况。由于永久磁铁的磁力线分布的变化导致线圈的感应电流发生变化，根据对线圈输出电流的检测就可以测量出物体的接近程度。

3. 视觉传感器

视觉传感器是机器人的眼睛，它可测量物体的距离和位置，识别物体的形状等特性，即以光电变换为基础，利用光敏元件将光信号转换为电信号的传感器件。

要在空间中对物体的位置和形状实现判断一般需要两大类信息：距离信息和明暗信息。机器人获得距离信息的方法有超声波、激光反射法和立体摄像法等；获得明暗信息主要靠电视摄像机和 CCD 固态摄像机获得。目前在机器人的视觉系统中，监控机器人的运行的视觉传感器有光导视觉传感器、CCD 视觉传感器和 CMOS 图像传感器等，其结构和工作原理可参阅本章 9.1 节。此处仅简单介绍激光式视觉传感器和红外 CCD 视觉传感器。

1) 激光式视觉传感器

激光束以恒定的速度扫描被测物体，由于激光方向性好、亮度高，因此光束在物体边缘形成强对比度的光强分布，经光电器件转换成脉冲电信号，脉冲宽度与被测尺寸成正比，从而实现了机器人对物体尺寸的非接触测量。

激光扫描传感器适用于柔软的不允许有测量力的物体、不允许测头接触的高温物体以及不允许表面划伤的物体等的在线测量。由于扫描速度可高达 95 m/s，因此允许测量快速运动或振幅不大、频率不高、振动着的物体，因此经常用于机器人在加工中(即在线)的非接触主动测量。

利用激光作为定向性高密度光源的视觉传感器的典型构成原理示意如图 9－30(a)所示。

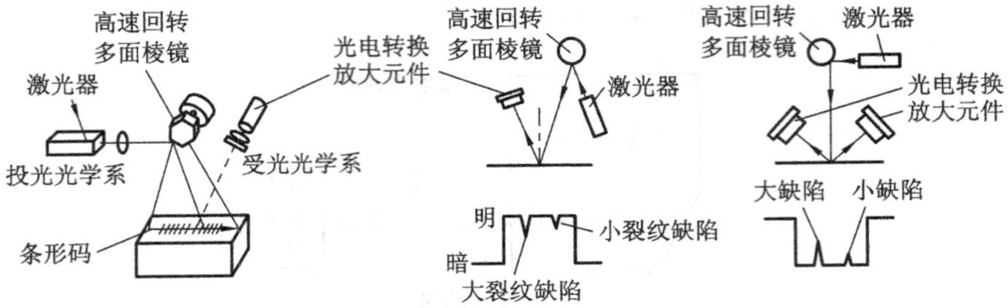

(a) 激光视觉传感器工作原理　(b) 正反射光检测　(c) 漫反射光检测

图 9-30　激光视觉传感器结构示意图

图 9-30(a)中，激光视觉传感器由光电转换及放大元件、高速回转多面棱镜、激光器等组成。如在超市收银系统的识别商品条码扫描中，激光器发出的激光束，照射到高速旋转多面棱镜上，将激光束反射到检测商品的条形码上进行一维扫描，条形码反射的光束由光电转换及放大元件接收并放大，再传输给信号处理装置，从而对条形码进行了识别。此种传感器还可以用在检测对象物品上的表面大小裂纹缺陷上，如图 9-30(b)、(c)所示。

2) 红外 CCD 视觉传感器

使用固体电子扫描的红外摄像传感器，一般称为红外 CCD，其红外热成像原理与热电型红外光成像原理基本相同。其红外光热电敏感元件和固体电子扫描部分均用相同半导体材料，经过一系列处理而制成单片型红外 CCD。也可用不同的半导体材料经不同处理而制造、组装成混合型红外 CCD。信号处理芯片用 Si 材料制作，柔软铟缓冲器保证对温度变化和冲击的可靠性。混合型红外 CCD 视觉传感器的结构如图 9-31 所示。

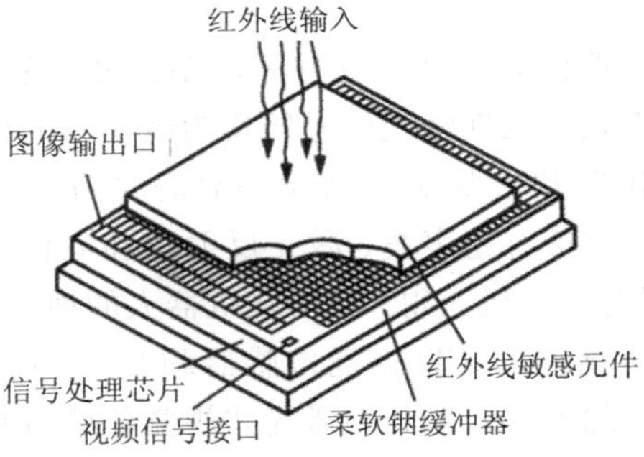

图 9-31　混合型红外 CCD 视觉传感器的结构

思考题与习题

1. 图像传感器分为哪几种？各有何特点？
2. 简述 CCD 图像传感器的工作原理。
3. 用 CCD 做几何尺寸测量时，应该如何由像元数确定测量精度？
4. 生物传感器的信号转换方式有哪几种？
5. 生物传感器有哪些种类？简要说明其工作原理。

6. 生物传感器有哪些方面的应用？
7. 试述生物传感器结构、工作原理和分类。
8. 酶是怎样一类物质？如何利用它的性质设计制作生物传感器？
9. 试述微生物传感器的结构和工作原理。
10. 什么是生物敏感膜？
11. 简述免疫传感器的工作原理。标记酶免疫传感器的工作原理主要有哪两种？
12. 什么是智能传感器？与传统传感器相比其突出特点有哪些？
13. 简述智能传感器的主要形式和结构。
14. 智能传感器的主要功能有哪些？
15. 智能传感器的实现途径有哪些？
16. 结合实例说明集成智能传感器的三种形式。
17. 简述机器人传感器的应用现状和发展趋势。
18. 器人对传感器的要求是什么？机器人传感器主要有哪些种类？
19. 哪些传感器与人类的五官感觉对应？
20. 接近觉传感器是如何工作的？举例说明其应用。

第 10 章 传感器应用技术

教学目标

本章内容主要介绍传感器在使用过程中的相关应用技术，包含传感器的补偿技术、传感器的标定和校准技术以及传感器的选择和使用三个知识模块。主要学习内容有传感器的补偿技术中常用的非线性补偿和温度补偿技术；传感器的标定和校准技术中的标定基本概念、静态和动态标定技术；传感器按测量对象和使用条件选择时需要考虑的因素、按性能指标选择时需要考虑的因素和传感器的正确使用方法等。

通过本章的学习，读者熟悉传感器常用的补偿技术，掌握非线性和温度补偿的方法；熟悉传感器的标定和校准相关技术；掌握传感器的正确选择和使用的方法。

教学要求

知识要点	能 力 要 求	相关知识
传感器的补偿技术	(1) 了解造成非线性和温漂的原因； (2) 熟悉非线性和温度补偿的常用方法； (3) 掌握在实际中补偿技术应用	(1) 电子学； (2) 数学； (3) 计算机
传感器的标定与校准技术	(1) 了解标定的定义和传感器标定的意义； (2) 熟悉传感器静态标定； (3) 熟悉传感器动态标定	(1) 电子学； (2) 机械原理； (3) 实验
传感器的选择与使用	(1) 熟悉传感器选择应考虑的各种因素； (2) 掌握传感器正确使用的方法	(1) 传感器技术； (2) 实际应用综合知识

10.1 传感器的补偿技术

10.1.1 非线性补偿技术

在工程检测中，都希望使用仪器的输出量和输入量之间具有线性关系，从而保证了在整个测量范围内灵敏系数为常数，使测量结果便于处理。但在实际检测中，大多数传感器的输出电量与被测物理量之间的关系不是线性的。产生非线性的原因主要有两个，一是由于传感器变换原理的非线性，如温度测量时，热电阻的阻值与温度是非线性关系；厚度测量时，射线照射量率与被测厚度之间为指数关系。二是转换电路也存在非线性，如测量电桥在单臂工作时，输出电压与桥臂阻抗的变化量是非线性关系。因此，除了对传感器本身在设计和制造工艺上采取一定措施外，需要对传感器的非线性特性进行线性化处理，也称为对输入参量的非线性补偿。

目前，传感器的非线性补偿一般采用三种方法：一是缩小测量范围，并取近似值；二是采用非线性的指示刻度；三是增加非线性补偿环节(亦称线性化器)。其中，增加非线性补偿环节又有两种方法：硬件电路的补偿方法和微机软件的补偿方法。

1. 硬件电路的补偿方法

硬件电路的非线性补偿方法是在输入通道中加入非线性补偿环节来进行线性化处理。通常采用的模拟电路和有二极管阵列开方器、各种对数、指数、三角函数运算放大器等。

1) 敏感元件特性的线性化

敏感元件是非电量检测的感受元件，它的非线性对后级影响很大，所以在可能的条件下，应尽量使它线性化。如用热敏电阻测量温度时，热敏电阻的 R_t 与 t 的关系如下：

$$R_t = A \cdot e^{B/T} \tag{10-1}$$

式中，$T=273+t$，t 为摄氏温度；A、B 均为与材料有关的常数。R_t 与 t 呈非线性关系。

在非线性补偿中，可以采用一个附加线性电阻 R 与热敏电阻 R_t 并联，所形成的并联等效电阻 R_p 与 t 有近似的线性关系，如图 10－1 所示。

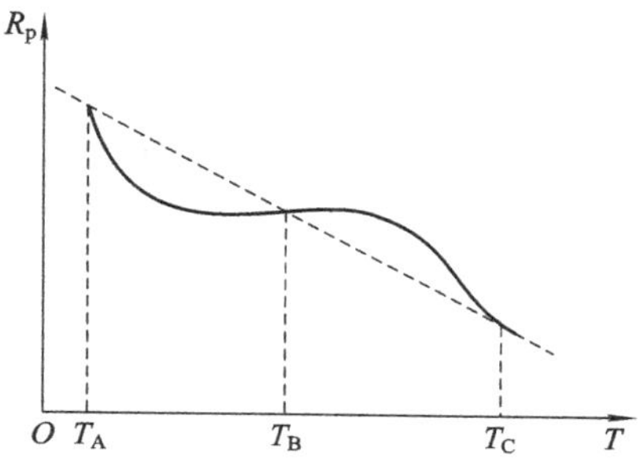

图 10－1　并联等效电阻曲线

设温度变化范围为 $T_A \sim T_C$，平均温度：$T_B=(T_A+T_C)/2$，热敏电阻传感器对应的输出阻值分别为 R_A、R_B、R_C，由于传感器的非线性，$R_B \neq (R_A+R_C)/2$。为了使三个点的电路输出为线性，则应满足并联电阻 $R_{pB}=(R_{pA}+R_{pC})/2$。其中 R_{pA}、R_{pB}、R_{pC} 分别为温度在低温(T_A)、中温(T_B)和高温(T_C)时的并联电阻。图 10－1 中，R_p 的整段曲线呈 S 形。电路并联的电阻 R 可由式(10－2)确定。

$$R_p = \frac{R \cdot R_t}{R + R_t}$$

$$R = \frac{R_B(R_A + R_C) - 2R_A \cdot R_C}{R_A + R_C - 2R_B} \tag{10-2}$$

由图 10－1 可知，并联等效电阻的非线性补偿了原有热敏电阻的非线性。

这种以非线性补偿非线性方法的典型措施是将两只非线性传感器连接成差动方式，使它们的非线性误差以大小相等、极性相反方向变化，以获得较为理想的线性输出特性。敏感元件特性的线性化如图 10－2 所示。

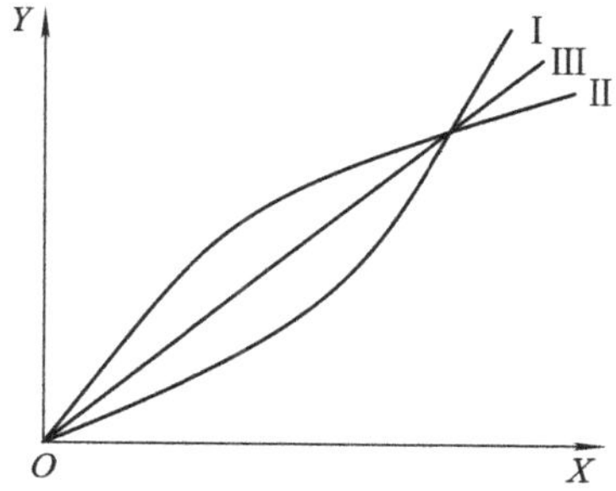

图 10－2　敏感元件特性的线性化

图 10－2 中，两种非线性元件 A 和 B 的伏安特性曲线为Ⅰ和Ⅱ，两元件接成差动方式后就可得到曲线Ⅲ所示的输出特性。

2) 折线逼近法

将传感器的特性曲线用连续有限的直线来代替，然后根据各转折点和各段直线来设计硬件电路，这就是最常用折线逼近法。折线逼近法需要有非线性元件来产生折线的转折点，如利用二极管的导通、截止特性。在实际应用中，为配合传感器信号调理电路常采用运算放大器和二极管、电阻等组成的模拟补偿电路。

某传感器的输出特性曲线如图 10－3(a)所示。

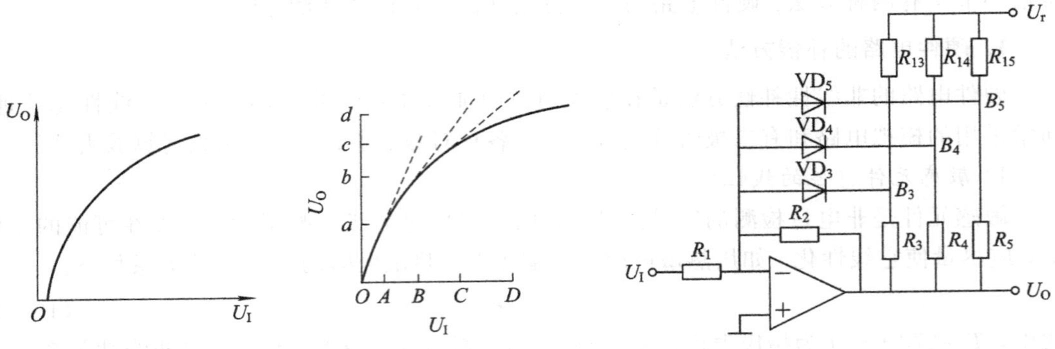

(a) 输出特性曲线　　(b) 折线逼近方法　　(c) 折线逼近电路

图 10－3　折线逼近法及折线逼近电路

从图 10－3(a)可以看出该传感器的特性曲线为非线性。以此曲线为例，用四条折线近似逼近该曲线并设计相应线性化的硬件补偿电路。

图 10－3(b)为折线逼近方法，将该曲线分别用 Oa、ab、bc、cd 四条折线来近似逼近。图 10－3(c)为折线逼近电路。该电路是一个反相放大器，当输出电平低时，二极管导通，放大倍数降低，便形成一段折线。图中输出电压小于 a 时的增益 G_1 应是所有二极管不导通时的增益，其表达式为

$$G_1 = \frac{-R_2}{R_1} \tag{10-3}$$

输出电压为 a～b 区间时，只有 B_3 点为负电压，二极管 VD_3 导通，该区间的增益 $B_3 = -\frac{R_2 /\!/ R_3}{R_1}$；二极管开始导通后，折点 a 的设定由基准电压 U_r 和 R_3 决定，即

$$U_{(0,\ a)} = \frac{R_3}{R_{13}} U_r - U_{VD2} \tag{10-4}$$

式中：U_r 为正基准电压；U_{VD3} 为 VD_3 的正向电压降，为 0.5 V。

这样就得到(0，a)区间的折线表达式和折点电压分别为式(10－3)和式(10－4)。其他区间的折线表达式和折点电压以及电路的工作原理类似上面的分析。因此，得到 a～b 区间输出电压增益：

$$G_2 = -\frac{R_2 /\!/ R_3}{R_1} \tag{10-5}$$

折点电压为

$$U_{(0,\ b)} = \frac{R_4}{R_{14}} U_r - U_{VD4} \tag{10-6}$$

b～c 区间的输出电压增益：

$$G_3 = -\frac{R_2 /\!/ R_3 /\!/ R_4}{R_1} \tag{10-7}$$

折点电压为

$$U_{(0,c)} = \frac{R_5}{R_{15}}U_r - U_{VD5} \tag{10-8}$$

$c \sim d$ 区间的输出电压增益：

$$G_4 = -\frac{R_2 /\!/ R_3 /\!/ R_4 /\!/ R_5}{R_1} \tag{10-9}$$

这种方法的折点越多，各段直线就越逼近曲线，精度也就越高，适用于缓慢、单调变化的非线性特性曲线补偿，补偿准确度高，补偿范围宽，稳定性好。但缺点是在折点附近的精度高，远离折点处的精度低，而且区间划分不可能很细，所以阻碍了精度的提高。利用高次逼近法可以大大提高其精度，但是会给硬件电路的实现带来很大的困难。在实际应用中，应采取具体问题具体分析的办法。

2. 微机软件的补偿方法

微机软件的补偿方法是充分利用计算机处理数据的能力，用软件进行传感器特性的非线性补偿，使输出的数字量与被测物理量之间呈线性关系。软件方法有许多优点：省去了上面所介绍的复杂补偿硬件电路、简化了装置；提高了检测的准确性和精度；适当改进软件内容，可对不同的传感器特性进行补偿，也可利用一台微机对多个通道、多个参数进行补偿。

采用软件实现数据线性化，常用的方法有计算法、查表法和插值法等，这些方法不是本教材的研究范畴，这里不再赘述。

10.1.2　温度补偿技术

对于高精度传感器，温度误差已成为提高其性能指标的严重障碍，尤其在环境温度变化较大的应用场合更是如此。一般传感器都是在标准条件的温度下(20℃±5℃)标定的，但其工作环境温度可能由零下几十摄氏度变到零上几十摄氏度，传感器由多个环节所组成，这些基本环节的静特性与环境温度有关，尤其是由金属材料制成的敏感元件的静特性，更是与温度有密切关系，如测量压力用的金属波纹膜片，它的合金材料的弹性模量是随强度而变化，而金属波纹膜片的刚度系数又是随环境温度而变化，从而使其静特性随温度而变化；信号调整电路的电阻、电容、二极管和三极管的特性、集成运放的零点及工作特性等都随温度而变化，这就会造成放大器的放大倍数以及直流放大器的零点随环境温度而变化，将引起测量的附加误差。

在实际应用中，为了满足传感器性能在温度方面的要求，就需要采取一系列技术措施，以抵消或减弱环境温度对传感器特性的影响，从而保证传感器的技术参数对温度的稳定性，这些技术措施统称为温度补偿技术。

1. 温度补偿的方式

实现温度补偿的方式主要有三类：自补偿、并联补偿和反馈补偿。

1）自补偿

自补偿是利用传感器本身的一些特殊部件受温度影响产生的变化而相互抵消。组合式温度自补偿应变片的结构如图 10－4 所示。

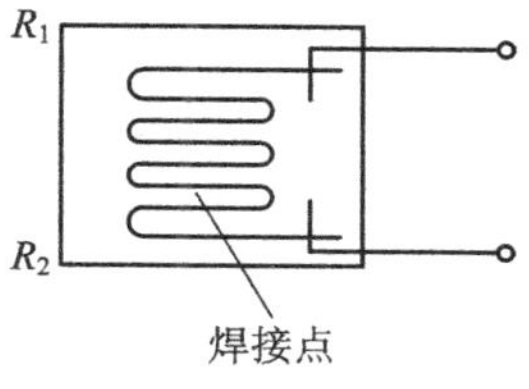

图 10－4　自补偿应变片的结构

图 10－4 中，组合式温度自补偿应变片利用电阻材料的电阻温度系数有正、负的特性。将两种不同的电阻丝栅(R_1，R_2)串联制成一个应变片，温度变化时，两段电阻丝栅将随温度变化，产生两个大小相等、符号相反的增量，从而实现温度补偿。

2）并联补偿

并联补偿是在原有系统中，并联一个温度补偿环节，使它们的合成输出不随环境温度的变化。并联补偿的条件包括：① 补偿环节输出对温度的反应与被补偿环节输出对温度的反应大小相等且符号相反，才可能实现全补偿(实际上就是两个不同性能的传感器，在同一温度条件下，应作差动输出，但由于两个环节的温度变化不可能完全相同，因此在工程上只能做到某些点实现全补偿)；② 补偿环节与被补偿环节对输入量的反应大小应相等且符号相同，以提高灵敏度。

3）反馈式补偿

反馈式温度补偿是应用负反馈原理，通过自动调整过程，保持传感器的零点和灵敏度不随环境温度而变化。

2. 温度补偿的方法

在实际应用中，对于环境温度变化引起的零点漂移和工作特性的改变，可以采用并联或反馈方式进行修正，也可以进行综合补偿修正。补偿方法可以选择硬件措施，也可以选择软件措施，或两者配合，应视具体情况而定。

1）硬件方法

(1) 零点补偿：环境温度的变化引起传感器零点漂移时，可加入一个附加电路，使其产生一个与零点漂移值大小相等、极性相反的信号，它与零点漂移相串联，两者相互抵消而实现补偿。

(2) 灵敏度补偿：在环境温度变化时，会引起传感器灵敏度的变化从而造成测量误差。为了消除它的影响，可通过一定电路使灵敏度不随温度变化而变化，从而实现灵敏度的温度补偿。

2）软件方法

若依靠传感器本身附加一些简单的硬件补偿措施实现温度补偿不能满足要求时，可通过微机用软件来解决。这种温度补偿原理如图 10－5 所示。

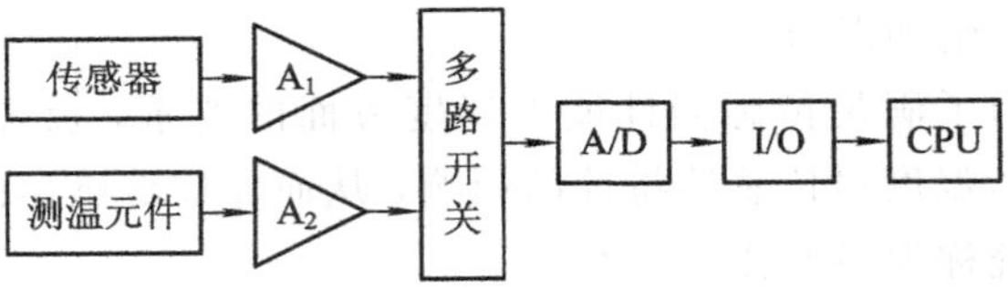

图 10－5　传感器温度补偿原理图

图 10－5 中，在传感器靠近温度敏感的部件处，安装一个测温元件，用以检测传感器所在环境的温度。把测温元件的输出经过多路开关与信号一同送入 CPU，根据温度误差的数学模型去补偿被测信号，以达到精确测量的目的。

温度误差数学模型可分为简单和较精确的两种模式。

简单的温度误差修正模型为

$$y_c = y(1 - a_0 \Delta t) + a_1 \Delta t \tag{10-10}$$

式中，y 为未经温度误差修正的数字量；y_c为已经温度误差修正的数字量；Δt 为实际工作环境温度与标准温度之差；a_0 为温度误差系数，用于补偿灵敏度的变化；a_1 为温度误差系数，用于补偿零点温度漂移。

较精确的温度误差修正模型为

$$y_c = y(1 + a_0 \Delta t + a_1 \Delta t^2) + a_2 \Delta t + a_3 \Delta t^2 \tag{10-11}$$

式中，a_0、a_1 为温度误差系数，用于补偿灵敏度的变化；a_2、a_3 为温度误差系数，用于补偿零点温度漂移。

10.2　传感器的标定与校准技术

10.2.1　传感器标定的基本概念

《传感器通用术语》(GB/T7665－2005)对校准(标定)(calibration)的术语规定如下：在规定的条件下，通过一定的试验方法记录相应的输入-输出数据，以确定传感器性能的过程。

1. 传感器标定的意义

传感器标定是设计和使用传感器的一个重要环节。任何一种传感器在装配完成后为确定其实际静态和动态性能，都必须按原设计指标进行全面严格的性能鉴定，以保证量值的准确传递；对新研制的传感器，必须进行标定试验，才能用标定数据进行量值传递，而标定数据又可作为改进传感器设计的重要依据；传感器在使用、存储一段时间(我国计量法规定一般为一年)以后，也必须对其重要技术指标进行复测(校准和标定本质上是一样的)，以便确保传感器的各项性能达到使用要求；对出现故障的传感器，即使经修理还可以继续使用，修理后也必须再次进行标定试验，并最后确定其基本性能是否达到使用要求。通常，在明确输入-输出变换对应关系的前提下，利用某种标准或标准器具对传感器进行标度的过程称之为标定；而将传感器在使用过程中或储存后进行性能复测的过程称之为校准。

2. 传感器标定的方法

标定的基本方法是，利用标准设备产生已知的非电量(如标准力、压力、位移等)作为输入量输入到待标定的传感器，然后将得到的传感器的输出量与输入的标准量作比较，建立起传感器输出量与输入量之间的对应关系，由此获得一系列标定数据或曲线，同时确定出不同使用条件下的误差关系。

根据标定系统的结构，标定的方法有绝对法和比较法。其中，绝对法标定系统如图 10－6(a)所示。标定装置能产生量值确定的高精度标准输入量，将之传递给被标定的传感器，同时标定装置能测量并显示出被标定传感器的输出量。一般绝对法标定系统标定精度高，但较复杂。

比较法标定系统如图 10－6(b)所示。标定装置不能测量被测量，它产生的被测输入量通过标准传感器测量，被标定传感器的输出由高精度测量装置测量并显示。但如果被标定传感器包括后续测量电路和显示部分，高精度输出测量装置就可去掉。

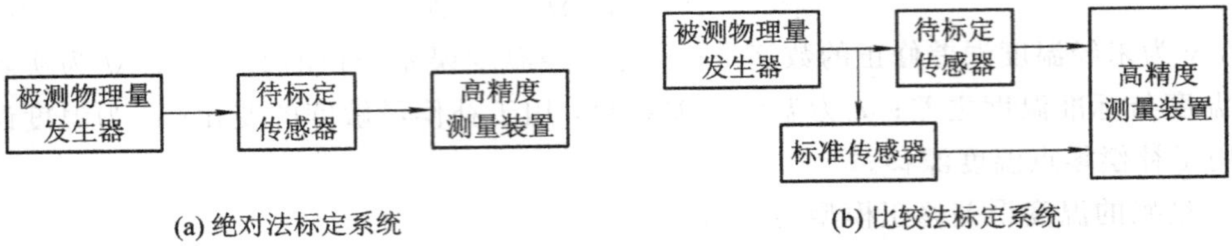

图 10－6　用标准传感器进行标定的方法

对标定设备的要求：为了保证标定的精度，标定应按计量部门规定的检定规程和管理办法进行。一般产生输入量的标准设备(或标准传感器)的精度应比待标定的传感器高一个数量级，如果待标定传感器精度较高，可以跨级使用更高级的标准装置。同时，量程范围应与被标定的传感器的量程相当，性能稳定可靠，使用方便，能适应多种环境。

传感器的标定分为静态标定和动态标定两种。静态标定的目的是确定传感器静态特性指标，如线性度、灵敏度、滞后和重复性等。动态标定的目的是确定传感器的动态特性参数，如频率响应、时间常数、固有频率和阻尼比等。有时根据需要也要对温度响应、环境影响等进行标定。

工程测试中传感器的标定，应在与其使用条件相似的环境下进行。为获得高的标定精度(尤其像电容式、压电式传感器等)，应将传感器及其配用的电缆、放大器等测试系统一起标定。

10.2.2　传感器的静态标定

静态标定的目的是在静态标准条件下确定传感器(或检测系统)的静态特性指标。所谓静态标准是指没有加速度、振动、冲击(除非这些参数本身就是被测量)，环境温度一般为(20±5)℃、相对湿度不大于85%RH、气压为(101.308±7.988)kPa等条件下。

1. 静态标定系统的组成

对传感器进行静态标定，首先要建立标定系统。传感器的静态标定系统一般由以下几部分组成：

(1) 被测物理量标准发生器，如测力机、活塞压力计、恒温源等。

(2) 被测物理量标准测试系统，标准力传感器、压力传感器、量块、标准热电偶等。

(3) 待标定传感器所配接的信号调理器和显示器、记录仪等，所配接仪器精度应是已知的。

为保证标定精度，必须选择与被标定传感器精度要求相适应的一定等级的标准器具(一般所用测量仪器和设备的精度至少要比被标定传感器的精度高一个量级)，它应符合国家计量量值传递的规定，或经计量部门检定合格。

2. 静态标定的步骤

标定过程步骤如下：

(1) 将传感器和测试仪器连接好，将传感器的全量程(测量范围)分成若干个等间距点，一般以传感器全量程的10%为间隔。

(2) 根据传感器量程分点的情况，由小到大、逐点递增地输入标准量值，并记录与各点输入值相对应的输出值。

(3) 将输入量值由大到小、逐点递减，同时记录与各点输入值相对应的输出值。

(4) 按步骤(2)、(3)所述过程，对传感器进行正、反行程往复循环多次测试，将得到的输出-输入测试数据用表格的形式列出或画成曲线。

(5) 对测试数据进行必要的处理。根据处理结果，即可确定传感器的线性度、灵敏度、滞后和重复性等相关静态特性指标。

3. 常用的静态标定设备及标定方法

不同的传感器需要不同的标定设备，这里仅讨论部分有代表性的标定设备。

1) 测力传感器标定设备及标定方法

测力传感器标定设备主要有测力砝码和拉压式(环形)测力计。其中，测力砝码是最简单的测力传感器标定设备。我国基准测力装置是固定式基准测力机，它实际上是由一组在重力场中体现基准力值的直接加荷砝码(静重砝码)组成的。图 10－7 所示为一种杠杆式砝码测力标定装置，这是一种直接用砝码通过杠杆对待标定的传感器加力的标定装置。

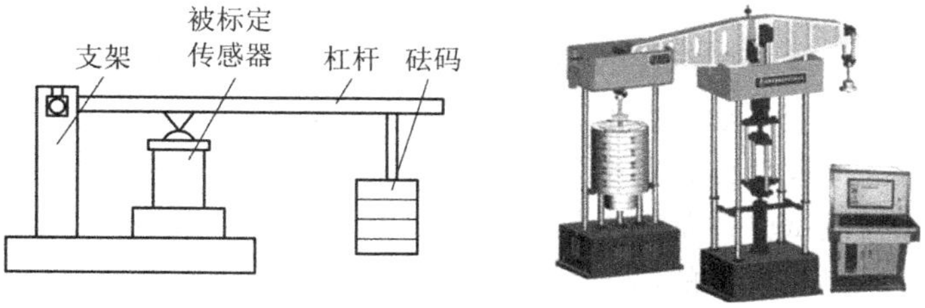

(a) 原理结构图　　(b) 砝码测力机外形

图 10－7　杠杆式砝码测力标定装置

另一种拉压式(环形)测力计是用环形测力计作为标准的推力标定装置，如图 10－8 所示。它由液压缸产生测力，测力计的弹性敏感元件为椭圆形钢环，环体受力后的变形量与作用力呈线性关系，测出测力环变形量作为标准输入。如果用杠杆放大机构和百分表结构来读取测力环变形量，或用光学显微镜读取，甚至采用光学干涉法读取，则可大大提高测量精度。

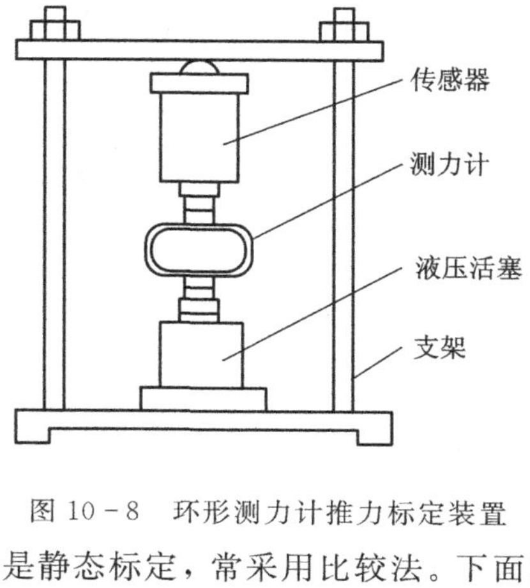

图 10－8　环形测力计推力标定装置

测力传感器的标定主要是静态标定，常采用比较法。下面以应变式测力传感器的标定为例介绍力传感器的静态标定方法。应变式测力传感器静态标定系统如图 10－9 所示。

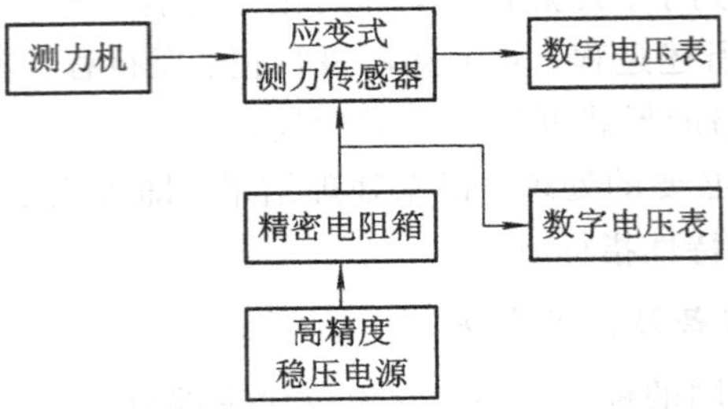

图 10-9　应变式测力传感器静态标定系统

图 10-9 中，静态标定系统的关键在于测力机，它可以是杠杆式砝码标定装置、液压式测力机或基推测力机等来为被测传感器提供标准力。把力传感器安放在标准测力设备上加载，高精度稳压源经精密电阻箱为传感器提供稳定的供电电压，其值由数字电压表读取；传感器的输出电压由另一数字电压表指示。标定时，先超负荷加载 20 次以上，超载量为传感器额定负荷的 120%～150%。然后，按额定负荷的 10%为间隔分成若干个等间距点，对传感器正行程加载和反行程卸载进行测试。这样，多次试验经微机处理，即可求得该传感器的全部静态特性，如线性度、灵敏度、迟滞和重复性等。

在无负荷条件下，改变传感器所处温场的温度，则可测得传感器的温度稳定性和温度误差系数。对传感器或试验设备加上恒温罩，则可测得零点漂移。如施加额定负荷，当温度缓慢变化时，可测得灵敏度的温度系数；在温度恒定的条件下，加载若干小时，则可测得传感器的时间稳定性。

2）压力传感器标定设备及标定方法

活塞压力计是目前最常用的压力传感器静态标定装置，如图 10-10 所示。

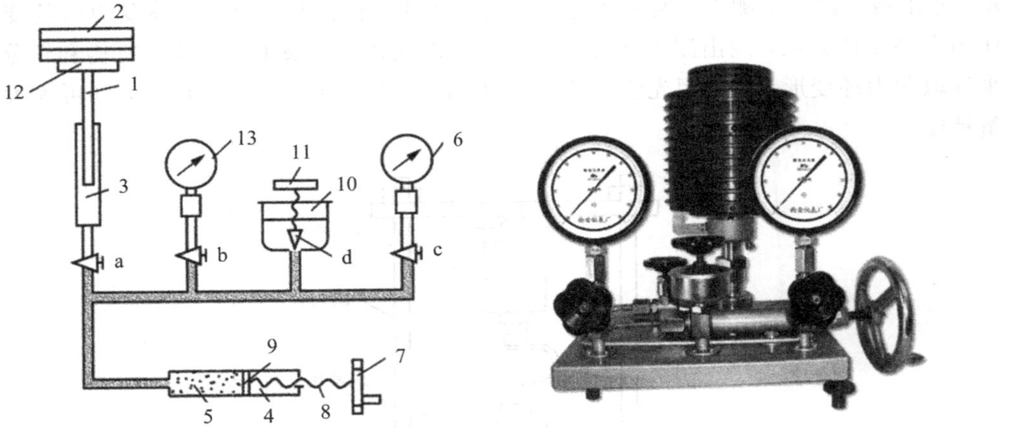

(a) 结构原理图　　(b) 实物图

1—测量活塞；2—砝码；3—活塞缸；4—手摇泵；5—工作液；6—被测压力表；7—手轮；8—丝杆；9—手摇泵活塞；10—油杯；11—进油阀手轮；12—承重托盘；13—标准压力表；a、b、c—切断阀；d—进油阀

图 10-10　活塞压力计

图 10-10 中，在压力表(压力传感器)标定时，通过手轮 7 对加压泵内的油液加压，根据流体静力学中液体压力传递平衡原理，该外加压力均匀传递到活塞缸 3 内顶起测量活塞

1。由于活塞柱上部是承重托盘 12 和砝码 2，当油液中的压力 p 产生的活塞上顶力与承重盘和砝码的重力相等时，活塞被稳定在某一个平衡位置上，这时力平衡关系为

$$pA = G \tag{10-12}$$

式中：A 为活塞的截面积；G 为承重盘和砝码(包括活塞)的总重力；p 为被测压力。

一般取 $A=1\ cm^2$ 或 $0.1\ cm^2$，因而可以方便、准确地由平衡时所加砝码和承重盘本身的重力知道被测压力 p 的数值。通过被标定压力表(传感器)上的压力指示值与这一标准压力值 p 相比较，就可知道被标定压力表(传感器)误差大小。

在现场标定时，为了操作方便，可以不用砝码加载，而直接用标准压力表读取所加压力。作为压力标准的活塞压力计精度为 0.002%，作为国家基准器的活塞压力计最高精度为 0.005%，一等标准精度为 0.01%，二等标准精度为 0.05%，三等标准精度为 0.2%，一般工业用压力表用三等精度活塞压力计校准。

例 10-1　有一普通压力传感器测量范围为 0～1.6 MPa，精度等级为 1.5 级，测试结果如表 10-1 所示，试判断该传感器是否合格。

表 10-1　压力传感器的测试数据及其数据处理结果

被标定传感器读数/MPa	0.0 0.4 0.8 1.2 1.6	最大误差
标准表上行程读数/MPa	0.000 0.386 0.790 1.210 1.596	—
标准表下行程读数/MPa	0.000 0.406 0.809 1.215 1.596	—
标准表上、下行程读数回程误差/MPa	0.000 0.020 0.019 0.005 0.000	0.020
标准表上、下行程读数平均值/MPa	0.000 0.395 0.800 1.212 1.595	—
绝对误差 Δ/MPa	0.000 0.005 0.000 −0.012 0.005	−0.012

解：设最大绝对误差为 Δ_{max}，从绝对误差和上下行程读数变差中选取；压力表的量程为 $p_{F.S}$。

被标定传感器的最大引用误差为

$$\delta_{max} = \pm \frac{\Delta_{max}}{p_{F.S}} \times 100\% = \pm \frac{0.020}{1.6} \times 100\% = \pm 1.25\%$$

所以，该压力传感器满足 1.5 级精度等级的合格要求。

3) 位移(长度)传感器标定设备及标定方法

位移(长度)传感器的标定主要采用比较法。标定设备主要是各种长度计量器具，如各种直尺、千分尺、块规、塞规、专门制造的标准样柱等，均可作为位移传感器的静态标定设备。

当精度为 2.5～10 μm 时可直接用度盘指示器和千分尺作标准器；如需获得更精确的读数，则可通过杠杆机构(传动比约 10∶1)或楔形机构(传动比约 100∶1)来测量，有的机械式测微仪在测量小位移时，其精度可达 10^{-4} mm。如测量精度高于 2.5 μm，则应用块规来标定位移传感器。

块规具有精度高，使用方便，标定范围广的特点，是工业中常用的长度标准器。块规由轴承钢制成具有两个相对经抛光的基准平面，它们的平面度和平行度都限制在规定的公差范围内。作为标准用的块规的准确度为 ±0.03 μm/cm。块规的膨胀系数大约为 0.136 μm/(cm·℃)，因此，标定时必须考虑温度的影响。

用块规来进行标定时可以采用直接比较法和光干涉法。其中，用块规作直接比较的示例如图 10－11 所示。

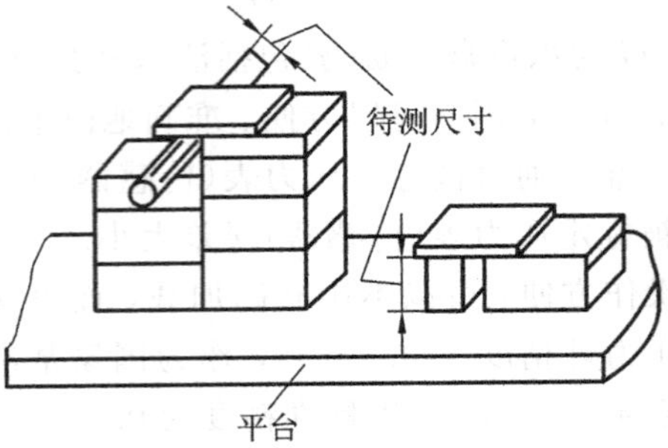

图 10－11　用块规作直接比较的两种方法

图 10－11 中，待测工件安放在测试平台上，利用块规垒放测定工件尺寸。

块规的光干涉法示例如图 10－12 所示。根据光干涉的基本原理，从光学平晶的工作面和被测工件的工作面反射的光产生干涉，形成亮暗相间的干涉条纹。干涉条纹表示工件与光学平晶之间的距离为半波长的整倍数的位置。因此，只要将干涉条纹数乘上所用光线的半波长，就可以得到块规中光学平晶的高度 d，然后利用相似三角形关系，即可求出工件的直径。

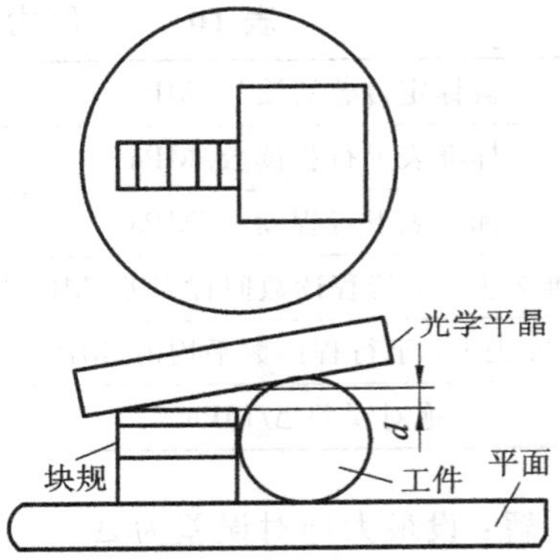

图 10－12　光干涉法示例

块规只能进行静态的和小尺寸的标定。对大量程长度测量装置的标定可用双频激光干涉仪。

双频激光干涉仪的基本工作原理是光干涉原理，它的特点是利用两个频率相差很小的光的干涉，亦即用时间频率代替了一般干涉仪的空间频率，因此对于环境震动、空气湍流等的影响不敏感，仪器的分辨力可达到纳米级。当用双频激光仪和被标定的测量装置同时对运动物体进行测量时，就可以得到测量装置的动态误差。

4）*温度传感器标定设备及标定方法*

标定温度传感器的方法可以分为两类：一是温度传感器与一次标准比较，即按照国际计量委员会 1990 年通过的国际温标(ITS—1990)相比较(见附录 6)；二是温度传感器与某个已经标定的测温标准装量进行比较，这是常用的标定方法。即把待标定的温度传感器与已标定好的、更高一级精度的温度传感器紧靠在一起，共同置于可调节的恒温槽中，分别把槽温调节到所选择的若干温度点，比较和记录两者的读数，获得一系列对应差值，经多次升温、降温、重复测试，若这些差值稳定，则把记录下的这些差值作为被标定的传感器修正量，就完成了对待标定的温度传感器的标定。

温度传感器基准点的获取方法是用一个内装有参考材料的密封容器，将待标定的温度传感器的敏感元件放在伸入容器中心位置的套管中，然后加热，使温度超过参考物质的熔点，待物质全部熔化。温度传感器随后冷却，达到凝固点(三相点)后，只要同时存在固、液、气三态或液态和固态(约几分钟)，温度就会稳定下来，并能保持规定的值不变。

温度传感器标准器的选择。对于定义固定点之间的温度，若在259.34～630.74℃之间，则采用基准铂电阻温度计作为标准器。基准铂电阻温度传感器是用均匀的、直径为0.05～0.5 mm、彻底退火和没有应变的铂丝制成的。630.74～1064.43℃之间，采用的标准器是铂铑-铂标准热电偶；1064 .43℃以上，采用光学高温计作为标准器。有关标准测温仪的分度方法以及固定点之间的内插公式，ITS－1990国际温标都有明确的规定，可参考ITS－1990标准文本。

以热电偶的标定为例。热电偶使用一段时间后，测量端要受氧化腐蚀，并在高温下发生再结晶，以及受拉伸、弯曲等机械应力的影响都可能使热电特性发生变化，产生误差，因此需要定期校准。热电偶的标定(校准)按照热电偶的国家计量检定规程《工作用廉金属热电偶检定规程》(JJG 351－1996)规定进行。

热电偶标定的目的是核对标准热电偶的热电动势-温度关系是否符合标准，或确定非标准热电偶的热电动势-温度标定曲线，也可以通过标定消除测量系统的系统误差。

(1) 热电偶的标定设备。热电偶所用的标定设备有：检定炉及配套的控温设备、多点转换开关、电测仪表和热电偶焊接装置、退火炉和通电退火装置，0～50℃最小分度值为0.1℃的水银温度计等。

检定炉及配套的控温设备　在检定300～1600℃温度范围的工业热电偶时，使用卧式检定炉和立式检定炉作为主要检定设备。检定300℃以下工业热电偶时，使用恒温油槽、恒温水槽和低温恒温槽作为检定设备。检定时油槽温度变化不超过±0.1℃(在有效工作区域内温差小于0.2℃)。

多点转换开关　采用比较法检定工业用热电偶时，常常需要同时检定几支热电偶，因此，需要在测量回路中连接多点转换开关。检定贵重金属热电偶的多点转换开关寄生电势应不大于0.5 μV，检定廉价金属热电偶的多点转换开关的寄生电势应不大于1 μV。

电测仪表　检定工业用热电偶常用的电测仪表有直流电位差计和直流数字电压表。其最小分辨力不超过1 μV，测量误差不超过±0.02%。

(2) 热电偶的标准器。检定300～1600℃温度范围的工业热电偶，主要的标准器有：一等、二等标准铂铑$_{10}$-铂热电偶；一等、二等标准铂铑$_{13}$-铂热电偶；一等、二等标准铂铑$_{30}$-铂铑$_{6}$热电偶等。检定Ⅰ级热电偶时，必须采用一等标准铂铑$_{10}$-铂热电偶。

检定300℃以下热电偶可采用的标准器有－30～＋300℃二等标准水银温度计、二等标准铂电阻温度计、二等标准铜-康铜热电偶或同等精度的测温仪表。

(3) 热电偶的静态标定方法。热电偶标定的标定方法有定点法和比较法。其中，定点法是以纯元素的沸点或凝固点作为温度标准。如基准铂铑$_{10}$-铂热电偶在630.755～1064.43℃的温度间隔内，以金的凝固点1064.43℃、银的凝固点961.93℃、锑的凝固点630.775℃作为标准温度进行标定；比较法是利用高一级标准热电偶和被检热电偶放在同一个温场中，直接比较的一种检定方法。这种方法设备简单、操作方便，一次可以检定多支热电偶，而且能在任意温度下检定，能够适应自动分度，是应用最广泛的一种检定方法。比较法又可分为双极法、同名极法(单极法)和微差法。现以双极法为例加以说明，双极比较法检定系统原理示意图如图10－13所示。

图10－13中，检定时将标准热电偶与被标定热电偶的工作端捆扎在一起，插入炉膛内

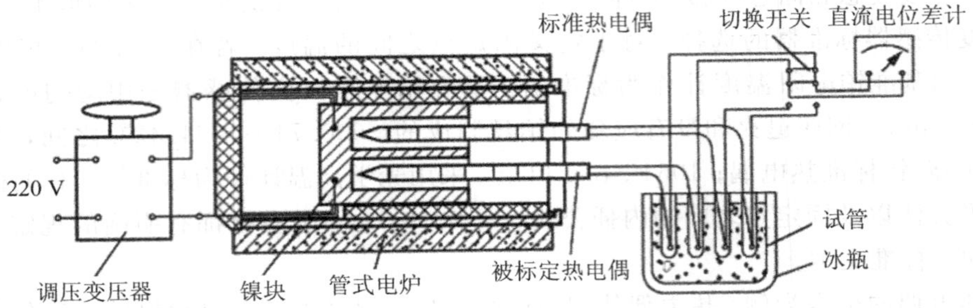

图 10－13　双极比较法检定系统原理示意图

的均匀温度场中，冷端分别插在 0℃的恒温器中。用调压变压器调节炉温，用电测设备在各个检定点上分别测量出标准热电偶和被检热电偶的热电动势，并进行比较，计算出相应的热电动势值或误差。

热电偶捆扎时，应注意将标准热电偶套上保护管，与套好绝缘瓷珠的被检热电偶的测量端对齐，用直径为 0.1～0.3 mm 的铂丝捆扎。若被检热电偶为廉价金属热电偶，标准铂铑$_{10}$-铂热电偶应放入石英保护管内，可用细镍络丝捆扎成圆形一束，其直径不大于 20 mm。捆扎时应将被检热电偶的测量端围绕标准热电偶的测量端均匀分布一周，并处于垂直标准热电偶同一截面上。

如果标定不同于标准热电偶材料的热电偶，为了避免被标定热电偶对标准热电偶产生有害影响，要用石英管将两者隔离开，而且为保证标准热电偶与被标定热电偶工作端处于同一温度，常把其热端放在金属镍块下，并把镍块置于电炉的中心位置，且炉口用石棉堵严。

检定顺序，由低温向高温逐点升温检定。炉温偏离检定点温度不应超过±5℃。当炉温到达所需的标定温度点±10℃内，且炉温变化每分钟不超过 0.2℃时，自标准热电偶开始，依次测量各被检热电偶的热电动势。每一个标定点温度的读数不得少于 4 次。

(4) 双极法检定热电偶的特点。

① 标准热电偶与被检热电偶可以是不同分度号，只要检定点相同，均可混合检定。

② 电偶工作端可以不捆扎在一起，但必须保证它们处于相同均匀的温度场中。

③ 如果标准热电偶与被检热电偶分度号相同，则可减少测量装置产生的误差。

④ 方法简单、操作方便、计算简单。

⑤ 炉温控制严格，对 S 型、R 型热电偶检定时，炉温偏离检定点温度不得超过±10℃；对于 B 型和廉价金属热电偶，炉温偏离检定点的温度不得超过±5℃，否则，会带来较大误差。

⑥ 若标准热电偶与被检热电偶为不同分度号，热电动势差异较大，操作时需特别注意，否则，易在转换中打坏检流计。

例 10－2　用二等标准铂铑 10-铂热电偶检定Ⅱ级镍铬-镍硅热电偶，检定点为 800℃，测得 S 型热电偶的热电动势平均值为 7.170 mV，K 型热电偶的热电动势平均值为 32.064 mV，用水银温度计测得热电偶参考端温度为 30℃，在标准热电偶证书中查得 800℃的热电动势为 7.308 mV，求被检热电偶在 800℃时的热电动势和误差。

解：设 $\bar{E}_C$ 为被检热电偶在某检定点附近温度下(参考端温度为 0℃时)测得的热电动

势平均值；$\bar{E}_B$ 为标准热电偶在某检定点附近温度下（参考端温度为 0℃时）测得的热电动势平均值；E_{BZ} 为标准热电偶证书上某检定点温度的热电动势值；S_B、S_C 分别为标准热电偶、被检热电偶在某检定点温度的微分热电动势。

已知：$\bar{E}_{B(800,30)}=7.170$ mV，$\bar{E}_{C(800,30)}=32.064$ mV，$E_{BZ}=7.308$ mV，从 S 型（铂铑 10-铂）和 K 型（镍铬-镍硅）热电偶分度表中分别查得 30℃时的热电动势为

$$E_{B(30,0)}=0.173\ \text{mV},\quad E_{C(30,0)}=1.203\ \text{mV}$$

因为参考温度为 30℃，由中间温度定律得

$$E_{B(800,0)}=E_{B(800,30)}+E_{B(30,0)}=7.343\ \text{mV}$$

$$E_{C(800,0)}=E_{C(800,30)}+E_{C(30,0)}=33.267\ \text{mV}$$

再从热电偶微分热电动势表中分别查得 800℃时，标准热电偶与被检热电偶的微分热电动势分别为

$$S_B=10.78\ \mu\text{V/℃},\quad S_C=41.00\ \mu\text{V/℃}$$

从 K 型分度表中查得 800℃的热电动势 $E_F=33.275$ mV，则可计算出被检热电偶在检定点为 800℃处的热电动势为

$$\begin{aligned}E_B&=\bar{E}_C+\frac{E_{BZ}-\bar{E}_B}{S_B}\cdot S_C\\&=\left(33.267+\frac{7.308-7.343}{10.87}\times 41.00\right)\ \text{mV}\\&=33.135\ \text{mV}\end{aligned}$$

被检定的热电偶在检定点为 800℃处的热电动势的误差为

$$\Delta E'=E_C-E_F=(33.135-33.275)\ \text{mV}=-0.140\ \text{mV}$$

则被检定的热电偶在检定点为 800℃处的示值误差为

$$\Delta t=\frac{\Delta E'}{S_C}=\frac{-0.140}{41.00\times 10^{-3}}℃\approx -3.4℃$$

10.2.3　传感器的动态标定

一些传感器除了必须满足静态特性要求外，也需要满足其动态特性要求。因此，在进行静态校准和标定后还需要进行动态标定，以便确定传感器（或传感系统）的动态特性指标，如频率响应、时间常数、固有频率和阻尼比等。

1. 传感器动态标定的参数

传感器的动态特性标定，实质上就是向传感器输入一个“标准”动态信号，再根据传感器输出的响应信号，经分析计算、数据处理，确定它的动态性能指标的具体数值。如一阶传感器只有一个参数：时间常数 τ；二阶传感器则有两个参数：固有频率 ω_n 和阻尼比 ξ。

2. 传感器动态标定的方法

传感器形式各不相同，有电的、光的、机械的，等等，这样动态特性的试验方法也有所不同。但从原理上通常可分为阶跃信号响应法、正弦信号响应法、随机信号响应法和脉冲信号响应法等。为了便于比较和评价，对传感器进行动态标定时，常用的标准信号有两类：一是周期函数，如正弦波等；二是瞬变函数，如阶跃信号等。

必须指出，标定系统中所用的标准设备的时间常数应比待标定传感器小得多，而固有

频率则应高得多。这样，标准设备的动态误差才可以忽略不计。

1）阶跃信号响应法

由于阶跃信号比较容易获取，所以常使用阶跃响应法测量传感器动态性能。对于一阶传感器，简单的方法就是测得阶跃响应之后，传感器输出值达到最终稳定位的63.2%所经历的时间，即时间常数τ。但这样确定的时间常数由于没有涉及响应的全过程，测量结果的可靠性仅仅取决于某些个别的瞬时值。为获得较可靠的结果，应记录下整个响应期间传感器的输出值，然后利用下述方法来确定时间常数。

（1）一阶传感器时间常数τ的确定。一阶传感器的单位阶跃响应函数为

$$y(t)=1-e^{-\frac{t}{\tau}} \tag{10-13}$$

整理得

$$1-y(t)=e^{-\frac{t}{\tau}} \tag{10-14}$$

令

$$z=\ln[1-y(t)] \tag{10-15}$$

则

$$z=-\frac{t}{\tau} \tag{10-16}$$

式(10-16)表明z和时间t呈线性关系，且$\tau=-\Delta t/\Delta z$，如图10-14所示。因此，可以根据测得的$y(t)$值作出$z-t$曲线，并根据$\Delta t/\Delta z$的值获得时间常数τ。

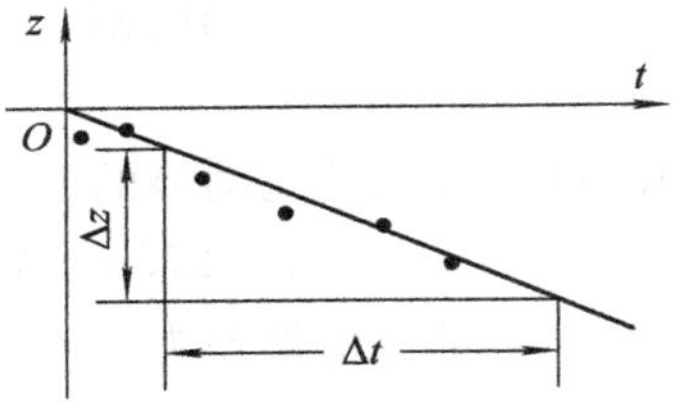

图10-14　由$z-t$曲线求一阶传感器时间常数方法

这种方法考虑了瞬态响应的全过程，并可以根据$z-t$曲线与直线的拟合程度来判断传感器接近一阶系统的符合程度。

（2）二阶传感器阻尼比ξ和固有频率ω_n的确定。二阶传感器一般都设计成ξ=0.7～0.8的典型欠阻尼系统，这样过冲量不会太大，稳定时间也不会过长，如图10-15所示。二阶传感器($\xi<1$)的单位阶跃响应为

$$y(t)=1-\left[\frac{e^{-\xi\omega_n t}}{\sqrt{1-\xi^2}}\right]\sin\left(\sqrt{1-\xi^2}\,\omega_n t+\arcsin\sqrt{1-\xi^2}\right) \tag{10-17}$$

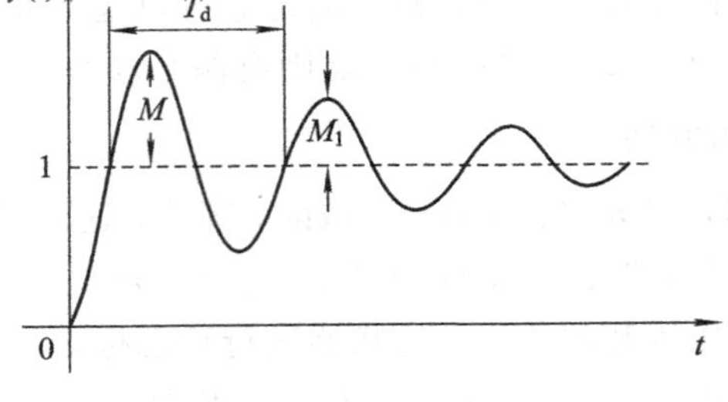

图10-15　二阶传感器($\xi<1$)的阶跃响应输出曲线

根据式(10-17)，按求极值的通用方法，得阶跃响应的峰值 M 为

$$M = e^{-\left(\frac{\xi\pi}{\sqrt{1-\xi^2}}\right)} \tag{10-18}$$

由式(10-18)得

$$\xi = \frac{1}{\sqrt{\left(\frac{\pi}{\ln M}\right)^2 + 1}} \tag{10-19}$$

因此，测得 M 之后，便可求得阻尼比 ξ。

也可利用任意两个超调量 M_i 和 M_{i+n} 按式(10-19)求得阻尼比 ξ，即

$$\xi = \frac{\delta_n}{\sqrt{\delta_n^2 + 4\pi^2 n^2}} \tag{10-20}$$

式中，n 是该两峰值相隔的周期数(整数)，且

$$\delta_n = \ln \frac{M_i}{M_{i+1}} \tag{10-21}$$

该方法用比值 M_i/M_{i+1} 消除了信号幅值不理想的影响。当 $\xi<0.1$ 时，若考虑以 1 代替 $\sqrt{1-\xi^2}$，此时不会产生过大的误差(不大于 0.6%)，则可用式(10-21)计算 ξ，即

$$\xi = \frac{\ln \frac{M_i}{M_{i+1}}}{2n\pi} \tag{10-22}$$

若传感器是精确的二阶系统，则 n 值采用任意正整数所得到的 ξ 值不会有差别。反之，若 n 值取不同值获得不同的 ξ 值，则表明该传感器不是线性二阶系统。根据响应曲线测出振动周期 T_d，有阻尼的固有频率 ω_d 为

$$\omega_d = 2\pi \frac{1}{T_d} \tag{10-23}$$

则无阻尼固有频率 ω_n 为

$$\omega_n = \frac{\omega_d}{\sqrt{1-\xi^2}} \tag{10-24}$$

2) 正弦信号响应法

测量传感器正弦稳态响应的幅值和相位角，然后得到稳态正弦输入输出的幅值比和相位差。逐渐改变输入正弦信号的频率，重复前述过程，即可得到幅频特性和相频特性曲线。

(1) 确定一阶传感器时间常数 τ。将一阶传感器的频率特性曲线绘成伯德图，如图 10-16 所示，则其对数幅频曲线下降 3 dB 处所测取的角频率 $\omega=1/\tau$，由此可确定一阶传感器的时间常数 $\tau=1/\omega$。

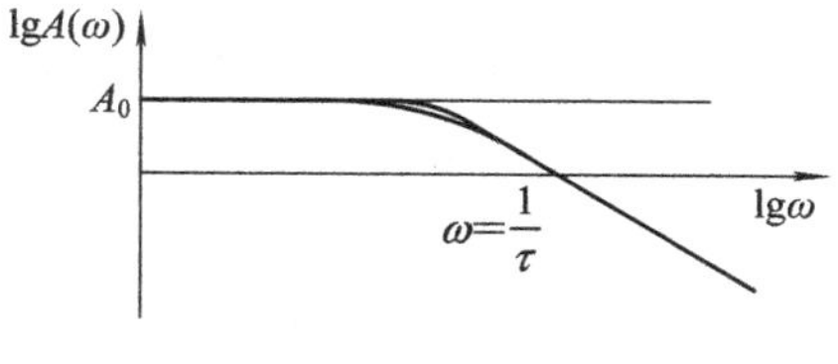

图 10-16　由幅频特性求一阶传感器时间常数 τ

(2) 确定二阶传感器阻尼比 ξ 和固有频率 ω_n。二阶传感器的幅频特性曲线如图 10-17 所示。

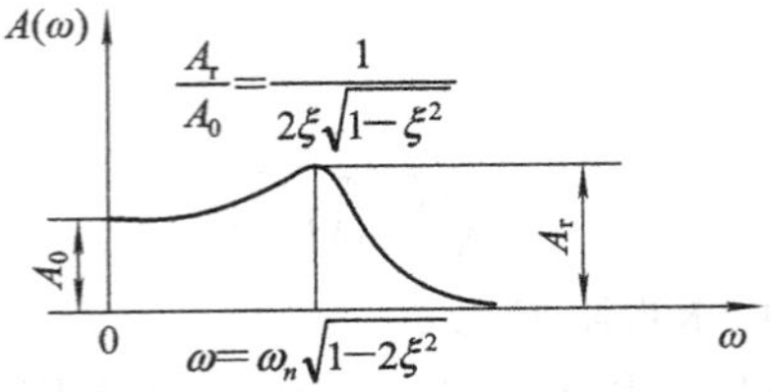

图 10-17　由幅频特性求欠阻尼二阶传感器的 ω_n 和 ξ

图 10-17 中，在欠阻尼情况下，从曲线上可以测得三个特征量，即零频增益 A_0、共振频率增益 A_r 和共振角频率 ω。由图中的两式即可求得欠阻尼二阶传感器的固有频率 ω_n 和阻尼比 ξ。

虽然从理论上来讲，也可以通过传感器相频特性曲线确定 ω_n 和 ξ，但是一般准确的相位角测试比较困难，所以很少使用相频特性曲线。

3) 其他信号响应法

如果用功率密度为常数 C 的随机白噪声作为待标定传感器的标准输入量，则传感器输出信号功率谱密度为 $Y(\omega)=C|H(\omega)|^2$。所以传感器的幅频特性 $k(\omega)$ 为

$$k(\omega)=\frac{1}{\sqrt{C}}\sqrt{Y(\omega)} \tag{10-25}$$

由此得到传感器频率响应的方法称为随机信号校验法，它可消除干扰信号对标定结果的影响。得到幅频特性后，可确定动态参数。

如果用冲击信号作为传感器的输入量，则传感器的系统传递函数为其输出信号的拉氏变换，由此可确定传感器的传递函数，进而确定动态参数。

如果传感器属三阶以上的系统，则需分别求出传感器输入和输出的拉氏变换，或通过其他方法确定传感器的传递函数，或直接通过正弦响应法确定传感器的频率特性；再进行因式分解将传感器等效成多个一阶和二阶环节的串、并联，进而分别确定它们的动态特性，最后以其中最差的作为传感器的动态特性标定结果。

3. 传感器动态标定的常用设备

1) 振动标定设备

能产生振动的装置称为激振器或振动台。它是用来标定测振动与冲击的各种类型的加速度传感器、速度传感器、位移传感器、力传感器和压力传感器的重要设备。激振器种类繁多，有机械式、电磁式、液压式、压电式等，其中最常用的为电磁式。从振动频率上分为高频、中频和低频等种类。鉴于篇幅有限，本书只介绍电磁式激振器。

电磁式激振器能产生 5～7.5 kHz 范围激振频率，属于中、低频激振器。电磁式激振器按磁场形成方法的不同有永磁式和励磁式两种，永磁式多用于小型激振器，励磁式多用于大型振动台。其结构示意图如图 10-18 所示。

图 10-18 中，驱动线圈 7 固装在顶杆 4 上，并由支撑弹簧 1 支撑在壳体 2 中，驱动线圈 7 位于磁极 5 与铁芯 6 的气隙中，磁钢 3、磁极 5 和气隙构成磁回路。当线圈 7 通以较大

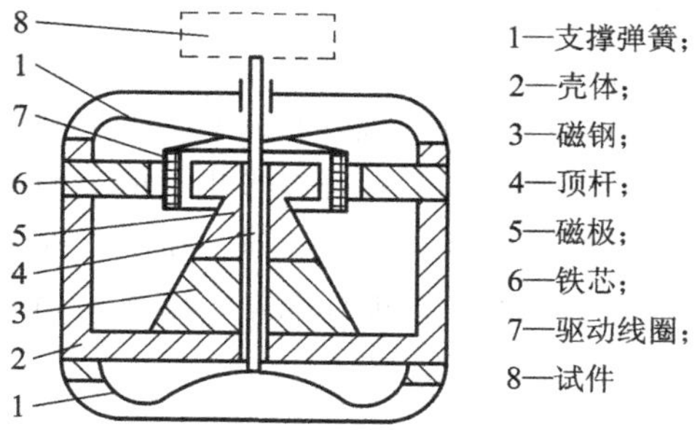

图 10-18　电磁振动台结构示意图

功率的交变电流时，它在气隙的磁场中受力，该力通过顶杆 4 传到试件 8 上。这样便产生了激振力。

用激振器的标定方法有绝对法、比较法和互易法。绝对法标定是由标准仪器直接准确决定出激振器的振幅和频率，该方法具有精度高、可靠性大、标定时间长的特点，一般用在计量部门；比较法标定是由绝对法标定的标准测振传感器和被标测振传感器进行比较而来，具有原理简单、操作方便，对设备精度要求较低，所以应用很广；互易法是利用激振器本身的互易特性来实现校准的，它可以在频率几百周至几万周进行标定，不必测定振动台的机械量，而只相对测量 6 个电参量就能完成校准，但互易法操作复杂，效率低，随着激光测振仪的出现，其应用已逐步减少。

用比较法标定振动传感器的示意图如图 10-19(a)所示。

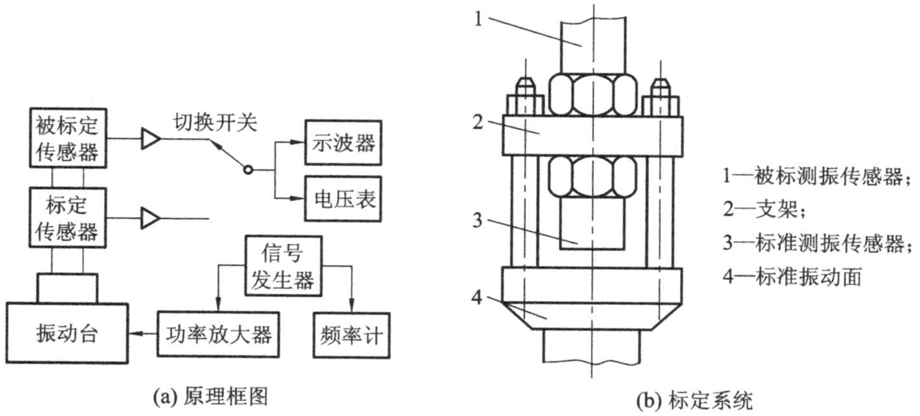

图 10-19　比较法标定振动传感器

图 10-19(a)中，将相同的运动加在两个传感器上，比较它们的输出。在比较法中，标准传感器是关键部件，因此它必须满足如下要求：灵敏度精度优于 0.5%，并具有长期稳定性，线性好；横向灵敏度比小于 2.5%；对环境的响应小，自振频率尽量高。

标定时，将被标测振传感器与标准测振传感器一起安装在标准振动台上。为了使它们尽可能地靠近安装以保证感受的振动量相同，因此，常采用背靠背的安装方法。标准测振传感器端面上常有螺孔供直接安装被标测振传感器或用图 10-19(b)所示的刚性支架安装。

振动标定的内容上要有灵敏度、频率响应、固有振动频率、横向灵敏度等。

灵敏度的标定是在传感器规定的频率响应范围内，进行单频标定。亦即在频率保持恒定的条件下，改变振动台的振幅，读出传感器的输出电压值(或其他量值)，就可以得到它的振幅-电压曲线。与标准传感器相比较，就可以求出它的灵敏度。

设标准测振传感器与被标测振传感器在受到同一振动量时输出分别为 U_1 和 U_2，已知标准测振传感器的加速度灵敏度为 S_1，则被标测振传感器的加速度灵敏度 S_2 为

$$S_2 = \frac{U_2}{U_1} S_1 \tag{10-26}$$

频率响应的标定是在振幅恒定条件下，改变振动台的振动频率，所得到的输出电压与振动频率的对应关系，即传感器的幅频响应。频率响应的标定至少要 7 个点以上，并应注意有无局部谐振现象的存在，可用频率扫描法来检查。比较被标测振传感器与标准测振传感器输出信号间的相位差，就可以得到传感器的相频特性。相位差可以用相位计读出，也可以用示波器观察它们的李沙育图形求得。

固有振动频率的测定是用高频振动台作激励源，振动台的运动质量应大于传感器质量的 10 倍以上。

横向灵敏度是在单一频率下进行的，要求振动台的轴向运动速度比横向速度大 100 倍以上。小于 1%的横向灵敏度则要求更加严格。

2) 压力标定设备

压力标定设备有周期函数压力发生器和非周期函数压力(力)发生器两大类。其中，周期函数压力发生器按工作原理可分为四种：谐振空腔校验器、非谐振空腔校验器、转动阀门式方波压力发生器和喇叭式压力发生器。非周期函数压力(力)发生器有激波管、快速阀门装置和落球装置等。

鉴于篇幅有限，本书只介绍周期函数压力发生器中的转动阀门式方波压力发生器和非周期函数压力(力)发生器中的激波管来说明压力动态标定设备的使用。

(1) 转动阀门式方波压力发生器。转动阀门式方波压力发生器的结构如图 10-20 所示。

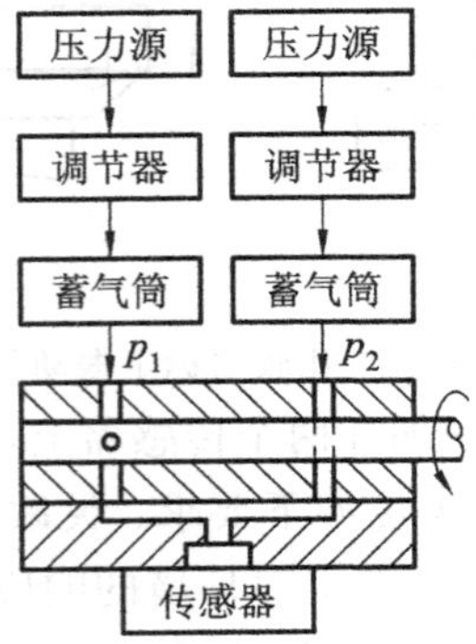

图 10-20　转动阀门式方波压力发生器的结构

图 10-20 中，压力源经调节器和蓄气筒进入气孔，传感器所受到压力的频率由轴的转速控制。使用时应避开管路系统的固有频率，转动阀门式方波压力发生器一般用于低频。

(2) 激波管。激波管产生的前沿压力很陡，接近理想阶跃信号，压力范围宽且便于调节，频率范围广(2～2.5 kHz)，结构简单，使用方便可靠，标定精度可达4%～5%，因此它应用得最多。

激波是指气体在某处压力突变，压力波高速传播，波速与压力变化强弱成正比。在传播过程中，波阵面到达某处，那里气体的压力、密度和温度都发生突变；而波阵面未到处，气体不受波的扰动；波阵面过后，其后面的流体温度、压力都比波阵面前面高。

激波管的结构一般为圆形或方形断面直管，中间用膜片分隔为高压室和低压室，并装有破膜针，称两室型。有的激波管分为高、中、低三个压力室，以使得到更高的激波压力，称为三室型。两室型激波管的原理如图10－21所示。

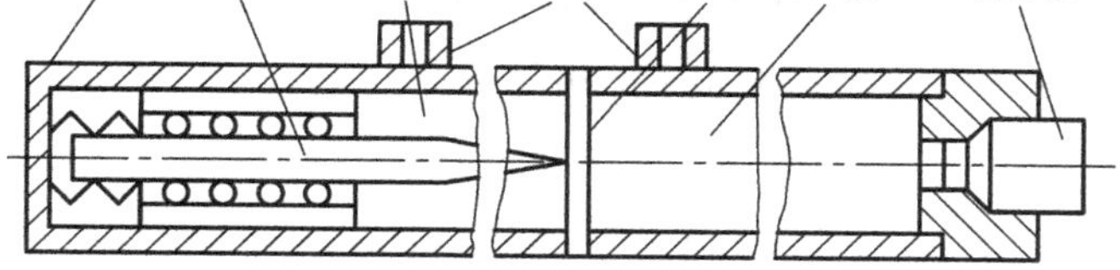

图10－21　激波管示意图

图10－21中，高压室和低压室之间用膜片隔开。标定时给高压室通以压缩空气，而低压室通常是一个大气压的空气。当高、低压室的压力差值达到设定值时，用破膜针刺破膜片，高压气体急速冲入低压室而形成激波。该激波的波阵面压力恒定而相当于理想的阶跃波，并以超音速冲向被标定传感器。该传感器在激波的激励下按固有频率作衰减振荡。

激波管高、低压室的气体可以是空气-空气，也可以是氮气-空气。膜片材料随压力范围而定，低压用纸，中压用塑料，高压则用铜、铝等金属。激波管内波速可用光学方法测定，也可用通过贴有薄膜电阻片的两点间(距离已知)所用时间求得，由波速可计算出激波压力值，材料选定后，根据破膜压力确定膜片厚度。

激波管标定系统原理图如图10－22所示。它由激波管、入射激波测速系统、标定测量系统、计数器、气源等五部分组成。

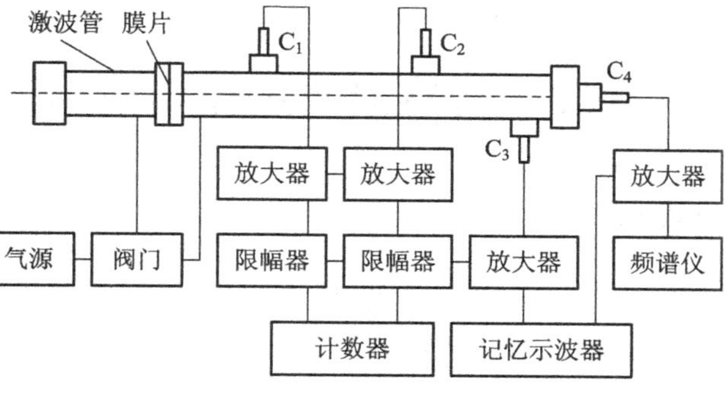

图10－22　激波管标定系统原理图

入射激波测速系统由压电式压力传感器 C_1 和 C_2、放大器、限幅器和计数器组成。以图10－22所示的两室型为例说明其工作过程。压缩气体经减压器、控制阀进入激波管高压室，在一定压力下膜片爆破后，入射激波的速度由压电式压力传感器 C_1 和 C_2 测出。C_1 和

C_2相隔一定距离安装。当激波掠过传感器C_1时，其输出信号经放大器、限幅器后输出一个脉冲，使数字频率计计数开始，当激波掠过传感器C_2时，其输出信号经放大器、限幅器后又输出一个脉冲，使数字频率计计数结束。按下式可求得激波的平均速度：

$$v=\frac{l}{t}=\frac{l}{nT} \tag{10-27}$$

式中：l为两个测速传感器C_1和C_2之间的距离；t为激波通过两个传感器之间距离所需的时间；n为频率计显示的脉冲计数值；T为计数器的时标。

标定测量系统由触发传感器C_3和被标定传感器C_4、放大器、记忆示波器、频谱仪等组成。触发传感器C_3感受激波信号后，其输出启动记忆示波器扫描。紧随其后的被标定传感器C_4被激励，其输出信号放大后被记忆示波器记录，如图10－23所示；频谱仪测出被标定传感器的固有频率。由波速可求得标准阶跃压力值，再将被标定传感器的输出送入计算机进行计算、处理，就可求得传感器的幅频、相频特性。

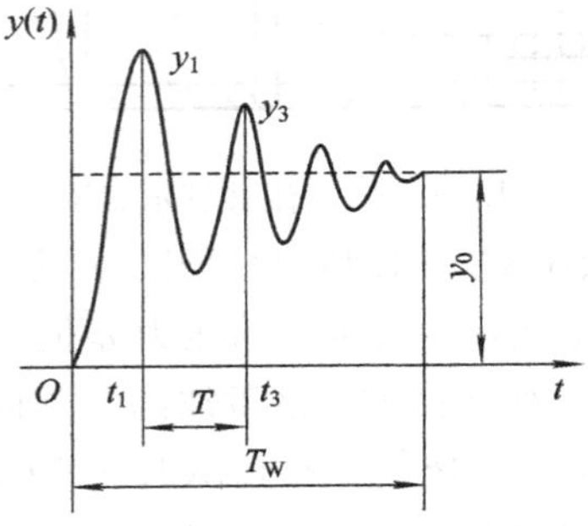

图10－23　被标定传感器输出波形

需要指出的是，上面仅通过几种典型传感器介绍了静态标定与动态标定的基本概念和方法。由于传感器种类繁多，标定设备与方法各不相同；各种传感器的标定项目也远不止上述几项。此外，随着技术的不断进步，不仅标准发生器与标准测试系统在不断改进，利用计算机进行数据处理、自动绘制特性曲线以及自动控制标定过程的系统也已在各种传感器的标定中出现。

10.3　传感器的选择与使用

10.3.1　传感器的选择

在实际检测过程中，同一个检测任务可由多种传感器完成。如何根据具体的测量目的、测量对象以及测量环境合理地选用传感器，这是从事检测工作的人们必然要碰到、也首先要解决的问题。传感器一旦确定，与之相配套的测量方法和检测系统及设备也就可以确定了。测量结果的成败，在很大程度上取决于传感器的选用是否合理。因此，选择合适的传感器一般应从以下几个方面考虑。

1. 按测量对象和使用条件选用

因为同一传感器，可用来分别测量多种物理量；而同一物理量，又常有多种原理的传感器可供选用。所以在进行一项具体的测量工作之前，要分析并确定采用何种原理或类型的传感器更合适。这就需要对与传感器工作相关联的各方面进行统筹。一是要了解被测量的特点：如被测量的状态、性质，测量的范围、幅值和频带，测量的速度、时间，精度要求，过载的幅度和和出现频率等。二是要了解使用的条件，这包含两个方面：① 现场环境条件：如温度、湿度、气压，能源、光照、尘污、振动、噪声、电磁场及辐射干扰、信号传输距离、所需现场提供的功率容量等；② 现有基础条件：如财力(承受能力)、物力(配套设施)、人力(技术水平)等。

在上述分析的基础上，就可以明确选择传感器类型的具体问题：① 量程的大小，如测量位移，若量程小，可以选用应变式、电感式、电容式、压电式或霍尔式传感器等；若量程大，则可选用感应同步器、磁栅、光栅、容栅传感器等；② 被测对象或位置对传感器重量和体积的要求；③ 测量的方式，分为接触式、非接触式；④ 信号引出的方法，分为有线、无线；⑤ 传感器的来源，分为国产、进口和自行研制；⑥ 成本要求等。

2. 按性能指标要求选用

(1) 量程的选择应尽量接近满量程。选用的传感器量程一般应以被测量参数经常处于满量程的 80%～90%为宜，并且最大工作状态点不要超过满量程。这样，既能保证传感器处于安全工作区，又能使传感器的输出达到最大、精度达到最佳、分辨率较高，且具有较强的抗干扰能力。一般传感器的标定都是采用端点法，所以，很多传感器的最大误差点在满量程的 40%～60%处。

(2) 灵敏度并非越高越好。一般来说，传感器的灵敏度越高越好。灵敏度越高说明传感器能检测到的变化量越小，这随之带来了外界噪声信号进入检测系统形成干扰的问题。因为噪声信号一般情况下都是较微弱的，只有高灵敏度的传感器才能感知到。同时灵敏度越高，稳定性越差，所以对于实际测量对象而言，选择能够满足测量要求的灵敏度指标即可。

(3) 精度的选用要折中。在选用传感器时，应尽量选用重复性好、迟滞较小的传感器。

如果用于定性分析，可选用重复精度高的传感器，不必选用绝对量值精度高的传感器；而如果为了定量分析，则需选用精度等级高、能满足要求的传感器。由于传感器的精度越高，价格也越昂贵。因此，传感器的精度只要能满足整个测量系统的要求就可以了，不必追求过高精度。这样，就可选用同类传感器中价廉、简单的传感器了。

(4) 线性范围看区域。任何传感器都有一定的线性范围，线性范围越宽，说明传感器的工作量程越大。然而任何传感器都不可能保证绝对线性，在允许限度内可以在其近似线性区域应用。例如，变间隙式电容传感器和电感传感器，均采用在初始间隙附近的线性区域内工作，选用时必须考虑被测量的变化范围，令其线性误差在允许范围内。

(5) 频率响应要因地制宜。在进行动态测量时，总希望传感器能即时而不失真地响应被测量。传感器的频率响应特性决定了被测量的频率范围。传感器的频率响应范围宽，允许被测量的频率变化范围就宽，在此范围内，可保持不失真的测量条件。实际上，传感器的响应总有一定的延迟，希望延迟愈短愈好。对于开关量传感器，应使其响应时间短到满足被测量变化的要求，不能因响应慢而丢失被测信号而带来误差。对于线性传感器，应根据被测量的特点(稳态、瞬态、随机等)选择其响应特性。一般讲，通过机械系统耦合被测量的传感器，由于惯性较大，其固有频率较低，响应较慢；而直接通过电磁、光电系统耦合的传感器，其频响范围较宽，响应较快。但从成本、噪声等因素考虑，也不是响应范围愈宽和速度愈快就愈好，而应因地制宜地确定。

(6) 稳定性是关键。影响稳定性的主要因素，除传感器本身材料、结构等因素外，主要是传感器的使用环境条件。因此，要提高传感器的稳定性，一方面，选择的传感器必须有较强的环境适应能力(如经稳定性处理的传感器)；另一方面可采取适当的措施(提供恒定环境条件或采用补偿技术)，以减小环境对传感器的影响。

当传感器工作已超过其稳定性指标所规定的使用期限后，再使用之前，必须重新进行校准，以确定传感器的性能是否变化和可否继续使用，对那些不能轻易更换或重新校准的特殊使用场合，所选用传感器的稳定性要求更应严格。

必须指出，企图使某一传感器各个指标都优良，不仅设计制造困难，实际上也没有必要。因此，千万不要追求选用"万能"的传感器去应对不同的场合。恰恰相反，应该根据实际使用的需要，保证主要参数的指标，而其余参数只要能满足基本要求即可。例如，长期连续使用的传感器，应注意它的稳定性；而用于机械加工或化学反应等短时间的过程监测的传感器，就要偏重于灵敏度和动态特性。即使是主要参数，也不必盲目追求单项指标的全面优异，而主要应关心其稳定性和变化规律性，从而可在电路上或使用计算机进行补偿与修正，这样，可使许多传感器既可低成本，又可高精度地应用。

在某些特殊场合，无法选到合适的传感器的情况也是有的，这时就需要根据使用要求，自行设计制造专用的传感器。

10.3.2　传感器的正确使用

如何在应用中确保传感器的工作性能并增强其适应性，很大程度上取决于对传感器的使用方法。高性能的传感器，如使用不当，也难以发挥其已有的性能，甚至会损坏；性能适中的传感器，在善用者手中，能真正做到"物尽其用"，会收到意想不到的功效。

传感器种类繁多，使用场合各异；不可能将各种传感器的使用方法一一列出。传感器作为一种精密仪器或器件，除了要遵循通常精密仪器或器件所需的常规使用守则外，还要特别注意以下使用事项：

(1) 特别强调在使用前，要认真阅读所选用传感器的使用说明书。对其所要求的环境条件、事前准备、操作程序、安全事项、应急处理等内容，一定要熟悉掌握，做到心中有数。

(2) 正确选择测试点并正确安装传感器，这十分重要。安装的失误，轻则影响测量精度，重则影响传感器的使用寿命，甚至损坏。

(3) 保证被测信号的有效、高效传输，是传感器使用的关键之一。传感器与电源和测量仪器之间的传输电缆，要符合规定，连接必须正确、可靠；一定要细致检查，确认无误。

(4) 传感器测量系统必须有良好的接地，并对电、磁场有有效屏蔽，对声、光、机械等的干扰有抗干扰措施。

(5) 对非接触式传感器，必须于用前在现场进行标定，否则将造成较大的测量误差。

对一些定量测试系统用的传感器，为保证精度的稳定性和可靠性，需要按规定作定期检验。

对某些重要的测量系统用的、精度较高的传感器，必须定期进行校准。一般每半年或一年校准一次；必要时，可按需要规定校准周期。

思考题与习题

1. 传感器的输入/输出特性的非线性补偿方法有几种？每种补偿方法的要点是什么？请用框图简要说明。

2. 利用电阻与精密整流器组合成非线性网络，并将其与运算放大器相结合，构成折线逼近式线性化器，与利用具有非线性特性的元件和运算放大器构成模拟式线性化器相比较有何特点？请举例说明。

3. 利用硬件电路实现传感器线性化的方法有哪些？利用硬件电路对传感器进行线性校正主要有哪些缺点？

4. 利用软件对传感器进行线性校正有哪些优点？主要有什么方法？

5. 简述并联式温度补偿的特点及实现温度补偿的条件，并指出选择和安排补偿环节的原则。

6. 传感器的标定与校准的意义是什么？它们有什么区别？

7. 传感器标定的基本方法是什么？

8. 传感器的静态标定系统由哪几部分组成？静态特性的标定步骤有哪些？

9. 以工业用热电偶的分度检定为例，说明对温度传感器进行静态标定时需要哪些设备。

10. 什么是传感器的动态标定？传感器的动态特性指标有哪些？

11. 应该怎样选用传感器？

第 11 章　检测系统的抗干扰技术

教学目标

本章由“干扰的相关知识”和“常用的抗干扰技术”两大知识模块构成。主要内容包括：

(1) 检测系统干扰的来源、传播途径、模式和电磁兼容的基本知识；

(2) 检测系统常用的抗干扰技术，如屏蔽技术、接地技术、搭接技术、隔离技术和长线干扰的抑制技术、电源系统的抗干扰技术和印刷电路板抗干扰技术等。

通过本章的学习，读者应熟悉检测系统干扰的来源、传播途径和干扰的模式，了解检测技术中电磁兼容的基本概念，掌握检测系统中常用抗干扰技术的原理，学会利用这些抗干扰技术解决测量过程中因干扰引起的测量误差等问题。

教学要求

知识要点	能 力 要 求	相关知识
干扰的相关知识	(1) 了解干扰和电磁兼容的概念； (2) 熟悉干扰的来源、传播途径和干扰的模式； (3) 掌握抑制干扰的基本原则	(1) 电子学； (2) 计算机
常用的抗干扰技术	(1) 了解常用的抗干扰技术适用领域； (2) 熟悉常用抗干扰技术中屏蔽、接地、搭接、隔离和长线干扰的抑制技术、电源系统的抗干扰技术和印刷电路板抗干扰技术的基本原理； (3) 掌握利用上述技术解决测量中的实际问题	电子学

11.1　干扰的相关知识

在检测系统中，测量的信息往往是以电压或电流形式传送的，所以很容易受到来自系统内部和外部的各种干扰的影响。另外，系统结构设计、元器件的选择与安装、制造工艺和外部环境条件等也为干扰的侵入提供了条件。这些因素对检测系统造成的后果主要表现在使检测过程误差加大、检测结果发生变化等方面，是影响检测系统可靠性和稳定性的主要因素。因此，为使检测系统正常工作，必须研究其抗干扰技术。

所谓干扰，就是内部或外部噪声对有用信号的不良作用，而噪声是指电路或系统中出现的非期望的电信号。如果噪声引起设备或系统的性能下降，就可以称之为干扰。可以说噪声是限制检测系统性能的决定因素。

噪声对有用信号的影响一般用信噪比(S/N)来表示。信噪比指信号通道中，有用信号功率 P_S与噪声功率 P_N之比，常用对数形式表示如下：

$$S/N = 10\lg\frac{P_S}{P_N} \tag{11-1}$$

式中，S/N 的单位为分贝(dB)。

由式(11-1)可知，要减小噪声对测量结果的影响，应尽可能提高测量过程中的信噪比。那么如何能提高信噪比呢？首先，应了解噪声能形成干扰的三个要素：噪声源、对噪声敏感的接收电路及噪声源到接收电路间的耦合通道。其次，根据噪声干扰的三个要素，采取相应的抑制噪声干扰的措施，包括：降低噪声源的强度、使接收电路对噪声不敏感、抑制或切断噪声源与接收电路间的耦合通道。

11.1.1　干扰的来源

干扰产生于干扰源。干扰源来自检测系统(电路)外部的叫外部干扰源，来自检测系统(电路)内部的叫内部干扰源。

1. 外部干扰源

检测系统的外部干扰源主要有：电磁干扰、机械干扰、热干扰、湿度干扰、化学干扰、光干扰和射线辐射干扰等。

1) 电磁干扰

在检测系统中电磁干扰是最普通最严重的一种干扰形式。它是由检测系统周围的强电磁场使测量装置的导线、元件，特别是电感元件产生的感应电压，进入信号通道产生的干扰。这种强电磁场主要是由大型动力设备的启动、操作、停止而产生的高次谐波干扰等。如电焊机、汽油机点火设备、大电流的接触器和断电器、大功率电力电线、晶闸管调压设备、脉冲电源和电子开关等。由于这些干扰源功率强大，要消除它们的影响比较困难，因此必须采取多种防护措施。

2) 机械干扰

纯机械运动是不会对检测系统造成干扰的。机械干扰是指机械振动或机械冲击导致检测装置中的元件发生振动，改变了系统的电气参数，对检测系统造成了可逆或不可逆的影响，在位移、流量、压力、应力和加速度等测量中经常能见到。对于机械干扰的消除，可选用专用的减振垫圈、橡胶垫脚、减振弹簧或吸振橡胶(海绵)垫来实现。这种方法能有效降低系统的谐振频率，吸收振动的能量，从而减小系统振动的振幅。常用的减振方法如图 11-1 所示。

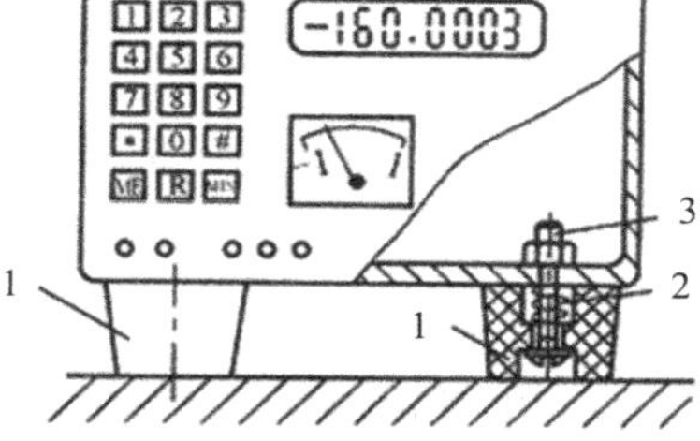

(a) 用橡胶垫脚和减振弹簧

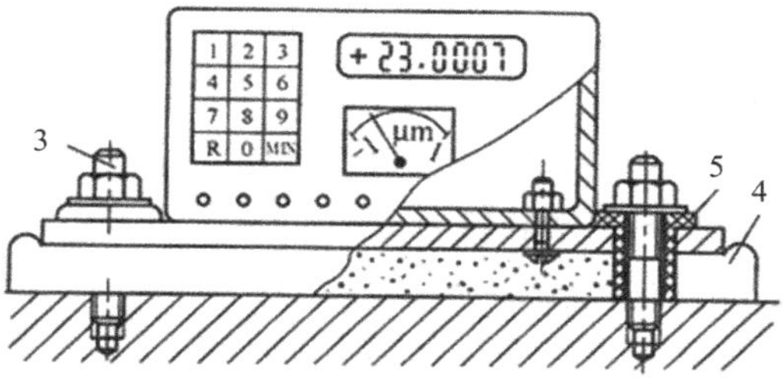

(b) 用吸振橡胶

1—橡胶垫脚；2—减振弹簧；3—固定螺丝；4—吸振橡胶(海绵)垫；5—橡胶套管(起隔振作用)

图 11-1　常用减振方法

3）热干扰

热量(特别是温度波动以及不均匀的温度场)对检测装置的干扰，主要体现在元件参数的变化(温漂)、接触热电动势干扰。元件长期在高温下工作时，易引起寿命和耐压等级降低。在直流检测系统中，热干扰是重要的干扰来源。工程上通常采取以下措施对热干扰进行抑制。

(1) 热屏蔽：把某些对温度比较敏感或电路中关键的元件和部件，用导热性能良好的金属材料做成的屏蔽罩罩住，使罩内温度场趋于均匀和恒定。

(2) 恒温法：将石英晶体振荡器与基准稳压管等与精度有密切关系的元件置于恒温设备中。

(3) 采用对称平衡结构：对于差分放大电路、电桥电路等，使两个与温度有关的元件处于对称平衡的电路结构两侧，使温度对两者的影响在输出端互相抵消。

(4) 采用温度补偿元件：采用温度补偿元件以补偿环境温度的变化对电子元件或部件的影响。

除上述抑制热干扰的措施外，在元件选取时尽可能选用低功耗、低发热、低温漂元件，同时提高元件规格余量；印制线路板布局时注意前置输入级远离发热元件，加强散热等。

4）湿度干扰

湿度增加会引起绝缘体的绝缘电阻下降、漏电流增加、电介质的介电系数增加、电容量增加；吸潮后骨架膨胀导致线圈阻值增加，电感器变化；应变片粘贴后，胶质变软，精度下降；加速金属材料的腐蚀，并产生原电池电化学干扰电压等。通常采取的措施是：避免将其放在潮湿处，检测装置通过定时通电加热去潮，电子器件和印刷电路浸漆或用环氧树脂封灌等。

5）化学干扰

酸、碱、盐等化学物品以及其他腐蚀性气体，除了其化学腐蚀性作用将损坏检测装置和元器件外，还能与金属导体产生化学电动势，从而影响检测系统的正常工作。因此，必须根据使用环境对检测装置进行必要的防腐措施，主要有浸漆、密封、定期通电以及加热驱潮等保护措施。

6）光干扰

在检测系统中广泛使用各种半导体元件，但是半导体材料在光的作用下会激发出电子-空穴对，使半导体元件产生电势或引起其电阻的变化，从而影响检测系统正常工作。因此，半导体元器件应封装在不透光的壳体内，对于具有光敏作用的元件，尤其应注意蔽光问题。

7）射线辐射干扰

检测系统所在空间的射线会使气体电离、半导体激发出电子-空穴对、金属逸出电子等，从而影响检测装置的正常工作。

2. 内部干扰源

检测系统的内部干扰源主要包括检测系统内部的元件、电源电路、信号通道、负载回路、数字电路等。

1）元件干扰

电阻、电容、电感、晶体管、变压器和集成电路等电路元件选择不当、材质不对、型号有误、焊接虚脱或接触不良等，都可能成为电路中最易被忽视的干扰源。

（1）电阻干扰。电阻可分为固定电阻和可变电阻，具有降压、限流作用，同时还有热效应。从结构上讲，电阻触点的接触不良容易造成接触噪声。电阻产生干扰的直接原因是：电阻工作在额定功率的一半以上，产生热噪声；电阻材质较差，产生电流噪声；可变电阻因触点移动产生滑动噪声；电阻在交流信号的一定频率下会呈现电感或电容特性。

（2）电容干扰。不同材质的电容会引起不同的噪声，如电容中铝电解质容易产生噪声；电路中电解电容的极性接反，也会产生较大的噪声。根据电容的自身特性，在电路中产生干扰的原因主要有：① 选型错误，对用于低频电路、高频电路、滤波电路以及作为退耦的电容，没有根据电路的要求合理选择型号；② 忽视电容的精度，在大多数场合，对电容要求不是很精确，但在振荡电路、时间型电路及音调控制电路中，电容须非常精确；③ 忽视电容的等效电感；④ 忽视电容的使用环境温度和湿度。

（3）电感干扰。电感可分为应用于自感作用的电感线圈和应用于互感作用的变压器或互感器。选用电感时，必须考虑电路的工作频率。电感产生干扰的主要原因是忽视了电感线圈的分布电容(线匝之间、线圈与地之间、线圈与屏蔽壳之间以及线圈中每层之间)。

（4）信号连接器干扰。信号连接器就是俗称的插头、插座，也可称为接插件。接插件产生干扰的原因主要有：① 接触不良，增加了接触阻抗；② 缺乏屏蔽手段，引入电磁干扰；③ 接插件相邻两脚的分布电容过大；④ 接插件的插头与插座之间缺乏固定连接措施；⑤ 接插件的材质欠佳，造成接插件阻抗过大等。

2）电源电路干扰

对于检测系统，电源电路是引入外界干扰的内部主要环节。检测系统的主要供电方式是工业用电网络。导致电源电路产生干扰的因素有：① 供给该系统的供电线缆上可能有大功率电器的频繁启动、停机；② 具有容抗或感抗负载的电器运行时对电网的能量回馈；③ 通过变压器的初级、次级线圈之间的分布电容串入的电磁干扰等。这些原因都可能使电源产生过压、欠压、浪涌、下陷及尖峰等现象。这些电压噪声均可通过电源的内阻耦合到检测系统内部的电路，从而对系统造成极大的危害。

3）信号通道干扰

一般把检测系统中各种信号流过的回路称为信号通道。在进行检测系统设计时，信号通道的干扰不可忽视。

4）负载回路干扰

继电器、电磁阀以及一些电力电子器件等，对检测系统的干扰是不可忽视的。继电器与电磁阀均是开关动作的执行元件，是用来完成控制任务的，它们的触点在断开时，会引起放电和电弧干扰；它们的触点在闭合时，由于触点的机械抖动，会形成脉冲序列干扰。这些干扰如果不加以抑制，就会造成元件损坏。

晶闸管等电力电子器件具有较强的干扰性。晶闸管是一种能做强电控制的大功率半导体元件，实际上它是一个可控的单(双)向导电开关，不但可把交流电变换成大小可调的直流电，可进行变频和电源逆变，还能在弱小电信号控制下，可靠地触发导通或关断强电系统的各种电路。应用晶闸管时所产生的干扰因素有：① 晶闸管整流装置是电源的非线性负载，它使电源电流中含有许多高次谐波，使电源的端电压波形产生畸变，影响仪表的正常工作；② 采用晶闸管进行相位控制会增加电源电流的无功分量，降低电源电压，使之在相位调节时出现电源电压波动；③ 晶闸管作为大功率开关元件，在触发导通和关断时，电流变化剧烈，使干扰信号通过电源线，并在空间传播，影响周围仪表的正常工作。

5）数字电路干扰

数字电路的输入信号和输出信号均只有高、低电平两种状态，且两种电平的翻转速度很快，一般为几十纳秒。数字电路基本上以导通或截止方式运行，工作速率较高，对供电电路会产生高频浪涌电流，对于高速采样与信号通道切换等高速开关状态电路，会形成较大的干扰，甚至导致系统工作不正常。

11.1.2 干扰的传播途径

各种噪声干扰必须由某种途径才能进入到检测系统的某个敏感接受部位，其中主要的传播途径有以下几种。

1. 静电耦合(电容性耦合)

静电耦合是由于两个电路之间存在寄生电容，产生静电效应而引起的干扰，如图 11－2 所示。

在图 11－2 中，导线 1 是干扰源，导线 2 为检测系统传输线，C_1、C_2分别为导线 1、2 的寄生电容，C_{12}是导线 1 和 2 之间的寄生电容，R 为导线 2 相对于干扰电路的等效输入阻抗。根据电路理论，干扰源 U_1会在导线 2 上产生干扰电压 U_i。小电流、高电压噪声源对检测系统的干扰主要为这种电容性耦合。抑制电容性耦合可减小电容 C_{12}；加大两导线的距离到不小于 3 倍的导线直径；最好采用静电屏蔽的办法。

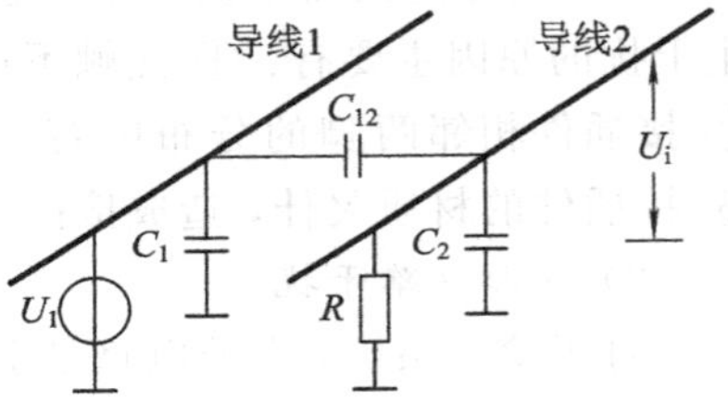

图 11－2　静电耦合示意图

2. 电磁耦合(电感性耦合)

电磁耦合是由于两个电路间存在互感而产生的，如图 11－3 所示。

图 11－3 中，导线 1 为干扰源，导线 2 为检测系统的一段电路，设导线 1、2 间的互感为 M。当导线 1 中的电流 I_1变化时，根据电路理论，由于电磁耦合会在导线 2 中产生互感干扰电压 U_i。大电流低电压干扰源对测控系统的干扰主要为这种电感性耦合。抑制电磁耦合可减小两回路的互感 M；加大两导线的距离到不小于 3 倍的导线直径；最好采用静电屏蔽的办法。

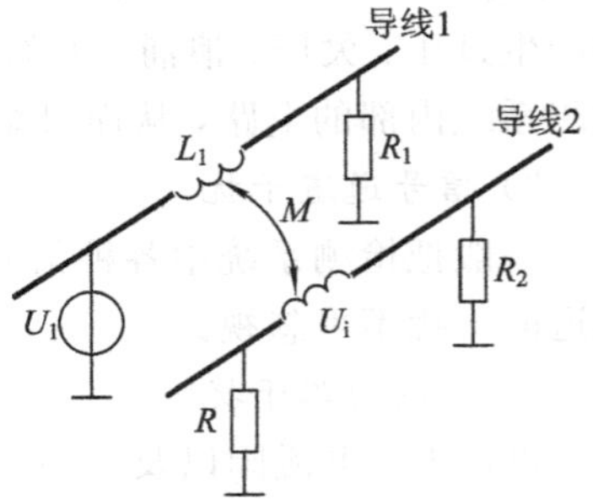

图 11－3　电磁耦合示意图

3. 漏电流耦合(电阻性耦合)

漏电流耦合是由于检测系统内部的电路绝缘不良，出现漏电流引起的电阻耦合产生的干扰，如图11－4 所示。

图 11－4 中，A、B 为检测系统中的两段电路，R_m为两段电路之间的漏电阻，R_0为电路 A 的等效阻抗，U_i为干扰电压。

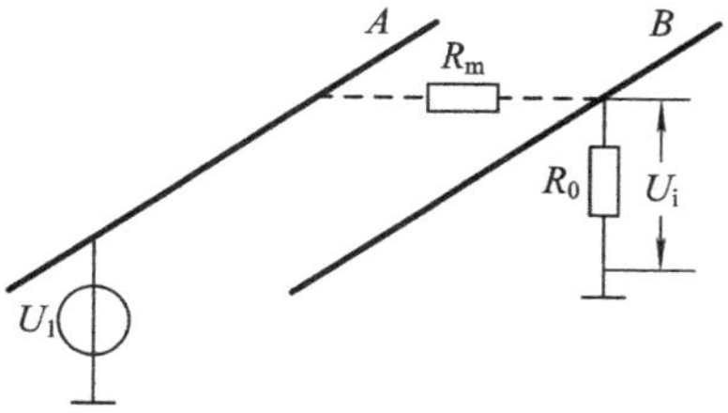

图 11－4　漏电流耦合示意图

4. 共阻抗耦合

共阻抗耦合是指两个或两个以上电路有公共阻抗时，一个电路中的电流变化在公共阻抗上产生的电压。这个电压会影响与公共阻抗相连的其他电路的工作，成为其干扰电压。共阻抗耦合的主要形式有以下几种。

1）电源内阻抗的耦合干扰

当用一个电源同时对几个电路供电时，电源内阻 R_0 和线路电阻 R 就成为几个电路的公共阻抗，某一电路中电流的变化，在公共阻抗上产生的电压就成了对其他电路的干扰源，如图 11－5 所示。抑制电源内阻抗的耦合时，对线路电阻 R 可采用多电路从电源侧平行接法来减小公共阻抗；但电源内阻无法消除，只能选用内阻较小的直流电源。

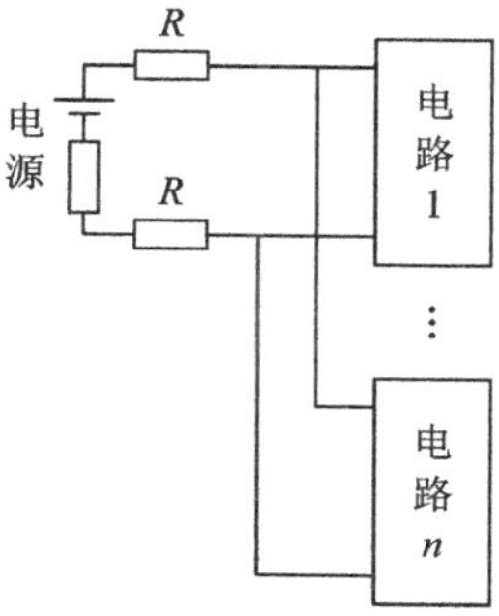

图 11－5　电源内阻抗耦合示意图

2）公共地线耦合干扰

由于地线本身具有一定的阻抗，当其中有电流通过时，在地线上必然会产生电压，该电压就成为对有关电路的干扰电压，如图 11－6 所示。

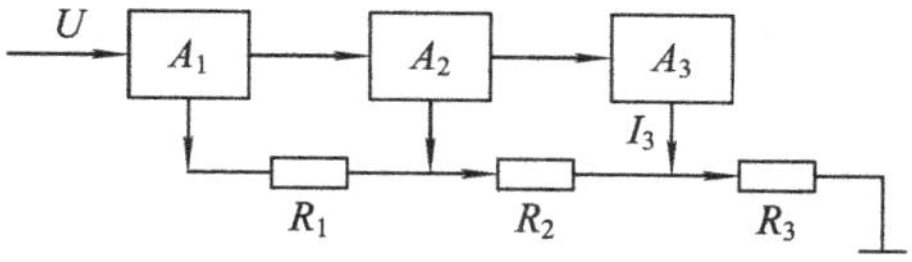

图 11－6　公共地线耦合示意图

图 11－6 中，R_1、R_2、R_3 为地线电阻，A_1、A_2 为前置电压放大器，A_3 为功率放大器，A_3 的电流 I_3 较大，通过地线电阻 R_3 时产生的电压为 $U_3 = I_3 R_3$，U_3 就会对 A_1、A_2 产生干扰。抑制公共地线耦合可采用把各回路的地线集中到一点接地的方法；或采用大信号地线与小信号地线分开的办法。大信号地线供大功率较大噪声的电路用，小信号地线供小信号或容易受干扰的电路使用，只有在电源供电处才一点接地。

3）输出阻抗耦合干扰

当信号输出电路同时带有多路负载时，任何一路负载电压的变化都会通过线路公共阻抗（包括信号输出电路的输出阻抗和输出接线阻抗）耦合而影响其他路的输出，产生干扰。图 11－7 是一个信号输出电路同时向三路负载提供信号的示意图。

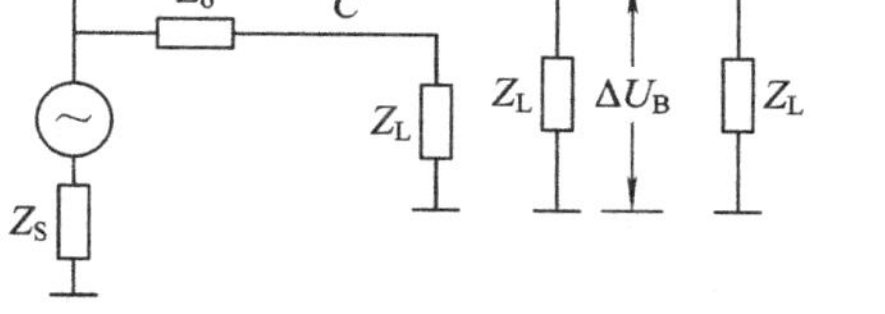

图 11－7　输出阻抗耦合示意图

图 11－7 中，Z_S 为信号输出电路的输出阻抗，Z_O 为输出接线阻抗，Z_L 为负载阻抗。如果 A 路输出电压产生变化 ΔU_A，它将在 B 路负载上引起 ΔU_B 的

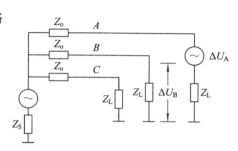

变化，ΔU_B就是干扰电压。

11.1.3　干扰的模式

噪声源产生的噪声通过各种耦合方式进入系统内部，造成干扰。根据噪声干扰的作用方式，可将其分为差模干扰和共模干扰两种形态。

1. 差模干扰

差模干扰又称串模干扰、正态干扰、常态干扰、横向干扰等，它指的是干扰电压存在于信号线及其回线(一般称为信号地线)之间，干扰电流回路则是在导线与参考物体构成的回路中流动，即干扰信号与有用信号按电压源形式串联起来作用于输入端。差模干扰模式示意图如图11－8所示。

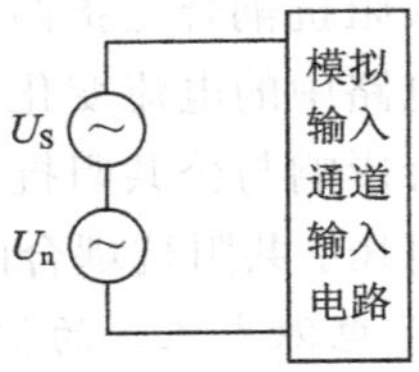

图11－8　差模干扰模式示意图

图11－8中，U_S为信号源，U_n为常态干扰，它们在电路上是串联的，在数值上是叠加的，直接作用于输入端，所以它直接影响测量结果。

差模干扰产生的原因是由于信号线分布电容的静电耦合，信号线传输距离较长引起的互感，空间电磁的电磁感应以及工频干扰等引起的。抑制的方法有：采用低通滤波器滤掉交流干扰；尽可能早地对被测信号进行前置放大，以提高信噪比；检测系统可以通过采用高抗扰度元器件，提高阈值电平，采用低速逻辑部件抑制高频干扰；注意信号线屏蔽体良好接地等。

2. 共模干扰

共模干扰又称纵向干扰、对地干扰、同相干扰、共态干扰等，它是相对于公共的电位基准点(通常为接地点)，在检测系统的两个输入端子上同时出现的干扰。虽然它不直接影响测量结果，但是当信号输入电路参数不对称时，它会转化为差模干扰，对测量产生影响。在实际测量过程中，由于共模干扰的电压一般都比较大，而且它的耦合机理和耦合电路不易搞清楚，排除也比较困难，所以共模干扰对测量的影响更为严重。共模干扰模式示意图如图11－9(a)所示。

图11－9(a)中，U_S是被测信号源，当被测信号源的参考接地点和检测系统输入电路参考接地点之间存在电位差U_{cm}时，U_{cm}便同时作用在两个模拟输入端上，U_{cm}为两个输入端所共有。这种干扰可以是直流，也可以是交流，幅值大小不等，取决于环境和设备的接地情况。

造成共模干扰的原因很多，例如图11－9(b)的热电偶测温系统中，热电偶的金属保护套管通过炉体外壳与生产管路接地，而热电偶的两条温度补偿导线与显示仪表外壳没有短接，但仪表外壳接大地，地电位造成共模干扰；图11－9(c)表示当电气设备的绝缘性能不良时，动力电源会通过漏电阻耦合到热电偶测温系统的信号回路，形成共模干扰；图11－9(d)则表示通过电源变压器的一次、二次侧绕组间的杂散电容，整流滤波电路、信号电路与地之间的杂散电容到地构成回路，形成工频共模干扰，等等。

抑制共模干扰的方法有：采用双端输入的差分放大器作为检测系统输入通道的前置放大器，CMRR可达100～160 dB；将“模拟地”与“数字地”隔离，使共模干扰不构成回路；利用屏蔽的方法使输入信号的“模拟地”浮空等可以有效地抑制共模干扰。

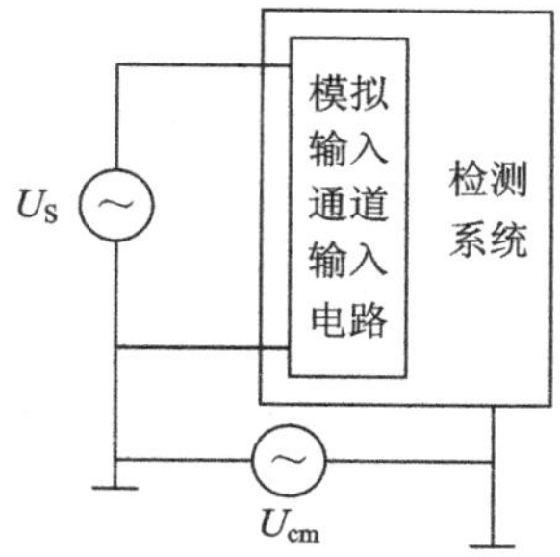

(a) 共模干扰模式示意图

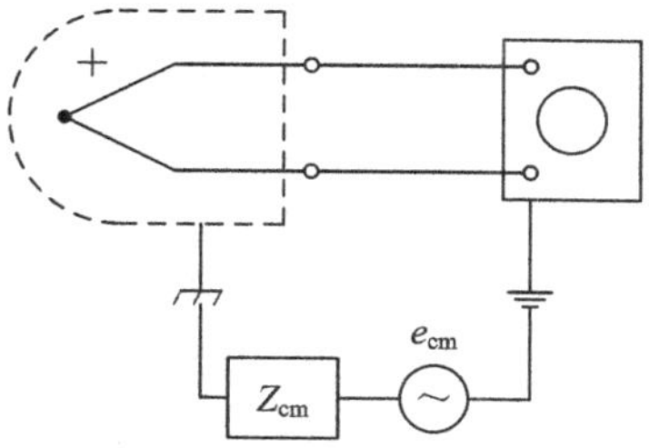

(b) 地电位差引起的共模干扰

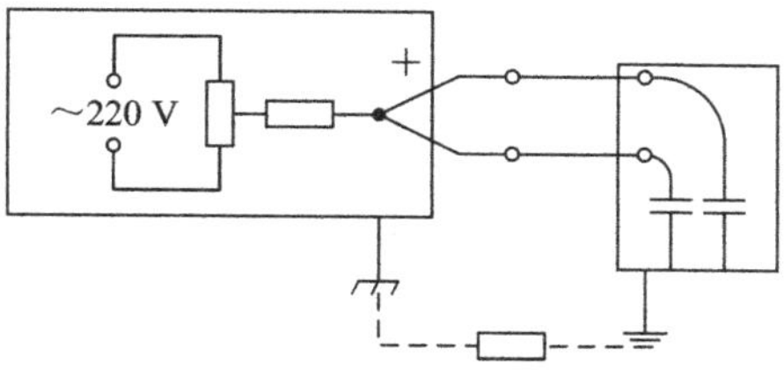

(c) 漏电阻引起的共模干扰

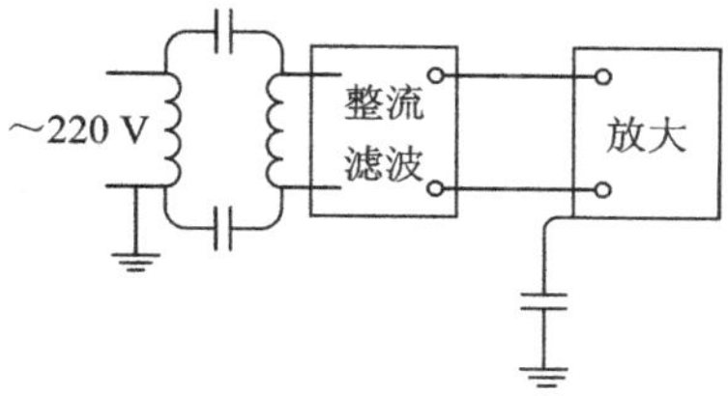

(d) 杂散电容引起的共模干扰

图 11－9　共模干扰

3. 共模抑制比

在检测系统受共模干扰作用以后，只有当共模干扰转换为差模干扰，才会对系统产生有害的影响。也就是说，系统受共模干扰影响的大小，取决于共模干扰转换为差模干扰的大小。当作用于检测系统的同样大小共模电压对测量结果影响越小，即表示该系统的抑制共模干扰的能力越强。通常用共模抑制比(CMRR)来衡量这种能力。

CMRR 通常以对数形式表示，即

$$\text{CMRR} = 20\lg\frac{U_{cm}}{U_{cd}} \tag{11-2}$$

式中，U_{cm}为作用在检测系统上的共模干扰电压；U_{cd}为检测系统在U_{cm}作用下，转换为在信号输入端所呈现的差模干扰信号电压。

CMRR 也可以定义为检测系统的差模增益与共模增益之比，即

$$\text{CMRR} = 20\lg\frac{k_d}{k_c} \tag{11-3}$$

式中，k_d为差模增益；k_c为共模增益。

以上两种表示方法都说明，共模干扰抑制比是检测系统对共模干扰抑制能力的量度。CMRR 值越高，说明对共模干扰抑制能力越强。一般式(11－3)更适合于测量电路中放大器的共模抑制能力的计算。

11.1.4　电磁兼容的基本概念

电磁干扰的问题早在 19 世纪 80 年代就已提出，但是直到 20 世纪 40 年代才出现电磁兼容性(Electromagnetic Compatibility)的概念并形成一门新兴的学科——电磁兼容(缩写 EMC)。对于电磁干扰领域来说，这是一个质的飞跃。因为电磁干扰研究已成为保证电子设备在电磁环境中正常工作的系统工程。

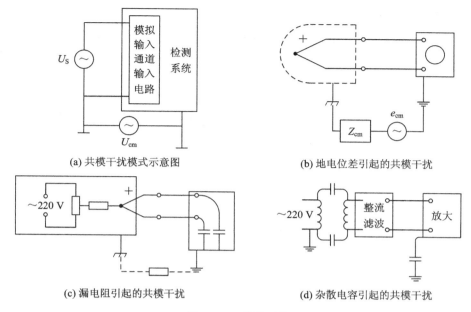

1. 电磁兼容的定义

电磁兼容一般指电气及电子设备在共同的电磁环境中能执行各自功能的共存状态，即要求在同一电磁环境中的上述各种设备都能正常工作又不互相干扰，达到“兼容”状态。

由定义可知电磁兼容是研究在有限的空间、时域和频域等条件下，各种设备、系统(广义而言还可以包括有生命的物质)能够共存，并且性能不下降的一门学科。

从电磁学角度看，每一种电子设备都包含两方面内容，即发射和抗扰度。如图 11-10 所示，电磁兼容＝电磁发射(Electromagnetic Emissions)＋电磁敏感性(Electromagnetic Susceptibility)。

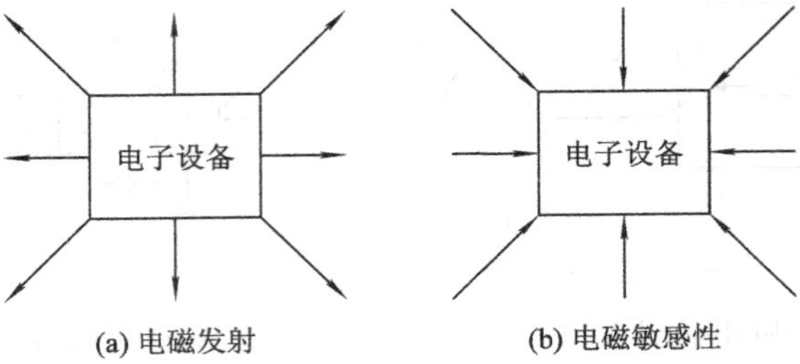

图 11-10 电磁兼容性

由图 11-10 可以看出，电磁环境是客观存在的，反映电磁环境的特性参数是一定的，而且是可以测定的。因此对电磁环境的研究是一项很重要的工作，能为改善电子设备的环境条件、抑制和减少电磁骚扰源的产生、防止电磁干扰产生做好基础工作。

2. 电磁兼容研究的内容

电磁兼容所包含的内容如图 11-11 所示。

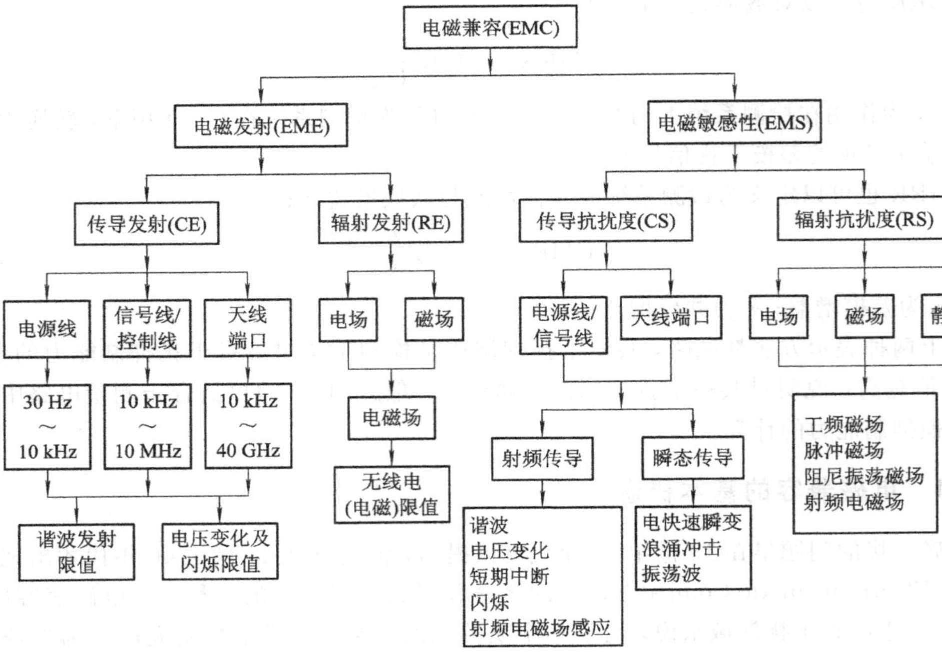

图 11-11 电磁兼容研究的内容

由图 11－11 可知，电磁兼容工作渗透到每一个电气电子系统及设备中，只有通过总体设计部门的管理协调，才能解决电磁兼容性问题。

3. 电磁兼容的标准

为了规范电子产品的电磁兼容性，各国都制定了基于国际电工委员会(IEC)电磁兼容标准。电磁兼容标准是使产品在实际电磁环境中能够正常工作的基本要求。之所以称为基本要求，也就是说，产品即使满足了电磁兼容标准，在实际使用中也可能会发生干扰问题。我国的民用产品电磁兼容标准是基于 CISPR(国际无线电干扰特别委员会)和 IEC 标准建立的，目前已发布 57 个，以 GB××××-××命名。

电磁兼容标准分为基础标准、通用标准、产品类标准和专用产品标准。

基础标准：描述了 EMC 现象，规定了 EMC 测试方法、设备，定义了等级和性能判据。基础标准不涉及具体产品。

通用标准：按照设备使用环境划分的，当产品没有特定的产品类标准可以遵循时，使用通用标准来进行 EMC 测试。即使设备的功能完全正常，也要满足这些标准的要求。

产品类标准：针对某种产品系列的 EMC 测试标准。往往引用基础标准，但根据产品的特殊性提出更详细的规定。

专用产品标准：通常不单独形成 EMC 标准，而以专门条款包含在产品通用技术条件中。专用产品标准的 EMC 要求与产品族标准相一致(在考虑到产品的特殊性后，对其电磁兼容性要求也可作某些更改)，还要增加产品性能和价格的判据。产品标准通常不给出具体的试验方法，而给出相应的基础标准号，以备查考。

4. 电磁兼容设计的内容

电磁兼容设计一般包含以下几个方面的内容。

1）地线设计

许多电磁干扰问题是由地线产生的，因为地线电位是整个电路工作的基准电位，如果地线设计不当，地线电位就不稳，就会导致电路故障。地线设计的目的是要保证地线电位尽量稳定，从而消除干扰现象。

2）线路板设计

无论设备产生电磁干扰发射还是受到外界干扰的影响，或者电路之间产生相互干扰，线路板都是问题的核心，因此设计好线路板对于保证设备的电磁兼容性具有重要的意义。线路板设计的目的就是减小线路板上的电路产生的电磁辐射和对外界干扰的敏感性，减小线路板上电路之间的相互影响。

3）滤波设计

对于任何设备而言，滤波都是解决电磁干扰的关键技术之一。因为设备中的导线是效率很高的接收和辐射天线，因此，设备产生的大部分辐射发射都是通过各种导线实现的，而外界干扰往往也是首先被导线接收到，然后串入设备的。滤波的目的就是消除导线上的这些干扰信号，防止电路中的干扰信号传到导线上，借助导线辐射，也防止导线接收到的干扰信号传入电路。

4）屏蔽与搭接设计

对于大部分设备而言，屏蔽都是必要的。特别是随着电路工作的频率日益提高，单纯依靠线路板设计往往不能满足电磁兼容标准的要求。机箱的屏蔽设计与传统的结构设计有许多不同之处，一般如果在结构设计时没有考虑电磁屏蔽的要求，很难将屏蔽效果加到机箱上。所以，对于现代电子产品设计，必须从开始就考虑屏蔽的问题。

11.2　常用的抗干扰技术

所谓抗干扰，是指把窜入检测系统的干扰衰减到一定的强度以内，保证系统能够正常工作或者达到要求的测量精度。抑制干扰有三个基本原则：① 消除干扰源；② 远离干扰源；③ 防止干扰窜入。

实际工作中发现测量信号存在干扰时，首先必须尽力寻找干扰的来源、性质和进入信号通道的途径。因此，测量中必须对各种干扰给予充分的注意，必须削弱和防止干扰的影响，如消除或抑制干扰源、破坏干扰途径以及削弱被干扰对象对干扰的敏感性等；然后针对它的特点，采取适当措施来防止干扰，并采取有关的技术措施，把干扰对测量的影响降到最低或容许的限度，使检测系统能稳定可靠地工作，从而提高测量的精确度。

11.2.1　屏蔽技术

所谓屏蔽，是指利用导电或导磁材料制成的壳、板、套等各种形状的屏蔽体，将电磁能量限制在一定空间范围内或防止外部辐射电磁能进入某区域的抑制辐射干扰的一种有效措施。

1. 屏蔽的基本原理

屏蔽的基本原理是对两个空间区域之间进行金属的隔离，以控制电场、磁场和电磁波由一个区域对另一个区域的感应和辐射。具体讲，就是用屏蔽体将元部件、电路、组合件、电缆或整个系统的干扰源包围起来，防止干扰电磁场向外扩散；用屏蔽体将接收电路、设备或系统包围起来，防止它们受到外界电磁场的影响。

1）静电屏蔽

根据电学原理，在静电场的作用下，空心导体如空腔内没有净电荷，导体内和空腔内任何一点处的场强都等于零，剩余电荷只能分布在外表面。因此，如果把某一物体放入空心导体的空腔内，该物体就不受任何外电场的影响，这就是静电屏蔽的原理。其原理示意如图 11-12 所示。

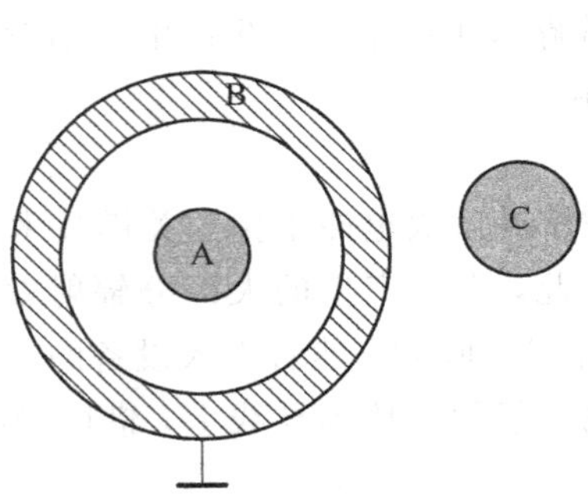

图 11-12　电场屏蔽

图 11-12 中，A 是被屏蔽的对象(电路或带电体)，B 是蔽壳体，C 是其他电路(或带电体)，A 产生的电场不会穿出屏蔽壳体 B，外部的电场也不会穿入屏蔽壳体 B。只要把屏蔽壳体良好地接地，就能同时对静电场、交变电场进行屏蔽。屏蔽电缆的金属编织网也是静电屏蔽的一种形式，它对高频噪声的屏蔽效果较好。

2) 电磁屏蔽

电磁屏蔽主要是为了抑制高频电磁场的干扰。由于高频电磁场能在导电性能良好的金属导体内产生涡电流，因此可利用涡电流产生的反磁场来抵消高频干扰磁场，从而达到电磁屏蔽的目的。由于电磁场屏蔽依靠涡流产生作用，因而必须用良导体(如铜、铝等)做屏蔽层。考虑到高频趋肤效应，高频涡流仅在屏蔽层表面一层，因此屏蔽层的厚度需要考虑机械强度。

电磁屏蔽层可以用于检测系统，保护它少受空间电磁波的干扰；也可以用于干扰源，使它减少向空间发射电磁波的能量。

检测系统采用屏蔽时要注意两点：一是屏蔽层必须和信号零线相接，以免无意地给测量线路增加反馈回路，影响检测系统工作；二是必须保证干扰电流不能流经信号线。因此，不能把信号线的屏蔽层兼作信号零线。

将电磁屏蔽妥善接地后，其具有电场屏蔽和磁场屏蔽两种功能。

3) 低频磁屏蔽

低频磁屏蔽是用来隔离低频(主要 50 Hz)磁场和固定磁场(也称为静磁场，其幅度、方向不随时间变化，如永久磁铁产生的磁场)耦合干扰的有效措施。由于静电屏蔽方式对低频磁场不起隔离作用，电磁屏蔽的屏蔽效果也很差。所以，在低频磁场干扰的场合，必须采用高导磁材料(如玻莫合金)作为屏蔽层，以便让低频干扰产生的磁力线只从磁阻很小的磁场屏蔽层上通过，使低频磁场屏蔽层内部的电路免受低频磁场耦合干扰的影响。有时还可将屏蔽线穿在接地的铁质蛇皮管或普通铁管内，以同时达到静电屏蔽和低频屏蔽的目的，如图 11-13 所示。

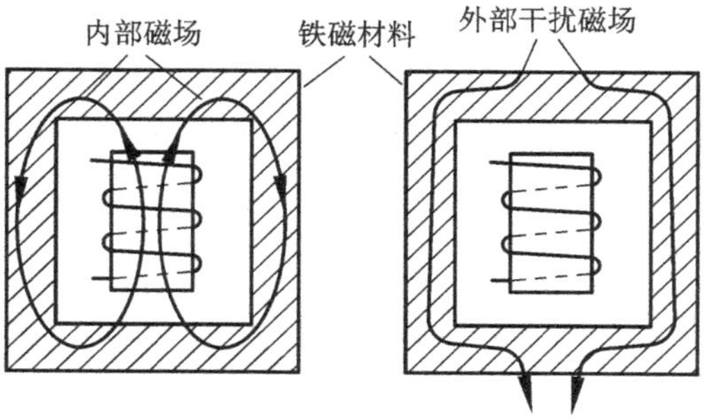

图 11-13　低频磁场屏蔽

图 11-13 中，一个线圈被铁磁性材料屏蔽。由于屏蔽罩的导磁率很高，所以线圈所产生的磁通主要沿屏蔽罩通过，被限制在屏蔽罩内，不会干扰外部的电路，同时外部干扰的磁通也只沿屏蔽罩通过，而不通过屏蔽罩内的线圈，从而实现了磁场屏蔽。

4) 高频磁屏蔽

高频磁屏蔽采用导电良好的金属材料做成屏蔽罩和屏蔽盒等不同的外形，将被保护的电路包围在其中。它屏蔽的干扰对象是高频(1 MHz 以上)磁场。与电磁屏蔽的原理相同，干扰产生的高频磁场遇到导电良好的磁场屏蔽层时，就在其外表面感应出同频率的电涡流，从而消耗了高频干扰磁场的能量。其次，电涡流也将产生一个新的磁场，根据楞次定律，其方向恰好与干扰磁场的方向相反，又抵消了一部分干扰磁场的能量，从而使电磁屏蔽层内部的电路免受高频干扰磁场的影响。如图 11－14 所示为高频磁场屏蔽的原理图。

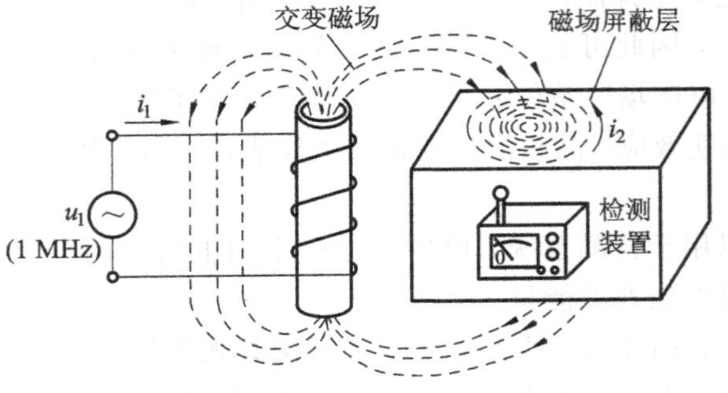

图 11－14　高频磁场屏蔽原理

5）多层屏蔽

在屏蔽要求很高的情况下，单层屏蔽往往难以满足要求，这就需要采用多层屏蔽。一般多层屏蔽的夹层为空气。双层屏蔽体的屏蔽效果小于两个单层屏蔽体的屏蔽效果之和。在频率很高时，电磁波在两个屏蔽层之间会产生谐振。当两层间距为 1/4 波长的奇数倍时，双层屏蔽具有最大屏蔽效果；当两层间距为 1/4 波长的偶数倍时，屏蔽效果最小。因此，多层屏蔽应用中应力求避免屏蔽层间产生谐振，同时避免层间距为 1/4 波长的偶数倍。

2. 屏蔽体的材料

常用的电磁屏蔽材料主要以金属材料为主，如铝、铜、锌、铁、钢、镍以及它们的合金等。由于金属材料的不同，其导磁性等参数也不相同，在选择屏蔽材料时要特别注意磁导率和磁饱和曲线。在制作屏蔽体时，网孔愈密，屏蔽的效果愈好，但增加了屏蔽体的重量。由于金属材料的可塑性相对较差，在一些特殊场合还不能满足要求，正逐渐被一些如导电橡胶、导电布、导电泡棉、镀铜屏蔽体、金属网丝屏蔽条、金属导电屏蔽胶带、导电涂料、微波吸收材料等替代。

3. 屏蔽体的结构形式

屏蔽体结构形式主要有屏蔽罩、屏蔽栅/网、屏蔽铜箔、隔离仓和导电涂料等，如图 11－15 所示。

(a) 屏蔽罩

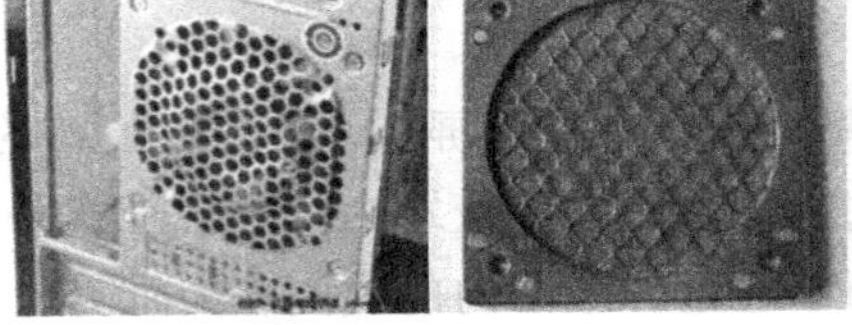

(b) 屏蔽栅、网

(c) 隔离仓

图 11－15　屏蔽体结构形式

图 11－15(a)为屏蔽罩，一般用无孔隙的金属薄板制成。图 11－15(b)为屏蔽栅、网，一般用金属编制网或有孔金属薄板制成，既有屏蔽作用，又有通风作用。图 11－15(c)所示的隔离仓是将整机金属箱体用金属板分隔成多个独立的隔仓，从而将各部分电路分别置于各个隔仓之内，用以避免各个电路部分之间的电磁干扰与噪声影响。屏蔽铜箔一般是利用多层印制电路板的一个铜箔面作为屏蔽板。导电涂料是在非金属的箱体内、外表上喷一层金属涂层。

除了上述屏蔽体的主要结构形式外，还有编织网做成的电缆屏蔽线，用金属喷涂层覆盖密封电子组件屏蔽等。

在某些应用场合，单一材料的屏蔽不能在强磁场下保证有足够高的磁导率，不能满足衰减磁场干扰的要求，此时可采用两种或多种不同材料做成多层屏蔽结构，低磁导率高饱和值的材料安置在屏蔽罩的外层，而高磁导率低饱和值的材料则放在屏蔽罩的内层，且层间用空气隔开为佳。

4. 屏蔽要点

(1) 静电屏蔽应具有两个基本要点，即完善的屏蔽体和良好的接地。

(2) 电磁屏蔽不但要求有良好的接地，而且要求屏蔽体具有良好的导电连续性，对屏蔽体的导电性要求要比静电屏蔽高得多。

(3) 在实际的屏蔽中，电磁屏蔽效能更大程度上依赖于机箱的结构，即导电的连续性。机箱上的接缝、开口等都是电磁波的泄漏源。穿过机箱的电缆也是造成屏蔽效能下降的主要原因。

(4) 解决机箱缝隙电磁泄漏的方式是在缝隙处用电磁密封衬垫。电磁密封衬垫是一种导电的弹性材料，它能够保持缝隙处的导电连续性。常见的电磁密封衬垫有导电橡胶、双重导电橡胶、金属编织网套、螺旋管衬垫、定向金属导电橡胶等。

11.2.2　接地技术

“地”是电路或系统中为各个信号提供参考电位的一个等电位点或等电位面，所谓“接地”，就是将某点与一个等电位点或等电位面之间用低电阻导体连接起来，构成一个基准电位。检测系统接地的目的是安全、对信号电压有一个基准电位、静电屏蔽。根据上述接地目的和电路回路性质，接地方式分为安全接地、信号接地和屏蔽接地三大类。

1. 安全接地

安全接地是将检测装置金属外壳、底盘等接地，这样可以防止静电产生的危险。安全接地也称为保护接地，是以大地的电位作为零电位，把检测装置的金属外壳、线路选定点等部件通过由接地线、接地极等低阻抗导体组成的接地装置与大地相连接，以避免因事故导致金属外壳上出现过高的对地电压，而危及操作人员和设备的安全。安全接地的相关原理等内容在前序课程中已有系统阐述，本书只简单介绍安全接地的有效性问题。

接地的目的是为了使设备与大地有一个低阻抗的电路通路，因此接地是否有效主要取决于接地电阻，阻值越小越好。接地电阻与接地装置、接地土壤情况以及环境条件等因素有关。

接地装置也称为接地体，常见的有接地桩、接地网和地下水管等，通常分为自然接地体和人工接地体两大类。埋设在地下的水管、输送非可燃性气体的金属管、自流井插入管、钻管以及建筑物埋在地下或水泥中的金属结构、电缆外皮等都属于自然接地体，常用于100 V以下的系统和1 kV以上的小接地短路电流系统中。

人工接地体是指人工埋入地下的金属导体，常用的形式有垂直埋入地下的钢管、角钢和平放的圆钢、扁钢，以及环形、圆板形和方板形的金属导体。

为了减小接地电阻，有时将几个接地体连接起来构成组合接地体。接地体的选择一定要满足接地电阻的要求，一般接地电阻应小于10 Ω。在不同场合会有不同要求，如1 kV以上的电力线路接地电阻应小于0.5 Ω；防雷接地电阻应为10～25 Ω；建筑物单独装设的避雷针接地电阻应在25 Ω以内。

2. 信号接地

信号接地从电路设计角度是将信号回路接于基准导体或基准电位点，为系统提供参考电压。信号接地的示意图如图11-16所示。

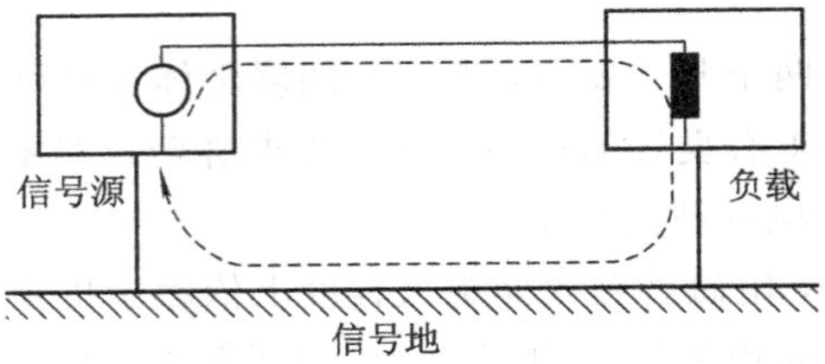

图11-16 信号接地的示意图

图11-16中的信号地也称为系统基准地，是指为信号电流提供低阻抗回流路径的基准导体(在电子设备中通常为金属底座、机座、屏幕罩或粗铜线、铜带等)，并设该基准导体为相对零电位，简称系统地。

1) 信号地线的分类

信号地线包括模拟信号地线、数字信号地线、信号源地线和负载地线。

(1) 模拟信号地线。模拟信号地线是模拟信号的零电平公共线。由于模拟信号电压较弱，干扰信号很容易侵入，各级信号回路容易形成级间反馈，因而模拟信号地线的横截面积应尽量大些。

(2) 数字信号地线。数字信号地线是数字信号的零电平公共线。由于数字信号处于脉冲工作状态，动态脉冲电流在接地阻抗上产生的压降是微弱模拟信号的干扰源。为了避免数字信号对模拟信号的干扰，两者的地线应分别设置。

(3) 信号源地线。传感器相当于检测系统的信号源，其地线就是信号源的地线。由于传感器与检测系统有一定距离，且输出信号较为微弱，因而它必须与检测系统进行适当的连接以提高整个系统的抗干扰能力。

(4) 负载地线。负载地线上的电流一般都比前级信号电流大得多，负载地线上的电流在地线中产生的干扰作用也大。因此，负载地线必须与其他信号地线分开。

2) 信号地线的接地方式

信号地线在设置时一般遵循各种地线分别设置的原则，在电位需要连通时，也必须仔细选择合适的点，在一个地方相连，才能消除各地线之间的干扰。在电子设备中，有三种基本信号接地方式，即单点接地、多点接地和浮地。

(1) 单点接地方式。单点接地方式有串联单点接地和并联单点接地两种形式。其中，两个或两个以上的电路共用一段地线的接地方法称为串联单点接地，其等效电路如图 11-17 所示。

图 11-17 中，R_1、R_2 和 R_3 分别是各段地线的等效电阻，I_1、I_2 和 I_3 分别是电路 1、2 和 3 的入地(返回)电流。因为地电流在地线等效电阻上会产生压降，所以三个电路与地线的连接点的对地电位具有不同的数值，使电路的地电位受到别的电路地电流变化的调制，造成输出信号受到干扰。这种干扰是由地线公共阻抗的耦合作用产生的。

串联单点接地的优点是布线简单、费用低；缺点是离接地点越远，电路中出现的噪声干扰就越大。串联接地通常用来连接地电流较小且相差不太大的电路。为使干扰最小，应把电平最低的电路安置在离接地点(信号地)最近的地方与地线相接。

另一种接地方式是并联单点接地，即各个电路的地线只在一点(信号地)汇合，各电路的对地电位只与本电路的地电流和地线阻抗有关，因而没有公共阻抗耦合噪声，其等效电路如图 11-18 所示。

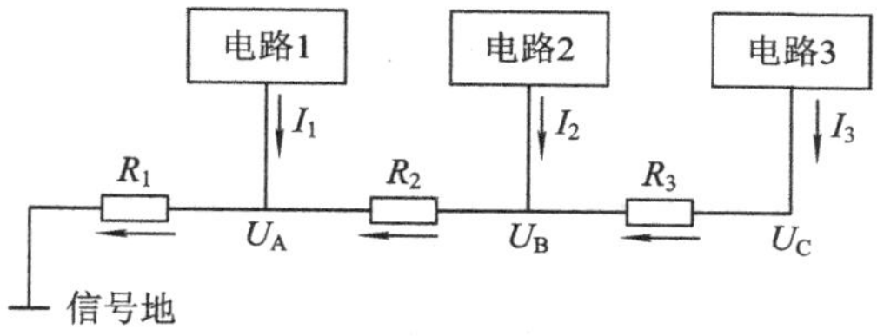

图 11-17　串联单点接地等效电路

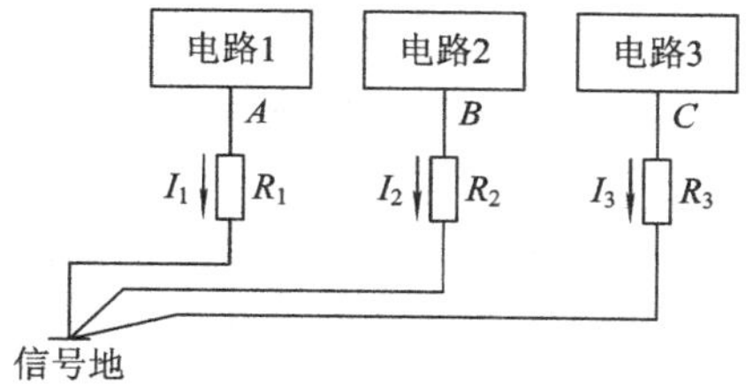

图 11-18　并联单点接地等效电路

并联单点接地方式的缺点在于所用地线太多。对于比较复杂的系统，这一矛盾更加突出。此外，这种方式不能用于高频信号系统。因为这种接地系统中地线一般都比较长，在高频情况下，地线的等效电感和各个地线之间杂散电容耦合的影响就不容忽视。当地线的长度等于信号波长(光速与信号频率之比)的奇数倍时，地线呈现极高阻抗，变成一个发射天线，将对邻近电路产生严重的辐射干扰。一般应把地线长度控制在 1/20 信号波长之内。

串联单点、并联单点等混合接地方式是一种折中方法：将电路按照特性分组，相互之间不易发生干扰的电路放在同一组，相互之间容易发生干扰的电路放在不同组，每个组内采用串联单点接地，获得最简单的接地结构，不同组的接地采用并联单点接地，避免相互之间的干扰。这种折中方式如图 11-19 所示。

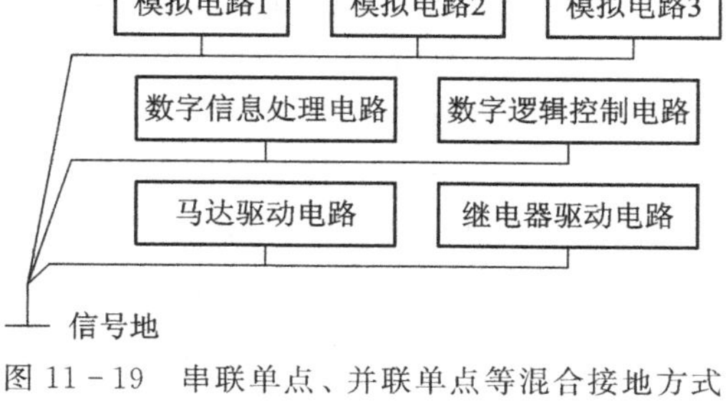

图 11-19　串联单点、并联单点等混合接地方式

图 11－19 中，模拟电路 1、2、3 为一个特性组，内部采用串联单点接地；数字信息处理电路和数字逻辑控制电路为一个特性组，内部采用串联单点接地。这两组之间采用并联单点接地。

串联单点、并联单点等混合接地方式的关键是一定不要使功率相差很大的电路或噪声电平相差很大的电路共用一段地线。

(2) 多点接地方式。在高频系统中，通常采用多点接地方式，如图 11－20 所示。

在这种系统中各个电路或元件的地线以最短的距离就近连到地线汇流排(Ground Plane，通常是金属底板)上，因地线很短(通常远小于 25 mm)，底板表面镀银，所以它们的阻抗都很小。多点接地不能用在低频系统中，因为各个电路的地电流流过地线汇流排的电阻会产生公共阻抗耦合噪声。

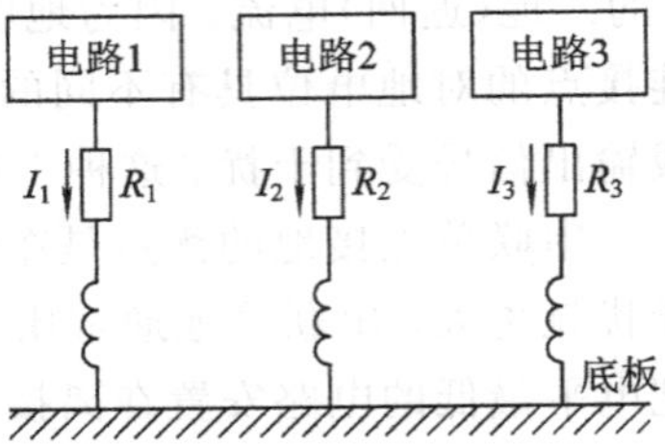

图 11－20　多点接地等效电路

一般的选择标准是，在信号频率低于 1 MHz 时，应采用单点接地方式，而当频率高于 10 MHz 时，多点接地系统是最好的。对于频率处于 1～10 MHz 之间的系统，可以采用单点接地方式，但地线长度应小于信号波长的 1/20。如不能满足这一要求，应采用多点接地。

(3) 混合接地方式。如果电路工作频率范围宽，就可以采用混合接地方法。混合接地一般是在单点接地的基础上通过一些电感或电容多点接地，利用了电感、电容元件在不同频率下有不同阻抗的特性，使地线系统在不同频率下具有不同的接地结构。实施方法是低频部分采用单点接地，高频部分采用多点接地；或将各单元电路分成若干组，组内单点接地，组间多点接地，如图 11－21 所示。

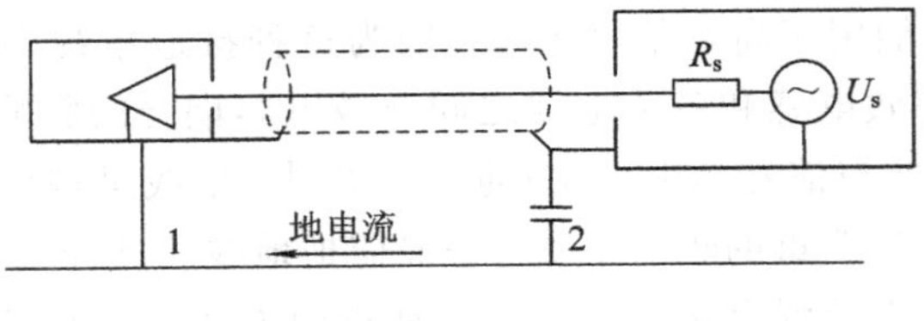

图 11－21　混合接地示意图

图 11－21 是一个系统工作在低频状态，为了避免公共阻抗耦合，需要系统串联单点接地(图中 1 处)。由于这个系统暴露在高频强电场中，因此屏蔽电缆需要双端接地(图中 2 处)。对于电缆中传输低频信号，系统是多点接地。接地电容的容量一般 10 nF 以下，取决于需要接地的频率。注意电容的谐振问题，即在谐振点电容的容抗最小。

(4) 浮置技术(浮地技术)。浮置又称浮空、浮接，它是指检测系统的输入信号放大器公共线不接机壳也不接大地的一种抑制干扰的措施。

采用浮接方式的检测系统称为浮地系统，其示意图如图 11－22 所示。

图 11－22 中，浮地系统的系统地与大地无导体连接，所以系统地不一定是零电位。浮地系统的系统功率地(强电地)和信号地(弱电地)之间有很大的隔离电阻，因此浮地系统能有效阻止共地阻抗耦合产生的电磁干扰。某浮置的检测系统如图 11－23 所示。

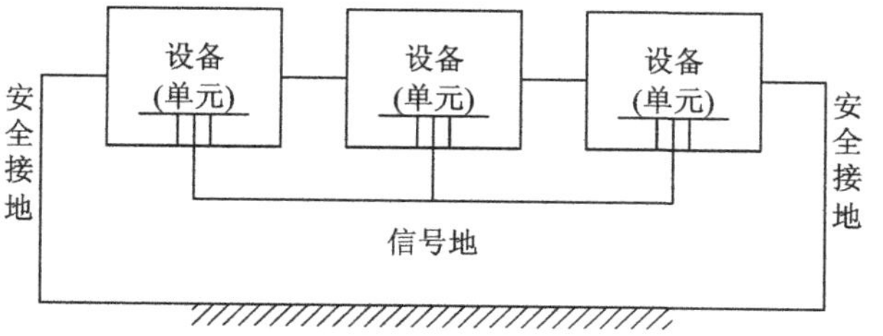

图 11-22　浮地系统示意图

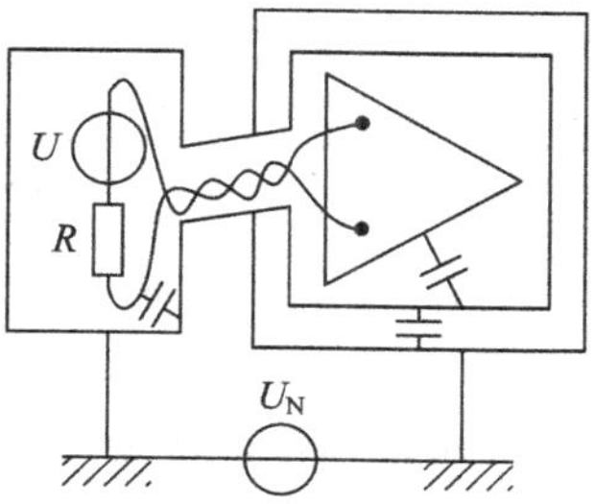

图 11-23　浮置的检测系统

图 11-23 中，信号放大器有相互绝缘的两层屏蔽，内屏蔽层延伸到信号源处接地，外屏蔽层也接地，但放大器两个输入端均不接地，也不接屏蔽层，整个测量系统与屏蔽层及大地之间无直接联系。这样就切断了地电位差 U_N 对系统影响的通道，抑制了干扰。

浮置与屏蔽接地相反，是阻断干扰电流的通路。检测系统被浮置后，明显地加大了系统的信号放大器公共线与大地(或外壳)之间的阻抗，因此浮置能大大减小共模干扰电流。但浮置不是绝对的，不可能做到完全浮空。其原因是信号放大器公共线与地(或外壳)之间，虽然电阻值很大，可以减小电阻性漏电流干扰，但是它们之间仍然存在着寄生电容，即电容性漏电流干扰仍然存在。

3) 信号接地的原则

由于实际的检测系统较复杂，在选择接地方案时，既要参照上述接地技术，又不能完全照搬，通常需遵循以下原则：

(1) 对于直流或低频电路，设备之间应进行地线隔离，通常在输入端隔离；

(2) 最敏感的电路最好远离单点接地点，而大功率电路应尽可能靠近接地点；

(3) 电路的去耦合电容应接到合适的地上，若 +5 V 是数字电路的电源，则不要在 +5 V 和模拟地或其他地之间跨接去耦合电容；

(4) 尽可能先分开各类地，最后再汇集到一起；

(5) 接地位置和接地线的长度应当包含在结构图或布局图中。

3. 屏蔽接地

屏蔽接地是将电缆、变压器等屏蔽层接地，实现对外界的电磁干扰的抑制。屏蔽接地包括屏蔽罩接地和屏蔽电缆接地。

1) 屏蔽罩接地

单纯的磁屏蔽罩不必接地，而处于电场或辐射场的屏蔽罩必须接地，如图 11-24 所示。

图 11-24 中，若屏蔽罩未接地，在受到附近电场感应产生 U_S，就会产生 I_1、I_2，I_1 流经 C_1、R_1、R_0，I_2 流经 C_2、R_2，两电流流经的总阻抗不同，在放大器的输入端就会产生电位差，形成噪声干扰。若将屏蔽罩接地，即 $U_S=0$，则干扰噪声消失。

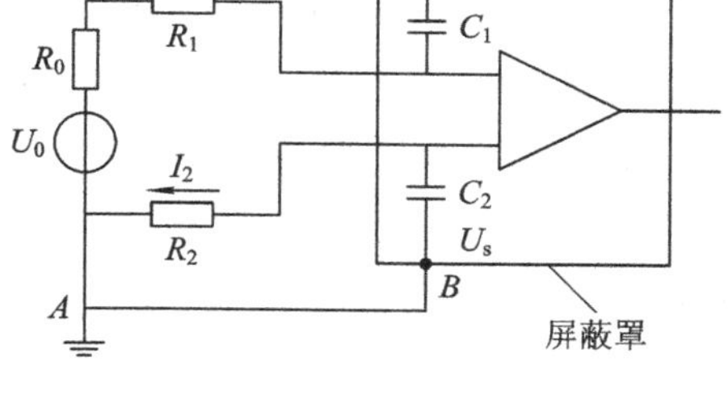

图 11-24　屏蔽罩接地

2）屏蔽电缆接地

电缆屏蔽层的接地方式与要抑制干扰的频率有关。一般分为低频电场、低频磁场和高频电磁波等。屏蔽的对象不同，电缆屏蔽层的接地方式也不同。一般对于外界电场在屏蔽层上感应出电压，屏蔽层只要接地就能获得满意的效果；而对于磁场屏蔽，屏蔽层的接地方式要复杂一些。对于高频电磁波的屏蔽，一般要与屏蔽机箱形成完整的屏蔽体才起作用。

4. 检测系统接地技术

1）输入信号回路的接地技术

在检测系统中，由于输入信号电路与接收电路间常有一定的距离，因而信号侧“地”的电位与接收侧的“地”电位不可能完全相等。若以大地为参考点，则两处分别接地，如图11-25(a)所示。

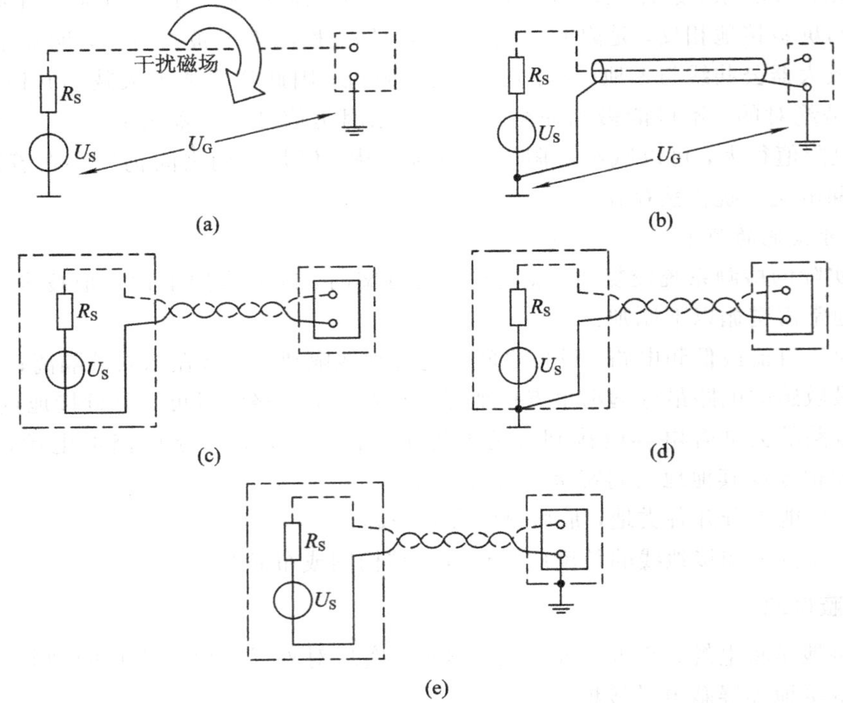

图 11-25 输入信号电路的几种接地方式

图 11-25(a)中，两“地”之间的电位差U_G叠加在信号电压U_S上而形成噪声，而且输入回路所包围的面积容易受到干扰磁场的影响，形成电感性耦合噪声。

图 11-25(b)中使用同轴电缆两点接地，可以减小电感性耦合噪声，但不能消除U_G。

图 11-25(c)采用双绞线，两点均不接地（称为浮地系统），U_G被消除。但要求对地绝缘必须良好，否则线路发生故障或静电感应使设备外壳带电时，对人、设备均不安全。

图 11-25(d)在信号侧一点接地，常用于信号源和和测量放大器安装在金属容器中时，金属外壳作为屏蔽用，接收侧对地绝缘。

图 11-25(e)在接收侧接地，用在与图(d)相反的情况下。

必须注意：图 11－25(d)、(e)为一点接地方式，消除了U_G的影响且安全。电路一点接地后，另一侧必须对地良好绝缘。一般信号输入尽量采用一点接地的方式。

信号频率低于 1 MHz 时，屏蔽层也应一点接地。因此输入信号回路接地多于一点时，上述的U_G就存在。且通过屏蔽层还将对地形成一个回路，容易发生电感性耦合，使屏蔽层中产生噪声电流，并经导线或屏蔽层之间的分布电容和分布电感耦合到信号回路，在信号线上形成噪声电压。所以在敷设屏蔽编织的低频电缆或同轴电缆时，屏蔽层接地应与电路一点接地端一致，确保一点接地。

在实际应用中，电路本身可能采用两点接地方式，所以导线屏蔽层也有一点接地和两点接地两种。究竟选用屏蔽层一点接地方式，还是两点接地方式，要取决于对屏蔽电场、磁场或电磁场的要求，使用的是哪一种屏蔽线，以及电路本身的接地方式。

图 11－26 中提供了低频同轴电缆和屏蔽双绞线的优先接地方案，供读者参考。

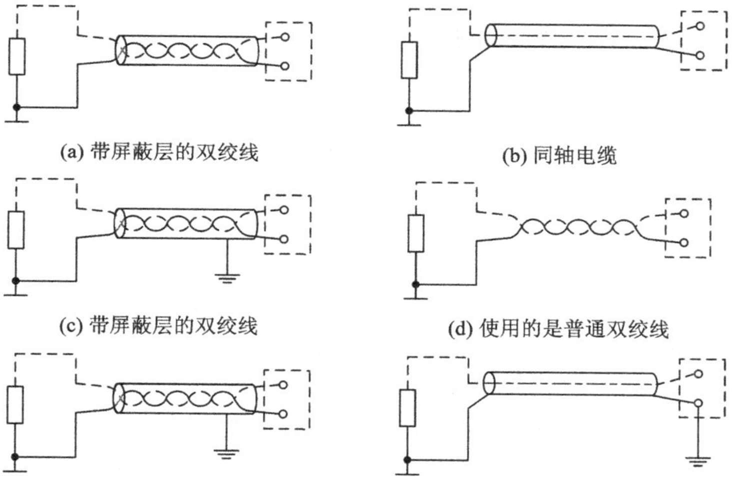

(a) 带屏蔽层的双绞线　(b) 同轴电缆

(c) 带屏蔽层的双绞线　(d) 使用的是普通双绞线

(e) 带屏蔽层的双绞线　(f) 同轴电缆

图 11－26　同轴电缆和双绞线的几种接地方式

图 11－26(e)、(f)中采用两点接地方式，屏蔽效果最差，用在电路必须两点接地的情况。在图 11－26(d)中的双绞线没有屏蔽层，所以屏蔽电场效果较差。在图 11－26(c)中因屏蔽层两点接地，形成回路，有可能在屏蔽层中流过较大的噪声电流，并在内部的双绞线线上感应噪声电压，降低屏蔽效果。相比之下，图 11－26(a)、(b)的屏蔽效果最好。不过同轴电缆比双绞线的价格高，因此建议接地方案优先采用的顺序为(a)、(b)、…、(f)。

2) 数字系统的接地技术

一个数字系统往往要用到大量的数字集成电路，安装在许多印制电路板(或卡)上；高速数字电路脉冲信号的脉冲宽度只有几个纳秒，它的频谱范围可达几十兆赫兹，因此电路接地系统应按高频电路来处理。接地的原则是确保有一个低阻抗接地回路。实际应用时，是使用大面积的薄铜皮，或者使用印刷电路板上的铜箔做接地回路。这样做的优点是：① 接地回路的电感量小；② 便于多点接地，且接地点与地电位面的连接线可以较短；③ 接地铜皮表面镀银(或锡)有利于降低阻抗；④ 对于双层(或多层)印刷电路板，便于使导线贴近接地平面布置，有利于减小导线之间的电容性耦合。

3）系统接地技术

在工业用低频电子装置中，目前较多采用“三套法”接地系统。所谓“三套法”接地，就是根据存在噪声的强弱、信号电流的大小、电源的类别，把接地分成三类。

第一套称为信号地，包括小信号回路、逻辑电路、控制电路等的低电平电路的信号地，即工作地。

第二套称为功率地，包括继电器、电磁阀、风机、大电流驱动电源等大功率电路以及噪声源的地，所以又称噪声地。

第三套称为机壳地，包括设备机架、机柜、机门、箱体结构的金属构架的地。

这三套“地”分别自成系统，最后用金属母线汇集成一点，如图 11－27 所示。

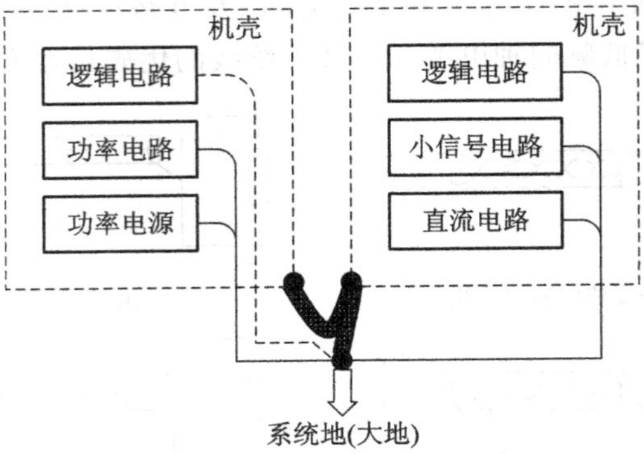

图 11－27　三套法接地示意图

三套法接地是按照噪声电磁能量大小将地线加以分类的，把大功率与小功率、大电流与小电流、高电压与低电压地分开了，并给信号电路配以专门的接地回路。此接法有以下好处：① 能有效地避免大功率、大电流、高电压电路通过地线回路对小信号回路的影响；② 避免屏蔽罩、机壳作为屏蔽体而吸收的噪声对信号回路的影响；③ 接地方法脉络清晰，便于装配和检查；④ 三套“地”最终汇集于一点并与大地相连，符合安全要求。注意：不能把零线当作设备的地线。

4）印刷电路板的地线布局

在包含模/数或数/模转换器的单元印刷电路板上，既有模拟电源，又有数字电源。处理这些电源地线的原则如下：

（1）模拟地和数字地分设，通过不同的引脚与系统地相连，各个组件的模拟地和数字地引脚分别连到电路板上的模拟地线和数字地线上，如图 11－28 所示。

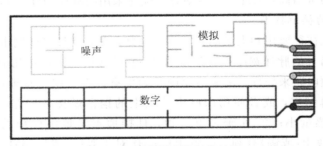

图 11－28　印刷电路板的地线

(2) 尽可能减少地线电阻，因此地线宽度要选得大一些(支线宽度通常不小于 2～3 mm，干线宽度不小于 8～10 mm)，但又不能随意增大地线面积，以免增大电路和地线之间的寄生电容。

(3) 模拟地线可用来隔离各个输入模拟信号之间以及输出和输入信号之间的有害耦合。通常可在需要隔离的两个信号线之间增设模拟地线。数字信号亦可用数字地线进行隔离。

(4) TTL、CMOS 器件的地线要呈辐射网状，避免环形。

5) 机柜地线的布局

在中、低频系统中，地线布局须采用单点接地方案，其原则如下：

(1) 各个单元电路的各种地线不得混接，并且与机壳浮离(直至系统地才能相会)。

(2) 单元电路板不多时，可采用并联单点接地方案。此时可把各单元的不同地线直接与有关电源参考端分别相接。

(3) 当系统比较复杂时，各印刷电路板一般被分装在多层框架上，此时则应采取串联单点接地方案。可在各个框架上安装几个横向汇流排，分别用以分配各种直流电源、连通各个印刷电路板的地线。而各个框架之间安装若干纵向汇流排连接所有的横向汇流排。尽可能把模拟地、数字地和噪声地的汇流排适当拉开距离，以免产生噪声干扰。

11.2.3 搭接技术

在电子设备中，搭接形成了两个金属体之间具有导电性的固定结合，实现了屏蔽、接地、滤波等抑制电磁干扰的技术措施和设计目的，是 EMC 的重要技术之一。

1. 搭接的定义与目的

搭接(Bonding)是指两个金属体之间通过机械、化学和物理方法实现结构连接，以建立一条稳定的低阻抗电气通路的工艺过程。

搭接的目的在于为电流的流动提供一个均匀的结构面和低阻抗通路，以避免在相互连接的金属件之间形成电位差(因为这种电位差对所有频率都可能引起电磁干扰)。搭接技术在电子、电气设备和系统中有广泛的应用。

2. 搭接的基本方式和种类

搭接有两种基本方式：一种是直接搭接，即欲连接的两个物体之间金属与金属直接接触；另一种是间接搭接，即通过使用搭接片或其他中间件来使两物体连接。两种方式都要求金属件对金属件的裸面接触。

搭接的种类有：电缆屏蔽层与机箱之间；屏蔽体上不同部分之间；滤波器与机箱之间；机箱与接地平面之间；信号回路与地回路之间；电源回路与地回路之间；屏蔽层与地回路之间；不同机箱之间地线连接和接地平面与连接大地的接地网或接地桩之间等都要进行搭接。

3. 搭接的方法

搭接的方法可分为永久性搭接和半永久性搭接两种。其中，永久性搭接是利用铆接、熔焊(用加热使接触面金属熔化)、钎焊(用难熔化的合金来焊接)、压接等工艺方法，使两种金属物体保持固定连接。永久性搭接在预定寿命内应具有稳定的低阻抗电气性能，不要求拆卸检查、维修或系统更改；半永久性搭接是利用螺栓、螺钉、夹具等辅助器件使两种金属物体保持连接的方法。半永久性搭接有利于装置的更改、维修和替换部件，可以降低系统制造成本。

4. 搭接面的处理和保护

为了获得有效而可靠的搭接，无论是直接搭接还是间接搭接对搭接表面都应进行必要的处理，内容包括搭接前的表面清理和搭接后的表面防腐处理。

1）搭接面的处理

搭接前的表面处理主要是清除固体杂质，如灰尘、碎屑、纤维、污物等；其次是有机化合物，如油脂、润滑剂、油漆和其他油污等；还要清除表面保护层和电镀层，如铝板表面的氧化铝层以及金、银之类的金属镀层。

2）搭接面的保护

搭接结束后，为保护搭接体，在接缝表面往往要进行附加涂覆，如涂油漆或电镀。搭接面的保护示意图如图 11－29 所示。

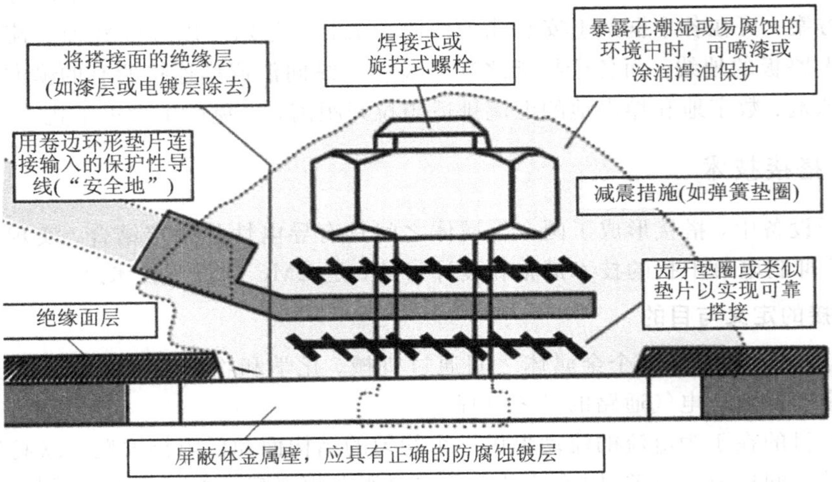

图 11－29　搭接面的保护示意图

在保护过程中应注意，如果仅对阴极材料涂覆，会在涂覆不好的地方引起严重的腐蚀。因此，当不同金属接触时，特别应对阴极表面进行涂覆，或者在两种金属表面(阳极表面和阴极表面)都加的涂覆，如图 11－30 所示。

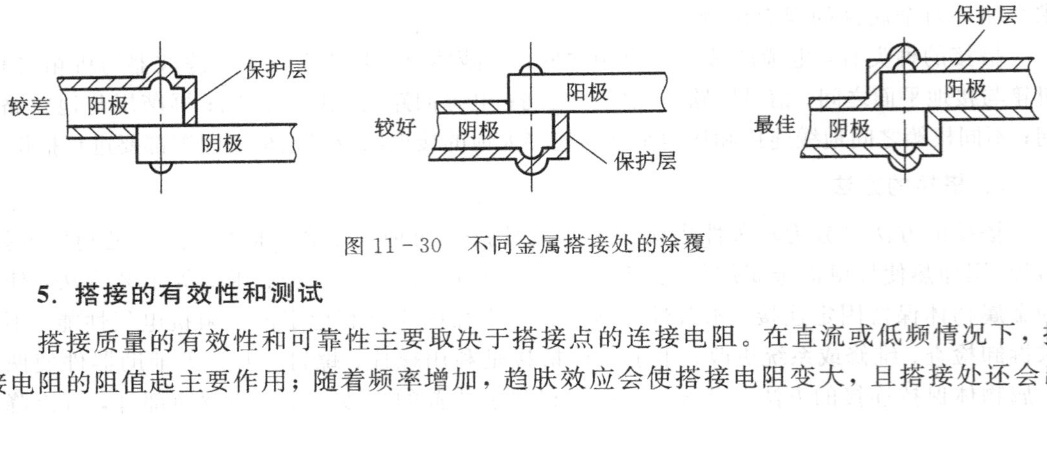

图 11－30　不同金属搭接处的涂覆

5. 搭接的有效性和测试

搭接质量的有效性和可靠性主要取决于搭接点的连接电阻。在直流或低频情况下，搭接电阻的阻值起主要作用；随着频率增加，趋肤效应会使搭接电阻变大，且搭接处还会出现由其结构决定的自感，搭接表面之间的电容也会对搭接有效性产生影响。所以，影响搭接点连接电阻的主要因素有搭接结构、金属表面的处理情况、搭接加工工艺、环境条件和通过接头的电流频率和幅值等。

为了检查搭接的性能是否符合设计要求，就需要进行搭接测试。目前应用最多的采用四端法直接测量搭接点的直流或低频搭接电阻。测量电路如图 11－31 所示。

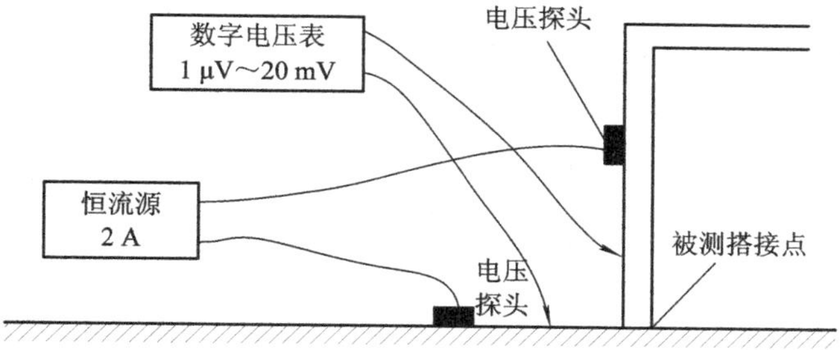

图 11－31　搭接电阻的测量方法

由图 11－31 可知，恒流源在被测搭接点(线、面)上形成电压降，然后用高灵敏度的数字电压表测出其压降值，再根据恒流源指示的电流值，推算出搭接电阻。目前有商品级微欧计可选用，但其恒流源输出电流较小，不适宜对大面积搭接接头进行测量。

6. 良好搭接的一般原则

良好搭接的关键在于金属表面的紧密接触。一般搭接的原则是：被搭接表面的接触区应该光滑、清洁、没有非导电物质。紧固方法应保证有足够的压力将搭接处夹紧，以保证即使在机械扭曲、冲击和振动时表面仍然接触良好。

除上述一般原则外，在搭接时还应注意：应尽可能采用同类金属搭接。实在需要不同金属搭接时，可在它们之间插入可换的垫片，在搭接完成后外面应加一层保护层；不要靠焊料增加机械强度；对搭接处应采取防潮和其他防腐蚀的保护措施；跨接片只是代用方法，应尽量短以保证低电阻和低阻抗；不要使跨接片在电化学序列中低于被搭接材料；应直接与结构物搭接，而不要通过邻近部件；不要使用自攻螺丝；要保证搭接处或跨接片能够承受设计的电流。

11.2.4　隔离技术

信号的隔离目的之一是从电路上把干扰源和易干扰的部分隔离开来，使检测系统与现场仅保持信号联系，但不直接发生电的联系。隔离的实质是把引进的干扰通道切断，从而达到隔离现场干扰的目的。在检测系统中常用有光电隔离、继电器隔离和变压器隔离等隔离技术。

1. 光电隔离

光电隔离是由光电耦合器件来完成的。光电耦合器件是由一只发光二极管和一只光电晶体管装在同一密封管壳内构成的。发光二极管把电信号转换为光信号，光电晶体管把光信号再转换为电信号，这种“电—光—电”转换在完全密封条件下进行，不会受到外界光的影响。因此光电耦合器不是将输入侧和输出侧的电信号进行直接耦合，而是以光为媒介进行间接耦合，具有较高的电气隔离和抗干扰能力。

光耦合器的输入阻抗很低，一般在 100～1000 Ω 之间，而干扰源的内阻一般很大，通常为 10^5～10^6 Ω。根据分压原理可知，这时能馈送到光电耦合器输入端的噪声自然很小。即使有时干扰电压的幅度较大，但所能提供的能量很小，只能形成微弱的电流。而光耦合器的发光二极管只有通过一定强度的电流才能发光，光电晶体管也只在一定光强下才能工作，因此，即使电压幅值很高的干扰，由于没有足够的能量而不能使二极管发光，从而被抑制掉。光耦合器的输入端与输出端的寄生电容极小，一般仅为 0.5～2 pF，而绝缘电阻又非常大，通常为 10^{11}～10^{13} Ω，因此光耦合器一边的各种干扰噪声很难通过光耦合器馈送到另一边去。但由于光耦合器的线性范围比较小，所以主要用于传送数字信号。由光电耦合器件组成的光电隔离电路如图 11－32 所示。

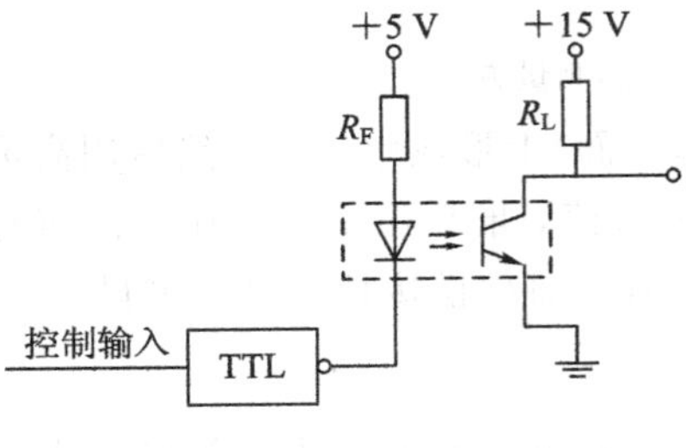

(a) TTL驱动的光耦合电路

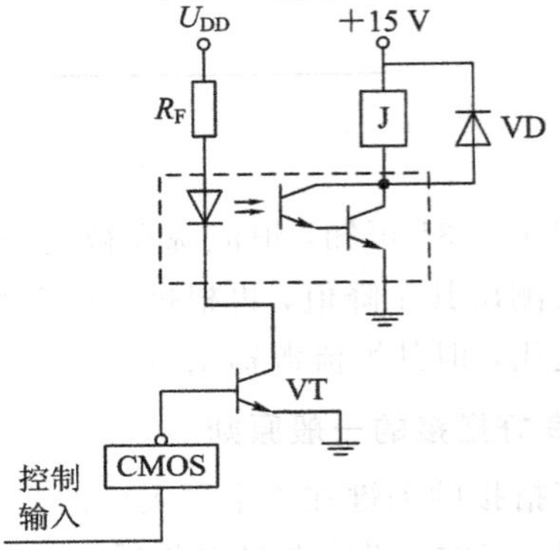

(b) CMOS驱动的光耦合电路

图 11－32　光电耦合器件组成的光电隔离电路

由图 11－32 可以看出，光电耦合器的输入部分为红外发光二极管，可采用 TTL 或 CMOS 数字电路驱动。其中，图 11－32(a)的光电耦合器的输出 U_o受 TTL 电路反相器控制。当反相器的输入信号为低电平时，输出信号为高电平，发光二极管截止，光敏二极管不导通，U_o输出为高电平。反之 U_o输出为低电平。发光二极管的限流电阻为 R_F，正向电流为 I_f。当 TTL 门电流作为红外发光二极管的控制驱动时，其低电平最大输入电流 I_{oL}为 16 mA，在一般情况下，取 I_f为 10 mA。在 TTL 门电路输出的低电平忽略不计时(一般为 0.2 V 左右)，R_F的计算公式为

$$R_F = \frac{U_i - U_f}{I_F} = \frac{5\ \text{V} - 1.0\ \text{V}}{10\ \text{mA}} = 400\ \Omega \tag{11-4}$$

R_L为负载电阻，当使光电耦合器工作在饱和状态，取光敏二极管电流为 0.5 mA 时，R_L＝30 kΩ，则电流传输比 $I_c/I_f＝1/20$。

图 11－32(b)为 CMOS 门电路驱动控制。当 CMOS 反相器输出为高电平时，VT 晶体管导通，红外发光二极管导通，光电耦合器输出的达林顿管导通，继电器 J 吸合，其触点可完成规定的控制动作；反之，当 CMOS 门输出为低电平时，VT 管截止，红外发光二极管不导通，达林顿管截止，继电器 J 处于释放状态。

由于 CMOS 门驱动电流很小，应加一级晶体管开关电路，以满足红外发光二极管正向电流 I_f的要求。R_F的计算公式为

$$R_F = \frac{U_{DD} - U_f - U_{ces}}{I_f} \tag{11-5}$$

式中，U_{DD}为 CMOS 门电路电源电压；U_f为二极管正向压降；U_{ces}为 VT 晶体管饱和压降。

VT 晶体管一般选用开关晶体管，如 3DK6、3DK8 等，其放大系数 β 为 60～100。

选用输出部分为达林顿管的光电隔离器，其电流传输比可达 5000%，即 $I_c=50I_f$，适用于负载较大的应用场合。在采用光电耦合器驱动电磁继电器的控制绕组时，应在控制绕组两侧反向并联二极管 VD，以抑制吸动时瞬态反电势的干扰，从而保护输出管。

在使用光电耦合器时，应注意区分输入部分和输出部分的极性，防止接反而烧坏器件。光电耦合器在电路中不应靠近发热元件，其工作参数不应超过规定的极限参数。

2. 继电器隔离

继电器的线圈和触点之间没有电气上的联系，因此，可利用继电器的线圈接收电气信号，利用触点发送和输出信号，从而避免强电和弱电信号之间的直接接触，实现了抗干扰隔离，如图 11－33 所示。

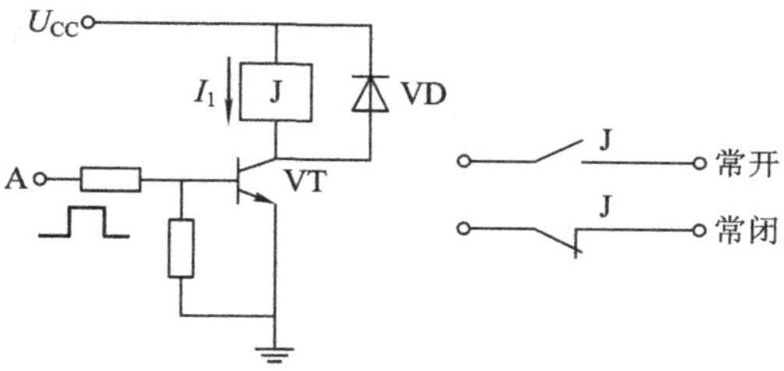

图 11－33　继电器隔离电路

当输入高电平时，晶体三极管 VT 饱和导通，继电器 J 吸合；当 A 点为低电平时，VT 截止，继电器 J 则释放，完成了信号的传送过程。VD 是保护二极管。当 VT 由导通变为截止时，继电器线圈两端产生很高的反电势，以继续维持电流 I_L，由于该反电势一般很高，容易造成 VT 的击穿。加入二极管 VD 后，为反电势提供了放电回路，从而保护了二极管 VT。

3. 变压器隔离

变压器隔离技术是利用变压器的初级和次级两个线圈没有直接的电气连接，通过磁场来进行电－磁－电的转换，用来防止检测系统中初级干扰电流对次级影响的隔离技术。主要有隔离变压器和脉冲变压器两种。

1）隔离变压器

隔离变压器的原理和普通变压器一样，都是利用电磁感应原理。隔离变压器一般(但并非全部)是指 1∶1 的变压器。由于次级不和大地相连，次级边任一根线与大地之间没有电位差，使用安全。所以隔离变压器属于安全电源，一般在设备的维修和保养中起保护、防雷和滤波作用。在抗干扰方面主要是针对共模信号的抑制，如图 11－34 所示。

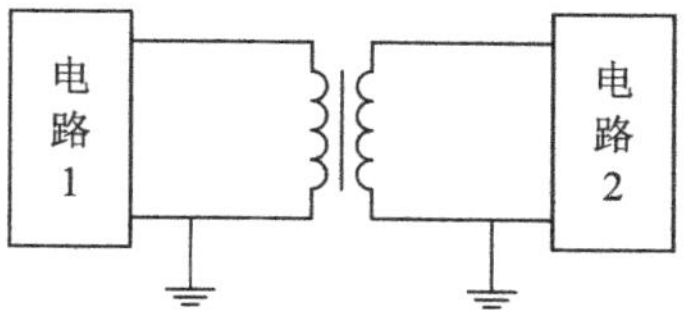

图 11－34　隔离变压器

图 11－34 表示在两根信号线上接入一只隔离变压器，由于变压器的次级输出电压只

与初级绕组两输入端的电位差成正比，因此，它对差模信号是“畅通”的，对共模信号则是个“陷阱”。采取隔离变压器断开地环路适用于 50 Hz 以上的信号。隔离变压器的初、次级绕组间要设置静电屏蔽层，并且接地，这样就可减少初、次级寄生电容，以达到抑制高频干扰的目的。当信号频率很低，或者共模电压很高，或者要求共模漏电流非常小时，常在信号源和检测系统输入通道之间（通常在输入通道前端）插入一个隔离放大器，但必须注意 1∶1 的隔离变压器次级“严禁接地”。

2）脉冲变压器

脉冲变压器可实现数字信号的隔离。脉冲变压器的匝数较少，而且一次和二次绕组分别缠绕在铁氧体磁芯的两侧，分布电容仅几个皮法，所以可作为脉冲信号的隔离器件。图 11－35 所示电路外部的输入信号经 *RC* 滤波电路和双向稳压管抑制噪声干扰，然后输入脉冲变压器的一次侧。为了防止过高的对称信号击穿电路元件，脉冲变压器的二次侧输出电压被稳压管限幅后进入测控系统内部。

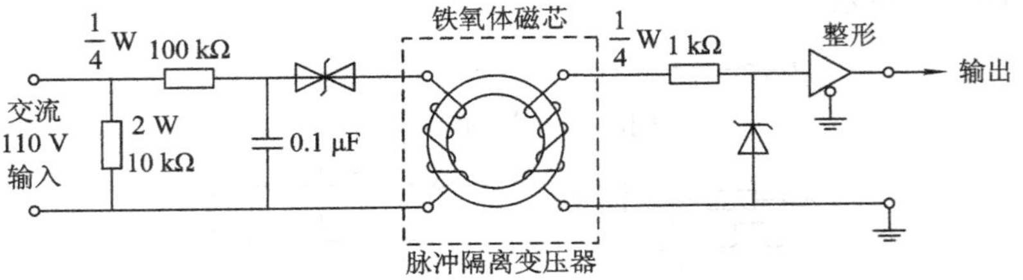

图 11－35　脉冲变压器

脉冲变压器隔离法传递脉冲输入/输出信号时，不能传递直流分量。微机使用的数字量信号输入/输出的控制设备不要求传递直流分量，所以脉冲变压器隔离法在微机测控系统中得到了广泛应用。

11.2.5　长线干扰的抑制技术

在检测系统中，1 m 左右的传输线就是长线了，大多数情况下被测对象与检测系统往往相距更远，在这样长的距离上进行信号传输，抗干扰问题尤为突出。因此很有必要研究长线传输中常见的干扰及其抑制措施。

1. 长线传输的干扰形式

我们知道一路输电线与信号线平行敷设时，信号线上的电磁感应电压和静电感应电压分别都可达到毫伏级，然而来自传感器的有效信号电压常常只有几十毫伏甚至可能比感应的干扰电压还小些。此外，由于传感器的信号线有时长达数百米甚至上千米，信号地与系统地这两个接地点之间存在电位差，有时可达几伏至十几伏甚至更大。这就是长线传输中通过电磁或静电耦合在信号线上的感应干扰。抑制这种干扰的主要措施是采用双线传输双端差动输入方式。

数字信号的长线传输不仅容易耦合外界噪声，而且还会因传输线两端阻抗不匹配而出现信号在传输线上反射的现象，使信号波形发生畸变，这种影响称为“非耦合性干扰”或“反射干扰”。抑制这种干扰的主要措施是解决好阻抗匹配、长线驱动和信号线的敷设三个问题。

2. 长线传输干扰的抑制

1）采用同轴电缆或双绞线作为传输线

同轴电缆对于电场干扰有较强的抑制作用，适用于工作频率较高的信号传输。双绞线也是一种较常用的传输线，与同轴电缆相比，虽然频带较差，但波阻抗高，抗共模干扰能力强，对磁场干扰有较好的抑制作用，其磁屏蔽原理如图 11－36 所示。

图 11－36 中，当交流电源经双绞线传输给负载时，由于其每个双绞环节都改变了磁通方向，使得交流电流在双绞线上产生的磁通互相抵消，大大减小了对其他电路的电磁干扰。另外双绞线也能够有效抵制外界干扰。当外界干扰磁通作用于双绞线时，在每个双纹环行产生图 11－37 所示的干扰电流。由于在每根导线上各段干扰电流方向相反、大小相等，互相抵消了，干扰电流便不会到达后续电路。

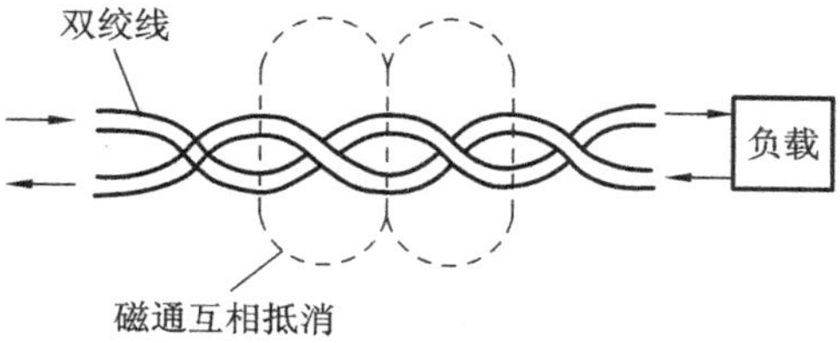

图 11－36　双绞线磁屏蔽原理

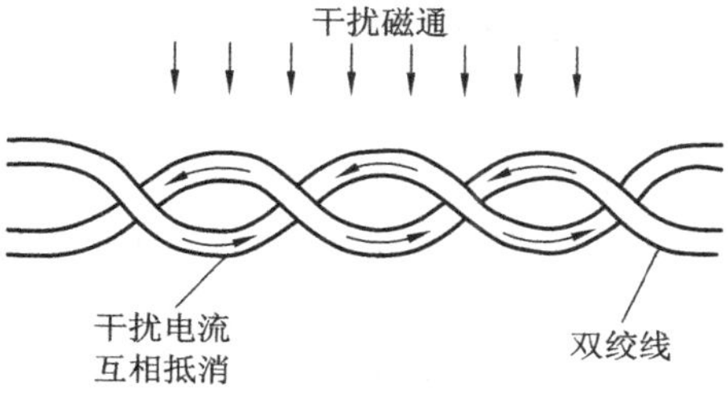

图 11－37　干扰电流相互抵消

在使用双绞线时，尽可能采用平衡式传输线路。所谓平衡式传输线路，是指双线传输的两根传输线处于完全相同（内阻相同、对地分布电容相同、漏电阻相同）的条件，即两根线不接地传输信号。双绞线对电磁场的抑制作用与绞节距的长短与该导线的线径有关，一般线径越细、节距越短，抑制效果越好。实际上，节距越短，所用的导线的长度便越长，从而增加了导线的成本，一般节距以 5 cm 为宜。

当若干条双绞线同时敷设于公共电缆槽内或距离很近时，需要注意每条双绞线的绞距（单位长度的绞合次数）应彼此不同，才能有效地抑制干扰，如图 11－38 所示。

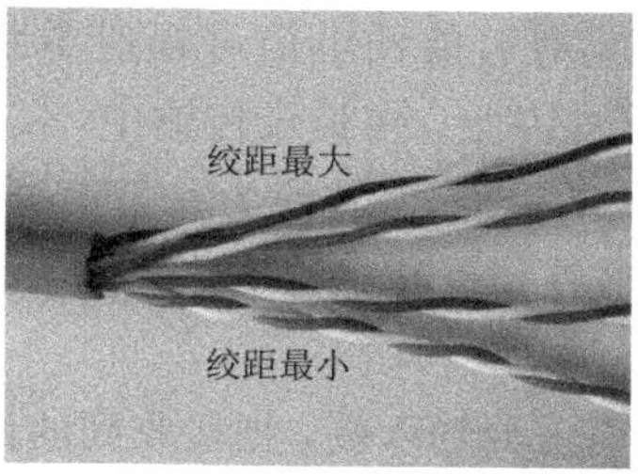

图 11－38　绞距不同的双绞线

2）阻抗匹配

为了避免因阻抗不匹配产生反射干扰，就必须使传输线始端的源阻抗等于传输线的特性阻抗（称始端阻抗匹配）或使传输线终端的负载阻抗等于传输线特性阻抗（称终端阻抗匹配）。检测系统中，常常采用双绞线或同轴电缆做信号线。双绞线的特性阻抗 R_P 一般在 100～200 Ω 之间，绞距越小，阻抗越低。同轴电缆的特性阻抗一般在 50～100 Ω 之间。传输线的阻抗匹配有四种形式，如图 11－39 所示。

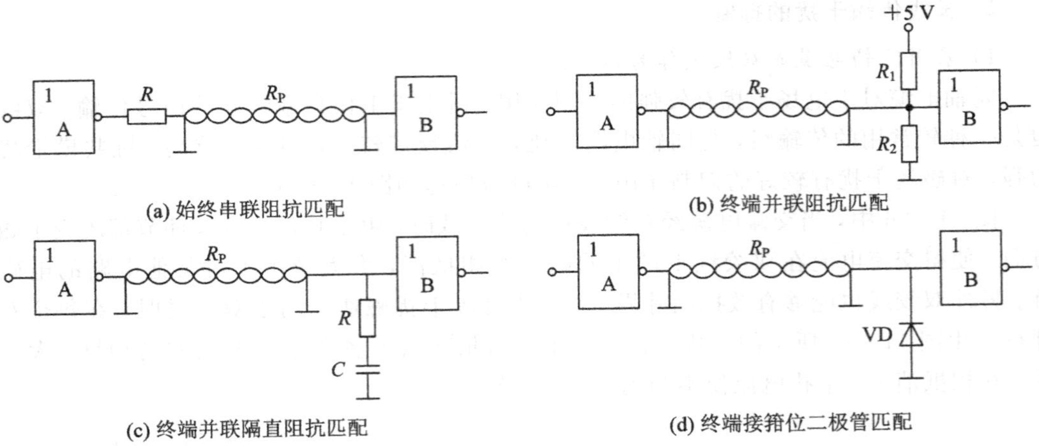

图 11－39　传输线的阻抗匹配形式

(1) 始端串联阻抗匹配。如图 11－39(a)所示，匹配电阻 R 的取值为 R_P 与 A 门输出低电平时的阻抗 R_{SOL}(约 20 Ω)之差值。这种匹配方法会使终端的低电压抬高，相当于增加了输出阻抗，降低了低电平的抗干扰能力。

(2) 终端并联阻抗匹配。如图 11－39(b)所示，终端匹配电阻 R_1、R_2 的值按 $R_P = R_1 /\!/ R_2$ 的要求选取。一般 R_1 为 220～330 Ω，R_2 为 270～390 Ω。这种匹配方法由于终端阻值低，相当于加重负载，使高电平有所下降，故高电平的抗干扰能力有所下降，但对波形的低电平没有影响。

(3) 终端并联隔直阻抗匹配。如图 11－39(c)所示，因电容 C 在较大时只起隔直作用，并不影响阻抗匹配，所以只要求匹配电阻 R 与 R_P 相等即可。它不会引起输出高电平的降低，故增加了高电平的抗干扰能力。

(4) 终端接箝位二极管匹配。如图 11－39(d)所示，利用二极管 VD 把 B 门端低电平箝位在 0.3 V 以下，可以减小波的反射和振荡，提高动态抗干扰能力。

3) 长线驱动

长线如果用 TTL 直接驱动，有可能使电信号幅值不断减小，抗干扰能力下降及存在串扰和噪声，结果导致传错信号。因此，在长线传输中，需采用驱动电路和接收电路。

(1) 驱动电路。驱动电路将 TTL 信号转换为差分信号，再经长线传至接收电路。为了使多个驱动电路能共用一条传输线，一般驱动电路都附有禁止电路，以便在该驱动电路不工作时，禁止其输出。

(2) 接收电路。接收电路具有差分输入端，把接收到的信号放大后，再转换成 TTL 信号输出。由于差动放大器有很强的共模抑制能力，而且工作在线性区，所以容易实现阻抗匹配。

4) 信号线的敷设

选择了合适的信号线，还必须合理地进行敷设。否则，不仅达不到抗干扰的效果，反而会引进干扰。信号线的敷设应注意以下事项：

(1) 要绝对避免信号线与电源线合用同一股电缆；

(2) 屏蔽信号线的屏蔽层要一端接地，同时要避免多点接地；

(3) 信号线的敷设要尽量远离干扰源，如避免敷设在大容量变压器、电动机等电器设备的附近。

如果有条件，将信号线单独穿管配线，在电缆沟内从上到下依次架设信号电缆、直流电源电缆、交流低压电缆、交流高压电缆。表 11－1 给出了信号线与交流电力线之间的最小间距。

表 11－1　信号线和电力线之间的最小间距

电力线容量		信号线和电力线的最小间距/cm
电压/V	电流/A	
125	10	12
250	50	18
440	200	24
5000	800	≥48

(4) 信号线与电源线必须分开，并尽量避免平行敷设。

如果现场条件有限，信号线与电源线不得不敷设在一起，则应满足以下条件：

· 电缆沟内要设置隔板，且隔板与大地相连接。

· 在电缆沟内电缆架上敷设或在沟底自由敷设时，信号电缆与电源电缆的间距一般应在 15 cm 以上。如果电源电缆无屏蔽，且交流电压为 220 V，电流为 10 A，间距应在 60 cm 以上。

· 电源电缆应使用具有屏蔽层的电缆。

11.2.6　电源系统的抗干扰技术

检测系统电源部分的干扰主要是电网尖峰脉冲干扰，产生尖峰干扰的用电设备有电焊机、大电机、可控机、继电接触器等，可采用以下措施来加以抑制。

1. 电源变压器的抗干扰措施

1) 高频尖峰脉冲在变压器中的传播途径及抑制措施

高频尖峰脉冲的主要传播途径是由变压器的一次、二次绕组间的分布电容所构成的，如图 11－40(a)所示。

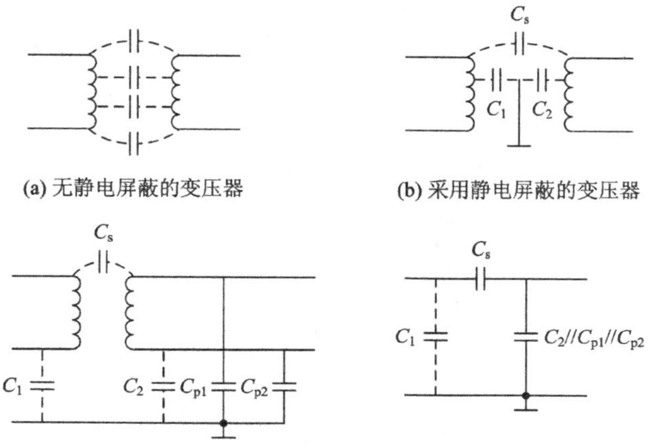

(a) 无静电屏蔽的变压器　(b) 采用静电屏蔽的变压器

(c) 次级接电容的变压器　(d) 接电容的等效电容器

图 11－40　电源变压器静电屏蔽的等效电路

要抑制高频尖峰脉冲对系统的影响，可采用在变压器一次、二次绕组之间加屏蔽层且屏蔽层接地的方法，如图 11－40(b)所示。

在绕制变压器时，在其一次、二次绕组之间，用 0.02～0.03 mm 厚的铜箔包一层，铜箔的始末端必须有 3～5 mm 的重叠部分，且重叠部分要相互绝缘，如果在这样的屏蔽层上再加一层，两层屏蔽之间也绝缘，效果会更好。另外要求屏蔽层引出线与屏蔽层的接触电阻要很小，有时直接利用屏蔽层的铜箔作引线，以保证接触可靠。屏蔽层一定要接地，这样大部分分布电容就折合到一次、二次绕组对地的电容 C_1、C_2，其容量大约是分布电容的两倍，只剩下很小的“残余分布电容”C_s。

在二次绕组上对地并联两个高频特性好的陶瓷电容 C_{p1}、C_{p2}，如图 11－40(c)所示，且 C_{p1}、C_{p2} 容量为 0.5 μF，使跨接一次、二次绕组之间的 C_s 与 C_{p1}、C_{p2} 等效为分压电路，如图 11－40(d)所示。这样可使到达二次绕组的噪声进一步减小，静电屏蔽效果增强。

2）变压器的漏磁及抑制措施

变压器的磁通绝大多数是在铁芯中，但总有少量的磁通“窜出”铁芯，这部分磁通称为漏磁。漏磁与前述的“残余分布电容”C_s 仍可构成干扰通路，必须采取抑制措施。

为了减小漏磁，可采用 C 形铁芯变压器，如图 11－41 所示。

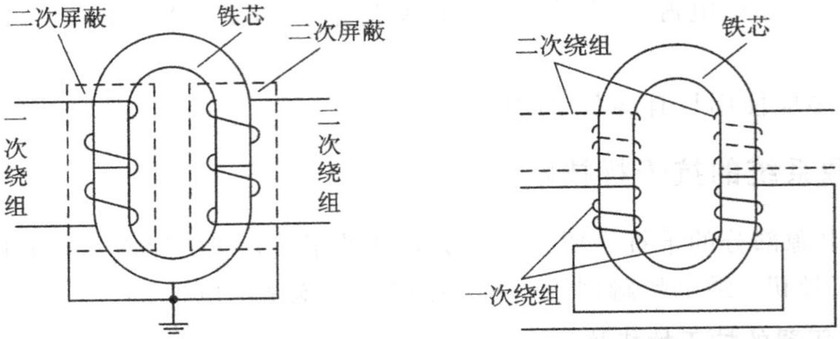

(a) 带屏蔽层的C形铁芯变压器　　(b) 平衡绕法的C形铁芯变压器

图 11－41　C 形铁芯变压器

C 形铁芯采用导磁率较高的冷轧钢片小，其形状是 C 形进一步减小了漏磁。图 11－41 中采用环形铁芯变压器效果最好，但价格很高。图 11－41(a)的两个绕组分别绕在铁芯的两侧，减小了分布电容。图 11－41(b)的一次绕组分别绕在铁芯的两侧，漏磁很小。

屏蔽电源变压器如图 11－42 所示。在变压器周围包一层铜皮，将其两端焊在一起，形成一个短路环，以减小变压器的漏磁。

图 11－42　屏蔽电源变压器

2. 电源滤波器

电源滤波器是以市电频率为带通的低通滤波器，一般由电容、电感组成，如图 11－43 所示。电源滤波器不仅可以接在电网输入处，以抑制电网中的噪声，也可以接在噪声电源的输出处，以抑制噪声输出。它既可接在交流输入、输出端，也可接在直流的输入、输出端。

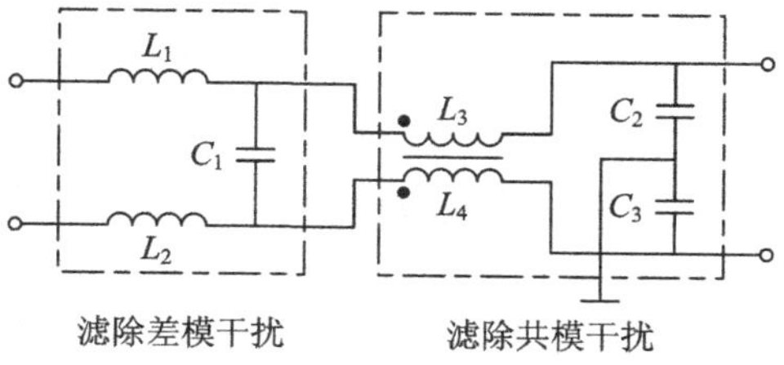

图 11－43　电源滤波器

图 11－43 中，电感 L_1、L_2 又称扼流圈，其电感量一般在几百毫亨左右，与 C_1 一起抑制高频差模干扰。C_1 ～ C_3 选用高频性能好的陶瓷和聚酯电容，C_1 的容量为 0.047～0.22 μF，C_2、C_3 的容量为 2200 pF 左右。

图 11－43 中，电感 L_3、L_4 是绕在同一磁环上的两个独立的线圈，称为共模电感线圈或共模扼流圈，电源电流通过 L_3、L_4 电流方向相反，产生的磁通在磁环内相互抵消，不起作用，它们和 C_2、C_3 一起抑制高频共模干扰。

3. 直流电源滤波器

直流电源滤波器主要指直流电压源的滤波电容。直流电压源滤波电容大都采用一个电解电容并接一个 0.1 μF(104 表示：10×10^4 pF＝0.1 μF)左右的高频性能好的陶瓷电容，如图 11－44(a)所示。

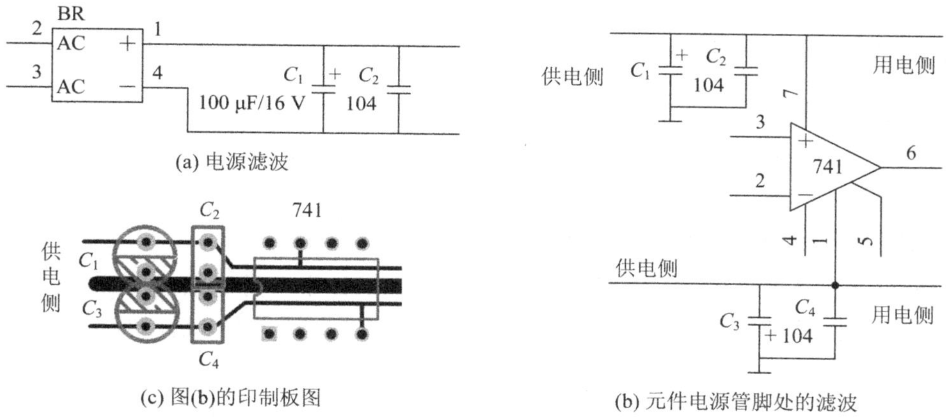

图 11－44　电源滤波电容的接法

在一个电路中，模块为其他电路供电时一般也要接滤波电容，滤波电容一定要接在供电的一侧，如图 11－44(b)所示。其实际元件印制板布置如图 11－44(c)所示。

4. 开关电源的抗干扰措施

开关电源具有效率高、体积小、输入电压范围宽等诸多优点，因而应用很广。但由于其工作在开关状态，电压、电流的变化率很大，因此形成了很强的干扰源：一方面通过导线传到交流电网，对其他用电设备造成干扰；另一方面通过导线传到电源的负载。另外还通过电磁辐射(电磁场)干扰其他电路及开关电源本身的内部电路。

抑制措施：① 合理接地；② 加电磁屏蔽；③ 选用高速器件；④ 适当降低电压、电流的变化率。可采用在二极管上并阻容吸收电路的方法来降低电压、电流的变化率，如图11-45所示。

图11-45中，在二极管上并联阻容吸收电路，可降低电压的变化率；与二极管串联一个小电感，可降低电流的变化率，主要是降低二极管反向电流的变化率。

用铁氧体磁珠滤波器抑制高频噪声，具有价格低廉、使用方便、滤除高频噪声效果显著的优点，因而得到广泛的应用。铁氧体磁珠滤波器的实物如图11-46所示，使用时只要将大电流导线穿过磁芯即可，它对直流、低频几乎没有阻抗，而对较高频率的电流所产生的磁场会在磁珠中产生感应涡流，并以热量的形式散发，从而起到抑制高频噪声的作用。

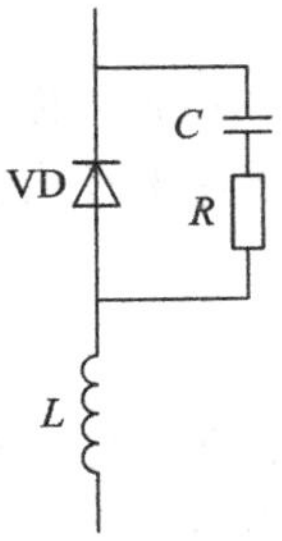

图11-45　降低电压、电流的变化率电路

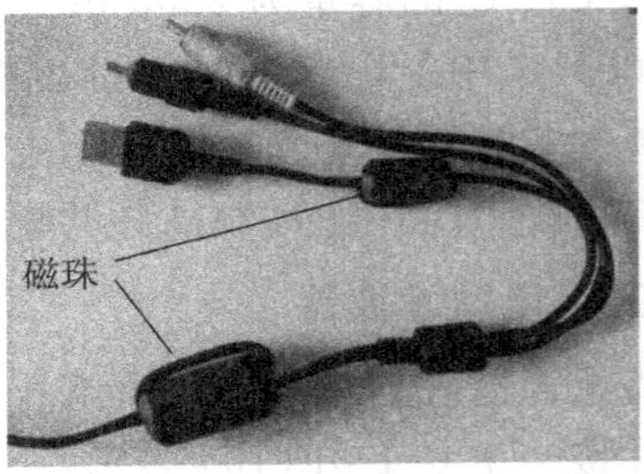

图11-46　铁氧体磁珠滤波器

11.2.7　印制电路板抗干扰技术

印制电路板是检测系统中器件、信号线、电源线的高度集合体，印制电路板设计的好坏对抗干扰能力影响很大。故印制电路板的设计决不单纯是器件、线路的简单布局安排，还必须符合抗干扰的设计原则。

1. 印制电路板上器件的布局原则

印制电路板上器件的布局应符合器件之间电气干扰小和易于散热的原则。一般情况下，印制电路板上同时具有电源变压器、模拟器件、数字逻辑器件、输出驱动器件等，为了减小器件之间的电气干扰，应将器件按照其功率的大小及抗干扰能力的强弱分类集中布局。将电源变压器和输出驱动器件等大功率强电器件作为一类集中布置；将数字逻辑器件作为一类集中布置；将易受干扰的模拟器件作为一类集中布置。各类器件之间应尽量远离，以防止相互干扰。每一类器件又可按照减小电气干扰原则再进一步分类布置。

此外，印制电路板上器件的布局还应符合易于散热的原则。对发热元器件要考虑通风散热，必要时要安装散热器；发热元器件要分散布置，不能集中；对热敏感元器件要远离发热元器件或进行热屏蔽。

2. 印制电路板插脚的分配原则

当需要将印制电路板插入 PC 及 STD 等总线扩展槽中使用时，为了抑制线间干扰，对印制电路板的插脚必须进行合理分配。为了减小强信号输出线对弱信号输入线的干扰，将输入、输出线分置于印制板的两侧，以便相互分离；地线设置在输入、输出信号线的两侧，以减小信号线寄生电容的影响，起到一定的屏蔽作用。

3. 印制电路板的布线原则

(1) 印制电路板是一个平面，不能交叉配线。

(2) 配线不要做成环路，特别是不要沿印制板周围做成环路。

(3) 不要有长段的窄条并行，不得已而并行时，窄条间要再设置隔离用的窄条。

(4) 旁路电容器的引线不能长，尤其是高频旁路电容器，应该考虑不用引线而直接接地。

(5) 单元电路的输入线和输出线应当用地线隔开。

(6) 信号线尽可能短，优先考虑小信号线，采用双面走线，使线间距尽可能宽些；布线时元器件面和焊接面的各印刷引线最好相互垂直，以减少寄生电容；尽可能不在集成芯片引脚之间走线；易受干扰的部位增设地线或用宽地线环绕。

4. 印制电路板上电源线的布置原则

在印制电路板上，电源线、地线的走向应尽量与数据传输的方向一致，且应尽量加宽其宽度，这都有助于提高印制电路板的抗干扰能力。

5. 印制电路板的接地线布置原则

印制电路板的接地是一个很重要的问题，接地线的布置原则见本书 11.2.2 小节。

6. 印制电路板的屏蔽原则

印制电路板的屏蔽技术有屏蔽线和屏蔽环两种。

1) 屏蔽线

为了减小外界干扰对电路板的作用或者电路板内部导线、元件之间出现的电容性干扰，可以在两个电流回路的导线之间另设一根导线，并将它与有关的基准电位(或屏蔽电位)相连，就可以发挥屏蔽作用。

2) 屏蔽环

屏蔽环是一条导电通路，它位于印制电路板的边缘并围绕着该电路板，且只在某一点上与基准电位相连。它可对外界作用于电路板的电容性干扰起屏蔽作用。如果屏蔽环的起点与终点在电路板上相连，或通过插头相连，则将形成一个短路环，这将使穿过其中的磁场削弱，对电感性干扰起抑制作用。但这种屏蔽环不允许作为基准电位线使用。

7. 去耦电容器的配置原则

当集成电路工作状态翻转时，其工作电流变化是很大的，会在引线阻抗上产生尖峰噪声电压，对其他电路形成干扰，这种瞬变的干扰不是稳压电源所能稳定的。因此，为了抑制集成电路工作时产生的电流突变，可以在集成电路附近加接旁路去耦电容，加接原则是：① 在电源输入端跨接 10～100 μF 的电解电容器；② 原则上，每个集成电路芯片都应配置一个 0.01 μF 的陶瓷电容器，当遇到印制电路板空间小安装不下时，可每 4～10 个芯片配置一个 1～10 μF 的限噪声用电容器(钽电容器)，这种电容器的高频阻抗特别小(在 500 kHz～20 MHz 范围内，阻抗小于 1 Ω)，而且漏电流很小(0.5 μA 以下)；③ 对于抗干扰能力弱、关断时电流变化大的器件和 ROM、RAM 存储器件，应在芯片的电源线和地线之间直接接入去耦电容器；④ 电容引线不能太长，特别是高频旁路电容不能带引线。

思考题与习题

1. 干扰信号进入被干扰对象的主要通路有哪些？

2. 接地方式有哪几种？各适用于什么场合？

3. 信号传输线屏蔽层接地点应怎样选择？

4. 屏蔽有哪几种类型？屏蔽结构有哪几种形式？

5. 为什么长线传输大都采用双绞线传输？

6. 为什么光电耦合器具有很强的抗干扰能力？采用光电耦合器时，输入和输出部分能否共用电源？为什么？

7. 什么叫"共地"？什么叫"浮地"？各有何优缺点？

8. 什么是"共模干扰"？什么是"差模干扰"？其抑制措施有哪些？

9. 电源系统的干扰有哪些？如何抑制？

10. 试分析一台你所熟悉的测量仪器在工作过程中经常受到的干扰及应采取的防护措施。

11. 题图 11－1 所示控温电路中，放大器 A_1 和 A_2 用以放大热电偶的低电平信号，利用开关 S 周期性通断把大功率负载接到一个电源上，试说明噪声源、耦合通道和被干扰电路。

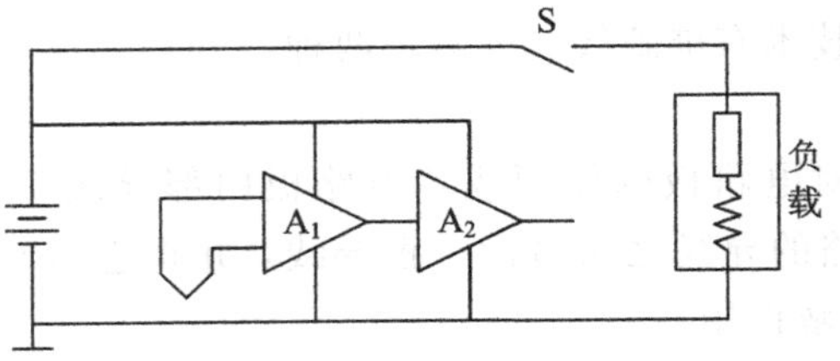

题图 11－1

附　　录

附录 1　Pt100 铂热电阻分度表(ZB Y301－85)

分度号：Pt100　　　　$R(0℃)=100.00\ \Omega$　　单位：Ω

温度/℃	0	10	20	30	40	50	60	70	80	90
	电阻值/Ω									
－200	18.49	—	—	—	—	—	—	—	—	—
－100	60.25	56.19	52.11	48.00	43.87	39.71	35.53	31.32	27.08	22.80
0	100.00	96.09	92.16	88.22	84.27	80.31	76.33	72.33	68.33	64.30
0	100.00	103.90	107.79	111.67	115.54	119.40	123.24	127.07	130.89	134.70
100	138.50	142.29	146.06	149.82	153.58	157.31	161.04	164.76	168.46	172.16
200	175.84	179.51	183.17	186.82	190.45	194.07	197.69	201.29	204.88	208.45
300	212.02	215.57	219.12	222.65	226.17	229.67	233.17	236.65	240.13	243.59
400	247.04	250.48	253.90	257.32	260.72	264.11	267.49	270.86	274.22	277.56
500	280.90	284.22	287.53	290.83	294.11	297.39	300.65	303.91	307.15	310.39
600	313.59	316.80	319.99	323.18	326.35	329.51	332.66	335.79	338.92	342.03
700	345.13	348.22	351.30	354.37	357.42	360.47	363.50	366.52	369.53	372.52
800	375.51	378.48	381.45	384.40	387.34	390.26	—	—	—	—

附录 2　Pt10 铂热电阻分度表(ZB Y301－85)

分度号：Pt10　　　　$R(0℃)=10.000\ \Omega$　　单位：Ω

温度/℃	0	10	20	30	40	50	60	70	80	90
	电阻值/Ω									
－200	1.849	—	—	—	—	—	—	—	—	—
－100	6.025	5.619	5.211	4.800	4.387	3.971	3.553	3.132	2.708	2.280
0	10.000	9.609	9.216	8.822	8.427	8.031	7.633	7.233	6.833	6.430
0	10.000	10.390	10.779	11.167	11.554	11.940	12.324	12.707	13.089	13.470
100	13.850	14.229	14.606	14.982	15.358	15.731	16.104	16.476	16.846	17.216
200	17.584	17.951	18.317	18.682	19.045	19.407	19.769	20.129	20.488	20.845
300	21.202	21.557	21.912	22.265	22.617	22.967	23.317	23.665	24.013	24.359
400	24.704	25.048	25.390	25.732	26.072	26.411	26.749	27.086	27.422	27.756
500	28.090	28.422	28.753	29.083	29.411	29.739	30.065	30.391	30.715	31.039
600	31.359	31.680	31.999	32.318	32.635	32.951	33.266	33.579	33.892	34.203
700	34.513	34.822	35.130	35.437	35.742	36.047	36.350	36.652	36.953	37.252
800	37.551	37.848	38.145	38.440	38.734	39.026	—	—	—	—

附录 3　Cu100 铜热电阻分度表(JJG229－2010)

(R_0＝100.00 Ω，－50～150℃的电阻对照)　　　单位：Ω

温度/℃	0	1	2	3	4	5	6	7	8	9
	电阻值/Ω									
－50	78.49	—	—	—	—	—	—	—	—	—
－40	82.80	82.36	82.04	81.50	81.08	80.64	80.20	79.78	79.34	78.92
－30	87.10	86.68	86.24	85.82	85.38	84.96	84.54	84.10	83.66	83.32
－20	91.40	90.98	90.54	90.12	89.68	89.26	88.82	88.40	87.96	87.54
－10	95.70	95.28	94.84	94.42	93.98	93.56	93.12	92.70	92.36	91.84
－0	100.00	99.56	99.14	98.70	98.28	97.84	97.42	97.00	96.56	96.14
0	100.00	100.00	100.36	101.28	101.72	102.14	102.56	103.00	103.42	103.66
10	104.28	104.72	105.14	105.56	106.00	106.42	106.86	107.28	107.72	108.14
20	108.56	109.00	109.42	109.84	110.28	110.70	111.14	111.56	112.00	112.42
30	112.84	113.28	113.70	114.14	114.56	114.98	115.42	115.84	116.26	116.70
40	117.12	117.56	117.98	118.40	118.84	119.26	119.70	120.12	120.54	120.98
50	121.40	121.84	122.20	122.68	123.12	123.54	123.96	124.40	124.82	125.26
60	125.68	126.10	126.54	126.96	127.40	127.82	128.24	128.68	129.10	129.52
70	129.96	130.38	130.82	131.24	131.66	132.10	132.52	132.96	133.38	133.80
80	134.24	134.66	135.08	135.52	135.94	136.38	136.80	137.24	137.66	138.08
90	138.52	138.94	139.36	139.80	140.22	140.66	141.08	141.52	141.94	142.36
100	142.80	143.22	143.66	144.08	144.50	144.94	145.36	145.80	146.22	146.66
110	147.08	147.50	147.94	148.36	148.80	149.22	149.66	150.08	150.52	150.94
120	151.36	151.80	152.22	152.66	153.08	153.52	153.94	154.38	154.80	155.24
130	155.66	156.10	156.52	156.96	157.38	157.82	158.24	158.68	159.10	159.54
140	159.96	160.40	160.82	161.26	161.68	162.12	162.54	162.98	163.40	163.84
150	164.27	—	—	—	—	—	—	—	—	—

附录 4　Cu50 铜热电阻分度表(JJG229－2010)

(R_0＝50.00Ω，－50～150℃的电阻对照)　单位：Ω

温度/℃	0	1	2	3	4	5	6	7	8	9
	电阻值/Ω									
－50	39.242	—	—	—	—	—	—	—	—	—
－40	41.400	41.184	40.969	40.753	40.537	40.322	40.106	39.890	39.674	39.458
－30	43.555	43.349	43.124	42.909	42.693	42.478	42.262	42.047	41.831	41.616
－20	45.706	45.491	45.276	45.061	44.846	44.631	44.416	44.200	43.985	43.770
－10	47.854	47.639	47.425	47.210	46.995	46.780	46.566	46.351	46.136	45.921
－0	50.000	49.786	49.571	49.356	49.142	48.927	48.713	48.498	48.284	48.069
0	50.000	50.214	50.429	50.643	50.858	51.072	51.286	51.501	51.715	51.929
10	52.144	52.358	52.572	52.786	53.000	53.215	53.429	53.643	53.857	54.071
20	54.285	54.500	54.714	54.928	55.142	55.356	55.570	55.784	55.998	56.212
30	56.426	56.640	56.854	57.068	57.282	57.496	57.710	57.924	58.137	58.351
40	58.565	58.779	58.993	59.207	59.421	59.635	59.848	60.062	60.276	60.490
50	60.704	60.918	61.132	61.345	61.559	61.773	61.987	62.201	62.415	62.628
60	62.842	63.056	63.270	63.484	63.698	63.911	64.125	64.339	64.553	64.767
70	64.981	65.194	65.408	65.622	65.836	66.050	66.264	66.478	66.692	66.906
80	67.120	67.333	67.547	67.761	67.975	68.189	68.403	68.617	68.831	69.045
90	69.259	69.473	69.687	69.901	70.115	70.329	70.544	70.762	70.972	71.186
100	71.400	71.614	71.828	72.042	72.257	72.471	72.685	72.899	73.114	73.328
110	73.542	73.751	73.971	74.185	74.400	74.614	74.828	75.043	75.258	75.477
120	75.686	75.901	76.115	76.330	76.545	76.759	76.974	77.189	77.404	77.618
130	77.833	78.048	78.263	78.477	78.692	78.907	79.122	79.337	79.552	79.767
140	79.982	80.197	80.412	80.627	80.843	81.058	81.272	81.488	81.704	81.919
150	82.134	—	—	—	—	—	—	—	—	—

附录 5　镍铬—镍硅热电偶分度表(K 型)

(参比端温度为 0℃)　　　　单位：mV

温度/℃	0	10	20	30	40	50	60	70	80	90
	热电动势/mV									
−200	−5.891	−6.035	−6.158	−6.262	−6.344	−6.404	−6.441	−6.458		
−100	−3.554	−3.852	−4.138	−4.411	−4.669	−4.913	−5.141	−5.354	−5.550	−5.730
−0	0.000	−0.392	−0.778	−1.156	−1.527	−1.889	−2.243	−2.587	−2.920	−3.243
0	0.000	0.397	0.798	1.203	1.612	2.023	2.436	2.851	3.267	3.682
100	4.096	4.509	4.920	5.328	5.735	6.138	6.540	6.941	7.340	7.739
200	8.138	8.539	8.940	9.343	9.747	10.153	10.561	10.971	11.382	11.795
300	12.209	12.624	13.040	13.457	13.874	14.293	14.713	15.133	15.554	15.975
400	16.397	16.820	17.243	17.667	18.091	18.516	18.941	19.366	19.792	20.218
500	20.644	21.071	21.497	21.924	22.350	22.776	23.203	23.629	24.055	24.480
600	24.905	25.330	25.755	26.179	26.602	27.025	27.447	27.869	28.289	28.710
700	29.129	29.548	29.965	30.382	30.798	31.213	31.628	32.041	32.453	32.865
800	33.275	33.685	34.093	34.501	34.908	35.313	35.718	36.121	36.524	36.925
900	37.326	37.725	38.124	38.522	38.918	39.314	39.708	40.101	40.494	40.885
1000	41.276	41.665	42.053	42.440	42.826	43.211	43.595	43.978	44.359	44.740
1100	45.119	45.497	45.873	46.249	46.623	46.995	47.367	47.737	48.105	48.473
1200	48.838	49.202	49.565	49.926	50.286	50.644	51.000	51.355	51.708	52.060
1300	52.410	53.759	53.106	53.451	53.795	54.138	54.479	54.819		

附录 6　ITS—1990 国际温标

复现表中这些基准点的方法是用一个内装有参考材料的密封容器，将待标定的温度传感器的敏感元件放在伸入容器中心位置的套管中。然后加热，使温度超过参考物质的熔点，待物质全部熔化。随后冷却，达到三相点(或凝固点)后，只要同时存在固、液、气三态(或固、液态)约几分钟，温度就稳定下来，并能保持规定值不变。

对于定义固定点之间的温度，ITS－1990 国际温标把温度分为 4 个温区，各个温区的范围、使用的标推测温仪器分别如下：

(1) 0.65～5.0K 间为 ^{3}He 或 ^{4}He 蒸汽压温度计；

(2) 3.0～24.5561K 间为 ^{3}He 或 ^{4}He 定容气体温度计；

(3) 13.8033K～961.78℃间为铂电阻温度计；

(4) 961.78℃以上为光学或光电高温计。

以上有关标准测温仪的分度方法以及固定点之间的内插公式，ITS－1990 国际温标都有明确的规定，可参考 ITS－1990 标准文本。

表　ITS－1990定义固定温度点

序号	温度		物　质	状　态
	T_{90}/K	t_{90}/℃		
1	3～5	－270.15～－268.15	^3He(氦)	蒸汽压点
2	13.8033	－259.3467	e－H_2(氢)	三相点
3	≈17	≈－256.15	e－H_2(氢)(或^3He(氦))	蒸汽压点(或气体温度计点)
4	≈20.3	≈－252.85	e－H_2(氢)(或^3He(氦))	蒸汽压点(或气体温度计点)
5	24.5561	－248.5939	Ne(氖)	三相点
6	54.3584	－218.7961	O_2(氧)	三相点
7	83.8058	－189.3442	Ar(氩)	三相点
8	234.3156	－38.8344	Hg(汞)	三相点
9	273.16	0.01	H_2O(水)	三相点
10	302.9146	29.7646	Ga(镓)	熔点
11	429.7485	156.5985	In(铟)	凝固点
12	505.087	231.928	Sn(锡)	凝固点
13	692.677	419.527	Zn(锌)	凝固点
14	933.473	660.323	Al(铝)	凝固点
15	1234.93	961.78	Ag(银)	凝固点
16	1337.33	1064.18	Au(金)	凝固点
17	1357.77	1084.62	Cu(铜)	凝固点

注：(1) 在物质一栏中，除了^3He外其他物质均为自然同位素成分。e－H_2为正、负分子态处于平衡浓度时的氢；

(2) 在状态一栏中，对于不同状态的定义以及有关复现这些不同状态的建议可参阅“ITS－1990”补充资料；

(3) 三相点是指固、液和蒸汽相平衡时的温度；

(4) 熔点和凝固点是指在101 325 Pa压力下，固、液相平衡点温度。

参 考 文 献

[1] 赵玉刚、邱东. 传感器基础. 2 版. 北京：北京大学出版社，2013.

[2] 陈建元. 传感器技术. 北京：机械工业出版社，2008.

[3] 贾伯年，余扑，宋爱国. 传感器技术. 3 版. 南京：东南大学出版社，2007.

[4] 钱裕禄. 传感器技术及应用电路项目化教程. 北京：北京大学出版社，2013.

[5] 周四春，吴建平，祝忠明. 传感器技术与工程应用. 北京：原子能出版社，2007.

[6] 王晓敏，王志敏. 传感器检测技术及应用. 北京：北京大学出版社，2011.

[7] 殷淑英. 传感器应用技术. 北京：冶金工业出版社，2008.

[8] 邓海龙. 传感器与检测技术. 北京：中国纺织出版社，2008.

[9] 张宪，宋立军. 传感器与测控电路. 北京：化学工业出版社，2011.

[10] 周传德，宋强，文成. 传感器与测试技术. 重庆：重庆大学出版社，2009.

[11] 李娟. 传感器与检测技术. 北京：冶金工业出版社，2009.

[12] 穆亚辉. 传感器与检测技术. 长沙：国防科技大学，2010.

[13] 蔡丽. 传感器与检测技术应用. 北京：冶金工业出版社，2013.

[14] 梁福平. 传感器原理与检测技术. 武汉：华中科技大学出版社，2010.

[15] 赵燕. 传感器原理及应用. 北京：北京大学出版社，2010.

[16] 刘爱华，满宝元. 传感器原理与应用技术. 北京：人民邮电出版社，2010.

[17] 梁森，欧阳三泰，王侃夫. 自动检测技术及应用. 2 版. 北京：机械工业出版社，2011.

[18] 刘波峰，郭斯雨，全惠敏. 传感器原理与检测技术. 西安：西安交通大学出版社，2015.

[19] 何道清，张禾，谌海云. 传感器与传感器技术. 3 版. 北京：科学出版社，2014.

[20] 周征，贾达，杨建平，等. 自动检测技术实用教程. 北京：机械工业出版社，2008.

[21] 宋续文，杨帆. 传感器与检测技术. 北京：高等教育出版社，2004.

[22] 武昌俊. 自动检测技术及应用. 3 版. 北京：机械工业出版社，2016.

[23] 王长涛. 传感器原理与应用. 北京：人民邮电出版社，2012.

[24] 赵勇，胡涛. 传感器与检测技术. 北京：机械工业出版社，2010.

[25] 王化祥，张淑英. 传感器原理及应用. 4 版. 天津：天津大学出版社，2014.

[26] 钱爱玲，钱显毅. 传感器原理与检测技术. 2 版. 北京：机械工业出版社，2015.

[27] 李晓莹，张新荣，任海果. 传感器与测试技术. 北京：高等教育出版社，2004.

[28] 刘传玺，毕训银，袁照平. 传感与检测技术. 北京：机械工业出版社，2016.

[29] 郁有文，常健，程继红. 传感器原理及工程应用. 2 版. 西安：西安电子科技大学出版社，2003.

[30] 周杏鹏，孙永荣，仇国富. 传感器与检测技术. 北京：清华大学出版社，2010.

[31] 孙传友，张一. 现代检测技术及仪表. 北京：高等教育出版社，2012.

[32] 宋雪臣. 传感器与检测技术项目式教程. 北京：人民邮电出版社，2015.

[33] 张宏建. 自动检测技术与装置. 北京：化学工业出版社，2004.

[34] 徐熙平，张宁. 光电检测技术及应用. 2 版. 北京：机械工业出版社，2016.

[35] 于永芳，郑仲民. 检测技术. 北京：机械工业出版社，2008.

[36] 王昌明，孔德仁，何云峰. 传感与测试技术. 北京：北京航空航天大学出版社，2005.

[37] 余成波，胡新宇，赵勇. 传感器与自动检测技术. 北京：高等教育出版社，2004.

[38] 张曙光，纪建伟，罗兴吾，等. 检测技术. 北京：中国水利水电出版社，2003.

[39] 牟爱霞. 工业检测与转换技术. 北京：化学工业出版社，2005.

[40] 周征，李建明，杨建平. 传感器原理与检测技术. 北京：清华大学出版社，北京交通大学出版社，2007.